Achim Hettler
Theodoros Triantafyllidis
Anton Weißenbach
mit Beiträgen von Wilfried Hackenbroch

Baugruben

3. Auflage

Ernst & Sohn
A Wiley Brand

Achim Hettler
Theodoros Triantafyllidis
Anton Weißenbach

Baugruben

3. Auflage

Ernst & Sohn
A Wiley Brand

Univ.-Prof. Dr.-Ing. habil. Achim Hettler
Lehrstuhl Baugrund – Grundbau
Fakultät Architektur und Bauingenieurwesen
Technische Universität Dortmund
August-Schmidt-Str. 8
44227 Dortmund

Univ.-Prof. Dr.-Ing. habil. Dr.-Ing. E. h. Anton Weißenbach
Am Gehölz 14
22844 Norderstedt

Univ.-Prof. Dr.-Ing. habil. Theodoros Triantafyllidis
Karlsruher Institut für Technologie
Institut für Bodenmechanik und Felsmechanik (IBF)
Engler-Bunte-Ring 14
76131 Karsruhe

Dipl.-Ing. Wilfried Hackenbroch
IDN Ingenieurbüro DOMKE Nachf.
Partnerschaft Beratender Ingenieure mbB
Mannesmannstr. 161
47259 Duisburg

Titelbild: Baugrube für das Kocherquartier in Schwäbisch Hall (Foto: Bauer AG)

Bibliografische Information der Deutschen Nationalbibliothek
Die Deutsche Nationalbibliothek verzeichnet diese Publikation in der Deutschen Nationalbibliografie; detaillierte bibliografische Daten sind im Internet über http://dnb.d-nb.de abrufbar.

Umschlaggestaltung: Sonja Frank, Berlin
Herstellung: pp030 – Produktionsbüro Heike Praetor, Berlin
Satz: Olaf Mangold Text & Typo, Stuttgart
Druck und Verarbeitung: CPI Group (UK) Ltd, Croydon, CR0 4YY

Gedruckt auf säurefreiem Papier.

3. vollständig überarbeitete Auflage

Print ISBN: 978-3-433-03244-2
ePDF ISBN: 978-3-433-60944-6
ePub ISBN: 978-3-433-60942-2
Mobi ISBN: 978-3-433-60943-9
oBook ISBN: 978-3-433-60937-8

C9783433032442_050324

Vorwort zur 2. Auflage

1975 erschienen die Bücher „Baugruben Teil I, Konstruktion und Bauausführung" sowie „Baugruben Teil II, Berechnungsgrundlagen". Zusammen mit dem 1977 veröffentlichten Teil III „Berechnungsverfahren" bildeten sie die Reihe „Baugruben". Im Vorwort zu dem dreibändigen Werk hieß es: „Wie ein Blick in das einschlägige Schrifttum zeigt, ist das Gebiet der Berechnung und Konstruktion von Baugrubenumschließungen, verglichen mit anderen Teilgebieten des Grundbaues, von der Wissenschaft jahrzehntelang stiefmütterlich behandelt worden." Und weiter „In dem vorliegenden Werk wird versucht, über die Erläuterungen dieser Grundlagen hinaus eine zusammenfassende Darstellung aller wesentlichen Fragen zu geben, die sich im Einzelfall bei der Suche nach einer einfachen, wirtschaftlichen und trotzdem ausreichend standsicheren Baugrubenkonstruktion stellen." Dieses Ziel wurde offensichtlich erreicht. Der Buchreihe war es vergönnt, sich als Standardwerk zu etablieren und etwa drei Jahrzehnte lang gültig zu bleiben. So konnte der Teil III im Jahre 2001 als unveränderter Reprint zum 150-jährigen Bestehen des Verlags Ernst & Sohn wieder aufgelegt werden.

Obwohl viele Grundgedanken nach wie vor gültig sind, wurde mit der endgültigen Einführung des Teilsicherheitskonzepts eine völlige Überarbeitung erforderlich. Kern des vorliegenden Buchs ist der frühere Teil III „Berechnungsverfahren", ergänzt durch wesentliche Inhalte von Teil II zu den Themen „Erddruck" und „Lastannahmen". Selbstredend wird in erheblichem Umfang auf die Empfehlungen des Arbeitskreises „Baugruben" Bezug genommen, dessen Obmannschaft im Jahr 2006 vom erstgenannten auf den zweitgenannten Verfasser übergegangen ist.

Bedingt durch die hohe Spezialisierung und die komplexe Struktur der neuen Bemessungsnormen für Holz, Stahl und Stahlbeton konnte das Thema „Bemessung der Einzelteile" zum Teil nur noch in den Grundzügen behandelt werden. Neu hinzugekommen ist jedoch ein Abschnitt über den Nachweis von Verankerungen. Neu sind auch die Kapitel „Bettungsmodulverfahren" und „Finite-Elemente-Methode". Durch die wachsende Bedeutung des Nachweises der Gebrauchstauglichkeit sind diese beiden Verfahren in den letzten Jahren immer wichtiger geworden. Beim Umsetzen des Teilsicherheitskonzepts zeigen sich viele Schwierigkeiten erst bei der Anwendung. Aus diesem Grund ist das Kapitel mit Berechnungsbeispielen erheblich erweitert worden.

Das Buch stützt sich auf die Vorgaben der DIN 1054 „Baugrund – Sicherheitsnachweise im Erd- und Grundbau" aus dem Jahr 2005. Eine Umstellung und Anpassung dieser Norm an den Eurocode 7-1 „Entwurf, Berechnung und Bemessung in der Geotechnik – Teil 1: Allgemeine Regeln" ist in absehbarer Zeit vorgesehen. Auf die zu erwartenden Änderungen wird in Kapitel 1 eingegangen und es wird dargelegt, dass die Inhalte des vorliegenden Buchs, abgesehen von formalen Änderungen, z. B. bei der Bezeichnung der Lastfälle, auch nach der Einführung des Eurocode 7 gültig bleiben werden. Es bleibt aber festzuhalten, dass sich die Vorschriften, z. B. für die Verfahren des Spezialtiefbaus, und auch teilweise die Berechnungsverfahren, z. B.

die Finite-Elemente-Methode, zurzeit in einem stetigen Änderungsprozess befinden und der Ingenieur verpflichtet ist, auf diese Entwicklungen zu achten.

Der im Vorwort zu den Teilen I, II und III angekündigte Teil IV „Baugrubenumschließungen in besonderen Fällen“ ist zwar mehrmals in Angriff genommen, aber nie fertiggestellt worden, weil die Verfahren des Spezialtiefbaus und die Erkenntnisse aus zahlreichen Großbauvorhaben sich laufend weiterentwickelten. Dies fand seinen Niederschlag einerseits in den Empfehlungen des Arbeitskreises „Baugruben“, andererseits im Abschnitt „Baugrubensicherung“ der jeweils neuesten Auflage des Grundbau-Taschenbuchs. Die aktuellen Angaben auf der Grundlage des Teilsicherheitskonzepts zu Baugruben mit besonders großen Abmessungen, zu Baugruben mit besonderem Grundriss, zu Baugruben mit unregelmäßigem Querschnitt, zu bewegungsarmen Baugrubenwänden neben Bauwerken, zu Baugruben im Wasser und zu Baugruben in weichen Böden finden sich im Teil III der 7. Auflage des Grundbau-Taschenbuchs von 2009.

Bei dieser Gelegenheit bedanken wir uns bei Frau *Barbara Stüke* für ihre Mitwirkung bei der Textbearbeitung, bei Frau *Agnes Jamro* und Frau *Julia Jailojanz* für die Zeichenarbeiten sowie bei den Herren Dipl.-Ing. *Wilfried Hackenbroch* und Dipl.-Ing. *Hans-Uwe Kalle* für die Unterstützung bei den Angaben zur Bemessung der Einzelteile.

Anton Weißenbach, Achim Hettler
Norderstedt und Dortmund, im Mai 2010

Vorwort zur 3. Auflage

Mit der Einführung des Eurocode 7-1 „Entwurf, Berechnung und Bemessung in der Geotechnik – Teil 1: Allgemeine Regeln" einschließlich DIN EN 1997-1/NA:2010-12 „Nationaler Anhang" und DIN 1054:2010-12 „Baugrund Sicherheitsnachweise im Erd- und Grundbau – Ergänzende Regeln zu DIN 1997-1", zusammengefasst im Handbuch Eurocode 7, Band 1, sowie den Änderungen A1:2012 und A2:2015-11 war eine – wenn auch geringfügige – Anpassung der 2. Auflage erforderlich geworden.

Die Überarbeitung wurde dazu genutzt, die ursprüngliche Idee von *Anton Weißenbach* aufzugreifen, das Gebiet umfassend in vier Bänden abzuhandeln, siehe Vorwort zur 2. Auflage.

Die Themen:

- Konstruktion und Bauausführung,
- Berechnungsgrundlagen,
- Berechnungsverfahren,
- Baugrubenumschließung in besonderen Fällen

wurden alle mit der vorliegenden 3. Auflage in einem Buch zusammengefasst. Die Berechnungsbeispiele wurden ebenfalls an das Handbuch Eurocode 7, Band 1 angepasst und erweitert um eine Baugrube mit rückverankerter Betonsohle. Das Thema „Bemessung der Einzelteile" in Kapitel 19 sowie in Kapitel 20 hat dankenswerterweise *Wilfried Hackenbroch* überarbeitet.

Anton Weißenbach hat aus Altersgründen nicht mehr aktiv an der 3. Auflage mitgewirkt. Seine Ideen prägen jedoch bis heute grundlegend die Berechnungsverfahren bei Baugruben und werden auch in Zukunft maßgeblich bleiben. Insofern wurden viele Teile von früheren Auflagen übernommen oder nur leicht abgeändert.

Ohne Mitwirkung von Helfern ist es auch im Zeitalter der elektronischen Datenverarbeitung kaum möglich, ein Buch in überschaubarer Zeit fertigzustellen. Für die ständige und immer freundliche Unterstützung sei insbesondere den Herren *Marcel Deckert* und *Ingmar Zehn* sowie *Frau Mattner* und *Frau Meininger* herzlich gedankt.

Achim Hettler, Theodoros Triantafyllidis
Dortmund und Karlsruhe, im Oktober 2017

Ihr persönlicher E-Book Code

ISBN 9783433032619 – Baugruben 3e -
(inkl. E-Book als PDF)

Das von Ihnen erworbene E-Book ist im ePDF-Format. Das Format ist nicht mit Amazon Endgeräten oder Apps kompatibel.

Beachten Sie: Sobald der Code verwendet wurde, sind eine Rückgabe oder der Weiterverkauf ausgeschlossen.

Das E-Book können Sie unter www.wiley-vch.de/ebooks/einlösen.
Eine ausführliche Anleitung zum Herunterladen des E-Books finden Sie unter http://www.wiley-vch.de/publish/dt/ebooks

Inhaltsverzeichnis

1 Konstruktive Maßnahmen zur Sicherung von Baugruben und Leitungsgräben

1.1 Konstruktionsarten

Es werden alle üblichen Konstruktionen behandelt. Tiefere Baugruben werden häufig im Grundwasserbereich ausgeführt, sodass zur Erstellung eines trockenen Arbeitsraums entweder ein wasserdurchlässiger Baugrubenverbau mit einer Grundwasserabsenkung oder ein nahezu wasserundurchlässiger Verbau zum Einsatz kommen. Letztere Ausführungsart setzt voraus, dass die Verbauwand außer dem Erddruck auch mit dem entsprechenden Wasserdruck bemessen worden ist.

Abgesehen von Grabenverbaumaßnahmen und geböschten Baugruben sind folgende Arten von Baugrubenkonstruktionen heute gebräuchlich:

- Spundwandverbau,
- Trägerbohlwandverbau,
- Massiver Baugrubenverbau, z. B. Bohrpfahlwände oder Schlitzwände,
- Injektionswände, Gefrierwände,
- Mixed-in-Place Wände.

Die Wahl zwischen den oben genannten Konstruktionsarten hängt vom Zweck der Konstruktion sowie den Anforderungen hinsichtlich der Steifigkeit und der Wasserdichtigkeit ab.

1.2 Nicht verbaute Baugruben und Gräben

Nicht verbaute Baugruben und Gräben mit durchgehend senkrechten Wänden ohne besondere Sicherung sind nach DIN 4124 „Baugruben und Gräben" und der Unfallverhütungsvorschrift „Bauarbeiten" entsprechend Bild 1.1a nur bis zu einer Tiefe von 1,25 m zulässig, wobei die anschließende Geländeoberfläche bei nichtbindigen und weichen bindigen Böden nicht steiler als 1 : 10, bei mindestens steifen bindigen Böden nicht steiler als 1 : 2 geneigt sein darf. In steifen oder halbfesten bindigen Böden sowie bei Fels darf bis zu einer Tiefe von 1,75 m ausgehoben werden, wenn der mehr als 1,25 m über der Sohle liegende Bereich der Wand (Bild 1.1c) unter einem Winkel $\beta \leq 45°$ abgeböscht (Bild 1.1b) oder durch Teilverbau gesichert wird und die Geländeoberfläche nicht steiler als 1 : 10 ansteigt.

Bei Tiefen von mehr als 1,25 m bzw. 1,75 m sind unverbaute Baugruben und Gräben so abzuböschen, dass niemand durch abrutschende Massen gefährdet wird. Erd- und Felswände dürfen nicht unterhöhlt werden. Trotzdem entstandene Überhänge sowie beim Aushub freigelegte Findlinge, Bauwerksreste, Bordsteine, Pflastersteine und dergleichen, die abstürzen oder abrutschen können, sind unverzüglich zu beseitigen. Steile Böschungen sowie Böschungen, aus denen sich einzelne Steine, Felsbrocken, Findlinge, Fundamentreste und dergleichen lösen können, müssen durch Fangnetze gesichert oder regelmäßig überprüft und gegebenenfalls abgeräumt werden. Dies gilt insbesondere nach längeren Arbeitsunterbrechungen,

Baugruben, 3. Auflage. Achim Hettler, Theodoros Triantafyllidis, Anton Weißenbach.

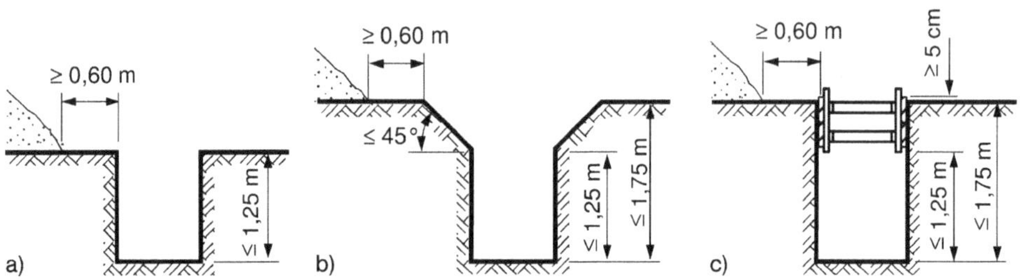

Bild 1.1 Gräben bis 1,75 m Tiefe mit senkrechten Wänden; a) Graben mit durchgehend senkrechten Wänden, b) Graben mit abgeböschten Kanten, c) teilweise gesicherter Graben

nach starken Regen- oder Schneefällen, nach dem Lösen größerer Erd- oder Felsmassen, bei einsetzendem Tauwetter und nach Sprengungen.

Die Böschungsneigung von nicht verbauten Baugruben und Gräben richtet sich unabhängig von der Lösbarkeit des Bodens nach dessen bodenmechanischen Eigenschaften unter Berücksichtigung der Zeit, während derer sie offen zu halten sind, und nach den äußeren Einflüssen, die auf die Böschung wirken.
Ohne rechnerischen Nachweis der Standsicherheit dürfen folgende Böschungswinkel nicht überschritten werden:

$\beta = 45°$ bei nichtbindigen oder weichen bindigen Böden,
$\beta = 60°$ bei steifen oder halbfesten bindigen Böden,
$\beta = 80°$ bei Fels.

Als Fels können gegebenenfalls auch felsartige, in bodenmechanischem Sinne feste bindige Böden angesehen werden, wenn sich unter der Einwirkung von Oberflächenwasser ihre Festigkeit nicht vermindert.

Geringere Wandhöhen als 1,25 m bzw. 1,75 m oder flachere Böschungen als angegeben sind vorzusehen, wenn besondere Einflüsse die Standsicherheit der Baugrubenwand gefährden. Solche Einflüsse können z. B. sein:

- Störungen des Bodengefüges wie Klüfte oder Verwerfungen,
- zur Einschnittssohle hin einfallende Schichtung oder Schieferung,
- nicht oder nur wenig verdichtete Verfüllungen oder Aufschüttungen,
- erhebliche Anteile an Seeton, Beckenschluff oder organischen Bestandteilen,
- Grundwasserabsenkung durch offene Wasserhaltung,
- Zufluss von Schichtenwasser,
- nicht entwässerte Fließsandböden,
- Verlust der Kapillarkohäsion eines nichtbindigen Bodens durch Austrocknen,
- Erschütterungen aus Verkehr, Rammarbeiten, Verdichtungsarbeiten oder Sprengungen.

Darüber hinaus kann die Oberfläche einer Böschung durch Wasser, Trockenheit oder Frost gefährdet werden. Am ungünstigsten wirken sich die Niederschläge aus. Dabei ist es jedoch selten der unmittelbar auf die Böschung fallende Regen, der ihre Standsicherheit bedroht. Selbst einen gewaltigen Gewitterregen übersteht eine

Baugrubenböschung im Allgemeinen ohne größeren Schaden. Lediglich im unteren Bereich hoher Böschungen bilden sich im Laufe der Zeit kleinere Erosionsrinnen, die sich aber vermeiden lassen, indem man die Böschung mit Plastikfolien abdeckt, sie mit Zementmilch oder Bitumen bespritzt oder eine Betonschicht aufbringt, gegebenenfalls mit einer Bewehrung aus Baustahlmatten. Befindet sich jedoch neben der oberen Böschungskante eine Geländemulde, in der sich größere Wassermengen sammeln, dann läuft das angestaute Wasser an der niedrigsten Stelle der Böschungsschulter über, nagt sie dabei an, erweitert diese Stelle immer mehr und reißt schließlich sturzbachartig eine tiefe Rinne in die Böschung. Besteht diese Gefahr, dann legt man an diesen Stellen Rinnen an, die das Regenwasser unmittelbar einer Wasserhaltungsanlage zuführen. Ähnliche Verhältnisse liegen vor, wenn oberhalb eines Baugrubeneinschnitts eine größere geneigte Fläche anschließt. Hier sollte das ankommende Oberflächenwasser in einem Abfanggraben mit dichter Sohle oberhalb der Baugrubenböschung gesammelt und dem Vorfluter oder der Wasserhaltungsanlage zugeleitet werden.

Die Standsicherheit unverbauter Wände ist rechnerisch nach DIN 4084 „Geländebruchberechnungen" oder durch Sachverständigengutachten nachzuweisen, wenn

a) eine Böschung mehr als 5 m hoch ist;
b) bei senkrechten Wänden die oben genannten Voraussetzungen nicht erfüllt sind;
c) eine Böschung steiler ist als oben angegeben, wobei allerdings bei Baugruben und Gräben, die betreten werden, eine Böschungsneigung von mehr als 80° bei nichtbindigen oder bindigen Böden bzw. von mehr als 90° bei Fels auf keinen Fall zulässig ist;
d) die oben angegebenen Böschungswinkel wegen störender Einflüsse nicht angewendet werden dürfen, die zulässige Wandhöhe bzw. die zulässige Böschungsneigung jedoch nicht nach vorliegenden Erfahrungen zuverlässig festgelegt werden kann;
e) vorhandene Gebäude, Leitungen, andere bauliche Anlagen oder Verkehrsflächen gefährdet werden können;
f) das Gelände neben der Graben- bzw. Böschungskante stark ansteigt oder unmittelbar neben dem Schutzstreifen von 0,60 m eine stärker als 1 : 2 geneigte Erdaufschüttung bzw. Stapellasten von mehr als 10 kN/m^2 zu erwarten sind;
g) Straßenfahrzeuge mit Gesamtgewichten und Achslasten nach der Straßenverkehrszulassungsordnung (StVZO) sowie Baumaschinen oder Baugeräte bis zu 12 t Gesamtgewicht nicht einen Abstand von mindestens 1,00 m zwischen der Außenkante der Aufstandsfläche und der Baugruben- bzw. Grabenkante einhalten;
h) Straßenroller und andere Schwertransportfahrzeuge sowie Bagger oder Hebezeuge von mehr als 12 t bis 40 t Gesamtgewicht nicht einen Abstand von mindestens 2,00 m zwischen der Außenkante der Aufstandsfläche und der Baugruben- bzw. Grabenkante einhalten.

Böschungen, die steiler geneigt sind als oben angegeben, müssen regelmäßig überprüft und gegebenenfalls abgeräumt werden. Dies gilt insbesondere nach längeren Arbeitsunterbrechungen, nach starken Regen- oder Schneefällen, nach dem Lösen größerer Erd- oder Felsmassen, bei einsetzendem Tauwetter und nach Sprengungen oder anderen dynamischen Einwirkungen, bei denen eine Desintegration des Gefüges möglich ist.

In der 2. Auflage von „Baugruben – Berechnungsverfahren" [214] sind ausführlich verschiedene Möglichkeiten zum Nachweis der Standsicherheit von Böschungen beschrieben. Besonders einfach und für Vorermittlungen geeignet ist das von *Weißenbach* vorgeschlagene Tabellenverfahren. Bei waagerechter Geländeoberfläche, durchgehend gleicher Böschungsneigung β und homogenem Boden mit Wichte γ können die von *Fellenius* [52], *Krey/Ehrenberg* [109] und *Schultze* [162] aufgestellten Kurventafeln verwendet werden. In Tabelle 20.5.1 ist eine zahlenmäßige Auswertung der Kurventafel von *Krey/Ehrenberg* [109] wiedergegeben. Man erhält mit den dort angegebenen Werten f_β für eine vorgegebene Böschungsneigung in Abhängigkeit vom Reibungswinkel φ und der Kohäsion c die Grenztiefe der Baugrube bzw. des Grabens aus

$$H_{gr} = f_\beta \cdot \frac{c}{\gamma} \tag{1.1}$$

sofern keine großflächige Auflast zu berücksichtigen ist. Die zulässige Grenzhöhe ergibt sich, wenn die Bemessungswerte des Reibungswinkels und der Kohäsion zugrunde gelegt werden, siehe Beispiel in Abschnitt 19.1. Die Beispiele in Abschnitt 19.2 beziehen sich auf das lamellenfreie Gleitkreisverfahren nach *Krey* (s. Baugruben, 2. Auflage), nach *Fröhlich* (s. DIN 4084:2009-01) und nach *Goldscheider* (s. [56] und DIN 4084/A1:2017).

1.3 Grabenverbau

1.3.1 Waagerechter Grabenverbau

Baugruben und Gräben sind zu verbauen, wenn nicht nach den Angaben des Abschnitts 1.2 gearbeitet wird. Für die Gräben, die zur Herstellung von Leitungen und Kanälen benötigt werden, kann der waagerechte Grabenverbau nach Bild 1.2 verwendet werden. Er ist zweckmäßig und wirtschaftlich, wenn der Graben nicht zu breit und nicht zu tief ist und wenn die zahlreichen Steifen den Arbeitsvorgang nicht zu sehr behindern. Damit der Graben mit waagerechten Bohlen gesichert werden kann, muss der Boden so standfest sein, dass er mindestens auf die Tiefe einer Bohlenbreite frei abgeschachtet werden kann, ehe die nächste Bohle eingezogen wird. Das Freilegen des Bodens auf eine größere Tiefe als zwei Bohlenbreiten ist nicht zulässig. Die freigelegte Stelle darf nur kurzfristig unverkleidet bleiben. Mit dem Einbau der Bohlen ist spätestens zu beginnen, wenn die Tiefe von 1,25 m erreicht ist.

Die Bohlen müssen feldweise gleich lang sein und durch senkrechte Aufrichter – auch Brusthölzer oder Laschen genannt – gefasst werden, die in Bohlenmitte und in der Nähe der Bohlenenden angeordnet sind. Der sogenannte Blattstoß – ein einziger Aufrichter, der über die anstoßenden Enden benachbarter Bohlen greift – ist nicht zulässig. Die Aufrichter müssen mindestens von zwei Steifen gestützt

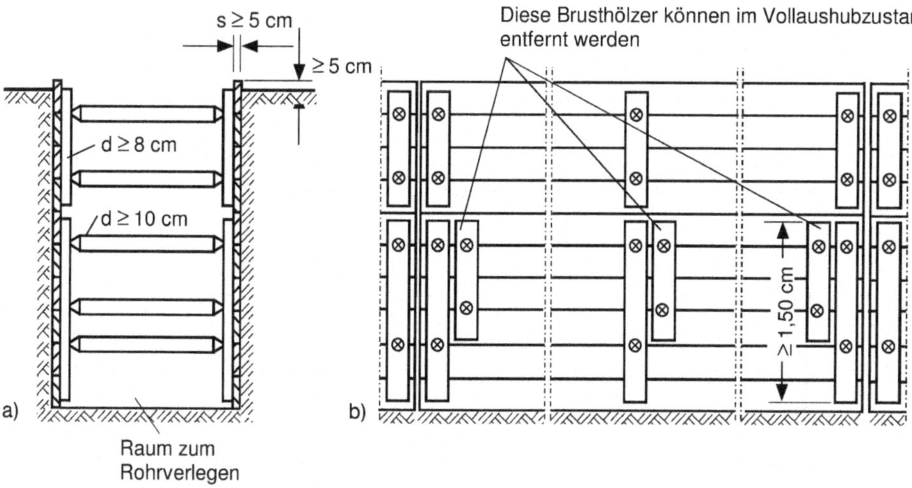

Bild 1.2 Waagerechter Grabenverbau (ohne Darstellung der Befestigungsmittel); a) Querschnitt, b) Längsschnitt

werden. In trockenen oder gleichkörnigen nichtbindigen Böden, bei denen die Gefahr des Ausrieselns besteht, sowie in Feinsand- und Schluffböden, bei denen Fließerscheinungen zu befürchten sind, müssen die Aufrichter jeweils von der Geländeoberfläche bis zur Baugrubensohle durchlaufen, um einem Einsturz der Baugrube vorzubeugen. Zur Aussteifung von Aufrichtern verwendet man Rundholzsteifen oder stählerne Kanalstreben (Bild 1.3). Sie sind gegen seitliches Verschieben und gegen Herabfallen zu sichern. Bei den Kanalstreben aus Stahl sind dazu die Ecken der Endplatten zu Krallen aufgebogen, die sich in das Holz der Aufrichter eindrücken. Holzsteifen werden in der Regel durch Spitzklammern gesichert.

Die Tragfähigkeit der üblichen Brusthölzer 8 cm × 16 cm bzw. 12 cm × 16 cm lässt nur einen verhältnismäßig kleinen Kragarm zu, sodass im Allgemeinen nur Rohre bis zu einem Durchmesser von 40 bzw. 60 cm verlegt werden können. Soll auch bei größeren Rohren der waagerechte Grabenverbau beibehalten werden, dann müssen nach dem Erreichen der Baugrubensohle stärkere Brusthölzer oder besondere Aussteifungsrahmen eingebaut werden, die den unteren Bereich der Baugrube steifenfrei halten. Die Aussteifungsrahmen bestehen aus zwei HE-B-Trägern, einer Steife und einem Zuggurt mit Spannschloss [203]. Damit lässt sich ein Arbeitsraum von 1 bis 2 m Höhe freihalten. Hierzu siehe auch DIN 4124 „Baugruben und Gräben". Zum Ausbau der Bohlen beim Verfüllen der Baugrube werden die Ausstei-

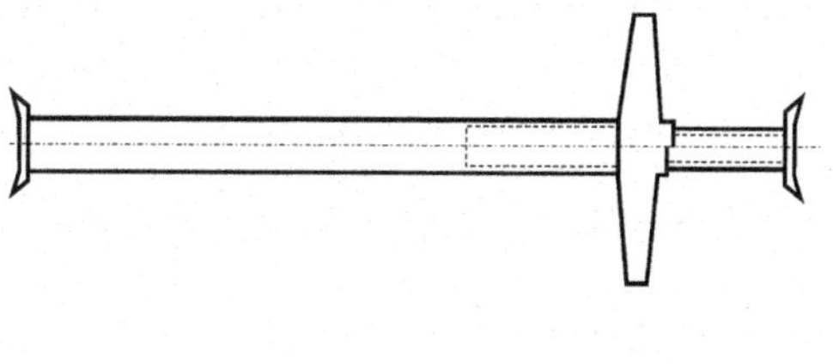

Bild 1.3 Leichte Kanalstrebe für den waagerechten Grabenverbau

fungsrahmen abschnittsweise höher gesetzt, bis die im oberen Bereich eingebauten Brusthölzer und Steifen allein ausreichen. Eine gegenseitige Störung der Brusthölzer und der Aussteifungsrahmen tritt nicht ein, wenn sie versetzt nebeneinander angeordnet werden.

Beim Rückbau darf die Baugrubenverkleidung abschnittsweise entfernt werden, sobald sie durch das Verfüllen der Baugrube entbehrlich wird. Die Bohlen sind im Allgemeinen einzeln auszubauen, sodass ein Einbrechen oder eine Sackung des Bodens vermieden wird. Soweit erforderlich, sind entsprechende Umsteifungen vorzunehmen oder zusätzliche Aufrichter und Steifen einzubauen, um die jeweils noch verbleibenden Bohlen zu sichern.

Auf einen Standsicherheitsnachweis für die Einzelteile kann verzichtet werden, wenn der Normverbau nach DIN 4124 „Baugruben und Gräben" verwendet wird. Lediglich die Tragfähigkeit der verwendeten Kanalstreben ist anhand der Herstellerangaben zu belegen. Im Übrigen finden sich in dieser Norm alle erforderlichen Angaben über Mindestabmessungen und Güteanforderungen für Bohlen, Aufrichter und Steifen.

1.3.2 Senkrechter Grabenverbau

Sofern ein großer freier Arbeitsraum zwischen der untersten Aussteifung und der Baugrubensohle benötigt wird oder der Boden nicht so standfest ist, dass nach dem abschnittsweisen Ausschachten jeweils Bohle um Bohle waagerecht eingebaut werden kann, dann kann es zweckmäßig sein, zum Verkleiden eines Leitungsgrabens einen senkrechten Grabenverbau nach Bild 1.4 anzuordnen. Sofern sich dabei die Bohlen nicht von vornherein in voller Länge einbringen lassen, rammt man sie mit dem Fortschreiten der Ausschachtung jeweils weiter nach. Bei trockenen, locker gelagerten nichtbindigen Böden sowie bei weichen bindigen Böden, die einen waagerechten Verbau nicht zulassen, müssen die Bohlen in jedem Bauzustand so weit in den Untergrund einbinden bzw. dem Aushub folgend nachgetrieben werden, dass ein Aufbruch ausgeschlossen ist. Wird der senkrechte Verbau bei Böden angewendet, die auch ein Verkleiden mit waagerechten Bohlen zulassen, dann kann auf eine Einbindung in den Untergrund verzichtet werden, es sei denn, dass sie aus statischen Gründen erforderlich ist.

Holzbohlen kommen als Verkleidung der Grabenwand im Allgemeinen nur infrage, wenn sie dem Aushub nachfolgen können. Stählerne Kanaldielen müssen in ihrer ganzen Länge die gleiche Form haben und an die benachbarten Dielen nach dem Eintreiben gut anschließen. Verbeulte oder verbogene Dielen dürfen nicht verwendet werden. Das Gleiche gilt für Leichtspundwände, Tafelprofile, Rammbleche und dergleichen. Besteht die Gefahr, dass die unvermeidbaren Ritzen den anstehenden Boden in den Graben eindringen lassen, so sind sie durch Holzwolle oder Ähnliches zu verschließen. Ist die Baugrube tiefer als die Holzbohlen oder Kanaldielen lang sind, dann muss der Verbau in Staffeln eingebracht werden (Bild 1.5). Die dabei eintretende Verengung der Baugrube lässt sich durch Pfändung vermeiden. Die Bohlen oder Kanaldielen werden dazu schräg nach außen geneigt eingetrieben.

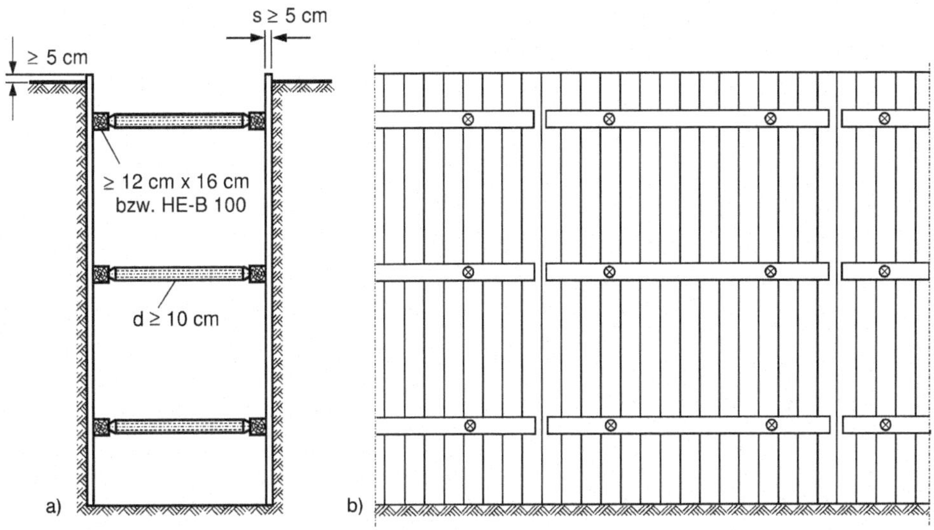

Bild 1.4 Senkrechter Grabenverbau (ohne Darstellung der Befestigungsmittel); a) Querschnitt, b) Längsschnitt

Bild 1.5 Senkrechter Grabenverbau mit gestaffelten Kanaldielen (Foto: Hoesch AG, Dortmund)

Die Gurthölzer bzw. Gurtträger müssen der Neigung der Bohlen und Kanaldielen angepasst und geneigt eingebaut werden. Diese Ausführungsart ist unter dem Namen „Kölner Verbau" bekannt.

Gurt- bzw. Rahmenhölzer und Gurtträger sind durch Hängeeisen, Ketten oder andere gleichwertige Vorrichtungen an der Baugrubenwand anzuhängen. Sind die

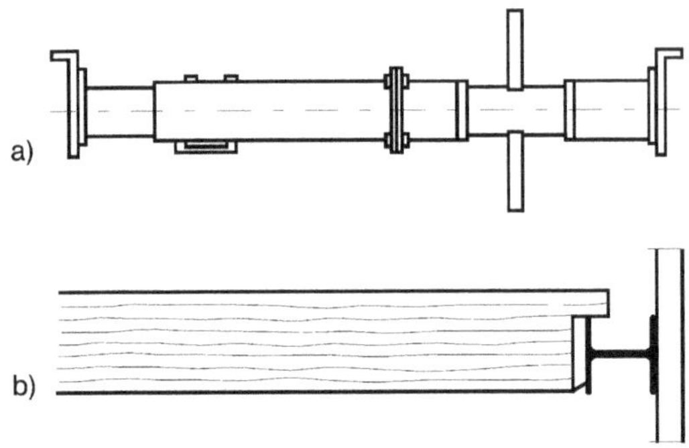

Bild 1.6 Aussteifungsmittel für den senkrechten Grabenverbau; a) Kanalstrebe, b) Holzsteife mit angeschnittener Auflagernase

Holzbohlen oder Kanaldielen nicht in der Lage, das Eigengewicht der Gurthölzer und der Steifen in den Untergrund abzutragen, dann sind in Geländehöhe Unterlagshölzer anzuordnen und die Gurthölzer an ihnen aufzuhängen. Die Unterlagshölzer müssen in die Geländeoberfläche eingelassen oder mit Material eingeebnet werden.

Als Steifen werden im Allgemeinen Rundhölzer oder Kanalstreben verwendet (Bild 1.6). Rundhölzer werden oft mit Bügeln aus entsprechend gebogenem Rundstahl am Außenflansch von HE-B-Gurten aufgehängt und von oben verkeilt. Klinkt man die Rundhölzer am Auflager aus oder nagelt man überstehende Laschen auf, so kann man sie mit der so entstehenden Nase auf den Gurt auflegen, muss dafür aber Schwierigkeiten beim Verkeilen in Kauf nehmen. Wirtschaftlich und in der Handhabung bequem sind Kanalstreben und Holzsteifen mit Universalspindeln, wenn sie mit Auflagerwinkeln versehen sind. Allerdings müssen die Auflagerwinkel so verstellbar sein, dass Steifenachse und Stegachse des Gurtes in der gleichen Höhe liegen. Eine Grobeinstellung der Kanalstreben lässt sich innerhalb gewisser Grenzen durch Steckbolzen und eine Feineinstellung durch die Spindel erzielen.

Üblicherweise werden die Dielen eines senkrechten Verbaus erst gezogen, wenn der Graben vollständig verfüllt ist und die Aussteifungsrahmen ausgebaut sind. Der entstehende Spalt von einigen Millimetern Dicke wird dabei hingenommen. Soll eine einwandfreie Verzahnung zwischen Füllboden und Grabenwand erzielt werden, z. B. mit Rücksicht auf die Bemessung von Rohrleitungen, dann dürfen die einzelnen Dielen nur abschnittsweise und jeweils nur so hoch gezogen werden, dass im freigelegten Teil des Grabens der Füllboden lagenweise eingebracht und verdichtet werden kann. Bei Gräben neben Gebäuden belässt man die Kanaldielen auf der Hausseite in der Regel im Boden, mit Ausnahme der obersten 2 m, die entfernt werden, damit Anschlüsse der Leitungen möglich sind.

Wenn der Normverbau nach DIN 4124 „Baugruben und Gräben" verwendet wird, kann auf einen Standsicherheitsnachweis verzichtet werden. Lediglich die Tragfähigkeit der verwendeten Kanalstreben ist anhand der Herstellerangaben zu belegen. Im Übrigen enthält diese Vorschrift alle erforderlichen Angaben über Mindestabmessungen und Güteanforderungen für die Einzelteile des Verbaus.

1.3.3 Grabenverbaugeräte

In vorübergehend standfesten Böden dürfen Gräben von mehr als 1,25 m Tiefe maschinell ohne Abböschung oder Verbau ausgehoben werden, sofern dadurch weder Personen, Gebäude, Leitungen noch andere bauliche Anlagen gefährdet werden. Diese Gräben dürfen jedoch erst betreten werden, nachdem unter besonderen Sicherheitsmaßnahmen ein fachgerechter Grabenverbau eingebracht ist. Als vorübergehend standfest wird ein Boden bezeichnet, wenn der freigelegte Bereich der Grabenwand in der kurzen Zeit, die zwischen dem Beginn der Ausschachtung und dem Einbringen des Verbaus verstreicht, keine wesentlichen Einbrüche aufweist. Dies ist in aller Regel nur bei mindestens steifen bindigen Böden und felsartigen Böden der Fall. Die Forderung nach besonderen Sicherheitsmaßnahmen ist erfüllt, wenn der Verbau unter Einsatz von Geräten eingebracht wird, die von der Prüf- und Zertifizierungsstelle im BG-PRÜFZERT der Fachausschüsse Bau (BAU) und Tiefbau (TB) der Berufsgenossenschaft der Bauwirtschaft in sicherheitstechnischer Hinsicht überprüft und als geeignet beurteilt worden sind, und die Betriebsanleitungen sowie die Forderungen der genannten Prüfstelle zur Gewährleistung der Arbeitssicherheit eingehalten werden.

Die technische Entwicklung der Grabenverbaugeräte begann mit den Verbauhilfsgeräten, in deren Schutz von oben her ein herkömmlicher waagerechter oder senkrechter Verbau eingebracht wurde, bevor der Graben selbst betreten wurde. Es folgten fertige Verbaueinheiten, die vom Bagger in den offenen Graben eingesetzt und dann von innen her gegen die Grabenwände gedrückt werden. Beide Verfahren setzen voraus, dass die Grabenwände zumindest so lange auf voller Aushubtiefe stehen bleiben, bis der Verbau in der Lage ist, die Stützung zu übernehmen. Für Böden, die nur über eine geringe Höhe vorübergehend standfest sind, wurden im nächsten Entwicklungsschritt Verbaueinheiten aus großformatigen Stahlverbauplatten und Kanalstreben entwickelt, die im Absenkverfahren eingebracht werden können. Beim herkömmlichen Absenkverfahren werden die beiden gegenüberliegenden Verbauplatten jeweils abwechselnd dem Aushub folgend entsprechend Bild 1.7 in den Boden gedrückt. Damit sich die mit diesem Bauvorgang verbundene abwechselnde Verengung und Ausweitung der Verbaueinheit in vertretbaren Gren-

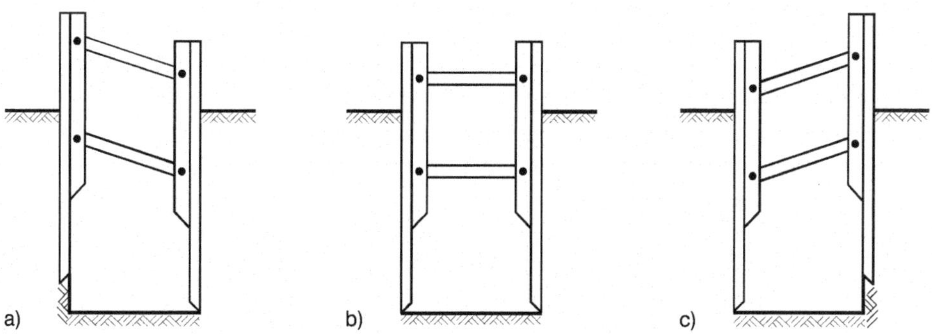

Bild 1.7 Absenkverfahren mit großformatigen Stahlverbauplatten; a) rechte Seite abgesenkt, b) beide Seiten gleich tief, c) linke Seite abgesenkt

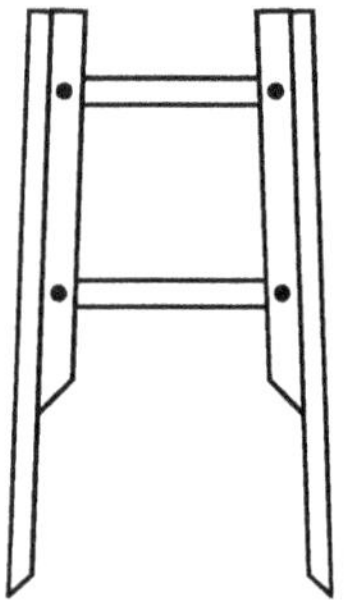

Bild 1.8 Voreinstellung der Verbaueinheit

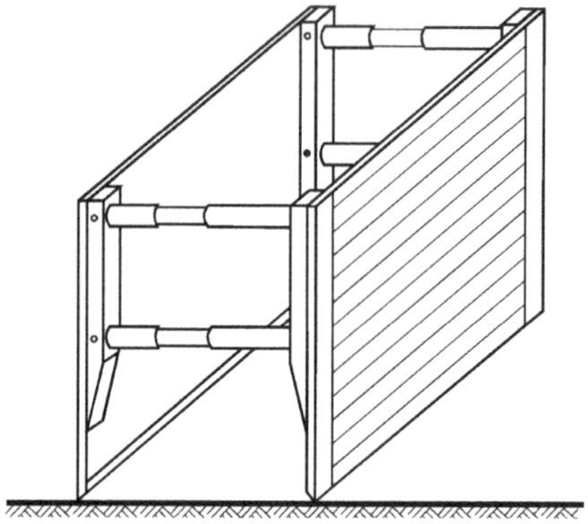

Bild 1.9 Randgestützte Stahlverbauplatten

zen hält, ist die zulässige Strebenneigung auf maximal 1:20 begrenzt worden. Um zu verhindern, dass sich die Verbaueinheit beim Absenken im Boden einklemmt, werden die Streben zu Beginn der Absenkung entsprechend Bild 1.8 so eingestellt, dass der Abstand der Platten unten größer ist als oben. Die Folge davon ist eine Auflockerung des anstehenden Bodens, die erheblich über das Maß hinausgeht, welches beim herkömmlichen waagerechten oder senkrechten Grabenverbau zu erwarten ist. Die verschiedenen im Einsatz befindlichen Gerätetypen lassen sich wie folgt einteilen:

1. Bei den unmittelbar gestützten Verbauplatten bilden die Platten mit den senkrechten Traggliedern und den Kanalstreben eine Einheit. Sie eignen sich entsprechend ihrer Höhe insbesondere für Grabentiefen bis zu etwa 2,5 m, größere Tiefen sind möglich, wenn im Zuge des weiteren Aushubs Aufsatzstücke aufgesetzt werden. Eine natürliche Grenze für die erreichbare Tiefe setzen die Reibungskräfte, die beim Eindrücken und später beim Ziehen der Platten überwunden werden müssen. Für das Absenkverfahren sind nur randgestützte Platten zugelassen (Bild 1.9).
2. Beim Einfachgleitschienenverbau sind Kanalstreben und senkrechte Tragglieder zu rahmenförmigen Einheiten zusammengefasst. Die senkrechten Tragglieder sind als Gleitschienen ausgebildet, in denen die Verbauplatten geführt werden (Bild 1.10). Da die Gleitschienen und die Verbauplatten in getrennten Arbeitsgängen in den Boden gedrückt werden, sind die zu überwindenden Reibungskräfte geringer als bei den unmittelbar gestützten Verbauplatten. Dadurch sind mithilfe von Aufsatzteilen größere Grabentiefen erreichbar.
3. Beim Doppelgleitschienenverbau sind in den senkrechten Traggliedern zwei Nuten angeordnet, sodass die Verbauplatten in zwei verschiedenen Ebenen geführt werden können (Bild 1.11). Auf diese Weise beschränken sich die Kräfte beim Eindrücken bzw. beim Ziehen der Platten auf den Anteil von maximal der halben Grabentiefe. Damit können Gräben bis zu 6 m Tiefe verbaut werden.

Um die mit dem Einsatz von Verbaueinheiten verbundenen Probleme zu verringern, sind folgende Neuentwicklungen auf den Markt gekommen:

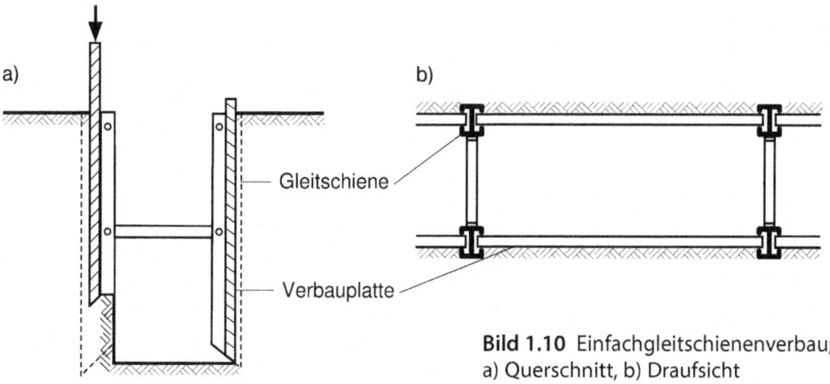

Bild 1.10 Einfachgleitschienenverbau; a) Querschnitt, b) Draufsicht

Bild 1.11 Doppelgleitschienenverbau (Foto: KVH Verbautechnik GmbH, Heinsberg)

a) Der Umgang mit den schweren Stahlteilen erfordert den Einsatz von kräftigen Hydraulikbaggern. Durch den Einsatz von Aluminium können die Einzelteile für Gräben bis 2 m Tiefe von Hand bewegt werden, bei Grabentiefen bis zu 3 m genügt der Einsatz von Kleinbaggern. Dies ist insbesondere bei beengten Platzverhältnissen von Vorteil.

b) Auch beim Doppelgleitschienenverbau sind wegen der großen Reibungskräfte, die beim Eindrücken und beim Rückbau der Platten zu überwinden sind, nur begrenzte Baugrubentiefen erreichbar. Der Anwendungsbereich wurde durch die Entwicklung von Dreifachgleitschienen auf etwa 9 m erweitert.

c) Der im Bild 1.7 beschriebene Bauvorgang führt insbesondere im Zusammenwirken mit der leicht A-förmigen Voreinstellung der Platten bzw. der Gleitschienen nach Bild 1.8 zu einer Auflockerung des Bodens, wodurch benachbarte Leitun-

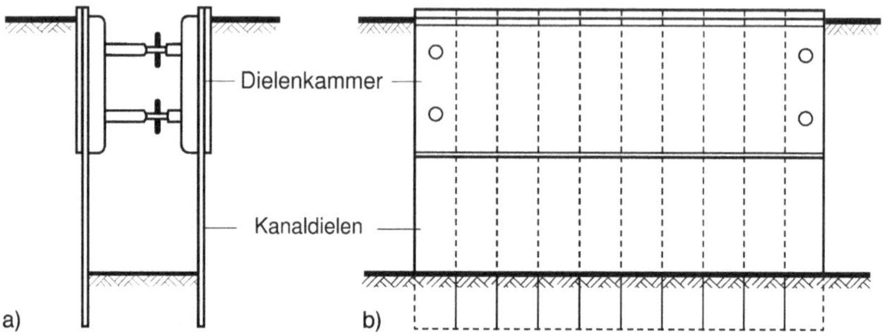

Bild 1.12 Dielenkammerelemente; a) Querschnitt, b) Längsschnitt

gen, gegebenenfalls auch Bauwerke, beschädigt werden. Durch die Entwicklung von Gleitschienenverbaugeräten mit senkrecht beweglichen, rechtwinkligen Aussteifungsrahmen wird eine parallele Führung der Verbauplatten in den Gleitschienen erzwungen und eine Auflockerung des Bodens vermieden. Je nach Hersteller werden die Aussteifungsrahmen als Laufwagen, Rollenschlitten oder Fahrwagen bezeichnet. Das System als Ganzes nennt sich Linearverbau, Parallelverbau oder Rollenschlittenverbau.

Ein Mittelding zwischen Verbauhilfsgerät und fertiger Verbaueinheit stellen die Dielenkammer-Elemente dar, die etwas unterhalb der Geländeoberfläche als feste Aussteifungsrahmen eingebaut, aber von oben her mit Kanaldielen bestückt werden (Bild 1.12). Je nach Tiefe sind noch weitere waagerechte Gurtungen oder eine Einbindung im Boden unterhalb der Baugrubensohle erforderlich.

Schwierigkeiten treten in der Regel bei kreuzenden Leitungen auf. Wenn diese nicht vorübergehend umgelegt werden können, verbleibt zwangsläufig zwischen den Verbaueinheiten eine Lücke, die in herkömmlicher Weise mit waagerechtem Verbau geschlossen werden muss. Auch die Stirnseiten der Grabenabschnitte sind zu verbauen, wenn nicht die Voraussetzungen für das Anlegen einer steilen Böschung vorliegen. Dafür sind bei den Gleitschienenverbaugeräten mit beweglichen Aussteifungsrahmen besondere Eckschienen entwickelt worden, in denen Verbauplatten abgesenkt werden können. Mit diesen Eckschienen lassen sich auch rechtwinklige Schächte herstellen.

1.4 Spundwände

Der Spundwandverbau ist ein senkrechter Verbau mit Bohlen, welche aus Stahl, Holz oder Stahlbeton hergestellt sind. In den meisten Bauprojekten wird Stahl als Material verwendet. Holz- und Stahlbetonspundwände sind seltener, da sie nicht über die Zugfestigkeit verfügen, die zwischen den Bohlen vorhanden sein muss, um Dichtigkeitsanforderungen und Tragfähigkeitsanforderungen zu erfüllen. Bei Holz- und Stahlbetondielen wird die Spundung als eine Art Nut-Feder-System konstruiert, welches speziell bei Stahlbetonspundwänden, die in Schlitzwandbauweise hergestellt werden, nachträglich an den Fugen verpresst werden kann.

Von einer Holzspundung sollte aufgrund der Fäulnis speziell im Bereich wechselnder GW-Horizonte sowie bei tropischen Hölzern aus Umweltschutzgründen Abstand genommen werden.

Stählerne Spundbohlen haben sich wegen des Ineinandergreifens der Schlösser, die annähernd eine Wasserdichtigkeit aufweisen, und wegen des großen Widerstandswerts zur Überbrückung großer Stützweiten durchgesetzt (z. B. Larssen). Im Allgemeinen werden U- und Z-Profile verwendet (Bild 1.13a). Wegen der guten Rammeigenschaften werden oft U-Profile bevorzugt. Beim Ziehen der Bohlen wirkt sich günstig aus, wenn das Schloss im Bereich der geringsten Verzerrungen (neutrale Faser) liegt. Allerdings ist bei diesen Bohlen die Aufnahme von Schubspannungen in den Schlössern nicht immer gewährleistet. Eine effektive Wirkung der Schubspannungen wird erzielt, wenn zumindest jede zweite Bohle werkseitig durch Zusammenziehen der Schlösser verbunden und als Doppelbohle gerammt wird.

Vor allem dann, wenn die Bohlen in tonigem Boden gerammt werden, ist mindestens jedes zweite Schloss zu verschweißen, um die Übertragung größerer Schubspannungen sicherzustellen. Alternativ können bei Herstellung der Spundwand aus Einzelbohlen bei schwer rammbarem Boden die Schlösser mit dem Aushub fortlaufend verschweißt werden. Bei einer Rammung in Kies-, Sand- oder Grobschluffböden genügte früher zur Aufnahme der auftretenden Schubspannungen oft die werkseitige Verpressung der Schlösser, bei geringer Schubbeanspruchung sogar die Schlossreibung. Die DIN EN 1993-5/NA setzt hier neuerdings deutlich strengere Maßstäbe.

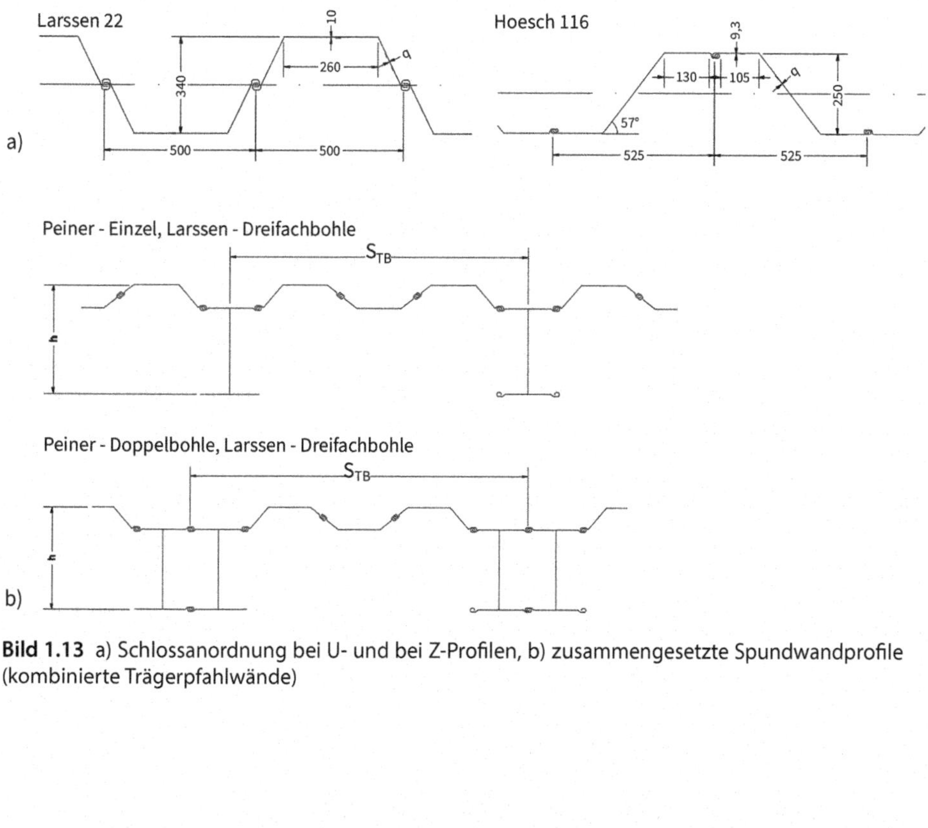

Bild 1.13 a) Schlossanordnung bei U- und bei Z-Profilen, b) zusammengesetzte Spundwandprofile (kombinierte Trägerpfahlwände)

Z-Profile werden oft bei Spundwänden eingesetzt, bei denen hohe Biegemomente auftreten. Winkelprofile als hochstegige U- oder Z-Profile werden bei besonders großen Biegemomenten erforderlich. Solche Profile, wie auch Stahlspundwände aus gemischten Profilen (Bild 1.13b), die ursprünglich aus dem konstruktiven Wasserbau stammen, werden bei extrem tiefen Baugruben eingesetzt, wenn die aufzunehmenden Biegemomente sehr groß sind. Bei gemischten Profilen dienen die Trägerpfähle (Peiner-Profile) zur Lastabtragung. Das System ist ähnlich dem Trägerbohlverbau. Diese Trägerpfähle werden durch die waagerechte Erddruckumlagerung mehr belastet (steifere Teile) als die Füllbohlen. Durch die Entlastung sind die Füllbohlen nur für einen Resterddruck und den Wasserdruck zu bemessen und brauchen daher im Allgemeinen auch nur bis zum Belastungsnullpunkt oder der Tiefe gerammt zu werden, bis zu der Wasser abgesperrt werden soll.

Bei den gemischten Peiner Stahlspundwänden werden die Schlösser aus rammtechnischen Gründen in der Regel zusammen mit den Zwischenbohlen gerammt. Sie tragen dann nicht zur Verstärkung der Tragbohlen bei. Die Tragbohlen können aber auch mittels aufgezogener und angeschweißter Schlösser oder angeschweißter Lamellen dem Momentenverlauf günstig angepasst werden. Diese Maßnahme führt bei schwer beanspruchten Wänden zu weiteren wirtschaftlichen Vorteilen.

In Zweifelsfällen ist statisch nachzuweisen, dass die auf die Zwischenbohlen wirkenden waagerechten Lasten in die Trägerbohlen übergeleitet werden können. Dieser Nachweis ist besonders wichtig, wenn große Wasserüberdruckbelastungen auftreten, da bei diesen keine Verspannungsmöglichkeit von Tragbohle zu Tragbohle besteht. Das Systemmaß der Tragbohlen S_{TB} ergibt sich aus den Abmessungen der Tragbohlen und dem Systemmaß der Zwischenbohlen S_{ZB} (Bild 1.13b). Zur Einleitung lotrechter Lasten erhalten die Tragbohlen eine besondere Kopfausrüstung.

Verbundwände (Bild 1.13b) werden in der Regel durch sinnvolles Aneinanderfügen gebräuchlicher Profile zum Zwecke einer Erhöhung der Tragfähigkeit durch Verbundwirkung (zusammengesetzte Spundwand in Winkelanordnung) oder durch angeschweißte Randschlösser und dergleichen gebildet. Soll mit vollem Verbund gerechnet werden, muss der Gesamtquerschnitt sich auch tatsächlich an der Aufnahme der Hauptbeanspruchung beteiligen. Hierbei muss sowohl der Nachweis für die Momenten- als auch für die Querkraftaufnahme geführt werden. Außerdem ist, abhängig vom Tragsystem, die Einleitung der waagerechten Kräfte in das Haupttragsystem nachzuweisen. Wird der Verbund nicht durch konstruktive Maßnahmen nachweisbar voll herbeigeführt, ist mit einem verminderten Verbund und notfalls nur mit dem Widerstandsmoment der Einzelelemente zu rechnen.

Spundwandprofile werden nach DIN EN 10248 (warmgewalzte Spundbohlen) und DIN EN 10249 (kaltgeformte Spundbohlen) gefertigt. Die üblichen Stahlsorten sind S 240 P und S 355 GP und in der Regel als Lagerware vorhanden. In Sonderfällen (bei schwierigen Schweißarbeiten, räumlichen Spannungszuständen und bei dynamischen Beanspruchungen) sind doppelt beruhigte oder hochfeste Stähle zu verwenden.

Das Einbringen von Spundwänden wird üblicherweise über schlagendes Rammen, Rütteln oder durch hydraulisches Einpressen bewältigt. Wenn Rammen oder Vibrieren aufgrund der Lärm- oder Erschütterungsbelästigung nicht möglich sind und hohe Anforderungen neben der tragenden Wirkung hinsichtlich der Wasserdichtigkeit verlangt sind, werden die Spundwände in vorab hergestellte flüssigkeitsgestützte Schlitzwände eingesetzt.

Vor Beginn der Arbeiten ist die Rammbarkeit des Baugrunds zu prüfen. In schwer zu beurteilenden Fällen empfiehlt sich eine Proberammung. Kleinere Steine werden im Allgemeinen beim Rammen verdrängt, größere Steine (z.B. Findlinge) können durch Vorbohren beseitigt werden. Bei schwerem Rammen besteht die Gefahr der Schlosssprengung. In bestimmten Fällen sind Einbringhilfen wie z.B. Nieder- oder Hochdruckspülung bei sehr dichten oder zähen Böden bzw. Kernbohrungen oder Lockersprengung bei felsähnlichen Böden erforderlich.

Steifen und Anker dürfen nur gegen Zangen oder Gurte gesetzt werden, sofern nicht jede Spundwandwelle für sich verankert wird (Bild 1.14). Als Gurtungen kommen im Allgemeinen nur U- bzw. HE-B-Walzprofile, U-Profil-Spundbohlen oder Stahlbetonbalken infrage. Stahlbetonbalken bieten den Vorteil, dass sie sich der Wellenform der Spundwände und den auftretenden Verrammungen zwanglos anpassen. Bei Gurten aus Stahl werden Rammungenauigkeiten durch Stahlplatten, eingeschweißte Stege, Stahlkeile oder Beton ausgeglichen, soweit es für eine einwandfreie Kraftübertragung erforderlich ist. Die Gurte werden entweder auf Konsolen aufgelegt oder an Ketten, Rundstäben oder Flacheisen aufgehängt, die

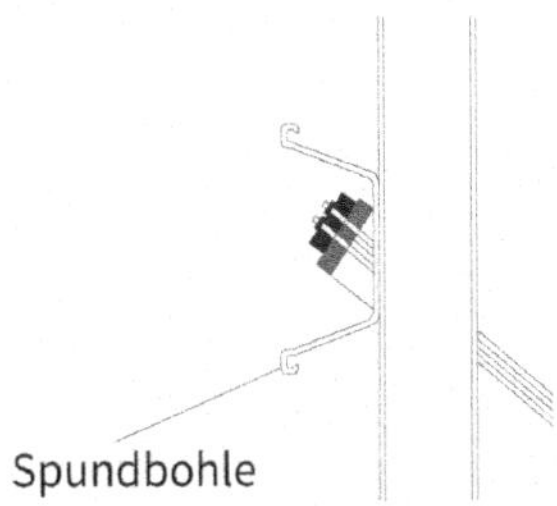

Bild 1.14 Spundbohle als Ankerauflage

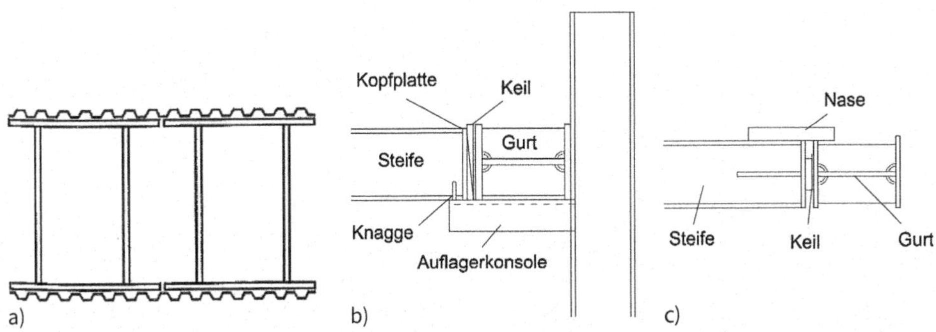

Bild 1.15 Ausgesteifte Spundwandbaugrube; a) Grundriss, b) Steifenauflagerung auf Konsolen, c) Steifenauflagerung auf angeschweißter Nase

ihrerseits am Spundwandkopf eingehakt sind. Die Steifen werden entweder auf Konsolen aufgelegt, die unter dem Gurt angeschweißt sind, oder auf Nasen, die aufgeschweißt sind (Bild 1.15).

Außer den allgemein üblichen Steifen aus Rundholz und Stahlträger-Profilen sind verschiedentlich Stahlrohre (Bild 1.16), Gitterstreben und Stahlbetonbalken als Aussteifung verwendet worden. Rohre weisen ein günstiges Verhältnis von Trägheitsmoment zu Gewicht auf und eignen sich daher besonders gut als Steifen mit großer Knicklänge. Gitterstreben mit drei oder vier Längsprofilen sind in den Abmessungen nicht begrenzt, jedoch in der Herstellung aufwendig. Stahlbetonbalken können nach Erreichen der jeweiligen Aushubtiefe unmittelbar auf die Baugrubensohle betoniert werden. Sie können wirtschaftlich sein, wenn sie in das Bauwerk einbezogen werden oder wenn anderenfalls Stahlprofile verwendet werden müssten, deren Wiederverwendung fraglich ist.

Bild 1.16 Abgespundete Tunnelbaugrube; City-S-Bahn Hamburg, Baulos Binnenalster (Foto: Bundesbahndirektion Hamburg)

Außer einer Staffelung des Spundwandfußes ist auch eine Verstärkung des Wandprofils üblicherweise vor dem Einbringen der Spundwand möglich (Bild 1.17a). Im Bild 1.17b ist eine nachträgliche Verstärkung der Spundwandprofile in den Tälern zur Aufnahme höherer Momente dargestellt.

Bei der Wahl des Spundwandprofils sind auch die Wiedergewinnung und die Wiederverwendung von Bedeutung, und so ist man bestrebt, die Spundwände nach Fertigstellung des Bauwerks wiederzugewinnen.

Die Gefahr, dass die Spundwand am Beton einer gegen sie geschütteten Bauwerkssohle haftet, kann durch Anheften einer Papplage vor dem Betonieren leicht beseitigt werden. Das Ziehen fällt leichter, wenn Doppelbohlen verwendet werden,

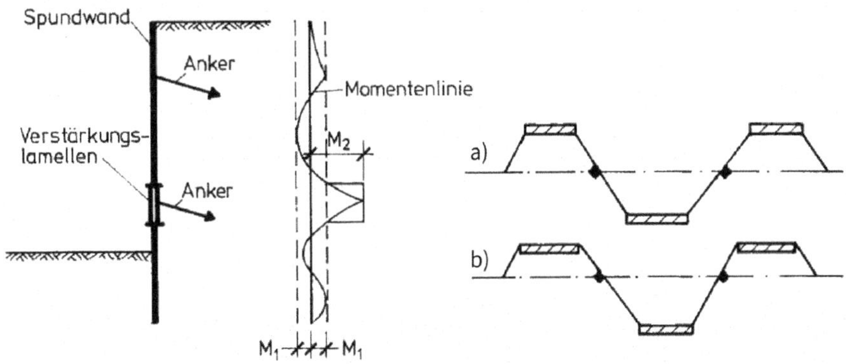

Bild 1.17 Verstärkung von Spundwandprofilen mit a) Aufschweißung vor Einbringung und b) nach Einbringung der Spundwandprofile mit dem Aushub

die nicht verpresst oder verschweißt sind. Beim Ziehen wird dann als Einheit wie beim Rammen die Doppelbohle gewählt, aber gegenüber dem Rammvorgang um eine Einzelbohle versetzt. Damit wird erreicht, dass sich die Bohlen nicht in den beim Rammen benutzten Schlössern lösen müssen. Die Schlösser, in denen die Bohlen paarweise im Werk zusammengezogen worden sind, weisen eine erheblich geringere Reibung auf, da beim Rammen keine die Verkrustung fördernden Bodenteilchen eindringen. Gegebenenfalls können auch Einzelbohlen gezogen werden, sofern sie nicht verpresst oder verschweißt worden sind.

Stahl ist im Allgemeinen der Korrosion ausgesetzt, wobei die Korrosionsgeschwindigkeit abhängig von der Stahlumgebung ist. Die atmosphärische Korrosion ist im Allgemeinen gering. Bei salzhaltiger Atmosphäre im Küstenbereich sowie anderen stahlaggressiven Medien in der Luft können sich höhere Abtragungsgeschwindigkeiten ergeben. Im Süßwasser liegt im Normalfall eine geringe Korrosionsbelastung vor. Die Hauptangriffszone ist der Bereich unterhalb des Wasserspiegels. Korrosionsbelastungen liegen vor bei größerer Grundwasser-Aggressivität und wechselnden Wasserpegelständen.

Im Boden ist im Allgemeinen die Korrosionsrate sehr gering, vorausgesetzt, es liegen keine stark aggressiven Böden vor, wie z. B. Humusboden oder Waschberge. Das Gleiche gilt für verunreinigte Oberflächen- oder Sickerwässer, die das Wachstum stahlaggressiver Bakterien fördern und von der Spundwand fernzuhalten sind.

Für den Fall des Korrosionsangriffs sind folgende Maßnahmen möglich:

a) Bemessung mit Abnutzungsvorrat,
b) korrosionsschutzgerechte Gestaltung und Bemessung von Stahlspundwänden (Maximalmomente nicht in der gleichen Höhenlage wie die Hauptangriffszonen der Korrosion),
c) Schutzanstriche,
d) kathodischer Korrosionsschutz (Opferanode, Schutz mit Fremdstrom),
e) Legierungszusätze (nur in Sonderfällen, da unwirtschaftlich, nicht üblich beim Baugrubenverbau).

Weitere Hinweise zum Korrosionsschutz für Stahlbauten sind der DIN 55928 zu entnehmen.

Weitergehende Angaben hinsichtlich der Herstellung von Spundwandbauwerken mit Regelungen zu Erkundung, Rammverfahren, Lagerung und Einbau von Spundbohlen, Anwendung von Einbringhilfen, Ausführung von Schweißarbeiten, erreichbaren systembedingten Toleranzen, Art und Umfang von Qualitätssicherungsmaßnahmen und zur Wasserdichtigkeit oder Abdichten von Schlossfugen findet man in der DIN EN 12063 sowie in den Handbüchern der Spundwandhersteller.

1.5 Trägerbohlwände

Trägerbohlwände (Bild 1.18) sind praktisch eine Weiterentwicklung des waagerechten Grabenverbaus für größere Baugrubentiefen. Sie werden häufig im städtischen Tiefbau in fast allen Bodenarten eingesetzt. Wegen seiner Wasserdurchlässigkeit, z. B. in Verbindung mit Holzbohlen, wird der Trägerbohlverbau in Bereichen ausgeführt, wo das Grundwasser tiefer als der Aushub liegt oder vorab abgesenkt wurde. Er ist im Vergleich zu den anderen Verbauarten relativ nachgiebig und deshalb ist seine Anwendung im Einflussbereich von bestehender Bebauung nur bedingt empfehlenswert.

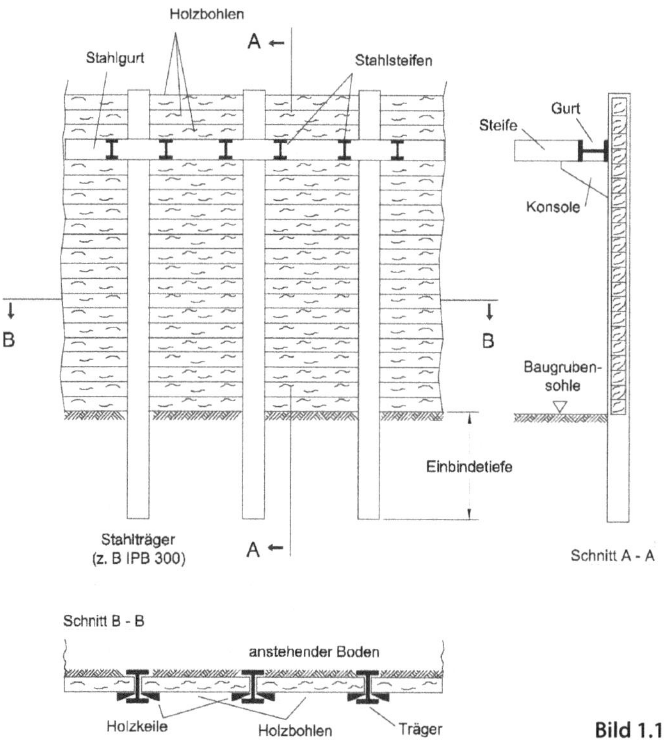

Bild 1.18 Trägerbohlwand

Trägerbohlwände bestehen aus senkrechten Traggliedern, die üblicherweise im Abstand von 1 m bis 3,5 m entlang der geplanten Baugrubenwand von der Geländeoberfläche aus eingebracht werden, und einer waagerecht gespannten Ausfachung (Bild 1.18) aus Holz, Stahl oder Beton.

In der ursprünglichen Form, die beim Bau der Berliner U-Bahn (deshalb auch „Berliner Verbau") in den Jahren um die Jahrhundertwende entwickelt wurde, handelt es sich um gerammte I-Träger mit dazwischen eingekeilten Holzbohlen. Die vielfältigen Anwendungsmöglichkeiten und die hervorragende Anpassungsfähigkeit an örtliche Gegebenheiten haben bis zum heutigen Tag eine Vielzahl von Abwandlungen entstehen lassen.

Anstelle der quer zur Stegachse verhältnismäßig weichen und daher leicht verlaufenden I-Profile werden vielfach HE-B-Profile gerammt oder mit einem Schwingbär eingerüttelt. Wenn die beim Rammen entstehenden Erschütterungen und Geräusche vermieden werden sollen oder wenn harte Schichten anstehen, die sich nicht durchrammen lassen, dann kann es zweckmäßig sein, die Bohlträger in vorgebohrte Löcher zu setzen. In diesem Fall können nicht-rammfähige Profile verwendet werden, z. B. auch Doppel-U-Profile. Diese bieten sich insbesondere dann an, wenn die Bohlträger einzeln ohne tragende Gurtungen und ohne überstehende versenkte Ankerköpfe verankert werden sollen.

Die Ausfachung nimmt die Erddruckkräfte auf und leitet sie in die Träger ein, welche die Kräfte konzentriert an eine Baugrubenaussteifung oder an Verpressanker und an das unterhalb der Sohle liegende Erdreich abgeben. Neben den Horizontallasten müssen die Träger Vertikallasten aus Wandreibung zwischen Baugrund und Verbau, aus dem Vertikallastanteil der nach unten geneigten Verpressanker sowie aus evtl. Baugrubenabdeckungen aufnehmen. Muss der Träger größere Vertikalkräfte aufnehmen, wird er entsprechend tiefer eingerammt, mit einer Fußplatte versehen oder einbetoniert.

Das Bohrloch oberhalb des Trägerfußes wird bis zur Geländeoberfläche mit einem Bodenmaterial verfüllt, das bei der späteren Verbauherstellung nicht in die Baugrube ausrieselt. Steht kein geeignetes Material zur Verfügung, so kann ein durch Zement schwach gebundenes Sand-Kiesgemisch verwendet werden.

Die Empfehlungen des Arbeitskreises „Baugruben" [47] fordern bei Baugruben bis zu 10 m Tiefe eine Mindesteinbindetiefe der Träger von 1,50 m unter der Baugrubensohle, sofern sich aus dem Standsicherheitsnachweis nicht ohnehin ein größeres Maß ergibt. Vielfach reicht die Einbindetiefe von 1,50 m jedoch nicht aus, um den erforderlichen Erdwiderstand zu wecken oder die aus Auflasten oder aus der Wandreibung herrührende Vertikalkraft in den Untergrund abzuleiten. Andererseits kann auf das Einbinden der Träger in den Untergrund verzichtet werden, wenn die unterste Steifen- oder Ankerlage verhältnismäßig dicht über der Baugrubensohle angeordnet wird und keine Vertikalkräfte aufgenommen werden müssen.

Wenn außer der Eigenlast der Baugrubenverkleidung und der Vertikalkomponente des Erddrucks noch weitere vertikale Lasten abzutragen sind, z. B. Vertikalkräfte aus geneigten Verankerungen, Auflagerkräfte von Hilfsbrücken und Baugrubenab-

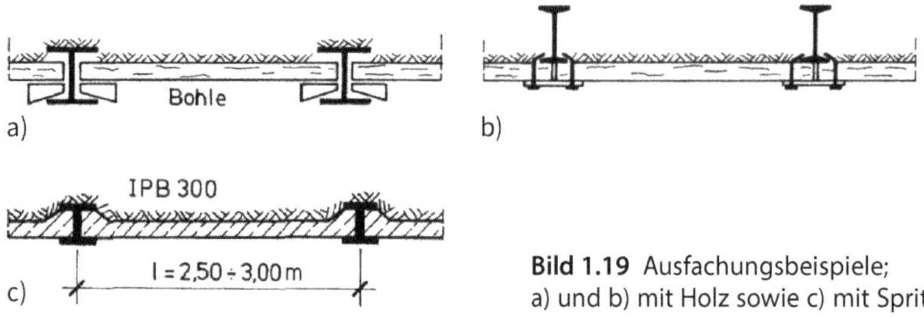

Bild 1.19 Ausfachungsbeispiele;
a) und b) mit Holz sowie c) mit Spritzbeton

deckungen, Lasten aus Kranbahnen, sollte für gerammte Verbauträger eine Mindesteinbindetiefe von 3,0 m nicht unterschritten werden.

Die Möglichkeiten der Ausfachung der Wand zwischen den Verbauträgern sind zahlreich:

- Holzausfachung, z. B. Holzbohlen, Kantholz, Rundholz (s. Bild 1.19a und b),
- Stahlausfachung, z. B. Kanaldielen, HE-B Träger, Stahlwandvorbauplatten,
- Betonausfachung, z. B. Stahlbeton, Spritzbeton (s. Bild 1.19c).

Die Einzelteile der Ausfachung müssen so lang sein, dass sie auf jeder Seite mindestens auf einem Fünftel der Flanschbreite aufliegen (Bild 1.20a). Sie sind im Allgemeinen mit Keilen oder anderen gleichwertigen Mitteln (z. B. Klemmen, Bild 1.20b) fest und unverschiebbar gegen den Boden zu pressen. Die Ausfachung muss stets mit dem Aushub fortschreitend eingebracht werden. Mit dem Einbringen ist spätestens zu beginnen, wenn eine Aushubtiefe von 1,25 m erreicht ist. Der Einbau der weiteren Ausfachung darf hinter dem Aushub im Allgemeinen nur um 0,50 m, bei steifen oder halbfesten Böden, z. B. bei Lehm und Mergel, höchstens um 1,00 m zurück sein. Beim Antreffen von örtlich begrenzten, wenig standfesten Böden, z. B. bei locker gelagertem, einkörnigem, trockenem Sand, bei sandfreiem Kies und bei Bodenarten, die zum Fließen neigen, kann es erforderlich sein, die Höhe der Abschachtung auf die Höhe der Einzelteile der Ausfachung zu beschränken. Besteht die Gefahr, dass die Bohlen abrutschen, z. B. bei locker gelagerten nichtbindigen Böden oder bei geschichteten Böden mit Einlagerungen von weichen bindigen Böden oder Fließsand (enggestufter, wassergesättigter Feinsand), so sind sie durch aufgenagelte Laschen oder Hängestangen zu sichern. Das Gleiche gilt unabhängig von anstehenden Böden immer dann, wenn der Abstand benachbarter Bohlträger mit der Tiefe zunimmt. Sofern die Gefahr besteht, dass die Keile sich lockern und herausfallen, und ein erneutes Festsetzen nicht möglich ist, sind sie durch Leisten zu sichern. Eine nur teilweise Verkleidung des freigelegten Bodens oder gar ein völliger Verzicht auf die Ausfachung ist nur im Bereich des Felses zulässig und da auch nur, wenn sichergestellt ist, dass keine Felsbrocken sich lösen oder herabfallen können. Gegebenenfalls sind zwischen den Bohlträgern Drahtnetze anzubringen.

Die Bohlen bei einer Holzausfachung werden innerhalb des freigelegten Wandabschnitts von unten nach oben eingebaut und an ihrer Rückseite mit Bodenmaterial verfüllt. Die jeweils unterste Bohle wird mit Holzwolle hinterstopft, damit

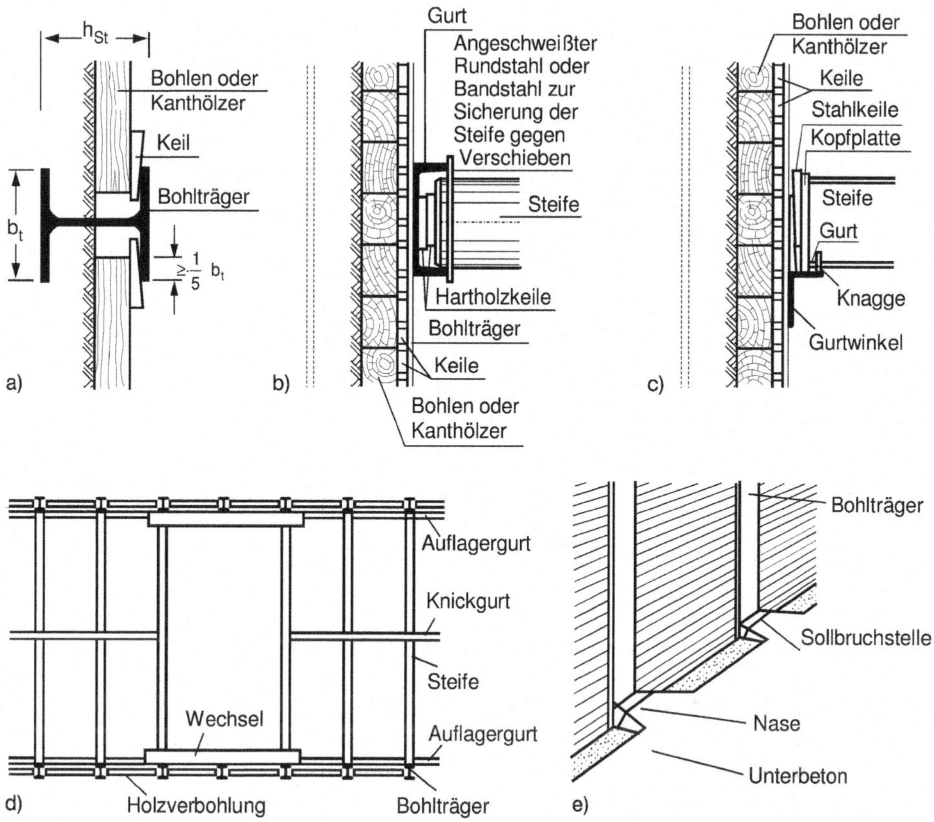

Bild 1.20 Einzelheiten einer Trägerbohlwand; a) Verkeilung der Bohlen, b) Auflagerung von Holzsteifen, c) Auflagerung von Stahlsteifen, d) Baggerloch, e) Abstützung gegen den Unterbeton

bei nachfolgendem späteren Freilegen des nächsten Wandabschnitts der zuvor oben eingefüllte Boden nicht ausrieselt.

Eine Betonausfachung lässt sich bei bindigen oder sonst standfesten Böden herstellen, bei denen statt der Holzbohlen ein bewehrter Betonverbau mit ca. 15 cm Stärke aus Ortbeton mit einhäuptiger Schalung oder Fertigteilen eingebaut wird.

Bei einer Spritzbetonausfachung handelt es sich um einen Sonderfall des Betonverbaus, der in der statisch erforderlichen Stärke in einer Lage auf die freigelegte Wandfläche gespritzt wird. Bei bewehrten Spritzbetonschalen werden Baustahlmatten eingelegt und mit einer oder mehreren Spritzbetonlagen abgedeckt.

Bei Antreffen von Schichtwasser kann es zu unkontrollierten Ausspülungen hinter der Ausfachung kommen. Ist mit Schichtwassereinfluss zu rechnen, so sind konstruktive Dränmaßnahmen wie z. B. endseitige Dränmatten, Filtersteine vor Einbringen der Ausfachung anzubringen und diese im Bereich des Verbaufußes an einer Längsdränage entlang der Verbauwand an den Vorfluter anzuschließen.

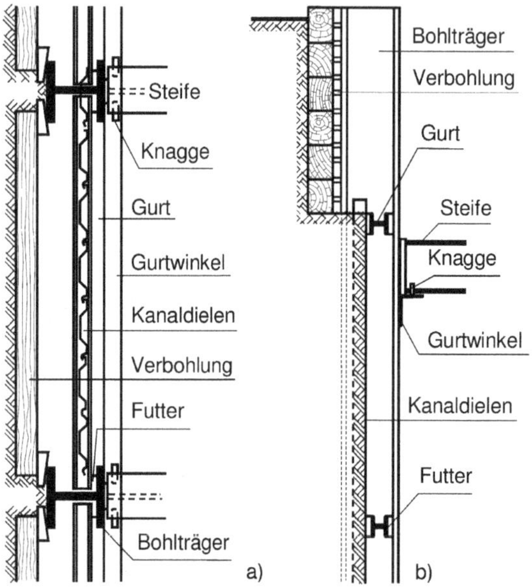

Bild 1.21 Trägerbohlwand mit Kanaldielenausfachung; a) Grundriss, b) Querschnitt

Bei Baugruben, die in Bodenschichten einschneiden, welche zum Fließen neigen und sich nur schwer oder gar nicht entwässern lassen, können bei der Verwendung von Trägerbohlwänden erhebliche Schwierigkeiten entstehen. Man umgeht sie, wenn man von vornherein im standfesten Bereich die Ausbohlung hinter die rückwärtigen Trägerflansche setzt und im Bereich der weichen Schichten zwischen den Bohlträgern Kanaldielen einrammt oder einpresst. Gehalten werden diese Kanaldielen von waagerechten Gurten aus leichten Stahlträgern, die mit dem Aushubfortschritt zwischen den Bohlträgern eingebaut werden (Bild 1.21).

Zur Aussteifung gegenüberliegender Bohlträger werden oft Rundholzsteifen verwendet, solange der Abstand etwa 8 bis 10 m nicht überschreitet. Rundholzsteifen müssen an den Enden abgefast sein. Sie liegen zumeist in Gurten aus U-Profilen, die an die Bohlträger angeschraubt oder angeschweißt sind, die gesamte Baugrubenlänge erfassen und somit den seitlichen Abstand der Bohlträger sichern (Bild 1.20b). Nach der Verkeilung, wofür grundsätzlich Hartholzkeile verwendet werden sollen, sind die Steifen durch Anbringen von Winkelstücken oder Stahlstäben gegen Verschieben zu sichern. Das Abheben verhindern bereits die Flansche des Gurtes. Bei Baugrubenbreiten von mehr als 10 m werden die Abmessungen von Holzsteifen im Allgemeinen zu groß. Man wählt dann Stahlsteifen aus Stahlträger-Profilen. Zur Auflagerung dienen Gurtwinkel, deren Flansch zur Aufnahmen der Keile und der Kopfplatten breit genug ist und darüber hinaus noch genügend Platz lässt für die Anordnung von Knaggen, welche die Steife gegen Abheben, Verschieben und Verdrehen sichern (Bild 1.20c). Bei sehr kleinen oder sehr unregelmäßigen Bohlträgerabständen kann es zweckmäßig sein, die Steifen unabhängig von der Anordnung der Bohlträger gegen biegesteife Gurte zu setzen, die ihrerseits mehrere Bohlträger abstützen, ähnlich wie dies bei verankerten Wänden stets der Fall ist (Bild 1.20d). Diese Gurte sind in der oberen Baugrubenhälfte zumindest einmal in Längsrichtung miteinander zu verbinden. Werden die Steifen unmittelbar zwischen gegenüberliegenden Bohlträgern angeordnet, dann ist wenigstens ein Gurt in der oberen Hälfte der Baugrubenwand auf größere Abschnitte der Baugrube zug- und druckfest durchzuführen. Das Gleiche gilt bei verankerten und bei nicht gestützten Baugrubenwänden. Bei verankerten Verbauwänden wird in der Regel eine horizontale Gurtung angeordnet, welche entweder durchgehend oder in Abschnitten auszuführen ist, damit bei Ausfall einer Steife oder eines Ankers die Durchlaufträgerwirkung der Gurtung einen Einsturz der Verbauwand verhindert. Alternativ zu einer durchgehenden Gurtung kann auch ein durchgehendes Zugband, z. B. Flachstahlband 100 mm × 10 mm, in Höhe des Stützpunktes angeordnet werden. In Sonderfällen kann durch einen vergrößerten Abstand der] [-Profile ein Ankerkopf zwischen den Trägern versenkt werden, sodass eine glatte Verbaufläche entsteht, gegen die z. B. die aufgehende Wand betoniert werden kann („verlorener Verbau").

Zur Verkürzung der Stützweite können die Bohlträger nach Bild 1.20e über entsprechende Nasen gegen den Unterbeton abgestützt werden. Diese Nasen erhalten eine Sollbruchstelle, damit später beim Ziehen der Bohlträger keine Bewegung auf das Bauwerk oder seine Abdichtung übertragen wird, und sie erhalten nach oben zum Bohlträger hin eine Verdickung, damit einerseits die Kontaktspannungen verringert und andererseits die Auflagerkräfte exzentrisch in den Unterbeton eingeleitet werden. Die exzentrische Krafteinleitung ist insbesondere dann von Bedeutung, wenn der Unterbeton über die ganze Baugrubenbreite frei gespannt ist und gegen Ausknicken gesichert werden muss. Die hierbei erforderliche Dicke von 15 bis 20 cm bei größeren Baugruben kann auf 7 bis 10 cm verringert werden, sofern der Unterbeton erst dann zur Aussteifung herangezogen wird, wenn er durch die Sohle des Bauwerks belastet ist.

Für Trägerbohlwände existiert keine spezifische Ausführungsnorm. Anforderungen an Konstruktion und Herstellung ergeben sich aus den „Empfehlungen des Arbeitskreises Baugruben" (EAB), der DIN 4124 sowie den Ausführungsnormen der „beteiligten" Gewerke DIN EN 1536 „Bohrpfähle" bei vorgebohrten Verbauträgern bzw. DIN EN 12699 „Verdrängungspfähle" bei gerammten Verbauträgern.

1.6 Massive Verbauwände

Bei großen Baugrubentiefen kommen massive Verbauarten zum Einsatz, weil zum anwachsenden Erddruck der Wasserdruck hinzukommt, wenn weitgehend wasserundurchlässige Verbauarten benötigt werden. Schlitzwände und Bohrpfahlwände sind die weit verbreiteten massiven Verbauarten, die folgende Vorteile aufweisen:

- eine Grundwasserabsenkung ist nicht erforderlich;
- sehr geringe Verformungen im Erdreich, sodass diese Bauweise sich besonders günstig bei Baugruben in unmittelbarer Nähe von Bauwerken auswirkt;
- sie können tiefer als gerammte Wände ausgeführt werden;
- durch die hohen Widerstandsmomente sind die Biegeverformungen relativ gering;

- harte Schichten oder Hindernisse können durchmeißelt werden;
- die mit Rammen verbundene Lärm- und Erschütterungsbelastung der Umgebung wird weitgehend vermieden;
- massive Verbauwände können nicht nur als Baubehelfe dienen, sondern auch als Bestandteil des permanenten Bauwerks verwendet werden.

Falls man die Verbauwände im Zusammenhang mit Unterfangungen der benachbarten Gebäude herstellen muss, so kommen noch weitere Verbauarten wie Düsenstrahlwände, Frostwände oder chemisch verfestigte Wände in Betracht.

Bohrpfahlwände

Bohrpfahlwände (Bild 1.22) bestehen in der Regel aus Stahlbetonpfählen; es sind aber auch schon anstelle der Bewehrung HE-B-Träger einbetoniert oder die Bohrrohe im Boden belassen worden.

Bei Ausführung mittels verrohrter Bohrungen bleibt der ursprüngliche Spannungszustand des umgebenden Bodens im Wesentlichen erhalten. Dadurch können Bodenbewegungen bzw. Setzungen hinter der Wand auf ein Minimum reduziert werden, sodass sich diese Verbauart für Baugrubenumschließungen im unmittelbaren Druckausbreitungsbereich neben Gebäuden oder anderen Bauwerken gut eignet.

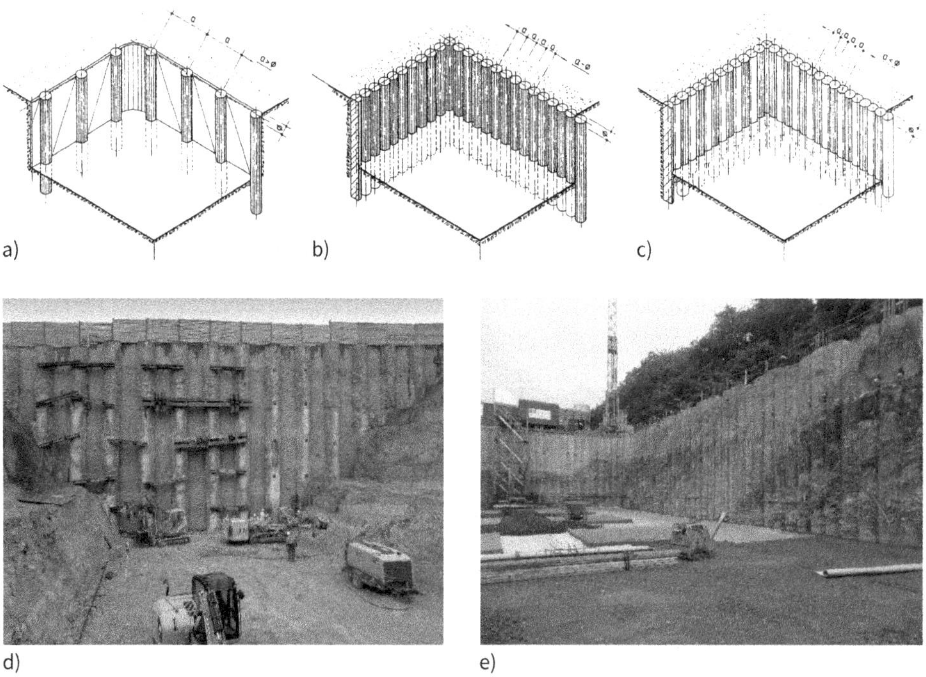

Bild 1.22 Pfahlwand-Typen in perspektivischer Darstellung; a) aufgelöste Wand, b) tangierende Wand, c) überschnittene Wand sowie Ausführungsbeispiele, d) aufgelöste Wand (aus Bauer Bohrpunkt 46/2016 S. 24, BAUER AG), e) überschnittene Wand (aus Bauer Bohrpunkt 46/2016 S. 20/21, BAUER AG)

Pfahlwände werden in der Regel vertikal ausgeführt. Sie sind, falls die örtlichen Umstände dies erfordern, auch mit einer Neigung gegen die Vertikale ausführbar, in Ausnahmefällen bis zu einer Neigung von ca. 17°.

Bei entsprechender Sorgfalt kann eine Lagegenauigkeit von 0,5 bis 1,0 % erreicht werden. Neben dem Vorteil, Pfähle zu sparen für den Zwischenraum zwischen Verbauwand und existierender Bebauung, ist diese Bauweise sehr anpassungsfähig. Im Grundriss ist praktisch jede geometrische Form ausführbar. Das Überbrücken von kreuzenden Leitungen oder Kanälen quer zur Wand ist relativ einfach durch Weglassen eines Pfahls zu realisieren. Die Öffnungen können z. B. durch Injektionen geschlossen werden.

Bei den Bohrpfahlwänden sind folgende Ausführungsarten üblich (Bild 1.22):

- Wände aus überschnittenen Bohrpfählen (überschnittene Bohrpfahlwand),
- Wände aus tangierenden Pfählen (tangierende Bohrpfahlwand),
- Wände aus Einzelpfählen (aufgelöste Bohrpfahlwand).

Von diesen drei Bohrpfahl-Wandtypen ist nur die überschnittene Bohrpfahlwand als annähernd wasserdicht zu betrachten, die restlichen Wandtypen gelten als wasserdurchlässiger Verbau.

Legt man Wert auf eine geschlossene und annähernd wasserdichte Wand, dann stellt man zunächst nur jeden zweiten Pfahl her und setzt dann in einem zweiten Arbeitsgang die fehlenden Pfähle so dazwischen, dass sie die im ersten Arbeitsgang hergestellten Pfähle anschneiden. Bewehrt werden üblicherweise nur die im zweiten Arbeitsgang hergestellten Pfähle. Wenn es nicht auf die Verbundwirkung und die weitgehende Wasserdichtigkeit ankommt, verzichtet man üblicherweise auf eine Überschneidung und setzt die Pfähle unmittelbar nebeneinander. Den Übergang zur Trägerbohlwand erhält man mit der aufgelösten Pfahlwand, bei der die Pfähle auf Lücke gesetzt und die Zwischenräume z. B. mit Spritzbeton verkleidet werden.

Überschnittene Bohrpfahlwände
Die überschnittene Bohrpfahlwand wird im Pilgerschrittverfahren hergestellt. Es werden zunächst ohne Bewehrung die Primärpfähle und anschließend die Zwischenpfähle (Sekundärpfähle) hergestellt. Die Sekundärpfähle schneiden in die beiden benachbarten bereits betonierten Pfähle ein, sodass eine durchgehende Betonwand entsteht. Diese Art der Wand wird auch zur Aufnahme des Wasserdrucks verwendet. Das Überschneidungsmaß liegt zwischen 10 cm und 30 cm und sollte nicht weniger als 10 cm betragen. Die planerisch anzusetzende Überschneidung ist von der Pfahltiefe und dem Pfahldurchmesser abhängig, da bei den Bohrungen Abweichungen des Ansatzpunktes ($0{,}10\ \text{m} \leq e \leq 0{,}15\ \text{m}$ abhängig vom Pfahldurchmesser) sowie der Neigung (≤ 2 % Bohrlänge) einzurechnen sind, DIN EN 1536/8.1. Diese führen in Abhängigkeit der Pfahllänge zu verschiedenen Absolutmaßnahmen der Toleranz. Die Sekundärpfähle sollen nach nur wenigen Tagen gebohrt werden, um das Einschneiden in den noch nicht voll ausgehärteten Beton der Primärpfähle zu erleichtern.

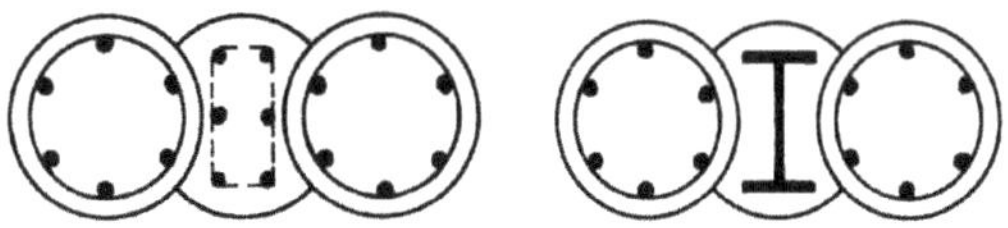

a) b)

Bild 1.23 Ausführungen von Bohrpfahlwänden mit bewehrten Primärpfählen zur Aufnahme von hohen Belastungen bzw. bei verformungsarmen Bohrpfahlwänden; a) schmaler Rechteckkorb, b) eingestellter I-Träger

Die Sekundärpfähle erhalten eine Bewehrung gemäß den statischen Anforderungen. Abweichend von der klassischen überschnittenen Bohrpfahlwand, welche einen bewehrten und einen unbewehrten benachbarten Primärpfahl vorsieht, gibt es Ausführungen, wie im Bild 1.23 dargestellt, bei denen aufgrund der hohen Steifigkeitsanforderungen an die Wand auch die Primärpfähle bewehrt werden müssen. Hierzu bedarf es einer besonderen Überwachung. Aus gerätetechnischen Gründen können allerdings die Bewehrungen der Primärpfähle nicht so ausgeführt werden wie bei den Sekundärpfählen. Die Bewehrung der Primärpfähle erhält entweder einen schmalen Rechteckkorb (Bild 1.23a) oder einen eingestellten I-Träger (Bild 1.23b). Bei geringeren Belastungen ist es aber auch möglich, abweichend von der üblichen Anordnung, auch zwei bzw. drei unbewehrte und einen bewehrten Pfahl anzuordnen.

Tangierende Pfahlwände
Im Gegensatz zu den wasserdichten Wänden, bei denen nur überschnittene Pfähle infrage kommen, werden bei nicht wasserdichten Wänden tangierende Pfähle verwendet. Diese Wände bestehen aus aneinandergereihten Bohrpfählen mit einem lichten Abstand von 5 bis 10 cm. Baugruben mit diesen wasserdurchlässigen Wänden werden im Trockenen oder aber im Schutz einer Grundwasserabsenkung ausgeführt.

Häufiges Einsatzgebiet ist die Sicherung von unmittelbar angrenzenden Bauwerken, da durch die massive Anordnung von bewehrten Pfählen große Biegemomente übertragen werden können. Durch die Pfahl-an-Pfahl-Anordnung ist sichergestellt, dass während des Aushubs nur geringe Auflockerungen des Bodens hinter der Wand auftreten.

Aufgelöste Pfahlwände
Die aufgelöste Bohrpfahlwand enthält nur die statisch erforderliche Anzahl von bewehrten Pfählen. Bei besonders günstigen Verhältnissen, wie z. B. felsartigem Boden oder injiziertem Baugrund, können die Pfähle auf Lücke gestellt werden und die Zwischenräume für gewisse Zeit unverkleidet bleiben.

Der Zwischenraum zwischen den Pfählen wird bei fortschreitendem Aushub durch Spritzbeton gesichert oder vor dem Aushub der Baugrube ausgefüllt, z. B. mit Mixed-in-Place-Pfählen die vor allem in nichtbindigem Boden eingesetzt werden. Die Sicherung kann eben oder durch ein Gewölbe erfolgen. Eventuell vorhandenes Sickerwasser kann durch Dränmatten oder sonstige Filterelemente hinter dem Spritzbeton gefasst und einer geeigneten Vorflut zugeführt werden.

Der Anwendungsbereich liegt in der Regel dort, wo angrenzende Verkehrswege oder leichte Bebauung zu sichern sind und Trägerbohlwände eine zu geringe Steifigkeit aufweisen.

Herstellung der Bohrpfahlwände
Bei tangierenden und überschnittenen Bohrpfahlwänden werden vor Beginn der Arbeiten Bohrschablonen hergestellt. Diese Schablonen bestehen aus einem leicht armierten Ortbeton mit einer Höhe von ca. 0,5 m. Die Bohrschablone dient zur Führung der Bohrrohre bzw. Bohrwerkzeuge und wird nach Beendigung der Pfahlarbeiten wieder abgebrochen. Für die Herstellung von Einzelpfählen können grundsätzlich alle Bohrmethoden angewendet werden. Für die Sekundärpfähle der überschnittenen Bohrpfahlwand kommen jedoch nur verrohrte bzw. Schneckenortbetonpfähle infrage, um ein symmetrisches und sicheres Überschneiden der Nachbarpfähle (Primärpfähle) zu gewährleisten.

Für das Herstellen der Einzelpfähle gelten die üblichen Regeln der Pfahltechnik wie z. B. DIN EN 1536 hinsichtlich Vorauseilen der Verrohrung, Bohren unter Grundwasser und weiterer Qualitätssicherungsmaßnahmen. Neben der DIN EN 1536 sind weitere relevante Regelwerke die DIN EN 1997-1/NA, DIN 1054; DIN EN 1992-1 und 2, EN 206-1 und die EAB (5. Auflage, 2012) sowie die DIN 18301.

Schlitzwände
Schlitzwände bestehen meistens aus vertikalen Wandelementabschnitten, welche aus Stahlbeton, Beton oder anderen zementgebundenen Stoffen hergestellt werden, die statisch tragende, abdichtende oder abschirmende Funktion haben und sich sowohl für temporäre als auch für permanente Zwecke eignen.

Es gibt mehrere Verfahren, eine Schlitzwand herzustellen, abhängig von der Art des Lösens und Fördern des Bodens, z. B. durch Greifer oder Fräse. Man kann zum Verständnis die Definition bei den Betonierarbeiten von Schlitzwänden anführen.

Eine Betoniereinheit bei der Schlitzwandherstellung wird als Schlitzwandelement- oder Lamelle oder Paneel bezeichnet. Die Schlitzwandelemente werden in der Regel durch Abstellkonstruktionen voneinander getrennt. Die Abmessungen der Elemente werden wie folgt benannt (Bild 1.24):

d_n Nenndicke (Breite des Aushubwerkzeugs)
d_a Ausbruchdicke
l_E Länge (Achsabstand der Abstellkonstruktion)
t Tiefe
h Wandhöhe

Die gebräuchlichsten Schlitzwanddicken liegen bei 60, 80 oder 100 cm, in Sonderfällen werden auch dickere Schlitzwände bis 160 cm ausgeführt. Mit Fräsen sind auch Wanddicken bis 3,0 m ausführbar. Die übliche Arbeitslänge des Aushubwerkzeugs liegt zwischen 2,5 m und 3,0 m. Es gibt jedoch Sonderwerkzeuge mit Längen von 1,8 m oder bis zu 4,3 m. Die Tiefe t eines Schlitzwandelements ist theoretisch nicht begrenzt, doch ist bei größeren Tiefen die Gefahr des „Verlaufens“ von Schlitzwandelementen gegeben. Geringe Lotabweichungen bei der Herstellung er-

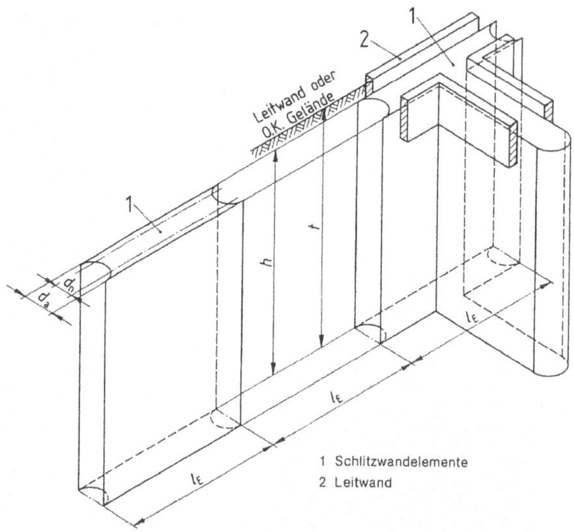

Bild 1.24 Schlitzwandelemente (Lamellen, Paneele)

geben dann im unteren Wandbereich große Abweichungen von der Solllage, welche zu Spaltöffnungen zwischen den Elementen führen können. Schlitzwände über 40 m Tiefe sind darum sehr selten und erfordern besondere Erfahrung und Maßnahmen bei der Herstellung, wie z. B. eine umfangreiche messtechnische Überwachung der Lage in den offenen Schlitzen.

Die Ortbetonschlitzwand wird beim Zweiphasenverfahren in nicht erhärtenden flüssigkeitsgestützten Schlitzen im Boden nach dem Kontraktorverfahren hergestellt oder mit einer selbsterhärtenden Zementmischung zusammen mit dem Aushubmaterial beim Einphasenverfahren realisiert. Schlitzwände können aber auch aus Betonfertigteilen, sog. Fertigteil-Schlitzwand, hergestellt werden.

Die wesentlichen *Nachteile* der Schlitzwand gegenüber anderen Verbauartmethoden sind:

- aufwendige Baustelleneinrichtung, deshalb bei kleinen Wandflächen und beengten Platzverhältnissen unwirtschaftlich,
- Entsorgung des mit gebrauchter Stützflüssigkeit verunreinigten Aushubmaterials,
- Aussparungen für tiefquerende Leitungen und Kanäle relativ unflexibel.

Die wesentlichen *Vorteile* der Schlitzwand sind:

- geringere Fugenanzahl und demzufolge weniger potenzielle Wasserundichtigkeitsstellen, verglichen mit der Bohrpfahlwand
- Schlitzwand kann direkt als endgültige Bauwerkswand genutzt werden.

Der Aushub und das Lösen des Bodens erfolgen entweder mit Greifern mechanisch bzw. hydraulisch oder mit einer Fräse. Vor Beginn der Arbeiten wird eine Leitwand in der Flucht der herzustellenden Wand bis in eine Tiefe von etwa 1,5 m ausgehoben. Leitwände sind wie die Bohrschablone bei Pfahlwänden Hilfskonstruktionsteile, bestehend aus Ortbeton oder aus Betonfertigteilen und werden nach Fertigstellung der Schlitzwand abgebrochen.

Die Stützflüssigkeit besteht beim Zweiphasensystem im Extremfall aus Wasser, üblicherweise aus Tonsuspensionen (Bentonitsuspension) in feinkörnigen Böden manchmal auch aus einer Polymer-Flüssigkeit. Eine stützende Flüssigkeit ist eine Suspension (Aufschlämmung) von sehr feinkörnigen, festen Stoffen, vorzugsweise von Bentoniten oder anderen ausgeprägt plastischen Tonen, in Wasser, welche im frischen Zustand die Anforderungen nach DIN 4126 und DIN 4127 erfüllt und während des Bodenaushubs und des Betonierens die Wandungen des offenen Schlitzes stützt. Die Dichte der Suspension, die in den Schlitz gepumpt wird, beträgt etwa $\rho_F = 1{,}03\ t/m^3$.

Die Standsicherheit des offenen Schlitzes ist in der DIN EN 1538 und der DIN 4126 geregelt. Der Nachweis erfolgt üblicherweise über die Lagesicherheit. Demzufolge wird die Wirkung der günstig wirkenden Suspension mit dem Teilsicherheitsfaktor 0,9 und die aus der Wirkung der ungünstigen Einwirkungen aufgrund des Bodeneigengewichts und evtl. Auflasten resultierenden Erddruckkräfte mit dem Teilsicherheitsfaktor 1,0 beaufschlagt. Diese Vorgehensweise ist für die Standsicherheitsbetrachtung kritisiert worden, da es hier um Standsicherheitsuntersuchungen geht und es hierfür bereits alternative Vorschläge gibt [183].

Zur Berechnung der Erddrücke wird ein räumlicher Ansatz gewählt, welcher entweder auf der Silotheorie basiert oder dem die Elementscheibentheorie von *Terzaghi* zugrunde liegt. Ebene Schlitzgeometrien deckt die Norm ab (DIN 4126, EN 1538) und Standsicherheitsnachweise für nichtebene Schlitze, wie z. B. Eckschlitze, findet man in *Triantafyllidis* u. a. [180, 181, 183] sowie in *Grandas* und *Triantafyllidis* [61].

Während des Aushubs und der anschließenden Arbeiten bis zum Betonierende darf der Flüssigkeitsspiegel nicht unter den statisch notwendigen Stand und nicht unter die Unterkante der Leitwand absinken.

Genormt sind bisher nur die Qualitätseigenschaften und Prüfmethoden der Tonsuspension für das Zweiphasenverfahren in DIN 4126 und DIN 4127. Alle anderen Stütz- und Dichtungssuspensionen unterliegen derzeit noch einem sehr starken Entwicklungsprozess. Hinweise und Erfahrungen für Dichtwandsuspensionen sind aus der Literatur zu entnehmen, z. B. GDA-Empfehlungen, 1997.

Die einzelnen Wandelemente werden bei der Zweiphasenwand über ein Fugensystem voneinander getrennt, welches eine weitestgehende Wasserdichtigkeit gewährleisten soll (Bild 1.25). Es gibt allerdings auch Fugensysteme, welche den Einbau von Fugenbändern ermöglichen (Bild 1.25c und d).

Lamellenfugen sind ohne besondere Maßnahmen nicht absolut wasserdicht. Feuchtstellen müssen in Kauf genommen werden und stören nicht, wenn Schlitzwände als reine Bauhilfsmaßnahme dienen. Die Fugen zwischen den einzelnen Betonierabschnitten können sich infolge von Verformungen der Wand aus Erd- und Wasserdrücken und infolge von Schwinden des Betons geringfügig öff-

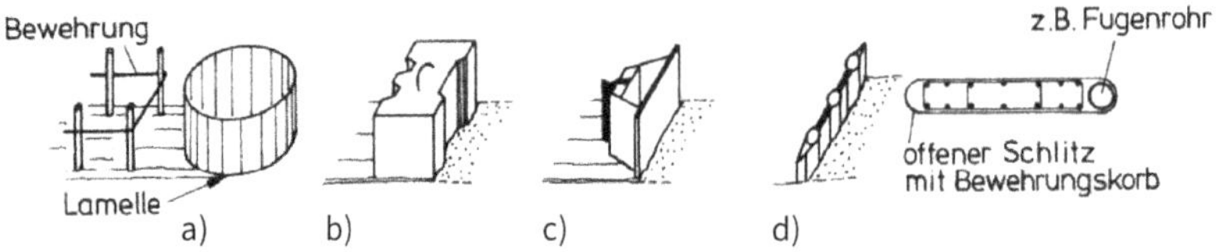

Bild 1.25 Fugensystem zwischen einzelnen Schlitzwandelementen; a) mit Abstellrohr, b) mit Betonfertigteil, c) mit Fugenbandelement (System CWS) und d) mit Flachfugen

nen. Das kann zu Undichtigkeiten führen. Durch Anordnung von planmäßigen Dehnungsfugen lässt sich dies vermeiden, jedoch lohnt sich ein derartiger Aufwand nur bei Verwendung der Schlitzwand als endgültige Bauwerkswand.

Eine Vorsorgemaßnahme zum Verhindern von Feuchtstellen in den Lamellenfugen ist der Einbau von Fugenbändern. Diese Lösung mit Fugenbändern hat die derzeit beste Dichtwirkung (Bild 1.25c). Das Abstellelement muss nicht direkt nach der Erstarrungszeit des Betons wieder geborgen werden, sondern erst nachdem der Aushub der Nachbarlamelle abgeschlossen ist. Das Abstellelement wird am Wandkopf vom erhärteten Beton abgestemmt, seitlich in den neu geöffneten Schlitz gekippt und herausgezogen.

Bewehren
Unmittelbar vor dem Einstellen der Bewehrung ist die im Schlitz mit Feinanteilen des Bodens aufgeladene Suspension zu entsanden, um einen ausreichend geringen Fließwiderstand gegenüber dem Frischbeton sicherzustellen.

In Tabelle 1 der DIN EN 1538 ist daher die zulässige Höchstwichte der Suspension „vor dem Betonieren" begrenzt (Tabelle 1.1). Die Zeitdauer nach dem Homogenisieren bis zum Beginn des Betonierens sollte aus demselben Grund fünf Stunden nicht überschreiten. Das Betonieren wird durch die Bewehrung umso mehr behindert, je höher die während des Betoniervorgangs vorhandene Fließgrenze τ_F der stützenden Flüssigkeit ist. Neben der Suspensionswichte ist daher auch die Fließgrenze durch die Beschränkung der „Marsh-Zeit" in Tabelle 1 der DIN EN 1538 begrenzt. Üblicherweise sollte bei der Ausführung der Wert von $\tau_f = 26\ N/m^2$ nicht überschritten werden. Weiterhin sind nach DIN EN 1538 gegenüber der DIN EN 1991-1-1 deutlich größere Mindestbewehrungsabstände erforderlich, die sicherstellen, dass der aufsteigende Frischbeton die Bentonitsuspension vollständig verdrängt und die Bewehrung umfließen kann.

Für die Stababstände des Bewehrungskorbs gilt nach DIN EN 1538:

Für die Vertikalbewehrung:

– Stabdurchmesser	≥ 12 mm
– horizontaler Abstand	≥ 100 mm für Größtkorn ≥ 20 mm
	≥ 80 mm für Größtkorn < 20 mm
	≥ 4-facher Größtkorndurchmesser

Tabelle 1.1 Anforderungen an die Stützsuspension bei der Schlitzwandherstellung (aus DIN 1538, Tab. 1)

Eigenschaft	Verwendung		
	Zustand „frisch"	Zustand fertig für die Wiederverwertung	Zustand vor dem Betonieren
Dichte [g/ml]	< 1,10	< 1,25	< 1,15
Marsh-Zeit [s]	32 bis 50	32 bis 60	32 bis 50
Filtratwasserabgabe [ml]	< 30	< 50	entfällt
pH-Wert	7 bis 11	7 bis 12	entfällt
Sandgehalt [%]	entfällt	entfällt	< 4
Filterkuchendicke [mm]	< 3	< 6	entfällt

Für die Horizontalbewehrung:
- vertikaler Abstand ≥ 200 mm für Größtkorn ≥ 20 mm
  ≥ 150 mm für Größtkorn < 20 mm
- horizontaler Abstand der den Korb kreuzenden Stäbe: ≥ 150 mm (empfohlen ≥ 200 mm)

Bei der konstruktiven Gestaltung einer Schlitzwand sind die Besonderheiten dieser Bauweise zu beachten. Insbesondere ist auf die verfahrensbedingten Toleranzen (s. DIN EN 1538, 8.2) und auf die beim Betonieren zu verdrängende Stützflüssigkeit Rücksicht zu nehmen.

Für Bewehrungsführung, Anschlusskonstruktion und Aussparungen für anschließende Bauteile (z. B. Anker), Fugenbandkonstruktionen u. a. sind konstruktiv besondere Maßnahmen zu treffen. Grundsätzlich ist zu beachten, dass Schlitzwände auch im Detail so zu planen sind, dass der Frischbeton die Bewehrung und Einbauten umfließen und die Stützflüssigkeit verdrängen kann.

Betonieren
Zum Betonieren werden Kontraktorrohre mit wasserdichten Kupplungen verwendet. Um zu erreichen, dass der aufsteigende Frischbeton über den gesamten Schlitzquerschnitt annähernd lotrecht verläuft, ist das Betonierrohr tief in den Beton einzutauchen. Bei tieferen Schlitzen > 5 m sind mehrere Betonierrohre zu verwenden. Dieses soll gewährleisten, dass durch eine größere Durchflussgeschwindigkeit Betonitsuspensionsablagerungen mit Feststoffen durch den aufsteigenden Kontraktorbeton verdrängt werden. Die Kontraktorrohre (Betonierrohre) werden zu Betonierbeginn knapp (ca. 10 cm) über der Schlitzsohle platziert.

Das Kontraktorverfahren stellt hohe Anforderungen an das Fließvermögen des Betons. Nach DIN 1045-2:2008 muss eine mindestens weiche Konsistenz (Ausbreitklasse F3) gewählt werden. Erfahrungsgemäß ist jedoch ein Ausbreitmaß von 55 bis 60 cm erforderlich, was der Ausbreitklasse F5 „fließfähig" entspricht. Im

Hinblick auf die Gefahr des Entmischens soll das Ausbreitmaß 63 cm nicht überschritten werden. Die geforderten Ausbreitmaße werden durch einen hohen Wassergehalt oder durch die Zugabe von Fließmitteln erreicht. Damit sind zur Einhaltung des Wasserzementwerts auch höhere Zementgehalte (mind. 350 kg/m^3) verbunden. Ein dadurch bedingtes größeres Schwindmaß ist unbedenklich, weil die Schlitzwandelemente in der Regel nicht länger als 7 bis 10 m und zumindest einseitig in erdfeuchtem Boden eingebettet sind.

Für die Betonzusammensetzung gelten grundsätzlich die DIN 1045-2:2008 in Verbindung mit DIN EN 206-1:2001 und die Richtlinien für die Erstellung und Verarbeitung von Fließbeton. Darüber hinaus werden besondere Anforderungen an die Zusammensetzung von Schlitzwandbeton in der DIN EN 1538 festgelegt. Beispielsweise wird in DIN EN 1538 der Mindestzementgehalt und Gesamtmehlkorngehalt in Abhängigkeit des Größtkorns sowie die möglichen Größtkornmaße selbst festgelegt.

Weitere Betonierregeln sind:
- Vermeiden von längeren Betonierunterbrechungen,
- Steiggeschwindigkeit des Betons mind. 3 m/h,
- Homogenisieren der Stützflüssigkeit oder Austausch von stark versandeter Stützflüssigkeit vor dem Betonieren zur Einhaltung der geforderten Suspensionseigenschaften nach DIN EN 1538 Tabelle 2 „vor dem Betonieren",
- Rüttelverdichtung des Betons ist nicht erlaubt.

Beim Betoniervorgang durchmischt sich die oberste Zone des Betons meist mit Stützflüssigkeit. Dieser Bereich kann daher konstruktiv nicht genutzt werden und ist nach Freilegen der Wand zu entfernen.

Maßabweichungen der Wand
Maßabweichungen der fertigen Schlitzwand ergeben sich aus Abweichungen von der Lotrechten und „Ausbauchungen" durch Zurückdrängen des Bodens infolge Frischbetondruck oder Ausbrechen von Bodenscheiben, Rollkieslagen oder Steinen aus der Schlitzwandung. Die Beschaffenheit der Oberfläche ist also vor allem von dem anstehenden Boden abhängig. Je grobkörniger ein nichtbindiger Boden oder weicher ein bindiger Boden ist, desto größere Unregelmäßigkeiten der Wandoberfläche sind zu erwarten.

Aus den genannten Ursachen werden „übliche" Maßabweichungen als systembedingte Toleranzen in DIN EN 1538 definiert und sind bei der Planung des Schlitzwandbauwerks zu berücksichtigen:

Lageabweichung am Wandkopf:	≤ 25 mm auf der Aushubseite ≤ 50 mm auf der Erdseite
Abweichung von der Lotrechten:	≤ 1 % der Aushubtiefe
Ausbauchungen auf der Wandoberfläche:	≤ 100 mm über das Maß der Lagetoleranzen

Darüber hinausgehende Beulen müssen meist beseitigt werden.

Weitere Hinweise zum statischen System
Bei ausgesteiften Schlitzwänden werden in der Regel Gurte angeordnet, die auf Konsolen gelagert oder am Wandkopf aufgehängt sind. Wird jedoch eine entsprechende Querbewehrung eingelegt, dann kommt zusammen mit der Verdübelungswirkung an den Lamellenfugen eine längsverteilende Wirkung zustande, die es erlaubt, auf die Gurtung zu verzichten. Man spricht von einer innenliegenden Gurtung der Wand. Bei verankerten Schlitzwänden ist der Verzicht auf Gurtungen die Regel. Oft werden Aussparungen angeordnet, in denen die Ankerköpfe verschwinden. Direkt unter der Grundplatte des Ankerkopfes ist dann im Beton eine Zusatzbewehrung (Wendelbewehrung) für den Querspaltzug einzusetzen.

Weiterführende Hinweise z. B. hinsichtlich der Tragfähigkeit und der Gebrauchstauglichkeit sowie der Qualitätssicherung bei der Ausführung findet man in den relevanten Regelwerken DIN EN 1997-1, DIN EN 1992-1, DIN 1045-2, EN 206-1, DIN 4126, DIN EN 1538 und der EAB.

Gemischte Verbauarten
Oft ist es nicht zweckmäßig, Schlitz- und Bohrpfahlwände bis zur Geländeoberfläche zu führen, besonders dann, wenn sie nach Abschluss der Bauarbeiten teilweise entfernt werden müssten. Soweit es die Platzverhältnisse zulassen, böscht man die Baugrube im oberen Bereich ab und ordnet eine Berme an (Bild 1.26). Ist dies nicht möglich, so kann man leichte Trägerprofile in die Schlitz- oder die Pfahlwände einbetonieren und den Bereich bis zur Geländeoberfläche ausbohlen (Bild 1.27). Dieser Verbau lässt sich später leicht entfernen. Gegenüber Spundwänden und Trägerbohlwänden wirtschaftlich konkurrenzfähig sind Schlitz- und Pfahlwände im Allgemeinen aber nur, wenn sie als tragendes Glied in das zu erstellende Bauwerk einbezogen werden. In anderen Fällen können nur besondere örtliche Verhältnisse, z. B. Boden- und Grundwasserverhältnisse, Anforderungen hinsichtlich Lärm- und Erschütterungsschutz oder Verformungsbeschränkungen, ihre Verwen-

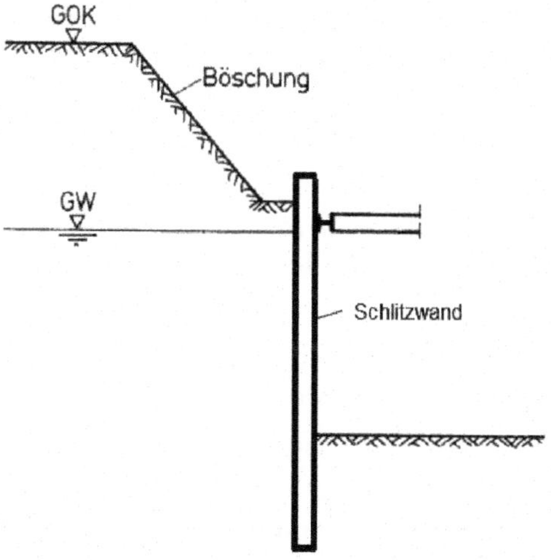

Bild 1.26 Gemischter Verbau (Böschung/Schlitzwand)

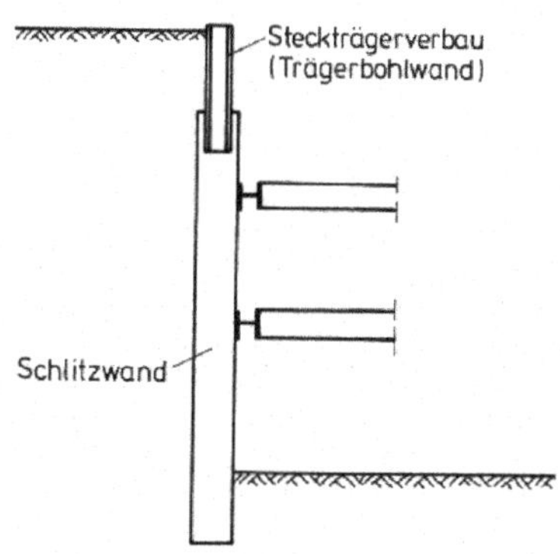

Bild 1.27 Steckträgerverbau

dung rechtfertigen. Maßgebend für die gemischten Verbauarten sind wirtschaftliche Aspekte, örtliche Erfahrungen und die Grundwasserverhältnisse sowie die Notwendigkeit, die oberen 2 m des Verbaus frei von bleibenden Einbauten zu halten, damit z. B. Leitungen eingebaut werden bzw. weitergeführt werden können.

1.7 Injektionswände, Frostwände

Injektionswände

Reicht eine Baugrube bis unmittelbar an ein bereits bestehendes Gebäude heran, so stellt die Ausbildung einer Injektionswand unterhalb des Gebäudes eine technisch und wirtschaftlich optimale Lösung dar. Voraussetzung hierfür ist, dass der anstehende Boden für eines der verschiedenen Injektionsmittel geeignet ist. Gegenüber den übrigen Verbauarten hat die Unterfangungsinjektion den Vorteil der direkten Lastübertragung. Außerdem entsteht kein Platzverlust zwischen Alt- und Neubau, da die Injektionswand mit der Giebelwand bzw. den Fundamenten abschließt. Bei großer freier Höhe muss der Unterfangungskörper zusätzlich verankert werden, um unzulässige Bewegungen zu vermeiden und die sonst erforderliche Kubatur des Injektionskörpers zu verringern. Im Allgemeinen ist eine Verankerung schon bei einer freien Höhe von 2 bis 3 m wirtschaftlich. Bei noch größeren Abfangungshöhen werden mehrere Ankerlagen erforderlich.

Neben der Anwendung bei der Unterfangung von Fundamenten werden Injektionen oft für die Ausbildung von Baugrubenwänden dort verwendet, wo Schlitz- oder Bohrpfahlwände wegen Versorgungsleitungen oder Kanälen unterbrochen werden müssen.

Injektionskörper können auch dort installiert werden, wo die Spundwandschlösser aufgrund der Rammung gesprengt wurden oder dort, wo Pfahlwände nicht als überschnitten ausgeführt wurden.

Unterfangungskörper müssen statisch nachgewiesen werden. Der Nachweis erstreckt sich auf Normalspannungen und Biegespannungen in den ungünstigsten Schnitten sowie auf Scherspannungen am Fuß und Kopf des Körpers.

Injizierte Unterfangungskörper können keine (Biege-)Zugspannungen aufnehmen. Die Übertragung von Biegemomenten erfolgt daher durch eine außermittige Lage der Druckspannungsresultierenden (Normalkraft in lotrechter Wandrichtung), wobei rechnerisch klaffende Fugen auftreten können. Eine möglichst hohe Gebäudeauflast wirkt sich daher günstig auf das Tragverhalten der Injektionswand bzw. den erforderlichen vertikalen Ankerabstand aus.

Neben der inneren Sicherheit des Injektionskörpers sind noch Grundbruchsicherheit, Gleitsicherheit und Geländebruchsicherheit nachzuweisen.

Bild 1.28 zeigt beispielhaft einen Injektionskörper, der wie eine Gewichtsstützwand wirkt. Beim Beispiel in Bild 1.29 kann der Injektionskörper nur die vertikalen Lasten in den Untergrund abtragen. Zur Aufnahme des Erddrucks werden Anker eingebaut.

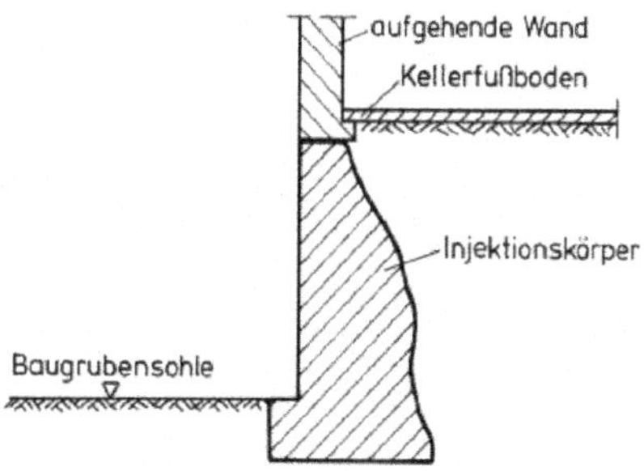

Bild 1.28 Injektionskörper als Gewichtsstützwand

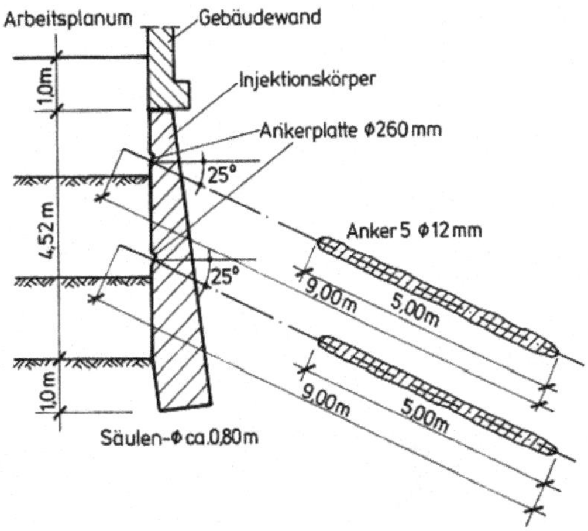

Bild 1.29 Injektionskörper mit Rückverankerung und Aussteifung

Frostwände

Beim Gefrierverfahren werden doppelwandige Gefrierrohre im Abstand von 0,8 bis 2,0 m in vorab hergestellte Bohrlöcher eingebaut oder eingerammt. Die Kühlflüssigkeit wird im inneren Rohr zugefügt und im Hohlraum zwischen dem inneren und äußeren Rohr hochgedrückt. Dem umgebenden Gebirge wird Wärme entzogen, bis das im Boden vorhandene Wasser gefriert und den Boden verfestigt.

Im Hinblick auf das Tragverhalten kommen folgende Systeme infrage:

- kreisförmige oder elliptische Frostkörper, die Ringdruckspannung aufnehmen können,
- Frostkörper, die wie Gewichtsstützwände wirken,
- Frostkörper, die durch Steifen oder Anker gestützt werden.

1.8 Mixed-in-Place-Wände

Die Herstellung der Mixed-in-Place-Wände (MIP) basiert auf der sog. „Tiefreichenden Bodenstabilisierung" oder im Englischen „Deep Soil Mixing (DSM)". Dabei entsteht aus dem anstehenden Boden durch Zugabe von Zement, Wasser und ggf. weiteren Stoffen ein verbessertes Bodenmaterial. Das Verfahren wurde ursprünglich zur Bodenverbesserung oder zur Dichtwandherstellung [176] eingesetzt und kommt auch bei der Herstellung von Baugrubenwänden zum Einsatz.

Vom Tragsystem her vergleichbar mit MIP-Wänden ist die Trägerbohlwand mit Spritzbetonausfachung. Jedoch ist das Bauverfahren völlig unterschiedlich. Zunächst wird ein Mixed-in-Place-Schlitz hergestellt. Dabei werden häufig Geräte mit 3-fach-Schnecken, die gegenläufig arbeiten, eingesetzt. Zur verbesserten Homogenisierung wird im sog. doppelten Pilgerschrittverfahren gearbeitet, d. h. nach Herstellung der Primär- und Sekundärlamellen werden deren Überschneidungsberei-

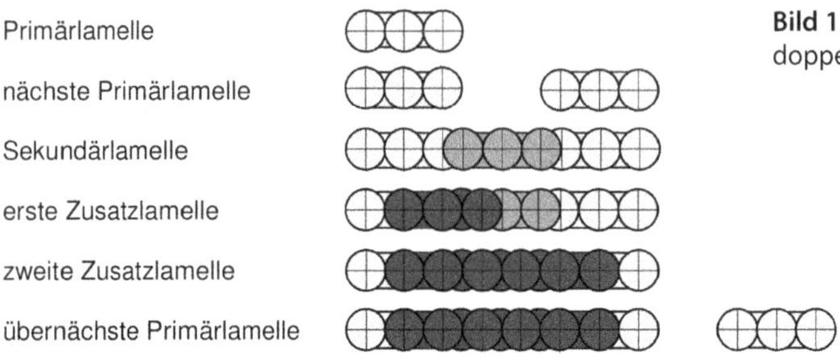

Bild 1.30 Herstellabfolge im sog. doppelten Pilgerschrittverfahren

Bild 1.31 Ausführungsbeispiel einer MIP-Wand (nach Bauer Spezialtiefbau GmbH, Schrobenhausen)

che in zwei zusätzlichen Lamellen noch einmal überbohrt. Danach folgt wieder eine Primärlamelle (Bild 1.30). Nach der Fertigstellung des Schlitzes werden die Träger eingesetzt. Verwendet werden z. B. HE-B-Profile oder auch Gitterträger. Bild 1.31 zeigt ein ausgeführtes Beispiel einer MIP-Wand mit Gurtung und obenliegenden Steifen zur Sicherung einer 8,55 m tiefen Baugrube.

Wie bei Trägerbohlwänden mit Spritzbetonausfachung ohne Bewehrung kann bei MIP-Wänden der Bereich zwischen den Trägern als gewölbeartiges Tragwerk modelliert werden. Das erhärtete Gemisch aus Boden und Bindemittel kann eine Festigkeit wie für einen Beton der Güte B5 erreichen. Dies entspricht einem β_{w28} von 5 N/mm^2. Auf dieser Grundlage kann der Nachweis für das Gewölbe geführt werden.

MIP-Wände können eine Alternative sein zu Dichtwänden mit eingestellter Spundwand, zu Spundwänden und zu Trägerbohlwänden mit Holzausfachung, insbesondere bei verlorenem Verbau. Vorteile sind eine relativ erschütterungsarme Herstellung. Im Vergleich zu Trägerbohlwänden mit herkömmlicher Holzausfachung sind die Verformungen geringer. Dies rechtfertigt den Ansatz eines erhöhten aktiven Erddrucks, wenn zusätzlich die Wand annähernd unnachgiebig gestützt wird.

2 Allgemeine Berechnungsgrundlagen

2.1 Maßgebende Vorschriften

Maßgebend für die Berechnung, Bemessung und Konstruktion von Baugrubenumschließungen sind die „Empfehlungen des Arbeitskreises Baugruben" – kurz EAB – der Deutschen Gesellschaft für Geotechnik. Die Anfänge dieser Empfehlungen gehen auf das Jahr 1965 zurück. Die erste Sammelveröffentlichung mit 24 durchnummerierten Empfehlungen (EB) erschien 1970 in der Bautechnik, s. *Weißenbach* [210]. In den Folgejahren kamen weitere Empfehlungen hinzu, die 1980 in geschlossener Form als 1. Auflage der EAB der Fachwelt zur Verfügung gestellt wurden [44]. Nach und nach wurden die Empfehlungen ergänzt. Einen großen Einschnitt stellte die 4. Auflage 2006 mit der Umstellung vom Globalsicherheitskonzept auf das Teilsicherheitskonzept dar [46]. Eine weitere Anpassung war 2012 [47] infolge der bauaufsichtlichen Einführung von DIN EN 1997-1: Eurocode 7: Entwurf, Berechnung und Bemessung in der Geotechnik – Teil 1: Allgemeine Regeln (EC 7-1) in Verbindung mit dem zugehörigen Nationalen Anhang

- DIN EN 1997-1 NA: Nationaler Anhang – National festgelegte Parameter – Eurocode 7: Entwurf, Berechnung und Bemessung in der Geotechnik – Teil 1: Allgemeine Regeln
  und
- DIN 1054: Baugrund – Sicherheitsnachweise im Erd- und Grundbau Ergänzende Regelungen zu DIN EN 1997-1

erforderlich. Diese drei aufeinander abgestimmten Normen sind textlich zusammengefasst im Handbuch Eurocode 7, Band 1.

Dabei ist der Nationale Anhang ein formales Bindeglied zwischen dem EC 7-1 und dem nationalen Normenwerk. In diesem Nationalen Anhang wird angegeben, welches der zur Auswahl gestellten Nachweisverfahren und welche Teilsicherheitsbeiwerte im nationalen Bereich maßgebend sind. Nicht zulässig sind Anmerkungen, Erklärungen oder Ergänzungen zum EC 7-1. Es darf aber angegeben werden, welche nationalen Regelwerke ergänzend anzuwenden sind. Die ergänzenden nationalen Regelungen dürfen dem EC 7-1 nicht widersprechen. Darüber hinaus soll der Nationale Anhang keine Angaben wiederholen, die bereits im EC 7-1 enthalten sind.

Die 5. Auflage der EAB aus dem Jahr 2012 [47] berücksichtigt alle Vorgaben des Handbuches EC 7, Band 1. Darüber hinaus wurden alle Empfehlungen gründlich überprüft, soweit erforderlich überarbeitet und an neue Erkenntnisse angepasst. Die Änderungen der 5. Auflage sind gegenüber der 4. verhältnismäßig gering. Die meisten der seit Jahren bewährten Regelungen konnten erhalten bleiben, weil sich die Sicherheitsphilosophie gegenüber der 4. Auflage vom Grundsatz her nicht verändert hat.

Neben dem Handbuch EC 7, Band 1 [67] sind
- weitere Normen des Eurocode-Programms,
- Berechnungsnormen,

Baugruben, 3. Auflage. Achim Hettler, Theodoros Triantafyllidis, Anton Weißenbach.

- Normen für die Erkundung, Untersuchung und Beschreibung des Baugrunds,
- europäische Ausführungsnormen,
- deutsche Ausführungsnormen

zu berücksichtigen. Bei einzelnen Nachweisen verweisen die EAB auf die „Empfehlungen des Arbeitsausschusses Ufereinfassungen" (EAU) der 11. Auflage aus dem Jahre 2012 [43]. Im Unterschied zur EAB regelt die EAU Bauwerke für dauerhafte Zwecke.

EB 76 (Abschnitt 1.2) der EAB beinhaltet eine Übersicht der für Baugrubenkonstruktionen maßgebenden ergänzenden Regelwerke:

Eurocode-Programm

DIN EN 1990: Eurocode 0: Grundlagen der Tragwerksplanung.

DIN EN 1991: Eurocode 1: Einwirkung auf Tragwerke.

DIN EN 1992: Eurocode 2: Entwurf, Berechnung und Bemessung von Stahlbetonbauten.

DIN EN 1993: Eurocode 3: Entwurf, Berechnung und Bemessung von Stahlbauten.

DIN EN 1995: Eurocode 5: Entwurf, Berechnung und Bemessung von Holzbauten.

DIN EN 1998: Eurocode 8: Auslegung von Bauwerken gegen Erdbeben.

Berechnungsnormen

DIN 4084: Geländebruchberechnungen.

DIN 4085: Berechnung des Erddrucks.

DIN 4126: Schlitzwände – Nachweis der Standsicherheit.

DIN 4093: Bemessung von verfestigten Bodenkörpern.

Normen für die Erkundung, Untersuchung und Beschreibung des Baugrunds

DIN EN 1997-2: Eurocode 7: Entwurf, Berechnung und Bemessung in der Geotechnik – Teil 2: Erkundung und Untersuchung des Untergrunds.

DIN EN 1997-2/NA: Nationaler Anhang – National festgelegte Parameter – Eurocode 7 – Teil 2: Erkundung und Untersuchung des Baugrunds.

DIN 4020: Geotechnische Untersuchungen für bautechnische Zwecke – Ergänzende Regelungen zu DIN EN 1997-2.

DIN 4023: Zeichnerische Darstellung der Ergebnisse von Bohrungen und sonstigen Aufschlüssen.

DIN EN ISO 22475-1: Geotechnische Erkundung und Untersuchung – Probenentnahmeverfahren und Grundwassermessungen – Teil 1: Technische Grundlagen der Ausführung, ersetzt DIN 4021 und DIN 4022.

DIN EN ISO 14688-1: Geotechnische Erkundung und Untersuchung – Benennung, Beschreibung und Klassifizierung von Boden – Teil 1: Benennung und Beschreibung, ersetzt DIN 4022-1.

DIN EN ISO 14688-2: Geotechnische Erkundung und Untersuchung – Benennung, Beschreibung und Klassifizierung von Boden – Teil 2: Grundlagen für Bodenklassifizierungen, ersetzt DIN 4022-1.

DIN EN ISO 14689-1: Geotechnische Erkundung und Untersuchung – Benennung, Beschreibung und Klassifizierung von Fels – Teil 1: Benennung und Beschreibung, ersetzt DIN 4022-1.

DIN EN ISO 22476-2: Rammsondierungen.

DIN EN ISO 22476-3: Standard Penetration Test.

DIN 4094-2: Baugrund – Felduntersuchungen – Teil 2: Bohrlochrammsondierung.

DIN 18121 bis DIN 18137: Untersuchung von Bodenproben.

DIN 18196: Bodenklassifikation für bautechnische Zwecke.

DIN 1055-2: Bodenkenngrößen

Europäische Ausführungsnormen

DIN EN 1536: Bohrpfähle

DIN EN 1537: Verpressanker

DIN EN 1538: Schlitzwände

DIN EN 12063: Spundwandkonstruktionen

DIN EN 12699: Verdrängungspfähle

DIN EN 12715: Injektionen

DIN EN 12716: Düsenstrahlverfahren

DIN EN 12794: Betonfertigteile – Gründungspfähle

DIN EN 14199: Mikropfähle

Deutsche Ausführungsnormen

DIN 4095: Dränung zum Schutz baulicher Anlagen

DIN 4123: Ausschachtungen, Gründungen und Unterfangungen im Bereich bestehender Gebäude

DIN 4124: Baugruben und Gräben

2.2 Geotechnische Kategorien

Neu aufgenommen in die 5. Auflage der EAB wurde die EB 106 „Planung und Prüfung von Baugruben“, die als Abschnitt 1.6 dem Kapitel 1 hinzugefügt wurde. In dieser Empfehlung werden Baugruben verschiedenen geotechnischen Kategorien zugeordnet, s. Tabelle 2.1. In Absatz 3 der EB 106 heißt es: „Baugruben sind in eine geotechnische Kategorie GK1, GK2 oder GK3 einzustufen. In Anhang A 5 sind Kriterien in Anlehnung an das Handbuch Eurocode 7, Band 1, Absatz A 2.1.2 für die Einstufung von Baugruben aufgeführt“.

Tabelle 2.1 Geotechnische Kategorien für Baugruben

Geotechnische Kategorie 1	Geotechnische Kategorie 2	Geotechnische Kategorie 3
Baugrund		
– mindestens mitteldichte oder steife Böden – standfester Fels	– keine Einordnung in GK 1 oder GK 3 möglich	– wechselhafte regellose Schichten bindiger und nichtbindiger Böden – organische Böden – breiige und weiche bindige Böden – kriechfähige Böden – Fels mit ungünstig verlaufenden Störzonen oder Trennflächen – Bergsenkungs-, Erdfallgebiet – Fels mit Karst – heterogene Auffüllungen
Grundwasser		
– ≥ 0,5 m unterhalb der Baugrubensohle	– ≤ 2,0 m oberhalb der Baugrubensohle – kann mit üblichen Maßnahmen abgesenkt werden – wird mit Spundwänden und unverankerten Sohlen gehalten	– > 2,0 m oberhalb der Baugrubensohle – Umströmung der Baugrubenwände – horizontale/vertikale Durchlässigkeit > 3,0 – Setzungsweiche Böden im Einflussbereich der Grundwasserabsenkung
Baugrubenwand		
– unverankerte oder gestützte Spundwände und Trägerbohlwände bis 3 m Baugrubentiefe – Normverbau nach DIN 4124 – Böschungen bis 3 m – Unterfangung nach DIN 4123 mit einer freien Höhe ≤ 0,5 m	– Baugrubenwände bis 10 m Baugrubentiefe – Baugrubenwände als Bohrpfahl- und Schlitzwände – Unterfangung nach DIN 4123 mit einer freien Höhe > 0,5 m	– Baugruben neben verschiebungs- und setzungsempfindlichen Gebäuden – Baugrubenwände, die geringe Verschiebungen aufweisen müssen – Baugrubenwände mit mehr als 2 Steifen- oder Ankerlagen – Baugrubenwand als Stützkonstruktion durch eine Bodenverfestigung – umströmte Baugrubenwände

Tabelle 2.1 (Fortsetzung)

Geotechnische Kategorie 1	Geotechnische Kategorie 2	Geotechnische Kategorie 3
Dichtsohle		
– keine Dichtsohle	– unverankerte Unterwasserbetonsohlen – annähernd wasserundurchlässiger Boden	– verankerte Unterwasserbeton- und Bodenverfestigungssohlen – tiefliegende Dichtsohlen
Verankerung der Baugrubenwände		
– keine Verankerung der Baugrubenwände	– maximal eine Verpressankerlage	– Lage des Kopfes der Verankerung unterhalb des Grundwasserspiegels – Verankerung mit Nägeln gemäß DIN EN 14490 oder Mikropfählen – Verankerung in Unterfangungskörpern
Verankerung der Sohle		
keine Verankerung der Sohle	keine Verankerung der Sohle	alle Arten von Sohlverankerungen

2.3 Bautechnische Voraussetzungen

In EB 1 (Abschnitt 1.1) der EAB werden die bautechnischen Voraussetzungen für die Anwendung der Empfehlungen aufgeführt:

1. Die Baugrubenwände sind auf ganzer Höhe verkleidet.
2. Die Bohlträger von Trägerbohlwänden sind so in den Boden eingebracht, dass ein dichter Anschluss an das Erdreich sichergestellt ist. Die Verkleidung bzw. Ausfachung kann aus Holz, Beton, Stahl, erhärteter Zement-Bentonit-Suspension oder verfestigtem Boden bestehen. Sie ist so eingebaut, dass ein möglichst gleichmäßiges Anliegen am Erdreich sichergestellt ist. Der Bodenaushub darf dem Einbohlen nicht in unzuträglichem Maße vorauseilen. Hierzu siehe DIN 4124.
3. Spundwände und Kanaldielen sind so in den Boden eingebracht, dass ein dichter Anschluss an das Erdreich sichergestellt ist. Eine Fußverstärkung der Bohlen ist zulässig.

4. Ortbetonwände sind als Schlitzwände oder als Bohrpfahlwände hergestellt. Ein unbeabsichtigter oder planmäßiger Abstand zwischen den Pfählen ist im Allgemeinen entsprechend Absatz 2 ausgefacht.
5. Steifen bzw. Anker sind im Grundriss rechtwinklig zur Baugrubenwand angeordnet. Sie sind so verkeilt oder vorgespannt, dass eine kraftschlüssige Verbindung mit der Baugrubenwand sichergestellt ist.
6. Ausgesteifte Baugruben sind auf beiden Seiten in gleicher Weise mit senkrechten Trägerbohlwänden, Spundwänden oder Ortbetonwänden verkleidet. Die Steifen sind waagerecht angeordnet. Das Gelände auf den beiden gegenüberliegenden Seiten einer ausgesteiften Baugrube weist etwa die gleiche Höhe, eine ähnliche Oberflächengestaltung und ähnliche Untergrundverhältnisse auf.

Wenn diese oder die in einzelnen Empfehlungen genannten Voraussetzungen nicht zutreffen und für solche Sonderfälle keine Empfehlungen vorliegen, so schließt dies die Anwendung der übrigen Empfehlungen nicht aus. Es sind jedoch in diesen Fällen die sich aus den Abweichungen ergebenden Folgerungen zu untersuchen und zu berücksichtigen.

2.4 Stützung von Baugrubenwänden

Die Stützung von Baugrubenwänden spielt eine entscheidende Rolle bei Größe und Verteilung des Erddrucks und gehört zu den wesentlichen Grundlagen bei der Festlegung der Bemessungsansätze. Die Frage von Stützung und Erddruckansatz stellt sich insbesondere bei Verbauwänden neben Gebäuden, wenn eine möglichst verformungsarme Konstruktion gewählt werden soll.

EB 67 (Abschnitt 1.5) der EAB definiert folgende Arten der Stützung:
1. Als nicht gestützt werden Baugrubenwände bezeichnet, die weder ausgesteift noch verankert sind und deren Standsicherheit nur auf ihrer Einspannung im Boden beruht.
2. Als nachgiebig gestützt werden Baugrubenwände bezeichnet, wenn die Auflagerpunkte der Wand stark nachgeben können, z. B. bei stark geneigter Abstützung zur Baugrubensohle hin und bei nicht oder nur gering vorgespannten Ankern.
3. Als wenig nachgiebig gestützt werden Baugrubenwände in folgenden Fällen bezeichnet:
   a) Die Steifen werden zumindest kraftschlüssig verkeilt.
   b) Verpressanker werden auf mindestens 80 % der für den nächsten Bauzustand errechneten charakteristischen Beanspruchung vorgespannt und festgelegt.
   c) Es wird eine kraftschlüssige Verbindung mit Pfählen hergestellt, die nachweislich unter Belastung nur eine geringe Kopfbewegung erleiden.
4. Als annähernd unnachgiebig gestützt werden Baugrubenwände bezeichnet, wenn der Bemessung entsprechend EB 22, Absatz 1 (Abschnitt 9.5) ein erhöhter aktiver Erddruck zugrunde gelegt wird und die Steifen bzw. Anker entsprechend EB 22, Absatz 10 vorgespannt und festgelegt werden.

5. Als unnachgiebig gestützt werden Baugrubenwände nur dann bezeichnet, wenn sie nach EB 23 (Abschnitt 9.6) für einen abgeminderten oder für den vollen Erdruhedruck bemessen und die Stützungen entsprechend vorgespannt werden. Bei verankerten Baugrubenwänden müssen die Anker darüber hinaus in einer unnachgiebigen Felsschicht verankert oder wesentlich länger sein als rechnerisch erforderlich.

Wenn die Anforderungen nach Absatz 4 oder Absatz 5 erfüllt werden und darüber hinaus

- eine biegesteife Baugrubenwand angeordnet wird und
- unzuträgliche Fußverschiebungen verhindert werden,

dann darf eine Baugrubenkonstruktion als verschiebungs- und verformungsarm angesehen werden.

2.5 Sicherheitskonzept

Abweichend vom ursprünglichen probabilistischen Sicherheitskonzept beruht das Sicherheitskonzept, dem sowohl die neue europäische Normengeneration als auch die neue nationale Normengeneration zugrunde liegt, nicht mehr auf Untersuchungen anhand der Wahrscheinlichkeitstheorie, z. B. dem Beta-Verfahren, sondern auf einer pragmatischen Aufspaltung der bisher gebräuchlichen Globalsicherheiten in Teilsicherheitsbeiwerte für Einwirkungen bzw. Beanspruchungen und Teilsicherheitsbeiwerte für Widerstände.

Grundlage für Standsicherheitsberechnungen sind die charakteristischen bzw. repräsentativen Werte für Einwirkungen und Widerstände. Der charakteristische Wert ist ein Wert, von dem angenommen wird, dass er mit einer vorgegebenen Wahrscheinlichkeit im Bezugszeitraum unter Berücksichtigung der Nutzungsdauer des Bauwerks oder der entsprechenden Bemessungssituation nicht über- oder unterschritten wird, gekennzeichnet durch den Index „k". In der Regel werden charakteristische Werte aufgrund von Versuchen, Messungen, Rechnungen oder Erfahrungen festgelegt.

Veränderliche Einwirkungen können auch als repräsentative Werte angegeben werden, die berücksichtigen, dass nicht alle veränderlichen ungünstigen Einwirkungen gleichzeitig mit ihrem Maximalwert auftreten.

Die charakteristischen Werte der Beanspruchungen werden mit Teilsicherheitsbeiwerten multipliziert, die charakteristischen Werte der Widerstände durch Teilsicherheitsbeiwerte dividiert. Gegebenenfalls sind repräsentative Werte unter Berücksichtigung von Kombinationsbeiwerten zu berücksichtigen. Die so erhaltenen Größen werden als Bemessungswerte der Beanspruchungen bzw. der Widerstände bezeichnet und durch den Index „d" gekennzeichnet.

Im Hinblick auf die Nachweise der Sicherheit im Grenzzustand GEO-2 und STR bietet der EC 7-1 drei Möglichkeiten an. Die DIN 1054 stützt sich auf das Nachweisverfahren 2 in der Form, dass die Teilsicherheitsbeiwerte auf die Beanspruchungen und auf die Widerstände angewendet werden. Zur Unterscheidung zu der ebenfalls zugelassenen Variante, bei der die Teilsicherheitsbeiwerte nicht auf die Beanspruchungen, sondern auf die Einwirkungen angewendet werden, wird dieses Verfahren im Kommentar zum Handbuch Eurocode 7 [163] als Nachweisverfahren 2^* bezeichnet.

2.6 Grenzzustände der Tragfähigkeit und der Gebrauchstauglichkeit

Das Handbuch Eurocode 7, Band 1 unterscheidet den Grenzzustand der Tragfähigkeit, der als ULS (Ultimate Limit State) bezeichnet wird und den Grenzzustand der Gebrauchstauglichkeit, der mit SLS (Serviceability Limit State) abgekürzt wird.

Beim Grenzzustand ULS werden nach EC 7-1 folgende Fälle definiert:

- EQU: Gleichgewichtsverlust des als starrer Körper angesehenen Tragwerks ohne Mitwirkung von Bodenwiderständen. Die Bezeichnung ist abgeleitet von „equilibrium".
- STR: Inneres Versagen oder sehr große Verformung des Tragwerks oder seiner Bauteile, wobei die Festigkeit der Baustoffe für den Widerstand entscheidend ist. Die Bezeichnung ist abgeleitet von „structure".
- GEO: Versagen oder sehr große Verformung des Baugrunds, wobei die Festigkeit des Bodens oder des Felses für den Widerstand entscheidend ist. Die Bezeichnung ist abgeleitet von „geotechnics".
- UPL: Gleichgewichtsverlust des Bauwerks oder Baugrunds infolge von Auftrieb oder Wasserdruck. Die Bezeichnung ist abgeleitet von „uplift".
- HYD: Hydraulischer Grundbruch, innere Erosion oder Piping im Boden, verursacht durch Strömungsgradienten. Die Bezeichnung ist abgeleitet von „hydraulic".

Für die Übertragung auf die Vorgaben der DIN 1054 muss der Grenzzustand GEO aufgeteilt werden in GEO-2 und GEO-3:

- GEO-2: Versagen oder sehr große Verformung des Baugrunds im Zusammenhang mit der Ermittlung der Schnittgrößen und der Abmessungen, d. h. bei der Inanspruchnahme der Scherfestigkeit beim Erdwiderstand, beim Gleitwiderstand, beim Grundbruchwiderstand und beim Nachweis der Standsicherheit in der tiefen Gleitfuge.
- GEO-3: Versagen oder sehr große Verformung des Baugrunds im Zusammenhang mit dem Nachweis der Gesamtstandfestigkeit, d. h. bei der Inanspruchnahme der Scherfestigkeit beim Nachweis der Sicherheit gegen Böschungsbruch und Geländebruch sowie, in der Regel, beim Nachweis der Standsicherheit von konstruktiven Böschungssicherungen, falls hierfür nicht GEO-2 maßgebend ist.

Die früheren Grenzzustände der 4. Auflage der EAB wurden wie folgt ersetzt:

- Dem Grenzzustand GZ 1A entsprechen ohne Einschränkung die Grenzzustände EQU, UPL und HYD.

- Dem Grenzzustand GZ 1B entspricht ohne Einschränkung der Grenzzustand STR. Hinzu kommt der Grenzzustand GEO-2 im Zusammenhang mit der äußeren Bemessung, d. h. bei Inanspruchnahme der Scherfestigkeit beim Erdwiderstand, beim Gleitwiderstand, beim Grundbruchwiderstand und beim Nachweis der Standsicherheit in der tiefen Gleitfuge.
- Dem Grenzzustand GZ 1C entspricht der Grenzzustand GEO-3 im Zusammenhang mit dem Nachweis der Gesamtstandsicherheit, d. h. bei Inanspruchnahme der Scherfestigkeit beim Nachweis der Sicherheit gegen Böschungsbruch und Geländebruch.

Der Nachweis der Standsicherheit von konstruktiven Böschungssicherungen ist in jedem Fall dem Grenzzustand GEO zugeordnet. Je nach konstruktiver Ausbildung und Funktion dürfen sie

- entweder im Sinne des früheren Grenzzustands GZ 1B nach den Regeln des Grenzzustands GEO-2
- oder im Sinne des früheren Grenzzustands GZ 1C nach den Regeln des Grenzzustands GEO-3 behandelt werden.

2.7 Bemessungssituationen

Die früheren Lastfälle wurden ersetzt durch Bemessungssituationen. Dabei entsprechen im Grundsatz:

- Lastfall LF 1 der Bemessungssituation BS-P (Persistent situation),
- Lastfall LF 2 der Bemessungssituation BS-T (Transient situation),
- Lastfall LF 3 der Bemessungssituation BS-A (Accidental situation).

Der Regelfall bei Baugruben entspricht der Bemessungssituation BS-T, der Ausnahmefall der Bemessungssituation BS-A.

Der frühere Lastfall LF 2/3 wurde als Sonderfall ersetzt durch die Bemessungssituation BS-T/A. Wie in der 4. Auflage umfasst der Sonderfall neben den Lasten des Regelfalls folgende Einwirkungen:

- Fliehkräfte, Bremskräfte und Seitenstoß, z. B. bei Baugruben neben oder unter Eisenbahnen oder Straßenbahnen;
- selten auftretende Lasten und unwahrscheinliche oder selten auftretende Kombinationen von Lastgrößen und Lastangriffspunkten;
- Wasserdruck infolge von Wasserständen, die über den vereinbarten Bemessungswasserstand hinausgehen können, z. B. Wasserstände, bei deren Eintreten die Baugrube überflutet wird oder geflutet werden muss;
- Temperaturwirkungen auf Steifen.

In der Regel ist die Bemessungssituation BS-P – früher Lastfall LF 1 – für Baugruben nicht maßgebend.

Ausnahmen hierzu bilden:
- der Nachweis der Standsicherheit in der tiefen Gleitfuge nach EB 44 bei Baugruben neben Bauwerken,

- der Nachweis der Geländebruchsicherheit nach EB 45, Absatz 7 bei Baugruben neben Bauwerken,
- die Bemessung von Steifen nach EB 52, Absatz 14,
- die Bemessung von Verankerungen für Wände im Vollaushubzustand.

2.8 Teilsicherheitsbeiwerte

Die Größe der Teilsicherheitsbeiwerte richtet sich im Grundsatz nach den Bemessungssituationen, die in DIN EN 1990 einschließlich DIN EN 1990/NA sowie DIN 1054 festgelegt sind. Baugrubenkonstruktionen zählen danach zur Bemessungssituation BS-T (vorübergehende Situation), in Verbindung mit den Lasten der außergewöhnlichen Situation zur Bemessungssituation BS-A.

Die Teilsicherheitsbeiwerte für Einwirkungen für die Bemessungssituationen BS-T und BS-A richten sich nach DIN 1054. Die Teilsicherheitsbeiwerte für die Bemessungssituationen BS-T/A dazwischen werden interpoliert. Damit erhält man die Teilsicherheitsbeiwerte für Einwirkungen nach Tabelle 2.2.

Günstige veränderliche Einwirkungen dürfen weder im Grenzzustand ULS noch im Grenzzustand SLS angesetzt werden.

Im Grenzzustand SLS ist für ständige Einwirkungen der Teilsicherheitsbeiwert $\gamma_G = 1{,}00$ und für veränderliche Einwirkungen $\gamma_Q = 1{,}00$ zu setzen.

Die Teilsicherheitsbeiwerte nach DIN 1054 für geotechnische Widerstände sind in Tabelle 2.3 für Widerstände in den Grenzzuständen GEO-2 sowie in Tabelle 2.4 für Widerstände im Grenzzustand GEO-3 zusammengestellt.

Ebenso wie bei den Einwirkungen sind die Teilsicherheitsbeiwerte für die Bemessungssituation BS-T/A zwischen denen für die Bemessungssituationen BS-T und BS-A interpoliert worden.

Tabelle 2.2 Teilsicherheitsbeiwerte γ_F[1)] bzw. γ_E[2)] für Einwirkungen und Beanspruchungen unter Berücksichtigung der Änderung 2 DIN 1054/A2 vom November 2015 für die γ_H-Werte

Einwirkung bzw. Beanspruchung	Formelzeichen	Bemessungssituation			
		BS-P	BS-T	BS-T/A	BS-A
HYD und UPL: Grenzzustand des Versagens durch hydraulischen Grundbruch und Aufschwimmen					
Destabilisierende ständige Einwirkungen[a)]	$\gamma_{G,dst}$	(1,05)	1,05	1,05	1,00
Stabilisierende ständige Einwirkungen	$\gamma_{G,stb}$	(0,95)	0,95	0,95	0,95
Destabilisierende veränderliche Einwirkungen	$\gamma_{Q,dst}$	(1,50)	1,30	1,15	1,00

Tabelle 2.2 (Fortsetzung)

Einwirkung bzw. Beanspruchung	Formelzeichen	Bemessungssituation			
		BS-P	BS-T	BS-T/A	BS-A
Stabilisierende veränderliche Einwirkungen	$\gamma_{Q,stb}$	(0)	0	0	0
Strömungskraft bei günstigem Untergrund	γ_H	(1,45)	1,45	1,35	1,25
Strömungskraft bei ungünstigem Untergrund	γ_H	(1,90)	1,90	1,70	1,45
STR und GEO-2: Grenzzustand des Versagens von Bauwerken, Bauteilen und Baugrund					
Beanspruchungen aus ständigen Einwirkungen allgemein[a)]	γ_G	(1,35)	1,20	1,15	1,10
Beanspruchungen aus günstigen ständigen Einwirkungen[b)]	$\gamma_{G,inf}$	(1,00)	1,00	1,00	1,00
Beanspruchungen aus ständigen Einwirkungen aus Erdruhedruck	$\gamma_{G,E0}$	(1,20)	1,10	1,05	1,00
Beanspruchungen aus ungünstigen veränderlichen Einwirkungen allgemein[a)]	γ_Q	(1,50)	1,30	1,20	1,10
Beanspruchungen aus günstigen veränderlichen Einwirkungen[b)]	γ_Q	(0)	0	0	0
GEO-3: Grenzzustand des Versagens durch Verlust der Gesamtstandsicherheit					
Ständige Einwirkungen[a)]	γ_G	(1,00)	1,00	1,00	1,00
Ungünstige veränderliche Einwirkungen	γ_Q	(1,30)	1,20	1,10	1,00
SLS: Grenzzustand der Gebrauchstauglichkeit					
$\gamma_G = 1{,}00$ für ständige Einwirkungen bzw. Beanspruchungen					
$\gamma_Q = 1{,}00$ für veränderliche Einwirkungen bzw. Beanspruchungen					

a) einschließlich ständigem und veränderlichem Wasserdruck.

b) nur bei der Ermittlung der Bemessungswerte der Zugbeanspruchung von Pfählen, wenn bei der Ermittlung der Bemessungswerte eine gleichzeitig wirkende Druckbeanspruchung aus günstigen ständigen Einwirkungen angesetzt wird.

1) Der Beiwert γ_F ist ein Oberbegriff für die jeweils auf den Einzelfall der Einwirkungen F bezogenen Teilsicherheitsbeiwerte.

2) Der Beiwert γ_E ist ein Oberbegriff für die jeweils auf den Einzelfall der Beanspruchungen E bezogenen Teilsicherheitsbeiwerte.
In der Bemessungssituation BS-E werden nach DIN EN 1990 alle Teilsicherheitsbeiwerte zu 1,0 gesetzt. Unter bestimmten Voraussetzungen können auch Teilsicherheitsbeiwerte < 1,0 für BS-E zugelassen werden, wenn begrenzt plastische Verformungen zugelassen werden, kein Zerfall des Korngerüstes vorliegt und keine Sekundärgefährdung zu erwarten ist.

Tabelle 2.3 Teilsicherheitsbeiwerte γ_R[3)] für Widerstände im Grenzzustand STR und GEO-2

Widerstand	Formelzeichen	Bemessungssituation			
		BS-P	BS-T	BS-T/A	BS-A
STR und GEO-2: Grenzzustand des Versagens von Bauwerken, Bauteilen und Baugrund					
Bodenwiderstände					
– Erdwiderstand und Grundbruchwiderstand	$\gamma_{R,e}$, $\gamma_{R,v}$	(1,40)	1,30	1,25	1,20
– Gleitwiderstand	$\gamma_{R,h}$	(1,10)	1,10	1,10	1,10
Pfahlwiderstände aus statischen und dynamischen Pfahlprobebelastungen					
– Fußwiderstand	γ_b	(1,10)	1,10	1,10	1,10
– Mantelwiderstand (Druck)	γ_s	(1,10)	1,10	1,10	1,10
– Gesamtwiderstand (Druck)	γ_t	(1,10)	1,10	1,10	1,10
– Mantelwiderstand (Zug)	$\gamma_{s,t}$	(1,15)	1,15	1,15	1,15
Pfahlwiderstände auf der Grundlage von Erfahrungswerten					
– Druckpfähle	γ_b, γ_s, γ_t	(1,40)	1,40	1,40	1,40
– Zugpfähle	$\gamma_{s,t}$	(1,50)	1,50	1,50	1,50
Herausziehwiderstände					
– Boden- bzw. Felsnägel	γ_a	(1,40)	1,30	1,25	1,20
– Verpresskörper von Verpressankern	γ_a	(1,10)	1,10	1,10	1,10
– Flexible Bewehrungselemente	γ_a	(1,40)	1,30	1,25	1,20

3) Der Beiwert γ_R ist ein Oberbegriff für die jeweils auf den Einzelfall des Widerstands bezogenen Teilsicherheitsbeiwerte.

Der Teilsicherheitsbeiwert für den Materialwiderstand des Stahlzuggliedes aus Spannstahl und Betonstahl ist für die Grenzzustände GEO-2 und GEO-3 in DIN EN 1992-1-1 mit $\gamma_M = 1,15$ angegeben.

Der Teilsicherheitsbeiwert für den Materialwiderstand von flexiblen Bewehrungselementen ist für die Grenzzustände GEO-2 und GEO-3 in EBGEO angegeben.

In der Bemessungssituation BS-E werden nach DIN EN 1990 alle Teilsicherheitsbeiwerte zu 1,0 gesetzt.

Tabelle 2.4 Teilsicherheitsbeiwerte γ_M für geotechnische Kenngrößen

Widerstand	Formelzeichen	Bemessungssituation			
		BS-P	BS-T	BS-T/A	BS-A
GEO-3: Grenzzustand des Versagens durch Verlust der Gesamtstandsicherheit					
Reibungsbeiwert $\tan\varphi'$ des dränierten Bodens und Reibungsbeiwert $\tan\varphi_u$ des undränierten Bodens	γ_φ, $\gamma_{\varphi u}$	(1,25)	1,15	1,13	1,10
Kohäsion c' des dränierten Bodens und Scherfestigkeit c_u des undränierten Bodens	γ_c, γ_{cu}	(1,25)	1,15	1,13	1,10

Die Zahlenwerte für die Bemessungssituation BS-P sind zur Orientierung aufgenommen, aber in Klammern gesetzt worden, weil sie für Baugrubenkonstruktionen in der Regel nicht maßgebend sind. Ausnahmen s. Abschnitt 2.7.

2.9 Einwirkungen und Widerstände sowie repräsentative Werte

Nach EN 1990 einschließlich DIN EN 1990/NA und DIN 1054 wird zwischen ständigen und veränderlichen Einwirkungen unterschieden. Zu den ständigen Einwirkungen zählen bei Baugrubenkonstruktionen:

- Eigenlasten der Baugrubenkonstruktion, gegebenenfalls unter Berücksichtigung von Hilfsbrücken und Baugrubenabdeckungen sowie Lasten aus dem Kranfundament,
- Erddruck infolge von Bodeneigengewicht, gegebenenfalls unter Berücksichtigung der Kohäsion,
- Erddruck infolge der Eigenlast benachbarter Bauwerke,
- waagerechte Gewölbeschubkräfte und Schubkräfte aus Stützwänden und rahmenartigen Bauwerken,
- Wasserdruck infolge des maßgebenden Wasserstands von Grundwasser oder offenem Wasser.

Nach Handbuch Eurocode 7, Band 1, Abschnitt 9.5.1, A(10), wird auch der Erddruck infolge einer veränderlichen, großflächigen Gleichlast $p_k \leq 10$ kN/m^2 vereinfachend zu den ständigen Einwirkungen gerechnet.

Im Regelfall genügt es, dem Standsicherheitsnachweis neben den ständigen Einwirkungen folgende regelmäßig auftretende veränderliche Einwirkungen zugrunde zu legen:

- unmittelbar auf Hilfsbrücken oder Baugrubenabdeckungen einwirkende Nutzlasten nach EB 3, Absatz 1 (Abschnitt 2.5),
- Erddruck aus Nutzlasten nach EB 3, Absatz 1 (Abschnitt 2.5),

- Erddruck aus Nutzlasten im Zusammenhang mit Bauwerken neben der Baugrube.

Der Lastfall aus ständigen Einwirkungen und regelmäßig auftretenden veränderlichen Einwirkungen entspricht der Bemessungssituation BS-T.

In Ausnahmefällen kann es erforderlich sein, neben den Lasten des Regelfalls, auch außerplanmäßige Lasten zu berücksichtigen, z. B.

- Anprall von Baugeräten gegen die Unterstützungen von Hilfsbrücken bzw. Baugrubenabdeckungen oder gegen die Zwischenstützen von Knickhaltungen,
- Lasten durch Ausfall von Betriebs- und Sicherungsvorrichtungen, sofern deren Auswirkungen nicht durch entsprechende Maßnahmen begegnet werden kann,
- Lasten durch Ausfall besonders gefährdeter Tragglieder, z. B. von Steifen oder Ankern,
- Lasten infolge von Auskolkungen vor der Baugrubenwand.

Kurzzeitig auftretende Sonderlasten, z. B. beim Prüfen, Überspannen oder Lösen von Ankern oder Steifen dürfen wie außerplanmäßige Lasten behandelt werden. Der Ausnahmefall entspricht der Bemessungssituation BS-A. Die zusätzlichen Lasten im Sonderfall für die Bemessungssituation BS-T/A sind in Abschnitt 2.7 zusammengestellt.

Die Kombinationsregeln der Eurocodes können bei Bauwerken zu einer unübersichtlichen Anzahl von Lastfällen führen. Der Arbeitskreis Baugruben war bestrebt, eine möglichst einfache Lösung zu finden. In EB 24, Absatz 7 heißt es:

„Zur Ermittlung repräsentativer Werte dürfen bei der Lastermittlung die nachfolgend aufgeführten Kombinationswerte Ψ verwendet werden:

- Bei Baugruben neben Altbauten sollte für die Gründungslasten $\Psi = 1{,}0$ gesetzt werden. Neben Neubauten dürfen die repräsentativen Werte aus der Statik des Tragwerkplaners übernommen werden.
- Werden die Vertikallasten aus Straßen- und Schienenverkehr gemäß EB 55, Abschnitt 2.6 angesetzt, sind Kombinationsbeiwerte $\Psi = 1{,}0$ zu verwenden. Davon abweichend sind auch andere Werte möglich, wenn Vorschriften der jeweiligen Verkehrsbetriebe den Berechnungen zugrunde gelegt werden.
- Allgemein sind bei vereinfachten Lastannahmen nach EB 56, Abschnitt 2.7 für Nutzlasten aus Baustellenverkehr und Baubetrieb sowie nach EB 57, Abschnitt 2.8 für Nutzlasten aus Baggern und Hebezeugen die Kombinationsbeiwerte zu $\Psi = 1{,}0$ zu setzen."

Auf eine Besonderheit der EAB in Bezug auf Nutzlasten sei hingewiesen. Die Empfehlungen

- EB 3, Abschnitt 2.5 „Allgemeine Festlegungen für den Ansatz von Nutzlasten",
- EB 55, Abschnitt 2.6 „Nutzlasten aus Straßen- und Schienenverkehr",
- EB 56, Abschnitt 2.7 „Nutzlasten aus Baustellenverkehr und Baubetrieb" sowie
- EB 57, Abschnitt 2.8 „Nutzlasten aus Baggern und Hebezeugen"

enthalten Lastansätze, die den besonderen Bedürfnissen bei Baugrubenkonstruktionen entgegenkommen.

Bei den Widerständen im Baugrund unterscheidet die EAB zwischen zwei Arten:

a) Als Basiskenngröße des Widerstands ist die charakteristische Scherfestigkeit des Bodens maßgebend. Bei konsolidierten bzw. im Versuch dränierten Böden sind dies die Scherparameter φ'_k und c'_k, bei nicht konsolidierten bzw. im Versuch undränierten Böden die Scherparameter $\varphi_{u,k}$ und $c_{u,k}$. Diese Größen werden als vorsichtige Schätzwerte des Mittelwerts definiert, weil nicht die Scherfestigkeit in einem Punkt der Gleitfläche maßgebend ist, sondern die durchschnittliche Scherfestigkeit in der Gleitfläche.
b) Aus der Scherfestigkeit leiten sich die Widerstände des Bodens ab, und zwar unmittelbar
   - der Gleitwiderstand,
   - der Grundbruchwiderstand,
   - der Erdwiderstand

   und mittelbar über Probebelastungen oder über Erfahrungswerte
   - der Fußwiderstand von Bohlträgern, Spundwänden und Ortbetonwänden,
   - der Mantelwiderstand von Bohlträgern, Spundwänden und Ortbetonwänden sowie von Verpressankern, Boden- und Felsnägeln.

Der Begriff „Widerstand" wird nur für den Bruchzustand des Bodens benutzt. Solange durch die Beanspruchung des Bodens der Bruchzustand des Bodens nicht erreicht wird, wird der Begriff „Bodenreaktion" verwendet.

Bauteilwiderstände und deren Materialkenngrößen werden in Kapitel 13 der EAB „Nachweis der Tragfähigkeit der Einzelteile" behandelt.

2.10 Bodenkenngrößen

Die Ermittlung von Bodenkenngrößen wird in EB 2, Abschnitt 2.2 behandelt. Dabei werden verschiedene Möglichkeiten aufgezeigt:

- Geotechnische Untersuchungen in Anlehnung an DIN EN 1997-2 einschließlich DIN EN 1997-2/NA sowie DIN 4020 „Geotechnische Untersuchungen für bautechnische Zwecke".
- Festlegung auf der Grundlage von örtlicher Erfahrung.
- Anwendung von Erfahrungswerten aus den Tabellen in den Anhängen A3 und A4 der EAB.

Eine Besonderheit bei Baugruben ist der Ansatz von Kapillarkohäsion bei nichtbindigen Böden, sofern sie nicht durch Austrocknen oder Überfluten verloren gehen kann.

Bodenkenngrößen aus Laborversuchen
Die für Standsicherheitsnachweise benötigten Bodenkenngrößen sind im Grundsatz in Anlehnung an das Handbuch Eurocode 7, Band 2 unmittelbar aufgrund geotechnischer Untersuchungen festzulegen. Zur Berücksichtigung der Heteroge-

nität des Untergrunds und der Ungenauigkeiten bei Probenahme und Versuchsdurchführung sind die in Versuchen ermittelten Werte mit angemessenen Zu- bzw. Abschlägen zu versehen, bevor sie als charakteristische Werte in die Berechnung eingehen. Dies gilt insbesondere für die Scherfestigkeit.

Bei der Festlegung von charakteristischen Werten für die Wichte ist zwischen zwei Fällen zu unterscheiden:

a) Für Nachweise der Standsicherheit im Grenzzustand GEO-2 und im Grenzzustand GEO-3, insbesondere also beim Nachweis der Einbindetiefe, bei der Ermittlung der Schnittgrößen und beim Nachweis der Sicherheit gegen Geländebruch darf der Mittelwert als charakteristischer Wert gewählt werden.
b) Beim Nachweis der Sicherheit gegen Aufschwimmen (UPL), der Sicherheit gegen hydraulischen Grundbruch (HYD) und der Sicherheit gegen Abheben (EQU) sind die unteren charakteristischen Werte maßgebend.

Bei der Festlegung von charakteristischen Werten für die Scherfestigkeit ist zu beachten:

a) Charakteristische Werte der Scherfestigkeit sind als vorsichtige Schätzwerte des Mittelwerts auf der sicheren Seite vom statistischen Mittelwert zu wählen. Der Abstand vom Mittelwert kann gering sein, sofern die vorliegenden Proben für den Boden im Bereich der nachzuweisenden Baugrubenkonstruktion ausreichend repräsentativ sind. Bei geringer Datenbasis und ungleichmäßigem Baugrund muss der Abstand groß angenommen werden.
b) Bei der Übertragung der im Versuch an Bodenproben ermittelten Scherfestigkeit auf das Verhalten der gesamten Bodenmasse sind folgende Einschränkungen zu berücksichtigen:
   - Die Scherfestigkeit bindiger oder felsartiger Böden kann durch Haarrisse, Harnische oder Klüfte sowie durch Einlagerungen schwach bindiger oder nichtbindiger Böden stark herabgesetzt sein.
   - Durch Verwerfungen und geneigte Schichtfugen können bestimmte Gleitflächen vorgegeben sein. Als besonders leicht zu Rutschungen neigend gelten z. B. Opalinuston, Knollenmergel und Tarras.
   - Bei feinkörnigen Böden, z. B. bei Kaolinton, und bei Böden mit maßgeblichem Anteil an Montmorillonit kann die Restscherfestigkeit maßgebend sein.

Erfahrungswerte für Bodenkenngrößen

Liegen keine entsprechenden bodenmechanischen Laborversuche vor, dann dürfen die charakteristischen Bodenkenngrößen nach EB 2 wie folgt festgelegt werden:

a) Soweit aus örtlicher Erfahrung ausreichend bekannt ist, dass gleichartige Untergrundverhältnisse vorliegen, dürfen die Bodenkenngrößen von früheren Bodenuntersuchungen aus der unmittelbaren Nachbarschaft übernommen werden. Hierzu ist Sachkunde und Erfahrung auf dem Gebiet der Geotechnik erforderlich.
b) Sofern die anstehenden Böden aufgrund von Bohrungen oder Sondierungen und weiteren Labor- und Handversuchen nach ihrer Art und Beschaffenheit in die Bodengruppen der DIN 18196 eingeordnet werden können, darf unter Beach-

tung der jeweils angegebenen Einschränkungen mit den im Abschnitt 20.1 angegebenen Bodenkenngrößen gerechnet werden.

c) Die Anwendung der angegebenen Bandbreiten für die Werte der Scherfestigkeit setzt voraus, dass der Entwurfsverfasser bzw. der Fachplaner über Sachkunde und Erfahrung in der Geotechnik verfügt. Anderenfalls dürfen nur die jeweils kleinsten Werte verwendet werden.

Bei **nichtbindigen** Böden dürfen die Erfahrungswerte

- der Tabelle 20.1.1 in Abschnitt 20.1 für die Wichte bzw.
- der Tabelle 20.1.2 in Abschnitt 20.1 für die Scherfestigkeit

angewendet werden, sofern folgende Voraussetzungen erfüllt sind:

a) Die Böden müssen im Hinblick auf Korngrößenverteilung, Ungleichförmigkeitszahl und Lagerungsdichte in die Tabellen eingeordnet werden können. Zur Einstufung der Böden in Bezug auf ihre Lagerungsdichte siehe Tabelle 2.5 für mitteldichte Lagerung und Tabelle 2.6 für dichte Lagerung.

b) Die angegebenen Erfahrungswerte gelten sowohl für gewachsene als auch für geschüttete nichtbindige Böden. Die Lagerung des Bodens darf in beiden Fällen durch Verdichtung verbessert sein.

Sie gelten nicht für Böden mit porösem Korn wie z. B. Bimskies und Tuffsand. Dies gilt sowohl für die Wichte als auch für die Scherfestigkeit.

Bei **bindigen** Böden dürfen die Erfahrungswerte

- der Tabelle 20.1.3 in Abschnitt 20.1 für die Wichte bzw.
- der Tabelle 20.1.4 in Abschnitt 20.1 für die Scherfestigkeit

angewendet werden, sofern die Böden im Hinblick auf ihre Plastizität in die Bodengruppen nach DIN 18196 eingeordnet und nach ihrer Zustandsform (Konsistenz) unterschieden werden können. Im Hinblick auf die Bestimmung der Plastizität im Handversuch gelten nach DIN 4022-1 bzw. nach DIN EN ISO 14688-1 folgende Kriterien:

a) Weich ist ein Boden, der sich leicht kneten lässt.

b) Steif ist ein Boden, der sich schwer kneten, aber in der Hand zu 3 mm dicken Walzen ausrollen lässt, ohne zu reißen oder zu zerbröckeln.

c) Halbfest ist ein Boden, der beim Versuch, ihn zu 3 mm dicken Walzen auszurollen, zwar bröckelt und reißt, aber doch noch feucht genug ist, um ihn erneut zu einem Klumpen formen zu können.

Die Werte für die Scherfestigkeit gelten nicht, wenn einer der folgenden Fälle vorliegt:

a) Sie dürfen nicht auf gemischtkörnige Böden angewendet werden, bei denen einerseits die Art des Feinkorns und andererseits der Größenanteil an Korn > 0,4 mm es nicht zulassen, den Grad der Plastizität bzw. die Zustandsform zuverlässig zu beschreiben, z. B. auf sandige Geschiebemergel.

Tabelle 2.5 Kriterien für mitteldichte Lagerung

Bodengruppe nach DIN 18196	Ungleichförmigkeitszahl	Lagerungsdichte	Verdichtungsgrad	Spitzenwiderstand der Drucksonde
SE, SU GE, GU, GT	$U \leq 3$	$D \geq 0{,}30$	$D_{Pr} \geq 95\,\%$	$q_s \geq 7{,}5\ MN/m^2$
SE, SW, SI, SU GE, GW, GT, GU	$U > 3$	$D \geq 0{,}45$	$D_{Pr} \geq 98\,\%$	$q_s \geq 7{,}5\ MN/m^2$

Tabelle 2.6 Kriterien für dichte Lagerung

Bodengruppe nach DIN 18196	Ungleichförmigkeitszahl	Lagerungsdichte	Verdichtungsgrad	Spitzenwiderstand der Drucksonde
SE, SU GE, GU, GT	$U \leq 3$	$D \geq 0{,}50$	$D_{Pr} \geq 98\,\%$	$q_s \geq 15\ MN/m^2$
SE, SW, SI, SU GE, GW, GT, GU	$U > 3$	$D \geq 0{,}65$	$D_{Pr} \geq 100\,\%$	$q_s \geq 15\ MN/m^2$

b) Sie dürfen nicht bei Böden angewendet werden, die Haarrisse, Harnische, Klüfte oder geneigte Schichtfugen aufweisen sowie bei feinkörnigen Böden, z. B. bei Kaolinton, und bei Böden mit maßgeblichem Anteil an Montmorillonit.

Sie dürfen weder bei der Wichte noch bei der Scherfestigkeit angewendet werden, wenn ein plötzlicher Zusammenbruch des Korngerüstes möglich ist, z. B. bei Lössboden.

Anwendungsgrenzen für die Kohäsion

Unabhängig davon, ob die charakteristischen Werte für die Kohäsion aus Versuchen abgeleitet oder aus Tabellen entnommen werden, ist Folgendes zu beachten:

a) Die Kapillarkohäsion von nichtbindigen Böden, insbesondere von Sand, darf berücksichtigt werden, sofern sie nicht verloren gehen kann, z. B. durch Austrocknen oder durch Überfluten des Baugrunds, infolge Ansteigens des Grundwassers oder infolge Wasserzulaufs von oben während der Bauzeit.
b) Die Kohäsion eines bindigen Bodens darf nur dann voll berücksichtigt werden, wenn der Boden beim Durchkneten nicht breiig wird und wenn gewährleistet ist, dass er seine Zustandsform, z. B. beim Auftauen nach einer Frostperiode, gegenüber dem ursprünglichen Zustand nicht ungünstig verändert.

Insbesondere die Kapillarkohäsion von nichtbindigen Böden spielt eine nicht zu unterschätzende Rolle. Ohne sie wäre es nicht möglich, vor dem Einbau von Holzbohlen den Boden senkrecht abzuschachten und Baugrubenböschungen bis 45° Neigung herzustellen.

2.11 Wahl des Berechnungsverfahrens

Die Wahl des Berechnungsverfahrens zur Ermittlung der charakteristischen Schnittgrößen und zur Bemessung der Querschnitte ist freigestellt. Bei mehrfach gestützten Bohlträgern, Spundwänden, Gurten und Leitungsbrücken dürfen neben dem Verfahren Elastisch-Elastisch auch die Nachweisverfahren Elastisch-Plastisch und Plastisch-Plastisch angewendet werden. Im Zusammenwirken mit den Besonderheiten des Fußauflagers im Boden kommen ganz allgemein im Grundsatz folgende Verfahren infrage:

a) Das herkömmliche Verfahren der Elastizitätstheorie auf der Grundlage der Statik der Stabtragwerke in Abschnitt 2.12 kann mit einem festen oder nachgiebigen Fußauflager kombiniert werden, gegebenenfalls auch mit einer bodenmechanischen Einspannung. Außerdem ist die in Abschnitt 2.12 beschriebene Momentenumlagerung möglich.
b) Das Traglastverfahren erlaubt eine Ausnutzung der Plastizitätsreserven des Stahls. Gestrichen wurde allerdings in der 5. Auflage die EB 27, „Anwendung des Traglastverfahrens" wegen der Schwierigkeiten bei der Einführung von Bruchursachen und der Wahl von passenden Lastbildern, wenn sich Fließgelenke beim Verfahren Plastisch-Plastisch einstellen. Hierzu wird auf die Untersuchungen von *Grabe* et al. [59] verwiesen sowie auf Vergleichsberechnungen der BAW für den Arbeitskreis, die aber nicht veröffentlicht wurden. Grundsätzlich kann jedoch nach wie vor das Traglastverfahren eingesetzt werden, wenn alle Teilsicherheitsbeiwerte $\gamma_i = 1{,}0$ sind. Ein entsprechender Passus findet sich in der 5. Auflage mit Verweis auf die 4. Auflage.
c) Die Anwendung des Bettungsmodulverfahrens nach Kapitel 8 und der Finite-Elemente-Methode (FEM) nach Kapitel 9 ermöglicht eine Erfassung der Wechselwirkung von Boden und Bauwerk im Einbindebereich bzw. beim einwirkenden Erddruck.

2.12 Ermittlung von Schnittgrößen

Je nach Wahl des Berechnungsverfahrens stellt sich die Frage, wie die für die Bemessung maßgebenden Schnittgrößen ermittelt wurden. Bei linear elastischen Stabwerkmodellen können die Schnittgrößen am System mit charakteristischen Einwirkungen und Widerständen oder auch am System mit Bemessungsgrößen berechnet werden. Bei nichtlinearem Verhalten wie bei der Anwendung des Bettungsmodulverfahrens oder der Finite-Elemente-Methode gilt das Superpositionsprinzip nicht mehr. In diesen Fällen dürfen die Schnittgrößen mit einer einfachen Näherung festgelegt werden. Bei statisch unbestimmten Systemen ist eine Momentenumlagerung zulässig.

Bei linear-elastischem Verhalten des Systems sind die charakteristischen Schnittgrößen für jede einzelne Einwirkung getrennt zu ermitteln. Liegen die größten Feldmomente aus ständigen Einwirkungen und die größten Feldmomente aus veränderlichen Einwirkungen nicht an der gleichen Stelle, dann dürfen vereinfachend und auf der sicheren Seite liegend die jeweils größten Feldmomente max $M_{G,k}$ und max $M_{Q,k}$ als maßgebend angesehen werden. In der Regel ist jedoch nach EB 82 [47] wie folgt vorzugehen:

- Es wird der Maximalwert max $M_{G,k}$ der charakteristischen Feldmomente $M_{G,k}$ aus ständigen Einwirkungen $S_{G,k}$ allein ermittelt.
- Es werden zusammen mit den ständigen Einwirkungen $S_{G,k}$ für jede veränderliche Einwirkung $S_{Qi,k}$ die Maximalwerte max $M_{i,k}$ der Feldmomente $M_{i,k}$ ermittelt.

Die Maximalwerte max $M_{Qi,k}$ der Feldmomente für die jeweilige veränderliche Einwirkung $S_{Qi,k}$ ergeben sich als Differenz

$$\max M_{Qi,k} = \max M_{i,k} - \max M_{G,k} \tag{2.1}$$

Bei einer genauen Rechnung sind bei dieser Untersuchung nicht die charakteristischen Momente M_k zugrunde zu legen, sondern die Bemessungsmomente M_d.

Nichtlineares Verhalten
Bei nichtlinearem Verhalten des Systems gilt für alle Schnittgrößen und für alle maßgebenden Einwirkungskombinationen innerhalb der jeweiligen Bemessungssituationen BS-T, BS-T/A und BS-A:

a) Es werden die charakteristischen Schnittgrößen $E_{G,k}$ aus ständigen Einwirkungen $S_{G,k}$ allein ermittelt.
b) Es werden zusammen mit den ständigen Einwirkungen $S_{G,k}$ für jede infrage kommende Kombination von veränderlichen Einwirkungen $S_{Qi,k}$ die Schnittgrößen E_k ermittelt.
c) Die Schnittgrößen für die jeweilige Kombination von veränderlichen Einwirkungen $S_{Qi,k}$ ergeben sich als Differenz

$$E_{Qk} = E_k - E_{G,k} \tag{2.2}$$

Liegen die größten Feldmomente aus ständigen Einwirkungen und die größten Feldmomente aus veränderlichen Einwirkungen nicht an der gleichen Stelle, dann müsste streng genommen nicht die Stelle zugrunde gelegt werden, an der das charakteristische Feldmoment M_k seinen Größtwert aufweist, sondern die Stelle, an der das Bemessungs-Feldmoment M_d seinen Größtwert aufweist. Dazu ist die Momentenlinie für

$$M_d = M_{G,d} + M_{Q,d} \tag{2.3}$$

zu ermitteln. Auf diese genauere Untersuchung darf nach EB 27 [47] in der Regel verzichtet werden. Im Übrigen wird auf die möglichen Vereinfachungen nach EB 105 [47] hingewiesen.

Umlagerung von Biegemomenten
Bei der Schnittgrößenermittlung für statisch unbestimmte Systeme nach der Elastizitätstheorie ist nach EB 11 [47], Absatz 6 folgende Momentenumlagerung zulässig:

a) Ergibt sich an einem einzelnen Auflagerpunkt eine rechnerische Überbeanspruchung der Bohlträger oder der Spundwand, dann darf der Anteil des Bemessungswerts des Biegemoments, der über den Bemessungswert des Biegewider-

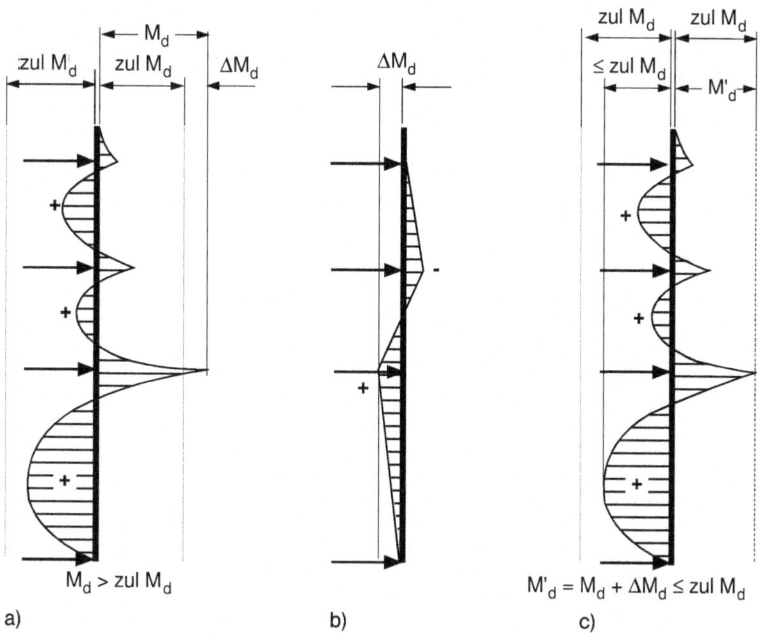

Bild 2.1 Umlagerung von Biegemomenten nach EB 11; a) ursprüngliche Momentenverteilung; b) Momentenumlagerung; c) geänderte Momentenverteilung

stands hinausgeht, in Anlehnung an das Verfahren Elastisch-Plastisch der DIN EN 1993-1-1, Absatz 5.4.1 (4) B nach Bild 2.1 umgelagert werden, sofern der Schnittgrößenermittlung eine wirklichkeitsnahe Lastfigur zugrunde gelegt worden ist.

b) Die Auswirkungen auf die Biegemomente in den benachbarten Feldern und an den benachbarten Auflagerpunkten sind nachzuweisen. Die Quer- und Auflagerkräfte an der untersuchten Stützung dürfen jedoch nicht abgemindert werden.

c) Die nach der Elastizitätstheorie ermittelten Stützenmomente dürfen entsprechend DIN EN 1993-1-1 höchstens um 15 % ihrer Maximalwerte vermindert oder vergrößert werden. Nach der Momentenumlagerung dürfen unter Berücksichtigung der Bemessungswerte der Normalkräfte die mit den entsprechenden Teilsicherheitsbeiwerten abgeminderten charakteristischen Materialkenngrößen an keiner Stelle überschritten werden. Außerdem ist das Biegedrillknicken zu verhindern. Diese Momentenumlagerung ist nur für Querschnitte der Klassen 1 und 2 zulässig, siehe Erläuterungen in EB 48, Abschnitt 13.3.

d) In Anlehnung an DIN EN 1992-1-1, Abschnitt 5.5. darf die Momentenumlagerung auch bei Ortbetonwänden und bei aufgelösten Bohrpfahlwänden vorgenommen werden. Die Abminderung des Stützenmoments darf jedoch nicht größer sein als in Abschnitt 8.3 der genannten Norm in Abhängigkeit von der Stahl-Duktilität, der Betonfestigkeit und vom Verhältnis der Höhe der Druckzone zur statischen Nutzhöhe des Querschnitts angegeben. Wird eine Ortbetonwand später als tragendes Glied in ein Dauerbauwerk einbezogen, so kann es zweckmäßig sein, auch im Bauzustand auf die Abminderung des Stützenmoments zu verzichten.

3 Erddruck

3.1 Allgemeines

Die folgenden Ausführungen beschränken sich auf die wichtigsten Grundlagen, die beim Entwurf und bei der Berechnung von Baugrubenverbauwänden benötigt werden. In der Regel sind die Verbauwände vertikal mit einem Wandneigungswinkel $\alpha = 0$ und das Gelände wird horizontal mit einem Geländeneigungswinkel $\beta = 0$ angenommen. Für diese Fälle, einschließlich Auflasten, werden die erforderlichen Berechnungsformeln angegeben. Eine weitergehende Darstellung findet sich im Beitrag „Erddruck" zum Grundbau-Taschenbuch [72]. Dort sind insbesondere auch die theoretischen Grundlagen und das Thema Verschiebungsabhängigkeit des Erddrucks ausführlich dargestellt.

Bedingt durch unterschiedliche Traditionen in der ehemaligen DDR und der alten Bundesrepublik ist es in der DIN 4085 seit dem Jahr 2007 gegenüber früheren Fassungen von 1987 und 1996 zu einigen Neuerungen und auch Unterschieden zur EAB gekommen. Diese Unterschiede sind mittlerweile weitestgehend ausgeglichen. In Detailfragen sind jedoch abweichende Auslegungen möglich, insbesondere beim Ansatz des Mindesterddrucks (s. Abschnitt 3.4). Während nach EAB Auflasten – von Ausnahmen abgesehen – in der Regel zusätzlich zu berücksichtigen sind, lässt die neue DIN 4085:2017-08 die Frage offen.

3.2 Erdruhedruck

Geht man von dem theoretischen Fall aus, dass sowohl beim Einbringen von Spundwänden oder Ortbetonwänden als auch beim Aushub der Baugrube jegliche Bewegung und Entspannung des Erdreichs vermieden wird, ist damit zu rechnen, dass die Wand durch den Erdruhedruck belastet wird, der im ungestörten Erdreich infolge Bodeneigengewichts wirkt. Rechnerisch ergibt sich der charakteristische Wert der Erdruhedruckkraft in der Höhe h aus dem Ansatz

$$E_{0gh,k} = \tfrac{1}{2} \cdot \gamma_k \cdot K_0 \cdot h^2 \qquad (3.1)$$

Die Erddruckordinaten ergeben sich entsprechend dem geradlinig mit der Tiefe zunehmendem Bodeneigengewicht zu

$$e_{0gh,k} = \gamma_k \cdot K_0 \cdot h \qquad (3.2)$$

Die Größe des Ruhedruckbeiwerts K_0 hängt von den Materialeigenschaften des Bodens ab. Unterstellt man näherungsweise die Gültigkeit des Hooke'schen Gesetzes, erhält man den Ruhedruckbeiwert K_0 aus der Querdehnungszahl m zu

$$K_0 = \frac{1}{m-1} \qquad (3.3)$$

Da es jedoch versuchstechnisch schwierig ist, die Querdehnungszahl m zu bestimmen, hilft diese Beziehung nicht weiter. Die vorliegenden theoretischen Untersuchungen über die Größe des Ruhedruckbeiwerts K_0 bei senkrechter Wand und

Baugruben, 3. Auflage. Achim Hettler, Theodoros Triantafyllidis, Anton Weißenbach.

waagerechtem Gelände führen teilweise zu unterschiedlichen Ergebnissen. Inzwischen hat sich allgemein der Ansatz

$$K_0 = 1 - \sin\varphi' \tag{3.4}$$

durchgesetzt, der sich aus einer Vereinfachung der von *Jaky* abgeleiteten Gleichung ergibt. Der Ansatz wird durch vorliegende Versuche bestätigt und auch in DIN 4085 und in der EAB [47] empfohlen. Für die infrage kommenden Reibungswinkel erhält man somit Ruhedruckbeiwerte zwischen $K_0 = 0{,}30$ und $K_0 = 0{,}80$. Bezogen auf die verschiedenen Bodenarten kommen etwa folgende Werte infrage:

$K_0 = 0{,}35$ bis 0,40 bei dicht gelagertem Sand und Kies,
$K_0 = 0{,}40$ bis 0,45 bei mitteldicht gelagertem Sand und Kies,
$K_0 = 0{,}45$ bis 0,50 bei locker gelagertem Sand und Kies,
$K_0 = 0{,}50$ bis 0,55 bei Geschiebemergel und Geschiebelehm,
$K_0 = 0{,}55$ bis 0,60 bei Lehm,
$K_0 = 0{,}60$ bis 0,65 bei stark tonigen Böden,
$K_0 = 0{,}65$ bis 0,70 bei Tonböden.

Bei nichtbindigen Böden ist der Erdruhedruck etwa doppelt so groß wie der aktive Erddruck aus Bodeneigengewicht nach der Theorie von *Coulomb* unter Ansatz von Wandreibung. Bei bindigen Böden lässt sich eine ähnliche Feststellung nicht ohne Weiteres treffen, da der Einfluss der Kohäsion den aktiven Erddruck in Abhängigkeit von der Wandhöhe verschieden stark abmindert. Inwiefern die Kohäsion eines Bodens auch den Erdruhedruck herabsetzt, ist nicht abschließend geklärt. Infrage kommt nach *Nendza* [127] der Ansatz eines Ersatzreibungswinkels. Hierzu siehe „Baugruben, Teil II" [204]. Auf der sicheren Seite liegend wird jedoch in der Regel auf die damit verbundene Abminderung des Erdruhedrucks verzichtet, vgl. auch die neueren Untersuchungen von *Pelz* [135].

Eine Vergrößerung des Erdruhedrucks ist zu erwarten, wenn der Boden eiszeitlich vorbelastet ist. EAB [47] und EC 7-1 geben dafür den Ansatz

$$K_0 = (1 - \sin\varphi'_k) \cdot \sqrt{\frac{\sigma_{vü}}{\sigma_v}} \tag{3.5}$$

Mit $\sigma_{vü}$ wird die Vertikalspannung bei der früheren Auflast bezeichnet, mit σ_v die derzeitige Vertikalspannung. In Höhe der Geländeoberfläche, bei $z = 0$ und $\sigma_v = 0$, erhält man aus diesem Ansatz einen Erdruhedruckbeiwert von $K_0 = \infty$, und auch unter der Geländeoberfläche nimmt er nur langsam mit der Tiefe ab. Hier ist zu beachten, dass die waagerechten Spannungen im Boden bei waagerechter Geländeoberfläche nicht größer sein können als der passive Erddruck ohne Ansatz eines Wandreibungswinkels.

In der Praxis ist es nicht möglich, Baugrubenwände ohne Störung des Gleichgewichtszustands im Boden einzubringen und auch beim Aushub der Baugrube völlig verformungs- und bewegungsfrei zu halten. Deshalb ist in der Regel die wirksame Erddrucklast aus Bodeneigengewicht kleiner als die Erdruhedrucklast $E_{0\,g}$. Nimmt man darüber hinaus geringfügige Verformungen und Bewegungen in Kauf, dann sinkt der Erdruhedruck sehr schnell auf den aktiven Erddruck ab. Besonders ausgeprägt tritt dies bei Trägerbohlwänden auf, bei denen der Boden abschnittsweise freigelegt und dann erst verkleidet wird. Aber auch bei Spundwänden und Ortbetonwänden sind Wandbewegungen nicht zu vermeiden. Dies liegt allein schon an der erforderlichen Stützung der Wand durch den Boden im jeweiligen Bauzustand vor Einbau der nächsten Stützung, die zwangsläufig mit einer gewissen Fußverschiebung verbunden ist.

Bei Baugrubenwänden mit Fußstützung wird der Boden über den ursprünglich vorhandenen Erdruhedruck hinaus belastet. Die dabei auftretenden Bodenreaktionen nehmen mit der Beanspruchung zu, bis maximal der passive Erddruck erreicht ist und der Boden aufbricht. Dies ist allerdings erst bei sehr großen Wandfußverschiebungen der Fall.

3.3 Wandreibungswinkel und Erddruckneigungswinkel

Wandreibungswinkel

Bei der Ermittlung des aktiven und des passiven Erddrucks spielt neben der Scherfestigkeit des Bodens die Reibung zwischen der Baugrubenwand und dem anstehenden Boden eine erhebliche Rolle. Grundlage für die Beurteilung ist der charakteristische Wandreibungswinkel δ_k. Er ist das Maß für die physikalisch größtmögliche Reibung zwischen der Wand und dem anstehenden Boden. Er ist im Wesentlichen abhängig

- von der Scherfestigkeit des Bodens und
- von der Oberflächenrauigkeit der Wand.

Im Hinblick auf die Rauigkeit der Wand werden nach EB 89 [47] und nach DIN 4085 folgende Fälle unterschieden:

a) Als „verzahnt" wird eine Wandrückseite bezeichnet, wenn sie durch ihre Form eine so große Oberfläche aufweist, dass nicht die unmittelbar zwischen Boden und Wandbaustoff wirkende Wandreibung maßgebend ist, sondern die Reibung in einer ebenen, die Wand nur stellenweise berührenden Bruchfläche im Boden. Dies ist bei Pfahlwänden der Fall. Auch Dichtwände aus erhärtender Zement-Bentonit-Suspension mit eingehängten Spundwänden oder Bohlträgern dürfen als verzahnt eingestuft werden [47]. Näherungsweise gilt dies auch für eingerammte, eingerüttelte oder eingepresste Spundwände.
b) Als „rau" können im Allgemeinen die unbehandelten Oberflächen von Stahl, Beton und Holz angesehen werden, insbesondere die Oberflächen von Bohlträgern und von Ausfachungen.
c) Als „weniger rau" darf die Oberfläche einer Schlitzwand eingestuft werden, sofern die Filterkuchenbildung gering ist, z. B. bei Schlitzwänden in bindigem Boden. Erfahrungsgemäß gilt dies auch bei Schlitzwänden in nichtbindigem Boden, wenn die Standzeit des suspensionsgestützten Schlitzes entsprechend den allgemeinen Herstellungsregeln kurz gehalten wird.
d) Als „glatt" sind alle Wandrückseiten einzustufen, wenn der anstehende Boden infolge seines Tongehalts und seiner Konsistenz schmierige Eigenschaften aufweist.

Tabelle 3.1 Grenzwerte des Wandreibungswinkels

Wandbeschaffenheit	Nach EAB, DIN 4085:2017-08	Nach DIN 4085:2011-05
Verzahnte Wand	$\delta_k = \varphi'_k$	$\delta_k = \varphi'_k$
Raue Wand	$\varphi'_k \leq 30°$: $\delta_k \leq \varphi'_k - 2{,}5°$ $\varphi'_k \geq 30°$: $\delta_k = 27{,}5°$	$\delta_k \leq \frac{2}{3}\,\varphi'_k$
Weniger raue Wand	$\delta_k \leq \frac{1}{2}\,\varphi'_k$	$\delta_k \leq \frac{1}{2}\,\varphi'_k$
Glatte Wand	$\delta_k = 0$	$\delta_k = 0$

In der Tabelle 3.1 sind die nach DIN 4085:2011-05 und nach EB 89 [47] in Abhängigkeit vom Reibungswinkel φ'_k maßgebenden Wandreibungswinkel angegeben. Sie unterscheiden sich nur im Fall der rauen Wand. Während nach EAB [47] die nach *Weißenbach* [204] physikalisch möglichen Wandreibungswinkel angegeben sind, begnügt sich DIN 4085:2011-05 mit einer auf der sicheren Seite liegenden Näherung. In der neuen Fassung der DIN 4085:2017-08 wurden die Werte der EAB übernommen.

Mit der Einführung der 5. Auflage der EAB wurde die strenge Begrenzung des Wandreibungswinkels bei Schlitzwänden relativiert. Seit vielen Jahren durfte der Wandreibungswinkel bei Schlitzwänden, deren Oberfläche als weniger rau eingestuft wurde, betragsmäßig nicht höher als $|\delta_p| \leq \frac{1}{2}\,\varphi$ angesetzt werden. Auf der anderen Seite zeigen Erfahrungen von Firmen bei der Herstellung suspensionsgestützter Pfähle, dass auch höhere Wandreibungswinkel möglich sind. Mittlerweile liegen auch neuere Forschungsarbeiten von *Arwanitaki* [5] sowie von *Arwanitaki, König* und *Triantafyllidis* [6] zu Schlitzwänden vor, die ebenfalls eine höhere Wandreibung belegen, vgl. auch *König* und *Schröder* [106] Allerdings liegen noch nicht für alle Bodenarten Untersuchungen vor, sodass noch Forschungsbedarf besteht, vgl. *Triantafyllidis* in [6].

Bisherige Untersuchungen von Proben an der Kontaktfläche Schlitzwand/Boden aus Baustellen mit nichtbindigem und bindigem Baugrund bestätigen die Vorgehensweise, dass aufgrund der Vermischung von Bentonitpartikeln mit dem gröberen nichtbindigen Material eine Herabsetzung des Reibungswinkels erfolgt. Eine Belastung des Filterkuchens entsteht jedoch nach dem Einbau des Frischbetons mit einer temporären Überkonsolidierung, sodass nach erfolgter Konsolidierung ein Gesamtscherfestigkeitswinkel zwischen mindestens $\varphi_s = 25°$ bis $30°$ zu erwarten ist. Dies entspricht einem feinkörnigen bis kiesigen Baugrund. Bei einem bindigen Baugrund wird aufgrund der Membranwirkung eine sehr dünne Filterkuchenschicht erwartet, sodass die Rauigkeit des Aushubs eine potenzielle Scherfuge im Bereich des anstehenden Bodens erzwingt. Somit wird als Wandreibung die Scherfestigkeit des anstehenden Bodens maßgebend. Geht man von normalkonsolidierten Verhältnissen aus, darf $|\delta| = \varphi_s$ gesetzt werden.

Um den neuen Erkenntnisstand zu berücksichtigen, wurde EB 89, Absatz 3c in der 5. Auflage der EAB entsprechend erweitert:

> „Als „weniger rau" darf die Oberfläche einer Schlitzwand eingestuft werden, sofern die Filterkuchenbildung gering ist, z. B. bei Schlitzwänden in bindigem Boden. Erfahrungsgemäß gilt dies auch bei Schlitzwänden in nichtbindigem Boden. Sofern aber bei der Schlitzwandherstellung durch geeignete Maßnahmen die Ausbildung eines Filterkuchens vermieden werden kann oder eine stark unebene Wandoberfläche erreicht wird, darf auch ein betragsmäßig höherer Erddruckneigungswinkel als $|\delta_p| = \frac{1}{2}\varphi$ angesetzt werden."

Erddruckneigungswinkel
Die rechnerischen Neigungswinkel $\delta_{a,k}$ und $\delta_{p,k}$ zwischen der Richtung der aktiven Erddruckkraft bzw. dem Erdwiderstand und der Normalen auf die Wandrückseite hängen ab

- vom charakteristischen Wandreibungswinkel δ_k,
- von der Relativbewegung zwischen Wand und Boden,
- von der Wahl der Gleitflächenform,
- vom Mobilisierungsgrad.

Nur dann, wenn

- der Berechnung des aktiven oder des passiven Erddrucks eine gekrümmte oder gebrochene Gleitfläche zugrunde gelegt wird und
- nachgewiesen wird, dass die Summe der von oben nach unten gerichteten charakteristischen Einwirkungen mindestens so groß ist wie die von unten nach oben gerichtete Vertikalkomponente $B_{v,k}$ der charakteristischen Auflagerkraft B_k,

darf die physikalisch mögliche Wandreibung aus der mittleren Spalte „Gekrümmte Gleitflächen" der Tabelle 3.2 in Rechnung gestellt werden.

Die Ermittlung des aktiven und passiven Erddrucks mit ebenen Gleitflächen steht nur dann mit der grundlegenden Gleichgewichtsbedingung $\Sigma M = 0$ im Einklang, wenn sich die Wirkungslinien der Last aus Bodeneigengewicht, der Erddruckkraft und der Resultierenden aller Spannungen in der Gleitfuge in einem Punkt schneiden. Bei senkrechter Wand liegt dieser Fall vor, wenn die Geländeoberfläche und die Wirkungslinie der Resultierenden aller Spannungen in der Gleitfuge die gleiche

Tabelle 3.2 Grenzwerte des maximalen Erddruckneigungswinkels

Wandbeschaffenheit	Gekrümmte Gleitflächen	Ebene Gleitflächen
Verzahnte Wand	$\delta_k = \varphi'_k$	$\delta_k \leq \frac{2}{3}\varphi'_k$
Raue Wand	$\varphi'_k \leq 30°$: $\delta_k \leq \varphi'_k - 2{,}5°$ $\varphi'_k \geq 30°$: $\delta_k = 27{,}5°$	$\delta_k \leq \frac{2}{3}\varphi'_k$
Weniger raue Wand	$\delta_k \leq \frac{1}{2}\varphi'_k$	$\delta_k \leq \frac{1}{2}\varphi'_k$
Glatte Wand	$\delta_k = 0$	$\delta_k = 0$

Neigung gegenüber der Waagerechten aufweisen. Je mehr sich diese Neigungen voneinander unterscheiden, umso größer wird der Modellfehler: Der aktive Erddruck wird zu klein, der passive Erddruck zu groß ermittelt. Aus diesem Grund ist in der Spalte „Ebene Gleitflächen" der Tabelle 3.2 der Erddruckneigungswinkel bei verzahnten Wänden auf den Wert herabgesetzt, der auch für die raue Wand maßgebend ist. Beim passiven Erddruck, wo der Fehler besonders groß werden kann, dürfen nach EB 89 [47], Abschnitt 2.3, darüber hinaus ebene Gleitflächen nur bis zu einem Reibungswinkel von $\varphi'_k = 35°$ zugrunde gelegt werden.

Das Vorzeichen des Erddruckneigungswinkels richtet sich nach der Relativverschiebung zwischen Wand und Boden:

a) Der Erddruckneigungswinkel ist beim aktiven Erddruck als positiv definiert, wenn entsprechend Bild 3.1a der Erdkeil sich stärker nach unten bewegt als die Wand.
b) Der Erddruckneigungswinkel ist beim aktiven Erddruck als negativ definiert, wenn entsprechend Bild 3.1b die Wand sich stärker nach unten bewegt als der Boden.

Für die Ermittlung des Erdwiderstands gilt sinngemäß das Gleiche. Hierzu siehe Bild 3.10.

3.4 Größe des aktiven Erddrucks und Mindesterddruck

Aktiver Erddruck aus Bodeneigengewicht
Die Größe der Erddruckresultierenden aus Bodeneigengewicht hängt in starkem Maße davon ab, inwieweit sich eine Baugrubenwand im Zuge des Baugrubenaushubs bewegen und verformen kann. Maßgebend dafür sind

- die Auflockerungen des Bodens beim Herstellen der Baugrubenwand,
- die Nachgiebigkeit der Stützung,
- die Nachgiebigkeit des Erdauflagers,
- der Abstand der Stützungspunkte und die Biegesteifigkeit der Baugrubenwand.

Werden die im Abschnitt 2.3 angegebenen Randbedingungen für nicht gestützte, nachgiebig gestützte oder wenig nachgiebig gestützte Baugrubenwände eingehalten, dann darf bei Baugruben in mitteldicht oder dicht gelagerten nichtbindigen Böden bzw. in mindestens steifen bindigen Böden angenommen werden, dass beim Freilegen der Wand Verformungen und Bewegungen in der Größenordnung von 1 ‰ der Wandhöhe auftreten. Diese reichen in der Regel aus, um den Erddruck vom Erdruhedruck auf den aktiven Erddruck absinken zu lassen. Bei nicht gestützten, im Boden eingespannten Baugrubenwänden ist dies im Allgemeinen unabhängig von den anstehenden Bodenarten der Fall.

Bei der Ermittlung der Größe der Gesamtlast des aktiven Erddrucks sind im Wesentlichen folgende Gesichtspunkte zu beachten:

a) Der charakteristische Wert der Erddruckresultierenden aus Bodeneigengewicht darf nach der klassischen Erddrucktheorie mit ebenen Gleitflächen unter dem

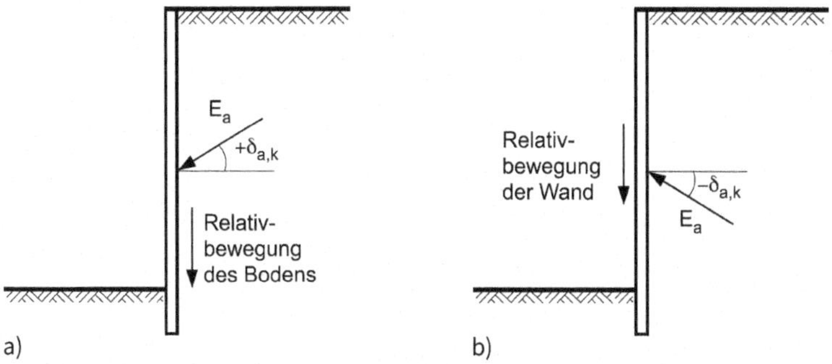

Bild 3.1 Vorzeichenregelung für den Neigungswinkel beim aktiven Erddruck; a) positiver Erddruckneigungswinkel; b) negativer Erddruckneigungswinkel

Winkel $\vartheta_{a,k}$ ermittelt werden, sofern die in DIN 4085:2011-05 angegebenen Grenzen für Wandneigung, Geländeneigung und Erddruckneigung eingehalten sind.

b) Die Wahl des charakteristischen Erddruckneigungswinkels $\delta_{a,k}$ richtet sich nach den Angaben im Abschnitt 3.3. Er darf bei Trägerbohlwänden, Spundwänden und Ortbetonwänden mit positivem Vorzeichen angesetzt werden, wenn die daraus resultierenden Vertikalkräfte sicher in den Untergrund abgeleitet werden können. Anderenfalls ist ein kleinerer oder ein negativer Erddruckneigungswinkel in die Berechnung einzuführen. Dies kann erforderlich werden, wenn große Vertikalkräfte in die Baugrubenwand eingeleitet werden, z. B. bei Hilfsbrücken oder bei geneigten Verankerungen. Hierzu siehe Bild 3.1.

Der Erddruck und die Erddruckresultierende aus Bodeneigengewicht ergeben sich nach DIN 4085 mit der Neigung der Gleitfläche unter dem Winkel

$$\vartheta_{ag,k} = \vartheta_{a,k} = \varphi'_k + \arctan\left[\frac{\cos(\varphi'_k - \alpha)}{\sin(\varphi'_k - \alpha) + \sqrt{\dfrac{\sin(\varphi'_k + \delta_{a,k}) \cdot \cos(\alpha - \beta)}{\sin(\varphi'_k - \beta) \cdot \cos(\alpha + \delta_{a,k})}}}\right]^2 \tag{3.6}$$

aus den Ansätzen

$$e_{agh,k} = \gamma_k \cdot K_{agh} \cdot h \tag{3.7}$$

$$E_{agh,k} = \tfrac{1}{2} \cdot \gamma_k \cdot K_{agh} \cdot h^2 \tag{3.8}$$

mit dem Erddruckbeiwert

$$K_{agh} = K_{ah} = \left[\frac{\cos(\varphi'_k - \alpha)}{\cos\alpha \cdot \left(1 + \sqrt{\dfrac{\sin(\varphi'_k + \delta_{a,k}) \cdot \sin(\varphi'_k - \beta)}{\cos(\alpha - \beta) \cdot \cos(\alpha + \delta_{a,k})}}\right)}\right]^2 \tag{3.9}$$

für den allgemeinen Fall der um den Winkel α geneigten Wand, der mit dem Winkel β geneigten Geländeoberfläche und dem unter dem Winkel $\delta_{a,k}$ angreifenden Erddruck. Dieser Ansatz ist allerdings nur korrekt, wenn sich die Wirkungslinien der Eigengewichtslast, der Erddrucklast und der Resultierenden in der Gleitfuge in einem Punkt schneiden, z. B. bei $\alpha = 0$ und $\beta = \delta_a$. Er ist aber auch noch anwendbar, solange drei getrennte Schnittpunkte nicht übermäßig weit auseinander liegen. Entsprechende Grenzbedingungen sind in DIN 4085:2011-05 angegeben.

Bei Anwendung der Gl. (3.9) ist zu beachten, dass im Gegensatz zu den meisten älteren Literaturstellen das Vorzeichen der Wandneigung α in DIN 4085 in Anpassung an den internationalen Gebrauch geändert worden ist. Positiv definiert ist nicht mehr die Neigung zum Boden hin, sondern die Neigung der zur Baugrube hin überhängenden Wand.

Für den Fall $\alpha = \beta = 0$ vereinfachen sich die Gln. (3.6) und (3.9) erheblich. Nach „Baugruben, Teil II" [204] erhält man die Ansätze:

$$\tan \vartheta_{ag,k} = \tan \vartheta_{a,k} = \frac{\sin \varphi'_k + \sqrt{\dfrac{\tan \varphi'_k}{\tan \varphi'_k + \tan \delta_{a,k}}}}{\cos \varphi'_k} \tag{3.10}$$

$$K_{agh} = K_{ah} = \frac{\cos^2 \varphi'_k}{\left[1 + \sqrt{\dfrac{\sin(\varphi'_k + \delta_{a,k}) \cdot \sin \varphi'_k}{\cos \delta_{a,k}}}\right]^2} \tag{3.11}$$

Für den Sonderfall der senkrechten Wand, der waagerechten Geländeoberfläche und des waagerechten Kraftangriffs erhält man den Gleitflächenwinkel

$$\vartheta_{a,k} = 45° + \tfrac{1}{2} \cdot \varphi'_k \tag{3.12}$$

und den Beiwert

$$K_{agh} = K_{ah} = \tan^2\left(45 - \frac{\varphi}{2}\right) = \frac{1 - \sin \varphi'_k}{1 + \sin \varphi'_k} \tag{3.13}$$

Erddruck infolge von Kohäsion

Der charakteristische Wert des aktiven Erddrucks infolge von Kohäsion darf ebenso wie der Erddruck aus Bodeneigengewicht nach der klassischen Erddrucktheorie mit ebenen Gleitflächen unter dem Winkel $\vartheta_{a,k}$ nach Gl. (3.6) und unter Ansatz des charakteristischen Erddruckneigungswinkels $\delta_{a,k}$ nach Tabelle 3.2 ermittelt werden. Der Erddruck und die Erddruckresultierende infolge von Kohäsion ergeben sich nach DIN 4085 aus den Ansätzen

$$e_{ach,k} = c'_k \cdot K_{ach} \tag{3.14}$$

$$E_{ach,k} = c'_k \cdot K_{ach} \cdot h \tag{3.15}$$

mit dem Erddruckbeiwert

$$K_{ach} = \frac{2 \cdot \cos(\alpha - \beta) \cdot \cos \varphi'_k (\alpha + \delta_{a,k})}{[1 + \sin(\varphi'_k + \alpha + \delta_{a,k} - \beta)] \cdot \cos \alpha} \tag{3.16}$$

für den allgemeinen Fall der um den Winkel α geneigten Wand, der mit dem Winkel β geneigten Geländeoberfläche und dem unter dem Winkel $\delta_{a,k}$ angreifenden Erddruck. Bei geneigter Wand ist die Änderung der Vorzeichendefinition zu beachten. Für den Fall $\alpha = \beta = 0$ vereinfacht sich die Gl. (3.16) zu

$$K_{ach} = \frac{2 \cdot \cos\varphi'_k \cdot \cos\delta_{a,k}}{1 + \sin(\varphi'_k + \delta_{a,k})} \tag{3.17}$$

Näherungsweise darf auch der Ansatz

$$K_{ach} \approx 2 \cdot \sqrt{K_{agh}} \tag{3.18}$$

zugrunde gelegt werden. Bei bindigem Boden mit $\varphi'_k \leq 30°$ kann damit bei dem üblichen Ansatz eines positiven Wandreibungswinkels die günstige Wirkung der Kohäsion bis zu 15 % überschätzt werden. Mit dem genaueren Ansatz

$$K_{ach} \approx 2 \cdot \sqrt{K_{agh}} \cdot \cos\delta_{a,k} \tag{3.19}$$

verringert sich der mögliche Fehler etwa auf die Hälfte.

Für den Sonderfall der senkrechten Wand, der waagerechten Geländeoberfläche und des waagerechten Kraftangriffs erhält man mit dem Gleitflächenwinkel $\vartheta_{a,k}$ nach Gl. (3.12) den Beiwert

$$K_{ach} = K_{ac} = 2 \cdot \sqrt{K_{agh}} \tag{3.20}$$

Der Erddruck aus Kohäsion vermindert den Erddruck aus Bodeneigengewicht. Bei der Überlagerung der beiden Wirkungen entstehen im Bereich der Geländeoberfläche rechnerische Zugspannungen, die in Abhängigkeit von der Wandbewegung unterschiedlich behandelt werden:

a) Bei nicht oder nachgiebig gestützten Baugrubenwänden, die sich um den Fußpunkt oder um einen tiefer gelegenen Punkt drehen, werden diese Zugspannungen nach Bild 3.2c nicht berücksichtigt und zu null gesetzt.
b) Bei wenig nachgiebig gestützten Wänden, die sich im Wesentlichen parallel verschieben oder um einen hochgelegenen Punkt drehen, werden diese Zugspannungen nach Bild 3.2d gegen Druckspannungen aufgerechnet, bevor der verbleibende Erddruck in eine angemessene Lastfigur umgewandelt wird.

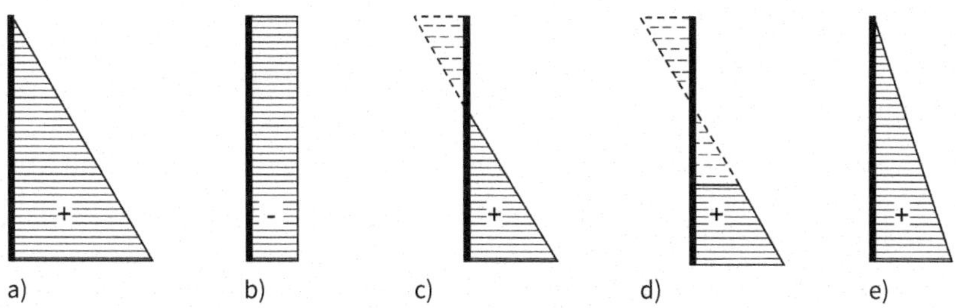

Bild 3.2 Ermittlung der aktiven Erddrucklast bei durchgehend bindigem Boden nach EB 4;
a) Erddruck aus Bodeneigengewicht, b) Erddruck infolge von Kohäsion, c) Erddruck bei nicht gestützten Baugrubenwänden, d) Erddruck bei gestützten Baugrubenwänden, e) Mindesterddruck

Mindesterddruck
Bei großem Einfluss der Kohäsion wird der rechnerische Erddruck in den Fällen nach Bild 3.2c und 3.2d so stark vermindert, dass im Ergebnis nur ein sehr kleiner oder gar kein Erddruck mehr wirksam ist. Es besteht dann die Gefahr, dass eine sehr schwache oder gar keine Baugrubenkonstruktion vorgesehen wird. Um dies zu verhindern, fordern DIN 4085 und EAB [47] den Ansatz eines Mindesterddrucks, der sich rechnerisch mit dem Ersatzreibungswinkel $\varphi'_{Ers,k} = 40°$ ergibt bzw. mit dem Ersatzreibungswinkel $\varphi'_{Ers,k} = 45°$, wenn der Erddruck oder die von ihm verursachten Beanspruchungen durch Messungen am Verbau überprüft werden. Im Unterschied zu früheren Auflagen der EAB [47], in denen die festen Ersatzerddruckbeiwerte genannt worden sind, können auf diese Weise Gegebenheiten berücksichtigt werden, die auch bei der herkömmlichen Erddruckermittlung mit vorgegebener Scherfestigkeit eine Rolle spielen: Die Neigung der Geländeoberfläche, die Neigung der Wand und der Erddruckneigungswinkel. Die waagerechte Komponente des aktiven Erddrucks darf hierbei mit $\delta_{a,k} = \frac{2}{3}\,\varphi'_{Ers,k} = 26{,}7°$ ermittelt werden, wenn die entsprechenden Voraussetzungen vorliegen. Die zugehörige senkrechte Komponente dagegen ist mit dem in Wirklichkeit vorhandenen Reibungswinkel des Bodens und somit mit $\delta_{a,k} = \frac{2}{3}\,\varphi'_k$ aus der waagerechten Komponente abzuleiten.

Nach EB 4 [47] ist der Ersatzerddruck bei durchgehend bindigem Boden nach Bild 3.2e mit der Tiefe geradlinig zunehmend anzusetzen, bei wenig nachgiebig gestützten Wänden in eine angemessene Lastfigur umzuwandeln. Bei geschichtetem Boden ist nach EB 4 [47] (abweichend von DIN 4085:2011-05, wo zwar auch dieser Weg zugelassen ist, aber ein Vergleich der Erddruckordinaten bevorzugt wird) wie folgt vorzugehen:

a) Die Erddruckordinaten in den nichtbindigen Schichten sind mit den charakteristischen Bodenkenngrößen zu ermitteln.
b) Die Erddruckordinaten in den bindigen Schichten sind sowohl mit den charakteristischen Bodenkenngrößen als auch mit dem Ersatzreibungswinkel $\varphi'_{Ers,k} = 40°$ zu ermitteln. Maßgebend ist als Mindesterddruck die größere Erddruckresultierende der betreffenden Schicht.

Die Gesamtlast des Erddrucks ergibt sich als Summe der maßgebenden Erddruckresultierenden der einzelnen Schichten. Dies gilt sowohl für die waagerechten als auch für die senkrechten Komponenten des Erddrucks. Bei nicht oder nachgiebig gestützten Wänden ist dann die Erddruckverteilung nach Bild 3.3d maßgebend, bei wenig nachgiebig gestützten Wänden eine angemessene Lastfigur mit der gleichen Erddruckgesamtlast.

Grundsätzlich ist anzumerken, dass sich der gewählte Ansatz für Größe und Verteilung des Mindesterddrucks auf Plausibilitätsüberlegungen stützt und sich nicht rein theoretisch begründen lässt.

Die Idee eines Mindesterddrucks geht auf *Weißenbach* zurück. Gestützt auf Messungen an Baugruben, wurde 1970 der erste Entwurf einer Empfehlung zum Mindesterddruck in EB 4, Absatz 3 veröffentlicht [210]. Die Grundidee ist seitdem

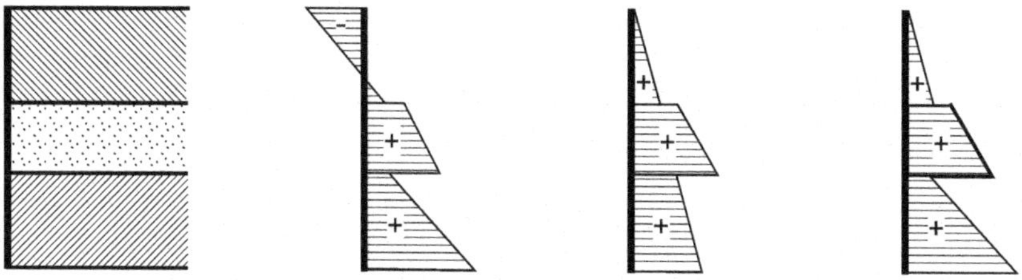

Bild 3.3 Ermittlung der Gesamtlast des aktiven Erddrucks bei teilweise bindigen Bodenschichten nach EB 7; a) Bodenschichtung, b) Erddruck mit charakteristischen Scherfestigkeiten, c) Erddruck in den bindigen Schichten mit Ersatzreibungswinkel; d) Mindesterddruck

unverändert geblieben. Der Erddruck aus Bodeneigengewicht und Kohäsion ist zunächst auf der Grundlage der klassischen Erddrucktheorie mit den Scherparametern φ und c zu ermitteln. Dessen Resultierende ist mit der Erddrucklast aus Mindesterddruck zu vergleichen. Für die weitere Berechnung ist dann der ungünstigere Ansatz zugrunde zu legen. Erddrücke aus Auflasten waren stets zusätzlich anzusetzen [44]. Im Laufe der Jahre kam es zu Veränderungen im Detail, z. B. wird heute der Mindesterddruck nicht mehr wie anfangs mit einem Beiwert von K = 0,20, sondern auf der Grundlage eines Ersatzreibungswinkels $\varphi_{Ers} = 40°$ berechnet. In der Fassung der Empfehlungen von 1972 [211] durfte zwar die Erddrucklast aus Auflasten um einen Kohäsionsanteil vermindert werden. Dieser Anteil musste dann jedoch wieder dem Anteil aus Bodeneigengewicht zugeschlagen werden, vgl. Bild EB 7-3 in [211].

DIN 4085:2011-05 weist gegenüber den langjährigen Vorgaben der EAB insbesondere zwei Unterschiede auf. Neben dem Vergleich der Erddruckresultierenden lässt die Ausgabe vom Mai 2011 auch einen Vergleich der Erddruckordinaten zu. In der aktuellen Fassung, die 2017 erschienen ist, wird auf diesen Weg verzichtet. Ein Unterschied wird jedoch bez. der Ansätze der Lasten bestehen bleiben. Die Regelungen der DIN 4085 können zwar im Sinne der EAB verstanden werden, es ist jedoch auch eine andere Auslegung möglich. Demnach wird die Erddruckresultierende aus Bodeneigengewicht, Kohäsion und Auflasten mit dem Mindesterddruck verglichen. Dies führt zu einer Verringerung der Einwirkungen auf Stützwände und damit zu einem reduzierten Sicherheitsniveau.

Der Arbeitskreis „Baugruben“ hat diese Frage ausführlich diskutiert und in zwei Sitzungen eingehend behandelt. Wie hoch das Sicherheitsrisiko einzuschätzen ist, ist schwer überschaubar, zumal bei Tonböden auch der Porenwasserdruck eine Rolle spielen kann. Es wurde beschlossen, den seit mehreren Jahrzehnten bewährten Vorschlag von *Weißenbach* beizubehalten. Zur Vermeidung von Missverständnissen werden in der 5. Auflage wie in der Vergangenheit konsequent die Erddruckkräfte und Erddruckverteilungen aus Auflasten mit dem charakteristischen Reibungswinkel ermittelt. Der Arbeitskreis „Baugruben“ hat aber auch akzeptiert, dass bei einem hohen Kohäsionsanteil in besonderen Fällen der Erddruck aus Auflasten teilweise durch rechnerische Zugspannungen reduziert werden darf. Obwohl Untersuchungen zur Auswirkung hoher Kohäsionswerte bei Auflasten fehlen, wurde eine Öffnungsklausel eingeführt. In EB 6, Absatz 4 der 5. Auflage wird zu Nutzlasten für den Fall, dass bei Bodeneigengewicht und Kohäsion der Mindesterdduck maßgebend ist, folgende Regelung vorgeschlagen:

„Auch wenn für bindige Schichten die Größe der Erddrucklast aus Bodeneigengewicht und Kohäsion entsprechend EB 4, Absatz 3b) (Abschnitt 3.2) mithilfe eines Ersatzreibungswinkels berechnet wird, ist der Erddruck aus großflächigen lotrechten Auflasten einschließlich der Lasten bis $p_k = 10\ kN/m^2$, sowie aus Linien- und Streifenlasten stets entsprechend Absatz 3a) mit dem charakteristischen Reibungswinkel φ'_k zu ermitteln. In der Regel gilt dies auch für Lasten $p_k > 10\ kN/m^2$. In Ausnahmefällen dürfen bei einer Kohäsion $c'_k > 30\ kN/m^2$ die so ermittelten Erddrücke aus Auflasten mit rechnerischen Zugspannungen aus Bodeneigengewicht und Kohäsion angemessen verrechnet werden, sofern genauere Untersuchungen durchgeführt werden und ausreichende örtliche Erfahrungen vorliegen."

Erddruck aus großflächigen Gleichlasten

Ebenso wie der Erddruck aus Bodeneigengewicht und der Erddruck aus Kohäsion darf auch der charakteristische Wert des Erddrucks aus großflächigen Gleichlasten nach der klassischen Erddrucktheorie mit ebenen Gleitflächen unter dem Winkel $\vartheta_{a,k}$ nach Gl. (3.6) und unter Ansatz des charakteristischen Erddruckneigungswinkels $\delta_{a,k}$ nach Tabelle 3.2 ermittelt werden. Für eine unbegrenzte Flächenlast p_k ergeben sich der Erddruck und die Erddrucklast nach DIN 4085 aus den Ansätzen

$$e_{aph,k} = p_k \cdot K_{aph} \tag{3.21}$$

$$E_{aph,k} = p_k \cdot K_{aph} \cdot h \tag{3.22}$$

mit dem Erddruckbeiwert

$$K_{aph} = \frac{\cos\alpha \cdot \cos\beta}{\cos(\alpha - \beta)} \cdot K_{agh} \tag{3.23}$$

für den allgemeinen Fall der unter dem Winkel α geneigten Wand, der unter dem Winkel β geneigten Geländeoberfläche und dem unter dem Winkel $\delta_{a,k}$ angreifenden Erddruck. Dies gilt auch für den Fall, dass der Erddruck aus Bodeneigengewicht und Kohäsion mit dem Ersatzreibungswinkel $\varphi'_{Ers,k} = 40°$ bzw. $\varphi'_{Ers,k} = 45°$ ermittelt worden ist. Bei geneigter Wand ist die in der Fassung 2007 der DIN 4085 vorgenommene Änderung der Vorzeichendefinition zu beachten.

Der Erddruck aus einer großflächigen Gleichlast $p_k = 10\ kN/m^2$ darf in die Lastfigur für den Erddruck aus Bodeneigengewicht und gegebenenfalls Kohäsion einbezogen werden. Beginnt die Auflast nicht unmittelbar hinter der Wand, dann ist es allgemein üblich, den Erddruck aus Nutzlast an der Stelle beginnen zu lassen, wo ein von der Vorderkante der Auflast unter dem Winkel φ'_k ausgehender Strahl auf die Wand trifft.

Erddruck aus begrenzten Streifen- und Linienlasten

Bei Annahme ebener Gleitflächen unter dem Winkel $\vartheta_{a,k}$ nach Gl. (3.6) ergibt sich die Erddruckresultierende aus begrenzten Streifenlasten q'_k von der Breite b_p und aus Linienlasten $\overline{q}_k$ in Anlehnung an „Baugruben, Teil II" aus den Ansätzen

$$E_{aqh,k} = q'_k \cdot b_p \cdot K_{aqh} \tag{3.24}$$

$$E_{aqh,k} = \overline{q}_k \cdot K_{aqh} \tag{3.25}$$

mit dem Erddruckbeiwert

$$K_{aqh} = \frac{\sin(\vartheta_{a,k} - \varphi'_k) \cdot \cos\delta_{a,k}}{\cos(\vartheta_{a,k} - \varphi'_k - \delta_{a,k})} \tag{3.26}$$

bei senkrechter Wand und waagerechter Geländeoberfläche im Bereich der Streifen- oder Linienlast (Bild 3.4a).

Bei nicht oder nachgiebig gestützten Baugrubenwänden und großen Lasten mit geringem Abstand von der Baugrubenwand ist zu prüfen, ob sich mit einer Zwangsgleitfläche unter dem Winkel $\vartheta_{z,k}$ nach Bild 3.4b eine größere Gesamtlast infolge von Bodeneigengewicht und Nutzlast ergibt als mit der Gleitfläche unter dem Winkel $\vartheta_{a,k}$. Der größere Wert der Gesamtlast ist maßgebend. Bei senkrechter Wand und waagerechter Geländeoberfläche ergibt sich die Gesamtlast infolge von Bodeneigengewicht und Nutzlast für eine Zwangsgleitfläche aus den Ansätzen

$$E_{azh,k} = (G_k + q'_k \cdot b_p) \cdot K_{azh} \tag{3.27}$$

bzw.

$$E_{azh,k} = (G_k + \overline{q}_k) \cdot K_{azh} \tag{3.28}$$

mit dem Erddruckbeiwert

$$K_{azh} = \frac{\sin(\vartheta_{z,k} - \varphi'_k) \cdot \cos\delta_{a,k}}{\cos(\vartheta_{z,k} - \varphi'_k - \delta_{a,k})} \tag{3.29}$$

In EB 71 [47] und in „Baugruben, Teil II" [204] wird vorgeschlagen, die ermittelte Erddrucklast E_{ah} im Verhältnis der Lasten aus den Ursachen Bodeneigengewicht und Nutzlast aufzuteilen. Dies liegt auf der sicheren Seite. Einfacher und wirklich-

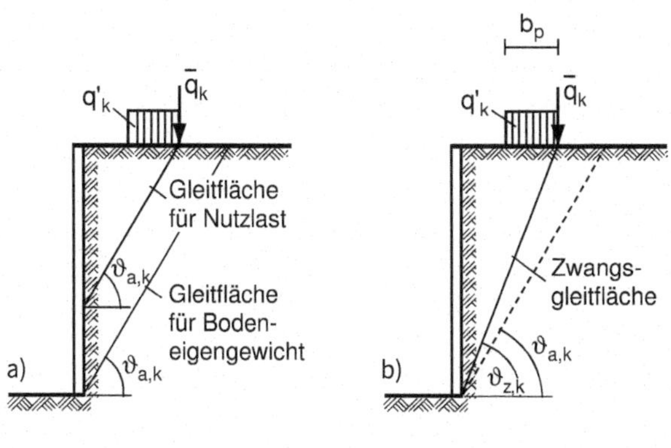

Bild 3.4 Gleitflächenausbildung bei Ermittlung der Gesamtlast des aktiven Erddrucks aus Bodeneigengewicht und aus Nutzlast nach EB 6 [47]; a) Gleitflächen unter dem Winkel $\vartheta_{a,k}$, b) Zwangsgleitflächen unter dem Winkel $\vartheta_{z,k}$

keitsnäher ist es, in Anlehnung an EB 82 [47] davon auszugehen, dass nur der Anteil von E_{ah}, der über die Erddrucklast aus Bodeneigengewicht hinausgeht, der Nutzlast zuzurechnen ist:

$$E_{aqh,k} = E_{ah,k} - E_{agh,k} \tag{3.30}$$

Weitere Angaben und Einzelheiten zur Erddruckermittlung siehe *Hettler* [72], EAB [47] und *Weißenbach* [204].

In Verbindung mit einer lotrechten Nutzlast tritt manchmal auch eine waagerechte Nutzlast auf, z. B. ein Seitenstoß, der über den Boden in die Wand eingeleitet wird (Bild 3.9). Immer bei wenig nachgiebig gestützten Wänden und in der Regel auch bei nicht oder nachgiebig gestützten Wänden wird

$$E_{aHh,k} = H_k \tag{3.31}$$

gesetzt. Bei nicht oder nachgiebig gestützten Wänden darf nach EB 7 [47] aber auch der Ansatz

$$E_{aHh,k} = H_k \cdot \frac{\cos(\vartheta_{a,k} - \varphi'_k) \cdot \cos\delta_{a,k}}{\cos(\vartheta_{a,k} - \varphi'_k - \delta_{a,k})} \tag{3.32}$$

verwendet werden. Mit $\delta_{a,k} = 0$ erhält man $E_{aHh,k} = H_k$, mit $\delta_{a,k} = \frac{2}{3}\,\varphi'_k$ einen etwa 15 % geringeren Wert.

Gegebenenfalls ist anstelle des Gleitflächenwinkels $\vartheta_{a,k}$ der Winkel $\vartheta_{z,k}$ der Zwangsgleitfläche einzusetzen.

3.5 Verteilung des aktiven Erddrucks

Allgemeines

Bei der Verteilung des aktiven Erddrucks über die Wandhöhe sind bei nichtbindigen und bei bindigen Böden gleichermaßen zwei grundsätzlich unterschiedliche Fälle zu beachten:

a) Bei nicht oder nachgiebig gestützten Baugrubenwänden stellt sich eine Drehung um einen tief gelegenen Punkt ein. Dementsprechend ist in diesen Fällen mit der klassischen Erddruckverteilung zu rechnen.
b) Bei wenig nachgiebig gestützten Baugrubenwänden treten im Zuge des Baufortschritts Drehbewegungen der Wand um höhergelegene, wechselnde Drehpunkte auf, verbunden mit Parallelbewegungen und Durchbiegungen. Damit verbunden ist eine mehr oder weniger starke Erddruckumlagerung nach oben.

Entsprechend dem Zusammenwirken der im Einzelfall vorhandenen Gegebenheiten stellt sich bei wenig nachgiebig gestützten Baugrubenwänden von Fall zu Fall eine andere Verteilung des Erddrucks ein. Insbesondere wirken sich aus

- die Art und Einbringung der Baugrubenwand bzw. der Ausfachung,
- die Biegesteifigkeit der Baugrubenwand,
- die Anzahl und Anordnung der Steifen bzw. Anker,

- die Tiefe des jeweiligen Aushubabschnitts vor Einbau der Steifen bzw. Anker,
- die Oberflächengestaltung des Geländes und
- die Art und Schichtung des anstehenden Bodens.

Abweichend von der klassischen Erddruckverteilung konzentriert sich der Erddruck bei wenig nachgiebig gestützten Baugrubenwänden im Allgemeinen auf die Stützungen der Wand; die Bereiche zwischen den Stützpunkten werden entlastet, sofern die Wand sich entsprechend durchbiegt. Wie *Briske* [32, 33] mehrmals betont, ist für die Erddruckumlagerung in jedem Bauzustand die jeweils letzte größere Verformung maßgebend. Wenn z. B. bei einer einmal verankerten Wand im Zuge des Endaushubs, aus welchen Gründen auch immer, die Anker nachgeben, kann die bis dahin erreichte Erddruckumlagerung hinfällig und im Grenzfall die klassische Zunahme des Erddrucks mit der Tiefe maßgebend werden. Damit wiederum wird verhindert, dass die Ankerkraft während des Aushubs weiter zunimmt.

Bei Trägerbohlwänden stellt sich dieses Problem nur selten. Außer dem Ansatz des Erddrucks oberhalb der Baugrubensohle unterscheiden sich Trägerbohlwände von Spundwänden und Ortbetonwänden auch beim Ansatz des Erddrucks unterhalb der Baugrubensohle, insbesondere bei Trägerbohlwänden mit waagerecht gespannter Ausfachung. In der Regel wird der unterhalb der Baugrubensohle angreifende Erddruck vom mobilisierten Erdwiderstand des Bodens zwischen Bohlträgern abgetragen. Sofern nicht einer der im Abschnitt 7.1 erläuterten Fälle vorliegt, genügt es daher, Größe und Verteilung des Erddrucks nur bis zur Baugrubensohle zu untersuchen.

Lastfiguren

Wegen der Vielzahl der Einflüsse kann die bei wenig nachgiebiger Stützung tatsächlich auftretende Verteilung des Erddrucks aus Bodeneigengewicht und gegebenenfalls Kohäsion nur näherungsweise ermittelt werden. Der Ermittlung der Einbindetiefe und der Schnittgrößen ist daher eine möglichst einfache Lastfigur zugrunde zu legen, die von geraden Linien begrenzt ist. Zur Vereinfachung der Berechnung dürfen die Knickpunkte und die Lastsprünge der gewählten Lastfiguren an die Stützungspunkte gelegt werden.

Für die Wahl einer wirklichkeitsnahen Lastfigur sind mehrere Faktoren maßgebend. Im Einzelnen lassen sich dazu aufgrund der vorliegenden Messungen an Spundwandbauwerken und Baugruben sowie aufgrund von Modellversuchen folgende grundsätzliche Feststellungen treffen:

a) Feste Stützungen, z. B. bei einer leichten Vorspannung von Steifen, ziehen einen größeren Erddruck auf sich als wenig nachgiebige Stützungen, z. B. Steifen, die nur verkeilt sind.
b) Bei einer biegeweichen Baugrubenwand ist die Neigung zur Erddruckumlagerung größer als bei einer steifen Baugrubenwand.
c) Bei mitteldicht oder dicht gelagerten nichtbindigen Böden und bei steifen bis festen bindigen Böden ist eine stärkere Erddruckumlagerung zu erwarten als bei locker gelagerten nichtbindigen Böden und bei weichen bis steifen bindigen Böden.

Weitere Angaben zu Lastfiguren in Abhängigkeit von der Art der Baugrubenwand und der Anzahl der Stützungen finden sich in den Abschnitten 5.1, 6.1 und 6.2.

Die Lastfiguren für Spundwände und Ortbetonwände sind dadurch gekennzeichnet, dass sie:

- in der Regel eine tiefere Lage der Resultierenden aufweisen als Trägerbohlwände,
- nicht nur für die Baugrubentiefe H gelten, sondern auch für jede Höhe H′ von der Geländeoberfläche bis zu einem beliebigen Punkt zwischen der Baugrubensohle und dem Wandfuß bzw. dem theoretischen Fußpunkt,
- in Höhe der Baugrubensohle in der Regel mit $e_{hu} > 0$ enden,
- unterhalb der Höhe H bzw. H′ die klassische, mit der Tiefe zunehmende Verteilung des Erddrucks bis zum Wandfuß unverändert bleibt.

Die Spundwände sind mit den Ortbetonwänden in einer Gruppe zusammengefasst worden, weil die entscheidende Gemeinsamkeit darin liegt, dass sie bereits vor Beginn des Aushubs in den Boden eingebracht werden und somit das Freilegen des Bodens entfällt, welches bei den Trägerbohlwänden einen zusätzlichen Beitrag zur Erddruckumlagerung leistet. Im Hinblick auf die elastischen Verformungen dagegen sind die einmal gestützten Spundwände in der Regel den Trägerbohlwänden gleichzusetzen. Es kann somit im Einzelfall durchaus gerechtfertigt sein, in Fällen, bei denen die Durchbiegung einen erheblichen Einfluss auf die Erddruckumlagerung hat, insbesondere bei den einmal gestützten Wänden, Lastfiguren zu wählen, die sich denen der Trägerbohlwände nähern, ohne jedoch diese ganz zu erreichen.

Alle zunächst auf Spundwände und Ortbetonwände bezogenen Lastansätze gelten ohne Einschränkung auch für Kanaldielen und Leichtspundwände.

Trägerbohlwände

Im Grundsatz gelten die bisherigen Angaben auch für Trägerbohlwände. Dabei ist jedoch zu beachten, dass weit mehr als bei Spundwänden und Ortbetonwänden die Verteilung des Erddrucks auf Trägerbohlwände von äußeren Einflüssen und Zufälligkeiten abhängen kann. Dies ist weitgehend dadurch begründet, dass sich hinter dem Begriff der Trägerbohlwand sehr unterschiedliche Ausführungsarten verbergen können:

a) Die Bohlträger können gerammt oder in vorgebohrte Löcher gestellt sein.
b) Die Bohrlöcher können verrohrt oder unverrohrt hergestellt sein.
c) Unverrohrte Bohrlöcher können durch Bentonit-Suspension, durch Wasserüberdruck oder auch nicht gestützt sein.
d) Nach dem Einsetzen der Bohlträger können die Bohrlöcher mit Beton, Kalkmörtel oder losem Boden verfüllt werden.
e) Der eingefüllte Boden kann durch Spülen oder Rütteln verdichtet oder in seinem losen Zustand belassen werden.

Ähnliche Varianten bietet die Ausfachung:

a) Sie kann waagerecht oder senkrecht angeordnet sein.
b) Sie kann aus Holz, Stahl, Beton oder Stahlbeton bestehen.

c) Eine waagerechte Verbohlung kann vor den Bohlträgern durchlaufen bzw. hinter den baugrubenseitigen Flanschen oder hinter den erdseitigen Flanschen der Bohlträger verkeilt sein.
d) Die Ausfachung kann vollflächig am Boden anliegen oder nur punktweise.
e) In beiden Fällen kann sie ohne Vorbiegung oder mit Vorbiegung eingebaut sein.
f) Eine senkrechte Verbohlung kann dem Aushub nachfolgen oder vorauseilen.

Es ist nicht möglich, mit Sicherheit vorherzusagen, wie sich die verschiedenen Einflüsse im Einzelfall auswirken werden, zumal die Qualität der Ausführung wegen der örtlich wechselnden Umstände innerhalb gewisser Grenzen schwankt. Bodenverhältnisse, Witterungseinflüsse, Zugänglichkeit der Einbaustelle, Wechsel des Personals und viele andere Gründe bewirken, dass die Ausführung nicht überall die gleiche ist. Auswirkungen auf die Erddruckverteilung können daher nicht ausbleiben. Soweit Hinweise überhaupt möglich sind, müssen sie sich auf einige grundsätzliche Feststellungen beschränken:

a) Beim Herstellen von Bohrlöchern kann eine gewisse Entspannung des Erdreichs auftreten, insbesondere dann, wenn das Bohrrohr dem Aushub stark nacheilt oder wenn unverrohrt gebohrt wird. Die Neigung zu einer Verminderung der Erddruckumlagerung wird noch verstärkt durch das Verfüllen mit lockerem Boden ohne nachfolgende Verdichtung.
b) Wird die Ausfachung hinter den erdseitigen Flanschen der Bohlträger verkeilt, dann ist eine Auflockerung des Bodens hinter dem Bohlträger zu erwarten. Dadurch wird die Bildung von waagerechten und senkrechten Gewölben im Boden gestört und die Umlagerung des Erddrucks nach oben vermindert.
c) Wird eine senkrechte Ausfachung dem Aushub folgend nachgetrieben, so ist die Wirkung auf die Erddruckverteilung ähnlich wie bei einer waagerechten Ausfachung. Eilt dagegen die senkrechte Ausfachung dem Aushub genügend weit voraus, so liegen ähnliche Verhältnisse vor wie bei einer Spundwand. Die Erddruckumlagerung ist dann im Grundsatz geringer als bei einer Trägerbohlwand mit waagerechter Ausfachung. Da diese Bauweise aber nur gewählt wird, wenn örtlich begrenzt ein locker gelagerter oder fast einkörniger nichtbindiger Boden bzw. ein weicher bindiger Boden ansteht, ist eine günstige Auswirkung auf die Erddruckumlagerung nicht zu erwarten.

Die Angaben in den Abschnitten 5.1, 6.1 und 6.2 gehen davon aus, dass

- die Bohlträger gerammt sind bzw. dass die Bohrlöcher kraftschlüssig verfüllt werden,
- die Ausfachung hinter den baugrubenseitigen Flanschen der Bohlträger verkeilt wird.

Der entscheidende Unterschied zwischen Spundwänden bzw. Ortbetonwänden und Trägerbohlwänden liegt darin, dass bei den Trägerbohlwänden der anstehende Boden schrittweise freigelegt wird. Da in dem jeweils freigelegten Bereich keine Stützung vorhanden ist, muss sich der auf diesen Bereich entfallende Erddruck durch Gewölbebildung nach oben oder nach oben und unten umlagern, siehe „Baugruben, Teil II“ [204], Abschnitt 1.4. Dies hat folgende Konsequenzen:

a) Die Erddruckumlagerung ist stärker ausgeprägt als bei Spundwänden und Ortbetonwänden.
b) Der Erddruck geht in Höhe der Baugrubensohle etwa auf null zurück.
c) Die Erddruckumlagerung wirkt sich, sofern sich nach Abschnitt 7.1 nichts anderes ergibt, nur bis zur Baugrubensohle aus.

Zuverlässigkeit der Lastfiguren
Die in den Abschnitten 5.1, 6.1 und 6.2 beschriebenen Verfahren zur Ermittlung der zu erwartenden Erddruckverteilung bzw. einer wirklichkeitsnahen Lastfigur können zwar die Tendenzen richtig wiedergeben, nicht aber alle zufälligen Einflüsse voll erfassen. Manchmal genügen schon kleine Unterschiede im Bauvorgang, damit sich der Erddruck mehr auf die eine oder auf die andere Steifen- oder Ankerlage konzentriert. Empfindlich sind in dieser Hinsicht die Trägerbohlwände, weil bei ihnen, wie im Abschnitt 6.1 dargelegt wird, besonders viele Varianten möglich sind. In der Regel darf jedoch angenommen werden, dass sich die hierbei möglichen Fehler in vertretbarem Rahmen halten. Sofern allerdings die Voraussetzung einer festen bzw. nur wenig nachgiebigen Stützung nicht erfüllt ist, sind auch größere Abweichungen möglich. So kann z. B. die Erddruckumlagerung weitgehend aufgehoben werden, wenn die Stützung sehr nachgiebig ist; sie kann aber auch durch eine entsprechende Vorspannung der Steifen bzw. Anker erzwungen werden. Nicht immer eindeutig ist die Einordnung von steifen bindigen Böden. Je nach Tongehalt, Kalkgehalt und Sensitivität nähert sich die Erddruckverteilung im Einzelfall mehr derjenigen eines locker gelagerten nichtbindigen Bodens oder derjenigen eines mitteldicht oder dicht gelagerten Bodens. Ein großer Kalkgehalt begünstigt die Erddruckumlagerung, ein großer Tongehalt verringert sie.

Lässt sich aufgrund der Gegebenheiten die zu erwartende Erddruckverteilung nicht ausreichend genau festlegen, so kommen folgende Lösungen infrage:

a) Die Ermittlung der Einbindetiefe und der Schnittgrößen für die maßgebenden Bauzustände wird mit zwei verschiedenen Lastfiguren durchgeführt, welche die möglichen Erddruckverteilungen ausreichend genau eingrenzen. Für die Ermittlung der Schnittgrößen und die Bemessung der Einzelteile sowie für die Wahl der Einbindetiefe ist der jeweils ungünstigere Ansatz maßgebend.
b) Die Steifen bzw. Anker werden entsprechend den Auflagerkräften aus derjenigen Lastfigur vorgespannt, die als die wahrscheinlichste angenommen wird. Die Festlegekräfte dürfen jedoch nach EB 8 bzw. EB 42 [47] höchstens folgende Werte erreichen:
   - 30 % der rechnerischen Last bei ausgesteiften Spundwänden und Ortbetonwänden,
   - 60 % der rechnerischen Last bei ausgesteiften Trägerbohlwänden,
   - 80 % der rechnerischen Last bei verankerten Baugrubenwänden.
   - Bei einer darüber hinausgehenden Vorspannung ist mit einem höheren als dem aktiven Erddruck zu rechnen.
c) Es wird der Schnittgrößenermittlung die wahrscheinlichste Erddruckverteilung zugrunde gelegt und die Beanspruchung der Baugrubenkonstruktion durch Messungen überprüft. Da in den Lastansätzen im Hinblick auf die Größe der

Erddrucklast in der Regel versteckte Sicherheiten enthalten sind und im Hinblick auf die Lastfiguren für fast jede Situation eine gewisse Bandbreite an Möglichkeiten zur Verfügung steht, braucht meist auch dann keine nachträgliche Verstärkung der Konstruktion vorgenommen zu werden, wenn sich eine andere Erddruckverteilung einstellt, als zunächst angenommen wurde.

Als hilfreich wird sich in vielen Fällen die Anpassungsfähigkeit einer Baugrubenkonstruktion an veränderte Gegebenheiten erweisen. Geben z. B. bei einer einmal verankerten Wand im Zuge des Endaushubs die Anker nach, dann kann die klassische Zunahme des Erddrucks mit der Tiefe maßgebend werden. Damit wird verhindert, dass die Ankerkraft während des Aushubs weiter zunimmt. Wenn dann die Wand und das Fußauflager den damit verbundenen höheren Beanspruchungen gewachsen sind, dann ist zwar möglicherweise nicht an allen Stellen die rechnerisch geforderte Sicherheit vorhanden, die Konstruktion als Ganzes aber immer noch standsicher.

Lastfiguren nach EAB
Sofern
- die Geländeoberfläche waagerecht ist,
- mitteldicht oder dicht gelagerter nichtbindiger Boden oder mindestens steifer bindiger Boden ansteht,
- eine wenig nachgiebige Stützung entsprechend EB 67 [47], Absatz 3, vorliegt und
- vor Einbau der jeweils nächsten Steifen- oder Ankerlage nicht tiefer ausgehoben wird, als im Bild 3.5 dargestellt ist,

dürfen entsprechend den Empfehlungen des Arbeitskreises Baugruben [47] in den Vorbauzuständen und im Vollaushubzustand für den Ansatz des Erddrucks aus Bodeneigengewicht, großflächiger Auflast $p_k \leq 10$ kN/m^2 und gegebenenfalls Kohäsion die in den Abschnitten 5 und 6 der EAB beschriebenen Lastfiguren verwendet werden. Dabei wird zwischen Trägerbohlwänden einerseits und Spundwänden und Ortbetonwänden andererseits unterschieden.

In den Empfehlungen des Arbeitskreises Baugruben [47] wird betont, dass die angegebenen Lastfiguren nur als Anhalt zu werten sind und keineswegs andere wirklichkeitsnahe Lastfiguren ausschließen sollen.

Lastfiguren für den Erddruck aus begrenzten Streifen- und Linienlasten
Der Erddruck aus Streifenlasten oder aus Linienlasten darf in Form einer einfachen Lastfigur angesetzt werden. Hierbei ist aber grundsätzlich zu unterscheiden zwi-

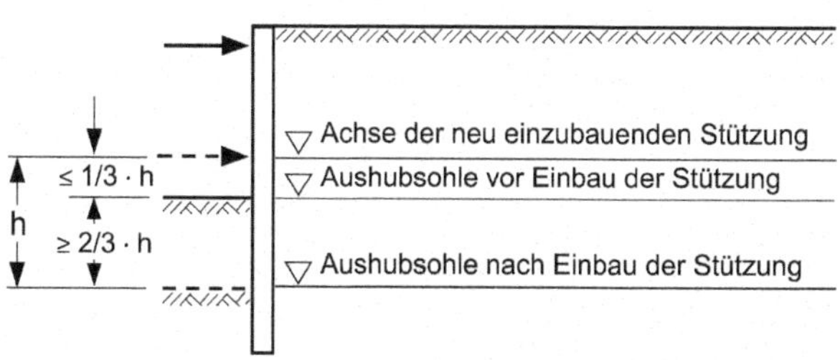

Bild 3.5 Aushubgrenze vor Einbau einer Stützung

schen nicht oder nachgiebig gestützten Baugrubenwänden einerseits und wenig nachgiebig gestützten Baugrubenwänden andererseits:

a) Bei nicht oder nachgiebig gestützten Wänden lassen sich mithilfe der klassischen Erddrucktheorie zwei Grenzfälle ableiten.
   - Bei einer an der Wand beginnenden Auflast nach Bild 3.6a ergibt sich korrekt eine rechteckförmige Lastfigur.
   - Bei einer Linienlast nach Bild 3.6c ergibt sich näherungsweise eine dreieckförmige Lastfigur
   - Bei einer Teilstreckenlast nach Bild 3.6b darf eine trapezförmige Lastfigur interpoliert werden. Hierzu siehe „Baugruben, Teil III" [205] sowie *Hettler* [72].
b) Bei wenig nachgiebig gestützten Wänden ist die Lastfigur weitgehend frei wählbar. Auch eine Anpassung von Beginn und Ende der Lastfigur an die Stützungspunkte ist nach EB 7 [47] zulässig (Bild 3.7). Weitere Hinweise siehe Abschnitte 5 und 6.

Bei nicht oder nachgiebig gestützten Baugrubenwänden und großen Lasten mit geringem Abstand von der Baugrubenwand kann nach Abschnitt 3.4 eine Zwangsgleitfläche unter dem Winkel $\vartheta_{z,k}$ nach Bild 3.4b maßgebend werden. Die zugehö-

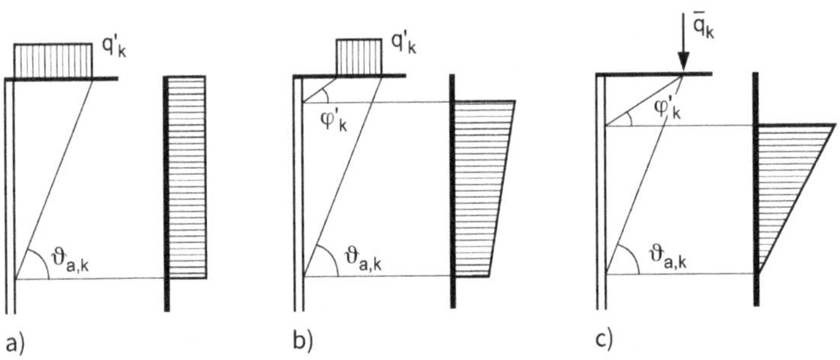

Bild 3.6 Lastfiguren für den Erddruck aus lotrechten Nutzlasten bei nicht oder nachgiebig gestützten Wänden für Gleitflächen unter dem Winkel $\vartheta_{a,k}$ nach EB 7; a) Streifenlast unmittelbar hinter der Wand, b) Streifenlast mit Abstand von der Wand, c) Linienlast

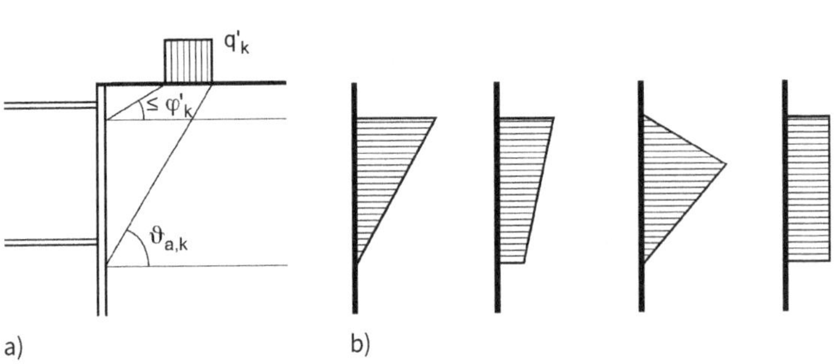

Bild 3.7 Lastfiguren für den Erddruck aus lotrechten Nutzlasten bei wenig nachgiebig gestützten Wänden für Gleitflächen unter dem Winkel $\vartheta_{a,k}$ nach EB 7; a) Baugrubenwand, Nutzlast und Lastausbreitung, b) Beispiele für einfache Lastfiguren

rigen Lastfiguren für den Erddruck aus lotrechten Nutzlasten ergeben sich einerseits in Anlehnung an den Fall der Gleitfläche unter dem Winkel $\vartheta_{a,k}$, andererseits reichen sie bis zum Wandfuß. Zusammen mit dem Erddruck aus Bodeneigengewicht ergibt sich die Lastfigur nach Bild 3.8a für eine unmittelbar an die Wand angrenzende Streifenlast, die Lastfigur nach Bild 3.8b für eine Linienlast. Für eine nicht unmittelbar an die Wand angrenzende Streifenlast darf sinngemäß in Anlehnung an Bild 3.6 interpoliert werden.

Der Erddruck aus waagerechten Nutzlasten darf nach EB 7 [47] näherungsweise als Rechtecklast angesetzt werden. Im Übrigen wird zwischen nicht bzw. nachgiebig gestützten Wänden und wenig nachgiebigen Wänden unterschieden:

a) Bei den nicht bzw. nachgiebig gestützten Wänden geht man davon aus, dass sich wie bei lotrechten Nutzlasten die klassische aktive Gleitfläche bzw. eine Zwangsgleitfläche ausbildet. Dementsprechend erhält man für die üblicherweise angesetzte begrenzte Flächenlast den Beginn und das Ende der rechteckigen Lastfigur nach Bild 3.9a.
b) Bei den wenig nachgiebigen Wänden dagegen geht man davon aus, dass die waagerechte Kraft H_k einen Bodenkörper mitzieht, der wie auf einer Böschung unter dem Winkel $\beta = \varphi'_k$ abrutscht. Dem entspricht die Lastfigur nach Bild 3.9b.

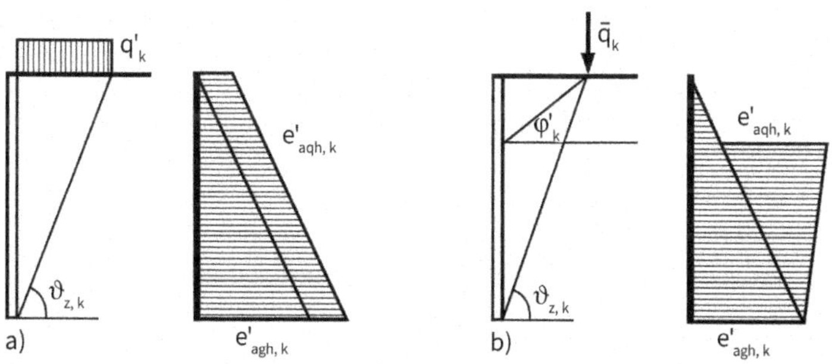

Bild 3.8 Lastfiguren für den Erddruck aus lotrechten Nutzlasten bei einer Zwangsgleitfläche Gleitflächen unter dem Winkel $\vartheta_{z,k}$; a) begrenzte Streifenlast unmittelbar hinter der Wand, b) Linienlast

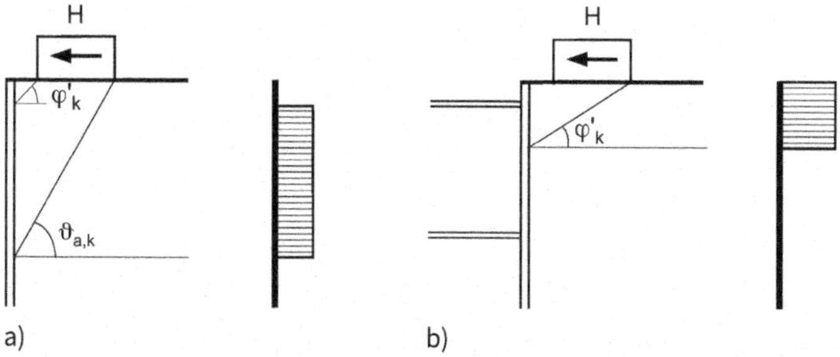

Bild 3.9 Lastfiguren für den Erddruck aus waagerechten Nutzlasten;
a) nicht oder nachgiebig gestützte Wand, b) wenig nachgiebig gestützte Wand

3.6 Passiver Erddruck vor Spundwänden und Ortbetonwänden

In Normen und Fachveröffentlichungen wird bei der Wortwahl genauer als früher zwischen Spannungen und Kräften unterschieden. Dementsprechend beziehen sich die Begriffe „aktiver Erddruck" und „passiver Erddruck" auf die Spannungen im Boden mit der Einheit kN/m². Wird die Resultierende dieser Spannungen über eine bestimmte Höhe oder Länge benötigt, so wird sie durch den Begriff „Erddrucklast" beim aktiven Erddruck und beim Erdruhedruck bzw. durch den Begriff „Erdwiderstand" beim passiven Erddruck gekennzeichnet, in der Regel mit der Einheit kN/m. Da bei Standsicherheitsnachweisen für Baugrubenkonstruktionen fast immer die Resultierende des passiven Erddrucks maßgebend ist, wird nachfolgend vorwiegend der Begriff „Erdwiderstand" verwendet.

Berechnungsansätze

In DIN 4085:2011-05 werden ebene Gleitflächen beim passiven Erddruck nicht behandelt, aber auch nicht ausgeschlossen. Die Ausgabe von 2017 lässt die Anwendung von ebenen Gleitflächen zu, wenn die Vergleichbarkeit gewährleistet ist, s. Bild 3.11 sowie Tabelle 3.2 und die Ausführungen in Abschnitt 3.3 zum Erddruckneigungswinkel. Wegen der leichten Verfügbarkeit der Erdwiderstandsbeiwerte für Handrechnungen sind ebene Gleitflächen in der Praxis beliebt. Für die Ermittlung der Gleitflächenneigung und des Erdwiderstandsbeiwerts kann auf einschlägige Literatur zurückgegriffen werden, z. B. auf „Baugruben, Teil II" [204] oder [72]. Nach der klassischen Erddrucktheorie für den allgemeinen Fall der Wandneigung α, der Geländeneigung β und dem Erddruckneigungswinkel $\delta_{p,k}$ ergibt sich der passive Erddruck und der daraus resultierende Erdwiderstand aus Bodeneigengewicht aus den Ansätzen

$$e_{pgh,k} = \gamma_k \cdot K_{pgh} \cdot h \tag{3.33}$$

$$E_{pgh,k} = \tfrac{1}{2} \cdot \gamma_k \cdot K_{pgh} \cdot h^2 \tag{3.34}$$

mit dem Erdwiderstandsbeiwert

$$K_{pgh} = K_{ph} = \frac{\cos^2(\varphi'_k - \alpha)}{\cos^2\alpha \cdot \left[1 - \sqrt{\dfrac{\sin(\varphi'_k - \delta_{p,k}) \cdot \sin(\varphi'_k - \beta)}{\cos(\delta_{p,k} - \alpha) \cdot \cos(\beta - \alpha)}}\right]^2} \tag{3.35}$$

Bei Anwendung der Gl. (3.35) ist zu beachten, dass im Gegensatz zu den meisten älteren Literaturstellen das Vorzeichen der Wandneigung α in DIN 4085-2011 seit 2005 geändert worden ist. Positiv definiert ist nicht mehr die Neigung zum Boden hin, sondern die Neigung der zur Baugrube hin überhängenden Wand.

In der Praxis hat man es in der Regel mit dem Fall der senkrechten Wand und der waagerechten Geländeoberfläche zu tun. Mit $\alpha = \beta = 0$ vereinfachen sich die Ansätze für den Gleitflächenwinkel und den Erdwiderstandsbeiwert zu

$$\tan\vartheta_{pg,k} = \tan\vartheta_{p,k} = \frac{1}{\left[\cos\varphi'_k \cdot \sqrt{\dfrac{\tan\varphi'_k - \tan\delta_{p,k}}{\tan\varphi'_k}}\right]^2} - \tan\varphi'_k \tag{3.36}$$

$$K_{ph} = \frac{\cos^2 \varphi'_k}{\left[1 - \sqrt{\dfrac{\sin(\varphi'_k - \delta_{p,k}) \cdot \sin \varphi'_k}{\cos \delta_{p,k}}}\right]^2} \tag{3.37}$$

Der passive Erddruck und der daraus resultierende Erdwiderstand infolge von Kohäsion ergeben sich für $\alpha = \beta = 0$ mit den Bezeichnungen nach DIN 4085 aus den Ansätzen

$$e_{pch,k} = c'_k \cdot K_{pch} \tag{3.38}$$

$$E_{pch,k} = c'_k \cdot K_{pch} \cdot h \tag{3.39}$$

mit dem Erdwiderstandsbeiwert

$$K_{pch} = \frac{2 \cdot \cos \varphi'_k \cdot \cos \delta_{a,k}}{1 - \sin(\varphi'_k - \delta_{a,k})} \tag{3.40}$$

Ein passiver Erddruck bzw. ein Erdwiderstand infolge von Nutzlasten wird als günstig wirkende veränderliche Einwirkung bei Standsicherheitsnachweisen nicht angesetzt. Es kommt aber vor, dass vor dem Ausbau einer Stützung eine Betonsohle oder ein anderer flächiger Bauwerksteil auf die Baugrubensohle aufgelegt wird. Für diesen Fall werden die Ansätze für eine unbegrenzte Flächenlast p_k benötigt. Der entsprechende passive Erddruck bzw. Erdwiderstand ergeben sich aus den Ansätzen

$$e_{pph,k} = p_k \cdot K_{pph} \tag{3.41}$$

$$E_{pph,k} = p_k \cdot K_{pph} \cdot h \tag{3.42}$$

Da es sich bei dem genannten Anwendungsbereich um den Fall $\alpha = \beta = 0$ handelt, ist der Beiwert

$$K_{pph} = K_{pgh} \tag{3.43}$$

maßgebend.

Für den allgemeinen Fall, wenn die Voraussetzungen für die Annahme ebener Gleitflächen nicht vorliegen, nennt die DIN 4085 zahlreiche Literaturstellen mit Angaben zur Ermittlung der Erdwiderstandsbeiwerte. Nach EB 19 [47] kommen im Wesentlichen:

- gekrümmte Gleitflächen nach *Caquot/Kerisel/Absi* [36] oder nach *Pregl/Sokolowski* [139] und
- gebrochene Gleitflächen nach dem von *Weißenbach* [204] und von *Mao* [115] modifizierten Ansatz nach *Streck* [172]

infrage. Im Einzelnen ist dazu anzumerken:

Die Erdwiderstandsbeiwerte K_{pgh}, K_{pch} und K_{pph} nach *Pregl/Sokolowski* können für den Fall $\alpha = \beta = 0$ für ausgewählte Werte von $\delta_{p,k}$ aus den Kurventafeln in DIN 4085 entnommen werden. Außerdem sind in der Norm Gleichungen angegeben, mit deren Hilfe die Tabellen entstanden sind, die *Hettler* in [72] aufgenommen hat und im Abschnitt 20.3 wiedergegeben sind. Darüber hinaus können mit den in DIN 4085 angegebenen Gleichungen auch die Erdwiderstandsbeiwerte für $\alpha \neq \beta \neq 0$ ermittelt werden.

Die Erdwiderstandsbeiwerte K_{pgh} nach *Streck/Weißenbach* für den Fall $\alpha = \beta = 0$ sind in [204] zusammengestellt. Die unzutreffend großen Werte im Bereich von $\varphi > 30°$ und $\delta_p \approx -\varphi$ werden in Anlehnung an einen Vorschlag von *Weißenbach* [209] angemessen abgemindert. Besonders hervorgehoben sind die Erdwiderstandsbeiwerte für die Erddruckneigungswinkel $\delta_{p,k} = -(\varphi'_k - 2{,}5°)$, welche die echten Wandreibungswinkel für die Materialien Holz, Stahl und Beton wiedergeben. Eigene Werte für K_{pph} gibt es nicht. Für den Erdwiderstand infolge von Kohäsion sind zwar in [208] unter der Bezeichnung λ_K eigene Werte K_{pch} entwickelt, aber nur für die Ermittlung des räumlichen Erdwiderstands verwendet worden. Näherungsweise darf im Bedarfsfall der Erdwiderstandsbeiwert für großflächige Auflasten zu $K_{pph} \approx K_{pgh}$ angenommen werden, der Erdwiderstandsbeiwert für die Kohäsion zu $K_{pch} \approx 2\sqrt{K_{pgh}}$.

Unabhängig davon, nach welchem Verfahren die Erdwiderstandsbeiwerte festgelegt werden, ist stets nachzuweisen, dass die Vertikalkomponente des mobilisierten Erdwiderstands durch vertikal gerichtete Einwirkungen abgedeckt werden. Zur Vorzeichendefinition siehe Bild 3.10.
Nach *Pregl* ist streng zu trennen zwischen den Erddruckbeiwerten K_{pgh}, K_{pph} und K_{pch}. Für den Fall einer senkrechten Wand bei waagerechter Geländeoberfläche ergibt sich durch Vereinfachung der in DIN 4085:2007-10 angegebenen Formeln:

a) Bodeneigengewicht

$$\delta_p \leq 0 \quad K_{pgh} = \cos\delta_p \cdot \frac{1+\sin\varphi}{1-\sin\varphi} \cdot (1 - 0{,}53 \cdot \delta_p)^{0{,}26+5{,}96\varphi} \tag{3.44a}$$

$$\delta_p > 0 \quad K_{pgh} = \cos\delta_p \cdot \frac{1+\sin\varphi}{1-\sin\varphi} \cdot (1 + 0{,}41 \cdot \delta_p)^{-7{,}13} \tag{3.44b}$$

b) Großflächige Gleichlasten

$$\delta_p \leq 0 \quad K_{pph} = \cos\delta_p \cdot \frac{1+\sin\varphi}{1-\sin\varphi} \cdot (1 - 1{,}33 \cdot \delta_p)^{0{,}08+2{,}37\varphi} \tag{3.45a}$$

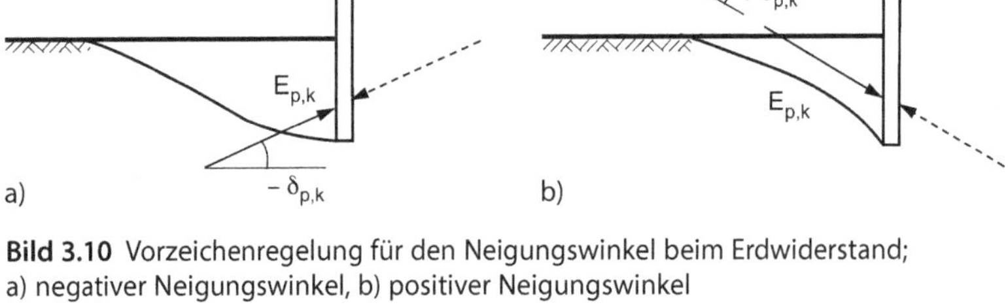

Bild 3.10 Vorzeichenregelung für den Neigungswinkel beim Erdwiderstand; a) negativer Neigungswinkel, b) positiver Neigungswinkel

$$\delta_p > 0 \quad K_{pph} = \cos\delta_p \cdot \frac{1+\sin\varphi}{1-\sin\varphi} \cdot \left(1-0{,}72\cdot\delta_p\right)^{2{,}81} \tag{3.45b}$$

c) Kohäsion

$$\delta_p \le 0 \quad K_{pch} = \cos\delta_p \cdot \left(\frac{1+\sin\varphi}{1-\sin\varphi} - 1\right) \cdot \cot\varphi \cdot \left(1-1{,}33\cdot\delta_p\right)^{0{,}08+2{,}37\varphi} \tag{3.46a}$$

$$\delta_p \ge 0 \quad K_{pch} = \cos\delta_p \cdot \left(\frac{1+\sin\varphi}{1-\sin\varphi} - 1\right) \cdot \cot\varphi \cdot \left(1+4{,}46\cdot\delta_p\cdot\tan\varphi\right)^{-1{,}14+0{,}57\varphi} \tag{3.46b}$$

Zu beachten ist, dass δ_p und φ überall dort, wo keine Winkelfunktionen angegeben sind, immer im Bogenmaß einzusetzen sind. Beispielweise ergibt sich für $\varphi = 35°$ und $\delta_p = -\varphi/2$:

$$K_{pgh} = \cos(-17{,}5°) \cdot \frac{1+\sin 35°}{1-\sin 35°} \cdot \left[1-0{,}53\cdot\frac{\pi}{180}\cdot(-17{,}5°)\right]^{0{,}26+5{,}96\cdot\frac{\pi}{180}\cdot 35°} = 6{,}32$$

Bild 3.11 zeigt einen Vergleich der K_{pgh}-Werte nach *Pregl/Sokolowski* mit den K_{ph}-Werten, ermittelt auf der Grundlage ebener Gleitflächen. Wie bereits dargelegt, sind die Unterschiede im Bereich $-\varphi/2 \le \delta_p \le 0$ verhältnismäßig gering. Auffällig sind die Abweichungen bei $\varphi = 30°$ und $\varphi = 35°$ im Bereich $0 \le \delta_p \le +\varphi$, die bei $\varphi = 40°$ nicht mehr vorhanden sind.

Alle Untersuchungen zeigen, dass der passive Erddruck sowohl in Größe als auch Verteilung stark von der Art der Wandbewegung abhängt. In vielen praktischen Fällen liegen kombinierte Wandbewegungen vor. DIN 4085 schreibt dazu:

> „Wenn eine Kombination der Wandbewegung aus Fußpunktdrehung und Parallelverschiebung vorliegt, und der Fuß der Wand sich um einen Betrag verschiebt, der bei Parallelverschiebung den passiven Erddruck erzeugt, darf davon ausgegangen werden, dass sich Größe und Verteilung der Erddruckkraft wie bei einer Parallelverschiebung der Wand einstellen.
> Wenn in beiden Fällen geringere Wandverschiebungen auftreten, darf näherungsweise im Sinne einer Interpolation verfahren werden."

Dies bedeutet, dass sehr häufig der passive Erddruck für Parallelverschiebung angesetzt werden darf und eine Abminderung nicht erforderlich ist.

Falls doch eine reine Drehung um den Fuß- oder um den Kopfpunkt vorliegt wie z. B. in Bild 3.12, werden folgende Abminderungen empfohlen:

$$E_{pgh,\ \text{Fußpunkt}} \le 0{,}50 \text{ bis } 0{,}67\ E_{pgh,\ \text{Parallel}} \tag{3.47}$$

$$E_{pgh,\ \text{Kopfpunkt}} \le 0{,}67\ E_{pgh,\ \text{Parallel}} \tag{3.48}$$

Einzelheiten siehe DIN 4085.

Die in der Literatur aufgeführten Untersuchungen, s. *Hettler* [72], zeigen eine starke Abhängigkeit der Verteilung des passiven Erddrucks von der Art der Wandbewegung. DIN 4085:2017-07 schlägt die in Bild 3.13 dargestellten vereinfachten Verteilungsformen vor. Bei einer Parallelverschiebung wird von einer dreieckförmigen

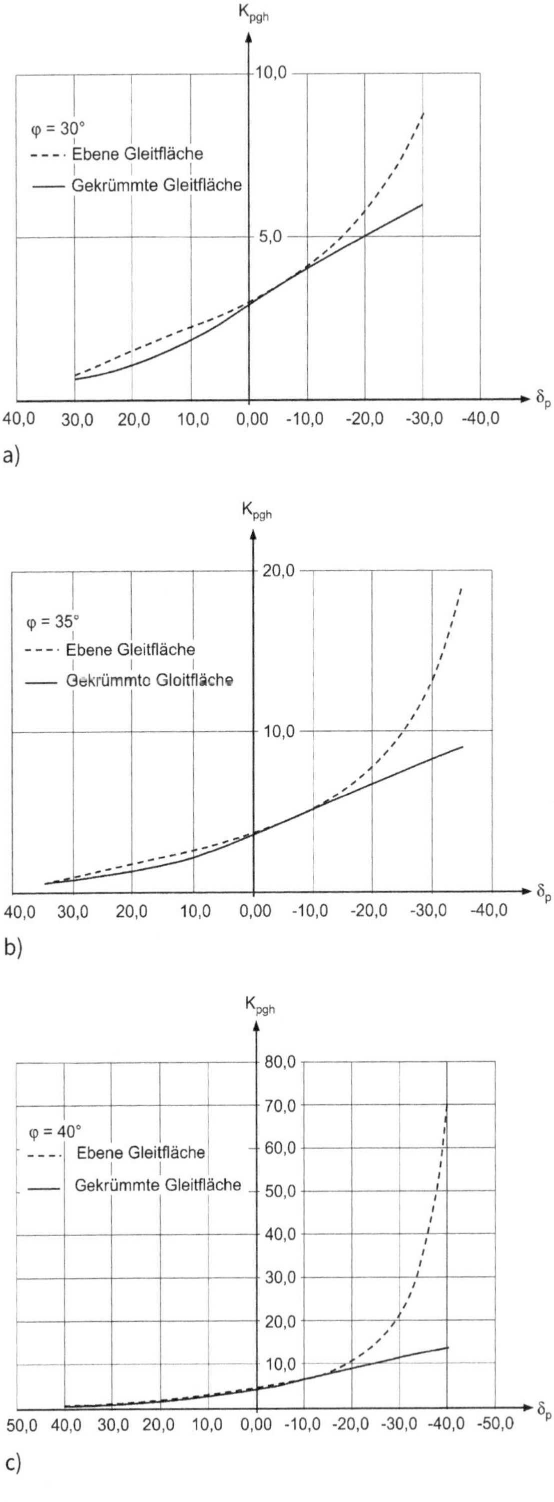

Bild 3.11 Vergleich der K_{pgh}-Werte in Abhängigkeit vom Erddruckneigungswinkel δ_p, berechnet mit ebenen Gleitflächen und mit gekrümmten Gleitflächen nach *Pregl/Sokolowski* für senkrechte Wand ($\alpha = 0$) und waagerechte Geländeoberfläche ($\beta = 0$):
a) $\varphi = 30°$, b) $\varphi = 35°$, c) $\varphi = 40°$

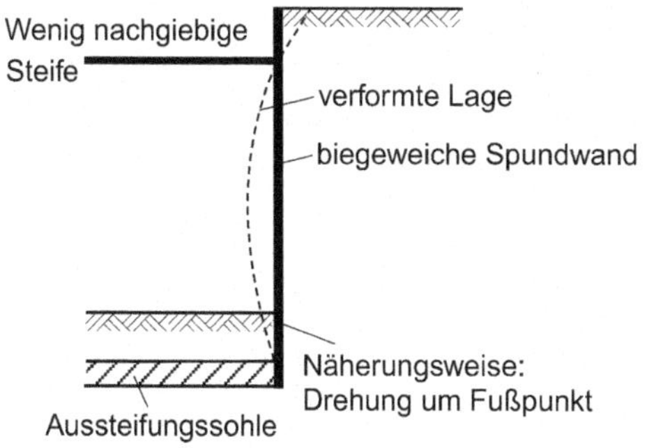

Bild 3.12 Beispiel für eine begrenzte Drehung der Wand um den Fußpunkt

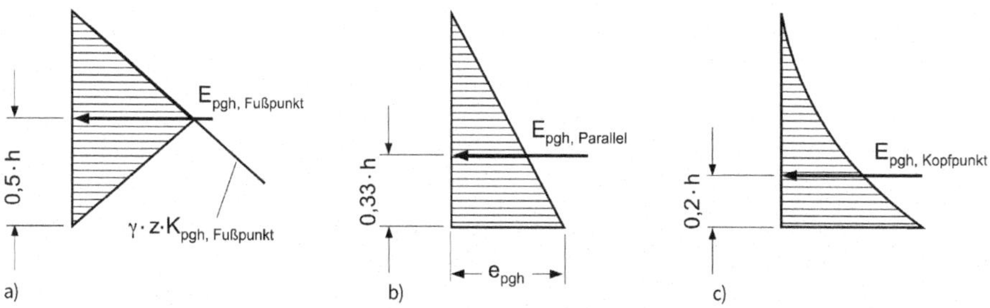

Bild 3.13 Vereinfachte Verteilung des passiven Erddrucks nach DIN 4085:2017-08; a) Fußpunktdrehung, b) Parallelverschiebung, c) Kopfpunktdrehung

Verteilung ausgegangen. Die Resultierende $E_{pgh,\,Parallel}$ greift im Drittelspunkt an. Ein doppeltes Dreieck mit Lage der Resultierenden in halber Wandhöhe wird bei einer Drehung um den Wandfuß vorgeschlagen (Bild 3.13a). Bei einer Drehung um den Wandkopf ist die Verteilung in etwa parabelförmig mit dem Angriffspunkt der Resultierenden beim 0,2-Fachen der Wandhöhe h.

Einzelheiten zur Verteilung der Vertikalanteile siehe DIN 4085.

Erdwiderstand bei Spundwänden und bei Bohrpfahlwänden mit gestaffeltem Fuß

Bei Spundwänden und bei Bohrpfahlwänden mit gestaffeltem Fuß darf im Allgemeinen der gleiche Erdwiderstand wie bei einer geschlossenen Wand in Rechnung gestellt werden. Ohne besonderen Nachweis darf jedoch nach EB 19 [47] nur jede zweite Doppelbohle bzw. jeder zweite Pfahl um 20 % der rechnerisch erforderlichen Einbindetiefe t, höchstens jedoch um 1,00 m verkürzt werden. Soll eine solche Kürzung bei den Tragbohlen von kombinierten Spundwänden oder bei den bewehrten Pfählen einer abwechselnd aus bewehrten und unbewehrten Pfählen hergestellten Pfahlwand vorgenommen werden, so ist stets ein entsprechender Nachweis für die Beanspruchung der Wand und die Aufnahme der Auflagerkraft durch den Erdwiderstand zu erbringen.

Wandfußverschiebungen

Bei Anwendung der in Abschnitt 2.8 für Einwirkungen bzw. Beanspruchungen und für Widerstände angegebenen Teilsicherheitsbeiwerte darf unterstellt werden, dass bei mindestens mitteldicht gelagerten nichtbindigen Böden und bei mindestens steifen bindigen Böden auch im Lastfall für die Bemessungssituation BS-T die Verschiebungen des Fußauflagers in der gleichen Größenordnung liegen wie die Bewegungen und Verformungen der übrigen Baugrubenwand. Somit kann in der Regel auf die Ermittlung dieser Verschiebungen verzichtet werden.

Sofern die Gebrauchstauglichkeit eine wesentliche Rolle spielt, kann es erforderlich sein, die zur Mobilisierung der Bodenreaktionen erforderliche Verschiebung zu berücksichtigen.

3.7 Erdwiderstand vor Trägerbohlwänden und aufgelösten Pfahlwänden

Allgemeines

Der Erdwiderstand vor einer Trägerbohlwand ist immer kleiner als der Erdwiderstand vor einer Spundwand, sofern aufgrund der Gegebenheiten mit einem negativen Erddruckneigungswinkel $\delta_{p,k}$ gerechnet werden darf. Dies gilt auch dann, wenn die Träger so dicht stehen, dass sich die Einflussbereiche der einzelnen Träger überschneiden (Bild 3.14). Da der Erdwiderstand vor dem Trägerflansch bestenfalls mit $\delta_{p,k} = -27{,}5°$ ermittelt werden kann und der räumliche Anteil des Erdwiderstands nach *Weißenbach* [204] zumindest im Falle des Reibungsanteils mit $\delta_{p,k} = 0$ zustande kommt, kann im Allgemeinen nicht die Größe des Erdwiderstands wie vor einer Spundwand erreicht werden, bei der ein Erddruckneigungswinkel bis zur Größe $\delta_{p,k} = -\varphi'_k$ zugrunde gelegt werden darf. Nur wenn die Anteile des Erdwiderstands vor den einzelnen Bohlträgern einander überschneiden und der Erddruckneigungswinkel durchweg mit $\delta_{p,k} = 0$ angesetzt wird, erhält man den gleichen Erdwiderstand wie bei einer Spundwand s. „Baugruben, Teil II" [204]. Auch bei der Verteilung des Erdwiderstands ist zwischen den genannten beiden Fällen zu unterscheiden:

a) Bei großem Abstand der Bohlträger überschneiden sich die Wirkungen des Erdwiderstands vor benachbarten Bohlträgern nicht. Die Resultierende des passiven Erddrucks aus Bodeneigengewicht und die Resultierende des passiven Erddrucks infolge von Kohäsion liegen in diesem Falle tiefer als bei einer durchgehenden Wand.

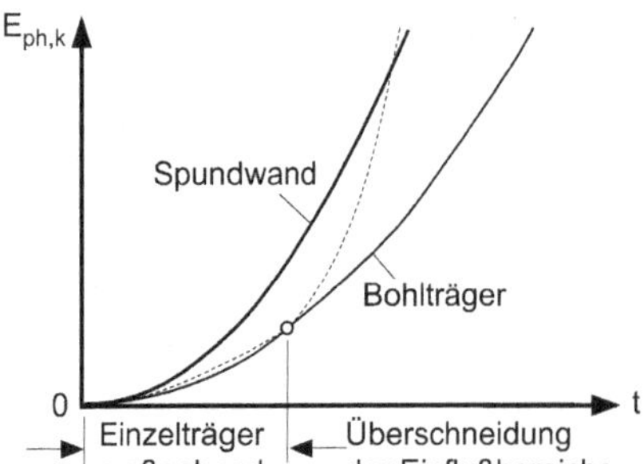

Bild 3.14 Abhängigkeit des Erdwiderstands von der Einbindetiefe

b) Bei kleinem Abstand der Bohlträger überschneiden sich die Wirkungen des Erdwiderstands vor benachbarten Bohlträgern. Die Resultierende des passiven Erddrucks aus Bodeneigengewicht und die Resultierende des passiven Erddrucks infolge von Kohäsion liegen näherungsweise in der gleichen Höhe wie bei einer durchgehenden Wand.

Beide Möglichkeiten sind zu untersuchen. Maßgebend ist der ungünstigere Fall.

Erdwiderstand ohne Überschneidung

Sofern sich die Wirkungen des Erdwiderstands vor benachbarten Bohlträgern nicht überschneiden, erhält man entsprechend den Angaben in „Baugruben, Teil II" [204, 214], für verschiedene Tiefen z die Spannungen des Erdwiderstands aus Bodeneigengewicht zu

$$\overset{*}{e}_{pghi,k} = \tfrac{5}{4} \cdot \gamma \cdot \omega_R \cdot z^2 \tag{3.49}$$

und die Spannungen des Erdwiderstands infolge von Kohäsion zu

$$\overset{*}{e}_{pchi,k} = 3 \cdot c'_k \cdot \omega_K \cdot z \quad \text{bei feuchtem nichtbindigem Boden} \tag{3.50}$$

$$\overset{*}{e}_{pchi,k} = 50\,\% \cdot 3 \cdot c'_k \cdot \omega_K \cdot z = \tfrac{3}{2} \cdot c'_k \cdot \omega_K \cdot z \quad \text{bei bindigem Boden} \tag{3.51}$$

Die Beiwerte ω_R und ω_K können für die senkrechte Wand und waagerechte Geländeoberfläche in Abhängigkeit vom Verhältnis

$$f_t = b_t/t = \text{Bohlträgerbreite/Einbindetiefe} \tag{3.52}$$

den Tabellen in Abschnitt 20.4 entnommen werden. Unterschieden wird zwischen behinderter Vertikalbewegung und unbehinderter Vertikalbewegung. Bei behinderter Vertikalbewegung wird ein negativer Erddruckneigungswinkel am Bohlträger berücksichtigt, bei unbehinderter Vertikalbewegung wird $\delta_{p,k} = 0$ angesetzt.

Bei den Gln. (3.50 und 3.51) wird unterschieden zwischen feuchtem nichtbindigem Boden und bindigem Boden. Der Grund dafür liegt in dem Umstand, dass die Beiwerte ω_R und ω_K nur für trockenen bzw. feuchten Sandboden abgeleitet und durch Versuche überprüft worden sind. Bei der Kohäsion handelte es sich dabei nur um eine Kapillarkohäsion. Bei bindigen Böden wird mit diesen Ansätzen der räumliche Erdwiderstand infolge von Kohäsion unter Umständen zu groß ermittelt. Dies zeigen die Versuche, die *Kärcher* [96] in Tonboden und *Schäfer* [148] in Schluffboden durchgeführt haben. Entsprechend EB 14 [47] wird daher der mithilfe des Beiwerts ω_K ermittelte Erdwiderstand infolge von Kohäsion auf die Hälfte herabgesetzt.

Aus den Gln. (3.49) und (3.50) bzw. (3.51) und (3.52) ergibt sich der auf die Länge bezogene Gesamterdwiderstand zu

$$\overset{*}{e}_{phi,k} = \overset{*}{e}_{pghi,k} + \overset{*}{e}_{pchi,k} \tag{3.53}$$

Zur weiteren Vereinfachung werden sie durch den Bohlträgerabstand a_t dividiert. Mit den auf die Längeneinheit bezogenen Spannungen

$$e_{phi,k} = \frac{\overset{*}{e}_{phi,k}}{a_t} \tag{3.54}$$

kann die Untersuchung wie bei einer Spundwand vorgenommen werden.

In der Regel wird bei der rechnerischen Ermittlung der Einbindetiefe und der Schnittgrößen eine geradlinige Zunahme der Erdwiderstandsordinate und der charakteristischen Bodenreaktionen $\sigma_{ph,k}$ vorausgesetzt. Sofern sich die räumlichen Anteile des Erdwiderstands nicht überschneiden, ist die mit der Tiefe zum Teil parabolisch zunehmende Verteilung des Erdwiderstands vor Bohlträgern daher in eine geradlinige Verteilung nach dem Ansatz

$$e_{ph,k} = \gamma_k \cdot \omega_{ph} \cdot t \tag{3.55}$$

umzuwandeln. Den ideellen Erdwiderstandsbeiwert ω_{ph} erhält man für eine vorgegebene Tiefe t wie folgt:

$$E^*_{pgh,k} = \frac{1}{2} \cdot \gamma_k \cdot \omega_R \cdot t^3 \tag{3.56}$$

$$E^*_{pch,k} = 2 \cdot c'_k \cdot \omega_K \cdot t^2 \quad \text{für nichtbindigen Boden mit Kapillarkohäsion} \tag{3.57}$$

$$E^*_{pch} = c'_k \cdot \omega_k \cdot t^2 \quad \text{für bindigen Boden mit echter Kohäsion} \tag{3.58}$$

$$E^*_{ph,k} = E^*_{pgh,k} + E^*_{pch,k} \tag{3.59}$$

$$\omega_{ph} = \frac{2 \cdot E^*_{ph,k}}{\gamma_k \cdot a_t \cdot t^2} \tag{3.60}$$

Bei kohäsionslosen Böden ergibt sich aus Gl. (3.60)

$$\omega_{ph} = \frac{\omega_R \cdot t}{a_t} \tag{3.61}$$

Die nichtlineare Erdwiderstandsverteilung kann über Korrekturbeiwerte f_ω berücksichtigt werden. Einzelheiten siehe [214].

Erdwiderstand mit Überschneidung

Der Ansatz nach Gl. (3.55) gilt auch für den Fall, dass sich die Wirkungen des Erdwiderstands vor den einzelnen Bohlträgern überschneiden. Den ideellen Erdwiderstandsbeiwert ω_{ph} erhält man für eine angenommene Tiefe t entsprechend den Angaben in „Baugruben, Teil II" [204] bzw. [214] für nichtbindigen Boden mit Kapillarkohäsion zu:

$$\omega_{ph} = \frac{b_t}{a_t} \cdot K_{pgh(\delta_p \neq 0)} + \frac{a_t - b_t}{a_t} \cdot K_{pgh(\delta_p = 0)} + \frac{4 \cdot c'_k}{\gamma_k \cdot t} \cdot \sqrt{K_{pch(\delta_p \neq 0)}} \tag{3.62}$$

Bei bindigem Boden ist nach [204] nur die Hälfte des Wertes c'_k anzusetzen. Dementsprechend ergibt sich der Ansatz

$$\omega_{ph} = \frac{b_t}{a_t} \cdot K_{pgh(\delta_p \neq 0)} + \frac{a_t - b_t}{a_t} \cdot K_{pgh(\delta_p = 0)} + \frac{2 \cdot c'_k}{\gamma_k \cdot t} \cdot \sqrt{K_{pch(\delta_p \neq 0)}} \tag{3.63}$$

Der Korrekturbeiwert f_ω wird oft näherungsweise zu $f_\omega = 1{,}00$ angenommen. Zutreffender sind die Werte in [214].

Maßgebender Erdwiderstand

Die Frage, ob im Einzelfall mit oder ohne Überschneidung des räumlichen Erdwiderstands benachbarter Bohlträger zu rechnen ist, lässt sich am einfachsten dadurch beantworten, dass ω_{ph} sowohl nach Gl. (3.60) bzw. (3.61) als auch nach Gl. (3.62) bzw. (3.63) für beide Fälle ermittelt wird. Maßgebend für die weitere Berechnung ist dann der kleinere Wert.

Die Beiwerte ω_R und ω_K gelten für den Regelfall der waagerechten Baugrubensohle. Ist diese ausnahmsweise geneigt, dann können die Beiwerte ω_R und ω_K näherungsweise umgerechnet werden:

$$\omega_{R,\beta} \approx \omega_R \cdot K_{pgh(\beta \neq 0)}/K_{pgh(\beta = 0)} \tag{3.64}$$

$$\omega_{K,\beta} \approx \omega_K \cdot K_{pch(\beta \neq 0)}/K_{pch(\beta = 0)} \tag{3.65}$$

Die jeweiligen K_{ph}-Werte müssen dabei aus dem gleichen Bruchmodell stammen.

Die Angaben dieses Abschnitts zur Ermittlung des Erdwiderstands vor Bohlträgern gelten für im Boden frei aufgelagerte Bohlträger. Zum Ansatz des Erdwiderstands bei im Boden eingespannten Trägerbohlwänden siehe Abschnitt 4.1.

Wandfußverschiebungen

Bei Anwendung der in Abschnitt 2.8 für Einwirkungen bzw. Beanspruchungen und für Widerstände angegebenen Teilsicherheitsbeiwerte ist in der Regel mit erheblichen Fußverschiebungen zu rechnen. Nur dann, wenn der Erdwiderstand mit dem Anpassungsfaktor $\eta_{Ep} = 0{,}80$ abgemindert wird, darf unterstellt werden, dass bei nichtbindigen Böden und bei mindestens steifen bindigen Böden die Verschiebungen des Fußauflagers in der gleichen Größenordnung liegen wie die Bewegungen und Verformungen der übrigen Baugrubenwand. Wenn allerdings nachgewiesen wird, dass

- bei einmal gestützten Wänden die Bewegungen des Fußauflagers im Hinblick auf die Gebrauchstauglichkeit unbedenklich sind bzw.
- bei mehrfach gestützten Wänden diese Bewegungen nicht größer sind als die Verschiebungen und Verformungen der übrigen Baugrubenwand, z. B. bei dicht gelagertem nichtbindigem Boden oder halbfestem bindigem Boden im Bereich der Einbindetiefe,

darf bei der Ermittlung der Einbindetiefe auf einen Anpassungsfaktor verzichtet werden.

4 Nicht gestützte, im Boden eingespannte Baugrubenwände

4.1 Einspannung im Untergrund

Allgemeines

Die Standsicherheit von nicht gestützten Baugrubenwänden (Bild 4.1a) beruht allein auf der Einspannung im Untergrund. Infolge des Erddrucks bewegt sich die Wand im oberen Bereich zur Baugrube hin und am Fußpunkt in die entgegengesetzte Richtung (Bild 4.1b). Der Drehpunkt liegt stets in der unteren Hälfte des Einspannbereichs. Im Folgenden wird davon ausgegangen, dass der Grenzzustand der Tragfähigkeit erreicht ist. Unter dieser Voraussetzung dürfen die charakteristischen Bodenreaktionen $\sigma_{h,k}$ durch den charakteristischen Erdwiderstand $E_{p,k}$ ersetzt werden. Durch die Drehbewegung wird oberhalb des Drehpunkts der Erdwiderstand $E_{p1,k}$ geweckt, unterhalb des Drehpunkts der Erdwiderstand $E_{p2,k}$ (Bild 4.1c).

Um die Größe, die Richtung und den Angriffspunkt der Kräfte $E_{p1,k}$ und $E_{p2,k}$ zu bestimmen, reichen die drei Gleichgewichtsbedingungen $\Sigma H = 0$, $\Sigma V = 0$ und $\Sigma M = 0$ nicht aus, und es handelt sich um ein hochgradig statisch unbestimmtes System. Weitere Bedingungen sind aus dem Verhalten des Bodens abzuleiten. Wie in „Baugruben, Teil II" [204] dargelegt worden ist, stellt sich bei der Drehung einer Wand um den Fußpunkt ein Erdwiderstand ein, dessen Gesamtgröße zumindest im Fall $\delta_{p,k} = 0$ kleiner ist als bei einer Drehung um den Kopfpunkt und dessen Resultierende etwa im Bereich der Wandmitte liegt. Zwischen der Baugrubensohle und dem Drehpunkt ist somit auf der Baugrubenseite eine Spannungsverteilung entsprechend Bild 4.1d zu erwarten. Der Wandteil unterhalb des Drehpunkts lässt sich näherungsweise mit einer eingebetteten Ankerwand vergleichen. Wenn der Erdwiderstand vor dem nach hinten drehenden Wandteil wegen der anderen Art der Bewegung auch nicht ganz so groß sein wird wie der Erdwiderstand vor einer parallel verschobenen, eingebetteten Ankerwand, so ist er trotz der geringen wirksamen Wandhöhe groß genug, um den Gleichgewichtszustand herzustellen (Bild 4.1d).

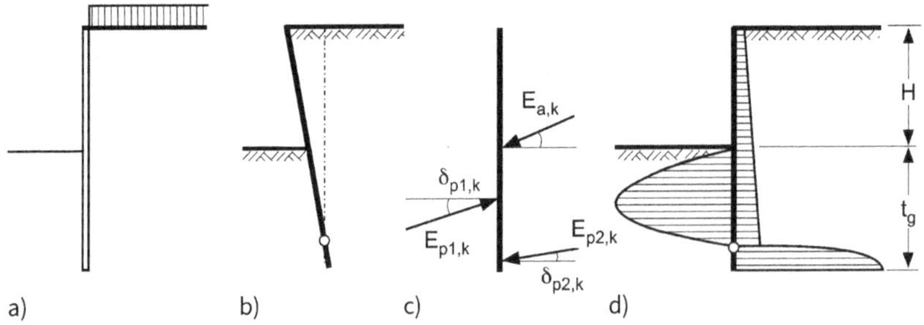

Bild 4.1 Kräftespiel an der nicht gestützten, im Boden eingespannten Wand; a) Lastbild, b) Wandverdrehung, c) angreifende Kräfte, d) zu erwartende Spannungsverteilung

Baugruben, 3. Auflage. Achim Hettler, Theodoros Triantafyllidis, Anton Weißenbach.

Rechnerische Erfassung der Einspannwirkung
Für die zahlenmäßige analytische Ermittlung der Einspannwirkung und die Überführung in ein statisch bestimmtes System muss die zu erwartende Spannungsverteilung im Einspannbereich vereinfacht werden. Im Laufe der Zeit sind dafür verschiedene Vorschläge bekannt geworden:

a) die parabolische Verteilung nach *Beresanzew* [15] und *Lorenz* [114] entsprechend Bild 4.2a,
b) die geradlinig begrenzte Verteilung nach *Colling* [38], *Jacobi* [94], *Krey* [109] und *Snitko* [169] entsprechend Bild 4.2b,
c) die dreieckförmige Erdwiderstandsfigur mit der Gegenkraft im Drehpunkt nach *Blum* [19] entsprechend Bild 4.2c,
d) die dreieckförmige Erdwiderstandsfigur mit der Gegenkraft am Fußpunkt der Wand nach *Rowe* [144] entsprechend Bild 4.2d,
e) die dreieckförmige Erdwiderstandsfigur oberhalb und die rechteckförmige Erdwiderstandsfigur unterhalb des Drehpunkts nach *Verdeyen/Roisin* [191] entsprechend Bild 4.2e,
f) die dreieckförmige Erdwiderstandsfigur im Bereich unterhalb der Baugrubensohle und die Rotationsscheibe im Bereich des Drehpunkts nach *Wiendieck* [221] entsprechend Bild 4.2f.

Im deutschsprachigen Raum hat sich weitgehend der Ansatz von *Blum* durchgesetzt. Dass das Ersatz-Lastbild von *Blum* der in Wirklichkeit zu erwartenden Spannungsverteilung in größtmöglichem Maße entspricht, kann man anschaulich belegen, wenn man – wie im Bild 4.3b gezeigt – auf beiden Seiten der Wand die Spannungsfigur durch Flächen ergänzt, die gleich groß sind und deren Resultie-

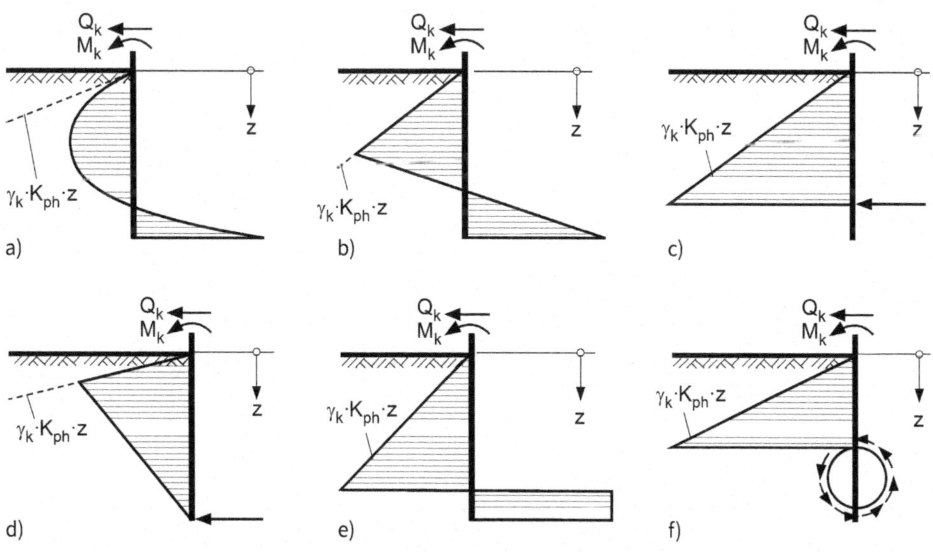

Bild 4.2 Vorschläge für den vereinfachten Ansatz der Verteilung der Bodenreaktionen im Einspannbereich; a) Vorschlag von *Lorenz*, b) Vorschlag von *Jacobi*, c) Vorschlag von *Blum*, d) Vorschlag von *Rowe*, e) Vorschlag von *Verdeyen/Roisin*, f) Vorschlag von *Wiendieck*

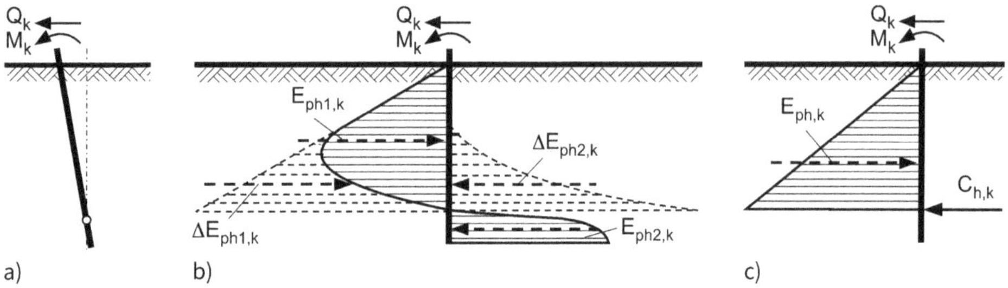

Bild 4.3 Umwandlung der zu erwartenden Spannungsverteilung in das Ersatz-Lastbild von *Blum*; a) Drehung der Wand, b) Ergänzung der zu erwartenden Spannungsverteilung, c) Ersatz-Lastbild

rende $\Delta E_{ph1,k}$ und $\Delta E_{ph2,k}$ in der gleichen Höhe liegen. Der weiteren Untersuchung werden die Kräfte entsprechend Bild 4.3c zugrunde gelegt. An dem für die Ermittlung von Schnittgrößen und Einbindetiefe maßgebenden Gleichgewicht $\Sigma H = 0$ und $\Sigma M = 0$ wird damit nichts geändert.

$$E_{ph,k} = E_{ph1,k} + \Delta E_{ph1,k} \tag{4.1}$$

$$C_{h,k} = E_{ph2,k} + \Delta E_{ph2,k} \tag{4.2}$$

Einbindetiefenzuschlag

Die zur Aufnahme der charakteristischen Kraft $C_{h,k}$ erforderliche zusätzliche Einbindetiefe ist im Wesentlichen von den Bodenverhältnissen und von der Wandhöhe abhängig. Man erhält sie in Anlehnung an die Angaben von *Lackner* [112] entsprechend Bild 4.4 im Falle nichtbindigen Bodens. Im Bemessungszustand ist unter Berücksichtigung der notwendigen Teilsicherheitsbeiwerte nicht der volle Erdwiderstand $E_{ph,k}$ maßgebend, sondern nur der mobilisierte Erdwiderstand $E'_{ph,k}$. Für die Bemessung selbst ist der charakteristische, mobilisierte Erdwiderstand $E'_{ph,k}$ durch die Resultierende $B_{h,k}$ der charakteristischen Bodenreaktionen $\sigma_{h,k}$ zu ersetzen. Die charakteristische Auflagerkraft $C_{h,k}$ setzt sich zusammen aus einem Anteil $C_{Gh,k}$ aus ständigen Einwirkungen und einem Anteil $C_{Qh,k}$ aus veränderlichen Einwirkungen

$$C_{h,k} = C_{Gh,k} + C_{Qh,k} \tag{4.3}$$

Unter Verwendung der Teilsicherheitsbeiwerte γ_G und γ_Q für die Einwirkungen und $\gamma_{R,e}$ für die Widerstände erhält man die zusätzliche Einbindetiefe Δt_1 zu

$$\Delta t_1 = \frac{C_{Gh,k} \cdot \gamma_G + C_{Qh,k} \cdot \gamma_Q}{2 \cdot (g_k + p_k) \cdot K_{pgh,C} \cdot \dfrac{1}{\gamma_{R,e}}} \tag{4.4}$$

Hierbei bedeutet g_k die Summe aller charakteristischen Spannungen aus Bodeneigengewicht von der Geländeoberfläche bis zum Angriffspunkt der Kraft $C_{h,k}$ und p_k die charakteristische Nutzlast auf der Geländeoberfläche. Bei durchgehend homogenem Boden nach Bild 4.4 ergibt sich

$$g_k = \gamma_k \cdot (H + t_1) \tag{4.5}$$

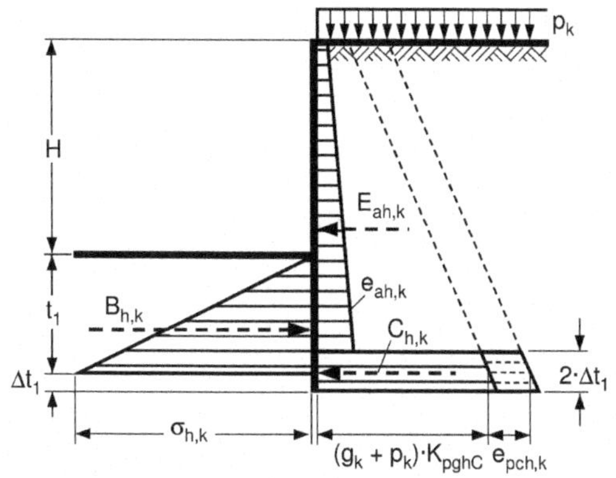

Bild 4.4 Aufnahme der charakteristischen Kraft C_h am Fuß einer im Boden eingespannten Wand nach *Lackner*

Steht unterhalb der Baugrubensohle Grundwasser an, so gilt

$$g_k = \gamma_k \cdot H + \gamma'_k \cdot t_1 \tag{4.6}$$

Bei geschichtetem Boden sind die Flächenlasten der einzelnen Schichten zu addieren:

$$g_k = \sum_{0}^{H+t_1} \gamma_{k,i} \cdot \Delta h_i \tag{4.7}$$

Steht im Bereich des Wandfußes bindiger Boden mit Kohäsion an, erhält man

$$\Delta t_1 \geq \frac{C_{Gh,k} \cdot \gamma_G + C_{Qh,k} \cdot \gamma_Q}{2 \cdot [(g_k + p_k) \cdot K_{pgh,C} + e_{pch,k}] \cdot \dfrac{1}{\gamma_{R,e}}} \tag{4.8}$$

unter Verwendung von $K_{pgh,C}$ als maßgebenden Erdwiderstandsbeiwert für die Ermittlung des charakteristischen Erdwiderstands $E_{ph2,k}$ bzw. der theoretischen Auflagerkraft $C_{h,k}$. Er ergibt sich in Abhängigkeit vom Reibungswinkel und vom Erddruckneigungswinkel. Mit $e_{pch,k}$ wird der charakteristische passive Erddruck aus Kohäsion bezeichnet.

Bei der Berechnung des Tiefenzuschlags Δt_1 nach Gl. (4.4) bzw. Gl. (4.8) geht man von der Annahme aus, dass am Fuß der Wand nur eine Spannung von der Größe wirksam ist, wie sie sich aus der linearen Zunahme des passiven Erddrucks mit der Tiefe ergibt. Diese Annahme liegt insofern auf der sicheren Seite, als der Erdwiderstand vor eingebetteten Ankerwänden, wie die Untersuchungen von *Buchholz* [34] zeigen, nahezu ebenso groß ist wie der Erdwiderstand vor einer bis zur Geländeoberfläche reichenden, parallel verschobenen Wand. Da jedoch andererseits keine Parallelbewegung vorliegt und außerdem die zum Auslösen eines so großen Erdwiderstands erforderliche Wandbewegung nicht auftritt, ist der in Wirklichkeit nutzbare Erdwiderstand doch kleiner. Unter diesen Gesichtspunkten stellt der Ansatz von *Lackner* einen Kompromiss zwischen zwei entgegengesetzten Wirkungen dar, der im Einzelfall auch einen zu geringen Tiefenzuschlag ergeben kann. Errechnet man nach Gl. (4.4) bzw. nach Gl. (4.8) kleinere Werte als 10 % der theoretischen Einbindetiefe t_l so sollten sie zugunsten des Mindestwerts

$$\min \Delta t_l = 0{,}10 \cdot t_l \tag{4.9}$$

vernachlässigt werden. Die theoretische Einbindetiefe ergibt sich bei der Berechnung als der Abstand des Angriffspunkts der Kraft $C_{h,k}$ von der Baugrubensohle. Hierzu siehe Abschnitt 4.2.

Die Ermittlung des Tiefenzuschlags nach dem Ansatz von *Lackner* ist vor allem dann von Bedeutung, wenn im Bereich des Wandfußes Bodenarten anstehen, die entweder einen besonders großen oder einen besonders kleinen Erdwiderstand bieten. Im einen Fall lässt sich dann Einbindetiefe einsparen, im anderen Fall ist diese Untersuchung erforderlich, um eine mangelhafte Standsicherheit der Wand wegen zu geringer Einbindetiefe zu vermeiden. In den meisten Fällen jedoch wird auf diesen Nachweis verzichtet und stattdessen ein Tiefenzuschlag von der Größe

$$\Delta t_l = 0{,}20 \cdot t_l \tag{4.10}$$

gewählt. Nach *Blum* [19] reicht dieser Zuschlag in aller Regel aus, sofern unterhalb der Baugrubensohle homogener nichtbindiger Boden ansteht, dessen Wichte oder Scherfestigkeit sich im Bereich zwischen Belastungsnullpunkt und Wandfuß nicht wesentlich verringert, z. B. im Falle von anstehendem Grundwasser durch den von ihm verursachten Auftrieb.

Ansatz des Erddruckneigungswinkels

Einen erheblichen Einfluss auf die Einspannwirkung hat die Annahme des Erddruckneigungswinkels bei der Ermittlung des Erdwiderstands bzw. der Einbindetiefe und des Tiefenzuschlags. Wie das Bild 4.1c zeigt, wird der Erdwiderstand $E_{p1,k}$ auf der Baugrubenseite in der Regel mit negativem Erddruckneigungswinkel $\delta_{p1,k}$, der Erdwiderstand $E_{p2,k}$ auf der Erdseite mit positivem Erddruckneigungswinkel $\delta_{p1,k}$ ermittelt. Sinngemäß gilt das Gleiche für die Erddruckneigungswinkel $\delta_{p,k}$ und $\delta_{pC,k}$ zur Ermittlung der nach Bild 4.3 ergänzten Kräfte auf der Baugrubenseite und auf der Erdseite der Wand. Dabei kann der Erddruckneigungswinkel $\delta_{pC,k}$ kaum mit einem größeren Wert als $\delta_{pC,k} = +\frac{1}{3}\,\varphi_k$ angesetzt werden, weil sonst der Erdwiderstandsbeiwert K_{pghC} zu klein wird. Auf der anderen Seite aber darf der Erddruckneigungswinkel $\delta_{p,k}$ nicht größer angenommen werden, als es die Bedingung $\Sigma V = 0$ zulässt. Hierzu siehe Abschnitt 7.2. Im Gegensatz dazu steht der Hinweis von *Blum* [19], der Erdwiderstandsbeiwert könne verdoppelt werden. Eine solche Verdoppelung ist nur zulässig, wenn der Erddruckneigungswinkel mit $\delta_{p,k} = 0$ in die Rechnung eingeführt wird, obwohl die Voraussetzungen für das Auftreten der vollen Wandreibung gegeben sind. Wie ein Vergleich der verschiedenen Erdwiderstandsbeiwerte zeigt, ist die Verdoppelung bei nichtbindigen Böden eine gute Näherung für die beim Ansatz des Erddruckneigungswinkels ermittelte Vergrößerung der Erdwiderstandsbeiwerte, allerdings nur bei sehr großem Erddruckneigungswinkel. Aber gerade im Falle der nicht gestützten, im Boden eingespannten Spundwände und Ortbetonwände ist, wie im Abschnitt 7.2 erläutert wird, die Größe des Erddruckneigungswinkels fast immer durch die Bedingung $\Sigma V = 0$ auf bestenfalls $\delta_{p,k} = -\frac{1}{2}\,\varphi_k$ begrenzt, sodass sich keine Verdoppelung des Erdwiderstands nachweisen lässt. Der von *Blum* [19] genannte Weg ist daher bei nicht gestützten, nur im Boden eingespannten Baugrubenwänden nicht zweckmäßig.

Sicherheitsüberlegungen
Da mit dem Grenzzustand des Erdwiderstands eine theoretisch beliebig große Wandbewegung und damit der Einsturz der Wand verbunden ist, darf der Erdwiderstand des Bodens durch die Bodenreaktionen nie mit seinem vollen Wert in Anspruch genommen werden. Aus diesem Grunde ist der im Grenzzustand auftretende Erdwiderstand unter Berücksichtigung der Teilsicherheitsfaktoren für Einwirkungen und Widerstände abzumindern. Die Resultierenden der Bodenreaktionen $E'_{ph1,k}$ auf der Baugrubenseite und $E'_{ph2,k}$ auf der Erdseite sind durch einen entsprechend geringen Mobilisierungsgrad $\bar{\mu}_P$ des Erdwiderstands zu begrenzen. Dabei geht man davon aus, dass an keiner Stelle die zum passiven Grenzzustand gehörenden Spannungen erreicht werden (Bild 4.5a). In Wirklichkeit erreichen die auftretenden Bodenreaktionen im Bereich unmittelbar unterhalb der Baugrubensohle vermutlich die Größe der im Bruchzustand möglichen Spannungen und bleiben dafür in den tiefer liegenden Bereichen entsprechend kleiner (Bild 4.5b). Der Hebelarm der inneren Kräfte $E'_{ph1,k}$ und $E'_{ph2,k}$ ist somit in Wirklichkeit größer und die Kräfte $E'_{ph1,k}$ und $E'_{ph2,k}$ sind aus Gleichgewichtsgründen kleiner als gerechnet. Diese stille Reserve sollte jedoch bei nicht gestützten, nur im Boden eingespannten Baugrubenwänden nicht genutzt werden, da sie zur Abdeckung etwa vorhandener Unsicherheiten in den Annahmen von *Blum* [19] dient. Dies ist insbesondere deshalb zweckmäßig, weil – im Gegensatz zu den gestützten Wänden – die Gesamtstandsicherheit nur von der Einspannwirkung im Untergrund abhängt. Eine weitere Verringerung der Einbindetiefe ist im Übrigen auch deshalb nicht anzustreben, weil bei günstigen Bodenverhältnissen ohnehin nur ein Anteil von 40 bis 50 % der Spundwandlänge bzw. von 50 bis 60 % der Bohlträgerlänge im Untergrund einbindet.

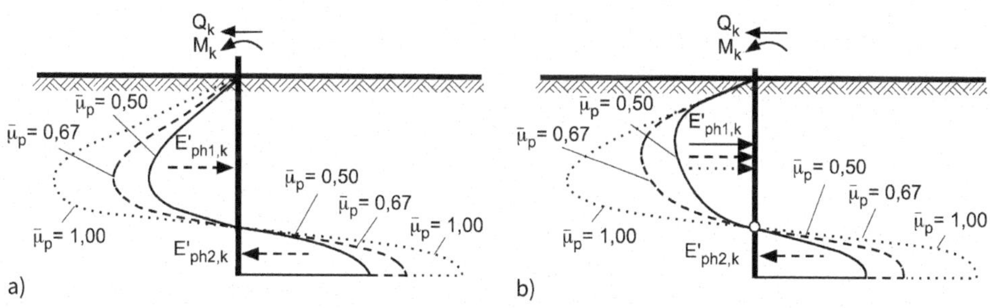

Bild 4.5 Rechnerische und vermutete Verteilung der Bodenreaktionen an der im Boden eingespannten Spundwand in Abhängigkeit des Mobilisierungsgrads $\bar{\mu}_p$ des Erdwiderstands; a) rechnerische Verteilung, b) vermutete Verteilung

4.2 Lastansätze und Bodenreaktionen

Ansätze zur Erddruckermittlung

Die nicht gestützten, nur im Boden eingespannten Spundwände und Ortbetonwände drehen sich um einen tief gelegenen Punkt und erfüllen somit die wichtigste Voraussetzung für die Anwendung der klassischen Erddrucktheorie. Es tritt daher stets ein Zonenbruch auf und, im Falle einheitlichen Bodens entsprechend Bild 4.4, eine geradlinige Zunahme des Erddrucks aus Bodeneigengewicht von der Geländeoberfläche bis zum theoretischen Fußpunkt der Wand. Die zum Auslösen des aktiven Erddrucks erforderliche Wandbewegung ist immer vorhanden, auch bei bindigen Böden. Im Allgemeinen ist die auftretende Wandbewegung sogar etwas größer als erforderlich. Fast regelmäßig werden bei im Boden eingespannten, nicht gestützten Baugrubenwänden in nichtbindigen Böden parallel zur Baugrubenkante verlaufende Risse beobachtet, deren Abstand von der Baugrubenkante insbesondere bei Trägerbohlwänden etwa der halben Aushubtiefe entspricht. Nach den Versuchsbeobachtungen von *Terzaghi* [175] treten sichtbare Gleitflächen erst bei Wandbewegungen auf, die erheblich größer sind als die zum Auslösen des Grenzzustands erforderlichen. Es könnte also im Einzelfall der Tiefpunkt der in „Baugruben, Teil II" [204] für dicht gelagerten Sand angegebenen Lastweglinie überschritten werden, die Scherfestigkeit auf die Restfestigkeit absinken und der Erddruck zunehmen. Aus diesem Grunde ist es ratsam, im Falle nichtbindiger Böden besonders große Reibungswinkel, z. B. von $\varphi'_k = 40°$ oder mehr, nur dann bei der Ermittlung des aktiven Erddrucks voll zu berücksichtigen, wenn die Bewegungen der Wand durch eine entsprechend geringere Ausnutzung des möglichen Erdwiderstands begrenzt werden. Es kann also bei besonders dichter Lagerung ebenso wie bei besonders lockerer Lagerung nichtbindigen Bodens oder wie bei weichen bis steifen bindigen Böden erforderlich sein, zur Begrenzung der Wandbewegung einen größeren Teilsicherheitsbeiwert $\gamma_{R,e}$ zu wählen als sonst. Bei Spundwänden und Ortbetonwänden in mitteldicht oder dicht gelagerten nichtbindigen Böden bzw. in steifen bis festen bindigen Böden genügt im Allgemeinen der in EAB [47] angegebene Teilsicherheitsbeiwert $\gamma_{R,e} = 1{,}30$ für die Bemessungssituation BS-T auf den Erdwiderstand.

Für die Ermittlung von Größe und Verteilung des Erddrucks aus Bodeneigengewicht, Kohäsion und großflächiger Gleichlast bei homogenem Boden sowie für die Ermittlung von Größe und Verteilung des Erddrucks aus Streifen- und Linienlasten sind die Angaben in den Abschnitten 3.4 und 3.5 maßgebend. Wechseln Schichten mit unterschiedlichen Festigkeitseigenschaften, insbesondere bindige und nichtbindige Schichten miteinander ab, so ist dies bei der Erddruckermittlung zu berücksichtigen (Bilder 4.6 und 4.7). An den Schichtgrenzen entsteht infolge der Änderung der Wichte bzw. der Scherfestigkeit ein Knick oder ein Versprung. Dabei kann, abhängig von der Scherfestigkeit, der obere Wert oder der untere Wert der größere bzw. der kleinere sein. Sofern die Kohäsion bindiger Schichten einen großen Einfluss ausübt, muss der Erddruck nach Abschnitt 3.4 auf zwei verschiedenen Wegen ermittelt werden. Lässt sich nicht ohne Weiteres erkennen, ob der unter voller Berücksichtigung der Kohäsion ermittelte Erddruck oder der mithilfe des Ersatzreibungswinkel $\varphi'_{Ers,k}$ ermittelte Mindesterddruck das größere Biegemoment in der Wand und die größere Einbindetiefe zur Folge hat, so sind beide Fälle rechnerisch zu untersuchen. Maßgebend für die Bemessung sind stets das größere Biegemoment und die größere Einbindetiefe, auch wenn sie nicht mit dem gleichen Ansatz ermittelt worden sind. Insbesondere bei den im Boden eingespannten, nicht gestützten Wänden ist darüber hinaus zu prüfen, ob eine Zwangsgleitfläche maßgebend sein kann.

Spundwände und Ortbetonwände

Um sicherzustellen, dass beim Standsicherheitsnachweis im Hinblick auf die Stützung der Wand im Erdreich unterhalb der Baugrubensohle nicht ein dem Bruchzustand des Bodens nahekommender Zustand zugrunde gelegt wird, ist nachzuweisen, dass der Bemessungswert $B_{h,d}$ der Resultierenden der charakteristischen Bodenreaktion $\sigma_{h,k}$ nicht größer wird als der Bemessungswert $E_{ph,d}$ des resultierenden passiven Erddrucks:

$$B_{h,d} \leq E_{ph,d} \tag{4.11}$$

In der Regel werden die Bodenreaktionen $\sigma_{h,k}$ in Anlehnung an den charakteristischen passiven Erddruck bei nichtbindigen Böden dreieckförmig verteilt angenommen (Bild 4.6), bei bindigem Boden trapezförmig. Nach Abschnitt 3.6 ergibt er sich zu

$$e_{ph,k} = e_{pgh,k} + e_{pch,k} \tag{4.12}$$

mit

$$e_{pgh,k} = \gamma_k \cdot K_{pgh} \cdot t \tag{4.13}$$

$$e_{pch,k} = c'_k \cdot K_{pch} \tag{4.14}$$

Den charakteristischen aktiven Erddruck auf der Bodenseite erhält man in Abhängigkeit von der Tiefe z zu

$$e_{ah,k} = \left(\sum_{0}^{z} \gamma_{i,k} \cdot \Delta h_i + p_k \right) \cdot K_{agh} \tag{4.15}$$

Die Erddruckordinate unmittelbar in Höhe der Baugrubensohle wird mit $e_{ah,k} = e_{auh,k}$ bezeichnet. Liegt in Höhe der Baugrubensohle ein Schichtwechsel, springt die Ordinate auf den Wert $e'_{auh,k}$ (Bild 4.7).

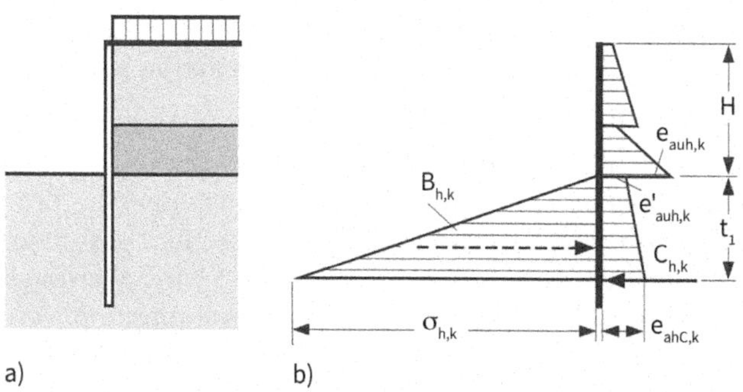

Bild 4.6 Lastbildermittlung für eine nicht gestützte, in nichtbindigem Boden eingespannte Spundwand, a) Baugrubenquerschnitt, b) Erddruck und Bodenreaktion

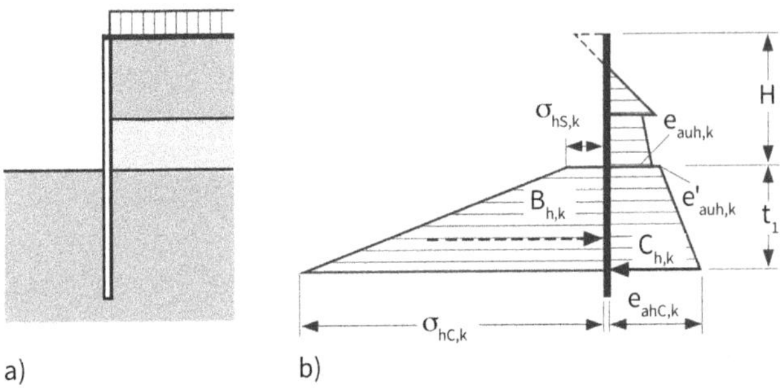

Bild 4.7 Lastbildermittlung für eine nicht gestützte, in bindigem Boden eingespannte Spundwand; a) Baugrubenquerschnitt, b) Erddruck und Bodenreaktion

Mit diesen Angaben über den Erddruck, über die Bodenreaktion bzw. den passiven Erddruck und die Einspannung in Abschnitt 4.1 erhält man im Fall eines geschichteten Bodens die Lastbilder nach Bild 4.6b und 4.7b. Dem Bild 4.6 liegt zugrunde, dass unterhalb der Baugrubensohle nichtbindiger Boden ansteht, und dem Bild 4.7 bindiger Boden.

Steht unterhalb der Baugrubensohle bindiger Boden an, so ist der Einfluss der Kohäsion zu berücksichtigen und dabei zu beachten, dass dieser Einfluss zweimal zum Ausdruck kommt, das eine Mal in Höhe der Baugrubensohle bei der Ermittlung der Ordinate des einwirkenden Erddrucks

$$e'_{auh,k} = \left(\sum_{0}^{H} \gamma_{i,k} \cdot \Delta h_i + p_k \right) \cdot K_{agh} - c'_k \cdot K_{ach} \tag{4.16}$$

und das andere Mal bei der Ermittlung der Ordinate des passiven Erddrucks und der Bodenreaktion $\sigma_{hS,k}$, siehe Gl. (4.14) und Bild 4.7.

Trägerbohlwände

Das von *Blum* [19] zur Untersuchung im Boden eingespannter Spundwände entwickelte Verfahren ist verhältnismäßig einfach. Es ist daher naheliegend, dieses Verfahren auch bei Trägerbohlwänden anzuwenden. Zwar gelten die Angaben für Spundwände und Ortbetonwände vom Grundsatz her auch für Trägerbohlwände, doch müssen die Unterschiede zwischen Spundwand und Trägerbohlwand erfasst und gegebenenfalls berücksichtigt werden. Im Wesentlichen handelt es sich dabei um

- die Verteilung des Erddrucks oberhalb der Baugrubensohle,
- den Ansatz des Erddrucks unterhalb der Baugrubensohle,
- die Größe des Erdwiderstands und der resultierenden Bodenreaktion sowie
- die Verteilung des Erdwiderstands und der Bodenreaktion.

In „Baugruben, Teil II" [204] wird erläutert, dass mit dem abschnittsweisen Freilegen und Verkleiden der Baugrubenwand im Zuge des Bodenaushubs eine Erddruckumlagerung verbunden ist, die vorübergehend auch für eine nicht gestützte, im Boden eingespannte Wand zutrifft. Dieser Umlagerungseffekt wird allerdings durch die mit dem nachfolgenden Bodenaushub zunehmende Drehung und Verformung der Wand stark vermindert. Es ist daher üblich, den Erddruck oberhalb der Baugrubensohle bei nicht gestützten, im Boden eingespannten Trägerbohlwänden ebenso anzusetzen wie bei Spundwänden. Anders dagegen ist der Erddruck unterhalb der Baugrubensohle zu beurteilen. Während auf eine Spundwand der Erddruck von der Geländeoberfläche bis zum Drehpunkt voll wirken kann, fehlt bei der Trägerbohlwand unterhalb der Baugrubensohle die durchgehende Wand. Der Erddruck findet als Druckfläche unterhalb der Baugrubensohle bestenfalls die einzelnen Bohlträger vor, im Übrigen muss er sich auf den Boden zwischen den Bohlträgern abstützen. Diese Überlegung hat in der Praxis manchmal dazu geführt, entsprechend einer älteren Fassung der DIN 1055 (Lastannahmen für Bauten, Ausgabe Juni 1940) den Erddruck auf die dreifache Trägerbreite anzusetzen oder auf andere Weise einen Teil des Erddrucks zu berücksichtigen. In Wirklichkeit dürfte in den meisten Fällen unterhalb der Baugrubensohle so gut wie gar kein Erddruck unmittelbar auf die Bohlträger wirken. Sofern sich nach Abschnitt 7.1 nachweisen lässt, dass der in der Berechnung nicht erfasste Erdwiderstand des Bodens zwischen den Bohlträgern mit genügender Sicherheit in der Lage ist, den unterhalb der Baugrubensohle wirkenden Erddruck aufzunehmen, braucht unterhalb der Baugrubensohle kein Erddruck auf die Bohlträger angesetzt zu werden.

Die Ermittlung von Größe und Verteilung des räumlichen Erdwiderstands vor Bohlträgern ist in Abschnitt 3.7 beschrieben. Das Verfahren wurde von *Weißenbach* [209] auf der Grundlage von Modellversuchen an Trägern bei Parallelbewegung abgeleitet. Die Ergebnisse dürfen jedoch auch auf nichtgestützte, im Boden eingespannte Bohlträger mit einer Drehbewegung angewendet werden. Diese Vereinfachung hat sich in der Praxis seit Langem bewährt. Wie in Abschnitt 3.7 dargelegt, ist der Erdwiderstand mit und ohne Überschneidung zu ermitteln. Der kleinere Wert ist maßgebend. Damit die für Spundwände und Ortbetonwände abgeleiteten Verfahren verwendet werden können, wird der räumliche Erdwiderstand auf einen mittleren Widerstand pro Meter Wandlänge für eine durchgehend gedachte Einbindung des Wandfußes umgerechnet.

Entsprechend EB 25 [47] ist in der Regel beim Nachweis der Einbindetiefe von nicht gestützten, im Boden eingespannten Bohlträgern ein Teilsicherheitsfaktor $\gamma_{R,c} = 1{,}30$ für die Bemessungssituation BS-T in Verbindung mit einem Anpassungsfaktor $\eta_{Ep} = 0{,}80$ zur Verminderung des Bemessungserdwiderstands bzw. der rechnerischen Bodenreaktion zu berücksichtigen. Geben die bei diesem Ansatz zu erwartenden Kopfbewegungen einer Trägerbohlwand zu Bedenken Anlass, so ist der Bemessungserdwiderstand noch stärker abzumindern. Dies gilt insbesondere dann, wenn im Einspannbereich locker gelagerter nichtbindiger oder weicher bis steifer bindiger Boden ansteht. Zur Ermittlung der Kopfbewegungen siehe Abschnitt 4.4.

So gut wie keine Untersuchungen liegen über den bei Bohlträgern zur Aufnahme der charakteristischen Gegenkraft $C_{h,k}$ erforderlichen Tiefenzuschlag vor. In der Regel wird er ähnlich wie bei Spundwänden und Ortbetonwänden näherungsweise entsprechend Gl. (4.10) zu 20 % der rechnerischen Einbindetiefe t_1 angenommen. Eine genaue Ermittlung nach Gl. (4.4) bzw. Gl. (4.8) ist wegen der unterschiedlichen Verhältnisse bei Einzelträgern und durchgehenden Wänden nicht möglich.

4.3 Ermittlung von Einbindetiefen und Schnittgrößen

Ermittlung der Einbindetiefe

Zur Ermittlung der Einbindetiefe t_1 bei Spundwänden und Ortbetonwänden nach Bild 4.8a kann entweder

- nach Bild 4.8b die Bodenreaktion $\sigma_{h,k}$ durch eine Auflagerkraft $B_{h,k}$ ersetzt werden, die im Schwerpunkt der vorgegebenen Verteilung des Erdwiderstands angreift, oder es wird
- nach Bild 4.8c im theoretischen Fußpunkt eine Volleinspannung angenommen mit der Nebenbedingung, dass sich das Einspannmoment zu $M_c = 0$ ergeben muss.

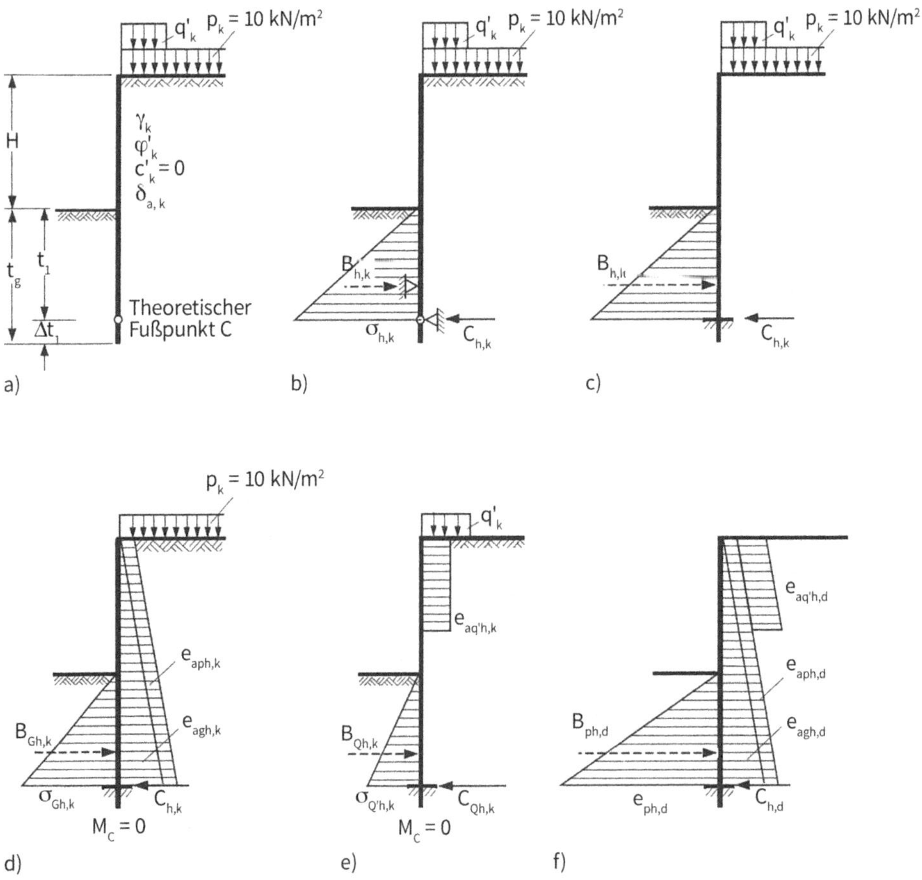

Bild 4.8 Statisches System bei nicht gestützten, im Boden eingespannten Spundwänden und Ortbetonwänden; a) Querschnitt mit Auflast, b) statisches System mit zwei festen Auflagern, c) statisches System mit Einspannung nach *Blum* und Nebenbedingung $M_c = 0$, d) statisches System mit Einspannung nach *Blum* für Erddruck aus Bodeneigengewicht und großflächiger Auflast, e) statisches System mit Einspannung nach *Blum* für Erddruck aus begrenzter Auflast, f) Ansatz der Bemessungswerte für Erddruck und Erdwiderstand zur Ermittlung der Einbindetiefe

Die Annahme von zwei festen Auflagern wie in Bild 4.8b kommt jedoch nur für Vorberechnungen zur Ermittlung der Einbindetiefe infrage, weil sich bei diesem System im Einspannbereich eine unzutreffende Momentenlinie ergibt. Zunächst werden die charakteristischen Erddrücke, getrennt nach ständigen und veränderlichen Einwirkungen wie in Bild 4.8d und e, ermittelt.

Unter Berücksichtigung der Teilsicherheitsbeiwerte γ_G für ständige und γ_Q für veränderliche Einwirkungen erhält man die Bemessungswerte für die Erddrücke

$$e_{agh,d} = \gamma_G \cdot e_{agh,k} \tag{4.17a}$$

$$e_{aph,d} = \gamma_G \cdot e_{aph,k} \tag{4.17b}$$

sowie

$$e_{aq'h,d} = \gamma_Q \cdot e_{aq'h,k} \tag{4.17c}$$

siehe Bild 4.8f

Im Bemessungszustand gilt für die Bodenreaktionen

$$\sigma_{h,d} = e_{ph,d} = \frac{e_{ph,k}}{\gamma_{R,e}} \tag{4.17d}$$

Geht man in Gl. (4.17d) von einem Ausnutzungsgrad $\mu = 1$ aus, dann erhält man die kleinstmögliche Einbindetiefe t_1.

Aus dem Momentengleichgewicht der Bemessungswerte von Einwirkungen und Bodenreaktionen in Bild 4.8f um den theoretischen Fußpunkt kann die Einbindetiefe t_1 unter Beachtung der Nebenbedingung für das Einspannmoment $M_{c,d} = 0$ unmittelbar berechnet werden. Bei einem geradlinigen Ansatz für den passiven Erddruck aus Bodeneigengewicht ergibt sich eine Gleichung dritten Grades für t_1, die z. B. iterativ oder numerisch gelöst werden kann. In formaler Hinsicht ist danach noch der Nachweis mit der Grenzzustandsbedingung (4.11) zu führen.

Der Nachweis der Einbindetiefe ist allerdings erst dann abgeschlossen, wenn nachgewiesen ist, dass der gewählte Neigungswinkel $\delta_{p,k}$ für den Erdwiderstand und damit die Horizontalkomponente E_{ph} tatsächlich aktiviert werden kann (sog. inneres Gleichgewicht der Vertikalkräfte, s. Abschnitt 7.2). Die gesamte Einbindetiefe t_g ergibt sich aus der Länge t_1 bis zum theoretischen Auflagerpunkt und einem Zuschlag Δt_1, um die Ersatzkraft C_h in den Boden einleiten zu können (s. Abschnitt 4.1).

Bei großflächigen Auflasten, die $p_k = 10$ kN/m^2 überschreiten, werden die Anteile über 10 kN/m^2 nach EB 24 [47] den veränderlichen Lasten zugeschlagen. Die Konsequenz ist, dass die daraus resultierenden Auflagerkräfte wegen der unterschiedlichen Teilsicherheitsbeiwerte getrennt berechnet werden müssen. Die Grundüberlegung war, Auflasten bis 10 kN/m^2 den ständigen Einwirkungen zuzuordnen, um die Lastfiguren für gestützte Wände bei einer Erddruckumlagerung zu vereinfachen. Die Grenze wurde bei 10 kN/m^2 gesetzt, weil darüber hinausgehende Verkehrs- und Stapellasten nach den Empfehlungen des Arbeitskreises Baugruben [47] im Normalfall nicht vorkommen.

Ermittlung der Schnittgrößen

Zur Ermittlung der charakteristischen Schnittgrößen geht man von den charakteristischen Einwirkungen nach Bild 4.8d und e aus. Im allgemeinen Fall müssen die Ordinaten für die Bodenreaktionen $\sigma_{Gh,k}$ aus ständigen Einwirkungen und $\sigma_{Qh,k}$ aus veränderlichen Einwirkungen in weiteren Berechnungsgängen jeweils getrennt aus dem Momentengleichgewicht um den theoretischen Fußpunkt für die charakteristischen Lasten berechnet werden. Für den Fall, dass nur ständige Einwirkungen vorhanden sind, ergibt sich die charakteristische Bodenreaktion unmittelbar aus der Gleichung

$$\sigma_{h,k} = \frac{e_{ph}}{(\gamma_{R,e} \cdot \gamma_G)} \tag{4.18}$$

Das Gleiche gilt für den Fall, dass die Lasten q_k' aus veränderlichen Einwirkungen im Verhältnis der Teilsicherheitsbeiwerte γ_Q/γ_G vergrößert werden. Darüber hinaus können bei nicht gestützten, im Boden eingespannten Wänden in aller Regel ständige und veränderliche Einwirkungen in einem einzigen Rechengang ermittelt werden, weil sie immer ungünstige Auswirkungen haben.

Das Modell nach Bild 4.8c wird seit jeher für die Ermittlung der Biegelinie von Spundwänden, Trägerbohlwänden und Dalben zugrunde gelegt, bei denen der Einfluss der elastischen Verformung der Stahlprofile die wesentliche Rolle spielt. Die Annahme einer Einspannung im Punkt C beinhaltet eine senkrechte Tangente. Die Verformungen des Bodens im Bereich von Δt_1 oberhalb und unterhalb des theoretischen Auflagerpunkts C und damit die Verdrehung der Wand im theoretischen Auflagerpunkt C werden hierbei nicht berücksichtigt. Bei biegesteifen Wänden, das sind in der Regel alle Ortbetonwände, ergeben sich rechnerisch nur geringe elastische Verformungen, sodass die tatsächlich zu erwartenden Kopfverschiebungen im Wesentlichen durch die Verdrehung der Wand im theoretischen Auflagerpunkt bestimmt werden. Sollen in diesem Fall Bodenreaktionen und Verschiebungen wirklichkeitsnah modelliert werden, kann man z. B. auf das Näherungsverfahren in Abschnitt 4.4 zurückgreifen.

Sofern es mit Rücksicht auf hydraulische Belange zulässig ist, können Spundwände und Pfahlwände mit gestaffeltem Fuß ausgeführt werden. Entsprechend Empfehlung EB 19 [47], Absatz 7 darf bei Spundwänden jede zweite Rammeinheit, bei geschlossenen Pfahlwänden mit einander überschneidenden oder sich berührenden Pfählen jeder zweite Pfahl um 20 % der rechnerisch erforderlichen Einbindetiefe, höchstens jedoch um 1,00 m verkürzt werden. Bei einer größeren Staffelung ist nachzuweisen, dass das am Ende der kürzeren Bohlen oder Pfähle vorhandene Biegemoment von den längeren allein aufgenommen werden kann. Hierzu siehe die Empfehlung EB 41 [47]. Bei Schlitzwänden kommt eine Staffelung wegen der großen Breite der einzelnen Lamellen nicht infrage.

Der für Spundwände und Ortbetonwände dargestellte Berechnungsgang gilt analog auch für Trägerbohlwände. Da der Erddruck unterhalb der Baugrubensole, sofern der Nachweis nach Abschnitt 7.1 nichts anderes ergibt, bei der Ermittlung von Schnittgrößen und Einbindetiefen vernachlässigt wird, erhält man ein vereinfachtes Lastbild (Bild 4.9).

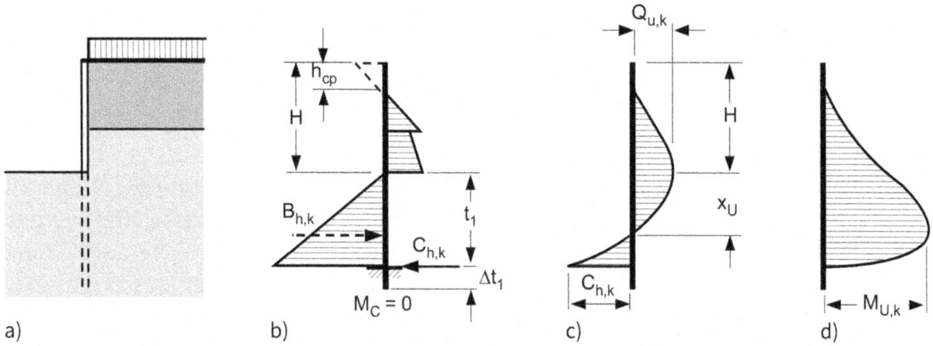

Bild 4.9 Ermittlung der Einbindetiefe und der Schnittgrößen an einer nicht gestützten, im Boden eingespannten Trägerbohlwand; a) Baugrubenquerschnitt, b) Lastbild, c) Querkräfte, d) Biegemomente

4.4 Ermittlung von Verschiebungen

Allgemeines

Die Standsicherheit von nicht gestützten, nur im Boden eingespannten Spundwänden, Ortbetonwänden und Trägerbohlwänden wird einzig und allein durch den Erdwiderstand im Einspannbereich gewährleistet. Alle Bewegungen, die zum Wecken des Erdwiderstands erforderlich sind, übertragen sich voll auf die Wand. Außerdem kommen noch die elastischen Verformungen der Wand infolge der Kragarmwirkung hinzu. Ist nur eine globale Sicherheit $\eta_p = 1{,}50$ bzw. ein Mobilisierungsgrad $\bar{\mu}_p$ des Erdwiderstands $\bar{\mu}_p = E'_{p,k}/E_{p,k} = 0{,}67$ beim Ansatz des Erdwiderstands vor Spundwänden bzw. ein Mobilisierungsgrad von $\bar{\mu}_p = E'_{p,k}/E_{p,k} = 0{,}50$ beim Ansatz des Erdwiderstands vor Bohlträgern vorhanden, so kann die Bewegung des Wandkopfes zur Baugrube hin bei mitteldicht oder dicht gelagerten nichtbindigen Böden und bei steifen bis festen bindigen Böden durchaus die Größenordnung von 2 bis 5 % der freien Wandhöhe erreichen, bei locker gelagerten nichtbindigen Böden und bei weichen bindigen Böden unter Umständen noch mehr. Zwar ist es möglich, die zu erwartende Schiefstellung der Wand durch eine entsprechende Gegenneigung beim Einbringen auszugleichen, die Auflockerung des Bodens und die Bewegung des Gleitkeils werden dadurch jedoch nicht verhindert. Gefährden die bei weitgehender Ausnutzung des möglichen Erdwiderstands zu erwartenden Bewegungen Leitungen, Schächte, Maste, Straßenbeläge, Eisenbahngleise oder andere bauliche Anlagen, so ist der Mobilisierungsgrad entsprechend zu verringern und gegebenenfalls ein stärkeres Profil zu wählen. Neben Gebäuden ist eine nicht gestützte, im Boden eingespannte Wand nur zulässig, wenn die Baugrubensohle nicht tiefer liegt als die Gründungssohle des Gebäudes.

Die zu erwartenden Bewegungen des Wandkopfes einer Spundwand oder Ortbetonwand setzen sich zusammen aus einem überwiegend plastischen Anteil $s_{K,pl}$, der durch die Verdrehung der Wand beim Wecken des Erdwiderstands entsteht, und aus einem elastischen Anteil $s_{K,el}$ der durch die elastische Verformung der Wand verursacht wird. Die beiden Anteile können getrennt ermittelt und dann überlagert werden:

$$s_K = s_{K,pl} + s_{K,el} \tag{4.19}$$

Plastischer Anteil

Der plastische Anteil $s_{K,pl}$ kann unter der Annahme einer völlig starren Wand mit den entsprechenden Angaben in „Baugruben, Teil II" [204] abgeschätzt werden. Wie dort bereits dargelegt wird, ist beim Erdwiderstand zum Erreichen des Grenzzustands im Falle der Drehung um den Fußpunkt eine Bewegung des Kopfpunkts in der Größenordnung von etwa 10 % der Höhe bei dicht gelagertem Sand und von etwa 30 % der Höhe bei locker gelagertem Sand erforderlich, sofern volle negative Wandreibung wirksam ist. Im Falle $\delta_{p,k} = 0$ sind etwa halb so große Bewegungen zu erwarten. Da bei nicht gestützten, im Boden eingespannten Spundwänden und Ortbetonwänden in der Regel ein Erddruckneigungswinkel von $\delta_{p,k} = -\frac{1}{3}\,\varphi'_k$ bis $\delta_p = -\frac{1}{2}\,\varphi'_k$ angesetzt wird, ist mit einer Kopfbewegung von etwa 7 bis 20 % der Höhe bzw. mit einer Verdrehung $\alpha = \alpha_B$ von etwa

$$\alpha_B = 4° \quad \text{bei dicht gelagertem Sand} \tag{4.20a}$$

$$\alpha_B = 12° \quad \text{bei locker gelagertem Sand} \tag{4.20b}$$

zu rechnen. Bei zweifacher globaler Sicherheit bzw. einem Mobilisierungsgrad $\bar{\mu}_p = 0{,}50$ gegen diesen Grenzzustand liegen die Verdrehungen, wie in „Baugruben, Teil I" [203] dargelegt wird, in der Größenordnung von einem Viertel bei dicht gelagertem Sand und von einem Achtel bei locker gelagertem Sand der Werte in Gl. (4.20). Es gilt somit für den durchschnittlichen Gebrauchszustand etwa

$$\alpha_G = 1{,}0° \quad \text{bei dicht gelagertem Sand} \tag{4.21a}$$

$$\alpha_G = 1{,}5° \quad \text{bei locker gelagertem Sand} \tag{4.21b}$$

Im Bild 4.10 sind diese Werte aufgetragen. Damit ist es möglich, für jeden beliebigen Mobilisierungsgrad des Erdwiderstands die zu erwartende Wandverdrehung

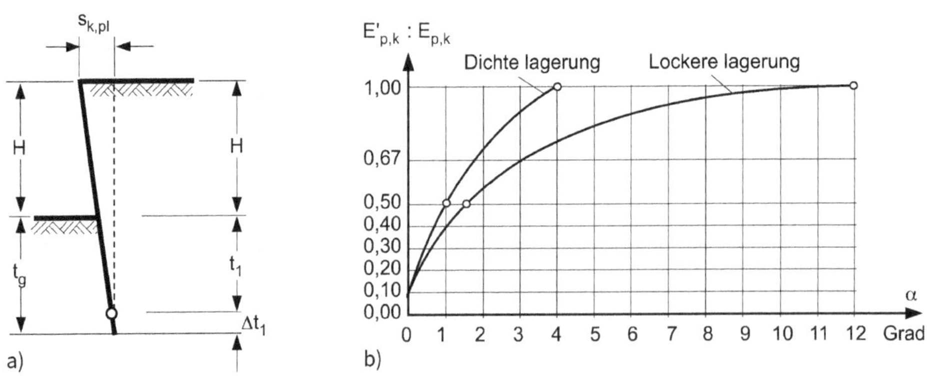

Bild 4.10 Ermittlung der Kopfbewegung einer starren, im Boden eingespannten Wand; a) Bezeichnungen, b) Wandverdrehung in Abhängigkeit vom mobilisierten Erdwiderstand

abzulesen. Bei einer Mobilisierung des Erdwiderstands bis zu 67 % lassen sich folgende Werte abgreifen:

$$\alpha_{pl} = 1{,}8° \quad \text{bei dicht gelagertem Sand} \tag{4.22a}$$

$$\alpha_{pl} = 2{,}8° \quad \text{bei locker gelagertem Sand} \tag{4.22b}$$

Die Bewegung des Wandkopfes aufgrund der Verdrehung der Wand beim Wecken des Erdwiderstands ergibt sich entsprechend Bild 4.10a zu

$$s_{K,pl} = (H + t_1) \cdot \tan \alpha_{pl} \tag{4.23}$$

Die so ermittelten Wandkopfbewegungen sind auch dann noch beachtlich, wenn nur ein sehr kleiner Teil des rechnerisch möglichen Erdwiderstands berücksichtigt wird. Sie werden allerdings in der Regel bei Weitem nicht erreicht, weil in der Festlegung der Nutzlasten und der Bodenkenngrößen zumeist große Sicherheiten versteckt sind und auch die Einbindetiefe oft größer gewählt wird, als es die Rechnung ausweist.

Die im Bild 4.10b erfassten Werte für die Verdrehung einer Wand beim Wecken des Erdwiderstands gelten zunächst nur für nichtbindige Böden oberhalb des Grundwasserspiegels. Näherungsweise wird es aber auch zulässig sein, sie bei steifen oder halbfesten bindigen Böden und bei Böden unter Wasser zugrunde zu legen. Bei felsartigen Böden sind sie sicher zu groß, bei weichen bindigen Böden und bei organischen Böden zu klein.

Eine weitere Möglichkeit, die Verdrehung einer im Boden eingespannten Wand beim Wecken des Erdwiderstands näherungsweise abzuschätzen, bietet sich mit der Anwendung der Vorschläge von *Bartl* [12] und *Besler* [18] an. Zwar wird dort nur der Fall der Parallelverschiebung behandelt, in [18, 79] sind aber auch Angaben für eine Fußpunktdrehung enthalten.

Obwohl sich die vorgeschlagene Ermittlung der Wandverdrehung auf Versuche stützt, ergeben sich rechnerisch Bewegungen des Wandkopfes, die in dieser Größenordnung fast unglaubwürdig sind. Sollen die Verformungen des Bodens genauer erfasst werden, so bieten sich vor allem zwei Verfahren an:

- Bettungsmodulverfahren,
- Finite-Elemente-Methode.

Hierzu wird auf die Kapitel 8 und 9 verwiesen sowie die Angaben in [72].

Elastischer Anteil

Zur Ermittlung der Kopfbewegung einer elastischen, am Fuß starr eingespannten Wand wird nach den Regeln der Statik die durch E · I geteilte Momentenfläche als Belastung aufgebracht (E Elastizitätsmodul, I Trägheitsmoment). Die Neigung α_{el} der Verbindungslinie vom Kopfpunkt zum Fußpunkt (Bild 4.11c) ergibt sich dann als untere Auflagerkraft einer an diesen beiden Punkten gestützten Wand [103]. Bei einer genauen Untersuchung ist dazu die durch E · I geteilte Momentenfläche nach Bild 4.11a in Einzellasten aufzuteilen. Einfacher, aber ausreichend genau erhält man die Neigung α_{el}, wenn die von einer gekrümmten Linie begrenzte Mo-

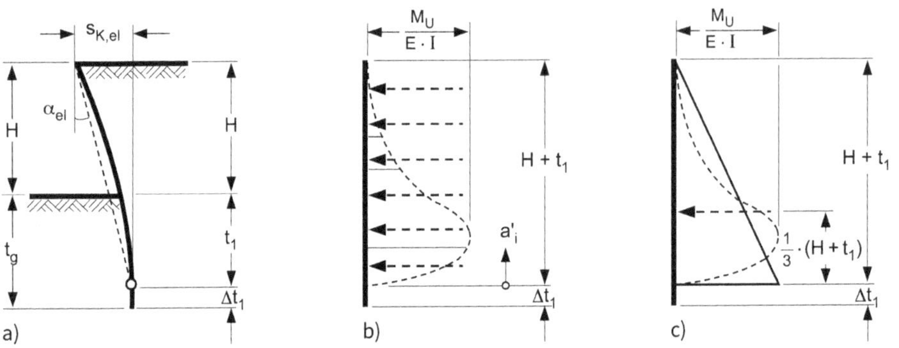

Bild 4.11 Ermittlung der Kopfbewegung einer elastischen, am Fuß starr eingespannten Wand; a) Bezeichnungen, b) Aufteilung der Momentenfläche in Einzellasten, c) Ersatz der Momentenfläche durch ein Dreieck

mentenfläche entsprechend Bild 4.11b durch ein Dreieck ersetzt wird, dessen Ordinate von der Größe M_U in Höhe des Fußpunkts liegt. Zwar ist die Fläche des Dreiecks etwas kleiner als die wirkliche Momentenfläche, dafür aber liegt die Resultierende des Dreiecks etwas tiefer. Die beiden Fehler heben sich im Hinblick auf die Ermittlung der Neigung α_{el} weitgehend auf. Mit den Bezeichnungen des Bildes 4.11 erhält man somit

$$\mathrm{arc}\,\alpha_{el} = \tan\alpha_{el} = 2/3 \cdot M_{EI} = \frac{1}{3}\cdot\frac{M_U}{E\cdot I}\cdot(H+t_1) \tag{4.24}$$

Die elastische Kopfbewegung ergibt sich daraus zu

$$s_{K,el} = (H + t_1)\cdot\tan\alpha_{el} = \frac{1}{3}\cdot\frac{M_U}{E\cdot I}\cdot(H+t_1)^2 \tag{4.25}$$

Wahrscheinlich ist die elastische Bewegung des Wandkopfes in Wirklichkeit kleiner, da, wie im Bild 4.5 gezeigt, der Erdwiderstand unmittelbar im Bereich unterhalb der Baugrubensohle in Wirklichkeit stärker zur Stützung herangezogen wird als in der Rechnung. Bei Ortbetonwänden kann die Ermittlung der elastischen Bewegung des Wandkopfes in der Regel ganz entfallen, da sie wegen des großen Trägheitsmoments einer Ortbetonwand nur einen kleinen Bruchteil der rechnerischen plastischen Bewegung erreicht.

Trägerbohlwände

Im Grundsatz gelten die für Spundwände und Ortbetonwände angestellten Überlegungen auch für Trägerbohlwände. So kann Gl. (4.25) zur Ermittlung der elastischen Bewegung des Wandkopfes auch bei einer Trägerbohlwand verwendet werden. Dabei zeigt ein Vergleich von Trägheitsmomenten und Widerstandsmomenten, dass bei gleicher Ausnutzung der Materialfestigkeit die elastischen Verformungen einer Trägerbohlwand nur etwa halb so groß sind wie die einer Spundwand. Dafür aber sind wesentlich größere Verdrehungen beim Wecken des Erdwiderstands zu erwarten. Zwar liegen für den Fall der Drehung um den Fußpunkt keine entsprechenden Versuche vor, doch zeigt ein Vergleich mit den Bewegungen einer parallel verschobenen Wand, dass bei Bohlträgern von etwa 30 cm Breite mindestens doppelt so große Verdrehungen zu erwarten sind, bei Bohlträgern von etwa 15 cm Breite etwa dreimal so große Bewegungen wie bei einer Spundwand. Genauere Angaben aufgrund von Versuchen sind nicht möglich.

5 Einmal gestützte Baugrubenwände

5.1 Lastbilder

Bei gestützten Baugrubenwänden kommt es in Abhängigkeit von
- der Nachgiebigkeit der Stützung,
- der Höhenlage der Stützung,
- der Biegesteifigkeit der Wand,
- der Lagerungsdichte bzw. der Konsistenz des Bodens

zu einer Umlagerung des Erddrucks.

Ergänzend zu den im Abschnitt 3.5 dargelegten grundsätzlichen Feststellungen und Festlegungen werden nachfolgend die Ansätze für einmal gestützte Baugrubenwände entwickelt und beispielhaft erläutert. Weitergehende Betrachtungen sind bei *Weißenbach* und *Hettler* [214] zu finden.

In Geländehöhe gestützte Wand

Der Erddruck verlagert sich bei einmal in Höhe der Geländeoberfläche gestützten Spundwänden und Ortbetonwänden in mitteldicht oder dicht gelagertem nichtbindigem Boden deutlich auf die feste Abstützung, s. auch „Baugruben, Teil II" [204]. Im Feld entzieht sich die Wand infolge ihrer Durchbiegung (Wandbewegungsart C) teilweise der Belastung. Hinzu kommt eine gewisse Bewegung des Wandfußes (Wandbewegungsart B) und damit eine zusätzliche Umlagerung des Erddrucks von unten nach oben. Es überlagern sich somit die Wirkungen der Wandbewegungsarten B und C (Bild 5.1a). Bei sehr biegesteifen Baugrubenwänden überwiegt der Einfluss der Fußbewegung und die Erddruckverteilung entspricht mehr dem Bild 5.1b. Bei sehr biegeweichen Wänden überwiegt der Einfluss der Durchbiegung mit einer Erddruckverteilung nach Bild 5.1c. Im Allgemeinen genügt die Annahme eines Mittelwerts entsprechend Bild 5.1d. Die somit zu erwartende Erddruckverteilung kann näherungsweise durch eine Gleichlast nach Bild 5.1e ersetzt werden. Dass diese Näherung die tatsächlichen Verhältnisse gut erfasst, zeigt für den Fall einer in Geländehöhe und in Höhe der Baugrubensohle gestützten 10 m hohen Wand eine Untersuchung von *Briske* [33], bei der eine zahlenmäßige Auswertung der Angaben von *Ohde* [130, 131] vorgenommen wurde. Die Angaben für die Be-

Tabelle 5.1 Auswertung eines Beispiels von *Briske*

Maßgebende Größen	bei Wandbewegungsart			bei Gleichlast
	B	C	$\frac{1}{2} \cdot B + \frac{1}{2} \cdot C$	
Auflagerkraft oben	114 kN/m	106 kN/m	110 kN/m	118 kN/m
Auflagerkraft unten	122 kN/m	130 kN/m	126 kN/m	118 kN/m
Biegemoment M_F	346 kNm/m	265 kNm/m	306 kNm/m	295 kNm/m
Lage der Resultierenden	4,83 m	4,50 m	4,67 m	5,00 m

Baugruben, 3. Auflage. Achim Hettler, Theodoros Triantafyllidis, Anton Weißenbach.

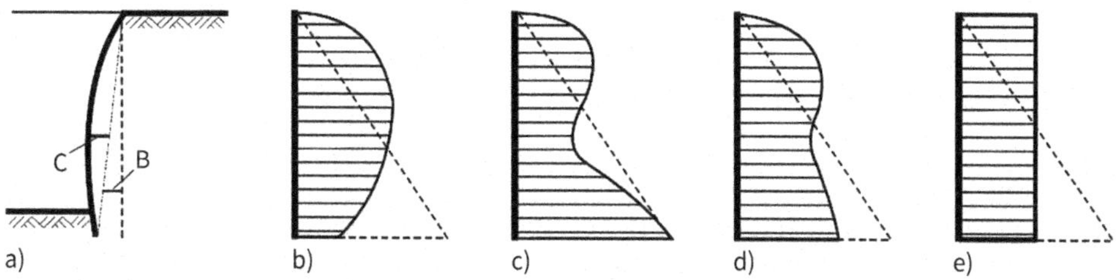

Bild 5.1 Erddruck auf eine in Geländehöhe gestützte, im Boden frei aufgelagerte Spundwand; a) Überlagerung der Wandbewegungsarten B und C, b) Erddruckverteilung für Wandbewegung B, c) Erddruckverteilung für Wandbewegung C, d) Erddruckverteilung für Wandbewegung ½ · B + ½ · C, e) Erddruckrechteck als Lastfigur

wegungsart C können unmittelbar der Tafel 5 aus [33] entnommen werden. Die entsprechende Erddruckverteilung für die Wandbewegungsart B hat *Briske* in seiner Tafel 7 untersucht, allerdings unter anderen Stützbedingungen. Man kann jedoch aus den gegebenen Polfiguren und Seilecken die Schnittkräfte für den Fall der in Geländehöhe und in Höhe der Baugrubensohle gestützten Wand abgreifen und auf den gleichen Gesamterddruck E_{ah} = 236 kN/m umrechnen. Näherungsweise werden die zu erwartenden Schnittgrößen als Mittel der zu den Wandbewegungsarten B und C gehörenden Schnittgrößen errechnet. Damit erhält man die in Tabelle 5.1 zusammengestellten Ergebnisse.

Wählt man das Verhältnis der zu den Wandbewegungsarten B und C gehörenden Anteile nicht 1:1, sondern 1:2 oder 2:1, dann ändern sich die Schnittgrößen nur unerheblich, maximal um 5%. Wie ein Vergleich zeigt, erhält man mit der Erddruck-Gleichlast bei gleichem Gesamterddruck Auflagerkräfte, die nur um 7% von den nach *Ohde* [130, 131] ermittelten abweichen und ein Biegemoment, das nur um 4% abweicht. Unterschiede dieser Größenordnung sind vernachlässigbar. Sie liegen innerhalb der erreichbaren Rechengenauigkeit. Das Erddruckrechteck stellt daher im vorliegenden Fall eine brauchbare Näherung dar. Im Übrigen wird die Erddruckverteilung des Bildes 5.1d durch die Modellversuche von *Marotz/Schwarz* [118] bestätigt.

Eine andere Frage ist, wie der Erddruck unterhalb der Baugrubensohle in die Rechnung einbezogen werden soll. An sich ist davon auszugehen, dass sich die Erddruckumlagerung hinter einer Spundwand von der Geländeoberfläche bis zum Fußpunkt der Wand auswirkt. Bei der getrennten Behandlung von aktivem Erddruck und Erdwiderstand erhält man somit eine Lastfigur nach Bild 5.2b. Dieser Ansatz ist günstig, wenn die Standsicherheit der Wand bei verhältnismäßig geringer Einbindetiefe nachgewiesen werden soll, was allerdings zulasten der Abmessungen von Wand und Steifen bzw. Ankern geht. Der Ansatz hat jedoch den Nachteil, dass für die Ermittlung des umzulagernden Gesamterddrucks die Höhe der gesamten Wand maßgebend ist, wobei die Einbindetiefe t_g jedoch zunächst noch unbekannt ist. Aus diesem Grunde muss die Einbindetiefe jeweils geschätzt und die Berechnung solange wiederholt werden, bis die aus den Gleichgewichtsbedingungen sich ergebende Einbindetiefe gleich ist der jeweils angenommenen Einbindetiefe. Das

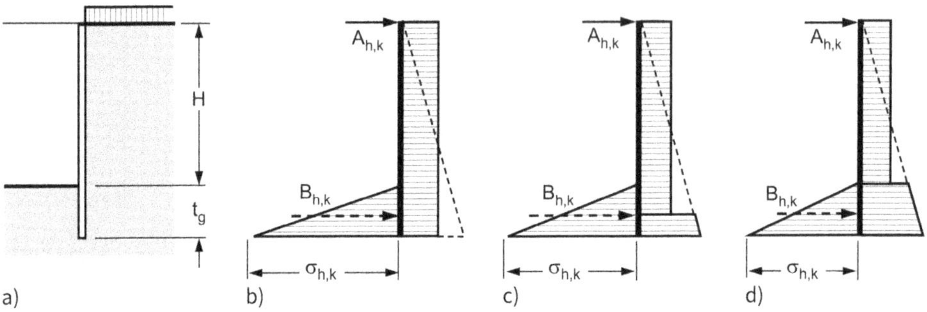

Bild 5.2 Annahmen für die Erddruckumlagerung bei einer einmal in Geländehöhe gestützten, im Boden frei aufgelagerten Spundwand; a) Baugrubenquerschnitt, b) Erddruckumlagerung bis zum Fußpunkt der Wand, c) Erddruckumlagerung bis zum unteren Auflagerpunkt, d) Erddruckumlagerung bis zur Baugrubensohle

Gleiche gilt für die Annahme der Erddruckumlagerung bis zu einem beliebigen Punkt im Bereich der Einbindetiefe, z. B. zum Schwerpunkt der dreieckförmig verteilten Bodenreaktionen entsprechend Bild 5.2c.

Es hat sich für die Praxis als ausreichend genau erwiesen, den entsprechend der klassischen Erddrucktheorie angenommenen Erddruck nur im Bereich von der Geländeoberfläche bis zur Baugrubensohle umzulagern und darunter unverändert zu belassen. Diese Lösung hat den Vorteil, dass die Lastfigur unabhängig von der noch zu ermittelnden Einbindetiefe ist und damit auch unabhängig davon, ob die Baugrubenwand im Boden frei aufgelagert oder eingespannt ist. Die geringen Unterschiede in der zu erwartenden Erddruckverteilung rechtfertigen keine unterschiedliche Behandlung aufgrund der Lagerung der Wand im Boden. Zwar ist vom Grundsatz her damit zu rechnen, dass die Einspannung der Wand im Untergrund eine Verringerung der Wanddurchbiegung und damit eine Verringerung der Erddruckumlagerung zur Folge hat, doch wird diese Erscheinung dadurch gemildert, dass bei einer im Boden eingespannten Wand in der Regel ein kleineres Profil ausreicht als bei einer im Boden frei aufgelagerten Wand und dass dadurch die Durchbiegung wieder zunimmt. Solange keine Messungen vorliegen, die einen deutlichen Unterschied der Erddruckverteilung zwischen im Boden frei aufgelagerten und im Boden eingespannten Baugrubenwänden belegen, kann es als ausreichend genau angesehen werden, beide Fälle bei der Lastbildermittlung gleich zu behandeln. Die Annahme einer Erddruckumlagerung von der Geländeoberfläche bis zur Baugrubensohle wird für den Regelfall sowohl in DIN 1054 als auch in EB 16 [47] empfohlen.

Bei $h_k \leq 0{,}30 \cdot H$ unterhalb der Geländehöhe gestützte Wand
Eine besonders ausgeprägte Erddruckumlagerung tritt auf, wenn die Stützung nicht in Geländehöhe, sondern tiefer angeordnet wird. Die Verteilung des Erddrucks auf eine Wand, die unterhalb der Geländeoberfläche gestützt wird, unterscheidet sich ganz erheblich von der Erddruckverteilung bei der ebenerdig gestützten Wand. Es zeigt sich eine starke Konzentration des Erddrucks im Bereich der Stützung. Dies hat folgende Gründe:

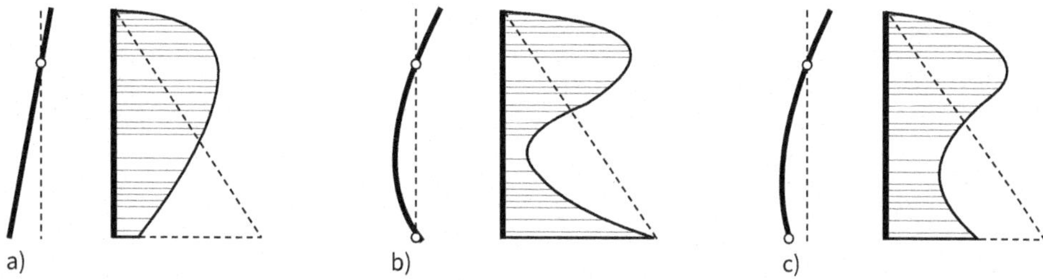

Bild 5.3 Erddruck auf eine einmal unterhalb der Geländeoberfläche gestützte Spundwand in Abhängigkeit von der Wandbewegung; a) Drehung der Wand, b) Durchbiegung der Wand, c) Überlagerung der beiden Fälle

a) Die Wand bewegt sich in Höhe der Baugrubensohle im Falle der freien Auflagerung im Boden etwas nach vorn; dies entspricht der Wandbewegungsart B (Drehung um den Kopfpunkt).
b) Die Wand biegt sich zwischen der Stützung und dem Bodenauflager durch; dies entspricht sowohl bei einer freien Auflagerung als auch bei einer Einspannung im Boden der Wandbewegungsart C.
c) Sowohl bei der Wandbewegungsart B als auch bei der Wandbewegungsart C dreht sich der Wandteil oberhalb der Stützung gegen den anstehenden Boden (Bild 5.3) und weckt dort einen Teil des möglichen passiven Erddrucks.

Alle drei Bewegungen bewirken eine starke Umlagerung des Erddrucks in den Bereich der Stützung. Den größten Einfluss übt dabei die Rückdrehung des Wandkopfs aus. Allerdings ist hierbei zu beachten, dass die Wand zunächst eine Drehung um einen tief gelegenen Punkt ausführt, bevor die Steifenlage eingebaut werden kann. Es tritt also zunächst die zur Wandbewegungsart A gehörende, mit der Tiefe geradlinig zunehmende Erddruckverteilung auf (Bild 5.4a). Erst nach dem Einbau der Stützung werden beim weiteren Aushub die Wandbewegungsarten B, der Drehung um den Stützungspunkt, und C, der Durchbiegung, wirksam (Bild 5.4b und c).

Wie *Briske* [32, 33] mehrmals betont, ist für die Erddruckverteilung immer die jeweils letzte größere Verformung maßgebend. Der Umstand, dass im vorliegen-

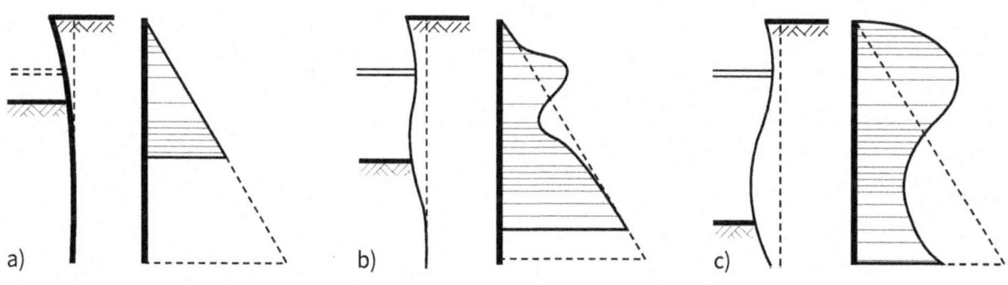

Bild 5.4 Verteilung des Erddrucks auf eine einmal unterhalb der Geländeoberfläche gestützte Spundwand in Abhängigkeit vom Bauzustand; a) Zustand vor dem Einbau der ersten Stützung, b) Zustand vor Erreichen der endgültigen Aushubsohle, c) Zustand nach Erreichen der endgültigen Aushubsohle

den Falle den Wandbewegungsarten B und C die Drehung um den Fußpunkt vorhergegangen ist, hat somit auf die Erddruckverteilung im Endzustand keinen Einfluss (Bild 5.4c). Günstig wirkt sich diese Drehung um den Fußpunkt allerdings auf die Erddruckgröße aus. Sie hilft als Teil der gesamten Wandbewegung mit, den Erdruhedruck auf den kleinstmöglichen, den aktiven Erddruck absinken zu lassen.

Angaben über die Erddruckverteilung bei einmal gestützten Spundwänden, Ortbetonwänden oder Trägerbohlwänden sind in der Literatur nur spärlich zu finden, obwohl diese Konstruktion sehr gerne gewählt wird. *Ohde* hat zwar in [130] kurz die Gedankengänge dargelegt, die bei der Drehung der Wand um einen Punkt maßgebend sind, der unter der Geländeoberfläche liegt, auf eine Auswertung aber verzichtet. Aus einer Bild 5.3c ähnlichen, von ihm „nach Gutdünken“ gezeichneten Verteilungslinie des Erddrucks für den Fall einer Überlagerung der Wandbewegungsarten B und C lässt sich die Lage der Resultierenden zu $z_e = 0{,}59 \cdot H$ errechnen. Bestätigt wird diese geschätzte Erddruckverteilung durch eine Messung, die *Tschebotarioff* [184] an einer 1,85 m hohen Modellwand durchgeführt hat (Bild 5.5a), die zunächst nachgiebig, im weiteren Verlauf der Abbaggerung aber starr gestützt war. In der Nähe der Erdoberfläche wurde eine Erddruckzunahme gemessen, die einem Erddruckbeiwert K = 3,00 entsprach. Rechnet man die gemessenen Erddruckordinaten im Bereich unter Wasser im Verhältnis der Eigenwichten γ und γ' über bzw. unter Wasser um, so erhält man eine Erddruckverteilung, deren Resultierende bei $z_e = 0{,}56 \cdot H^*$ liegt. Mit H^* wird der Abstand von der Geländeoberfläche bis zum festgestellten Belastungsnullpunkt bei einer Überlagerung von Einwirkungen auf der Erdseite und Bodenreaktionen auf der Baugrubenseite bezeichnet. Ohne die genannte Korrektur ist der Abstand vom Belastungsnullpunkt bis zur Erddruckresultierenden noch größer.

Fast das gleiche Ergebnis hatte der Versuch IV von *Abouleid* [1] an einer etwa 1,10 m hohen Wand. Zwar war die Wand zunächst zweimal gestützt, doch wurde im Verlauf des Versuchs der untere Anker soweit entspannt, dass er nur noch etwa 20 % seiner Ausgangskraft aufnahm. Somit entstand annähernd eine einmal gestützte Wand mit der Erddruckresultierenden bei etwa $z_e = 0{,}55 \cdot H^*$. Wäre der

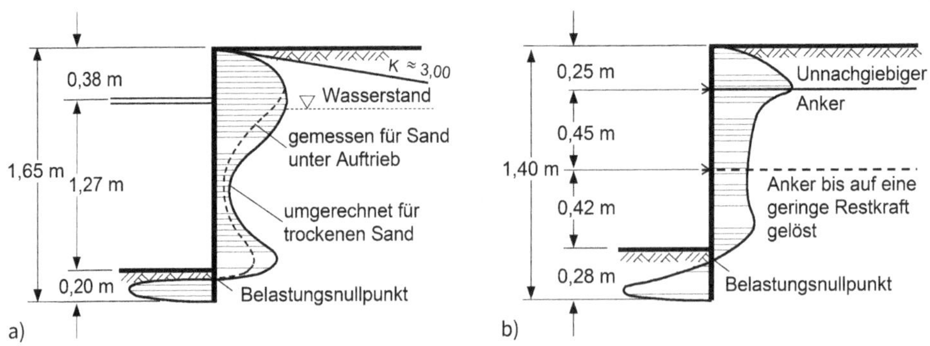

Bild 5.5 In Modellversuchen festgestellte Verteilung des Erddrucks auf einmal unterhalb der Geländeoberfläche gestützte Wände; a) Messung von *Tschebotarioff*, Versuch Nr. 57, b) Messung von *Abouleid*, Versuch IV

untere Anker ganz entspannt worden, so hätte sich eine noch höhere Lage der Resultierenden ergeben. Die feste Abstützung lag wie im Versuch von *Tschebotarioff* [184] etwa bei $h_k = 0{,}22 \cdot H^*$, gemessen von Geländeoberfläche. In der Nähe der Geländeoberfläche wurde durch die Rückdrehung des Wandkopfes ein Erddruck geweckt, der ebenfalls einem Erddruckbeiwert in der Größenordnung von $K = 3{,}00$ entspricht (Bild 5.5b).

Die in den Bildern 5.3 und 5.5 dargestellten, im Falle von Trägerbohlwänden gegebenenfalls auf null auslaufenden Lastbilder sind für die praktische Berechnung nicht geeignet, da die erforderliche Flächengleichheit mit der klassischen Erddruckfigur nur durch Probieren hergestellt werden könnte. Anschließend müsste die Lastfigur durch Einzellasten ersetzt werden. Für eine rechnerische Untersuchung sind stets Lastfiguren vorzuziehen, die von geraden Linien begrenzt sind. Infrage kommen Dreiecke, Vierecke und abgestufte Rechtecke. Für die Berechnung bequem und an eine hohe Lage der Erddruckresultierenden leicht anzupassen sind die abgestuften Rechtecke.

Bei $h_k \geq 0{,}30 \cdot H$ unterhalb der Geländehöhe gestützte Wand
Ganz allgemein am einfachsten für die Ermittlung von Schnittgrößen und Einbindetiefen ist das abgestufte Rechteck. Es kommt jedoch als Lastbild nur solange infrage, wie die Stützung nicht tiefer liegt als bei $h_k = 0{,}30 \cdot H$. Wird der Kragarm größer, dann muss etwa ein Drittel oder mehr von der gesamten Baugrubentiefe ausgehoben werden, bevor die Steifen- bzw. Ankerlage eingebaut werden kann. Dabei bewegt sich die Oberkante der Spundwand entsprechend der Wandbewegungsart A mit einer Drehung um einen tiefliegenden Punkt stark zur Baugrube hin. Die dann noch folgende Bewegung der Wand beim Aushub des restlichen Bodens reicht nicht mehr aus, um eine volle Erddruckumlagerung zu erzwingen. Wegen der tiefen Steifenanordnung und der damit verbundenen elastischen Verbiegung des Kragarms tritt nicht mehr die im Bild 5.3 dargestellte Rückdrehung des Kragarms auf, sondern eine Verformung nach Bild 5.6a. Damit verbunden ist die Ausbildung eines Flächenbruchs am Wandkopf (Bild 5.6b) und das Auftreten von Erddrücken, die in diesem Bereich nicht wesentlich über den zur Wandbewe-

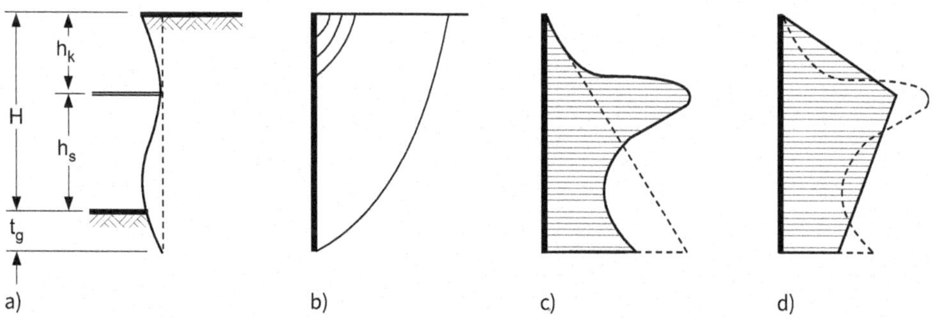

Bild 5.6 Verteilung des Erddrucks auf eine einmal gestützte Spundwand bei sehr tief angeordneter Stützung; a) Wandverformung, b) Gleitflächenausbildung, c) zu erwartende Erddruckverteilung, d) vereinfachtes Lastbild

gungsart A gehörenden Mindestwerten liegen. Nur im Bereich der Stützung tritt eine starke Konzentration des Erddrucks auf. Dies zeigt deutlich die von *Ohde* [130, 131] theoretisch ermittelte, im Bild 5.6c abgebildete Erddruckverteilung. Eine sehr anpassungsfähige Ersatzfigur stellt das viereckige Lastbild im Bild 5.6d dar, dessen größte Lastordinate in Höhe der Stützung liegt.

Trägerbohlwände

Während bei Spundwänden und Ortbetonwänden trotz Umlagerung der Erddruck im Bereich der Baugrubensohle wieder zunimmt, fällt er bei Trägerbohlwänden mit waagerechter Ausfachung wegen des nachträglichen Verbohlens beim Aushub in Höhe der Baugrubensohle annähernd auf den Wert $e_{h,k} = 0$ ab. Der Erddruck lagert sich also bei solchen Trägerbohlwänden noch stärker nach oben um als bei Spundwänden und Ortbetonwänden. Dies zeigt sich bei der Erddruckresultierenden, die entsprechend den Angaben in „Baugruben, Teil II" [204] bei $z_e = 0{,}50 \cdot H$ liegt, wenn $h_k : H = 0$ ist, und zwischen $z_e = 0{,}55 \cdot H$ und $0{,}65 \cdot H$, wenn die Steifenlage etwa bei $h_k = 0{,}25 \cdot H$ angeordnet ist. Dabei ist jedoch zu beachten, dass weit mehr als bei Spundwänden und Ortbetonwänden die Verteilung des Erddrucks auf Trägerbohlwände von äußeren Einflüssen und Zufälligkeiten abhängen kann. Hierzu siehe Abschnitt 3.5.

Lastfiguren nach EAB

Auf der Grundlage von Messungen wurden die sog. wirklichkeitsnahen Lastfiguren der EAB entwickelt. Sofern die in Abschnitt 3.5 genannten Voraussetzungen erfüllt sind, dürfen entsprechend den *Empfehlungen des Arbeitskreises Baugruben* [47] in den Vorbauzuständen und im Vollaushubzustand die nachfolgend beschriebenen Lastfiguren verwendet werden. Dabei wird zwischen Trägerbohlwänden einerseits und Spundwänden und Ortbetonwänden andererseits unterschieden.

Nach EB 69 [47] dürfen bei einmal gestützten Trägerbohlwänden folgende Lastfiguren als wirklichkeitsnah angenommen werden:

- ein durchgehendes Rechteck entsprechend Bild 5.7a, sofern die Stützung nicht tiefer angeordnet ist als bei $h_k = 0{,}10 \cdot H$;
- ein auf halber Höhe abgestuftes Rechteck mit $e_{ho,k} : e_{hu,k} = 1{,}50$ entsprechend Bild 5.7b, sofern die Stützung im Bereich von $h_k > 0{,}10 \cdot H$ bis $h_k = 0{,}20 \cdot H$ angeordnet ist;

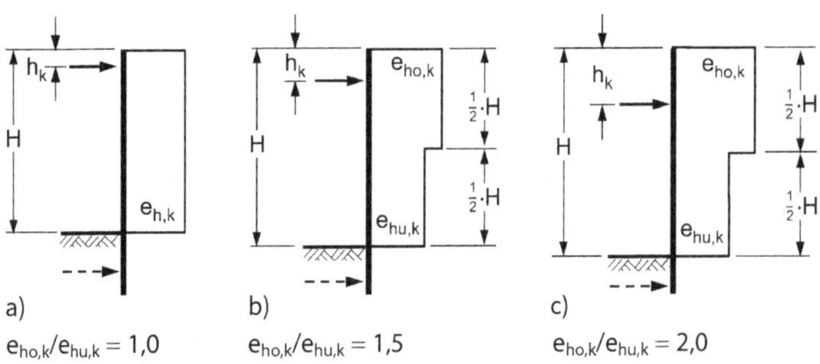

Bild 5.7 Lastfiguren für einmal gestützte Trägerbohlwände nach EB 69; a) Stützung bei $h_k \leq 0{,}10 \cdot H$, b) Stützung bei $0{,}10 \cdot H < h_k \leq 0{,}20 \cdot H$, c) Stützung bei $0{,}20 \cdot H < h_k \leq 0{,}30 \cdot H$

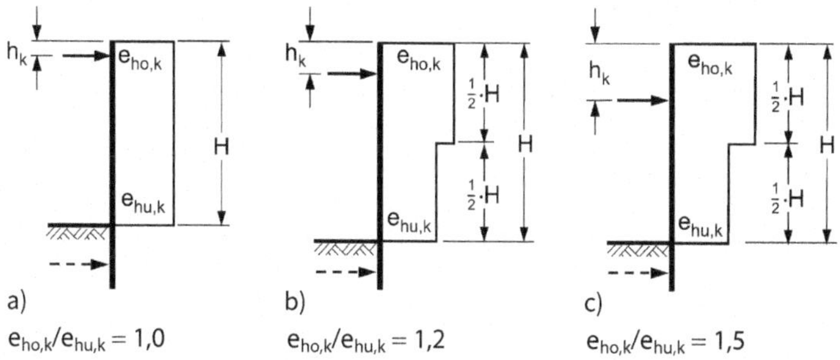

Bild 5.8 Lastfiguren für einmal gestützte Spundwände und Ortbetonwände nach EB 70; a) Stützung bei $h_k \leq 0{,}10 \cdot H$, b) Stützung bei $0{,}10 \cdot H < h_k \leq 0{,}20 \cdot H$, c) Stützung bei $0{,}20 \cdot H < h_k \leq 0{,}30 \cdot H$

- ein auf halber Höhe abgestuftes Rechteck mit $e_{ho,k} : e_{hu,k} = 2{,}00$ entsprechend Bild 5.7c, sofern die Stützung im Bereich von $h_k > 0{,}20 \cdot H$ bis $h_k = 0{,}30 \cdot H$ angeordnet ist;
- ein Dreieck mit der größten Ordinate e_h in Höhe der Stützung, sofern die Stützung bei $h_k > 0{,}30 \cdot H$ angeordnet ist, siehe Bild EB 5-1i) in [47].

Nach EB 70 [47] dürfen bei einmal gestützten Spundwänden und Ortbetonwänden folgende Lastfiguren als wirklichkeitsnah angenommen werden:

- ein durchgehendes Rechteck entsprechend Bild 5.8a, sofern die Stützung nicht tiefer angeordnet ist als bei $h_k = 0{,}10 \cdot H$;
- ein auf halber Höhe abgestuftes Rechteck mit $e_{ho,k} : e_{hu,k} = 1{,}20$ entsprechend Bild 5.8b, sofern die Stützung im Bereich von $h_k > 0{,}10 \cdot H$ bis $h_k = 0{,}20 \cdot H$ angeordnet ist;
- ein auf halber Höhe abgestuftes Rechteck mit $e_{ho,k} : e_{hu,k} = 1{,}50$ entsprechend Bild 5.8c, sofern die Stützung im Bereich von $h_k > 0{,}20 \cdot H$ bis $h_k = 0{,}30 \cdot H$ angeordnet ist.
- ein Viereck mit $e_{ho,k} : e_{hu,k} > 1{,}00$, z. B. mit $e_{ho,k} : e_{hu,k} = 2{,}00$, sofern die Stützung bei $h_k > 0{,}30 \cdot H$ angeordnet ist [214].

5.2 Ermittlung von Einbindetiefen und Schnittgrößen bei freier Auflagerung im Boden

Im Rahmen des Globalsicherheitskonzepts war es früher üblich, Einbindetiefen und Schnittgrößen nach folgenden Verfahren zu ermitteln:

- mit der klassischen Lastfigur nach den Empfehlungen des Arbeitskreises Ufereinfassungen bis einschließlich der 8. Auflage bei Ufereinfassungen,
- mit der Rechtecklastfigur und den Korrekturfaktoren für Auflagerkräfte und Biegemomente nach den Empfehlungen des Arbeitskreises Baugruben bis einschließlich der 3. Auflage bei Baugruben,
- mit einer wirklichkeitsnahen Lastfigur nach den Empfehlungen des Arbeitskreises Baugruben ab der 3. Auflage bei Baugruben.

Alle drei Verfahren sind ausführlich in „Baugruben, Teil III“ [205] dargestellt. Mittlerweile sind sowohl die EAU der 11. Auflage [43] als auch die EAB der 5. Auflage [47] einheitlich an das neue Teilsicherheitskonzept der DIN 1054:2005-01 bzw. des Handbuchs Eurocode 7, Band 1 angepasst, die EAU darüber hinaus auch auf den Ansatz wirklichkeitsnaher Lastfiguren umgestellt worden.

Rechnung mit festem Auflager im Schwerpunkt der Bodenreaktionen

Den einfachsten Fall einer einfach gestützten Wand stellt die im Boden frei aufgelagerte Wand mit der Einbindetiefe t_0 dar. Das System ist statisch bestimmt und alle Größen können allein mit den Gleichgewichtsbedingungen berechnet werden.

Zunächst ist die Einbindetiefe t_0 zu ermitteln. Dazu stehen zwei unterschiedliche Möglichkeiten zur Verfügung. Eine unmittelbare Bestimmung ist möglich, indem wie in Abschnitt 5.3 die Bemessungsgrößen von Einwirkungen und Bodenreaktionen angesetzt werden. Alternativ kann man von den charakteristischen Einwirkungen und Bodenreaktionen ausgehen. Dazu wird zunächst die Einbindetiefe geschätzt. Als unterer Auflagerpunkt wird in der Regel nach Bild 5.9a der Schwerpunkt der Bodenreaktionen festgelegt, wobei die klassische Verteilung oder die im Gebrauchszustand maßgebende Verteilung gewählt werden darf. Anschließend werden die charakteristischen Auflagerkräfte $B_{Gh,k}$ und $B_{Qh,k}$ aus dem Momentengleichgewicht $\Sigma M = 0$ um den Auflagerpunkt A bestimmt. Die Auflagerkräfte $A_{Gh,k}$ und $A_{Qh,k}$ ergeben sich dann aus dem Gleichgewicht der Horizontalkräfte.

In Bild 5.10 ist das Ergebnis der Berechnung einer einmal gestützten Schlitzwand mit freier Auflagerung im Boden bei geschichtetem Boden dargestellt [216]. Dabei wird die klassische Erddruckverteilung nach EB 70 [47] in eine abgestufte Rechtecklastfigur umgewandelt. Die Umlagerung bis zum Wandfuß wird hier gewählt, um mit einer möglichst geringen Einbindelänge auszukommen. Eine gegebenenfalls mögliche Vergrößerung der Fußverschiebung wird in Kauf genommen. Damit ist allerdings nur zu rechnen, wenn die Bodenreaktionen größer sind als der Erdruhedruck an dieser Stelle vor Aushub der Baugrube. Die charakteristischen Biege-

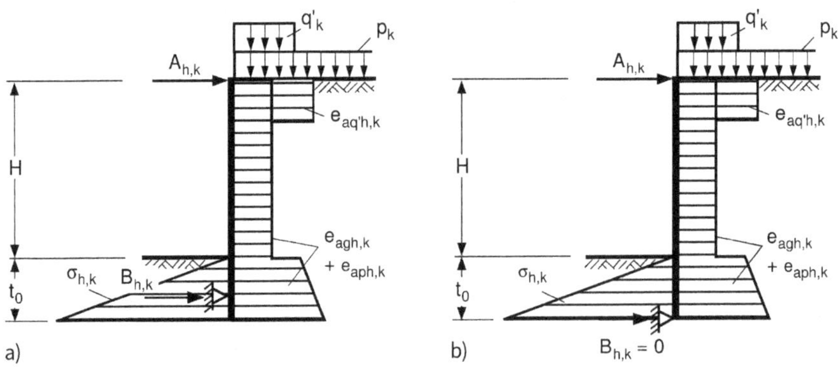

Bild 5.9 Auflagerbedingungen bei einer einmal gestützten, im Boden frei aufgelagerten Wand; a) festes Auflager in Höhe der Resultierenden der Bodenreaktion, b) festes Auflager in Höhe des Wandfußes

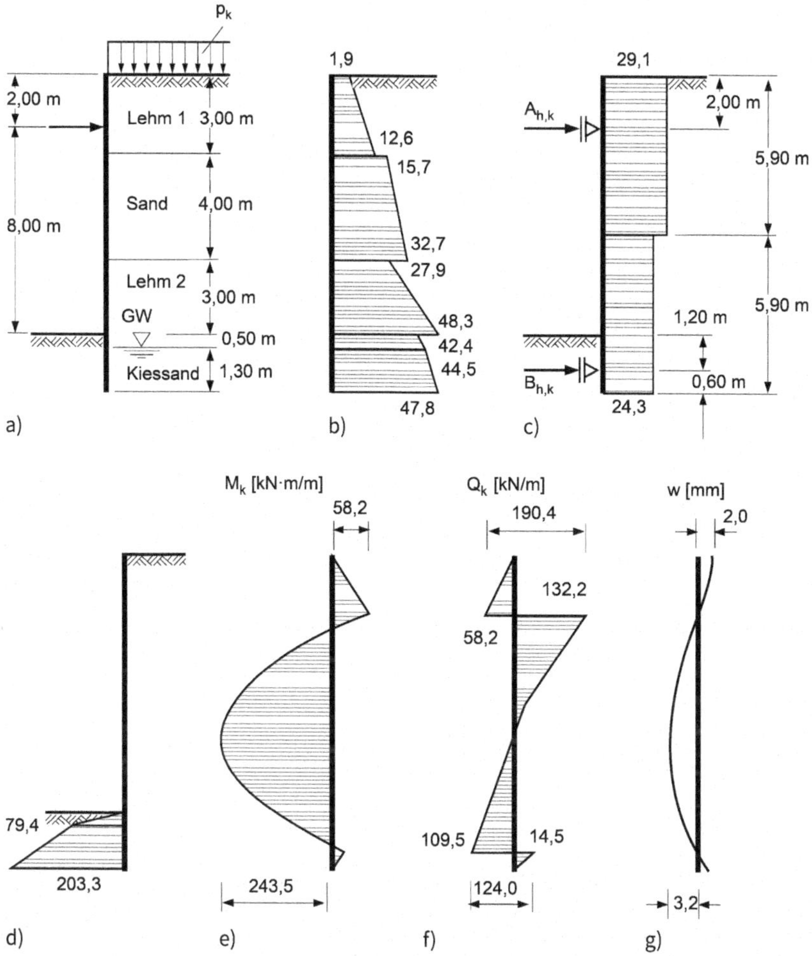

Bild 5.10 Ermittlung der Einbindetiefe und der Schnittgrößen bei einer einmal gestützten, im Boden frei aufgelagerten Schlitzwand; a) Schnitt durch Baugrube und Bodenschichtung, b) klassische Erddruckfigur, c) Lastbild, d) Bodenreaktionen, e) Biegemomente, f) Querkräfte, g) Biegelinie

momente, Querkräfte und Auflagerkräfte sowie die Biegelinie ergeben sich dann nach den bekannten Regeln der Statik (s. Bild 5.10c bis g). Die Normalkräfte an der Stelle der größten Biegemomente erhält man unabhängig von der gewählten Lastfigur zu

$$N_{A,k} = \Sigma Q_{Ai,k} \cdot \tan \delta_{ai,k} \tag{5.1}$$

am Auflager A und

$$N_{F,k} = E_{av,k} \cdot \frac{A_{h,k}}{E_{ah,k}} \tag{5.2}$$

an der Stelle des größten Feldmoments $M_{F,k}$ [214].

Dass die Einbindetiefe ausreichend gewählt worden ist, ergibt sich aus dem Nachweis, dass entsprechend der Grenzzustandsbedingung

$$B_{h,d} \leq E_{ph,d} \tag{5.3}$$

der Bemessungswert der Auflagerkraft $B_{h,d}$ nicht größer ist als der Bemessungswert $E_{ph,d}$ des Erdwiderstands.

Streng genommen ist eine freie Auflagerung nur dann gegeben, wenn $B_{h,d}$ genauso groß ist wie $E_{ph,d}$. Ist der Ausnutzungsgrad $\mu = B_{h,d}/E_{ph,d}$ kleiner als eins, dann lässt sich die Fußeinbindung auch als Auflager mit Teileinspannung interpretieren, bei dem der Bemessungswert des Erdwiderstands voll ausgeschöpft wird, siehe Abschnitt 5.3.

Korrektur des Bodenauflagers

In Bild 5.10c werden vereinfachend die in Wirklichkeit über die Einbindetiefe verteilten Bodenreaktionen nach Bild 5.10d in Form eines festen Auflagers durch die Resultierende ersetzt. Dem steht nichts entgegen, sofern nur Auflagerkräfte ermittelt werden. Sofern aber auch die Biegemomente nach Bild 5.10e und die Verformungen nach Bild 5.10 g genauer benötigt werden, ist das Ergebnis unbefriedigend, weil sich nach Bild 5.10e im Fußbereich ein Kragmoment und nach Bild 5.10 g eine Rückdrehung ergibt, was nicht möglich ist. Der Fehler kann auf zwei Wegen behoben werden:

a) Am rechnerischen Fußauflager wird mithilfe einer Mobilisierungsfunktion für den Erdwiderstand die Wandfußverschiebung in die Rechnung eingebracht (s. Abschnitt 5.4). Ist die rechnerische Fußverschiebung größer als die rechnerische Rückdrehung, dann verbleibt als Ergebnis eine Verschiebung in Richtung zur Baugrube hin. Am unzutreffenden Kragmoment ändert sich zwar nichts, doch ist dies unerheblich, weil das für die Bemessung maßgebende Biegemoment oberhalb der Baugrubensohle und damit außerhalb des Bereichs auftritt, in dem eine verteilte Last durch die Resultierende ersetzt worden ist.
b) Die Auflagerkraft $B_{h,k}$ wird durch die statisch gleichwertige Verteilung der Bodenreaktionen und ein unverschiebliches Auflager am Wandfuß nach Bild 5.9b ersetzt. Dadurch wird die Verschiebung am Wandfuß zu null und das Kragmoment in Bild 5.10e wird vermieden. Wird dieses Modell von Anfang an gewählt, dann muss die Größe der Bodenreaktionen durch Iteration ermittelt werden. Das maßgebende Kriterium für die Iteration ist die Bedingung, dass sich die Auflagerkraft zu $B_{h,k} = 0$ ergeben muss. Noch einfacher wird diese Vorgehensweise, wenn die Einbindelänge am System mit Bemessungsgrößen ermittelt wird (s. Abschnitt 5.3). Dieses Verfahren ist zur Ermittlung der erforderlichen Einbindetiefe grundsätzlich vorzuziehen.

Eine darüber hinausgehende Verbesserung ist möglich, wenn der Wandfuß mit Bettung modelliert wird. Dann können Bodenreaktionen und Verschiebungen kompatibel miteinander verknüpft werden (s. Kapitel 8).

In der Regel geht man bei der Bemessung von einer dreieckförmigen Verteilung der charakteristischen Bodenreaktionen $\sigma_{h,k}$ aus. Dabei ergeben sich die Bodenreaktionen durch Abminderung des ebenfalls dreieckförmig angenommenen passiven Erddrucks mit den entsprechenden Teilsicherheitsbeiwerten bei Einwirkungen und Widerständen. Tatsächlich wird sich aber unmittelbar unterhalb der Baugrubensohle auch im Gebrauchszustand zunächst der passive Erddruck voll einstellen und erst mit zunehmender Tiefe ein entsprechender Abstand der Bodenreaktion zum passiven Erddruck erreicht. Die Folge ist, dass die Resultierende aus den Bodenreaktionen in Wirklichkeit höher liegt, sich damit die Stützweite verringert und die Feldmomente kleiner werden. Ähnlich wie bei einem Balken auf zwei Stützen mit konstanter Belastung, bei dem sich das Biegemoment $M = q \cdot l^2/8$ einstellt, geht die Stützweite l auch bei der einmal gestützten, im Boden frei aufgelagerten Wand quadratisch in das Moment ein. Anstatt mit einer anderen Verteilung der Bodenreaktionen zu rechnen, kann die Verminderung des Biegemoments jedoch auch dadurch erreicht werden, dass bei einer dreieckförmig verteilten Bodenreaktion rechnerisch der mögliche Erdwiderstand stärker ausgenutzt wird. Dieser Weg wird in der Empfehlung EB 82 [47], Absatz 1b vorgeschlagen. Voraussetzung ist allerdings, dass im Bereich des Wandfußes mindestens mitteldicht gelagerter nichtbindiger Boden oder mindestens steifer bindiger Boden ansteht. Sowohl bei Spundwänden als auch bei Trägerbohlwänden darf bei einer freien Auflagerung und bei einer bodenmechanischen Einspannung nach Blum jeweils der Teilsicherheitsbeiwert $\gamma_{Ep,red} = 1{,}0$ angesetzt und mit einer dadurch verringerten Einbindetiefe gerechnet werden. Hierzu siehe die Empfehlungen EB 14, Absatz 5 und EB 25, Absatz 9 bei Trägerbohlwänden sowie EB 19, Absatz 5 und EB 26, Absatz 10 bei Spundwänden und Ortbetonwänden [47].

5.3 Ermittlung von Einbindetiefen und Schnittgrößen bei beliebiger Fußauflagerung

Im allgemeinen Fall ist bei einmal oder auch bei öfter gestützten Baugrubenwänden mit Auflagerung im Boden im Hinblick auf das statische System zu unterscheiden nach

a) frei aufgelagerten Wänden (Bild 5.11a),
b) teilweise eingespannten Wänden (Bild 5.11b),
c) bodenmechanisch voll eingespannten Wänden (Bild 5.11c).

Bei allen drei Systemen wird eine feste Stützung am tatsächlichen Wandfuß bzw. im theoretischen Fußpunkt angenommen.

Bei einer freien Auflagerung nach Bild 5.11a wird der Wandfuß nur durch Bodenreaktionen $\sigma_{h,k}$ auf der Baugrubenseite gestützt; die Auflagerkraft am Wandfuß muss sich aus der Berechnung zu $C_{h,k} = 0$ ergeben. Bei einer teilweisen Einspannung (Bild 5.11b) wird über die Bodenreaktion $\sigma_{h,k}$ und die Ersatzkraft $C_{h,k}$ ein rückdrehendes Moment erzeugt, wodurch sich die Neigung der Biegelinie am Wandfuß im Vergleich zu einer freien Auflagerung verringert. Ist das rückdrehende Moment so groß, dass im theoretischen Fußpunkt C, wo die Ersatzkraft $C_{h,k}$ angreift, eine senkrechte Tangente der Biegelinie erreicht wird, dann spricht man von einer vollen bodenmechanischen Einspannung bzw. einer Einspannung nach *Blum*. Deren

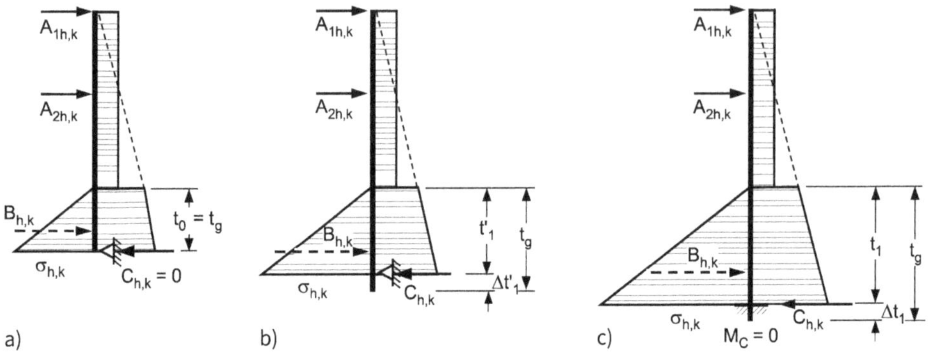

Bild 5.11 Fußauflagerung bei gestützten Baugrubenwänden; a) freie Auflagerung, b) teilweise Einspannung, c) volle bodenmechanische Einspannung

Besonderheit ist, dass sich aus der Berechnung das Einspannmoment $M_{C,k} = 0$ ergeben muss (Bild 5.11c). Je nach Ausnutzungsgrad der Bodenreaktion kann der Wandfuß bei gleicher Einbindetiefe frei aufgelagert, teilweise eingespannt oder voll eingespannt sein. Insofern hängt die Art der Auflagerung vom gewählten Ausnutzungsgrad $\mu = B_{h,d}/E_{ph,d}$ ab:

a) Die kleinstmögliche Einbindetiefe t_0 für eine freie Auflagerung ergibt sich, wenn der Bemessungswert der Bodenreaktionen mit den Randbedingungen nach Bild 5.11a zu 100 % ausgenutzt ist.
b) Die kleinstmögliche Einbindelänge t_1 bis zum theoretischen Fußpunkt bei einer vollen bodenmechanischen Einspannung erhält man, wenn der Bemessungswert der Bodenreaktionen mit den Randbedingungen nach Bild 5.11c zu 100 % ausgenutzt ist.

Beim Ausnutzungsgrad $\mu = 1$ ergibt sich der Bemessungswert der Resultierenden der Bodenreaktionen zu $B_{h,d} = E_{ph,d}$. Somit wird der Bemessungswert $E_{ph,d}$ des Erdwiderstands voll mobilisiert und die Grenzzustandsbedingung (5.3) gerade noch erfüllt. Es ist allerdings zu beachten, dass bei gestützten Wänden eine Einspannwirkung im Allgemeinen nur bei Trägerbohlwänden, Spundwänden und senkrechtem Kanaldielenverbau zustande kommt. Pfahlwände und Schlitzwände sind dafür in der Regel zu steif.

Folgt man der im Abschnitt 5.2 beschriebenen Vorgehensweise, wird in einem ersten Schritt zunächst die Einbindetiefe geschätzt und das System mit charakteristischen Einwirkungen und Bodenreaktionen berechnet. Bei einer freien Auflagerung muss gleichzeitig der mögliche Erdwiderstand voll ausgenutzt sein und die Auflagerkraft am Wandfuß muss sich zu $C_{h,k} = 0$ ergeben. Bei einer vollen bodenmechanischen Einspannung muss sich das Einspannmoment zu $M_{C,k} = 0$ ergeben. In einem zweiten Schritt werden die charakteristischen Schnittgrößen $B_{Gh,k}$ und $B_{Qh,k}$ und der charakteristische Erdwiderstand $E_{ph,k}$ in Bemessungsschnittgrößen umgerechnet. Damit kann für die gewählte Einbindetiefe der Nachweis nach der Grenzzustandsbedingung (5.3) geführt werden. In einem dritten Schritt muss die

Einbindetiefe so lange iteriert werden, bis die Bedingung $B_{h,d} = E_{ph,d}$ erfüllt ist. Dies erfordert insbesondere bei statisch unbestimmten Systemen in Verbindung mit Lasten aus ständigen und aus veränderlichen Einwirkungen eine aufwendige doppelte Iteration.

Einfacher ist eine Ermittlung von t_0 und t_1, indem man die Bemessungswerte der Erddrücke, getrennt nach ständigen und veränderlichen Einwirkungen, als Belastung aufbringt und für die Bodenreaktionen den Bemessungswert des Erdwiderstands ansetzt [74]. Bei einer freien Auflagerung ist die Einbindetiefe so lange zu variieren, bis die Auflagerkraft am Wandfuß in Bild 5.11a den Wert $C_{h,d} = 0$ annimmt. Bei einer bodenmechanischen Einspannung muss das Einspannmoment in Bild 5.11c zu $M_{C,d} = 0$ werden. Diese Vorgehensweise ist rechentechnisch einfacher umzusetzen.

Bei einer Teileinspannung nach Bild 5.11b kann die theoretische Einbindetiefe t'_1 entsprechend den örtlichen Gegebenheiten innerhalb der Grenzen $t_0 < t'_1 < t_1$ frei gewählt werden. Sofern die beiden Grenzwerte t_0 und t_1 nicht bekannt sind, kann die Einhaltung dieser Bedingung anhand der Momentenlinie und der Biegelinie überprüft werden. Eine Teileinspannung liegt vor, wenn im theoretischen Fußpunkt eine Ersatzkraft auftritt und die Neigung der Tangente nicht senkrecht ist.

Bei der freien Auflagerung ist die ermittelte Einbindetiefe t_0 gleichzeitig auch die erforderliche Gesamteinbindetiefe. Bei der teilweisen und bei der vollen bodenmechanischen Einspannung dagegen muss die vorgegebene Einbindetiefe t'_1 bzw. t_1 zur Aufnahme der Ersatzkraft $C_{h,k}$ verlängert werden, siehe Abschnitt 4.1. Für eine volle bodenmechanische Einspannung erhält man näherungsweise die gesamte Einbindetiefe, indem man die Wand nach Gl. (4.10) um 20 % verlängert. Bei einer Teileinspannung ergibt sich die zusätzliche Länge näherungsweise zu

$$\Delta t'_1 \approx 0{,}20\ t'_1 \tag{5.4}$$

In beiden Fällen ist eine genauere Ermittlung nach dem Ansatz von *Lackner* [112] möglich, siehe Abschnitt 4.1, der bei guten Bodenverhältnissen einen geringeren Einbindetiefenzuschlag zulässt. Sinngemäß muss er aber bei einer Teileinspannung mindestens 10 % von t'_1 betragen. Bei weniger guten Bodenverhältnissen und bei Baugruben im Wasser ergibt sich aus Gl. (4.4) bzw. (4.8) jedoch eine größere Einbindetiefe. In diesen Fällen ist die Anwendung des Ansatzes von *Lackner* zwingend.

Sind die Einbindetiefen t_0, t_1 bzw. t'_1 festgelegt, dann können alle erforderlichen Nachweise wie bei einer freien Auflagerung mit charakteristischen Einwirkungen geführt werden (s. Abschnitt 5.2).

Bei Wänden, die nur durch ständige Einwirkungen beansprucht werden, kann die Iteration vermieden und der Berechnungsgang stark vereinfacht werden, indem die Bemessungswerte für Bodenreaktionen $\sigma_{h,d}$ und Auflagerkräfte $C_{h,d}$ unmittelbar in charakteristische Werte

$$\sigma_{h,k} = \frac{\sigma_{h,d}}{\gamma_G} = \frac{e_{ph,k}}{(\gamma_{R,e} \cdot \gamma_G)} \tag{5.5}$$

sowie

$$C_{h,k} = \frac{C_{h,d}}{\gamma_G} \tag{5.6}$$

unter Beibehaltung der jeweiligen Einbindelängen t_0, t'_1 bzw. t_1 umgerechnet werden. Vom Grundsatz her genügt ein Rechengang, sei es mit charakteristischen oder mit Bemessungsgrößen. Sind jedoch ständige und veränderliche Lasten vorhanden, ergibt sich infolge der unterschiedlichen Teilsicherheitsbeiwerte bei Bodenreaktionen und Auflagerkräften zwischen Bemessungswerten und charakteristischen Werten kein einfacher linearer Zusammenhang wie in den Gln. (5.5) und (5.6), und es sind zwei Rechengänge für charakteristische und Bemessungsgrößen erforderlich. In diesen Fällen kommt folgender Weg infrage. Bei einer freien Auflagerung und bei einer Volleinspannung nach *Blum* werden unter Beibehaltung der Einbindelängen t_0 bzw. t_1 am System mit charakteristischen Einwirkungen die charakteristischen Auflagerkräfte $B_{h,k}$ unter Beachtung der Nebenbedingung $C_{h,k} = 0$ bei freier Auflagerung (s. Bild 5.11a) bzw. $M_C = 0$ bei einer Volleinspannung (s. Bild 5.11c) ermittelt und daraus die Ordinaten für die charakteristischen Bodenreaktionen $\sigma_{h,k}$, jeweils getrennt für ständige und veränderliche Einwirkungen, berechnet.

Aus systematischen Gründen ist es vorteilhaft, die Lastfälle „Ständige und veränderliche Einwirkungen“ sowie „Ständige Einwirkungen“ durchzurechnen und die Anteile aus veränderlichen Einwirkungen durch Differenzbildung zu ermitteln.

Bei Teileinspannung von Wänden mit der Einbindelänge t'_1 und einer Belastung aus ständigen und veränderlichen Einwirkungen ist die Ermittlung der charakteristischen Bodenreaktionen aufwendiger als bei freier Auflagerung oder bei Volleinspannung. Zur Bestimmung der erforderlichen charakteristischen Bodenreaktionen eignet sich die Vorgabe eines Drehwinkels am theoretischen Fußpunkt. Nach EAU [42] ist der Einspanngrad τ in Prozent definiert als

$$\tau = 100\left(1 - \frac{\varepsilon}{\varepsilon_{max}}\right) \tag{5.7}$$

Dabei bezeichnet ε_{max} den Drehwinkel bei einer freien Auflagerung und ε den vorhandenen Drehwinkel. Bei einer freien Auflagerung gilt $\varepsilon = \varepsilon_{max}$ und $\tau = 0$. Bei voller Einspannung mit $\varepsilon = 0$ ergibt sich $\tau = 100\,\%$.

Bei Vorgabe einer Einbindetiefe t'_1 mit $t_0 < t'_1 < t_1$ erhält man den Einspanngrad τ $(t = t'_1)$ durch vergleichende Wandberechnungen unter Ansatz von Bemessungsgrößen für Einwirkungen und Bodenreaktionen bei $t = t_0$ und $t = t'_1$. Geht man davon aus, dass dieser Einspanngrad auch für charakteristische Einwirkungen und Bodenreaktionen zutrifft, können die maßgebenden charakteristischen Bodenreaktionen $\sigma_{h,k}$ für die Lastfälle „Ständige Einwirkungen“ sowie „Ständige einschließlich veränderliche Einwirkungen“ bei $t = t'_1$ berechnet werden. Dazu ermittelt man zunächst für den Lastfall „Ständige Einwirkungen“ bei einer Einbindelänge $t = t_0$ mit charakteristischen Größen den Drehwinkel $\varepsilon_{max,k}$ am Wandfuß. Aus Gl. (5.7) erhält man durch Einsetzen von τ $(t = t'_1)$ und $\varepsilon_{max,k}$ den zu erreichenden Drehwinkel ε_k ($t = t'_1$). Unter Vorgabe von ε_k ($t = t'_1$) können nun für die Wand mit der Einbindelänge t'_1 unter charakteristischen Einwirkungen die Bodenreaktionen $\sigma_{h,k}$ in Bild 5.11b iterativ so lange verändert werden, bis sich der Drehwinkel ε_k ($t = t'_1$) am theoretischen Wandfuß einstellt. Die Vorgehensweise zur Ermittlung der charakteristischen Bodenreaktionen für den Lastfall „Ständige einschließlich veränderliche Einwirkungen" ist analog.

Der Einspanngrad τ kann auch über die Einbindelängen t_0, t_1 und t'_1 abgeschätzt werden aus

$$\tau = 100\,\frac{t'_1 - t_0}{t_1 - t_0} \tag{5.8}$$

Dadurch können die Rechengänge mit Bemessungsgrößen zur Ermittlung von $\varepsilon_{max,d}$ und ε_d entfallen.

Die verschiedenen Berechnungsgänge bei Wänden mit ständigen und veränderlichen Einwirkungen zur Ermittlung der Einbindelängen mit Bemessungsgrößen und zur Ermittlung der beiden Anteile aus ständigen und veränderlichen Einwirkungen mit charakteristischen Größen können vereinfacht werden, wenn die Lasten q_k aus veränderlichen Einwirkungen im Verhältnis der Teilsicherheitsbeiwerte γ_Q und γ_G erhöht werden und die Lasten

$$q_k^* = q_k \cdot \frac{\gamma_Q}{\gamma_G} \tag{5.9}$$

im System mit charakteristischen ständigen Einwirkungen und charakteristischen Bodenreaktionen

$$\sigma_{h,k} = \frac{e_{ph,k}}{\gamma_{R,e} \cdot \gamma_G} \tag{5.10}$$

angesetzt werden. Dann genügt ein einziger Berechnungsgang zur Ermittlung der Einbindetiefe und zur Ermittlung der charakteristischen Schnittgrößen. Die aufwendigen Überlegungen zum Einspanngrad bei Teileinspannung entfallen.

5.4 Korrektur der Wandfußverschiebung mit einer Mobilisierungsfunktion

Allgemeines

Das unverschiebliche Bodenauflager des Trägermodells steht im Widerspruch zu den Bodenreaktionen, deren Mobilisierung entsprechende Wandverschiebungen erfordert (s. Bild 5.12).

Sollen die Verschiebungen genauer bestimmt werden, kann z. B. auf das Bettungsmodulverfahren (s. Kapitel 8) oder die Finite-Elemente-Methode (s. Kapitel 9) zurückgegriffen werden. Eine vereinfachte Möglichkeit besteht darin, die Auflagerverschiebung mithilfe einer Mobilisierungsfunktion für den Erdwiderstand zu bestimmen. Dazu wird zunächst für die Belastung und das unverschiebliche Fußauflager (Bild 5.13a) die Biegelinie ermittelt (Bild 5.13b). Mithilfe einer Mobilisie-

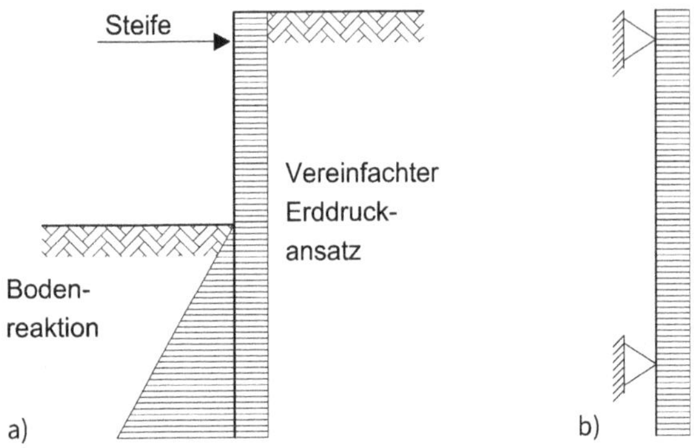

Bild 5.12 Beispiel für das Trägermodell bei einer einmal gestützten, im Boden frei aufgelagerten Wand; a) Einwirkungen mit vereinfachtem Erddruckansatz und Bodenreaktionen, b) statisches System mit unverschieblichen Auflagern

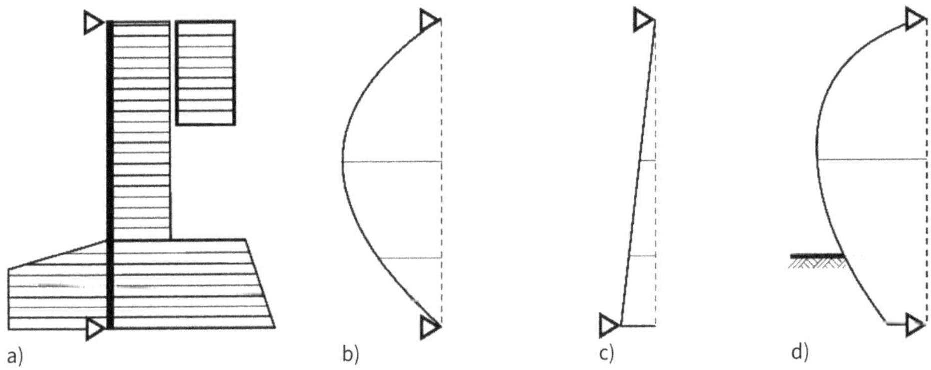

Bild 5.13 Korrektur der Wandfußverschiebung mithilfe einer Mobilisierungsfunktion; a) statisches System mit Lastbild zur Ermittlung der Biegelinie, b) Biegelinie bei unverschieblichem Auflager, c) Korrektur der Auflagerverschiebung, d) Überlagerung aus b) und c)

rungsfunktion wird für die berechnete charakteristische Auflagerkraft die Wandfußverschiebung im Schwerpunkt der Bodenreaktionen bestimmt. Daraus ergibt sich das in Bild 5.13c dargestellte Verschiebungsbild. Dadurch, dass die einmal gestützte Wand statisch bestimmt ist, können die Verschiebungen im Schwerpunkt der Bodenreaktionen zwängungsfrei aufgebracht werden. Durch Überlagerung der Verschiebungen ergibt sich die resultierende Biegelinie (Bild 5.13d).

Mobilisierungsfunktion ohne Vorbelastung

Im Folgenden wird der Vorschlag von *Besler* [18] mit der Erweiterung von *Hettler/Maier* [84] empfohlen. Der Vorteil dieses Ansatzes liegt darin, dass der Einfluss der Vorbelastung aus dem Gewicht des Baugrubenaushubs auf die Verschiebungen berücksichtigt werden kann. Doch zunächst wird der Fall ohne Vorbelastung mit dem Erdruhedruck als Ausgangsspannungszustand betrachtet.

Bild 5.14a zeigt den mobilisierten, horizontalen Erdwiderstand $E'_{ph,k}$ vor dem Wandfuß eines Baugrubenverbaus mit der Einbindetiefe t. Die Wand soll sich parallel bewegen, die Verschiebung wird mit s bezeichnet. Die Fragestellung ist äquivalent zur Mobilisierung des Erdwiderstands hinter einer Wand der Höhe h (Bild 5.14b), die im Folgenden näher untersucht wird.

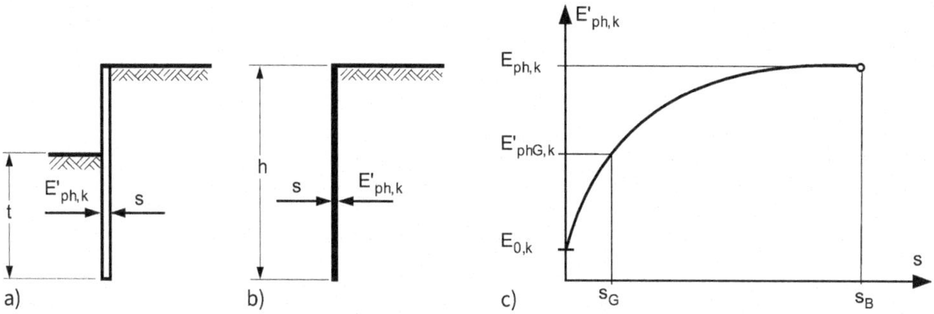

Bild 5.14 Mobilisierung des Erdwiderstands E'_{ph} beim Verschieben des Bodenauflagers einer Baugrubenwand; a) Situation, b) idealisierte Modellvorstellung mit einer Wand der Höhe h, c) Mobilisierungskurve

Im Idealfall ist der Ausgangswert der horizontale Erdruhedruck $E_{0,k}$. Der mobilisierte Erdwiderstand nimmt in der Regel nichtlinear mit der Verschiebung s bis zum Erreichen des Erdwiderstands $E_{ph,k}$ im Bruchzustand bei der Verschiebung s_B zu (Bild 5.14c). Für die weiteren Betrachtungen wird zusätzlich der mobilisierte Erdwiderstand

$$E'_{phG,k} = \tfrac{1}{2}\, E_{ph,k} \tag{5.11}$$

eingeführt. Die zugehörige Verschiebung wird mit s_G bezeichnet, wobei der Index G für Gebrauchszustand steht.

Unter Verwendung der Bodenwichte γ_k und der Wandhöhe h lässt sich der mobilisierte, horizontale Erdwiderstand $E'_{ph,k}$ über den dimensionslosen Beiwert K'_{ph} beschreiben

$$K'_{ph} = \frac{2 \cdot E'_{ph,k}}{\gamma_k \cdot h^2} \tag{5.12a}$$

Analog ergibt sich für s = 0

$$K_0 = \frac{2 \cdot E_{0,k}}{\gamma_k \cdot h^2} \tag{5.12b}$$

und für $s = s_B$ im Bruchzustand

$$K_{ph} = \frac{2 \cdot E_{ph,k}}{\gamma_k \cdot h^2} \tag{5.12c}$$

Wählt man, einem Vorschlag von *Besler* [18] folgend, einen Hyperbelansatz, dann lässt sich die Mobilisierungskurve in Bild 5.14c in der dimensionslosen Form

$$K'_{ph} = A + \frac{B}{C + \frac{s}{s_B}} \tag{5.13a}$$

mit den Randbedingungen

$$K'_{ph\,(s=0)} = K_0 \tag{5.13b}$$

$$K'_{ph\,(s=s_G)} = 0{,}50\ K_{ph} \tag{5.13c}$$

$$K'_{ph\,(s=s_B)} = K_{ph} \tag{5.13d}$$

beschreiben. Unter Verwendung der Kurvenpunkte für $s = 0$, $s = s_G$ sowie für $s = s_B$ berechnen sich die Größen A, B und C wie folgt:

$$A = K_{ph} + C\,(K_{ph} - K_0) \tag{5.14a}$$

$$B = -(C + C^2)\,(K_{ph} - K_0) \tag{5.14b}$$

sowie

$$C = \frac{K_{ph} \cdot \dfrac{s_G}{s_B}}{2 \cdot (K_{ph} - K_0) \cdot \dfrac{s_G}{s_B} + 2 \cdot K_0 - K_{ph}} \tag{5.14c}$$

Gleichung (5.13a) und die Bedingungen (5.14) enthalten insgesamt vier Eingangsgrößen: den Erdruhedruckbeiwert K_0, den Erdwiderstandsbeiwert K_{ph} sowie die Verschiebung s_G bei Erreichen von 50 % des Erdwiderstands, dem sogenannten Gebrauchszustand, und die Verschiebung s_B beim vollen Erdwiderstand.

Der Erdruhedruckbeiwert K_0 und der Erdwiderstandsbeiwert K_{ph} können nach der bekannten klassischen Methode ermittelt werden (s. Kapitel 3). Geht man, der DIN 4085 folgend, davon aus, dass die Verschiebungen proportional sind zur Wandhöhe h, dann können sie nach *Besler* [18] wie folgt ermittelt werden:

$$s_G = f_1 \cdot h \tag{5.15a}$$

$$s_B = f_2 \cdot h \tag{5.15b}$$

Für die Funktionen f_1 und f_2 wird zur Berücksichtigung der Lagerungsdichte, der Wandreibung und der Wandbewegungsart eine Faktorenzerlegung vorgenommen mit den Faktoren f_D für den Einfluss der Lagerungsdichte, f_δ für den Einfluss einer negativen Wandreibung und f_B für den Grundfall. Bei f_B wird unterschieden zwischen $f_{B,G}$ bei Erreichen von 50 % des Erdwiderstands und $f_{B,B}$ im Grenzzustand der Tragfähigkeit. Das Gleiche gilt für den zusätzlichen Faktor f_S, der den Einfluss des Grundwassers beschreibt. Man unterscheidet abweichend von den Angaben von *Besler* nicht den Einfluss des Sättigungsgrads mit den Fällen „trocken", „feucht" und „unter Auftrieb", sondern die Fälle „oberhalb des Grundwassers" und „unterhalb des Grundwassers".

Somit ergibt sich für f_1 in Gl. (5.15a) mit $f_B = f_{B,G}$ und $f_S = f_{S,B}$ der Ansatz

$$f_1 = f_D \cdot f_\delta \cdot f_{S,G} \cdot f_{B,G} \tag{5.16a}$$

und für f_2 in Gl. (5.15b) mit $f_B = f_{B,B}$ sowie $f_S = f_{S,B}$ der Ansatz

$$f_2 = f_D \cdot f_\delta \cdot f_{S,B} \cdot f_{B,B} \tag{5.16b}$$

Die von *Besler* [18] ermittelten Werte sind in den Tabellen 5.2 bis 5.5 zusammengestellt. Bei der Festlegung der Faktoren f_S in Tabelle 5.4 stützte sich *Besler* auf

Tabelle 5.2 Faktor f_D zur Berücksichtigung des Einflusses der Lagerungsdichte

Locker	Mitteldicht	Dicht	Sehr dicht
1,47	1,28	1,03	0,75

Tabelle 5.3 Faktor f_δ zur Berücksichtigung des Einflusses einer negativen Wandreibung

Bruchzustand: E_{ph}	Gebrauchszustand: $\frac{1}{2}$ E_{ph}
1,57	2,44

Tabelle 5.4 Faktor f_S zur Berücksichtigung des Einflusses des Grundwassers

Grundwasser	Bruchzustand E_{ph}	Gebrauchszustand $\frac{1}{2}$ E_{ph}
oberhalb	1,00	1,00
unterhalb	1,00 [1,58]	1,00 [2,21]

Tabelle 5.5 Faktor f_B zur Ermittlung der relativen Wandverschiebung im Grundfall

Wandbewegungsart	Fußpunktdrehung	Parallelverschiebung
Bruchzustand: E_{ph}	4,70 [%]	3,87 [%]
Gebrauchszustand: $\frac{1}{2}$ E_{ph}	1,08 [%]	0,50 [%]

Modellversuche. Ergänzende theoretische Überlegungen legen es nahe, auf eine Erhöhung der Verschiebungen unter Wasser zu verzichten. Deshalb sind die ursprünglich von *Besler* angegebenen Werte in Tabelle 5.4 in Klammern gesetzt. Stattdessen wird empfohlen, auch unter Wasser mit $f_S = 1{,}00$ zu arbeiten. Einzelheiten siehe die Ausführungen „Einfluss des Grundwassers" am Ende von Abschnitt 5.4 sowie 8.4. Angegeben sind die Mittelwerte aus den Modellversuchen. Die Streubreiten wurden hier der Einfachheit halber weggelassen. Die Originaltabellen enthalten neben den Ergebnissen für eine Parallelbewegung der Wand auch weitere Angaben für eine Fußpunktdrehung und eine Kopfpunktdrehung.

Mobilisierungsfunktion mit Vorbelastung

Bei den bisherigen Überlegungen wurde als Ausgangszustand der Erdruhedruck vorausgesetzt. Tatsächlich ist aber der Boden unterhalb der Baugrubensohle im Wandfußbereich durch den ursprünglichen Überlagerungsdruck p_v vorbelastet. Dadurch sind die Verschiebungen vor allem bei kleineren Mobilisierungsgraden deutlich geringer als beim Erdruhedruck im Ausgangszustand.

Im Bereich unmittelbar unter der Baugrubensohle wird eine gewisse Entspannung stattfinden müssen, da die waagerechten Spannungen im Boden durch den passiven Grenzzustand begrenzt sind. Weitere Einflüsse durch das Einbringen der Baugrubenwände sind wahrscheinlich. Nach *Weißenbach/Gollub* [213] ist es ver-

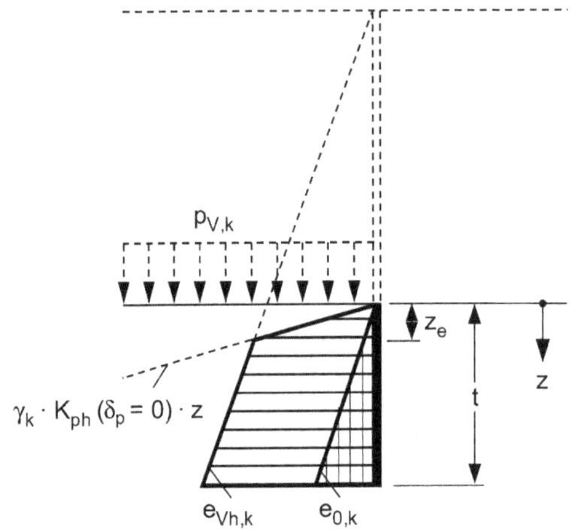

Bild 5.15 Ausgangsspannungszustand vor dem einbindenden Teil einer Baugrubenwand nach *Besler*

tretbar, nach dem Baugrubenaushub den in Bild 5.15 dargestellten Primärspannungszustand zugrunde zu legen.

Besler [18] folgend herrscht bis zur Tiefe z_e der passive Grenzspannungszustand, darunter der Erdruhedruckzustand aus dem Überlagerungsdruck $p_{V,k}$. Die Tiefe z_e errechnet sich bei konstanter Wichte γ_k aus folgender Beziehung:

$$K_0 \cdot (p_{V,k} + \gamma_k \cdot z_e) = K_{ph}(\delta_p = 0) \cdot \gamma_k \cdot z_e \tag{5.17}$$

zu

$$z_e = \frac{K_0}{K_{ph}(\delta_p = 0) - K_0} \cdot \frac{p_{V,k}}{\gamma_k} \tag{5.18}$$

Der zu erwartende Gesamterddruck $E_{V,k}$ des Primärspannungszustands ergibt sich bei einer Wand mit der Einbindetiefe t für einen durch den Überlagerungsdruck $p_{V,k}$ vorbelasteten Boden mit der Wichte γ_k zu

$$E_{V,k} = K_0 \cdot \left(\gamma_k \cdot \frac{t^2}{2} + p_{V,k} \cdot \left(t - \frac{z_e}{2} \right) \right) \tag{5.19}$$

Bei einer Vorbelastung von $p_{V,k} = 0$ ergibt sich nach Gl. (5.19) der herkömmliche Erdruhedruck.

Bereits ohne Verschiebung wirken auf eine solche Wand somit Bodenspannungen, für deren Mobilisierung ohne Vorbelastung des Bodens eine bestimmte Wandverschiebung Δs erforderlich wäre. Will man nun die Mobilisierungsfunktion des Erdwiderstands für vorbelasteten Boden aufstellen, so bietet es sich an, die Ausgangsfunktion ohne Vorbelastung nach Gl. (5.13) um das Maß

$$\Delta\xi = \frac{\Delta s}{s_B} = \frac{B}{K_V - A} - C \tag{5.20}$$

nach links zu verschieben, wobei K_V nach Gl. (5.23) bestimmt wird. Vermindert man nun die dimensionslosen charakteristischen Verschiebungsgrößen $\xi_G = s_G/s_B$ und $\xi_B = s_B/s_B = 1$ um dieses Maß, so ergeben sich die bezogenen Verschiebungen

$$\xi_{G,v} = \xi_G - \Delta\xi \tag{5.21}$$

und

$$\xi_{B,v} = \xi_B - \Delta\xi = 1 - \Delta\xi \tag{5.22}$$

Mit dem Seitendruckbeiwert

$$K_V = \frac{E_V}{E_0} \cdot K_0 = \frac{2 \cdot E_V}{\gamma_k \cdot t^2} \tag{5.23}$$

für den vorbelasteten Boden im Ausgangszustand und den Randbedingungen

$$K'_{ph\,(\xi = 0)} = K_V \tag{5.24a}$$

$$K'_{ph\,(\xi = \xi G,V)} = \tfrac{1}{2} \cdot K_{ph} \tag{5.24b}$$

$$K'_{ph\,(\xi = \xi B,V)} = K_{ph} \tag{5.24c}$$

lassen sich die Parameter der Mobilisierungsfunktion für vorbelasteten Boden zu

$$C_V = -\frac{K_{ph} \cdot \xi_{G,V} \cdot \xi_V}{2 \cdot (K_{ph} - K_V) \cdot \xi_{G,V} + 2 \cdot K_V \cdot \xi_{B,V} - K_{ph} \cdot \xi_{B,V}} \tag{5.25a}$$

$$A_V = K_{ph} - \frac{C_V \cdot (K_V - K_{ph})}{\xi_{B,V}} \tag{5.25b}$$

$$B_V = \left(C_V + \frac{{C_V}^2}{\xi_{B,V}}\right) \cdot (K_V - K_{ph}) \tag{5.25c}$$

bestimmen. Die gesuchte Mobilisierungsfunktion lautet dann analog zu Gl. (5.13a)

$$K'_{ph}(\xi) = A_V + \frac{B_V}{C_V + \xi_V} \tag{5.26}$$

In Bild 5.16 sind beispielhaft die Mobilisierungskurven für einen unvorbelasteten und einen vorbelasteten Boden dargestellt.

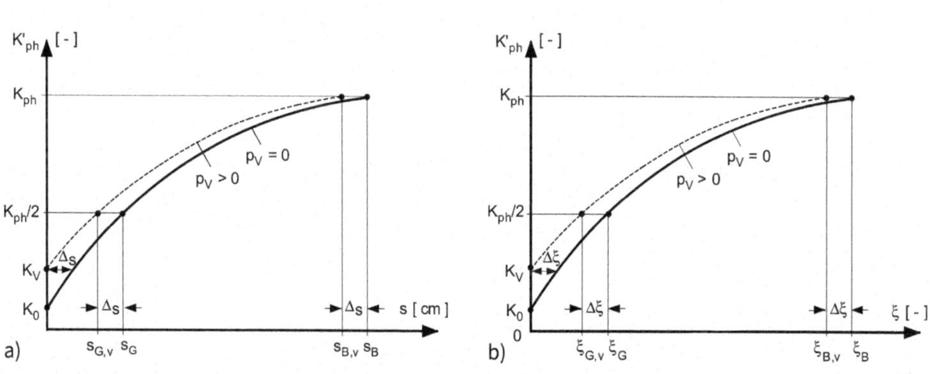

Bild 5.16 Mobilisierungskurven mit und ohne Vorbelastung; a) dimensionsloser Erdwiderstandsbeiwert K'_{ph} in Abhängigkeit der Verschiebung s, b) dimensionsloser Erdwiderstandsbeiwert K'_{ph} in Abhängigkeit der dimensionslosen Verschiebung ξ

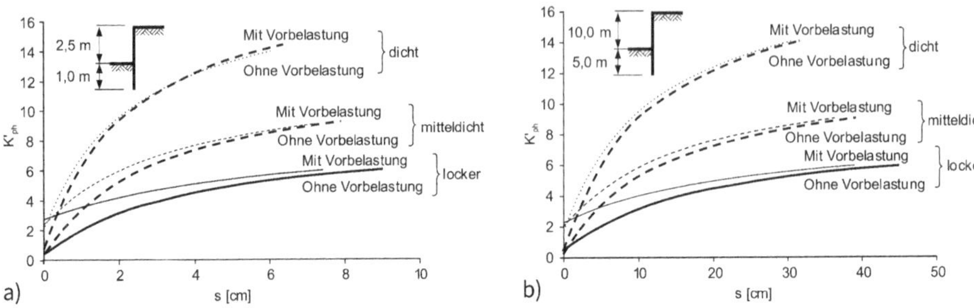

Bild 5.17 Mobilisierungskurven für einen Sandboden bei lockerer, mitteldichter und dichter Lagerung mit und ohne Berücksichtigung der Vorbelastung aus Aushub; a) Einbindetiefe t = 1 m, freie Wandhöhe H = 2,5 m, b) Einbindetiefe t = 5 m, freie Wandhöhe H = 10,0 m

Der Einfluss der Vorbelastung auf die Mobilisierungskurven bei lockerer, mitteldichter und dichter Lagerung wird anhand der Bilder 5.17a und 5.17b ersichtlich. Für die Einbindetiefe t = 1 m wird von einer Baugrubentiefe H = 2,5 m, für die Einbindetiefe t = 5 m von einer Baugrubentiefe H = 10 m ausgegangen. Als Reibungswinkel werden für lockere, mitteldichte und dichte Lagerung $\varphi'_k = 30°$, 35° und 40° angesetzt.

Einfluss des Grundwassers

Ist der Boden unter Wasser und steht er unter Auftrieb, wirkt sich dies doppelt ungünstig aus. Im Grenzzustand der Tragfähigkeit ist der Erdwiderstand mit der Wichte γ' unter Auftrieb mit der Bezeichnung h für die Wandhöhe aus der Beziehung

$$E_{ph} = \tfrac{1}{2} \cdot \gamma'_k \cdot K_{ph} \cdot h^2 \tag{5.27}$$

zu ermitteln. Dadurch erhöht sich der Mobilisierungsgrad für eine vorgegebene Auflagerkraft im Verhältnis γ_k/γ'_k. Wegen der nichtlinearen Widerstandsverschiebungsbeziehung verringert sich die Bettung überproportional beim Vergleich der Verhältnisse oberhalb des Grundwassers und im Grundwasser. Zusätzlich macht sich möglicherweise noch die Erhöhung der Grenzverschiebung s_p unter Wasser ungünstig bemerkbar. *Besler* [18] geht von dem Faktor $\gamma_k/\gamma'_k = 1{,}58$ im Grenzzustand aus (s. Tabelle 5.4). Er stützt sich dabei auf die Versuche von *Mao* [115]. Eine ähnliche Größenordnung gibt DIN 4085:2007-10 an. Aus theoretischen Überlegungen ist dagegen unter Wasser, wenn sich keine Porenwasserdrücke aufbauen, keine Erhöhung der Grenzverschiebung s_p zu erwarten. Geht man davon aus, dass die Bodensteifigkeiten proportional zum Druckniveau sind, gilt für die Verschiebung s einer Wand der Höhe h bei einem Boden mit Wichte γ_k und Reibungswinkel φ'_k in Abhängigkeit vom mobilisierten Erdwiderstand E'_{ph} die Beziehung

$$s = f\,(E'_{ph}, \gamma_k, \varphi'_k, h) \tag{5.28}$$

Dabei bezeichnet f eine Funktion. In dimensionsloser Darstellung wird aus Gl. (5.28)

$$\frac{s}{h} = f\left(\frac{2 \cdot E'_{ph}}{\gamma_k \cdot h^2}, \varphi'_k\right) \tag{5.29}$$

mit einer anderen Funktion f. Im Grenzzustand der Tragfähigkeit ergibt sich

$$\frac{s}{h} = \frac{s_p}{h} \tag{5.30a}$$

$$\frac{2 \cdot E'_{ph}}{\gamma_k \cdot h^2} = \frac{2 \cdot E_{ph}}{\gamma_k \cdot h^2} = K_{ph} \tag{5.30b}$$

Sowohl der Reibungswinkel φ'_k als auch der K_{ph}-Wert sind für einen trockenen, kohäsionslosen Boden als auch für den gleichen Boden unter Wasser gleich. Folglich muss auch s_p/h gleich sein.

Geht man nach *Ohde* davon aus, dass die Steifigkeiten unterproportional zum Druckniveau sind, wie z. B. beim *Hardening-Soil-Model* [153], der Hypoplastizität nach *v. Wolffersdorff* [187] bzw. nach *Niemunis/Herle* [128] oder beim finiten Ansatz von *Hettler* [71], dann nehmen die Verschiebungen s_p/h bei zunehmender Wandhöhe oder zunehmendem Druckniveau zu. Hierzu wird auf *Hettler* [71] oder z. B. die Zentrifugenversuche von *Bartl* [12] verwiesen.

Überträgt man dieses Ergebnis, dann müsste die Verschiebung s_p/h unter Wasser wegen des geringeren Druckniveaus im Vergleich zum trockenen Boden bei konstanter Wandhöhe eher abnehmen. Warum *Mao* [115] größere Werte gemessen hat, ist unklar. Möglicherweise kam es zu Porenwasserüberdrücken im Bereich von Scherfugen. Dafür spricht der in den Versuchen beobachtete Geschwindigkeitseinfluss, der trotz relativ geringer Vorschubgeschwindigkeiten der Wand festgestellt wurde.

Zusammenfassend sprechen sowohl die theoretischen Überlegungen als auch die Zentrifugenversuche von *Bartl* [12] dafür, auf eine Erhöhung von s_p unter Wasser zu verzichten.

6 Mehrmals gestützte Baugrubenwände

6.1 Lastbilder für zweimal gestützte Baugrubenwände

Ergänzend zu den im Abschnitt 3.5 dargelegten grundsätzlichen Feststellungen und Festlegungen werden nachfolgend die Ansätze für zweimal gestützte Baugrubenwände erläutert. Ebenso wie bei einmal gestützten Spundwänden tritt auch bei zweimal gestützten Spundwänden eine Erddruckumlagerung auf, die umso stärker ausgeprägt ist, je weniger die Stützungen im Vergleich zum Fußauflager nachgeben. Wie die Messungen von *Wiegmann* [220] und *Gruhle* [62] an zweimal verankerten Spundwandbauwerken zeigen, ist stets eine starke Konzentration des Erddrucks im Bereich der unteren Anker zu erwarten, wenn die beiden Ankerlagen die untere Hälfte der Wandhöhe frei lassen. Die obere Stützung liegt dann in der Regel so hoch, dass sie nur verhältnismäßig geringe zusätzliche Erddrücke auf sich ziehen kann. Andererseits bewirkt die bei der großen Stützweite des unteren Feldes mögliche Wanddurchbiegung eine starke Abnahme des Erddrucks in diesem Bereich. Die Messungen von *Rowe/Briggs* [145] an einer in Geländehöhe und auf halber Wandhöhe gestützten Modellwand bestätigen dies. Es liegen zahlreiche Messungen und Berechnungsvorschläge vor. Hierzu wird auf *Weißenbach* und *Hettler* [214] verwiesen.

Sofern die in Abschnitt 3.5 genannten Voraussetzungen erfüllt sind, dürfen entsprechend den *Empfehlungen des Arbeitskreises Baugruben* [47] in den Vorbauzuständen und im Vollaushubzustand die nachfolgend beschriebenen Lastfiguren verwendet werden. Dabei wird zwischen Trägerbohlwänden einerseits und Spundwänden und Ortbetonwänden andererseits unterschieden.

Nach EB 69 [47] dürfen bei zweimal gestützten Trägerbohlwänden folgende Lastfiguren als wirklichkeitsnah angenommen werden:

a) ein abgestuftes Rechteck mit dem Lastsprung in Höhe der unteren Stützung und dem Ordinatenverhältnis $e_{ho,k} : e_{hu,k} = 2{,}00$ entsprechend Bild 6.1a, sofern die obere Stützung etwa in Höhe der Geländeoberfläche, die untere Stützung in der oberen Hälfte der Baugrubentiefe H angeordnet ist;
b) ein Trapez entsprechend Bild 6.1b, sofern die obere Stützung unterhalb der Geländeoberfläche, die untere Stützung etwa auf halber Höhe der Baugrubentiefe H angeordnet ist;
c) ein Trapez entsprechend Bild 6.1c, sofern die beiden Stützungen sehr tief angeordnet sind.

Nach EB 70 [47] dürfen bei zweimal gestützten Spundwänden und Ortbetonwänden folgende Lastfiguren als wirklichkeitsnah angenommen werden:

a) ein abgestuftes Rechteck mit dem Lastsprung in Höhe der unteren Stützung und dem Ordinatenverhältnis $e_{ho,k} : e_{hu,k} = 1{,}50$ entsprechend Bild 6.2a, sofern die obere Stützung etwa in Höhe der Geländeoberfläche, die untere Stützung in der oberen Hälfte der Höhe H angeordnet ist;

Baugruben, 3. Auflage. Achim Hettler, Theodoros Triantafyllidis, Anton Weißenbach.

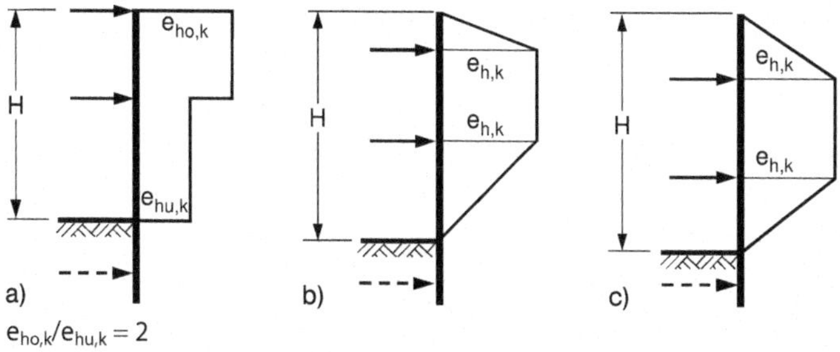

Bild 6.1 Lastfiguren für zweimal gestützte Trägerbohlwände nach EB 69; a) hohe Anordnung der Stützungen, b) mittlere Anordnung der Stützungen, c) tiefe Anordnung der Stützungen

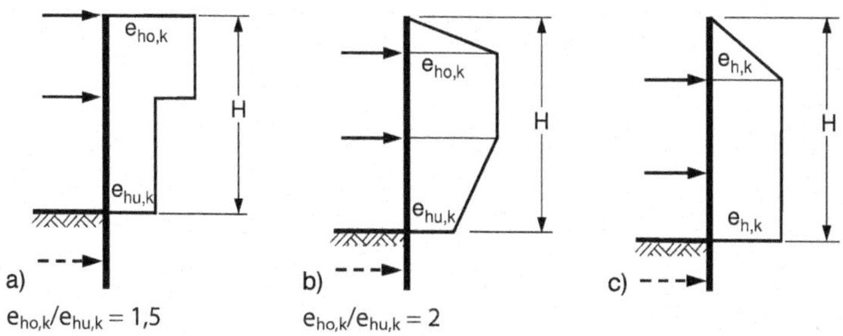

Bild 6.2 Lastfiguren für zweimal gestützte Spundwände und Ortbetonwände nach EB 70; a) hohe Anordnung der Stützungen, b) mittlere Anordnung der Stützungen, c) tiefe Anordnung der Stützungen

b) eine viereckige Lastfigur mit $e_{ho,k} : e_{hu,k} = 2{,}00$ entsprechend Bild 6.2b, sofern die obere Stützung etwa in Höhe der Geländeoberfläche, die untere Stützung bei der Hälfte der Höhe H angeordnet ist;

c) ein abgeschrägtes Rechteck entsprechend Bild 6.2c, sofern die beiden Stützungen sehr tief angeordnet sind.

6.2 Lastbilder für dreimal oder öfter gestützte Baugrubenwände

Bei Baugruben mit drei oder mehr Steifen- bzw. Ankerlagen spielt die Anordnung der einzelnen Lagen im Hinblick auf die Erddruckverteilung nicht mehr die gleiche überragende Rolle wie bei einmal oder zweimal gestützten Baugrubenwänden. Es ist daher zulässig, näherungsweise von der Gesamtbewegung der Wand auszugehen und nur zwischen der Drehung um einen hochgelegenen Punkt und der Parallelbewegung zu unterscheiden. Eine ausführliche Grundlagendarstellung ist bei *Weißenbach* und *Hettler* [214] zu finden.

Sofern die in Abschnitt 3.5 genannten Voraussetzungen erfüllt sind, dürfen entsprechend den Empfehlungen des Arbeitskreises Baugruben [47] in den Vorbauzuständen und im Vollaushubzustand die nachfolgend beschriebenen Lastfiguren verwendet werden. Dabei wird zwischen Trägerbohlwänden einerseits und Spundwänden und Ortbetonwänden andererseits unterschieden:

a) Nach EB 69 [47] darf bei dreimal oder öfter gestützten Trägerbohlwänden mit etwa gleichen Stützweiten das Trapez entsprechend Bild 6.3 als wirklichkeitsnahe Lastfigur angenommen werden. Die Resultierende des Erddrucks soll dabei im Bereich von $z_e = 0{,}50 \cdot H$ bis $z_e = 0{,}55 \cdot H$ liegen.

b) Nach EB 70 [47] darf bei dreimal oder öfter gestützten Spundwänden oder Ortbetonwänden mit etwa gleichen Stützweiten die Lastfigur von *Lehmann* [113] entsprechend Bild 6.4 als wirklichkeitsnah angenommen werden, allerdings mit der Festlegung der Knickpunkte in der Höhe von Stützungspunkten und mit einem Verhältnis $e_{ho,k} : e_{hu,k} = 2{,}00$. Die Resultierende des Erddrucks soll dabei im Bereich von $z_e = 0{,}40 \cdot H$ bis $z_e = 0{,}50 \cdot H$ liegen.

Die hier empfohlenen Lastfiguren berücksichtigen nicht den vorangegangenen Bauzustand. Bei genaueren Festlegungen ergibt sich die Lastfigur eines neuen Bauzustands immer aus der Lastfigur des vorangegangenen Bauzustands und dem Erddruckzuwachs durch den zusätzlichen Aushubschritt. Dieser Erddruckzuwachs lagert sich überwiegend an der zuletzt eingebauten Stützung an [201, 202]. Dies ist insbesondere bei Baugruben in geschichtetem Boden zu beachten. Stützungen, die tiefer angeordnet sind als bei 30 % der Wandhöhe H, haben auf die Form der Lastfigur keinen nennenswerten Einfluss.

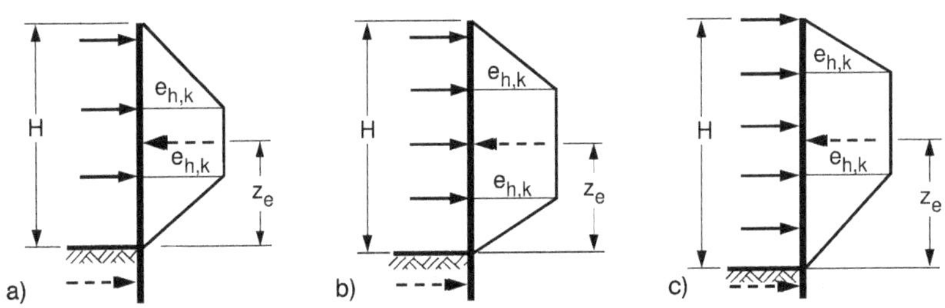

Bild 6.3 Lastfiguren für dreimal oder öfter gestützte Trägerbohlwände nach EB 69; a) dreimal gestützte Wand, b) viermal gestützte Wand, c) fünfmal gestützte Wand

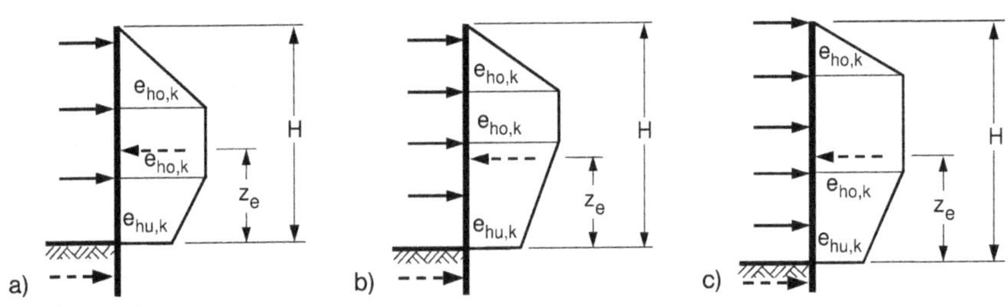

$e_{ho,k}/e_{hu,k} = 2$

Bild 6.4 Lastfiguren für dreimal oder öfter gestützte Spundwände und Ortbetonwände nach EB 70; a) dreimal gestützte Wand, b) viermal gestützte Wand, c) fünfmal gestützte Wand

6.3 Ermittlung von Einbindetiefen und Schnittgrößen

Allgemeines

Unabhängig von der Anzahl der Stützungen kommen bei mehrfach gestützten Baugrubenwänden in Abhängigkeit von der Einbindetiefe folgende Systeme vor:

- Wände ohne Einbindung im Boden (Bild 6.5a),
- Wände mit geringer Stützung im Boden (Bild 6.5b),
- Wände mit freier Auflagerung im Boden (Bild 6.5c),
- Wände mit teilweiser Einspannung im Boden (Bild 6.5d),
- Wände mit voller bodenmechanischer Einspannung im Boden (Bild 6.5e).

Mehrfach gestützte Wände mit freier Auflagerung im Boden, einer Teileinspannung oder einer Volleinspannung können beim Nachweis der Einbindetiefe und bei der Ermittlung der Schnittgrößen behandelt werden wie einfach gestützte Wände bei beliebiger Auflagerung (s. Abschnitt 5.3). Zweckmäßigerweise wird die Einbindelänge am System mit Bemessungsgrößen ermittelt. Die Schnittgrößen erhält man aus der Durchlaufträgerberechnung mit charakteristischen Einwirkungen und Bodenreaktionen.

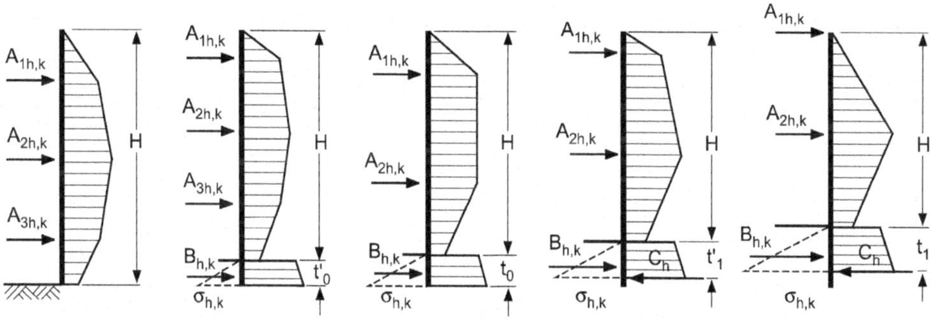

Bild 6.5 Möglichkeiten der Auflagerung von mehrfach gestützten Baugrubenwänden im Boden bei einer Umlagerung bis zur Baugrubensohle; a) kein wirksames Auflager, b) geringe Fußstützung, c) freie Auflagerung, d) teilweise Einspannung, e) volle bodenmechanische Einspannung

Baugrubenwände ohne Einbindung im Boden

Einen Sonderfall stellen Baugrubenwände ohne Bodenauflager dar. Der typische Fall einer Baugrubenwand ohne Auflager im Boden liegt beim waagerechten Verbau vor. Auch der senkrechte Verbau fällt in diese Gruppe, wenn er nicht im Boden unterhalb der Baugrubensohle einbindet. Doch nicht nur in diesen beiden Fällen vereinfacht der Verzicht auf das Bodenauflager den statischen Nachweis. Manchmal liegt auch bei Trägerbohlwänden und Spundwänden, seltener bei Ortbetonwänden die unterste Stützung aus konstruktiven Gründen so tief, dass es möglich ist, den Standsicherheitsnachweis unter der vereinfachenden Annahme zu erbringen, die Wand benötige kein Auflager im Boden, auch wenn die tatsächliche Einbindetiefe dafür ausreichen würde. Bohlträger und Spundwände sowie die Kanaldielen bzw. Leichtspundwände des senkrechten Grabenverbaus stellt man sich dazu in Höhe der Baugrubensohle abgeschnitten vor. Im Fall der zweimal gestützten Wand erhält man dann ein statisch bestimmtes System. Für die abgestufte Lastfigur ergeben sich mit den Bezeichnungen des Bildes 6.6 die Schnittgrößen wie folgt:

$$A_{1h,k} = \frac{z_e - h_s}{h_1} \cdot E_{h,k} \tag{6.1}$$

$$A_{2h,k} = \frac{h_1 + h_s - z_e}{h_1} \cdot E_{h,k} \tag{6.2}$$

$$Q_{A1o,k} = e_{ho} \cdot h_k \tag{6.3}$$

$$Q_{A1u,k} = A_{1h,k} - Q_{A1o,k} \tag{6.4}$$

$$Q_{A2u,k} = e_{hu,k} \cdot h_s \tag{6.5}$$

$$Q_{A2o,k} = A_{2h,k} - Q_{A2u,k} \tag{6.6}$$

$$M_{A1,k} = \frac{1}{2} \cdot e_{ho,k} \cdot h_k^2 \tag{6.7}$$

$$x_F = \frac{Q_{A2o,k}}{e_{hu,k}} \quad (\text{nur wenn } x_F \leq \frac{1}{2} \cdot H - h_s) \tag{6.8}$$

$$M_{F,k} = A_{2h,k} \cdot x_F - \frac{1}{2} \cdot e_{hu,k} \cdot (x_F + h_s)^2 = \frac{1}{2} \cdot A_{2h} \cdot (x_F - h_s) \tag{6.9}$$

$$x'_F = \frac{Q_{A1u,k}}{e_{ho,k}} \quad (\text{nur wenn } x'_F \leq \frac{1}{2} \cdot H - h_k) \tag{6.10}$$

$$M_{F,k} = A_{1h,k} \cdot x'_F - \frac{1}{2} \cdot e_{ho} \cdot (x'_F + h_k)^2 = \frac{1}{2} \cdot A_{1h,k} \cdot (x'_F - h_k) \tag{6.11}$$

$$M_{A2,k} = \frac{1}{2} \cdot e_{hu} \cdot h_s^2 \tag{6.12}$$

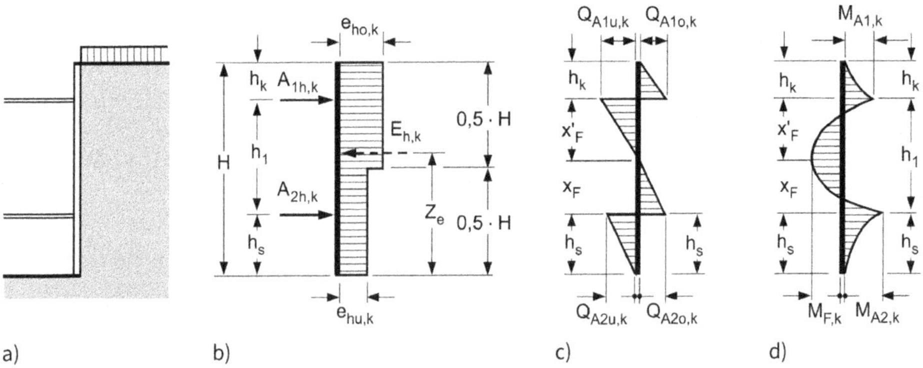

Bild 6.6 Ermittlung der Schnittgrößen an einer zweimal gestützten Baugrubenwand ohne Bodenauflager bei Annahme eines abgestuften Rechtecks als Lastfigur; a) Baugrubenquerschnitt, b) Lastbild, c) Querkräfte, d) Biegemomente

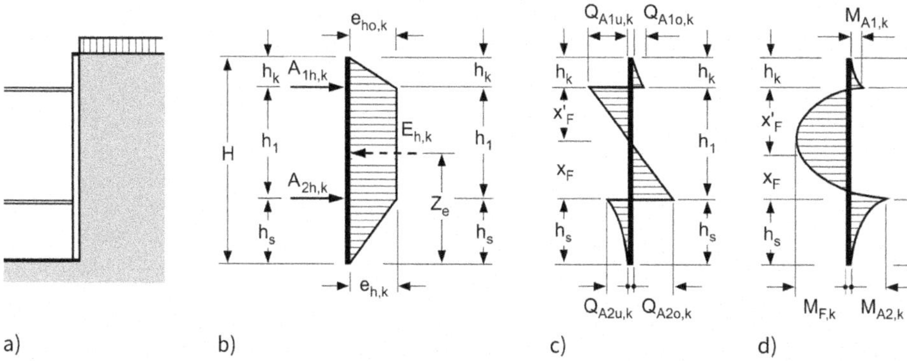

Bild 6.7 Ermittlung der Schnittgrößen an einer zweimal gestützten Baugrubenwand ohne Bodenauflager bei Annahme einer trapezförmigen Lastfigur; a) Baugrubenquerschnitt, b) Lastbild, c) Querkräfte, d) Biegemomente

Im Fall der trapezförmigen Lastfigur erhält man mit den Bezeichnungen des Bildes 6.7:

$$A_{1h,k} = \frac{z_e - h_s}{h_1} \cdot E_{h,k} \qquad \text{wie (6.1)}$$

$$A_{2h,k} = \frac{h_1 + h_s - z_e}{h_1} \cdot E_{h,k} \qquad \text{wie (6.2)}$$

$$Q_{A1o,k} = \frac{1}{2} \cdot e_{h,k} \cdot h_k \qquad (6.13)$$

$$Q_{A1u,k} = A_{1h,k} - Q_{A1o,k} \qquad \text{wie (6.4)}$$

$$Q_{A2u,k} = \frac{1}{2} \cdot e_{h,k} \cdot h_s \qquad (6.14)$$

$$Q_{A2o,k} = A_{2h,k} - Q_{A2u,k} \qquad \text{wie (6.6)}$$

$$M_{A1,k} = \frac{1}{6} \cdot e_{h,k} \cdot h_k^2 \qquad (6.15)$$

$$x_F = \frac{Q_{A2o,k}}{e_{h,k}} \qquad (6.16)$$

$$\begin{aligned} M_{F,k} &= A_{2h,k} \cdot x_F - \frac{1}{2} \cdot e_{h,k} \cdot \left(\frac{1}{3} \cdot h_s^2 + h_s \cdot x_F + x_F^2\right) \\ &= A_{2h,k} \cdot x_F - Q_{A2u,k} \cdot \left(x_F + \frac{1}{3} \cdot h_s\right) - \frac{1}{2} \cdot Q_{A2o,k} \cdot x_F \end{aligned} \qquad (6.17)$$

$$M_{A2,k} = \frac{1}{6} \cdot e_{h,k} \cdot h_s^2 \qquad (6.18)$$

Legt man eine dreieckförmige Lastfigur mit der größten Ordinate in Höhe der unteren Stützung zugrunde, so erhält man mit den Bezeichnungen des Bildes 6.8:

$$A_{1h,k} = \frac{z_e - h_s}{h_1} \cdot E_{h,k} \quad \text{wie (6.1)}$$

$$A_{2h,k} = \frac{h_1 + h_s - z_e}{h_1} \cdot E_{h,k} \quad \text{wie (6.2)}$$

$$Q_{A1o,k} = \frac{1}{2} \cdot e_{h,k} \cdot \frac{h_k^2}{h_k + h_1} \quad (6.19)$$

$$Q_{A1u,k} = A_{1h,k} - Q_{A1o,k} \quad \text{wie (6.4)}$$

$$Q_{A2u,k} = \frac{1}{2} \cdot e_{h,k} \cdot h_s \quad \text{wie (6.5)}$$

$$Q_{A2o,k} = A_{2h,k} - Q_{A2u,k} \quad \text{wie (6.6)}$$

$$M_{A1,k} = \frac{1}{6} \cdot e_{h,k} \cdot \frac{h_k^3}{h_k + h_1} \quad (6.20)$$

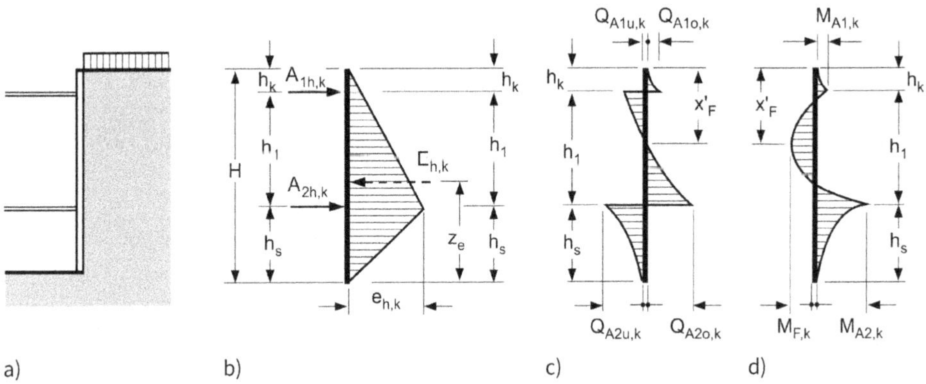

Bild 6.8 Ermittlung der Schnittgrößen an einer zweimal gestützten Baugrubenwand ohne Bodenauflager bei Annahme einer dreieckförmigen Lastfigur; a) Baugrubenquerschnitt, b) Lastbild, c) Querkräfte, d) Biegemomente

$$x'_F = \sqrt{\frac{2 \cdot A_{1h,k} \cdot (h_k + h_1)}{e_{h,k}}} \quad \text{aus} \quad Q_{F,k} = A_{1h,k} - \frac{1}{2} \cdot e_{h,k} \cdot \frac{x_F'^2}{h_k + h_1} = 0 \quad (6.21)$$

$$M_{F,k} = A_{1h,k} \cdot (x'_F - h_k) - \frac{1}{6} \cdot e_{h,k} \cdot \frac{x_F'^3}{h_k + h_1} = A_{1h,k} \cdot \left(\frac{2}{3} \cdot x'_F - h_k\right) \quad (6.22)$$

$$M_{A2,k} = \frac{1}{6} \cdot e_h \cdot h_s^2 \quad (6.23)$$

Liegt die Dreiecksspitze in Höhe der oberen Stützung, so sind die Bezeichnungen sinngemäß zu vertauschen.

Bei Trägerbohlwänden ist üblicherweise nach Abschnitt 7.1 das Gleichgewicht $\Sigma H = 0$ unterhalb der Baugrubensohle nachzuweisen. Dies ist hier nicht möglich, weil es keine vorgegebene Einbindetiefe gibt, auf die sich der Nachweis beziehen könnte. An die Stelle des Nachweises $\Sigma H = 0$ tritt in diesem Fall der Nachweis der Sicherheit gegen Aufbruch der Baugrubensohle nach Abschnitt 7.4, siehe auch EB 10 [47]. Allerdings wird dort festgestellt, dass dieser Nachweis nur erforderlich ist, wenn der Reibungswinkel kleiner ist als $\varphi_k = 20°$ und unmittelbar unter der Baugrubensohle Grundwasser ansteht.

Sofern die Baugrubenwand nicht in den Boden unterhalb der Baugrubensohle einbindet, ist in der Regel der Erddruck ohne Wandreibung zu ermitteln und eine waagerechte Aussteifung bzw. Verankerung zu wählen. In diesem Fall treten in der Wand keine Normalkräfte auf. Weist der Wandfuß dagegen genügend Spitzenwiderstand auf, dass der Nachweis des Gleichgewichts der senkrechten Kräfte nach Abschnitt 7.3 erbracht werden kann, dann gelten für die Ermittlung der Normalkräfte folgende Ansätze:

$$N_{A1,k} = Q_{A1u,k} \cdot \tan\delta_{a,k} + A_{1h,k} \cdot \tan\delta_{A1} \tag{6.24}$$

$$N_{F,k} = A_{1h,k} \cdot (\tan\delta_{a,k} + \tan\delta_{A1}) \tag{6.25}$$

$$N_{A2,k} = (E_{h,k} - Q_{A2u,k}) \cdot \tan\delta_{a,k} + A_{1h,k} \cdot \tan\delta_{A1} \tag{6.26}$$

Mit $\delta_{a,k}$ ist hier der Erddruckneigungswinkel auf der Erddruckseite bezeichnet, mit δ_A der Winkel zwischen der Waagerechten und der Steifen- bzw. Ankerachse. Der Winkel δ_A ist hier positiv, wenn die Steife von oben nach unten auf die Baugrubenwand trifft bzw. der Anker die Baugrubenwand nach unten zieht. Im Übrigen ist mit $N_{A1,k}$ bzw. $N_{A2,k}$ die Normalkraft an den beiden Stützungspunkten, mit $N_{F,k}$ die Normalkraft im Feld bezeichnet.

Baugrubenwände mit geringer Stützung im Boden

Ein Sonderfall liegt vor, wenn die Baugrubenwand entsprechend Bild 6.5b zwar in den Untergrund einbindet, jedoch nicht so weit, wie es für eine freie Auflagerung oder gar eine Einspannung im Boden erforderlich wäre. In diesem Fall kann die mögliche Auflagerkraft $B'_{h,k}$ als bekannte äußere Kraft in die Berechnung eingeführt werden.

Der Bemessungswert der möglichen Auflagerkraft $B'_{h,d}$ muss der Anforderung

$$B'_{h,d} \le E_{ph,d} \tag{6.27}$$

genügen. Dabei bezeichnet $E_{ph,d}$ den Bemessungswert des Erdwiderstands, der sich aus

$$E_{ph,d} = \frac{1}{\gamma_{R,e}} \cdot K_{pgh} \cdot \frac{1}{2} \cdot \gamma_k \cdot t_0'^2 \tag{6.28}$$

ergibt.

Unter Berücksichtigung von Gl. (6.28) und den Teilsicherheitsbeiwerten γ_G sowie γ_Q für die Einwirkungen erhält man näherungsweise für die charakteristische äußere Kraft

$$B'_{h,k} \approx \frac{1}{\gamma_{R,e} \cdot \left(\frac{2}{3} \cdot \gamma_G + \frac{1}{3} \cdot \gamma_Q\right)} \cdot K_{pgh} \cdot \frac{1}{2} \cdot \gamma_k \cdot t_0'^2 \tag{6.29}$$

bzw. für die mobilisierbare charakteristische Bodenreaktion

$$\sigma_{h,k} \leq \frac{e_{pgh,k}}{\gamma_{R,e} \cdot \left(\frac{2}{3} \cdot \gamma_G + \frac{1}{3} \cdot \gamma_Q\right)} \tag{6.30}$$

Genauer lässt sich die mögliche charakteristische Auflagerkraft $B'_{h,k}$ mithilfe einer Mobilisierungsfunktion für den Erdwiderstand ermitteln (s. Abschnitt 8.3), indem man näherungsweise die Trägerverschiebung im Schwerpunkt der Bodenreaktionen zugrunde legt.

Beim Ansatz der möglichen Auflagerkraft $B'_{h,k}$ hat man es im Fall der zweimal gestützten Wand immer noch mit einem statisch bestimmten System zu tun. Der Ansatz von $B'_{h,k}$ als bekannte äußere Einwirkung ist aber auch bei mehrfach gestützten Wänden möglich. Den sich aus den Gln. (6.1) bis (6.23) ergebenden Biegemomenten und Querkräften sind die aus der Einzellast $B'_{h,k}$ herrührenden Biegemomente und Querkräfte zu überlagern. In der Regel ergibt sich dadurch eine etwas günstigere Bemessung für die Baugrubenwand am unteren Auflagerpunkt. Eine entsprechende Untersuchung wird daher auf jeden Fall zweckmäßig sein, wenn das untere Kragmoment $M_{A2,k}$ für die Bemessung maßgebend ist.

6.4 Lastbilder und Schnittgrößen in den Rückbauzuständen

In den Rückbauzuständen, also in den Bauzuständen, die beim Verfüllen der Baugrube, beim Umsteifen und beim Ausbau von Steifen bzw. beim Entspannen von Ankern entstehen, sind im Hinblick auf Größe und Verteilung des Erddrucks folgende Fälle zu unterscheiden:

a) Rückbauzustände, bei denen sich zwar die verbleibende Baugrubentiefe Zug um Zug verringert, bei denen jedoch keine nennenswerten Wandverformungen entstehen;
b) Rückbauzustände, bei denen die Baugrubentiefe erhalten bleibt, durch Veränderungen der Auflagerbedingungen jedoch Wandverformungen auftreten;
c) Rückbauzustände, bei denen sich mit dem Verfüllen der Baugrube nicht nur die verbleibende Baugrubentiefe verringert, sondern außerdem auch die Auflagerbedingungen so verändert werden, dass Wandverformungen die Folge sind.

Rückbauzustände ohne Verringerung des Erddrucks
Werden durch entsprechende Maßnahmen Wandbewegungen verhindert, so bleibt der bei der größten Aushubtiefe auftretende Erddruck seiner Größe und Verteilung nach in allen Rückbauzuständen voll erhalten. Es ist für den Spannungszustand hinter einer Baugrubenwand gleichgültig, ob die vorhandene Aussteifung oder Verankerung durch eine andere Aussteifung oder Verankerung, durch ein starres Bauwerk oder durch eine Verfüllung mit Boden ersetzt wird, sofern dabei keine

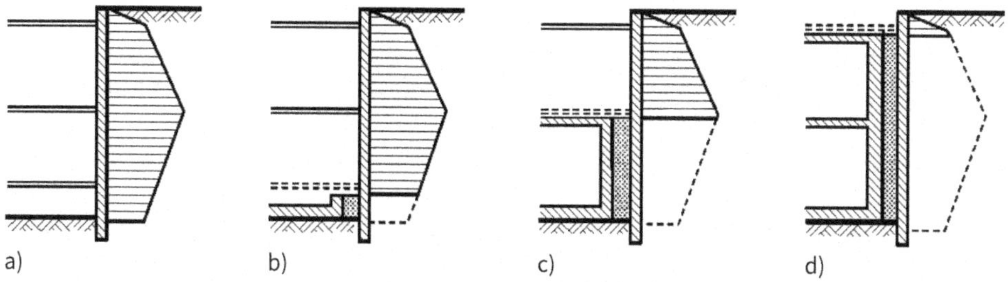

Bild 6.9 Rückbauzustände bei wenig verformbaren Baugrubenwänden ohne Veränderung von Größe und Verteilung des Erddrucks (Beispiel); a) Vollaushubzustand, b) erster Rückbauzustand, c) zweiter Rückbauzustand, d) letzter Rückbauzustand

nennenswerte Bewegung der Wand eintritt und sich die übrigen Gegebenheiten wie Grundwasserstand, Belastungen der Geländeoberfläche und Bodeneigenschaften nicht ändern. Eine Wandbewegung ist zum Beispiel so gut wie ausgeschlossen, wenn man ein entsprechend konstruiertes und bemessenes Bauwerk unmittelbar gegen die Baugrubenwand betoniert und dabei jeweils bis dicht unter eine Aussteifung oder Verankerung führt, bevor diese ausgebaut oder gelöst wird. Ähnliche Verhältnisse liegen vor, wenn jeweils der Arbeitsraum zwischen Spundwand oder Ortbetonwand und Bauwerk bis unmittelbar unter die jeweils nächste Stützung mit Boden verfüllt und dieser gut verdichtet wird (Bild 6.9c). Das Gleiche gilt bei Trägerbohlwänden und beim waagerechten Verbau, auch wenn beim Verfüllen des Arbeitsraums die Bohlen ausgebaut werden. Zwar entsteht im Augenblick des Ausbaus ein spannungsloser Bereich, doch wird der Erddruck oberhalb dieses Bereichs davon kaum berührt. Unterhalb dieses Bereichs ist der ursprünglich vorhandene Spannungszustand durch das Einbringen und Verdichten des Füllbodens annähernd wiederhergestellt. Eine allgemeine Verminderung des Erddrucks ist jedenfalls nicht zu erwarten.

Bei dem im Bild 6.9 gezeigten Bauvorgang tritt in nennenswertem Umfang weder eine Umlagerung noch eine Verringerung des Erddrucks ein. Zumindest eine Umlagerung des Erddrucks ist dagegen bei dem im Bild 6.10 gezeigten Rückbauvorgang zu erwarten, bei dem die zunächst vorhandenen Steifen entsprechend dem

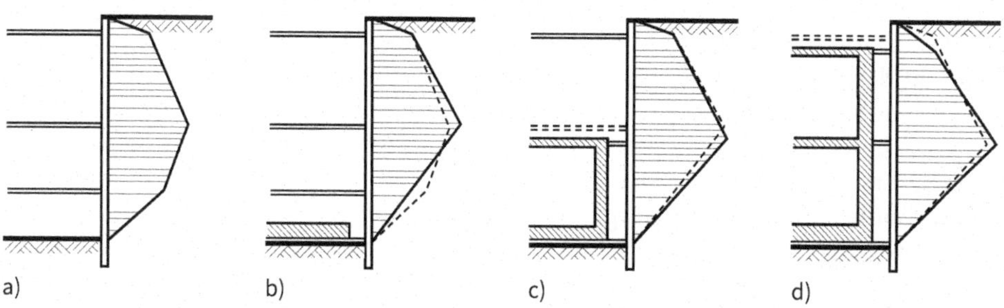

Bild 6.10 Rückbauzustände bei biegeweichen Baugrubenwänden mit Veränderung der Erddruckverteilung (Beispiel); a) Vollaushubzustand, b) erster Rückbauzustand, c) zweiter Rückbauzustand, d) letzter Rückbauzustand

Baufortschritt durch Abstützungen gegen das fertiggestellte Bauwerk ersetzt werden. Damit eine nennenswerte Erddruckumlagerung auftritt, müssen jedoch die Abstützungen so weit von den zu ersetzenden Steifenlagen entfernt sein, dass erheblich größere Feldweiten entstehen. Eine biegeweiche Baugrubenwand biegt sich in diesen Bereichen durch und der Erddruck konzentriert sich auf die neuen Abstützungen. Es ist in statischer Hinsicht richtig und aus wirtschaftlichen Gründen zweckmäßig, bei jedem Rückbauzustand die zur jeweiligen Anordnung der Stützpunkte gehörende Erddruckverteilung zu berücksichtigen.

Der Grad der Umlagerung hängt von der Größe der Wanddurchbiegung ab. Aus den vorliegenden Beobachtungen ist zu schließen, dass eine Durchbiegung in der Größenordnung von 1 ‰ der Feldweite bei mitteldicht oder dicht gelagerten nichtbindigen Böden und bei steifen bis festen bindigen Böden für eine weitgehende Erddruckumlagerung ausreicht. In diesem Fall sind die neu entstehenden Erddruckverteilungen entsprechend den Angaben in den Abschnitten 5.1, 6.1 bzw. 6.2 durch geeignete Lastfiguren zu ersetzen. Bei dem in Bild 6.10 dargestellten Bauvorgang wird eine Durchbiegung der Wand weitgehend verhindert. Somit ist lediglich eine Anpassung der ursprünglichen Lastfigur an die neuen Stützungen vorzunehmen. Das Gleiche gilt wegen ihrer großen Steifigkeit auch für Ortbetonwände.

Rückbauzustände mit Verringerung des Erddrucks

Ob im Fall einer ausreichenden Wandbewegung im Rückbauzustand außer einer Umlagerung des Erddrucks auch noch eine Verringerung eintritt, hängt davon ab, ob ein geringerer Erddruck überhaupt möglich ist. Dies kann der Fall sein, wenn

- ein leicht erhöhter aktiver Erddruck wirksam und somit die Scherfestigkeit des Bodens noch nicht ganz ausgenutzt war,
- bei der Umlagerung ein Teil des Erddrucks auf Bereiche unterhalb der Baugrubensohle bzw. der Verfüllung abgetragen wird oder
- ein Übergang von der Wandbewegungsart B (Drehung um den Kopfpunkt) zur Wandbewegungsart C (Durchbiegung der Wand) auftritt.

Mit dem Übergang zur Wandbewegungsart C, also bei einer starken Durchbiegung der gesamten Wand, ist entsprechend den Angaben in „Baugruben, Teil II“ [204] eine Verringerung des Gesamterddrucks in der Größenordnung von 10 % verbunden. Dass sowohl bei nichtbindigen Böden als auch bei bindigen Böden eine Verringerung des Erddrucks auftreten kann, zeigen vorliegende Messungen. Beim Ausbau der unteren Steifenlage einer dreimal gestützten Trägerbohlwand in Berliner Sandboden [126] ergab sich eine Abnahme des Gesamterddrucks um etwa 10 % bei einer Durchbiegung der Wand von etwa 5 ‰ der unteren Stützweite. Die gleiche Erscheinung zeigte sich bei Messungen an zwei- bzw. dreimal gestützten Trägerbohlwänden in Hamburg [201]. Bei bindigen Böden betrug die Abnahme sogar bis zu 20 % [202]. Diese Abnahme war dadurch erkennbar, dass die in einer Steifenlage aufgetretenen Steifenkräfte nach dem Ausbau dieser Lage nur zur Hälfte an den Stützungen darüber und darunter wieder zum Vorschein kamen. Die andere Hälfte der Steifenkräfte wurde allem Anschein nach durch eine Mobilisierung von Scherkräften ausgeglichen.

Rückbauzustände, bei denen die Verringerung der Baugrubentiefe mit einer gleichzeitigen Wandbewegung verbunden ist, lassen im Allgemeinen eine gewisse Verminderung des Erddrucks erwarten, allerdings in geringerem Maße, als es manchmal angenommen wird. So ist es zum Beispiel nicht gerechtfertigt, den Gesamterddruck für eine fiktive Baugrubentiefe zu errechnen, die sich aus dem Mittel zwischen der im Vorbau erreichten vollen Aushubtiefe H und der im Rückbau jeweils verbleibenden Baugrubentiefe H_r ergibt. Wie die vorliegenden Messungen zeigen, beschränkt sich die mögliche Verringerung des Erddrucks auf das Feld, in dem sich die Wand infolge des Ausbaus einer Steifenlage bzw. infolge des Entspannens einer Ankerlage durchbiegen kann. Nur die unmittelbar darüber und darunter liegenden Stützungspunkte werden von der Erddruckverringerung insofern betroffen, als die Zunahme der Auflagerkräfte kleiner ausfällt als bei gleichbleibender Erddruckgröße. Auch eine durch die Durchlaufwirkung verursachte Verringerung von Auflagerkräften an weiter entfernt liegenden Stützungspunkten ist so gut wie ausgeschlossen. Eine Ausnahme kann vorliegen, wenn bei einer Trägerbohlwand oder bei einer Spundwand eine in Geländehöhe angeordnete erste Steifenlage beim Ausbau der dritten Steifenlage infolge der Durchlaufwirkung geringfügig entlastet wird. Im Übrigen aber lässt eine Kraft, die einmal in einer Steife oder in einem Anker wirkt, ohne besondere Maßnahmen nicht mehr nach. Nur wenn man im Zuge der Verfüllung der Baugrube die Steifen oder Anker löst, entlastet und neu festsetzt, kann man den Erddruck auf der gesamten jeweils verbleibenden Wandhöhe verringern. Die damit verbundenen Wandbewegungen müssen dann allerdings in Kauf genommen werden.

Soweit aufgrund der örtlichen Gegebenheiten überhaupt eine Verringerung des Erddrucks erwartet werden kann, sind im Grundsatz drei Fälle zu unterscheiden:

- Ausbau einer Steifenlage bzw. Entspannen einer Ankerlage im unteren bzw. mittleren Bereich der Baugrubenwand (Bild 6.11b),
- Ausbau bzw. Entspannen der vorletzten Steifen- bzw. Ankerlage (Bild 6.11c),
- Ausbau bzw. Entspannen der obersten Steifen- bzw. Ankerlage (Bild 6.11d).

Voraussetzung für die teilweise Abminderung des Erddrucks im Zuge des Rückbaus ist eine ausreichende Verformung der Baugrubenwand. Sie ist im Falle des Ausbaus

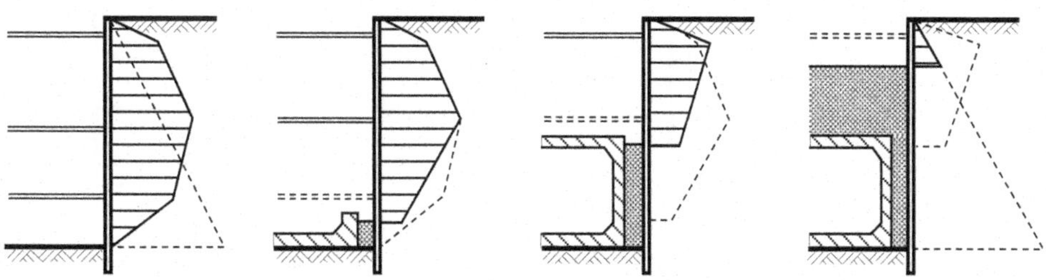

a) b) c) d)

Bild 6.11 Rückbauzustände bei einer biegeweichen Trägerbohlwand mit Veränderung von Größe und Verteilung des Erddrucks (Beispiel); a) Vollaushubzustand, b) erster Rückbauzustand, c) zweiter Rückbauzustand, d) letzter Rückbauzustand

bzw. Entspannens der unteren bis einschließlich der vorletzten Steifen- bzw. Ankerlage nur zu erwarten, wenn

- der neue Stützungspunkt weit genug vom vorherigen entfernt oder wenn er ziemlich nachgiebig ist,
- die Baugrubenwand ausreichend verformbar ist und
- hinter der Baugrubenwand mitteldicht oder dicht gelagerter nichtbindiger oder steifer bis fester bindiger Boden ansteht.

Als ausreichend kann die Wandverformung angesehen werden, wenn bei wenigstens mitteldicht gelagerten nichtbindigen Böden oder wenigstens steifen bindigen Böden nach dem Ausbau einer Steifenlage infolge der vergrößerten Stützweite eine zusätzliche Wanddurchbiegung von etwa 1 ‰ der Stützweite auftritt. Eine Vergrößerung der Stützweiten um etwa die Hälfte kann bei biegeweichen Baugrubenwänden in der Regel eine Durchbiegung in dieser Größenordnung zur Folge haben. In diesem Fall ist es gerechtfertigt, die zwischen der jeweils untersten Stützung und der Verfüllung verbliebene Erddruckfläche um etwa 20 bis 30 % zu verringern. Ist die Durchbiegung geringer, so kann auch nur eine entsprechend geringere Erddruckverminderung erwartet werden. Hierzu siehe Bild 6.12, in dem der Fall dargestellt ist, dass die ursprüngliche Lastfigur im Bereich der auszubauenden Stützung gleichbleibende oder mit der Tiefe abnehmende Ordinaten aufweist. Sinngemäß ist zu verfahren, wenn die Ordinaten der ursprünglichen Lastfigur im Bereich der auszubauenden Stützung mit der Tiefe zunehmen (Bild 6.13). Dieser Fall kann bei viermal oder öfter ausgesteiften bzw. verankerten Baugrubenwänden auftreten. Nach EB 68 [47] darf wie folgt verfahren werden:

Sofern sich die Stützweite um mindestens 30 % vergrößert oder der Nachweis erbracht wird, dass die zusätzliche Durchbiegung größer ist als 0,2 ‰ der neuen Stützweite, darf bei dreimal oder öfter gestützten Trägerbohlwänden und Spundwänden ohne weiteren Nachweis mit folgenden Lastansätzen gerechnet werden:

a) Wird die unterste Steifen- oder Ankerlage nach ihrem Ausbau bzw. Entspannen durch eine Abstützung gegen den Unterbeton oder die Bauwerksohle ersetzt,

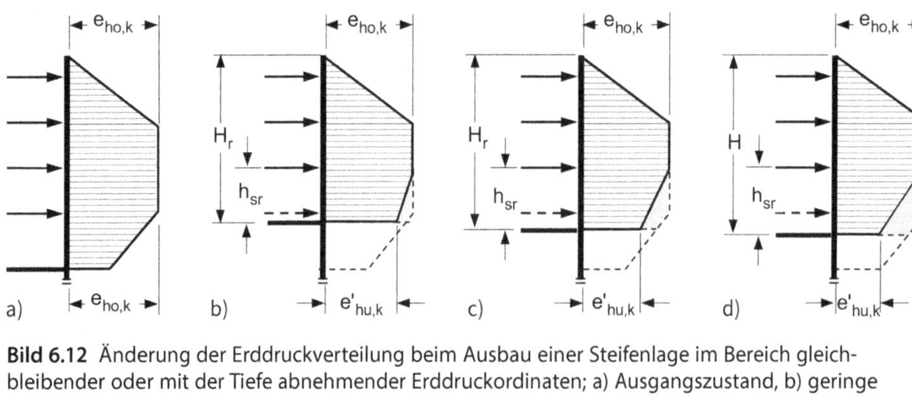

Bild 6.12 Änderung der Erddruckverteilung beim Ausbau einer Steifenlage im Bereich gleichbleibender oder mit der Tiefe abnehmender Erddruckordinaten; a) Ausgangszustand, b) geringe Vergrößerung der Stützweite, c) mittlere Vergrößerung der Stützweite, d) starke Vergrößerung der Stützweite

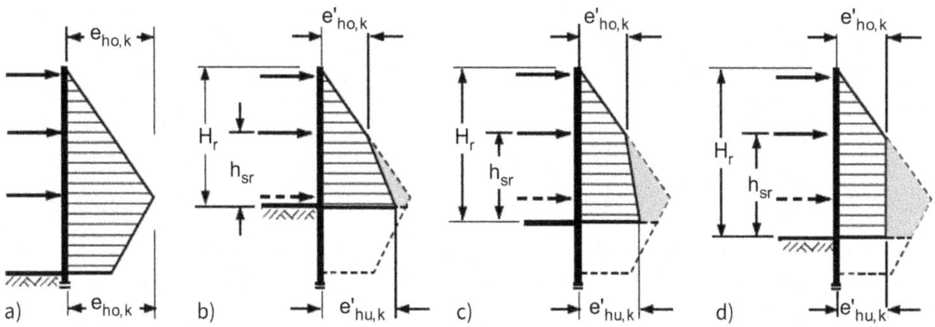

Bild 6.13 Änderung der Erddruckverteilung beim Ausbau einer Steifenlage im Bereich mit der Tiefe zunehmender Erddruckordinaten; a) Ausgangszustand, b) geringe Vergrößerung der Stützweite, c) mittlere Vergrößerung der Stützweite, d) starke Vergrößerung der Stützweite

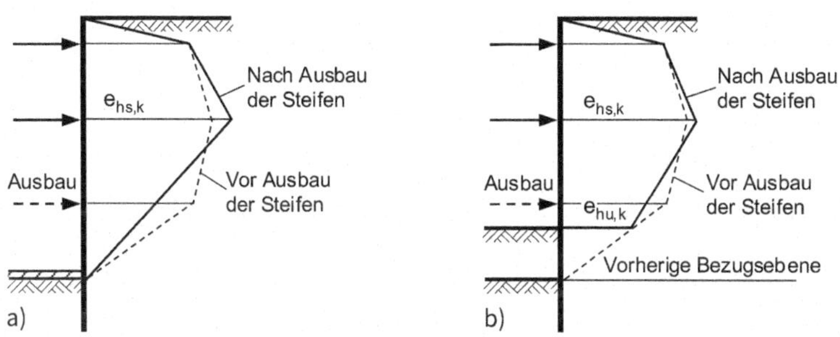

Bild 6.14 Lastfiguren für Rückbauzustände bei Trägerbohlwänden nach EB 68; a) Stützung durch den Unterbeton, b) Stützung durch Verfüllung

dann ist nach Bild 6.14a die Lastordinate $e_{hs,k}$ in Höhe der nunmehr untersten Stützung um 15 % auf $e'_{hs,k}$ zu erhöhen und von da auf null in Höhe der Baugrubensohle abfallen zu lassen.

b) Wird die unterste Steifen- oder Ankerlage nach ihrem Ausbau bzw. Entspannen durch eine Abstützung gegen einen Teil des Bauwerks oder gegen die Verfüllung des Arbeitsraums ersetzt, dann ist nach Bild 6.14b die Lastordinate $e_{hs,k}$ in Höhe der nunmehr untersten Stützung um 5 % auf $e'_{hs,k}$ zu erhöhen und von da auf $e'_{hu,k} = 1/2\ e'_{hs,k}$ in Höhe der Verfüllungsoberfläche abfallen zu lassen.

Eine besondere Stellung im Rahmen der Rückbauzustände nimmt der Ausbau bzw. das Entspannen der vorletzten Steifen- bzw. Ankerlage einer Trägerbohlwand- oder Spundwandbaugrube ein, insbesondere dann, wenn die oberste Stützung unterhalb der Geländeoberfläche angeordnet ist. In diesem Fall ist mit einer Durchbiegung der Baugrubenwand im Bereich der ausgebauten Stützung, eine Drehung des Wandkopfes gegen das Erdreich und damit eine Erddruckumlagerung nach oben zu erwarten.

Für den Ansatz des Erddrucks nach Ausbau oder Entspannen der vorletzten Steifen- bzw. Ankerlage kommen im Grundsatz folgende Lösungen infrage:

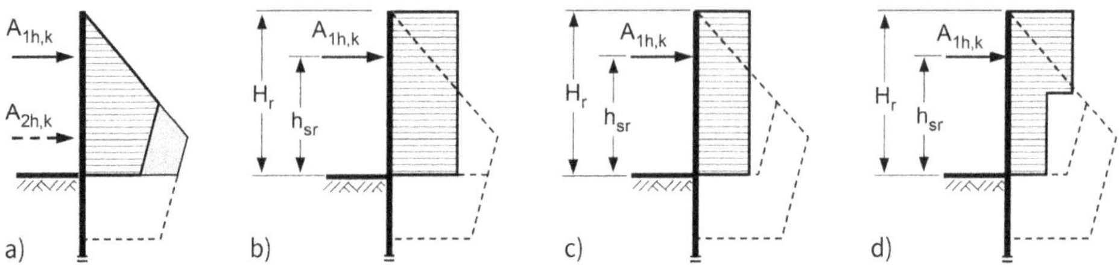

Bild 6.15 Änderung der Erddruckverteilung beim Ausbau der vorletzten Steifenlage; a) abgeminderte bzw. nicht abgeminderte Lastfläche, b) flächengleiches Rechteck, c) viereckige Lastfigur mit Abminderung, d) abgestuftes Rechteck mit Abminderung

- die Umwandlung des vollen Resterddrucks in ein flächengleiches Rechteck (Bild 6.15b),
- die Umwandlung des abgeminderten Resterddrucks in eine viereckige Lastfigur (Bild 6.15c),
- die Umwandlung des abgeminderten Resterddrucks in ein abgestuftes Rechteck (Bild 6.15d).

Bei der Wahl einer möglichst wirklichkeitsnahen Lastfigur ist zu beachten, dass bei Trägerbohlwänden – anders als im Vorbauzustand – der Erddruck in Höhe der Verfüllung nicht auf null zurückgeht. Der Ausbau der Verbohlung im Zuge der Baugrubenverfüllung beeinflusst vielleicht die Erddruckverteilung im Bereich unterhalb der jeweiligen Verfüllungsoberfläche, nicht aber im Bereich darüber.

Wie die Ausführungen zu den Bildern 6.12 bis 6.15 zeigen, ist die beim Ausbau der unteren bis zur vorletzten Steifen- bzw. Ankerlage zu erwartende Erddruckverminderung verhältnismäßig gering. Auch beim Ausbau bzw. dem Entspannen der obersten Steifen- bzw. Ankerlage kann der ursprüngliche Erddruck erhalten bleiben, wenn das Bauwerk unmittelbar gegen eine sehr biegesteife Baugrubenwand betoniert wird. Das Gleiche kann der Fall sein, wenn ein schmaler Arbeitsraum zwischen Bauwerk und Baugrubenwand vorgegeben ist, in dem das Verfüllmaterial äußerst gut verdichtet wird, und die Baugrubenwand selbst sich kaum verformt (Bild 6.9d). Doch ist dies ein Ausnahmefall. In aller Regel stellt sich, wenn die oberste Stützung ausgebaut wird, bei Trägerbohlwänden, Spundwänden und Ortbetonwänden eine Wandbewegung ein, die für eine erhebliche Erddruckverminderung ausreicht. Die Wand neigt sich dann vornüber und der umgelagerte Erddruck nimmt im Bereich der entstehenden freien Wandhöhe sowohl der Größe als auch der Verteilung nach auf den klassischen, zur Wandbewegungsart A (Drehung um den Fußpunkt) gehörenden, geradlinig mit der Tiefe zunehmenden Erddruck ab, wenn die Baugrubenwand in der Arbeitsraumverfüllung eingespannt ist (Bild 6.11d). In diesem Fall ist die Baugrubenwand ohne Rücksicht auf die vorhergegangenen Bauzustände stets nach den Angaben des Kapitels 4 zu berechnen.

Eine weitere Möglichkeit des Nachweises ist durch die Simulation des Baufortschritts mit der FEM gegeben. Allerdings sollte dann mit Stoffgesetzen gearbeitet werden, die das Verhalten bei Entlastung wirklichkeitsnah modellieren können (s. Kapitel 9).

Einfluss der Arbeitsraumverfüllung

In den Rückbauzuständen kommen ähnliche einfach, mehrfach oder gar nicht gestützte Baugrubenwände vor wie in den verschiedenen Vorbauzuständen beim Aushub der Baugrube. Abgesehen von den Besonderheiten beim Ansatz des Erddrucks erfolgt die Berechnung entsprechend Empfehlung EB 11 [47] für jeden Bauzustand so, als wäre kein anderer vorhergegangen. Dies gilt sowohl für den Fall, dass bei einer Umsteifung nach Bild 6.11 die ursprüngliche Baugrubentiefe beibehalten wird, als auch für den Fall, dass entsprechend Bild 6.9 oder Bild 6.11 die Baugrube Zug um Zug verfüllt wird. Einen sehr günstigen Einfluss übt hierbei die Verdichtung des Füllbodens aus. Wird bei nichtbindigem Boden eine Proctordichte von 100 % verlangt, so entspricht dies in der Regel einer Lagerungsdichte von $D \geq 0{,}70$ und damit einem Reibungswinkel von mehr als $\varphi'_k = 40°$. Allerdings ist bei der Verdichtung zu beachten, dass auch der Boden unmittelbar unterhalb von Steifen einwandfrei erfasst wird. Insbesondere bei Trägerbohlwänden mit unmittelbarer Aussteifung gegenüberliegender Bohlträger besteht sonst die Gefahr, dass gerade der Teil des Verfüllbodens eine geringere Scherfestigkeit besitzt, der nach dem Ausbau der Steifen zur Stützung der Bohlträger am stärksten herangezogen wird.

Neben der hohen Scherfestigkeit hat eine gute Verdichtung des Verfüllbodens auch eine Zunahme der Wichte zur Folge, was sich ebenfalls günstig auf den Ansatz des Erdwiderstands auswirkt. Außerdem lässt sich im Allgemeinen auch der Anstieg des Grundwassers innerhalb der Baugrube beeinflussen. Während beim Vollaushubzustand und oft auch bei den Bauzuständen während des Aushubvorgangs mit einem Grundwasserstand gerechnet werden muss, der nur wenig unterhalb der jeweiligen Baugrubensohle liegt, kann der Anstieg des Grundwassers beim Verfüllen der Baugrube durch entsprechende Maßnahmen in der Regel so verzögert werden, dass der für die Stützung der Baugrubenwand nach dem Ausbau einer Steifenlage bzw. beim Entspannen einer Ankerlage in Anspruch genommene Verfüllboden nicht unter Auftrieb steht. Es kann dann die Wichte γ_k des feuchten Bodens in Rechnung gestellt werden anstelle der fast nur halb so großen Wichte γ'_k des unter Auftrieb stehenden Bodens.

Aus den Bildern 6.9 bis 6.15 lässt sich im Grundsatz entnehmen, wie der Erddruck in den einzelnen, beim Verfüllen der Baugrube und beim Ausbau von Steifen oder Ankern entstehenden Rückbauzuständen angesetzt werden kann. Was sich jedoch in diesen Fällen unterhalb der Oberfläche der Verfüllung in Wirklichkeit abspielt, lässt sich nur schwer erfassen. Grundsätzlich wird man annehmen müssen, dass durch die Verfüllung der Baugrube sich wenig an der Gesamterddruckkraft von Geländeoberfläche bis Baugrubensohle oder Wandfuß ändert, sodass die Erddruckordinaten unterhalb der Verfüllung im Wesentlichen erhalten bleiben. Bei Trägerbohlwänden kann man die Aufnahme des Erddrucks im Bereich der Verfüllung weitgehend dem Erdwiderstand zwischen den Bohlträgern zuweisen und somit den zur Auflagerung der Träger erforderlichen Erdwiderstand unmittelbar in Höhe der Verfüllung beginnen lassen (Bild 6.16a). Bei Spundwänden und Ortbetonwänden dagegen wird man im Allgemeinen unterhalb der Oberfläche der Verfüllung die im jeweils vorhergegangenen Bauzustand maßgebliche Erddruckverteilung beibehalten müssen (Bild 6.16b).

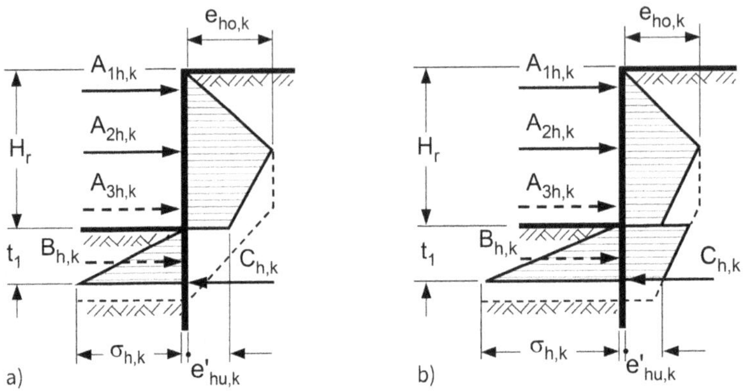

Bild 6.16 Einspannung von Baugrubenwänden in der Baugrubenverfüllung; a) Erddruck und Bodenreaktion bei Verfüllung des Arbeitsraums vor einer Trägerbohlwand, b) Erddruck und Bodenreaktion bei Verfüllung des Arbeitsraums vor einer geschlossenen Wand

Die Untersuchung der Frage, welcher Erddruck unterhalb der Oberfläche der Verfüllung zu berücksichtigen ist, hat im Allgemeinen nur dann Bedeutung, wenn die Verfüllung ähnlich wie im Bild 6.11d auf einer größeren Baugrubenbreite eingebracht wird. Bei der Verfüllung schmaler Arbeitsräume entsprechend den Bildern 6.9b bis d sowie 6.11b und c tritt die Bedeutung dieser Frage in den Hintergrund. Entscheidend ist in diesen Fällen das Auftreten einer Zwangsgleitfläche bei der Ermittlung des Erdwiderstands. Man erhält eine überaus starke Zunahme des Erdwiderstands, sobald der Ausgangspunkt der Gleitfläche so tief liegt, dass eine Gleitflächenneigung ϑ_z erzwungen wird, die steiler ist, als sie sich nach den Angaben in „Baugruben, Teil II" [204] entsprechend der klassischen Erddrucktheorie ergibt. Bei $\delta_{p,k} = \alpha = \beta = 0$, d. h. bei waagerechter Geländeoberfläche, senkrechter Wand und unbehinderter Vertikalbewegung ist dies die Gleitflächenneigung

$$\vartheta_{p,k} = 45° - \frac{\varphi'_k}{2} \tag{6.31}$$

Für eine Zwangsgleitfläche unter dem Winkel ϑ_z erhält man im Fall $\alpha = \beta = 0$ und $\delta_p \neq 0$ mit den Bezeichnungen des Bildes 6.17 das Eigengewicht des Gleitkeils zu

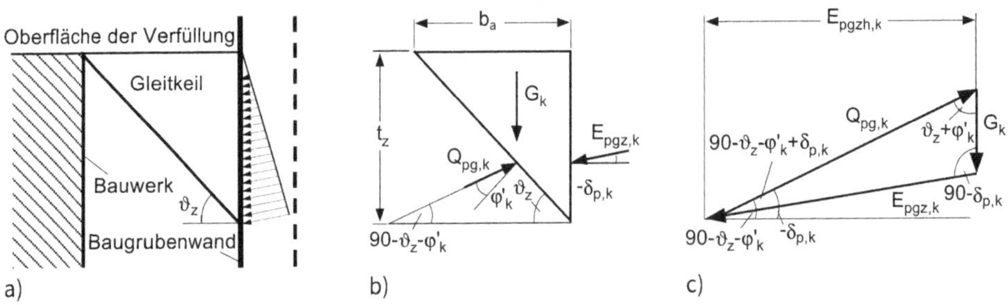

Bild 6.17 Ermittlung des Erdwiderstands bei der Verfüllung eines schmalen Arbeitsraums mit Annahme ebener Gleitflächen; a) Gleitflächenausbildung, b) Kräfte am Gleitkeil, c) Krafteck

$$G_k = \frac{1}{2} \cdot \gamma_k \cdot t_z^2 \cdot \cot\vartheta_z = \frac{1}{2} \cdot \gamma_k \cdot b_a^2 \cdot \tan\vartheta_z \tag{6.32}$$

und daraus den Erdwiderstand im Bruchzustand des Bodens zu

$$E_{pgzh,k} = \frac{1}{2} \cdot \gamma_k \cdot \frac{\sin(\vartheta_z + \varphi_k) \cdot \cos\delta_{p,k}}{\cos(\vartheta_z + \varphi_k - \delta_{p,k}) \cdot \tan\vartheta_z} \cdot t_z^2$$

$$= \frac{1}{2} \cdot \gamma_k \cdot \frac{\sin(\vartheta_z + \varphi_k) \cdot \tan\vartheta_z \cdot \cos\delta_{p,k}}{\cos(\vartheta_z + \varphi_k - \delta_{p,k})} \cdot b_a^2 \tag{6.33}$$

Im Grenzfall $\vartheta_z = \vartheta_{p,k}$ ergibt sich aus dieser Gleichung der gleiche Erdwiderstand wie nach der klassischen Erddrucktheorie. Im Falle $\vartheta_z > \vartheta_{p,k}$ wird er entsprechend größer. Bei

$$\vartheta_z = 90° - \varphi'_k - \delta_{p,k} \tag{6.34}$$

erhält man rechnerisch $E_{pgzh,k} = \infty$, was allerdings insofern nicht zutrifft, als in diesem Fall in Wirklichkeit gekrümmte Gleitflächen auftreten. Mit $\delta_{p,k} = 0$ wird jedoch der Grenzfall $E_{pgzh,k} = \infty$ spätestens bei

$$\vartheta_z = 90° - \varphi'_k \tag{6.35}$$

erreicht. Die in Wirklichkeit mögliche Widerstandskraft hängt dann von der Belastbarkeit des Bauwerks ab. Wenn das Bauwerk imstande ist, entsprechende Beanspruchungen aufzunehmen, dann erhält man in Verbindung mit der im Rückbauzustand vorhandenen großen Einbindetiefe eine überaus wirksame Einspannung. Sofern die Voraussetzung der guten Verdichtung erfüllt ist, kann daher bei Trägerbohlwänden, Spundwänden und Ortbetonwänden im Allgemeinen ohne genauere Untersuchung der Einspannwirkung der Momentennullpunkt in Höhe der Oberfläche der Auffüllung angenommen werden (Bild 6.17a). Damit vereinfacht sich die Berechnung wesentlich. Man erhält einen Durchlaufträger mit freien Endauflagern, dessen Schnittgrößen leicht mit den üblichen statischen Verfahren ermittelt werden können. Die Annahmen für die Größe und Verteilung des Erddrucks richten sich unabhängig von der Einspannung nach den Angaben zu den Bildern 6.9 bis 6.14. Dies gilt auch für den Fall, dass das Bauwerk unmittelbar gegen die Baugru-

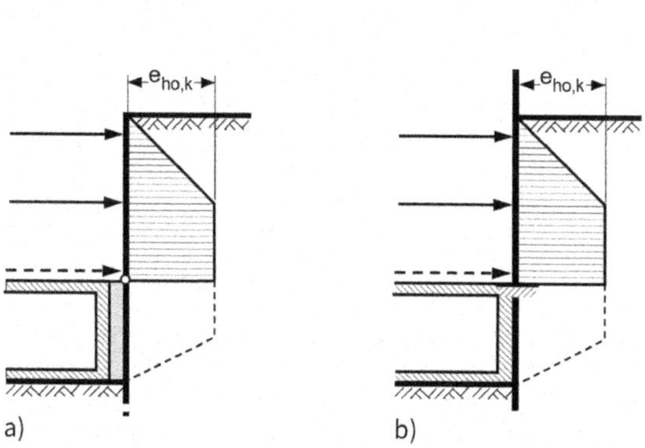

Bild 6.18 Vereinfachte Annahmen für die Auflagerbedingungen der Baugrubenwand im Rückbauzustand; a) Annahme eines Momentennullpunkts bei Arbeitsraumverfüllung, b) Annahme eines Einspannpunkts bei Bauwerk ohne Arbeitsraum

benwand betoniert wird. Wenn keine weichen oder empfindlichen Schichten dies verbieten, kann jedoch in diesem Fall näherungsweise eine volle Einspannung in Höhe der Oberkante des Bauwerks angenommen werden (Bild 6.18b).

Abstützung in Höhe der Baugrubensohle

Oft benötigt man zur Herstellung des Bauwerks einen großen Arbeitsraum oberhalb der Baugrubensohle, z. B. bei Tiefkellern, Tunnelbauten und großen Abwasserkanälen. In solchen Fällen ist es meist wirtschaftlich, zunächst eine letzte Steifenlage verhältnismäßig dicht über der Baugrubensohle anzuordnen. Diese Steifenlage wird ausgebaut, sobald eine neue Abstützung in Höhe der Baugrubensohle oder unmittelbar darunter oder unmittelbar darüber fertiggestellt ist. Für eine solche Sohlstützung kommen folgende Ausführungen infrage:

a) Es werden unterhalb der Baugrubensohle Steifen aus Stahl, Stahlbetonfertigteilen oder Ortbeton eingebaut.
b) Es wird ein ausreichend bemessener, bewehrter Unterbeton auf die Baugrubensohle aufgebracht.
c) Es wird ein ausreichend bemessener, aber unbewehrter Unterbeton zur Abstützung herangezogen, sobald er durch die Bauwerkssohle belastet ist.
d) Es werden Hilfssteifen gegen die Bauwerkssohle gesetzt, sobald diese ausreichend erhärtet ist.

Am einfachsten in der Bauausführung sind die Lösungen a) bis c). Bei Lösung d) erhält man die kürzeste Feldweite (Bild 6.19b), erschwert aber im Allgemeinen den weiteren Arbeitsablauf. Beispielsweise muss bei einer Wannenabdichtung die durch die Hilfssteifen eingeleitete Kraft auf eine größere Fläche verteilt werden.

Die Abstützung einer Baugrubenwand gegen Sohlsteifen, gegen den Unterbeton oder gegen eine Bauwerkssohle erlaubt es in der Regel, die vorletzte Steifenlage oberhalb der Bauwerksdecke anzuordnen und verhilft damit nach dem Ausbau der untersten Steifenlage zu dem gewünschten freien Arbeitsraum. In statischer Hinsicht stellt sich dabei die Frage, inwieweit mit einer Einspannung der Wand im Untergrund gerechnet werden kann. Der Grundgedanke hierbei ist folgender:

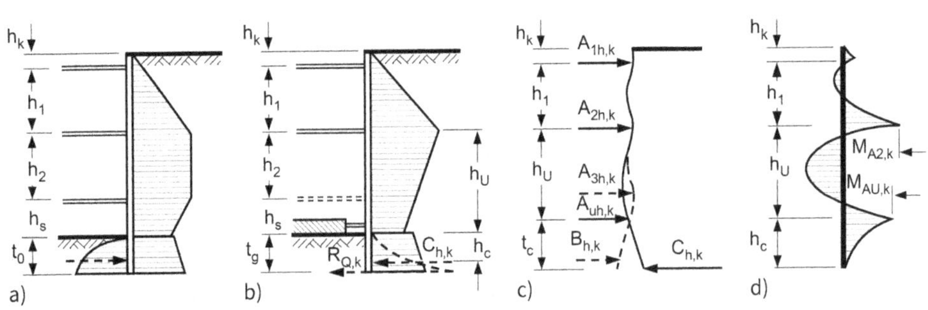

Bild 6.19 Rückbauzustände mit Absteifung der Baugrubenwand gegen eine Bauwerkssohle; a) Bauzustand und Lastbild vor Ausbau der untersten Stützung, b) Bauzustand und Lastbild nach Ausbau der untersten Stützung, c) Verformung der Wand vor und nach Ausbau der Stützung, d) Biegemomente nach Ausbau der untersten Stützung

Beim Ausbau der untersten Steifenlage biegt sich die Wand in dem entstehenden Feld durch. Das unterhalb der Baugrubensohle liegende Ende der Wand drückt gegen das Erdreich und weckt dort Erdwiderstand (Bild 6.19c). Damit ist in Höhe der Stützung durch Sohlsteifen, Unterbeton oder Bauwerkssohle eine Einspannwirkung verbunden, die sich auf die Bemessung der Wand sehr günstig auswirkt.

Wie die bisher vorliegenden Erfahrungen erkennen lassen, tritt bei ausreichender Einbindetiefe die Einspannwirkung nach Bild 6.19d durchaus auf. Dies erscheint auch insofern glaubhaft, als schon eine verhältnismäßig geringe Rückdrehung des Wandfußes einen sehr hohen Erdwiderstand wecken kann, weil hierfür nicht die Einbindetiefe, sondern die Gesamttiefe von Geländeoberfläche bis Wandunterkante maßgebend ist. Da bei der hier vorliegenden Art der Wandbewegung eine starke Zunahme der Bodenreaktionen am Wandfuß zu erwarten ist und zusätzlich die in der Sohlfläche der Wand wirksame, aus der Spitzendruckkraft $Q_{s,k}$ nach Abschnitt 7.3 herrührende Reibungskraft

$$R_{Q,k} = Q_{s,k} \cdot \tan \varphi'_k \tag{6.36}$$

einen nicht unerheblichen, unter Umständen sogar einen ausschlaggebenden Einfluss ausübt, ist es naheliegend, die Lage der Resultierenden $C_{h,k}$ nach Bild 6.19b bei

$$h_C = 0{,}90 \cdot t_C \tag{6.37}$$

oder noch tiefer anzunehmen. Legt man jedoch der Schnittgrößenermittlung entsprechend Bild 6.19b einen Durchlaufträger auf unnachgiebigen Stützen mit der von der Einbindetiefe abhängigen Endfeldstützweite h_C zugrunde, so ergibt sich entsprechend Bild 6.20a folgendes Ergebnis:

a) Bei zunehmender Einbindetiefe nimmt auch die Endfeldstützweite h_C zu und damit die Einspannwirkung in Höhe der Abstützung ab.
b) Bei abnehmender Einbindetiefe nimmt dementsprechend die Einspannwirkung zu; falls die Endstützweite h_C gegen null geht, erhält man eine volle Einspannung.

Ein solches Ergebnis ist offensichtlich widersinnig. Da zum Wecken der Reaktionskraft $C_{h,k}$ eine entsprechende Einbindetiefe und eine ausreichende Wandbewegung vorhanden sein müssen, ist in Wirklichkeit Folgendes zu erwarten:

a) Bei fehlender Einbindetiefe ist das Einspannmoment in Höhe der Abstützung gleich null.
b) Bei zunehmender Einbindetiefe nimmt zunächst auch die Einspannwirkung zu.
c) Bei einer bestimmten Einbindetiefe erreicht das Einspannmoment in Höhe der Abstützung einen Wert, der sich bei weiterer Vergrößerung der Einbindetiefe nicht mehr ändert.

Das Rechenmodell mit Annahme eines unnachgiebigen Erdauflagers führt somit zu völlig irreführenden Ergebnissen. Einigermaßen zutreffend dürften die Einspannverhältnisse zu erfassen sein, wenn die im Bild 6.20b dargestellte Abhängigkeit zugrunde gelegt wird. Danach ist bei Spundwänden in mitteldicht oder dicht

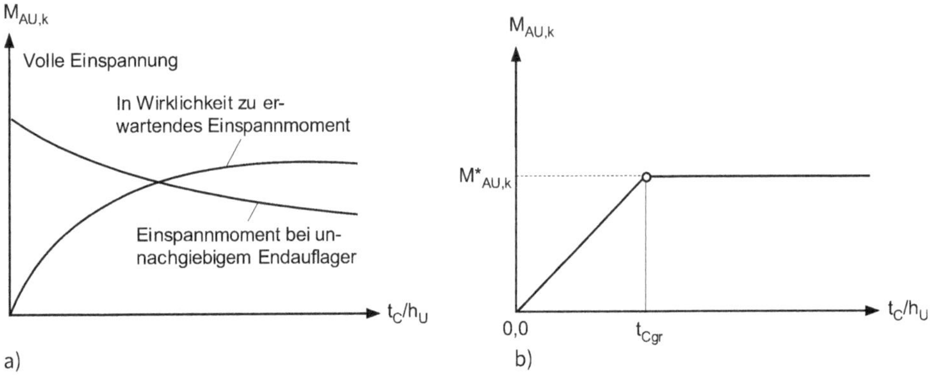

Bild 6.20 Einspannmoment in Höhe der Abstützung in Abhängigkeit von der Endfeldstützweite; a) Einfluss der Nachgiebigkeit des Endlauflagers auf die Größe des Einspannmoments, b) Vorschlag für die rechnerische Erfassung der Einspannwirkung

gelagerten nichtbindigen Böden oder steifen bis festen bindigen Böden das Einspannmoment $M^*_{AU,k}$ zunächst für die Grenztiefe

$$t_{Cgr} = 0{,}30 \cdot h_U \tag{6.38}$$

zu ermitteln. Ist in Wirklichkeit $t_C \geq t_{Cgr}$, so ist trotzdem mit der Grenztiefe t_{Cgr} zu rechnen. Es ist dann

$$M_{AU,k} = M^*_{AU,k} \tag{6.39}$$

Ist dagegen $t_C \leq t_{Cgr}$, so gilt der Ansatz

$$M_{AU,k} = \frac{t_C}{t_{Cgr}} \cdot M^*_{AU,k} \tag{6.40}$$

Bei Trägerbohlwänden sind zum Wecken des Erdwiderstands größere Bewegungen erforderlich als bei Spundwänden. Das maximale Einspannmoment M^*_{AU} und das wirksame Einspannmoment M_{AU} sind in diesem Fall für die Grenztiefe

$$t_{Cgr} = 0{,}40 \cdot h_U \tag{6.41}$$

zu ermitteln.

Die genannten Ansätze gelten nur für Spundwände und Trägerbohlwände in mitteldicht oder dicht gelagerten nichtbindigen Böden oder steifen bis festen bindigen Böden. Bei locker gelagerten nichtbindigen Böden und erst recht bei weichen bindigen Böden, gegebenenfalls auch bei steifen bindigen Böden ist die rechnerische Grenztiefe t_{Cgr} nach Gl. (6.38) bzw. (6.41) zu erhöhen, gegebenenfalls bis zu

$$t_{Cgr} = h_U \tag{6.42}$$

Das Gleiche gilt für starre Ortbetonwände, bei denen wegen der geringen Durchbiegung im Feld oberhalb der Abstützung nur eine geringe Rückdrehung im Bereich des Erdauflagers erwartet werden kann. Ein völliger Verzicht auf die Einspann-

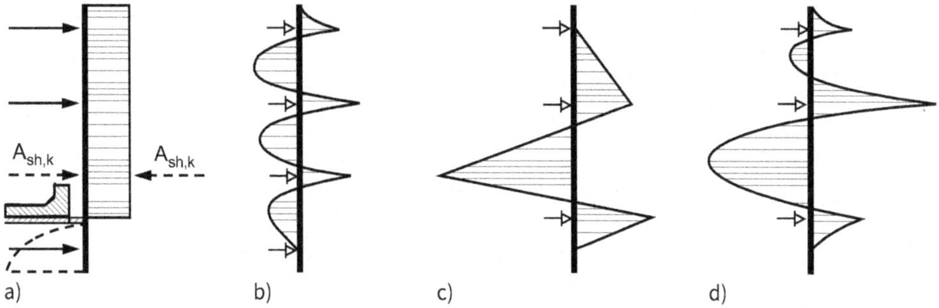

Bild 6.21 Ermittlung der Momentenlinie im ersten Rückbauzustand durch Überlagerung von Lastfällen; a) Gesamtlastbild mit Zusatzkraft A_{sh}, b) Momente vor Ausbau der untersten Stützung, c) Momente für den Lastfall „Ausbau der untersten Stützung", d) Momente für den Zustand „Abstützung gegen den Unterbeton"

wirkung bei der Ermittlung der Schnittgrößen ist jedoch auch bei ungünstigen Voraussetzungen nicht erforderlich.

Wenn auch die Empfehlungen des Arbeitskreises „Baugruben" es zulassen, jeden Bauzustand für sich zu untersuchen, so werden doch verschiedentlich die Schnittgrößen für den Zustand der Abstützung gegen Sohlsteifen, Unterbeton oder Bauwerkssohle durch Überlagerung des Bauvorgangs „Ausbau der untersten Steifenlage" mit dem Bauzustand „Vollaushub" ermittelt. Man stellt sich dabei den Ausbau der untersten Steifenlage als Aufbringen einer äußeren Last $A_{sh,k}$ von der Größe der rechnerischen Steifenkraft vor (Bild 6.21), welche die Stützwirkung der Steifenkraft aufhebt. Dieses Verfahren berücksichtigt den Einfluss der Trägerverformung auf die Schnittgrößenverteilung, ohne dass die Trägerverformung selbst ermittelt zu werden braucht. Da das Verfahren jedoch voraussetzt, dass sich die Erddruckverteilung beim Ausbau der untersten Steifenlage nicht ändert, kommt es im Wesentlichen infrage, wenn für beide Bauzustände als Lastfigur ein durchgehendes Rechteck oder ein oben abgeschrägtes Rechteck gewählt wird.

6.5 Berücksichtigung von Nutzlasten

Wie bereits im Abschnitt 3.4 erwähnt worden ist, darf nach EB 7 [47] der Erddruck aus Nutzlasten auf der Geländeoberfläche voll in die Lastfigur für den Erddruck aus Bodeneigenlast einbezogen werden, wenn sich die Nutzlasten durch großflächige Ersatzlasten bis $p_k = 10\ kN/m^2$ erfassen lassen. Werden die Nutzlasten dagegen als Linien- oder Streifenlasten in die Berechnung eingeführt, so ist der von ihnen verursachte Erddruck gesondert anzusetzen. Bei wenig nachgiebig gestützten Baugrubenwänden darf der Erddruck aus Linien- oder Streifenlasten entsprechend den Angaben in Abschnitt 3.4 unter Annahme ebener Gleitflächen unter dem Winkel $\vartheta_{a,k}$ zur Waagerechten ermittelt und vereinfachend als rechteckförmige, trapezförmige oder dreieckförmige Lastfigur der Lastfigur aus Bodeneigengewicht überlagert werden. Auch eine Anpassung an die Stützungspunkte ist zulässig, sofern sichergestellt ist, dass

- die Lastfigur nicht unterhalb des Punktes beginnt, an dem ein unter dem Winkel φ'_k zur Waagerechten von der Vorderkante der Nutzlast ausgehender Strahl die Wandhinterkante schneidet und
- die Resultierende des so festgelegten Erddrucks aus Nutzlast nicht wesentlich unter dem Punkt liegt, an dem ein von der Linienlast bzw. ein vom Schwerpunkt der Streifenlast unter 45° zur Waagerechten ausgehender Strahl die Wandrückseite trifft.

Wirkt sich der Erddruck aus Nutzlast nur im Bereich bis zur zweiten Stützung aus, so ergeben sich im Wesentlichen die im Bild 6.22 angegebenen Lastfiguren. Wirkt er sich im Bereich bis zur dritten Stützung aus, so kommen Lastflächen entsprechend Bild 6.23 infrage. Sofern noch mehr Felder betroffen sind, was kaum vorkommt, ist entsprechend zu verfahren.

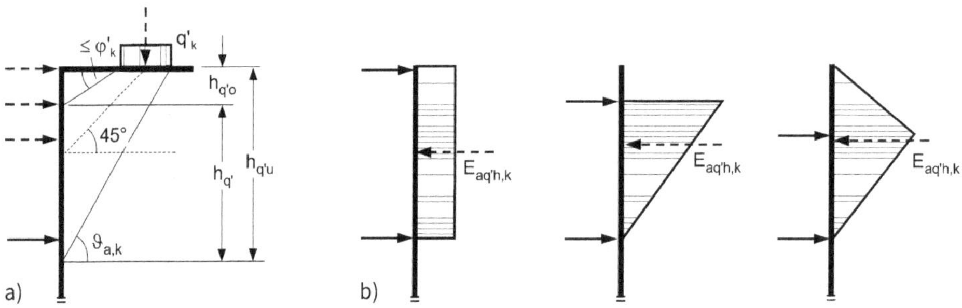

Bild 6.22 Ansatz des Erddrucks aus Nutzlast im oberen Feld einer mehrmals gestützten Baugrubenwand (Beispiele); a) Baugrubenwand mit Nutzlast und Lastausbreitung, b) Lastfiguren für den Erddruck aus Nutzlast in Abhängigkeit von der Lage der Stützungspunkte

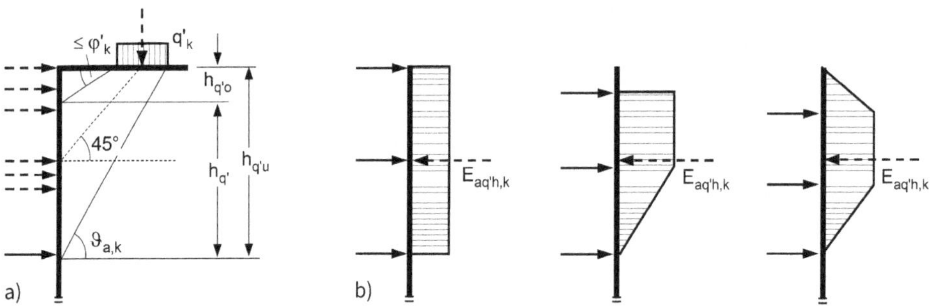

Bild 6.23 Ansatz des Erddrucks aus Nutzlast in den oberen beiden Feldern einer mehrmals gestützten Baugrubenwand (Beispiele); a) Baugrubenwand mit Nutzlast und Lastausbreitung, b) Lastflächen für den Erddruck aus Nutzlast in Abhängigkeit von der Lage der Stützungspunkte

7 Weitere Nachweise

7.1 Gleichgewicht der waagerechten Kräfte bei Trägerbohlwänden

Ausgangssituation

Bei der Untersuchung von Spundwänden und Ortbetonwänden wird der Erddruck von der Geländeoberfläche bis zur Wandunterkante in die Berechnung einbezogen. Es wird die Größe der Auflagerkräfte bestimmt und nachgewiesen, dass die Steifen, die Anker und gegebenenfalls der Erdwiderstand unterhalb der Baugrubensohle bei Einhaltung bestimmter Sicherheitswerte in der Lage sind, diese Kräfte aufzunehmen. Damit ist bei Spundwänden die Gleichgewichtsbedingung $\Sigma H = 0$ erfüllt. Das Gleiche gilt für Trägerbohlwände, wenn der Erddruck bis zum Trägerfuß berücksichtigt wird. Im Allgemeinen wird jedoch der Erddruck bei Trägerbohlwänden nur bis zur Baugrubensohle angesetzt und unterstellt, dass der nicht ausgenutzte Bemessungswert des Erdwiderstands $\Delta E_{ph,d}$ zwischen den Bohlträgern den unterhalb der Baugrubensohle wirkenden Bemessungswert des Erddrucks $\Delta E_{ah,d}$ aufnimmt. Dies lässt sich wie folgt begründen: Die Bohlträger werden oberhalb der Baugrubensohle über die Bohlen mit dem vollen Erddruck belastet. Um die Belastung auf das Erdreich unterhalb der Baugrubensohle abgeben zu können, bewegen sie sich etwas nach vorn und drücken – zumindest im Grenzzustand – Bruchmuscheln aus dem Boden. Zwischen den Bruchmuscheln bleibt der Boden stehen, auch wenn sich die Bruchmuscheln in Höhe der Geländeoberfläche berühren oder gar überschneiden. Die Menge des von den Bruchmuscheln erfassten Bodens ist weitaus kleiner als es ihre Grundrissfläche vermuten ließe. Dies zeigt deutlich das Ergebnis einer Aufgrabung [208], die im Anschluss an einen Modellversuch vorgenommen wurde, bei dem gefärbte Schichten in den Versuchssand eingestreut waren [214]. Hierzu siehe Bild 7.1.

Auf die zwischen den einzelnen Bruchmuscheln stehenbleibenden Erdkörper muss sich der unterhalb der Baugrubensohle von hinten nachdrückende Boden abstützen, da sich die Bohlträger selbst durch ihre Bewegung der Belastung entzogen haben. Es bilden sich somit zwangsläufig Gewölbe aus, die den Boden zwischen den Bohlträgern zum Abtragen der unterhalb der Baugrubensohle wirkenden Erddruckkräfte heranziehen.

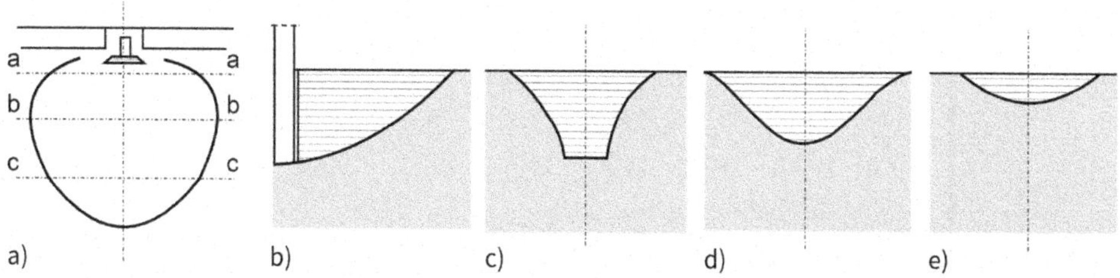

Bild 7.1 Form der Bruchmuschel beim Erdwiderstand vor schmalen Druckflächen mit behinderter Vertikalbewegung; a) Grundriss, b) Längsschnitt, c) Querschnitt a–a, d) Querschnitt b–b, e) Querschnitt c–c

Baugruben, 3. Auflage. Achim Hettler, Theodoros Triantafyllidis, Anton Weißenbach.

Standsicherheitsnachweis im Normalfall

Beim Nachweis des Gleichgewichts der Horizontalkräfte stellt man sich vor den Bohlträgern auf der Baugrubenseite eine durchgehende Wand vor (Bild 7.2). Die charakteristischen Einwirkungen sind auf der Erdseite die Resultierende $\Delta E_{ah,k}$ des aktiven Erddrucks unterhalb der Baugrubensohle und die Auflagerkraft $B_{h,k}$ aus dem Nachweis der Einbindetiefe. Demgegenüber steht als Widerstand auf der Baugrubenseite die Resultierende $E_{ph,k}$ des passiven Erddrucks zur Verfügung.

Die unterhalb der Baugrubensohle wirkende aktive Erddruckkraft hat die Größe

$$\Delta E_{ah,k} = \left(e'_{auh,k} + \frac{1}{2} \cdot \gamma_k \cdot K_{agh} \cdot t\right) \cdot t \tag{7.1}$$

Hierbei ist mit

$$e'_{auh,k} = \sum_0^H \gamma_{i,k} \cdot (\Delta h_i + p_k) \cdot K_{agh} - c'_k \cdot K_{ach} \tag{7.2}$$

die Erddruckordinate unmittelbar unterhalb der Baugrubensohle bezeichnet. Bei durchgehend einheitlichem Boden von Geländeoberfläche bis Baugrubensohle bzw. bei kohäsionslosem Boden unterhalb der Baugrubensohle vereinfacht sich Gl. (7.2) entsprechend. Steht unterhalb der Baugrubensohle bindiger Boden an, so ist die Erddruckkraft $\Delta E_{ah,k}$ sowohl mit der entsprechend den Angaben im Kapitel 3 aufgrund von Bodenuntersuchungen festgelegten Scherfestigkeit des Bodens als auch mit dem Ersatzreibungswinkel $\varphi'_{Ers,k}$ zur Berechnung des Mindesterddruckbeiwerts $K_{agh,\,Ers}$ zu ermitteln

$$\Delta E_{ah,k} = \left(e'_{auh,k} + \frac{1}{2} \cdot \gamma_k \cdot K_{agh,Ers} \cdot t\right) \cdot t \tag{7.3}$$

Der größere Wert ist für die weitere Berechnung maßgebend. Im Übrigen treffen die Gln. (7.1) und (7.3) gleichermaßen für im Boden frei aufgelagerte und für im Boden eingespannte Trägerbohlwände zu. Im einen Fall ist als Tiefe t der Abstand t_0 von der Baugrubensohle bis zur Trägerunterkante (Bild 7.3a), im anderen Fall der Abstand t_1 von der Baugrubensohle bis zum Angriffspunkt der theoretischen Ersatzkraft C_k einzusetzen (Bild 7.3b), deren Einfluss vernachlässigt wird.

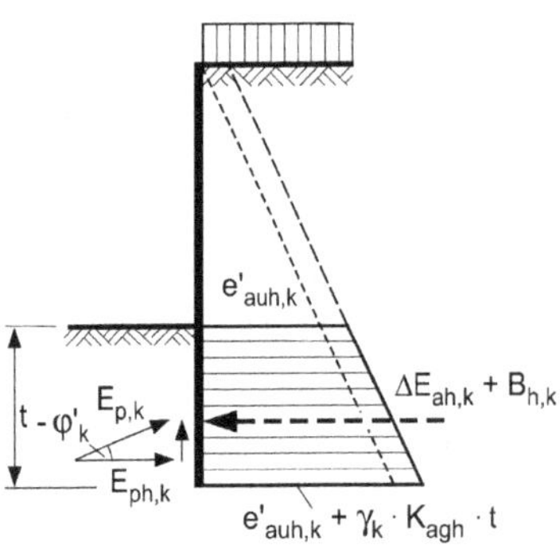

Bild 7.2 Gleichgewicht der Horizontalkräfte unterhalb der Baugrubensohle bei Trägerbohlwänden

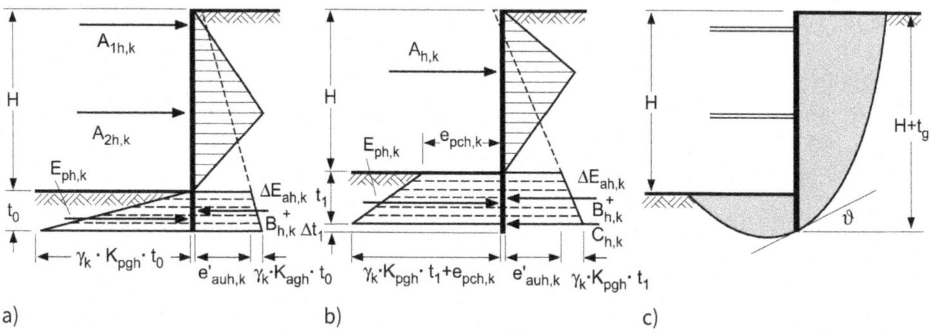

Bild 7.3 Aufnahme des bei der Berechnung von Trägerbohlwänden vernachlässigten Erddrucks durch den von Bohlträgern nicht ausgenutzten Erdwiderstand; a) bei freier Auflagerung in nichtbindigem Boden, b) bei Einspannung in bindigem Boden, c) Gleitflächenausbildung im Grenzzustand

Die charakteristische Auflagerkraft $B_{h,k}$ wird aus dem Nachweis der Einbindetiefe übernommen. Sie setzt sich in der Regel aus einem Anteil aus ständigen und aus veränderlichen Einwirkungen zusammen. Unter Verwendung der Teilsicherheitsbeiwerte γ_G und γ_Q berechnet sich daraus der für den Nachweis der Horizontalkräfte benötigte Bemessungswert $B_{h,d}$ der Auflagerkraft. Auf gleiche Weise ergibt sich der Bemessungswert $\Delta E_{ah,d}$ der Erddruckkraft unterhalb der Baugrubensohle.

Bei der Ermittlung des Erdwiderstands $E_{ph,k}$ darf im Allgemeinen der Erddruckneigungswinkel mit $\delta_{p,k} = -\varphi'_k$ angenommen werden, da in der gedachten Druckfläche in der Bohlträgerebene Boden gegen Boden ansteht. Auch die Überlegung, dass die Gleitfläche auf der Erddruckseite der Wand ohne Knick oder Sprung in die Gleitfläche auf der Erdwiderstandsseite übergehen muss, bestätigt diese Auffassung (Bild 7.3c). Der dabei auf der Erdwiderstandsseite auftretende Winkel des Gleitflächenansatzes gehört nach den Angaben in „Baugruben, Teil II" [204] zum Erddruckneigungswinkel $\delta_{p,k} = -\varphi'_k$.

Durch Division mit dem Teilsicherheitsbeiwert $\gamma_{R,e}$ erhält man den Bemessungswert $E_{ph,d}$ des Erdwiderstands

$$E_{ph,d} = \frac{E_{ph,k}}{\gamma_{R,e}} \tag{7.4}$$

Der den Nachweis der Einbindetiefe ergänzende Nachweis des Gleichgewichts der Horizontalkräfte lautet

$$B_{h,d} + \Delta E_{ah,d} \leq E_{ph,d} \tag{7.5}$$

Unabhängig von der Anzahl der Stützungen und unabhängig davon, ob die Bohlträger im Boden frei aufgelagert oder eingespannt sind, kann auf den Nachweis des Gleichgewichts der waagerechten Kräfte verzichtet werden, wenn gleichzeitig folgende Bedingungen erfüllt sind:

a) Es muss unterhalb der Baugrubensohle ein nichtbindiger Boden anstehen, dessen Wichte etwa gleich ist der mittleren Wichte des oberhalb der Baugrubensohle anstehenden Bodens, zumindest also ein Boden, der nicht unter Auftrieb steht.

b) Die Einbindetiefe der Bohlträger unterhalb der Baugrubensohle darf nach EB 15 [47], Absatz 9 nicht kleiner sein als ein Viertel der Baugrubentiefe. Dies ist eine Vereinfachung der in [205] angegebenen Werte. Danach muss die Einbindetiefe in Abhängigkeit vom Reibungswinkel φ'_k folgende Werte aufweisen:

$$t_g \geq 0{,}40 \cdot H \quad \text{bei} \quad \varphi'_k = 30° \tag{7.6a}$$

$$t_g \geq 0{,}25 \cdot H \quad \text{bei} \quad \varphi'_k = 32{,}5° \tag{7.6b}$$

$$t_g \geq 0{,}20 \cdot H \quad \text{bei} \quad \varphi'_k = 35° \tag{7.6c}$$

$$t_g \geq 0{,}15 \cdot H \quad \text{bei} \quad \varphi'_k = 37{,}5° \tag{7.6d}$$

$$t_g \geq 0{,}10 \cdot H \quad \text{bei} \quad \varphi'_k = 40° \tag{7.6e}$$

c) Es müssen die Voraussetzungen dafür vorliegen, den Erdwiderstand vor den Bohlträgern mit negativer Wandreibung zu ermitteln.

d) Der Achsabstand der Bohlträger muss die Bedingung

$$a_t \geq 5 \cdot b_t \tag{7.7}$$

erfüllen, d. h., er muss mindestens das Fünffache der Bohlträgerbreite aufweisen.

e) Es darf unterhalb der Baugrubensohle kein Erddruck aus Bauwerkslasten auftreten.

Da die räumliche Wirkung beim Anteil der Kohäsion am Gesamterdwiderstand vor einem Bohlträger größer ist als beim Anteil aus dem Bodeneigengewicht, nutzen die Bohlträger in bindigem Boden den möglichen Erdwiderstand besser aus als in nichtbindigem Boden. Damit verbleibt in der Regel nur noch ein geringer Resterdwiderstand $\Delta E_{ph,k}$ zur Aufnahme der vernachlässigten Erddruckkraft $\Delta E_{ah,k}$. Bei bindigem Boden ist daher der Nachweis des Gleichgewichts der waagerechten Kräfte ohne Änderungen des Lastansatzes oder des Tragwerksystems oft nicht möglich.

Zusätzliche Standsicherheitsnachweise bei freier Auflagerung im Boden

Lässt sich mit dem zunächst angenommenen Lastbild und mit der Einbindetiefe, die sich aus dem Standsicherheitsnachweis für die Bohlträger ergibt, der Nachweis $\Sigma H = 0$ nicht erbringen, dann ist die Standsicherheit der Wand nicht im erforderlichen Maße gewährleistet. Bei gestützten, im Boden frei aufgelagerten Trägerbohlwänden bieten sich, unabhängig von der Anzahl der Stützungen, folgende Lösungen an:

a) Die Einbindetiefe t_0 wird entsprechend Bild 7.4b so weit vergrößert, bis sich der Nachweis $\Sigma H = 0$ erbringen lässt. Die Schnittgrößenermittlung für die Bohlträger ist mit der neuen Einbindetiefe und somit mit einer größeren Stützweite zu wiederholen. In der Rechnung wirkt sich dies wie eine Erhöhung des Teilsicherheitsbeiwerts beim Erdwiderstand vor den Bohlträgern aus.

b) Die unterste Stützung der Trägerbohlwand wird so tief angeordnet, dass auf ein Auflager im Boden verzichtet werden kann (Bild 7.4c). Die Einbindetiefe ergibt

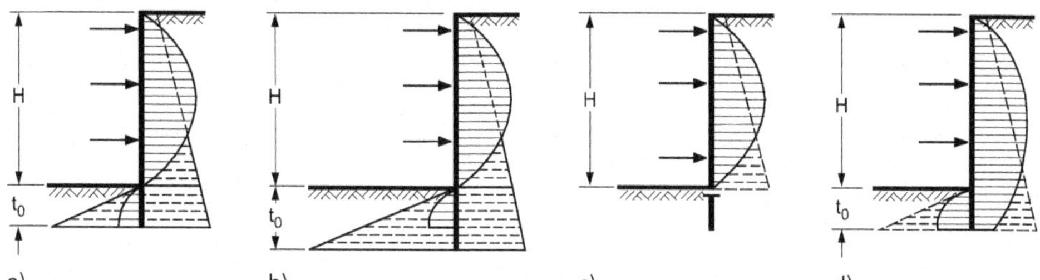

Bild 7.4 Nachweis $\Sigma H = 0$ bei gestützten, im Boden frei aufgelagerten Trägerbohlwänden;
a) Nachweis $\Sigma H = 0$ nicht möglich, b) Vergrößerung der Einbindetiefe, c) Verzicht auf Einbindung, d) Erddruckumlagerung bis zum Wandfuß

sich dann nur aus der Bedingung, dass die senkrechten Kräfte aufgenommen werden müssen.

c) Die Trägerbohlwand wird wie eine Spundwand berechnet. Der Erddruck unterhalb der Baugrubensohle wird dann in der Berechnung berücksichtigt. Man erhält dadurch eine größere Einbindetiefe und, wegen der größeren Belastung des untersten Feldes, möglicherweise ein stärkeres Bohlträgerprofil.
d) Der Erddruck von der Baugrubensohle bis zur Unterkante der Bohlträger wird entsprechend Bild 7.4d voll in die Umlagerung einbezogen. Zwar wird auch in diesem Fall beim statischen Nachweis der Bohlträger nur der oberhalb der Baugrubensohle liegende Teil der Erddruckfigur berücksichtigt; trotzdem erhält man mit diesem Ansatz in der Regel ein stärkeres Bohlträgerprofil und stärkere Steifen bzw. Anker.

Wird bei der zuletzt genannten Lösung eine Lastfigur gewählt, die in Höhe der Baugrubensohle die Lastordinate $e_{hu,k}$ aufweist und von da ab geradlinig auf $e_{h,k} = 0$ in Höhe des Fußpunkts der Bohlträger abfällt, so erhält man den Erddruckanteil, der vom nicht ausgenutzten Erdwiderstand abgetragen werden muss, zu

$$\Delta E_{ah,k} = \frac{1}{2} \cdot e_{hu,k} \cdot t_0 \tag{7.8}$$

Damit lässt sich der Nachweis $\Sigma H = 0$ in der Regel leicht erbringen. Es braucht aber keineswegs die Lastfigur am Fuß der Bohlträger auf $e_{h,k} = 0$ auszulaufen. Es ist vielmehr zulässig, die Lastfigur so zu wählen, dass die Bedingung (7.5) soeben erfüllt ist. Der Erddruckanteil $\Delta E_{ah,k}$ liegt dann zwischen den Werten, die sich aus den Gln. (7.1) und (7.3) einerseits und aus der Gl. (7.8) errechnen lassen.

Zusätzliche Standsicherheitsnachweise bei Einspannung im Boden

Ähnliche Überlegungen wie für die gestützten, im Boden frei aufgelagerten Trägerbohlwände gelten auch für gestützte, im Boden eingespannte Trägerbohlwände, wenn der Nachweis $\Sigma H = 0$ mit der zunächst gewählten Einbindetiefe nicht erbracht werden kann. Bevor jedoch eine erneute Schnittgrößenermittlung mit geänderten Voraussetzungen durchgeführt wird, ist zu prüfen, ob eine genauere Erfassung der im Boden wirksamen Auflagerkraft ausreicht, um den Sicherheitsnachweis nach der Bedingung (7.5) erbringen zu können. Wie im Abschnitt 4.1

dargelegt wird, kommt die Einspannung im Untergrund durch das Kräftepaar $E_{ph1,k}$ und $E_{ph2,k}$ zustande. Durch Hinzufügen eines weiteren Kräftepaars entsprechend Bild 4.2 ist daraus das allgemein verwendete Lastbild von *Blum* entstanden. Beim Nachweis $\Sigma H = 0$ ergibt sich damit jedoch ein falsches Bild. Es lässt sich korrigieren, indem in Gl. (7.5) nicht die rechnerische charakteristische Auflagerkraft $B_{h,k}$, sondern die tatsächlich zu erwartende charakteristische Auflagerkraft $B'_{h,k}$ berücksichtigt wird, die näherungsweise aus dem Ansatz

$$B'_{h,k} = B_{h,k} - \tfrac{1}{2} \cdot C_{h,k} \tag{7.9}$$

ermittelt werden darf. Es gilt dann die Grenzzustandsbedingung

$$B'_{h,d} + \Delta E_{ah,d} \leq E_{ph,d} \tag{7.10}$$

Lässt sich trotz der Korrektur der Auflagerkraft der Sicherheitsnachweis nach der Bedingung (7.10) mit dem ursprünglich zugrunde gelegten Lastbild und der damit ermittelten Einbindetiefe t_1 nicht erbringen, so stehen folgende Möglichkeiten zur Auswahl:

a) Die Einbindetiefe t_1 wird so weit vergrößert, bis sich der Nachweis $\Sigma H = 0$ erbringen lässt. Die Schnittgrößen sind für die geänderten Stützweitenverhältnisse neu zu ermitteln, was mit einer Vergrößerung des Bohlträgerprofils verbunden sein kann.
b) Es wird auf die volle Einspannung verzichtet und stattdessen mit einer teilweisen Einspannung oder – im Grenzfall – mit einer freien Auflagerung gerechnet. Allerdings ändern sich bei der erneuten Durchrechnung die Schnittgrößen und möglicherweise damit auch die Abmessungen der Bohlträger.
c) Die Trägerbohlwand wird wie eine Spundwand berechnet, wodurch sich ein besonderer Nachweis $\Sigma H = 0$ erübrigt. Ergibt sich bei der Schnittgrößenermittlung ein größeres Biegemoment oder eine größere Einbindetiefe als in der ursprünglichen Berechnung, so sind für die Bemessung der Bohlträger die jeweils größeren Werte zugrunde zu legen.
d) Es wird der gesamte Erddruck von der Baugrubensohle bis zum theoretischen Fußpunkt der Bohlträger in die Umlagerung einbezogen. Hierfür gelten in vollem Umfang die Überlegungen, die im Zusammenhang mit den im Boden frei aufgelagerten Trägerbohlwänden angestellt worden sind.

Bei den nicht gestützten, im Boden eingespannten Trägerbohlwänden muss immer die Einbindetiefe t_1 vergrößert werden, wenn der Nachweis nach der Bedingung (7.10) mit der zunächst ermittelten Einbindetiefe nicht möglich ist. Andere Lösungen stehen nicht zur Verfügung. Falls die Bohlträger nicht länger werden sollen, als es die Bedingung $\Sigma H = 0$ erfordert, ist eine mehrmalige probeweise Durchrechnung erforderlich, wobei der Mobilisierungsgrad des Erdwiderstands so lange zu verringern ist, bis Gl. (7.10) soeben erfüllt ist. Dementsprechend wachsen Einbindetiefe und Biegemoment. Der mit der mehrmaligen Durchrechnung verbundene Aufwand lässt sich vermeiden, indem die Trägerbohlwand wie eine Spundwand berechnet wird. Ergibt sich bei der Schnittgrößenermittlung für eine gedachte Spundwand ein größeres Biegemoment oder eine größere Einbindetiefe als in der ursprünglichen Berechnung, so sind der Bemessung der Bohlträger die jeweils größeren Werte zugrunde zu legen. Im Allgemeinen erhält man bei der Spundwandberechnung sowohl eine größere Einbindetiefe als auch ein größeres Biegemoment als bei der genaueren Berechnung.

Zusätzliche Standsicherheitsnachweise bei Rückbauzuständen
Auch bei den Rückbauzuständen kann es erforderlich sein, den Nachweis des Gleichgewichts der waagerechten Kräfte zu erbringen. Zwar wird beim abschnittsweisen Ausbau von Bohlen wieder ein spannungsloser Bereich geschaffen, ähnlich wie vor dem Einbau von Bohlen, sodass örtlich eine Umlagerung des Erddrucks auftritt. Diese Umlagerung wird aber durch das Einbringen und Verdichten des Verfüllbodens und durch den Ausbau der darüber liegenden Bohlen zu einem großen Teil rückgängig gemacht oder sogar überdrückt. Da sich der Gesamterddruck auf die ursprünglich beim Vollaushubzustand vorhanden gewesene Höhe der Baugrubenwand im Allgemeinen in den Rückbauzuständen nicht grundlegend ändert und auch eine nennenswerte Umlagerung des Erddrucks nach oben nicht auftritt, müssen auch die Erddruckordinaten im verfüllten Bereich der Baugrube im Großen und Ganzen erhalten bleiben. Wird beim Ausbau der Bohlen ein schmaler Arbeitsraum verfüllt, so ist diese Frage nur für die Bemessung des Bauwerks von Belang, nicht aber für die Bemessung der Baugrubenwand. Wird dagegen, z. B. oberhalb eines in der Baugrube erstellten Tunnelbauwerks, der Verfüllboden auf eine größere Breite eingebracht, so muss der unterhalb der Verfüllungsoberfläche wirksame Erddruck vom Erdwiderstand der Verfüllung aufgenommen werden. In diesem Fall ist das Gleichgewicht $\Sigma H = 0$ nachzuweisen. Als Tiefe t_r ist dabei diejenige Einbindetiefe t_0 oder t_1 anzunehmen, die sich rechnerisch für den untersuchten Bauzustand ergibt. Für die Ermittlung des aufzunehmenden Erddruckanteils $\Sigma E_{ah,k}$ ist das Lastbild des jeweils vorhergegangenen Bauzustands maßgebend. Erddruck und Erdwiderstand unterhalb des rechnerisch ermittelten Fußpunkts in der Tiefe t_r unter der Verfüllungsoberfläche werden bei dieser Untersuchung nicht berücksichtigt. Man behandelt den Fall so, als wäre die Wand in dieser Tiefe durchgeschnitten. Lässt sich der Nachweis mit den zunächst gewählten Ansätzen nicht erbringen, ist es im Allgemeinen zweckmäßig, die rechnerische Einbindetiefe t_r entsprechend zu vergrößern. Die im Bild 7.4c dargestellte Lösung ist für Rückbauzustände im Allgemeinen ungeeignet, die im Bild 7.4d dargestellte Lösung zumindest unzweckmäßig.

Wie aus Bild 7.3 deutlich zu erkennen ist, besteht zumindest bei nichtbindigem Boden die Gefahr, dass für die Kräfte $\Delta E_{ah,k}$ und $E_{ph,k}$ die Bedingung $\Sigma M = 0$ nicht erfüllt ist. Dies gilt gleichermaßen für im Boden frei aufgelagerte wie für im Boden eingespannte Trägerbohlwände. Entsprechende Bedenken lassen sich allerdings in den meisten Fällen mit dem Hinweis darauf ausräumen, dass die Resultierende des im Gebrauchszustand in Anspruch genommenen Erdwiderstands höher liegt als die Resultierende des Erdwiderstands im Grenzzustand.

7.2 Nachweis der Vertikalkomponente des mobilisierten Erdwiderstands

Ausgangssituation

Bei der Ermittlung der Schnittgrößen und der Einbindetiefe von im Boden frei aufgelagerten oder eingespannten Baugrubenwänden setzt man im Allgemeinen voraus, dass beim Erdwiderstand ein negativer Erddruckneigungswinkel wirksam wird. Dies bedeutet gegenüber der Annahme $\delta_{p,k} = 0$ eine Zunahme des Erdwiderstands bis etwa auf das Doppelte und damit eine erhebliche Einsparung an Einbindetiefe, wovon wiederum die Biegemomente günstig beeinflusst werden. Da die Annahmen über den Erddruckneigungswinkel beim Erdwiderstand somit von ausschlaggebender Bedeutung sind, ist eine entsprechende Überprüfung im Zuge des Standsicherheitsnachweises unerlässlich. Der Nachweis der Vertikalkomponente des mobilisierten Erdwiderstands wird nach *Weißenbach* [205] auch als „Inneres Gleichgewicht der Vertikalkräfte" bezeichnet. Dabei ist mit charakteristischen Größen nachzuweisen, dass die Summe der nach unten geneigten Kräfte $V_{i,k}$ mindestens gleich groß ist wie die Vertikalkomponente $B_{v,k}$ der unter dem negativen Winkel $\delta_{p,k}$ geneigten charakteristischen Auflagerkraft B_k:

$$V_k = \Sigma V_{i,k} \geq B_{v,k} \tag{7.11}$$

In der dritten Auflage der EAB [45] war für diesen Nachweis die Globalsicherheit $\eta = 1{,}50$ vorgeschrieben. Eine entsprechende Umsetzung beim Teilsicherheitskonzept war nicht möglich, da sich der Nachweis weder in die Grenzzustände EQU, GEO-2 oder GEO-3 einordnen lässt noch die Voraussetzungen des Grenzzustands der Gebrauchstauglichkeit erfüllt. Es war aber vertretbar, sich hier mit dem Gleichgewicht der charakteristischen Einwirkungen und Widerstände zu begnügen.

Im Grundsatz ist zwischen
- nicht gestützten, nur im Boden eingespannten Wänden,
- gestützten, im Boden eingespannten Wänden und
- gestützten, im Boden frei aufgelagerten Wänden

zu unterscheiden. Entscheidend ist allerdings nur der Unterschied zwischen Wänden mit bzw. ohne Stützung.

Standsicherheitsnachweise für nicht gestützte Wände

Am wichtigsten ist der Nachweis des inneren Gleichgewichts der Vertikalkräfte bei den nicht gestützten, im Boden eingespannten Spundwänden und Ortbetonwänden. Mit einem positiven Vorzeichen für alle von oben nach unten wirkenden Kräfte und einem negativen Vorzeichen für alle von unten nach oben wirkenden Kräfte lässt sich anhand des Bildes 7.5 für diesen Fall folgende Gleichgewichtsbedingung formulieren:

$$\Sigma V_k = G_k + E_{av,k} + C_{v,k} \geq B_{v,k} \tag{7.12}$$

Es bedeuten:

G_k Eigengewicht der Baugrubenkonstruktion unter Einschluss von Gurtungen und Aussteifungen

$E_{av,k}$ Vertikalkomponente der Erddruckresultierenden $E_{a,k}$

$C_{v,k}$ Vertikalkomponente der rechnerischen Gegenkraft im theoretischen Fußpunkt

$B_{v,k}$ Vertikalkomponente der Auflagerkraft B_K, die unter dem Winkel $\delta_{p,k}$ geneigt ist

Der Nachweis nach der Bedingung (7.12) wird als „vereinfachter Nachweis" bezeichnet, weil er von dem vereinfachten Lastbild nach *Blum* im Einspannbereich ausgeht.

Gegebenenfalls kann bei der Ermittlung der Last G_k auch das Eigengewicht einer Baugrubenabdeckung anteilig berücksichtigt werden.

Man erhält mit den Bezeichnungen des Bildes 7.5 auf der Erddruckseite im Fall einheitlichen Bodens von der Geländeoberfläche bis zum theoretischen Fußpunkt der Wand

$$E_{av,k} = E_{ah,k} \cdot \tan \delta_{a,k} \tag{7.13}$$

Steht geschichteter Boden an, so muss die Vertikalkomponente des Gesamterddrucks abschnittsweise für jede Schicht i ermittelt werden, auch wenn der Boden teilweise unter Auftrieb steht:

$$E_{av,k} = \sum_{0}^{H+t_1} E_{ahi,k} \cdot \tan \delta_{ai,k} \tag{7.14}$$

Die Vertikalkomponente der Gegenkraft C_k am theoretischen Fußpunkt erhält man zu

$$C_{v,k} = C_{h,k} \cdot \tan \delta_{C,k} \tag{7.15}$$

Zur Größe der Erddruckneigungswinkel $\delta_{a,k}$, $\delta_{p,k}$ und $\delta_{C,k}$ ist Folgendes zu bemerken:

a) Bei der Ermittlung des aktiven Erddrucks wird im Allgemeinen der Erddruckneigungswinkel mit $\delta_{a,k} = +\frac{2}{3}\,\varphi'_k$ angenommen. Damit gleicht man den durch die Annahme ebener Gleitflächen entstehenden Fehler auf einfache Weise aus (s. Abschnitt 3.4). In Wirklichkeit kann der Erddruckneigungswinkel zumindest bei Spundwänden nahezu die Größe des Wandreibungswinkels mit $\delta_{a,k} = +\varphi'_k$

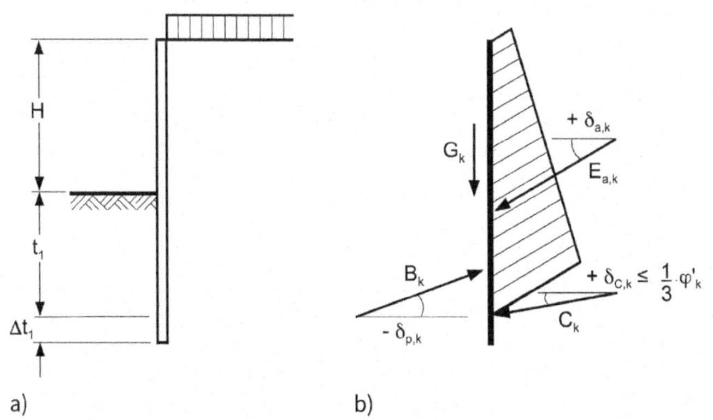

Bild 7.5 Inneres Gleichgewicht der Vertikalkräfte an nicht gestützten, im Boden eingespannten Spundwänden und Ortbetonwänden bei Annahme des Lastbilds von *Blum*; a) Baugrubenquerschnitt, b) Kräftespiel

erreichen. Beim Nachweis des inneren Gleichgewichts der senkrechten Kräfte an einer Spundwand ist es daher im Allgemeinen vertretbar, von diesem Wert auszugehen. Zumeist wird jedoch auf diese Möglichkeit verzichtet.

b) Sofern die Auflagerkraft B_K unter dem größtmöglichen Neigungswinkel $\delta_{p,k} = -\varphi'_k$ angreifen soll, ist ein Gleichgewicht nur möglich, wenn entsprechend große Vertikalkräfte aus dem Eigengewicht oder aus einer ständigen Auflast auf die Spundwand einwirken oder wenn die Erddruckkraft $E_{a,k}$ und die Gegenkraft C_k ihrerseits ebenfalls unter dem größtmöglichen Neigungswinkel angesetzt werden. Wie ein Blick in die entsprechende Zahlentafel in „Baugruben, Teil II" [204] jedoch zeigt, erhält man nach dem Gleitschema von *Streck* bei großem positivem Erddruckneigungswinkel $\delta_{p,k}$ außergewöhnlich niedrige Erdwiderstandsbeiwerte. Das Gleiche ist beim Ansatz ebener Gleitflächen der Fall und auch die in [205] übernommenen Werte von *Caquot/Kérisel* für den Fall $\delta_{p,k} = +\varphi'_k$ bestätigen diese Feststellung. Mit derart niedrigen Erdwiderstandsbeiwerten lässt sich bei dem üblichen Rammtiefenzuschlag von $\Delta t_1 = 0{,}20 \cdot t_1$ niemals die Größe der für das Gleichgewicht $\Sigma H = 0$ erforderlichen Kraft $C_{h,k}$ nachweisen. Es ist daher allgemein üblich, bei nicht gestützten, im Boden eingespannten Spundwänden und Ortbetonwänden die Größe des Erddruckneigungswinkels $\delta_{C,k}$ auf etwa $\delta_{C,k} = +\frac{1}{3}\,\varphi'_k$ zu begrenzen.

Sofern die waagerechte Komponente des Erdwiderstands vor dem Fuß der Wand unter Ansatz des Erddruckneigungswinkels $\delta_{p,k} = -\varphi'_k$ mit gekrümmten oder gebrochenen Gleitflächen ermittelt wird, besteht kein Zweifel daran, dass mit diesem Erddruckneigungswinkel dann auch die senkrechte Komponente zu ermitteln ist. Dies gilt aber keineswegs analog, wenn die waagerechte Komponente des Erdwiderstands unter Ansatz des Erddruckneigungswinkels $\delta_{p,k} = -\frac{2}{3}\,\varphi'_k$ mit ebener Gleitfläche ermittelt wird. Die Vertikalkomponente dagegen ist in diesem Fall selbstverständlich mit dem Erddruckneigungswinkels $\delta_{p,k} = -\varphi'_k$ aus der waagerechten Komponente zu ermitteln (s. EB 9 [47], Abs. 2d). Anderenfalls entsteht hier eine Sicherheitslücke. Die Herabsetzung des Erddruckneigungswinkels bei der Ermittlung der waagerechten Komponente des Erdwiderstands dient nur zum Ausgleich des Fehlers, der mit der Verwendung ebener Gleitflächen verbunden ist.

Beim genaueren Nachweis wird die rechnerische Auflagerkraft $B_{h,k}$ nach *Blum* entsprechend Bild 7.6 um die Hälfte der zugehörigen Kraft $C_{h,k}$ abgemindert. Die

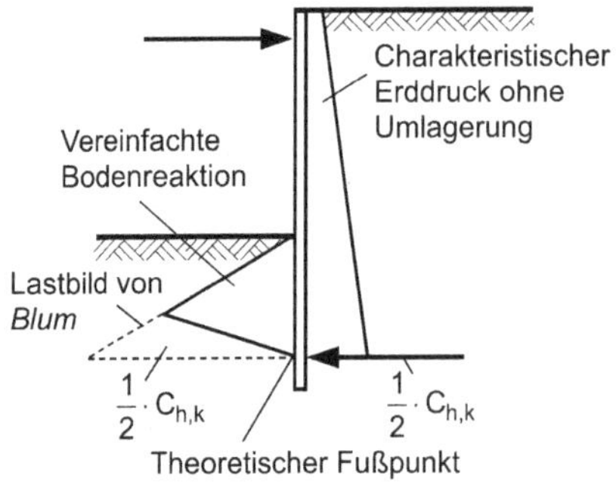

Bild 7.6 Wirksamer Anteil der Bodenreaktion bei Einspannung im Boden nach *Blum*

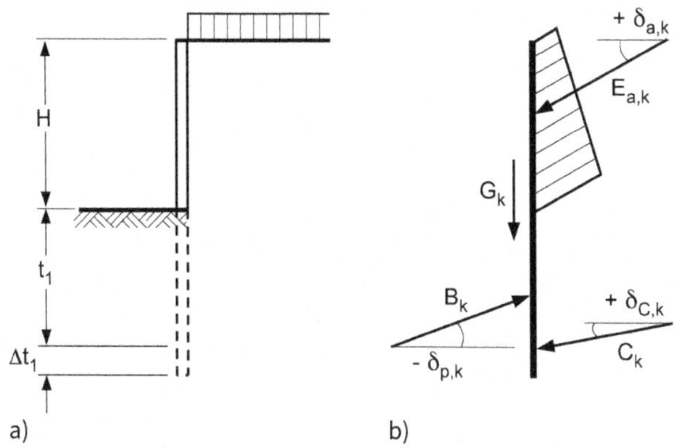

Bild 7.7 Inneres Gleichgewicht der Vertikalkräfte an nicht gestützten, im Boden eingespannten Trägerbohlwänden bei Annahme des Lastbilds von *Blum*; a) Baugrubenquerschnitt, b) Kräftespiel

von oben nach unten wirkende Komponente der Kraft C_k darf dementsprechend als günstige Einwirkung nur mit der Hälfte in Rechnung gestellt werden. Damit ergibt sich die Gleichgewichtsbedingung

$$\Sigma V_k = G_k + E_{av,k} + \frac{1}{2} \cdot C_{v,k} \geq \left(B_{h,k} - \frac{1}{2} \cdot C_{h,k}\right) \tan \delta_{p,k} \tag{7.16}$$

Grundsätzlich gelten die bisherigen Ausführungen über das innere Gleichgewicht der Vertikalkomponenten von Erddruck und Erdwiderstand auch für nicht gestützte, im Boden eingespannte Trägerbohlwände. Im Unterschied zu den Spundwänden und Ortbetonwänden wird allerdings entsprechend Bild 7.7 in der Regel nur der Erddruck von der Geländeoberfläche bis zur Baugrubensohle berücksichtigt.

Bei einheitlichem Boden ist $E_{a,k}$ in Gl. (7.13) in der Regel nur bis zur Baugrubensohle zu ermitteln. Bei geschichtetem Boden gilt dann:

$$E_{av,k} = \sum_{0}^{H} E_{ahi,k} \cdot \delta_{ai,k} \tag{7.17}$$

Außerdem wird man größere Erddruckneigungswinkel als $\delta_{a,k} = 30°$ nicht in Rechnung stellen können, da entsprechend den Angaben in „Baugruben, Teil II" [204] die Reibung zwischen Holzbohlen und Bohlträgern eine größere Neigung der Erddruckresultierenden nicht zulässt. Auf jeden Fall günstiger als Spundwände und Ortbetonwände sind Trägerbohlwände im Hinblick auf das Gleichgewicht der senkrechten Kräfte, auch dadurch, dass nach [209] ein erheblicher Teil des Erdwiderstands und damit der Auflagerkraft vor einem Bohlträger, nämlich der räumliche Erdwiderstand infolge von Bodeneigengewicht, ohne Wandreibung zustande kommt.

In Anlehnung an die Angaben in Abschnitt 3.4 ist daher die Vertikalkomponente des Erdwiderstands entsprechend der Beziehung

$$E_{pv,k} = E_{ph\delta,k} \cdot |\tan \delta_p| \tag{7.18}$$

aus dem Anteil des gesamten Erdwiderstands zu ermitteln, der mit Wandreibung zustande kommt:

$$E_{ph\delta,k} = E_{pgh\delta,k} + E_{pch\delta,k} \qquad (7.19)$$

wobei, bezogen auf die Längeneinheit,

$$E_{pgh\delta,k} = \frac{1}{2} \cdot \gamma_k \cdot K_{pgh} \cdot \frac{b_t}{a_t} \cdot t_1^2 \qquad (7.20)$$

$$E_{pch\delta,k} = E_{pch,k} = c'_k \cdot K_{pch} \cdot t_1 \qquad (7.21)$$

In bestimmten Fällen kann auf den Nachweis nach Gl. (7.11) verzichtet werden, z. B. bei einem Trägerabstand größer als das 5-Fache der Trägerbreite in nichtbindigen Böden. Einzelheiten siehe *Weißenbach* und *Hettler* [214].

Standsicherheitsnachweise für gestützte Wände

Auch bei den gestützten, im Boden eingespannten Spundwänden und Ortbetonwänden nach Bild 7.8 ist der Nachweis des inneren Gleichgewichts der Vertikalkräfte zu erbringen. Da die Steifen- bzw. Ankerlagen einen erheblichen Anteil des Erddrucks aufnehmen, entlasten sie die Einspannung im Boden sowohl im Hinblick auf die erforderlichen waagerechten Einspannkräfte $B_{h,k}$ und $C_{v,k}$ als auch im Hinblick auf die senkrechten Komponenten $B_{h,k}$ und $C_{v,k}$ dieser Einspannkräfte. Eine zusätzliche Vertikalkraft tritt auf, wenn die Anker geneigt angeordnet werden. In diesem Fall ist die Gleichgewichtsbedingung um den Anteil

$$A_{v,k} = A_{h,k} \cdot \tan \delta_{A,k} \qquad (7.22)$$

zu ergänzen, wenn nur eine Ankerlage vorhanden ist oder wenn alle Ankerlagen die gleiche Neigung aufweisen, und um den Anteil

$$A_{v,k} = \Sigma A_{hi,k} \cdot \tan \delta_{Ai,k} \qquad (7.23)$$

wenn die Ankerlagen unterschiedliche Neigungen aufweisen. Der Nachweis der Vertikalkomponente des mobilisierten Erdwiderstands lautet dann:

$$\Sigma V_k = G_k + E_{av,k} + A_{v,k} + C_{v,k} \geq B_{v,k} \qquad (7.24)$$

Der Neigungswinkel der Auflagerkraft $B_{h,k}$ ergibt sich daraus unter Berücksichtigung negativen Vorzeichens zu

$$\tan \delta_{p,k} = \frac{G_k + E_{av,k} + A_{v,k} + C_{v,k}}{B_{h,k}} \qquad (7.25)$$

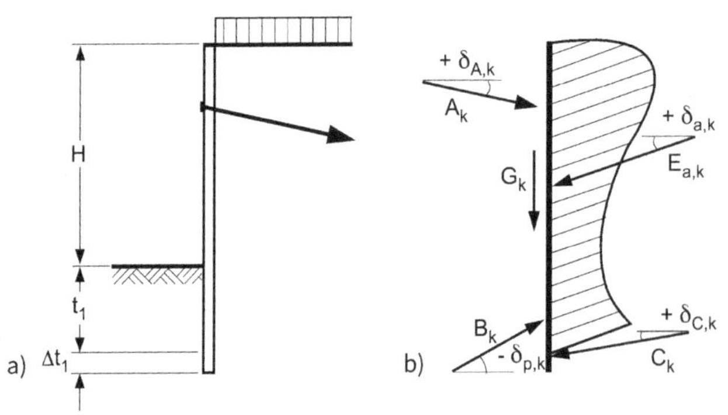

Bild 7.8 Inneres Gleichgewicht der Vertikalkräfte an gestützten, im Boden eingespannten Spundwänden und Ortbetonwänden bei Annahme des Lastbilds von *Blum*; a) Baugrubenquerschnitt, b) Kräftespiel

Wie bei nicht gestützten, im Boden eingespannten Wänden darf unter Berücksichtigung der wirklichkeitsnahen Erddruckverteilung im Wandfußbereich nach Bild 7.6 auch bei gestützten Wänden der genauere Nachweis nach der Bedingung

$$V_k = G_k + E_{av,k} + A_{v,k} + \frac{1}{2} \cdot C_{v,k} \geq \left(B_{h,k} - \frac{1}{2} \cdot C_{h,k}\right) \cdot \tan \delta_{p,k} \qquad (7.26)$$

geführt werden.

Bei gestützten, im Boden eingespannten Trägerbohlwänden erübrigt sich in der Regel der Nachweis der Vertikalkomponente des mobilisierten Erdwiderstands. Dies gilt insbesondere dann, wenn

- unterhalb der Baugrubensohle nichtbindiger Boden ansteht,
- der Abstand der Bohlträger größer ist als das Fünffache der Trägerbreite und
- bei der Erddruckermittlung wenigstens $\delta_{a,k} = \frac{1}{3} \varphi'_k$ zugrunde gelegt werden kann.

Ist eine dieser Voraussetzungen nicht erfüllt, dann kann es erforderlich sein, den Nachweis des inneren Gleichgewichts der Vertikalkräfte zu führen. Entsprechend Bild 7.9 wird dabei in der Regel nur der Erddruck im Bereich von Geländeoberfläche bis zur Baugrubensohle berücksichtigt.

In diesem Abschnitt sind nur die Fälle erfasst worden, die üblicherweise bei waagerechter Anordnung von Steifen bzw. bei waagerechter oder nach unten geneigter Verankerung auftreten. Eine nach oben geneigte Verankerung bzw. eine Schrägabsteifung zur Baugrubensohle hin verringert die von oben nach unten wirkenden Kräfte V_k. Dies kann in ungünstigen Fällen zu einer erheblich flacheren Neigung der Auflagerkraft führen. Die Folge ist eine stark verringerte Horizontalkomponente des möglichen Erdwiderstands und eine größere Einbindetiefe. Bei erheblichem Einfluss von veränderlichen Einwirkungen ist der Nachweis $V_k \geq B_{V,k}$ sowohl mit als auch ohne diese Einwirkungen zu führen.

Formal ist auch bei den gestützten, im Boden frei aufgelagerten Spundwänden und Ortbetonwänden der Nachweis des inneren Gleichgewichts der Vertikalkräfte zu erbringen. Dabei entfallen in Gl. (7.26) die Anteile $C_{v,k}$ sowie $C_{h,k}$ aus der Ersatzkraft C. Allerdings zeigt eine einfache Überlegung, dass der Nachweis bei mindes-

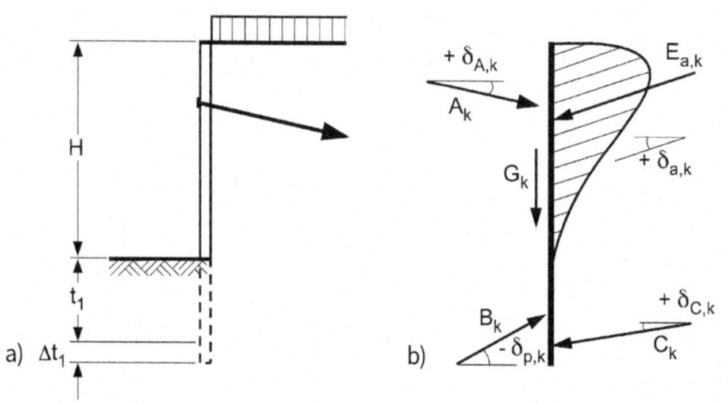

Bild 7.9 Inneres Gleichgewicht der Vertikalkräfte an gestützten, im Boden eingespannten Trägerbohlwänden bei Annahme des Lastbilds von *Blum*; a) Baugrubenquerschnitt, b) Kräftespiel

tens mitteldicht gelagerten nichtbinden Böden und bei mindestens steifen bindigen Böden stets erfüllt sein wird. Einzelheiten siehe *Weißenbach* und *Hettler* [214].

Für im Boden frei aufgelagerte Trägerbohlwände gelten im Grundsatz geringere Ansprüche als für im Boden eingespannte Trägerbohlwände. Ein Nachweis des inneren Gleichgewichts der Vertikalkräfte kann somit in der Regel entfallen, sofern es sich nicht um eine Baugrube in weichem bindigem Boden handelt.

7.3 Abtragung von Vertikalkräften in den Untergrund

Standsicherheitsnachweis

Grundsätzlich ist sicherzustellen, dass die senkrechten Einwirkungen sicher in den Untergrund abgeleitet werden. Dazu muss nachgewiesen werden, dass entsprechend der Grenzzustandsbedingung

$$V_d = \Sigma V_{i,d} \leq R_d \tag{7.27}$$

die Summe der Bemessungswerte $V_{i,d}$ der von oben nach unten gerichteten Komponenten der Einwirkungen höchstens so groß ist wie die Summe R_d der Bemessungswerte der Widerstände.

Die Einwirkungen bestehen üblicherweise aus:

G_k Eigengewicht der Konstruktion

$E_{agv,k}$ Vertikalkomponente des charakteristischen Erddrucks aus Bodeneigengewicht

$E_{apv,k}$ Vertikalkomponente des charakteristischen Erddrucks aus unbegrenzter Flächenlast

$E_{aqv,k}$ Vertikalkomponente des charakteristischen Erddrucks aus veränderlichen Einwirkungen

$A_{Gv,k}$ Vertikalkomponente der Anker- bzw. Steifenkräfte aus ständigen Einwirkungen

$A_{Qv,k}$ Vertikalkomponente der Anker- bzw. Steifenkräfte aus veränderlichen Einwirkungen

P_k Zusätzliche Vertikalkraft aus veränderlichen Einwirkungen

Beispielhaft ist die Situation für den Fall einer frei aufgelagerten Trägerbohlwand in Bild 7.10 bzw. für eine frei aufgelagerte Spundwand in Bild 7.11 dargestellt.

Für den Fall ohne geneigte Steifen oder Anker lautet die Grenzzustandsbedingung

$$G_k \cdot \gamma_G + E_{agv,k} \cdot \gamma_G + E_{apv,k} \cdot \gamma_G + E_{aqv,k} \cdot \gamma_Q + P_k \cdot \gamma_Q \leq R_{v,d} + R_{b,d} \tag{7.28}$$

Dabei bezeichnet $R_{v,d}$ den Bemessungswert des Mantelwiderstands und $R_{b,d}$ den Bemessungswert des Fußwiderstands der Wände oder Bohlträger. Bei geneigten Ankern oder Steifen müssen die Einwirkungen in der Bedingung (7.28) entsprechend ergänzt werden.

Einen Sonderfall stellen die nicht gestützten, im Boden eingespannten Baugrubenwände dar. Während beim Nachweis des inneren Gleichgewichts der Vertikalkräfte

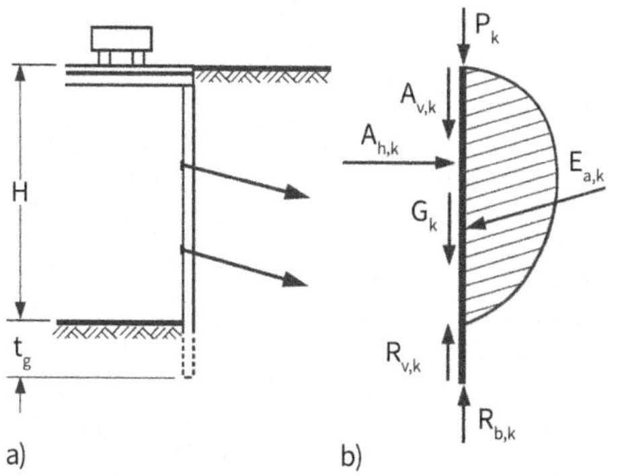

Bild 7.10 Äußeres Gleichgewicht der Vertikalkräfte bei im Boden frei aufgelagerten Trägerbohlwänden; a) Schnitt durch die Baugrube, b) Kräftespiel

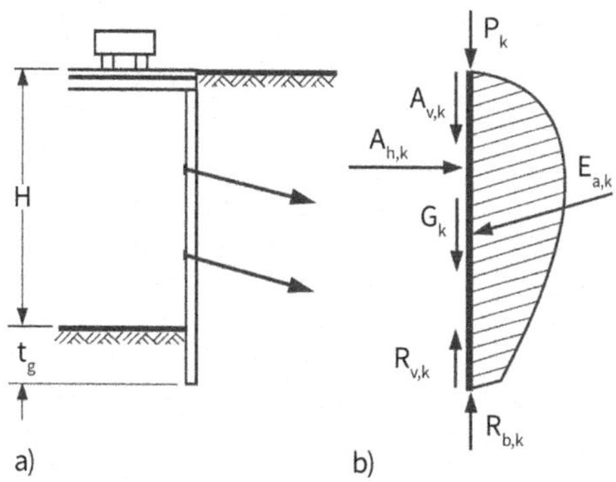

Bild 7.11 Äußeres Gleichgewicht der Vertikalkräfte bei im Boden frei aufgelagerten Spundwänden und Ortbetonwänden; a) Schnitt durch die Baugrube, b) Kräftespiel

nachgewiesen wird, dass die charakteristischen Vertikalkräfte aus Einwirkungen ausreichen, um einen negativen Erddruckneigungswinkel beim Erdwiderstand zu rechtfertigen, geht es beim Nachweis des äußeren Gleichgewichts der Vertikalkräfte um die Abtragung dieser Vertikalkräfte in den Untergrund, wobei die Bemessungseinwirkungen G_d und $E_{av,d}$ zusammen nicht größer sein dürfen als der Bemessungswiderstand $E_{pv,d}$. Während der Erddruckneigungswinkel beim Nachweis des inneren Gleichgewichts bestenfalls zu $\delta_{p,k} = -\frac{1}{2}\,\varphi'_k$ angesetzt werden kann, steht für die Abtragung der einwirkenden Vertikalkräfte in den Untergrund der größtmögliche Erddruckneigungswinkel, in der Regel $\delta_{p,k} = -\varphi'_k$, zur Verfügung. Damit ist sichergestellt, dass der Bemessungswiderstand $E_{pv,d}$ etwa doppelt so groß ist wie die Bemessungseinwirkungen. Da die Eigenlast G_d der Baugrubenwand kaum eine Rolle spielt, ist somit automatisch der Nachweis des äußeren Gleichgewichts im Grenzzustand GEO-2 erbracht. Dieser Nachweis kann daher bei nicht gestützten, im Boden eingespannten Wänden entfallen, sofern kein weicher bindiger Boden ansteht.

Ermittlung der Widerstände

Die Ermittlung der charakteristischen Widerstände $R_{v,k}$ und $R_{b,k}$ ist in EB 84, Abschnitt 4.8 sowie in EB 85, Abschnitt 13.10 geregelt.

Zu unterscheiden ist zwischen

- Spundwänden,
- Bohrpfahlwänden und Schlitzwänden,
- Trägerbohlwänden mit einbetoniertem Fuß,
- Trägerbohlwänden mit gerammten Bohlträgern.

Bei Spundwänden dürfen die Erfahrungswerte für den charakteristischen Spitzendruck $q_{b,k}$ und die charakteristische Mantelreibung $q_{s,k}$ im Anhang A10 der EAB verwendet werden. In Abstimmung mit dem Arbeitsausschuss Ufereinfassungen wird der Fußwiderstand nicht mehr mit dem Verfahren von *Radomski* [141], sondern aus dem Sondierspitzendruck und der Sohlfläche ermittelt. Bei Bohrpfahlwänden, Schlitzwänden und Trägerbohlwänden mit einbetoniertem Fuß oder mit gerammten Bohlträgern wird auf die Empfehlungen des Arbeitskreises Pfähle (EAP) [49] verwiesen.

Bei der Ermittlung der charakteristischen Reibungskraft $R_{v,k}$ auf der Baugrubenseite darf wahlweise nach EB 84, Absatz 2d ein Mantelwiderstand oder die Vertikalkomponente der Auflagerkraft B_K angesetzt werden.

EB 84, Absatz 6 regelt die Teilsicherheitsbeiwerte. Wird der Widerstand $R_{v,k}$ aus der waagerechten Auflagerkraft $B_{h,k}$ und dem Reibungsbeiwert $\tan\delta_k$ nach EB 89, Abschnitt 2.3, ermittelt, sind die Teilsicherheitsbeiwert $\gamma_{R,e}$ für den Erdwiderstand zu verwenden. Gleichermaßen ist bei der Vertikalkomponente der Ersatzkraft C zu verfahren, wenn die Wände im Boden eingespannt sind. In allen anderen Fällen gelten die Teilsicherheitsbeiwerte für Pfahlwiderstände. Weitere Hinweise zu Widerständen siehe *Weißenbach* und *Hettler* [214] sowie Kapitel 18.

Maßnahmen zur Erfüllung des Nachweises $\Sigma V = 0$
Lässt sich der Nachweis einer ausreichenden Sicherheit nach der Bedingung (7.27) nicht erbringen, so kann es zweckmäßig sein, durch entsprechende konstruktive Maßnahmen

- die Vertikallasten $A_{v,k}$ und P_k zu verringern,
- die Vertikallast P_k auf eine größere Länge zu verteilen oder
- die Grenztragfähigkeit der Wand zu vergrößern.

Im Einzelnen lässt sich dazu Folgendes feststellen:

a) Eine Verringerung der Vertikalkomponente $A_{v,k}$ der Ankerkräfte wird erreicht, indem entweder einzelne Ankerlagen durch Steifenlagen ersetzt oder die Neigungswinkel der Anker verringert werden. Falls die Anker trotz der geringeren Neigung in bestimmte vorgegebene Schichten einbinden müssen, sind sie entsprechend zu verlängern. Eine Verringerung der Vertikallast P_k aus Baugrubenabdeckungen oder Hilfsbrücken kann durch die Anordnung von Mittelunterstützungen erzielt werden. Darüber hinaus kann es auch zweckmäßig sein, Hilfsbrücken hinter der Baugrubenwand auf Einzelfundamenten oder Streifenfundamenten aus Holz, Stahl, Beton oder Stahlbeton aufzulagern. Sofern der mit der Flachgründung verbundene Zusatzerddruck auf die Baugrubenwand vermieden werden soll, kommt unter Umständen sogar eine eigene Pfahlgründung hinter der Baugrubenwand infrage.

b) Wenn Lasten aus einer Hilfsbrücke oder aus einer Kranbahn einzelne Bohlträger besonders stark belasten, ist es zweckmäßig, durch entsprechend bemessene Holme nach Bild 7.12a oder durch Verbände an der Baugrubenwand nach Bild 7.12b die Lasten auf möglichst viele Bohlträger zu verteilen. Diese Verbände sind zu einem Zeitpunkt einzubauen, zu dem entweder die maßgebenden Kräfte noch nicht auftreten oder die Einbindetiefe der Bohlträger noch so groß ist, dass ihre Tragfähigkeit für senkrechte Belastung auch ohne Lastverteilung ausreicht. Bei Schlitzwänden und Pfahlwänden sind in der Regel Lastverteilungsbalken anzuordnen, da die zwischen den einzelnen Lamellen bzw. Pfählen möglichen Scherkräfte rechnerisch nicht zuverlässig erfassbar sind. Etwas günstiger sind in

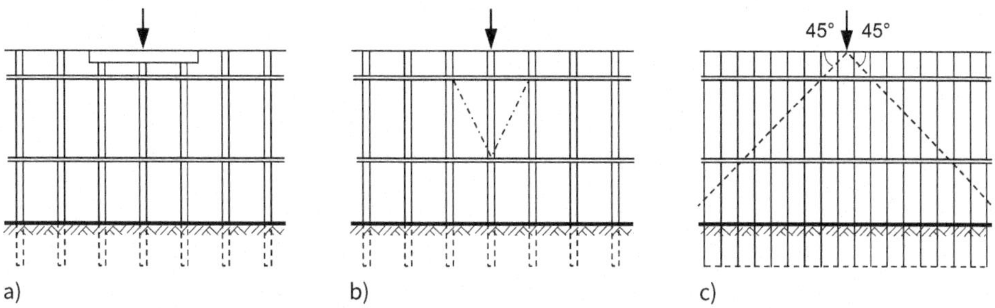

Bild 7.12 Verteilung von senkrechten Lasten aus Baugrubenabdeckungen und Hilfsbrücken; a) Lastverteilungsträger über den Bohlträgern, b) Verbände an der Baugrubenwand, c) Schubkräfte in den Spundwandschlössern

dieser Hinsicht Spundwände der Profile Hoesch und Larssen zu beurteilen, bei denen sich, zumindest wenn sie in Sand- oder Schluffböden eingerammt werden, eine gewisse Schlossreibung einstellt. Nach *Gantke* [54] kann daher mit einer Lastausbreitung unter 45° nach jeder Seite gerechnet werden (Bild 7.12c). Eine Verschweißung aller Schlösser ist danach nur in Ausnahmefällen erforderlich.

c) Die konstruktiven Maßnahmen zur Vergrößerung der Grenztragfähigkeit richten sich weitgehend nach der Art der Baugrubenwand. So kann man als Rammträger Flügelpfähle verwenden oder bei hochstegigen Profilen am Fuß Rippen einschweißen, welche die Pfropfenbildung verbessern. Bei in Bohrlöcher gestellten Bohlträgern kann ein größerer Bohrlochdurchmesser gewählt oder ein zusätzlicher Fuß angeschnitten werden. Bei Ortbetonwänden kommt die Wahl einer dickeren Wand infrage. Unabhängig von der Art der Wand kann die Grenztragfähigkeit durch eine Vergrößerung der Einbindetiefe erhöht werden. Die Schnittgrößen können dann unter Annahme einer Einspannung im Boden ermittelt werden. Ist damit jedoch keine günstigere Bemessung der Wand verbunden, so dürfte es zulässig sein, entsprechend Bild 7.13 im Abstand t_g unterhalb der Baugrubensohle ein Gelenk anzunehmen und der Wand im Bereich der zusätzlichen Einbindetiefe t_v nur die Abtragung von Vertikalkräften zuzuweisen. In diesem Bereich darf die mögliche Mantelreibung auch auf der Rückseite der Bohlträger bzw. der Spundwand oder Ortbetonwand angesetzt werden.

Lässt sich der Nachweis einer ausreichenden Sicherheit nach der Bedingung (7.27) nicht erbringen und besteht auch keine Möglichkeit, durch konstruktive Maßnahmen die angreifenden Kräfte abzumindern oder die Tragfähigkeit der Wand zu steigern, so muss eine Abwärtsbewegung der Wand in Kauf genommen werden, die erst zum Stillstand kommt, wenn durch eine entsprechende Änderung von Größe und Richtung des Erddruckneigungswinkels beim Erddruck das Gleichgewicht der senkrechten Kräfte hergestellt ist (Bild 7.14). Bei Vorgabe eines negativen Erddruckneigungswinkels ist die von unten nach oben wirkende Vertikalkomponente $E_{av,k}$ des charakteristischen Erddrucks als negative Beanspruchung anzusetzen und von den übrigen charakteristischen Beanspruchungen V_k abzuziehen.

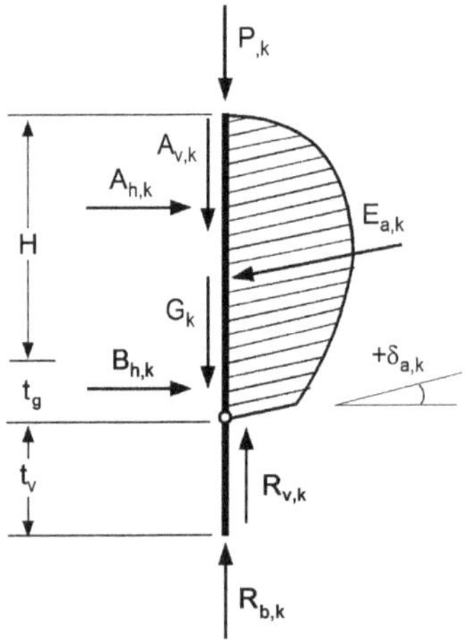

Bild 7.13 Vergrößerung der Einbindetiefe zur Aufnahme von Vertikalkräften bei einer im Boden frei aufgelagerten Spundwand

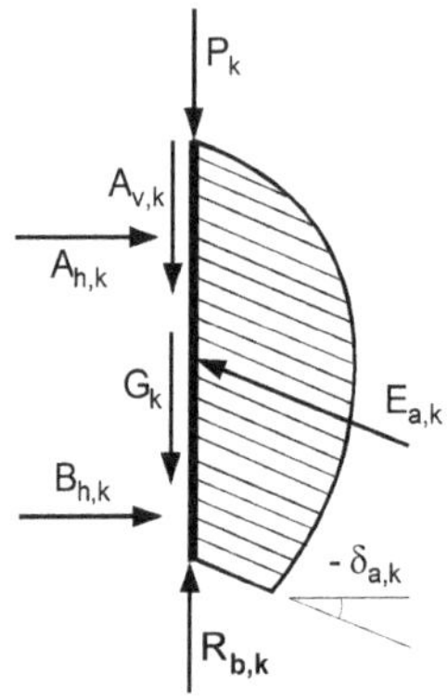

Bild 7.14 Aufnahme der Vertikalkräfte durch negativen Erddruckneigungswinkel δ beim Erddruck

Würde man die Vertikalkomponente $E_{av,k}$ als Widerstand behandeln, dann müsste sie beim Standsicherheitsnachweis mit einem Teilsicherheitsbeiwert abgemindert werden. Würde man sie entsprechend DIN EN 1990 bzw. entsprechend DIN 1055-100, 8.1 (2) als günstige Auswirkung einer ständigen Einwirkung behandeln, dann bliebe sie auch als Bemessungswert unverändert, hätte aber gegenüber dem Bemessungswert V_d der ungünstigen Auswirkungen einen deutlich geringeren Einfluss. Die Wirkung wäre ähnlich wie bei der Behandlung als Widerstand. Dies wäre eine deutliche Verschlechterung gegenüber den bewährten Ansätzen des Globalsicherheitskonzepts, was in DIN 1054 und in EAB [47] bewusst vermieden wird. Ein Widerspruch zu DIN EN 1990 bzw. zu DIN 1055-100 und DIN EN 1990 liegt jedoch nicht vor, weil die Unterscheidung von günstigen und ungünstigen Auswirkungen einer ständigen Einwirkung ausdrücklich nur verlangt wird, wenn dies für erforderlich gehalten wird.

Da ein negativer Erddruckneigungswinkel $\delta_{a,k}$ den Erddruck vergrößert, ist es zweckmäßig, ihn so zu wählen, dass sich soeben noch der Nachweis nach der Bedingung (7.27) führen lässt. Im Übrigen kommen im Allgemeinen keine größeren Erddruckneigungswinkel infrage als

$$\delta_{a,k} = -\varphi_k \quad \text{bei Spundwänden und Pfahlwänden} \tag{7.29a}$$

$$\delta_{a,k} = -\tfrac{2}{3}\,\varphi_k \quad \text{bei Trägerbohlwänden} \tag{7.29b}$$

$$\delta_{a,k} = -\tfrac{1}{2}\,\varphi_k \quad \text{bei Schlitzwänden} \tag{7.29c}$$

und auch diese Werte setzen einen nichtbindigen oder einen steifen bis festen bindigen Boden sowie eine vorschriftsmäßige Herstellung der Wand voraus. Bei weichen bindigen Böden ist $\delta_{a,k} = 0$ zu setzen.

Weiterhin ist zu beachten, dass der für den Nachweis der Abtragung der Vertikalkräfte gewählte Erddruckneigungswinkel $\delta_{a,k}$ auch für die Ermittlung der waagerechten Komponente des Erddrucks sowie für den Nachweis der Einbindetiefe und die Ermittlung der Bemessungsschnittgrößen zugrunde gelegt werden muss. Dadurch wird diese Lösung außerordentlich unwirtschaftlich. Sie würde noch unwirtschaftlicher, wenn bei dieser Rechnung ein unterer charakteristischer Wert der Scherfestigkeit zugrunde gelegt werden müsste. Dies wird jedoch nicht in EAB [47] verlangt.

7.4 Sicherheit gegen Aufbruch der Baugrubensohle

Nachweis der Standsicherheit bei homogenem Boden

Der Nachweis der Sicherheit gegen Aufbruch der Baugrubensohle ist dann von Bedeutung, wenn unterhalb der Baugrubensohle weicher oder stark toniger Boden ansteht. In Anlehnung an den Ansatz von *Terzaghi* [174] ermittelt man dazu bei Baugruben, deren Länge wesentlich größer ist als ihre Breite, entsprechend Bild 7.15 das Eigengewicht

$$G_{B,k} = b_g \cdot (H + t_g) \cdot \gamma_k \tag{7.30}$$

eines Bodenkörpers von der Breite b_g hinter der Baugrubenwand und die auf ihm ruhende Nutzlast G_k infolge der gleichmäßigen Auflast p_k aus dem Ansatz

$$G_k = p_k \cdot b_g \tag{7.31}$$

Gegebenenfalls kommen weitere Auflasten aus veränderlichen Einwirkungen hinzu. Das Absacken dieses Bodenkörpers wird durch die Vertikalkraft

$$T_k = E_{av,k} + K_{v,k} \tag{7.32}$$

behindert, die in der angenommenen senkrechten Gleitfuge zwischen diesem Bodenkörper und dem dahinter anstehenden Boden wirkt und den Bodenkörper stützt. Sie setzt sich zusammen aus der Vertikalkomponente

$$E_{av,k} = E_{ah,k} \cdot |\tan \varphi'_k| \tag{7.33}$$

der Resultierenden $E_{ah,k}$ aus dem aktiven Erddruck und aus der Vertikalkomponente der Kohäsionskraft

$$K_{v,k} = c'_k \cdot (H + t_g) \tag{7.34}$$

Da in der gedachten senkrechten Bruchfuge Boden gegen Boden ansteht, ist in Gl. (7.33) der Erddruckneigungswinkel unabhängig von der Art der Baugrubenverkleidung sinngemäß mit $\delta_{a,k} = -\varphi'_k$ in die Rechnung eingeführt worden. Dieser Ansatz ist auch bei der Ermittlung der waagerechten Komponente $E_{ah,k}$ der Erddruckkraft $E_{a,k}$ angebracht, sofern gekrümmte Gleitflächen zugrunde gelegt werden. Hierzu siehe „Baugruben, Teil II" [204]. Werden dagegen, wie es in der Regel der Fall ist, ebene Gleitflächen zugrunde gelegt, so erhält man mit $\delta_{a,k} = -\varphi'_k$ eine Erddruckkraft E_a, die größer ist als sie in Wirklichkeit auftreten kann. Man vermeidet diesen Fehler auf einfache Weise, indem für die Ermittlung der in Gl. (7.33) benötigten Horizontalkomponente $E_{ah,k}$ der Erddruckkraft $E_{a,k}$ der Erddruckneigungswinkel $\delta_{a,k} = -\frac{2}{3}\,\varphi'_k$ gewählt wird.

Außer der Kraft T_k in der senkrechten Fuge zwischen dem untersuchten Bodenkörper und dem anschließenden Erdreich steht zur Aufnahme der Eigenlast $G_{B,k}$ des untersuchten Körpers und der Nutzlast G_k der Grundbruchwiderstand $R_{n,k}$ des belasteten Streifens von der Breite b_g in Höhe der Unterkante der geschlossenen Baugrubenverkleidung zur Verfügung. Man erhält ihn aus der Grundbruchgleichung zu

$$R_{n,k} = b_g\,(\gamma_{2,k} \cdot b_g \cdot N_{bo} + \gamma_{1,k} \cdot t_g \cdot N_{do} + c_k \cdot N_{co}) \tag{7.35}$$

Gl. (7.35) ergibt sich aus DIN 4017, indem man alle Beiwerte entsprechend den hier vorliegenden Gegebenheiten zu eins setzt. Theoretisch könnte sich gemäß Gl. (7.35) die Bodenwichte von der Baugrubensohle bis zum Wandfuß mit $\gamma_k = \gamma_{1,k}$ von der Wichte unterhalb der Verbaukonstruktion mit $\gamma_k = \gamma_{2,k}$ unterscheiden. Meistens wird jedoch $\gamma_{1,k} = \gamma_{2,k}$ betragen. Bei Grundwasser ist in Gl. (7.35) die Wichte γ'_k unter Auftrieb maßgebend.

Die Tragfähigkeitsbeiwerte ergeben sich aus den Ansätzen

$$N_{d0} = \tan^2\left(45° + \frac{\varphi'_k}{2}\right) \cdot e^{\pi \cdot \tan\varphi'_k} \tag{7.36a}$$

$$N_{c0} = \frac{N_{d0} - 1}{\tan\varphi'_k} \quad \text{bei } \varphi'_k > 0 \tag{7.36b}$$

$$N_{c0} = 2 + \pi \quad \text{bei } \varphi'_k = 0 \tag{7.36c}$$

und

$$N_{b0} = (N_{d0} - 1) \cdot \tan\varphi'_k \tag{7.36d}$$

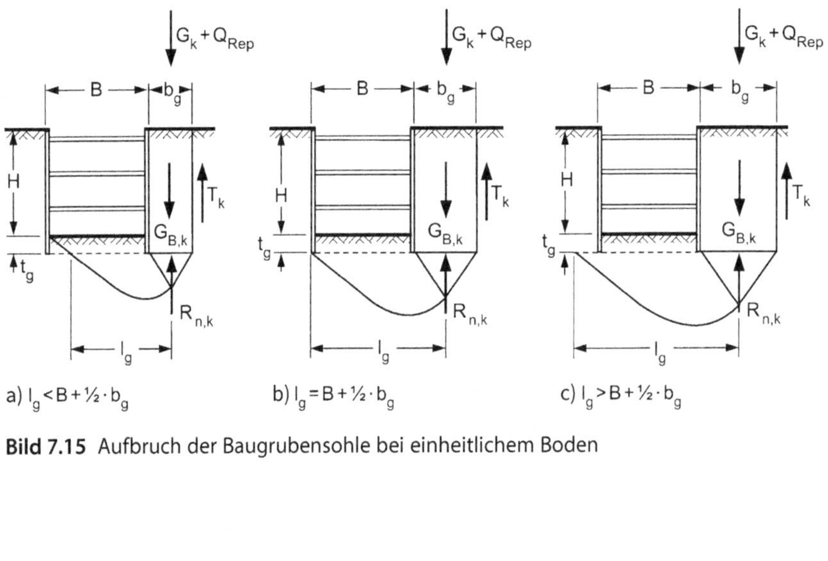

Bild 7.15 Aufbruch der Baugrubensohle bei einheitlichem Boden

Tabelle 7.1 Faktor f_{Lg}

φ	0°	2,5°	5°	7,5°	10°	12,5°	15°	17,5°	20°	22,5°	25°
f_{Lg}	1,5	1,6	1,7	1,9	2,1	2,3	2,5	2,8	3,1	3,4	3,8

Die Länge l_g in Bild 7.15 hängt vom Reibungswinkel φ'_k ab und darf mit der Gleichung

$$l_g = f_{Lg} \cdot b_g \tag{7.37}$$

bestimmt werden.

Der Faktor f_{Lg} kann Tabelle 7.1 entnommen werden. Die Werte stammen aus dem Beiblatt 1 zur DIN 4017:1979-08.

Häufig ist der Nachweis für einen reinen c_u-Boden mit dem Reibungswinkel $\varphi_{u,k} = 0$ maßgebend. In diesem Fall ergeben sich einige Vereinfachungen. Der seitliche Widerstand aus Reibung entfällt und damit auch die Diskussion um rechnerische Zugspannungen aus dem Erddruck bzw. um einen Ersatzerddruck. Der Widerstand T_k ergibt sich zu

$$T_k = c_{u,k} \cdot (H + t_g) \tag{7.38}$$

Der Grundbruchwiderstand vereinfacht sich unter Verwendung von $N_{c0} = 2 + \pi$, $N_{d0} = 1{,}0$ und $N_{b0} = 0$ zu

$$R_{n,k} = b_g \cdot [\gamma_{1,k} \cdot t_g + c_{u,k} \cdot (2 + \pi)] \tag{7.39}$$

Unter Berücksichtigung der Teilsicherheitsbeiwerte γ_G für ständige und γ_Q für veränderliche Einwirkungen erhält man die Bemessungswerte $G_{B,d}$ für das Eigengewicht und G_d sowie Q_d für die Auflasten.

Bei der Berechnung der Bemessungswerte der Widerstände ist der Teilsicherheitsbeiwert $\gamma_{R,v}$ anzusetzen, der für den Grundbruchwiderstand $R_{n,k}$ maßgebend ist und aus pragmatischen Gründen auch auf den seitlichen Widerstand T_k übernommen wird. Baugruben sind in der Regel der Bemessungssituation BS-T zuzuordnen.

Die Bemessungswiderstände ergeben sich aus

$$T_d = \frac{T_k}{\gamma_{R,v}} \tag{7.40}$$

und

$$R_{n,d} = \frac{R_{n,k}}{\gamma_{R,v}} \tag{7.41}$$

Für den Bemessungszustand ist der Nachweis

$$G_{B,d} + G_d + Q_d \leq T_d + R_{n,d} \tag{7.42}$$

zu führen. Mit $\gamma_G = 1{,}20$, $\gamma_Q = 1{,}30$ und $\gamma_{R,v} = 1{,}30$ nach Abschnitt 2.8 ergibt sich annähernd das gleiche Sicherheitsniveau wie in der Vergangenheit beim Globalsicherheitskonzept.

Nach dem Prinzip der kleinsten Sicherheit ist der Bruchkörper maßgebend, dessen Breite b_g zur kleinsten Sicherheit führt. Übertragen auf das Teilsicherheitskonzept bedeutet dies, dass die Breite b_g solange zu variieren ist, bis sich das Maximum für den Ausnutzungsgrad

$$\mu = \frac{G_{B,d} + G_d + Q_d}{T_d + R_{n,d}} \tag{7.43}$$

ergibt, vgl. *Hettler* und *Stoll* [87].

Als Nebenbedingung ist zu beachten, dass der Bruchkörper innerhalb der Baugrube liegt, d. h. es ist die Bedingung

$$l_g \leq B + \frac{b_g}{2} \tag{7.44}$$

einzuhalten. Dadurch kann das Maximum auch ein Randmaximum sein, d. h. der Bruchkörper nach Bild 7.15b ist maßgebend.

Aus den Gln. (7.44) und (7.37) ergibt sich durch Umformen die Bedingung

$$b_g \leq \frac{B}{f_{Lg} - 0{,}50} \tag{7.45}$$

Bei sehr schmalen Baugruben erhält man durch diese Bedingung eine sehr geringe Breite b_g und damit nach den Gln. (7.30) und (7.31) sehr kleine Lasten $G_{B,k}$ und G_k. Da die Größe der Kraft T_k von der Breite b_g des Bodenkörpers unabhängig ist, gewinnt sie bei diesen kleinen Breiten stark an Einfluss. Wie die Untersuchungen von *Finn* [53] zeigen, wird dadurch eine rechnerische Sicherheit vorgetäuscht, die mit den tatsächlichen Verhältnissen nicht in Einklang steht. Bei Baugruben, deren Breite kleiner ist als $B = 0{,}20 \cdot H$, ist die für die Berechnung maßgebende Breite daher nach „Baugruben, Teil III" [205] mit

$$b_g = \frac{0{,}20 \cdot H}{f_{Lg} - 0{,}50} \tag{7.46}$$

anzunehmen. Die Untersuchung mit verschiedenen Breiten b_g erübrigt sich in diesem Fall.

Nachweis der Standsicherheit bei geschichtetem Boden

Die bisherigen Angaben gehen von einem einheitlichen Boden aus. Doch auch dann, wenn diese Voraussetzung nicht gegeben ist, ändert sich wenig an den grundsätzlichen Überlegungen. Es treten lediglich die Beziehungen

$$G_k = \sum_0^{H+t_g} \gamma_{i,k} \cdot \Delta h_i \tag{7.47}$$

$$E_{av,k} = \sum_0^{H+t_g} e_{ahi,k} \cdot \Delta h_i \cdot \tan\varphi'_{i,k} \tag{7.48}$$

$$K_{v,k} = \sum_0^{H+t_g} c'_{i,k} \cdot \Delta h_i \tag{7.49}$$

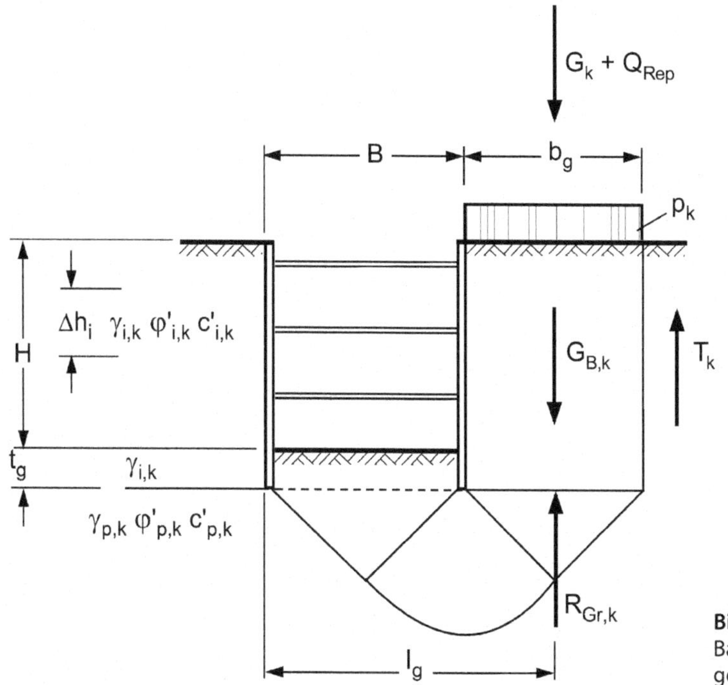

Bild 7.16 Aufbruch der Baugrubensohle bei geschichtetem Boden

an die Stelle der Gln. (7.30), (7.33) und (7.34). Für die Tragfähigkeit $R_{Gr,k}$ gilt bei geschichtetem Boden mit den Bezeichnungen des Bildes 7.16:

$$R_{Gr,k} = b_g \cdot (\gamma_{p,k} \cdot b_g \cdot N_{b0} + \gamma_{i,k} \cdot t_g \cdot N_{d0} + c'_{p,k} \cdot N_{c0}) \tag{7.50}$$

Für die Festlegung der Tragfähigkeitsbeiwerte N_{bo}, N_{do} und N_{co} ist der Reibungswinkel $\varphi'_{p,k}$ des Bodens unterhalb des Wandfußes maßgebend. Das Gleiche gilt für die Ermittlung der Breite b_g des abrutschenden Bodenkörpers nach Gl. (7.45) bzw. (7.46).

Sonderfälle

In einigen Sonderfällen lässt sich der Nachweis der Sicherheit gegen Aufbruch der Baugrubensohle vereinfachen, und die Variation der Breite b_g zur Bestimmung des maximalen Ausnutzungsgrades in Gl. (7.43) kann entfallen.

Dazu gehören die Fälle:
- reiner c_u-Boden ohne Auflasten,
- Boden mit Reibung und Kohäsion ohne Auflasten.

Geht man von einem reinen c_u-Boden mit der Wichte γ_k und einer Baugrube ohne seitliche Auflasten aus, dann erhält man unter Verwendung der Gln. (7.38) und (7.39) für den Ausnutzungsgrad nach Gl. (7.43)

$$\mu = \frac{\gamma_G \cdot [\gamma_k \cdot b_g \cdot (H + t_g)]}{\frac{1}{\gamma_{Gr}} \cdot [c_{u,k}(H + t_g) + b_g \cdot (\gamma_k \cdot t_g + 5{,}14 \cdot c_{u,k})]} \tag{7.51}$$

Variiert man die Breite b_g von $b_g = 0$ bis $b_g = \infty$, dann steigt der Ausnutzungsgrad von $\mu = 0$ monoton bis zum asymptotischen Grenzwert

$$\mu(b_g = \infty) = \frac{\gamma_G \cdot \gamma_k \cdot (H + t_g)}{\frac{1}{\gamma_{Gr}} \cdot (\gamma_k \cdot t_g + 5{,}14 \cdot c_{u,k})} \tag{7.52}$$

Schließt man den Fall in Bild 7.15c aus, dann ergibt sich das Maximum für die Breite

$$b_g = 2 \cdot (l_g - B) \tag{7.53}$$

(s. Bild 7.15b). Aus Gl. (7.37) und Tabelle 7.1 erhält man

$$l_g = 1{,}5 \cdot b_g \tag{7.54}$$

Das Einsetzen von Gl. (7.54) in Gl. (7.53) ergibt

$$b_g = B \tag{7.55}$$

für die maßgebende Breite.

Unter Verwendung von Gl. (7.55) und Gl. (7.51) erhält man den maßgeblichen Ausnutzungsgrad:

$$\max \mu = \frac{\gamma_G \cdot [\gamma_k \cdot B \cdot (H + t_g)]}{\frac{1}{\gamma_{R,v}} \cdot [c_{u,k} \cdot (H + t_g) + B \cdot (\gamma_k \cdot t_g + 5{,}14 \cdot c_{u,k})]} \tag{7.56}$$

Somit entfällt in diesem Fall eine Variation der Breite b_g.

Anhand der Gl. (7.56) lässt sich leicht überschauen, welchen Einfluss eine Einbindetiefe auf den Sicherheitsnachweis gegen Aufbruch der Baugrubensohle hat. Geht man zunächst von einer Wand ohne Einbindung mit $t_g = 0$ aus, dann erhöht sich bei einer Einbindung t_g die Einwirkung um

$$\Delta E_d = \gamma_G \cdot \gamma_k \cdot B \cdot t_g \tag{7.57a}$$

Gleichzeitig erhöht sich der Widerstand um

$$\Delta R_d = \frac{1}{\gamma_{R,v}} \cdot [c_{u,k} \cdot t_g + B \cdot \gamma_k \cdot t_g] \tag{7.57b}$$

Gerade bei weichen Böden mit relativ geringen c_u-Werten reicht häufig der Anteil aus $c_{u,k} \cdot t_g$ nicht aus, um die Unterschiede aus den Teilsicherheitsbeiwerten $\gamma_G = 1{,}20$ und $\gamma_{R,v} = 1{,}30$ in Zähler und Nenner auszugleichen oder gar ein Ansteigen des Bemessungswiderstands in Gl. (7.57b) im Vergleich zur Einwirkung zu erreichen. Insofern ergibt sich in vielen Fällen die paradox erscheinende Auswirkung, dass der Ausnutzungsgrad steigt und damit die Sicherheit geringer wird, wenn man die Einbindetiefe erhöht. Aus praktischer Sicht ist entgegenzuhalten, dass der reine c_u-Boden eher eine mathematische Fiktion ist. Selbst bei normal konsolidiertem Boden wächst c_u linear mit der Tiefe, vgl. z. B. *Kempfert* und *Gebreselassie* [100]), wodurch sich die Situation völlig ändert. Mit der Tiefe konstante c_u-Werte setzen voraus, dass mit zunehmender Tiefe der Konsolidierungsgrad immer geringer wird. Das ist nur selten der Fall.

Für den Fall ohne seitliche Auflasten und bei Böden mit Reibungswinkel φ'_k, Kohäsion c'_k und Wichte γ_k erhält man analog zu Gl. (7.51) für den Ausnutzungsgrad

$$\mu = \frac{\gamma_G \cdot [\gamma_k \cdot b_g \cdot (H + t_g)]}{A} \tag{7.58}$$

mit

$$A = \frac{1}{\gamma_{R,v}} \cdot [c'_k \cdot (H + t_g) - E_{av,k} + b_g \cdot (\gamma_k \cdot b_g \cdot N_{b0} + \gamma_k \cdot t_g \cdot N_{d0} + c'_k \cdot N_{c0})] \tag{7.59}$$

Es sei darauf hingewiesen, dass unter Beachtung des negativen Neigungswinkels $\delta_{a,k}$ die Vertikalkomponente $E_{av,k}$ des Erddrucks einen positiven Anteil zu den Widerständen in Gl. (7.58) liefert.

Leitet man den Ausnutzungsgrad μ nach der Breite b_g ab und setzt man die abgeleitete Funktion μ' zu null, erhält man als maßgebliche Nullstelle für das Maximum:

$$b_{g\max} = \left[\frac{E_{av,k} + c'_k \cdot (H + t_g)]}{\gamma_k \cdot N_{b0}} \right]^{\frac{1}{2}} \tag{7.60}$$

Die zweite Nullstelle ist bis auf das Vorzeichen identisch.

Bei der Suche nach dem maximalen Ausnutzungsgrad sind folgende Fälle zu unterscheiden:

a) Der Aufbruchkörper liegt innerhalb der Baugrube. Dann erhält man die maßgebliche Breite b_g aus Gl. (7.60). Der Ausnutzungsgrad μ weist ein Maximum auf.
b) Die Breite b_{gmax} nach Gl. (7.60) führt zu einem Bruchkörper nach Bild 7.15c. Dann ist die Breite b_g maßgeblich, die zu einem Bruchkörper nach Bild 7.15b führt. Der Ausnutzungsgrad μ ergibt sich als Randmaximum.
c) Bei schmalen Baugruben ist der Nachweis mit der Breite b_g nach der Bedingung (7.46) zu führen.

Bewertung
Wie Untersuchungen von *Weißenbach* [205] auf der Grundlage des Globalsicherheitskonzepts zeigen, ist die Gefahr eines Aufbruchs der Baugrubensohle bei breiten Baugruben größer als bei schmalen und bei Böden mit großem Reibungswinkel kleiner als bei Böden mit kleinem Reibungswinkel. Bei einem Reibungswinkel von $\varphi'_k = 17{,}5°$ genügt schon eine Kohäsion von $c_k = 3{,}0$ kN/m², um bei einer Baugrube von 10 m Tiefe die erforderliche Sicherheit zu erreichen. Bei $\varphi'_k > 20°$ ist im Allgemeinen der Nachweis der Sicherheit gegen Aufbruch der Baugrubensohle nur erforderlich, wenn der Boden unterhalb der Baugrubensohle unter Auftrieb steht. Bei Reibungswinkeln $\varphi'_k > 25°$ ist entsprechend einer Untersuchung von *Terzaghi* [174] stets eine ausreichende Sicherheit gegen Aufbruch der Baugrubensohle gegeben, auch wenn unmittelbar unterhalb der Baugrubensohle Grundwasser ansteht. Dies gilt natürlich nicht, wenn das Grundwasser außerhalb der Baugrube höher steht

als innerhalb. In diesem Fall ist die Baugrubensohle stets aufbruchgefährdet, wenn die geschlossene Baugrubenverkleidung nur bis zur Baugrubensohle reicht. Falls der Boden nicht durch eine Vakuumentwässerung trockengelegt werden kann, ist in solchen Fällen eine Spundwand anzuordnen und die Sicherheit gegen hydraulischen Grundbruch nachzuweisen.

Hebung der Baugrubensohle
Unabhängig vom Nachweis einer ausreichenden Sicherheit gegen Aufbruch der Baugrubensohle kann es im Rahmen des Nachweises der Gebrauchstauglichkeit erforderlich sein, die zu erwartenden Hebungen der Baugrubensohle zu untersuchen. *Weißenbach* „Baugruben, Teil III" [205] führt vereinfachend die Hebungen auf drei Ursachen zurück:

- eine rein vertikale Ausdehnung des Bodens, die als negative Setzung aufgefasst und über eine klassische Setzungsberechnung nach DIN 4019 mit der Methode der lotrechten Spannungen abgeschätzt werden kann,
- einen Verformungsanteil, der auf die waagerechte Zusammendrückung des Bodens zwischen Baugrubensohle und Unterkante der Baugrubenwand infolge der zu erwartenden Wandbewegung zurückgeht und über ein Näherungsverfahren abgeschätzt werden kann,
- einen Anteil, der auf die Umkehrung der Hauptspannungsrichtungen unterhalb der Baugrubensohle zurückgeführt wird und gemäß einem Vorschlag von *Breth* und *Stroh* [29] ermittelt werden kann. Er macht sich insbesondere bei Baugruben von mehr als 10 m Tiefe bemerkbar.

Die Berechnungsansätze dazu werden in „Baugruben, Teil III" [205] ausführlich dargelegt. Zunehmend wird allerdings zum Nachweis der Gebrauchstauglichkeit auf die Methode der Finiten Elemente zurückgegriffen (s. Kapitel 9).

7.5 Sicherheit gegen Geländebruch

Eine Baugrubenkonstruktion muss nicht nur im Hinblick auf die Beanspruchung der Einzelteile und gegebenenfalls in der Ausnutzung des Erdwiderstands ausreichende Sicherheiten aufweisen, sondern auch als Ganzes standsicher sein. Ein Geländebruch tritt auf, wenn die Baugrubenkonstruktion mit einem Teil des umgebenden Erdreichs einen Gleitkörper bildet und auf einer Gleitfläche abrutscht, in welcher der Scherwiderstand des Bodens überwunden wird. Bei verankerten Baugrubenwänden ist dieses Standsicherheitsproblem für jeden offensichtlich erkennbar, nicht aber bei ausgesteiften Baugruben. Auch bei ausgesteiften Baugruben muss im Grundsatz neben einer ausreichenden Sicherheit gegen Aufbruch der Baugrubensohle nach Abschnitt 7.4 auch eine ausreichende Sicherheit gegen Geländebruch vorhanden sein bzw. nachgewiesen werden. Allerdings trifft dies nur zu, wenn besonders ungünstige Verhältnisse vorliegen. Dies kann z. B. der Fall sein,

- wenn wegen einer schweren Flachgründung nach Bild 7.17a ein besonders großer Erddruck unterhalb der Baugrubensohle zu erwarten ist,

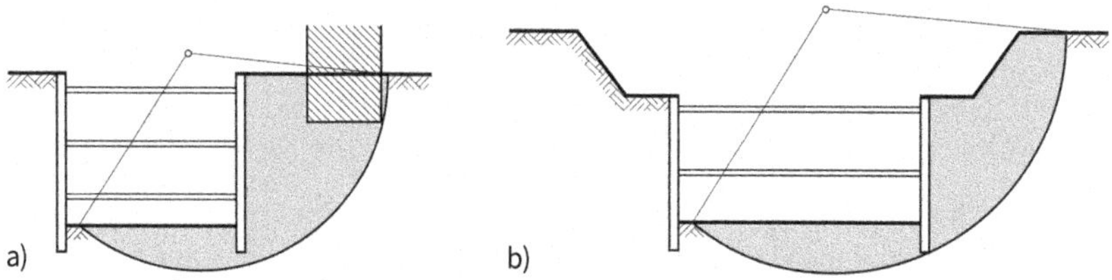

Bild 7.17 Geländebruchuntersuchungen bei Baugruben mit waagerechter Aussteifung;
a) große Bauwerkslast, b) gebrochene Geländeoberfläche

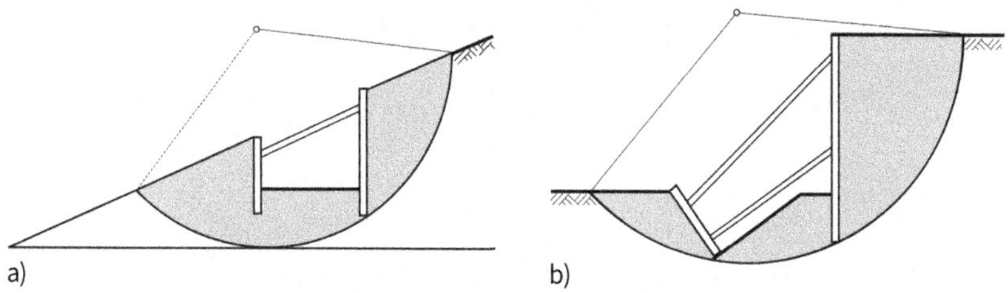

Bild 7.18 Geländebruchuntersuchungen bei Baugruben mit geneigter Aussteifung;
a) vorgegebene Gleitfläche, b) Abstützung auf die Baugrubensohle

- wenn bei gebrochener Geländeoberfläche nach Bild 7.17b eine starke Erddruckumlagerung nach oben angenommen worden ist,
- wenn der Erddruck nach Bild 7.18a auf der einen Baugrubenseite so groß ist, dass auf der anderen Seite Erdwiderstand geweckt wird, bei der Ermittlung des Erdwiderstands aber eine von der Natur vorgegebene Gleitfläche nicht erfasst wird,
- wenn eine Baugrubenwand nach Bild 7.18b zur Baugrubensohle hin abgestützt wird.

Die Gefahr eines Geländebruchs besteht in diesen Fällen ganz besonders dann, wenn unterhalb der Baugrubensohle weicher bis steifer bindiger Boden ansteht oder wenn die Baugrubenwand nicht oder nur wenig unter die Baugrubensohle einbindet.

Die Untersuchung des Geländebruchs erfolgt nach DIN 4084.

Als Versagensmechanismen kommen vornehmlich infrage:
- Bruchkörper mit kreisförmigen Gleitlinien,
- zusammengesetzte Bruchmechanismen mit geraden Gleitlinien.

Sofern Steifen entsprechend Bild 7.18 innerhalb des untersuchten Bruchkörpers liegen, haben die in ihnen wirksamen Kräfte keinen Einfluss auf die Geländebruchsicherheit. Schneidet dagegen eine vom Gleitkreismittelpunkt zum Gleitflächenansatz verlaufende Linie entsprechend Bild 7.17 eine Steife, so darf die Steifenkraft bei der Geländebruchuntersuchung als bekannte äußere Kraft mit dem Bemessungswert S_d des Steifenwiderstands angesetzt werden, soweit sie günstig wirkt.

Dies gilt zumindest dann, wenn der Gleitkreismittelpunkt oberhalb der Resultierenden aller Steifenkräfte liegt. In diesem Fall vergrößern sie rechnerisch die Sicherheit gegen Geländebruch. Liegt der Gleitkreismittelpunkt ausnahmsweise tiefer als die Resultierende aller Steifenkräfte, so setzen sie die Sicherheit herab.

Im Übrigen sind in der Regel mehrere Gleitkreisuntersuchungen anzustellen, damit eine ausreichende Wahrscheinlichkeit besteht, dass der Gleitkreis mit der kleinsten Sicherheit gefunden worden ist. Dabei sind nicht nur Gleitflächen zu untersuchen, welche den Fuß der Baugrubenwand berühren, sondern auch solche, die tiefer reichen. Je nach Geländesituation und Schichtung kommen auch zusammengesetzte Bruchmechanismen infrage, bei denen ebenfalls die Geometrie solange zu variieren ist, bis die kleinste Sicherheit bzw. der größte Ausnutzungsgrad erreicht wird.

8 Bettungsmodulverfahren

8.1 Grundlagen

Will man die Verschiebungen des Wandfußes genauer erfassen als mit dem Trägermodell auf unnachgiebigen Auflagern, dann bietet sich das Bettungsmodulverfahren an. Dabei wird die Bodenreaktion durch in der Regel nicht miteinander gekoppelte Federn ersetzt. Der Vorteil dieser Methode liegt darin, dass die Größe der Bodenreaktion und die Verschiebungen wirklichkeitsnah abgebildet werden können. Gleichzeitig ist der Aufwand für die statische Berechnung begrenzt und der Einfluss von verschiedenen Parametern lässt sich übersichtlich erfassen. Die Hauptschwierigkeit des Verfahrens liegt darin, die Federkennlinien so festzulegen, dass die berechneten Verschiebungen und Biegemomente der Wirklichkeit möglichst nahekommen. Dabei sind unter anderem folgende Punkte zu beachten:

a) Die tatsächliche Beziehung zwischen Verschiebung und Bodenreaktion ist nichtlinear.
b) Je nach Wandbewegungsart, z. B. Parallelbewegung, Drehung um den Fußpunkt oder Drehung um den Kopfpunkt ergeben sich andere Federkennlinien.
c) Durch Gewölbebewirkung kommt es zu Erddruckumlagerungen und die Federkennlinien sind in Wirklichkeit miteinander gekoppelt.
d) Der Ausgangsspannungszustand hat einen großen Einfluss auf die Federkennlinien und muss in Betracht gezogen werden.

Trotz der notwendigen Vereinfachungen ist das Verfahren mittlerweile so weit entwickelt, dass es in vielen Fällen befriedigende Ergebnisse liefert und einen Fortschritt beim Nachweis der Gebrauchstauglichkeit bedeutet.

In den letzten Jahren hat sich auch der Arbeitskreis Baugruben eingehend mit dem Bettungsmodulverfahren auseinandergesetzt und die Empfehlung EB 102, s. [75], herausgegeben. Gemäß EB 102, Absatz 1 darf das Verfahren zum Nachweis der Einbindetiefe, bei der Ermittlung der Schnittgrößen und auch beim Nachweis der Gebrauchstauglichkeit angewendet werden.

Eine wichtige Rolle spielt der Ansatz des Ausgangsspannungszustands. Systematische Untersuchungen zeigen, siehe z. B. *Besler* [18] und *Hettler/Vega-Ortiz/Mumme* [90], dass ohne Berücksichtigung der Vorbelastung aus dem Gewicht des Baugrubenaushubs die Wandfußverschiebungen viel zu groß werden. Nach EB 102 [47] darf als Ausgangsspannungszustand der Erdruhedruck, berechnet ab Geländeoberfläche, angesetzt werden (Bild 8.1). Dabei hat man die Vorstellung, dass während des Aushubs die Vorspannung im Untergrund erhalten bleibt. Um der Forderung des maximal möglichen Grenzzustands Rechnung zu tragen, wird die Ausgangsspannung ab Baugrubensohle auf den passiven Erddruck begrenzt. Dadurch kann sich erst ab der Tiefe

$$z_e = \frac{K_0}{K_{ph} - K_0} \cdot \frac{p_{v,k}}{\gamma_k} \tag{8.1}$$

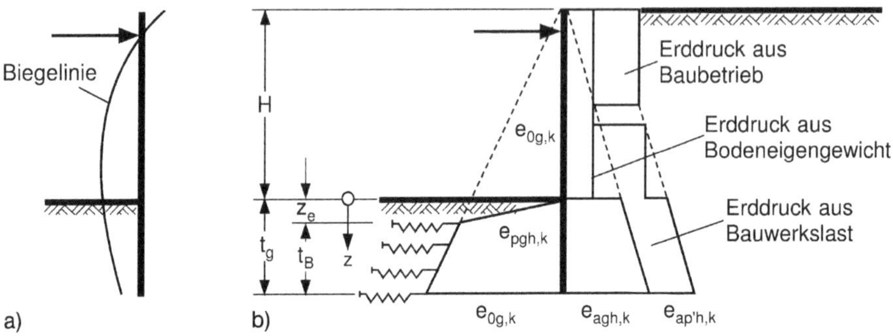

Bild 8.1 Elastische Bettung bei nichtbindigem Boden ohne Verschiebungsnullpunkt; a) Wandverformung, b) Lastbild

eine Bettungsreaktion entwickeln. Dabei bezeichnet $p_{V,k}$ die Auflastspannung in Höhe der Baugrubensohle vor dem Aushub, K_0 den Erdruhedruckbeiwert, K_{ph} den horizontalen passiven Erddruckbeiwert und γ_k die charakteristische Wichte des Bodens unterhalb der Baugrubensohle.

Aus Plausibilitätsgründen wurde von *Besler* [18] vorgeschlagen, den K_{ph}-Wert für den Erddruckneigungswinkel $\delta_{p,k} = 0$ zu ermitteln. In der Regel wird jedoch der Erdwiderstand mit der Neigung $\delta_{p,k} \neq 0$ angesetzt, wobei die Grenze durch das Gleichgewicht der Vertikalkräfte gegeben ist.

Um einen Sprung der Bodenreaktionen an der Stelle z_e zu umgehen und das Verfahren nicht unnötig kompliziert zu machen, wurde in [89] vorgeschlagen, die Begrenzungslinie ab Baugrubensohle mit demselben Neigungswinkel $\delta_{p,k}$ zu ermitteln, der auch für den Nachweis der Einbindetiefe angesetzt wird. Dies entspricht der Vorgehensweise in EB 102, Abschnitt 4.5, Absatz 2.

Liegt der Schnittpunkt zwischen Erdruhedruck und passivem Erddruck in der Tiefe z_e unterhalb des Wandfußes, dann ist eine Berechnung mit dem Bettungsmodulverfahren nicht mehr möglich. In diesem Fall steht die größtmögliche Bodenreaktion ohne nennenswerte Verschiebung zur Verfügung und darf gegebenenfalls als Einwirkung angesetzt werden.

Unterhalb der Tiefe z_e wird die Mobilisierung der Bodenreaktionen durch Bettungsfedern modelliert. Auf der Erdseite werden die Einwirkungen wie bei dem Trägermodell auf unnachgiebigen Auflagern angesetzt. In einigen Ländern, z. B. in Frankreich wird auch der aktive Erddruck durch Federn simuliert. In der Regel genügen jedoch bereits Verformungen in der Größenordnung von 1 ‰ der Wandhöhe, um den aktiven Erddruck zu erreichen, sodass sich der Ansatz von Bettungsfedern erübrigt. Hinzu kommt, dass beim aktiven Erddruck oft sehr große Erddruckumlagerungen beobachtet werden, die mit einem Bettungsmodell nur schwer erfasst werden können.

Kommt es bei großer Einbindetiefe und biegsamen Wänden zu einer Rückdrehung der Wand mit einem Verschiebungsnullpunkt (Bild 8.2a), ist es naheliegend, unter-

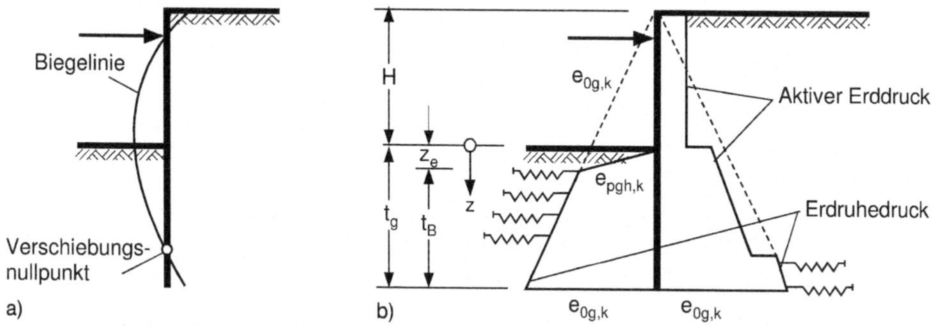

Bild 8.2 Elastische Bettung bei nichtbindigem Boden mit Verschiebungsnullpunkt; a) Wandverformung, b) Lastbild

halb des Verschiebungsnullpunktes auch auf der Erdseite den Erdruhedruck anzusetzen (Bild 8.2b).

Die unterhalb des Schnittpunkts von Erdruhedruck und Erdwiderstand hervorgerufene Bodenreaktion darf an keiner Stelle den passiven Erddruck $e_{ph,k}$ überschreiten, d. h. die Summe aus Ausgangsspannung $e_{0gh,k}$ und durch Bettung hervorgerufene Bodenreaktion $\sigma_{Bh,k}$ muss die Bedingung

$$e_{0gh,k} + \sigma_{Bh,k} \leq e_{ph,k} \tag{8.2}$$

erfüllen. Mithilfe moderner Programme bringt die Umsetzung von Gl. (8.2) keine besonderen Schwierigkeiten mit sich.

Zusätzlich darf der Bemessungswert $B_{h,d}$ der Resultierenden aus den Bodenreaktionen vor dem Wandfuß nicht größer werden als der Bemessungswert $E_{ph,d}$ des resultierenden passiven Erddrucks, s. Abschnitt 8.6.

Die hier angestellten Betrachtungen beziehen sich auf den Bettungsmodul $k_{sh,k}$, der durch die Sekante zwischen der Ausgangsspannung und der Endspannung $\sigma_{h,k}$ bestimmt ist. Aus rechentechnischen Gründen kann es unter Umständen vorteilhaft sein, die Ausgangsspannung in den Bettungsmodul mit aufzunehmen. Dann erhält man den Modul k^*_{sh} (Bild 8.3). Zum Beispiel wurde bei den Untersuchungen in [89] unter Berücksichtigung des nichtlinearen Bodenverhaltens mit dem Modul k^*_{sh} eine bessere Konvergenz und eine höhere numerische Stabilität festgestellt.

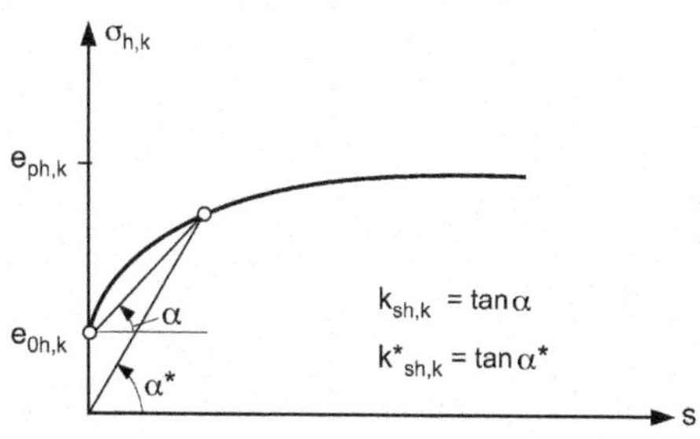

Bild 8.3 Bettungsmodule $k_{sh,k}$ und $k^*_{sh,k}$

Unter Beachtung der Ausgangsspannung und der Begrenzung durch den passiven Erddruck $e_{ph,k}$ ergibt sich als einfachste Federkennlinie zur Beschreibung der Bettung ein bilinearer Ansatz (Abschnitt 8.2). Durchgängig nichtlineare Bettungsansätze werden in Abschnitt 8.3 behandelt. Bei nicht gestützten, im Boden eingespannten Wänden sind die Verhältnisse äußerst komplex (s. *Al-Akel* [2]). Eine einfache Bettungstheorie und ein praxistauglicher Vorschlag zur Anwendung fehlen bisher noch. Zur Abschätzung der Wandverformungen kann in diesen Fällen auf einen Vorschlag von *Weißenbach* [205] zurückgegriffen werden, s. [214] und Abschnitt 4.4 sowie *Jung* und *Vrettos* [95].

Die Anwendung auf gestützte Wände wird im Abschnitt 8.5 beschrieben. Abschnitt 8.6 beinhaltet den Nachweis der Einbindetiefe. Dabei sind einige Besonderheiten zu beachten.

8.2 Bilinearer Ansatz und Ermittlung des zugehörigen Bettungmoduls

Unter Beachtung der Begrenzung durch den passiven Erddruck e_{ph}, siehe Abschnitt 8.1, ergibt sich als einfachste Federkennlinie ein bilinearer Ansatz (Bild 8.4). Der charakteristische Bettungsmodul $k_{sh,k}$ entspricht der Geradenneigung in Bild 8.4. Die unterhalb von z_e nach Gl. (8.1) über den Erdruhedruck hinausgehende Bodenreaktion $\sigma_{Bh,k}$ ergibt sich in Abhängigkeit der horizontalen Verschiebung s aus

$$\sigma_{Bh,k} = k_{sh,k} \cdot s \tag{8.3}$$

Zur Bestimmung des Bettungsmoduls stehen verschiedene Möglichkeiten zur Verfügung.

Als einfachste Näherung darf der Bettungsmodul aus dem horizontalen Steifemodul $E_{sh,k}$ abgeleitet werden. Mit der Vorstellung, dass sich vor der Wand ein Schichtpaket der Dicke t_B zusammendrückt, erhält man nach *Gudehus* [65]

$$k_{sh,k} = \frac{E_{sh,k}}{t_B} \tag{8.4}$$

Dabei wird näherungsweise die von der Bettung erfasste Tiefe t_B nach Bild 8.1b angesetzt. Dreht sich die Wand stark zurück und erreicht einen Verschiebungsnullpunkt, bildet der Verschiebungsnullpunkt die untere Grenze für den gebetteten Bereich.

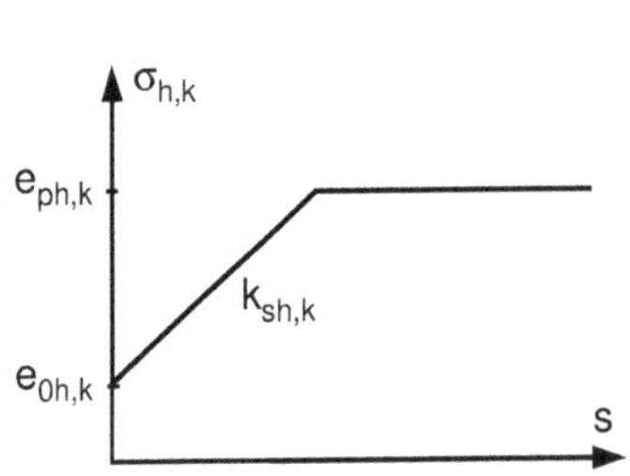

Bild 8.4 Bilinearer Ansatz für charakteristische Bodenreaktion $\sigma_{h,k}$ in Abhängigkeit der Verschiebung s

Bei gerammten Bohlträgern wird anstelle von t_B die Flanschbreite b_t angesetzt. Somit erhält man

$$k_{sh,k} = \frac{E_{sh,k}}{b_t} \tag{8.5}$$

Für Bohlträger, die in vorgebohrte Löcher eingesetzt und im Fußbereich einbetoniert werden, ist der Bohrlochdurchmesser D maßgebend. Die Gültigkeit des Ansatzes in Gl. (8.5) wird beschränkt auf rechnerische Verschiebungen bis höchstens $s = 0{,}03\ b_t$ bzw. $s = 0{,}03\ D$. Zusätzlich sind die Bedingungen einzuhalten, dass die Verschiebungen maximal 20 mm betragen dürfen und der Durchmesser D auf 1 m zu beschränken ist.

Der Steifemodul $E_{sh,k}$ sollte in dem zu erwartenden Spannungsbereich ermittelt werden. Häufig ist nur der Steifemodul E_s für Setzungsberechnungen und damit für vertikale Beanspruchungen bekannt. Zur Berücksichtigung der in der Regel größeren Nachgiebigkeit in horizontaler Richtung schlagen *Weißenbach* und *Gollub* eine Abminderung von E_s auf bis zu 50 % vor [213].

Für den Sonderfall eines Trägers der Breite b_t in homogenem Sand darf nach *Terzaghi* [173] der geradlinig mit der Tiefe z zunehmende Ansatz

$$k_{sh,k} = C_b \cdot \frac{z}{b_t} \tag{8.6}$$

verwendet werden mit

$C_b = 2\ \text{MN/m}^3$ bei lockerer Lagerung (8.7a)

$C_b = 6\ \text{MN/m}^3$ bei mitteldichter Lagerung (8.7b)

$C_b = 18\ \text{MN/m}^3$ bei dichter Lagerung (8.7c)

Steht Grundwasser an, sind die Werte auf 60 % herabzusetzen. Der Ansatz in Gl. (8.6) mit den Parametern in Gl. (8.7) stimmt sehr gut mit nichtlinearen Bettungsansätzen und Ergebnissen aus Modellversuchen überein [78].

Für durchlaufende Wände in Sand hat *Besler* [18, 80], auf der Grundlage von Modellversuchen mittlere Bettungsmodule in Abhängigkeit vom Ausnutzungsgrad des

Tabelle 8.1 Anhaltswerte für den Bettungsmodul bei nichtbindigem Boden in Abhängigkeit von der Lagerungsdichte und vom Mobilisierungsgrad nach *Besler*

Mobilisierungsgrad	Lagerungsdichte		
	locker	mitteldicht	dicht
mob $E_{ph,k} : E_{ph,k} = 25\,\%$	15,0 MN/m^3	30,0 MN/m^3	60,0 MN/m^3
mob $E_{ph,k} : E_{ph,k} = 37{,}5\,\%$	3,0 MN/m^3	6,0 MN/m^3	12,0 MN/m^3
mob $E_{ph,k} : E_{ph,k} = 50\,\%$	1,2 MN/m^3	2,5 MN/m^3	5,0 MN/m^3
mob $E_{ph,k} : E_{ph,k} = 75\,\%$	0,5 MN/m^3	1,0 MN/m^3	2,0 MN/m^3

Tabelle 8.2 Bettungsmodul bei bindigem Boden für steife bis halbfeste Konsistenz nach *Wittlinger*

Mobilisierungsgrad	Bettungsmodul
mob $E_{ph,k} : E_{ph,k} = 25\,\%$	9,0 MN/m^3
mob $E_{ph,k} : E_{ph,k} = 37{,}5\,\%$	5,0 MN/m^3
mob $E_{ph,k} : E_{ph,k} = 50\,\%$	3,0 MN/m^3
mob $E_{ph,k} : E_{ph,k} = 75\,\%$	2,0 MN/m^3

resultierenden Erdwiderstands und der Lagerungsdichte abgeleitet. Die Werte der Tabelle 8.1 gelten für feuchten Sand. Bei Böden unter Auftrieb sind die Werte zu halbieren.

Für bindige Böden mit steifer bis halbfester Konsistenz stehen die Werte der Tabelle 8.2 zur Verfügung. Die Berechnung mit den Tabellenwerten erfolgt iterativ. Zunächst wird der Mobilisierungsgrad

$$\bar{\mu} = \frac{\text{mob } E_{ph,k}}{E_{ph,k}} \tag{8.8}$$

geschätzt und der entsprechende Tabellenwert in die Berechnung eingeführt. Die erhaltenen Bodenreaktionen $\sigma_{h,k}$ werden integriert zur resultierenden Auflagerkraft $B_{h,k}$, wobei sowohl die Ausgangsspannungen als auch die Bettungsspannungen berücksichtigt werden. Aus $B_{h,k}$ und $E_{ph,k}$ wird ein verbesserter Mobilisierungsgrad $\bar{\mu}_v = B_{h,k}/E_{ph,k}$ ermittelt und daraus wiederum ein verbesserter mittlerer Bettungsmodul. Der Berechnungsvorgang wird solange fortgesetzt, bis sich die Verschiebungen der Wand in zwei aufeinanderfolgenden Berechnungsschritten mit genügender Genauigkeit angenähert haben.

Angaben für mittlere Werte des Bettungsmoduls wie in Tabelle 8.1 stehen auf den ersten Blick anscheinend im Widerspruch zu Gl. (8.4). Nimmt man z. B. den Steifemodul $E_{sh,k}$ als Konstante an, dann hängt nach Gl. (8.4) der Bettungsmodul von der Einbindelänge ab und ist nicht konstant wie in den Tabellen angegeben. Tatsächlich nimmt aber der Steifemodul mit dem Druckniveau zu. Nimmt man an, dass E_s proportional zur Tiefe ist, dann erhält man $k_{sh} \approx$ konstant. Folglich handelt es sich nur um einen scheinbaren Widerspruch.

Tabelle 8.3 Bettungsmodul unter Wasser: Spanne für Erfahrungswerte bei einem Ausnutzungsgrad des Erdwiderstands $\mu_a \approx 1$ für die Bemessungssituation BS-T

Nichtbindiger Boden Lagerungsdichte			
locker	mitteldicht	dicht	sehr dicht
1–4 MN/m^3	3–10 MN/m^3	8–15 MN/m^3	12–20 MN/m^3

Die Umsetzung der iterativen Anpassung des Bettungsmoduls an den Mobilisierungsgrad stößt in der Praxis auf Schwierigkeiten [75]. Aus diesem Grund wurde für die 5. Auflage der EAB wieder eine Tabelle mit konstanten Werten für den Bettungsmodul entwickelt (s. Tabelle 8.3).

Die neuen Tabellenwerte hängen nicht mehr vom Mobilisierungsgrad μ = mob $E_{ph,k}/E_{ph,k}$ des charakteristischen Erdwiderstands ab. Sie beziehen sich auf einen Ausnutzungsgrad $\mu_a \approx 1$ für die Bemessungssituation BS-T nach Handbuch Eurocode 7, Band 1 [67]. Dies entspricht dem Lastfall LF 2 nach DIN 1054:2005-10. Der Ausnutzungsgrad ist definiert als das Verhältnis der Bemessungswerte von Einwirkungen und Widerständen mit $\mu_a = E_d/R_d$. Ein Wert $\mu_a = 1$ heißt folglich, dass die geforderten Teilsicherheitsbeiwerte gerade eingehalten sind. Geht man vom alten Globalsicherheitskonzept mit einem Globalsicherheitsfaktor von $\eta = 1{,}5$ bei Wänden im Lastfall LF 2 aus, wird bei $\eta = 1{,}5$ ein Mobilisierungsgrad von $\mu = 1/\eta \approx 66\,\%$ erreicht. Dem Teilsicherheitskonzept folgend erhält man $\eta \approx \frac{1}{2}(\gamma_G + \gamma_Q) \cdot \gamma_{R,e} = \frac{1}{2}(1{,}2 + 1{,}3) \cdot 1{,}3 = 1{,}625$ und somit $\mu = 1/\eta = 61{,}5\,\%$ für die Teilsicherheitsbeiwerte $\gamma_G = 1{,}2$, $\gamma_Q = 1{,}3$ und $\gamma_{R,e} = 1{,}3$ im Lastfall LF 2 bzw. für die Bemessungssituation BS-T nach Eurocode.

Folgt man der Tabelle 8.1, zeigt sich, dass die Werte des Bettungsmoduls deutlich vom Mobilisierungsgrad abhängen. Somit sind für $\mu_a < 1$ höhere Werte für den Bettungsmodul zu erwarten. Mithilfe einer Mobilisierungsfunktion kann hier eine Abschätzung erfolgen.

In dem neuen Entwurf EB 102 für die 5. Auflage der EAB wurde auf eine Abstufung nach dem Mobilisierungsgrad verzichtet. Grund sind die Schwierigkeiten, den Mobilisierungsgrad mit dem in der Praxis häufig auf der sicheren Seite liegenden Wert für den Reibungswinkel korrekt abzuschätzen. Hierzu wird auch auf die Diskussion in [75] verwiesen. In der Regel ergeben sich mit den sicheren Werten für den Reibungswinkel zu hohe Werte für den Mobilisierungsgrad und damit zu geringe Werte für den Bettungsmodul. Wie neuere Untersuchungen von *Hegert* [68] sowie *Hettler* und *Hegert* [91] zeigen, lässt sich der Fehler durch Einführung eines Korrekturfaktors weitestgehend ausgleichen.

Die neuen Angaben für den Bettungsmodul liegen deutlich höher. Dem neuen Entwurf folgend, erhält man für mitteldichten Sand unter Wasser eine Spanne von $k_{sh} = 3$ bis 10 MN/m^3. Nach EAB, 4. Auflage ergibt sich aus Tabelle 8.1 unter Beachtung von Absatz 6, dass die Werte unter Wasser zu halbieren sind, durch Interpolation für $\mu \approx 66\,\%$ $k_{sh} \approx 0{,}8$ MN/m^2. Der Arbeitskreis Baugruben hat lange diskutiert und ist auf der Grundlage der Vergleichsberechnungen zu dem Schluss gekommen, dass die höheren Werte angemessen sind. Allerdings sei darauf hingewiesen, dass herstellbedingte Verformungen nicht in den Tabellenwerten enthalten sind und hierzu gesonderte Untersuchungen erforderlich werden. Die Auswirkungen von Herstellvorgängen werden in [83, 88] diskutiert. Dort wird ein Überblick über den Erfahrungsstand gegeben (s. auch Abschnitt 10.2).

Wie in den Vergleichsberechnungen von *Brand* et al. [26] gezeigt, eignet sich auch die Finite-Elemente-Methode zur grundsätzlichen Ermittlung des Bettungsmoduls für einen ausgesuchten Bauzustand. Auf dieser Grundlage können dann wesentlich einfacher und schneller als mit der FEM mit dem Bettungsmodulverfahren die in der Praxis auftretenden zahlreichen Bauzustände nachgewiesen werden.

Grundsätzlich ist bei nichtbindigen Böden ohne Vorbelastung die Annahme eines linear mit der Tiefe zunehmenden Bettungsmoduls zutreffend. Bei stark vorbelasteten bindigen Böden ist der Bettungsmodul eher konstant. Darüber hinaus sind noch zahlreiche Annahmen über die Zunahme des Bettungsmoduls mit der Tiefe möglich, z. B. nach *Werner* [218] und nach *Sherif* [166], siehe auch [214].

Anhaltswerte für den Bettungsmodul lassen sich auch für den Sonderfall von schmalen Bohlträgern in homogenem Sand ermitteln, wenn der das Verhältnis von Trägerbreite zu Einbindetiefe $b_t/t \leq 0{,}30$ beträgt und sich die benachbarten Träger nicht gegenseitig beeinflussen. Grundlagen sind die Versuche und die Auswertungen von *Weißenbach* [203, 204, 208]. In Anlehnung daran beträgt die Verschiebung s_G bei Erreichen von 50 % des Erdwiderstands E^*_{ph}, d. h. im sogenannten Gebrauchszustand

$$s_G = f_s \cdot 1{,}65 \cdot \sqrt{\frac{t^3}{b_t}} \tag{8.9}$$

Der Faktor f_s hängt von der Dichte ab und beträgt etwa

$f_s = 1{,}0$ bei $D = 0{,}35$ für einen lockeren Sand,

$f_s = 0{,}9$ bei $D = 0{,}55$ für einen mitteldichten Sand,

$f_s = 0{,}8$ bei $D = 0{,}75$ für einen dichten Sand.

Die Größen b_t und t sind in Metern einzusetzen. Dann erhält man die Verschiebung s_G in Millimetern.

Der räumliche Erdwiderstand $E^*_{pgh,k}$ vor einem Bohlträger darf im Falle ohne Überschneidung ermittelt werden aus

$$E^*_{pgh,k} = \tfrac{1}{2} \cdot \gamma_k \cdot \omega_R \cdot t^3 \tag{8.10}$$

mit

$$\omega_R = 1{,}826 \cdot K_R \cdot (0{,}30 + 0{,}60 \cdot \tan\varphi'_k) \cdot \sqrt{\frac{b_t}{t}} \tag{8.11}$$

und

$$K_R = K_{ph} \tag{8.12}$$

nach *Streck/Weißenbach* [204]. In Anlehnung an DIN 4085 darf für K_R auch der Beiwert K_{pgh} nach *Pregl* [139] eingesetzt werden.

Bei Erreichen von 50 % des Erdwiderstands beträgt der mittlere mobilisierte passive Erddruck auf den Träger

$$e_{pghG,k} = \frac{\gamma_k \cdot \omega_R \cdot t^2}{4 \cdot b} \tag{8.13}$$

Der mittlere Bettungsmodul im Gebrauchszustand ermittelt sich aus

$$k_{sh,k} = \frac{e_{pghG,k}}{s_G} \tag{8.14}$$

Unter Verwendung der Gln. (8.9), (8.11) und (8.13) erhält man daraus

$$k_{s,k} = \frac{1{,}826 \cdot \gamma_k \cdot K_{ph} \cdot (0{,}30 + 0{,}60 \cdot \tan\varphi) \cdot \sqrt{\frac{b_t}{t}} \cdot t^2}{4 \cdot b \cdot f_s \cdot 1{,}65 \cdot \sqrt{\frac{t^3}{b_t}} \cdot 10^{-3}} \tag{8.15}$$

und nach Umformen mit $f_s \approx 0{,}9$

$$k_{sh,k} \approx 300 \cdot \gamma_k \cdot K_{ph}\,(0{,}30 + 0{,}60 \cdot \tan\varphi'_k) \tag{8.16}$$

Beispielsweise erhält man für mitteldichten Sand mit $\varphi'_k = 35°$, $\delta_{p,k} = \delta^*_{p,k} = 27{,}5°$, $\gamma_k = 17{,}0$ kN/m^3 und $K_{ph} = 7{,}12$ den Bettungsmodul $k_{sh,k} \approx 27$ MN/m^3. Unter Wasser ist der Wert auf 60 % abzumindern. Eine Erhöhung von s_G unter Wasser wird nicht empfohlen (s. Abschnitt 5.4 und 8.4).

8.3 Durchgängig nichtlineare Bettungsansätze

Zu unterscheiden ist zwischen Ansätzen für den resultierenden, mobilisierten Erdwiderstand und Ansätzen für die lokale Bettungsspannung in Abhängigkeit der lokalen Wandverschiebung. Genauer ist es, wenn man die lokale Bettung ansetzt. Dafür ist z. B. der Vorschlag von *Vogt* [193] geeignet. Der mobilisierte passive Erddruck $e'_{ph,k}$ berechnet sich in der Tiefe z zu

$$e'_{ph,k}(z) = \left[K_0 + (K_{ph} - K_0) \cdot \frac{s(z)}{a \cdot z + s(z)}\right] \cdot \gamma_k \cdot z \tag{8.17}$$

Dabei bezeichnen K_0 den Erdruhedruckbeiwert, K_{ph} den passiven Erddruckbeiwert, a einen Parameter und γ_k die Wichte des Bodens.

Definiert man als Bettungsfunktion das Verhältnis zwischen der gesamten Bodenreaktion einschließlich Ausgangsspannung und der lokalen Verschiebung s, erhält man aus Gl. (8.17) die Bettungsfunktion

$$k_{sh,k}(z) = \left[\frac{K_0}{s(z)} + (K_{ph} - K_0) \cdot \frac{\frac{1}{z}}{a + \frac{s(z)}{z}}\right] \cdot \gamma_k \cdot z \tag{8.18}$$

Ähnlich lässt sich auch der Vorschlag von *Ziegler* [225] formulieren.

Der Ansatz von *Besler* [18] weist den Vorteil auf, dass zum einen die Wandbewegungsart und die für die Anwendung auf Baugrubenwände wichtige Vorbelastung aus dem Gewicht des Aushubs berücksichtigt werden können. In Erweiterung des Vorschlags für den resultierenden mobilisierten Erdwiderstand, lässt sich nach *Besler* [18] der lokale mobilisierte passive Erddruck ausdrücken in der Form

$$e'_{ph,k}(z) = \gamma_k \cdot z \left[A + \frac{B}{C + \frac{s}{s_B}} \right] \tag{8.19}$$

Die Parameter A, B und C sind ebenso wie die Funktionen f_1 und f_2 in den Gln. (8.20) und (8.21) ausführlich bei *Weißenbach* und *Hettler* [214] sowie *Hettler* und *Maier* [84] beschrieben (s. a. Abschnitt 5.4). Für die Verschiebung s_B im Bruchzustand und die Verschiebung s_G im Gebrauchszustand werden wie für eine Wand der Höhe h die Ansätze

$$s_G = f_1 \cdot z \tag{8.20}$$

und

$$s_B = f_2 \cdot z \tag{8.21}$$

formuliert.

Für den Fall einer unvorbelasteten Baugrubensohle entspricht die Ausgangsspannung dem Erdruhedruck, berechnet ab Baugrubensohle. Man erhält für die Parameter A, B und C in Gl. (8.19)

$$A = K_{ph} + C \cdot (K_{ph} - K_0) \tag{8.22a}$$

$$B = -(C + C^2) \cdot (K_{ph} - K_0) \tag{8.22b}$$

$$C = \frac{K_{ph} \cdot \xi_g}{2 \cdot (K_{ph} - K_0) \cdot \xi_g + 2 \cdot K_0 - K_{ph}} \tag{8.22c}$$

unter Verwendung von

$$\xi_g = \frac{f_1}{f_2} \tag{8.22d}$$

Ist die Baugrubensohle mit der Spannung p_v vorbelastet, lautet die Mobilisierungsfunktion für den lokalen passiven Erddruck in der Tiefe z

$$e'_{ph,k} = \gamma_k \cdot z \left[A + \frac{B}{\frac{B}{K_V - A} + \frac{s}{s_B}} \right] \tag{8.23}$$

Dabei bezeichnet K_V den Seitendruckbeiwert im vorbelasteten Zustand. Er ergibt sich aus dem Verhältnis der Horizontalspannung

$$e_{V,k}(z) = K_0 \cdot (p_{V,k} + \gamma_k \cdot z) \tag{8.24}$$

vor dem Aushub in der Tiefe z unterhalb der Baugrubensohle zu der Vertikalspannung

$$\sigma_{z,k} = \gamma_k \cdot z \tag{8.25}$$

nach dem Aushub in der Tiefe z. Mit Gl. (8.24) und (8.25) erhält man

$$K_V = \frac{K_0 \cdot (p_{V,k} + \gamma_k \cdot z)}{\gamma_k \cdot z} \tag{8.26}$$

Dadurch, dass sich K_V mit wachsender Tiefe z dem Erdruhedruckbeiwert K_0 annähert, macht sich mit zunehmender Einbindelänge der Wand der Einfluss einer Vorbelastung immer weniger bemerkbar.

8.4 Einfluss des Grundwassers auf den Bettungsmodul

Der Einfluss des ruhenden Grundwassers auf den Bettungsmodul soll im Folgenden am Beispiel des Mobilisierungsansatzes von *Vogt* [193] aufgezeigt werden. Der mobilisierte passive Erddruck $e'_{ph}(z)$ ergibt sich hinter einer Wand in die Tiefe z bei einem nicht vorbelasteten Sandboden der Wichte γ und mit Ruhedruckbeiwert K_0 sowie Erdwiderstandsbeiwert K_{ph} infolge einer Verschiebung s (z) zu

$$e'_{ph} = \gamma \cdot z \cdot \left[K_0 + (K_{ph} - K_0) \frac{\frac{s(z)}{z}}{a + \frac{s(z)}{z}} \right] \tag{8.27}$$

Dabei bezeichnet a einen von der Dichte abhängigen Parameter.

Der Bettungsmodul k^*_{sh} ergibt sich durch Division von e'_{ph} durch die Verschiebung s(z)

$$k^*_{sh} = \gamma \cdot z \cdot \left[\frac{K_0}{s(z)} + (K_{ph} - K_0) \frac{\frac{1}{z}}{a + \frac{s(z)}{z}} \right] \tag{8.28}$$

Wie man aus Gl. (8.28) erkennen kann, ist der Bettungsmodul proportional zur Wichte γ. Somit ist der Bettungsmodul unter Wasser proportional zur Wichte γ' unter Auftrieb und reduziert sich im Verhältnis der Feuchtwichte γ zu γ', also etwa auf 60 %. Das gleiche Ergebnis erhält man auch mit dem Bettungsansatz von *Besler* [89, 90].

Mit Gl. (8.28) lässt sich auch der Einfluss einer vergrößerten Verschiebung s(z) unter Wasser diskutieren. Erhöht man s(z) bei konstanter Spannung e'_{ph} in Gl. (8.27), reduziert sich der Bettungsmodul k^*_{sh} zusätzlich. Neuere theoretische Überlegungen zeigen jedoch, dass sich s(z) unter Wasser nicht erhöhen kann (s. Abschnitt 5.4 „Einfluss des Grundwassers"). Die Verschiebung s_p bei Erreichen des Erdwiderstandstands lässt sich in dimensionsloser Form für eine Wand der Höhe h mit einer Funktion f darstellen zu

$$\frac{s_p}{h} = f(K_{ph}, \varphi) \tag{8.29}$$

Weder K_{ph} noch φ verändern sich unter Wasser. Deshalb muss auch s_p konstant bleiben. Warum in der Literatur teilweise andere Ergebnisse gemessen wurden, ist unklar. Möglicherweise kam es zu Porenwasserüberdrücken im Bereich von Scherfugen. Weitere Hinweise siehe [214].

Die vorgenannten Überlegungen haben zu einer Änderung in DIN 4085 geführt. In der Ausgabe DIN 4085:2011-05 wurde auf einen Hinweis zur Erhöhung der Grenzverschiebung s_p unter Wasser verzichtet.

8.5 Gestützte Wände

Bei gestützten Wänden hängt die Wandfußbewegung sehr stark von der Biegesteifigkeit der Wand, der Nachgiebigkeit des Bodenauflagers und der Einbindetiefe ab. Bild 8.5a z.B. zeigt die Biegelinie einer einfach gestützten, relativ biegesteifen Wand. Die Hauptbewegungsform ist im Wesentlichen eine Drehung um den Stützungspunkt. Die Wandfußbewegung ab Baugrubensohle lässt sich als Kombination einer Parallelbewegung mit einer Kopfpunktdrehung beschreiben. Bei zunehmender Einbindetiefe und bei einer eher biegeweichen Wand ändert sich das Verformungsbild (Bild 8.5b). Es kommt zu einer Rückdrehung und die Wandfußbewegung setzt sich aus einer Parallelverschiebung und einer Drehung um den Fußpunkt zusammen. Bei langen, biegeweichen Wänden erhält man eine Biegelinie nach Bild 8.5c. Zwischen der Baugrubensohle und dem ersten Verschiebungsnullpunkt ähnelt die Bewegung einer reinen Drehung um den Fußpunkt. Falls noch ein weiterer, tieferliegender Verschiebungsnullpunkt auftritt, kann die Biegelinie zwischen den Nullpunkten in etwa durch die typische Form für einen Balken auf zwei Stützen beschrieben werden. Die in Bild 8.5 dargestellten Bewegungen zeigen, dass alle Bewegungsformen möglich sind. Streng genommen müsste der Bettungsansatz an die Wandbewegung angepasst werden und man müsste iterativ rechnen. Diese Vorgehensweise wäre jedoch für die Praxis viel zu aufwendig und zu umständlich. Grundlagenuntersuchungen haben gezeigt, dass man wirklichkeitsnahe Ergebnisse

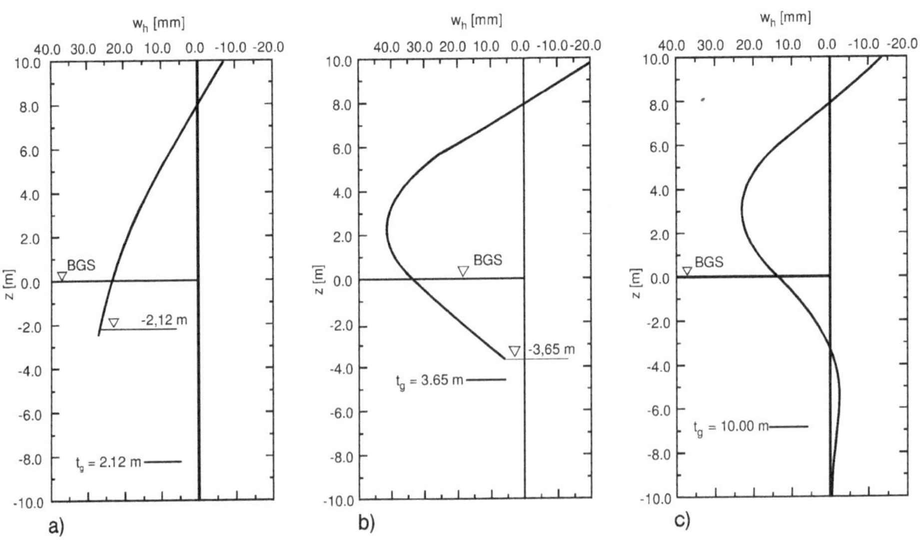

Bild 8.5 Verschiedene Wandbewegungsformen; a) relativ steife Wand, b) biegeweiche Wand mit Rückdrehung, c) lange Wand

mit einem Ansatz für Parallelverschiebung erzielen kann [18, 82]. Ein solcher Ansatz ist bei gestützten Wänden auch unterhalb eines eventuellen Verschiebungsnullpunkts ausreichend. Dadurch wird das Verfahren vereinfacht und praxistauglich. Bei nichtgestützten, im Boden eingespannten Wänden dagegen hängt die Gleichgewichtslage sehr stark von dem Ansatz unterhalb des Drehpunktes ab. In diesem Fall sind besondere Überlegungen notwendig [2]. Einfache Anwendungsregeln für die Praxis fehlen bisher.

8.6 Nachweis der Einbindetiefe

Zum Nachweis der Einbindetiefe werden die charakteristischen Bodenreaktionen $\sigma_{h,k}$ von der Baugrubensohle bis zum Wandfuß zur resultierenden Auflagerkraft $B_{h,k}$ integriert:

$$B_{h,k} = \int_0^{t_g} \sigma_{h,k} \cdot dz \tag{8.30}$$

Erreicht die Wandverschiebung am Fuß einen Nullpunkt in der Tiefe t_1, dann ist anstelle von t_g in Gl. (8.30) die Größe t_1 zu einzusetzen.

Die Auflagerkraft setzt sich aus der verbliebenden Erdruhedruckkraft $E_{V,k}$ und der Resultierenden aus den Bettungsspannungen $B_{Bh,k}$ zusammen (Bild 8.6).

$$B_{h,k} = B_{Bh,k} + E_{V,k} \tag{8.31}$$

Wegen der unterschiedlichen Teilsicherheitsbeiwerte γ_G und γ_Q muss die Resultierende aufgespalten werden in einen Anteil $B_{Gh,k}$ aus ständigen Einwirkungen und $B_{Qh,k}$ aus veränderlichen Einwirkungen. Selbst im einfachsten Fall einer bilinearen Federkennlinie (Abschnitt 8.2) gilt nicht mehr eine lineare Superposition. Näherungsweise darf $B_{Qh,k}$ durch Subtraktion des Anteils aus ständigen Einwirkungen $B_{Gh,k}$ von der Gesamtreaktion $B_{h,k}$ ermittelt werden:

$$B_{Qh,k} = B_{h,k} - B_{Gh,k} \tag{8.32}$$

Unter Verwendung der Teilsicherheitsbeiwerte γ_G für ständige Einwirkungen und γ_Q für veränderliche Einwirkungen ergibt sich der Bemessungswert der resultierenden Auflagerkraft aus

$$B_{h,d} = B_{Gh,k} \cdot \gamma_G + B_{Qh,k} \cdot \gamma_Q \tag{8.33}$$

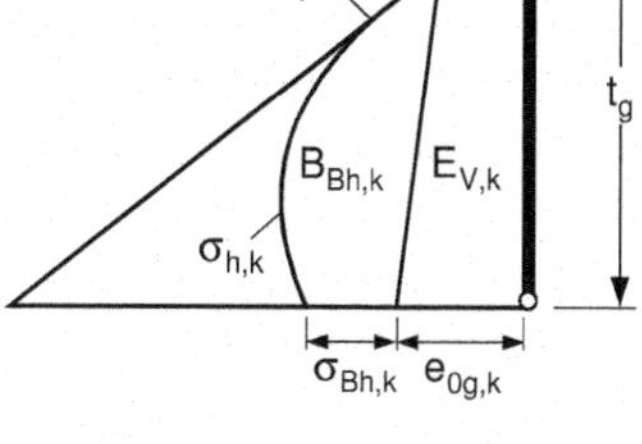

Bild 8.6 Verschiedene Anteile der Auflagerkraft im Gebrauchszustand

Der Anteil aus den veränderlichen Einwirkungen lässt sich auch unmittelbar der Resultierenden aus den Bettungsspannungen $B_{Bh,k}$ zuordnen. Spaltet man $B_{Bh,k}$ auf in einen Anteil $B_{BGh,k}$ aus ständigen Einwirkungen und $B_{BQh,k}$ aus veränderlichen Einwirkungen, dann lautet Gl. (8.33):

$$B_{h,d} = E_{V,k} \cdot \gamma_G + B_{BGh,k} \cdot \gamma_G + B_{BQh,k} \cdot \gamma_Q \qquad (8.34)$$

Die Resultierende des verbleibenden Erdruhedrucks wird somit den ständigen Einwirkungen zugeordnet.

Zum Nachweis, dass eine ausreichende Sicherheit gegen Aufbruch des Bodens vor dem Wandfuß vorhanden ist, muss die Grenzzustandsbedingung

$$B_{h,d} \leq E_{ph,d} \qquad (8.35)$$

erfüllt sein.

Bei der Ermittlung des Bemessungswerts $E_{ph,d}$ des resultierenden Erdwiderstands stellt sich die Frage, welche Wandbewegungsart zugrunde gelegt werden soll. Je nach Biegesteifigkeit der Wand, Nachgiebigkeit des Bodens am Wandfuß, Einbindelänge der Wand, Ansatz von Einwirkungen und Widerständen sowie den Stützbedingungen können sich unterschiedliche Bewegungsformen des Wandfußes ausbilden (s. Bild 8.5). Dies bedeutet, dass man strenggenommen den Erdwiderstand in Abhängigkeit der Wandbewegungsart ermitteln müsste.

Beispielsweise stellt sich bei einer langen Wand nach Bild 8.5c in guter Näherung zwischen Baugrubensohle und theoretischem Auflagerpunkt in der Tiefe t_1 eine Drehung um den Fußpunkt ein. Bei dieser Wandbewegungsart ist der resultierende Erdwiderstand wesentlich geringer als bei einer Parallelbewegung, die üblicherweise bei der Ermittlung zugrunde gelegt wird. Nach EB 102 [47], Absatz 12 gilt für den Erdwiderstand $E_{phF,k}$ bei Fußpunktdrehung im Vergleich zum Erdwiderstand $E_{phP,k}$ bei Parallelbewegung

$$0{,}50 \cdot E_{phP,k} \leq E_{phF,k} \leq 0{,}62 \cdot E_{phP,k} \qquad (8.36)$$

Folglich müsste man $E_{ph,d}$ in der Bedingung (8.35) je nach Wandbewegungsart entsprechend abmindern. Wie beispielhafte Berechnungen zeigen, kann dies zu größeren Einbindetiefen als bisher führen. Bis zur Einführung des neuen Teilsicherheitskonzepts war eine Abminderung des Erdwiderstands nicht üblich. Schäden und Sicherheitsprobleme bei eingespannten Wänden aufgrund einer Unterbemessung des Erdwiderstands sind nicht bekannt geworden. Folglich liegt es nahe, auf eine Abminderung nach Gl. (8.36) zu verzichten. Folgende Gründe sprechen dafür. Bei nicht gestützten Wänden wird im Verfahren nach *Blum* die Auflagerkraft überschätzt, s. *Weißenbach* [205], sodass sich beide Effekte ausgleichen dürften. Bei gestützten Wänden mit einer sicher dimensionierten Verankerung würde sich bei einer Annäherung an den Bruchzustand eine Wandfußbewegung mit großen horizontalen Bewegungsanteilen einstellen. Nach DIN 4085, Abschnitt 7.1 darf sinngemäß davon ausgegangen werden, dass bei Kombinationen zwischen einer Fußpunktdrehung bzw. einer Kopfpunktdrehung und einer Parallelverschiebung sich Größe und Verteilung des Erdwiderstands wie bei einer reinen Parallelbewegung einstellen. Insofern ist eine Übertragung der Bewegungsform des Gebrauchszustands auf den Bruchzustand in den meisten Fällen nicht zielführend. Falls im Einzelfall eine günstige Bewegung des Wandfußes verhindert wird, z. B. durch eine tiefliegende Dichtungsschicht, muss jedoch eine Abminderung des Erdwiderstands nach Gl. (8.36) vorgenommen werden, siehe auch EB 102, Absatz 12.

Bei Trägerbohlwänden sind wegen der räumlichen Tragwirkung einige Besonderheiten zu beachten. Der verbleibende Erdruhedruck kann nur auf der Trägerbreite b_t wirken und anstelle des ebenen Erdwiderstands ist der räumliche Erdwiderstand $E^*_{ph,k}$ anzusetzen. Die resultierende Auflagerkraft darf nicht pro Meter Wandlänge in die Bemessungsgleichung eingesetzt, sondern muss auf den Bohlträger bezogen werden. Mit der auf den Bohlträger bezogenen resultierenden Auflagerkraft $B^*_{Bh,k}$ aus Bettungsspannungen $\sigma_{Bh,k}$ ergibt sich die auf den Bohlträger bezogene Auflagerkraft $B^*_{h,k}$ zu

$$B^*_{h,k} = B^*_{Bh,k} + b_t \cdot E_{V,k} \qquad (8.37)$$

Die Grenzbedingung lautet

$$B^*_{h,d} = B^*_{Bh,d} + b_t \cdot E_{V,d} \leq E^*_{ph,d} \qquad (8.38)$$

Sowohl bei durchlaufenden Wänden als auch bei Trägerbohlwänden ist zu beachten, dass der bei der Ermittlung des charakteristischen Erdwiderstands angesetzte Neigungswinkel $\delta_{p,k}$ durch das Gleichgewicht der Vertikalkräfte nachgewiesen werden muss.

9 Finite-Elemente-Methode

9.1 Einführung

Bei Baugrubenkonstruktionen reichen in der Regel die klassischen Methoden zum Nachweis der Tragfähigkeit und der Gebrauchstauglichkeit völlig aus. In einer Reihe von Fällen stoßen sie jedoch an ihre Grenzen und es bietet sich an, die Finite-Elemente-Methode (FEM) einzusetzen. Nach EB 103 [47], Absatz 2 können numerische Berechnungen für Baugrubenkonstruktionen nach der FEM insbesondere dann zweckmäßig sein, wenn aufgrund geometrischer Randbedingungen oder schwieriger Baugrundverhältnisse die Anwendung herkömmlicher Stabstatik in Verbindung mit vereinfachten Erddruckansätzen sowie Anfangs- und Randbedingungen zu unzureichenden Ergebnissen führt oder wenn besondere Anforderungen an die Berechnungsergebnisse gestellt werden. In der Regel genügt es, die Fragestellung an einem 2-D-Modell zu untersuchen. Im Ausnahmefall kann es erforderlich sein, ein 3-D-Modell zu verwenden. FEM-Modelle kommen z. B. in folgenden Fällen zum Einsatz:

a) Baugrubenwände mit Stützbedingungen, für die eine zuverlässige Bestimmung von Größe und Verteilung des Erddrucks nicht möglich ist, z. B. bei sich stark verformenden Wänden;
b) Baugruben mit schwierigen geometrischen Abmessungen, z. B. einspringenden oder ausspringenden Ecken, die eine zuverlässige Verteilung des Erddrucks mit herkömmlichen Annahmen nicht erlauben;
c) gestaffelte Baugrubenwände mit einer Bermenbreite, die eine zuverlässige Bestimmung von Größe und Verteilung des Erddrucks mit herkömmlichen Annahmen nicht erlauben;
d) Baugrubenkonstruktionen, bei denen eine wirklichkeitsnahe Erfassung der Wirkungen aus Aushub, Steifen- oder Ankervorspannung auf die Erddruckumlagerung und die Verschiebungen der Baugrubenwand gefordert wird;
e) Baugrubenkonstruktionen, bei denen eine wirklichkeitsnahe Erfassung der Sickerströmung und der zugehörigen Wasserdrücke erforderlich ist;
f) Baugruben neben Gebäuden, Leitungen, anderen baulichen Anlagen oder Verkehrsflächen;
g) außergewöhnlich tiefe Baugruben.

Detaillierte Hinweise und Berechnungsbeispiele zur Anwendung der FEM bei der Berechnung von Baugrubenkonstruktionen sind den Empfehlungen des Arbeitskreises „Numerik in der Geotechnik" [50] sowie der aktuellen Auflage [51] zu entnehmen.

Die Anwendung der FEM und die Festlegung der verwendeten Stoffgesetze erfordern einschlägige Erfahrungen und eine besondere Sorgfalt. Da spezielle bodenmechanische Kenntnisse insbesondere bei der Ermittlung der Materialparameter und der Zustandsvariablen erforderlich sind, gehören die Bauwerke in der Regel zur Geotechnischen Kategorie GK 3 nach DIN 1054. Im Einzelnen wird dazu Folgendes empfohlen:

Baugruben, 3. Auflage. Achim Hettler, Theodoros Triantafyllidis, Anton Weißenbach.

- Für die Planung der erforderlichen Untersuchungen und die Überwachung der fachgerechten Ausführung der Aufschlüsse sowie der Feld- und Laborversuche ist ein Sachverständiger für Geotechnik im Sinne von DIN 1054 einzuschalten, der über die erforderliche Fachkunde verfügt und entsprechende Erfahrungen besitzt.
- Von dem Sachverständigen für Geotechnik wird erwartet, dass er unter Berücksichtigung der Aufgabenstellung und der örtlichen Baugrundsituation ein Stoffgesetz empfiehlt, das eine wirklichkeitsnahe Berechnung des Spannungs- und Verschiebungszustands ermöglicht.
- Bei der Ermittlung der für die numerischen Berechnungen benötigten Materialparameter und Zustandsgrößen sind die Empfehlungen des Arbeitskreises „Numerik in der Geotechnik" [50, 51] zu beachten.

Grundsätzlich kann man jedoch nicht davon ausgehen, dass die FEM im Vergleich zu analytischen Methoden in allen Fällen die bessere Methode darstellt. Im Einzelfall muss der Entwurfsverfasser prüfen, welches Verfahren angemessen ist.

Bei der Anwendung der FEM stellen sich insbesondere zwei grundsätzliche Fragen. Neben der Geometrie erlaubt die FEM, nahezu beliebige Bruchursachen und entsprechende Bruchmechanismen zu untersuchen. Bild 9.1 zeigt einige Beispiele für wandartige Stützkonstruktionen, vgl. Eurocode 7. Geht man bei einer nicht gestützten, im Boden eingespannten Wand von einem Fließgelenk aus (Bild 9.1a), dann stellt sich die klassische dreieckförmige Erddruckverteilung im aktiven Grenzzustand ein. Bei einer einfach gestützten Wand können je nach Bruchursache völlig unterschiedliche Erddruckverteilungen und damit auch Steifenkräfte und Sicherheiten bzw. Ausnutzungsgrade auftreten. Kommt es zu einem Nachgeben der Steifen (Bild 9.1b), wird sich zunächst im oberen Wandbereich eine klassische Verteilung ergeben. Dagegen wird sich im Fall eines Fließgelenks nach Bild 9.1c der

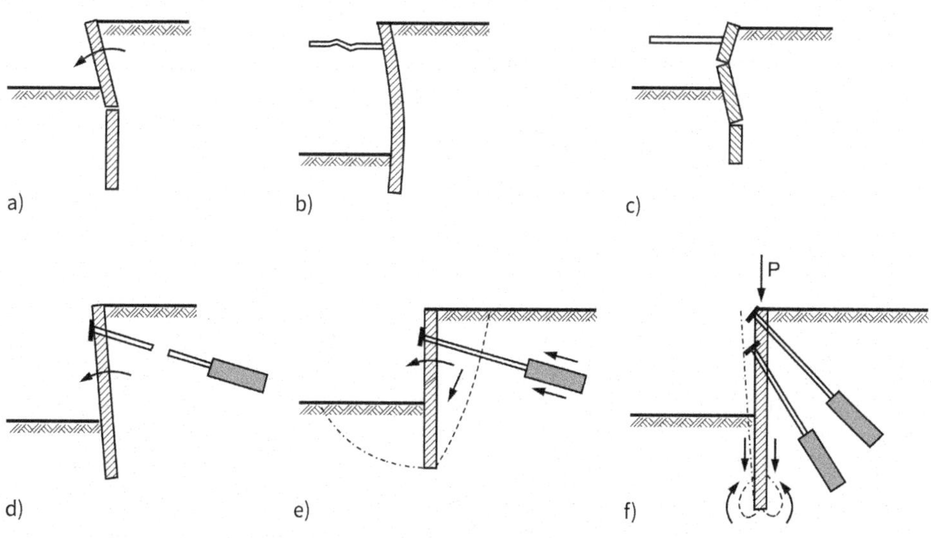

Bild 9.1 Beispiele von Bruchursachen und Versagensmechanismen nach DIN EN 1997-1

Erddruck zur Aussteifung und zum Fußauflager umlagern. Gegebenenfalls ändert sich auch die Gesamtlast des resultierenden Erddrucks. Bei verankerten Konstruktionen wird sich beim Versagen des Stahlzugglieds (Bild 9.1d) oder beim Herausziehen des Verpresskörpers (Bild 9.1e) eher eine Drehung der Wand um den Fußpunkt und damit die klassische dreieckförmige Erddruckverteilung einstellen.

In der Praxis ist es üblich, für eine wenig nachgiebige Konstruktion mit einem Rechteck, einem abgeschrägten Rechteck oder einem abgestuften Rechteck zu dimensionieren; die Fälle nach Bild 9.1c und d werden ausgeschlossen. Ist die Wand wie in Bild 9.1f durch Normalkräfte aus schräger Verankerung und zusätzlich noch durch hohe Auflasten beansprucht, wird sich das Vorzeichen des Erddrucks ändern und eine Neigung nach oben einstellen mit einer dementsprechend höheren horizontalen Erddruckkraft.

Wie diese Beispiele zeigen, stellt sich mit den erweiterten Möglichkeiten der FEM sofort die Frage, welche Bruchursache maßgebend ist und welche Bruchursachen überhaupt in Betracht gezogen werden müssen. Diese grundsätzliche Problematik verdeutlichen auch die Berechnungen von *Grabe/Schürmann/Katzmann* [60] mit den Verfahren „Plastisch-Plastisch" von Spundwänden. Zur Erzeugung von Fließgelenken werden sechs verschiedene Möglichkeiten, darunter eine Verminderung des Bauteilwiderstands, eine Absenkung des Grundwasserspiegels oder eine Erhöhung der Erdbeschleunigung in Erwägung gezogen. Sicherheitstheoretisch gesehen, müsste man alle denkbaren Möglichkeiten untersuchen und das Minimum für die Sicherheit ermitteln. Selbstverständlich stellt sich diese Frage auch bei der Anwendung von klassischen Methoden. Hier beschränkt man sich jedoch auf bestimmte Bruchmodelle und stützt sich auf die Erfahrung, dass diese Vorgehensweise ausreichend ist. Hierzu sei auf *Brinch Hansen/Lundgren* [31] verwiesen, die in Abschnitt 5.27 für verankerte Spundwände zu dem Schluss kommen: „Man könnte sich vielleicht vorstellen, dass es – ebenso wie für Bruchfiguren im Boden – notwendig wäre, alle (oder jedenfalls einige) Brucharten zu untersuchen, um die kritischen zu finden. Dies ist aber nicht der Fall. Es zeigt sich im Gegenteil, dass man seine Konstruktion für eine beliebig gewählte Bruchart bemessen kann und dadurch eine sichere Konstruktion erhalten kann." Aus heutiger Sicht dürfte diese Feststellung insbesondere auf Stahlspundwände zutreffen, bei denen sich Fließgelenke ausbilden können. Bei Betonkonstruktionen ist dies nur bedingt der Fall. Trotzdem zeigt die Erfahrung, dass die bisher übliche Vorgehensweise gerechtfertigt ist.

Eng verknüpft mit möglichen Bruchursachen und Bruchmechanismen ist die Frage der Sicherheitsdefinition bei Anwendung der FEM. Die europäische Normung lässt hier einen Freiraum und stellt es den einzelnen Ländern frei, welches der drei in Eurocode 7-1 aufgeführten Verfahren angewendet werden soll. Bei Anwendung vieler marktüblicher Software-Pakete ist eine sog. φ-c-Reduktion, die nach DIN 1054 dem Grenzzustand GEO-3 entspricht, besonders einfach durchzuführen. Dagegen sieht DIN 1054 außer für den Nachweis der Geländebruchsicherheit den Grenzzustand GEO-2 bzw. STR, vor. Insofern ist diese Frage formal im Rahmen der aktuellen Regelwerke in Deutschland entschieden.

9.2 Vorgaben aus Regelwerken

Der Nachweis der Sicherheit bei Anwendung der FEM ist eng verknüpft mit den Vorgaben der europäischen und der nationalen Normung, s. *Schuppener* [163], *Heibaum/Herten* [70]. Auf europäischer Ebene sieht die DIN EN 1997-1 drei Nachweisverfahren vor. In Deutschland hat man sich weitgehend für die Verfahren 2 und 3 entschieden, s. DIN 1054. Beim Verfahren 2 werden die Teilsicherheitsbeiwerte auf die charakteristischen Beanspruchungen und die charakteristischen Widerstände angewendet. Es ist insbesondere für die Ermittlung von Schnittgrößen und für die Bemessung der Einzelteile vorgesehen. Beim Verfahren 3 dagegen werden die Scherparameter $\tan\varphi'_k$ und c'_k abgemindert. Dieses Verfahren wird im Wesentlichen beim Nachweis der Gesamtstandsicherheit angewendet. Das Verfahren 1 ist eine Kombination aus den Verfahren 2 und 3 und damit in der Regel aufwendiger. In Deutschland soll es nicht angewendet werden.

Die Umsetzung des Verfahrens 2 beim Nachweis des Grenzzustands des Versagens von Bauwerken und Bauteilen, der als Grenzzustand GEO-2 bezeichnet wird, ist im Handbuch EC 7, Band 1, Abschnitt 2.4.7 und 3.4.3 ausführlich beschrieben. Dabei wird nicht vorgegeben, mit welchem theoretischen Ansatz die charakteristischen Beanspruchungen zu ermitteln sind. Es liegt im Ermessen des Anwenders, eine geeignete Methode auszuwählen. Insofern ist auch die FEM mit eingeschlossen. Außer dem Nachweis der Geländebruchsicherheit, der dem Grenzzustand GEO-3 und damit dem Verfahren 3 zugeordnet ist, und dem Nachweis der „inneren" Vertikalkräfte, der mit charakteristischen Größen geführt wird, sind alle für Baugrubenwände maßgeblichen Nachweise dem Grenzzustand GEO-2 zugeordnet. Folglich ist eine φ-c-Reduktion, vom Geländebruchnachweis abgesehen, bei Anwendung der FEM nach deutscher Normung nicht zulässig. Im Gegensatz dazu enthalten bisher viele Programme nur eine φ-c-Reduktion, weil diese besonders einfach zu bewerkstelligen ist und die Ermittlung von charakteristischen Bodenreaktionen in vorgegebenen Schnitten im Vergleich dazu als umständlich empfunden wird. Hier ist eine Anpassung vieler vorhandener Software-Pakete erforderlich.

In Anlehnung an DIN 1054 hat *v. Wolffersdorff* [189] ein Konzept zur Anwendung der FEM beim Nachweis der Tragfähigkeit im Grenzzustand GEO-2 entwickelt:

- Vorgabe der charakteristischen Werte für die Einwirkungen,
- Entwurf für Bauteilabmessungen bzw. Dimensionierung des Bauwerks mit konventionellen Berechnungsmethoden,
- Ermittlung der charakteristischen Beanspruchungen mit der Finite-Elemente-Methode,
- Ermittlung der Bemessungsbeanspruchungen mit Teilsicherheitsbeiwerten,
- Tragfähigkeitsnachweise,
- ggf. Optimierung der Bauteilabmessungen.

In den meisten Fällen wird es dabei sinnvoll sein, den Entwurf der Bauteilabmessungen zunächst mit konventionellen Berechnungsmethoden durchzuführen. Der große Vorteil der deutschen Vorgehensweise und damit des Verfahrens 2 nach EN 1997-1 liegt darin, dass mit derselben FEM-Berechnung wie beim Nachweis der Tragfähigkeit auch die Gebrauchstauglichkeit, d.h. der Grenzzustand SLS nachgewiesen werden kann. Die genannte Berechnungsabfolge wird daher wie folgt fortgesetzt:

- Berechnung von Verformungen (und von charakteristischen Beanspruchungen) mit der Finite-Elemente-Methode,
- Nachweise der Gebrauchstauglichkeit (Verformungsnachweise SLS).

Bereits 2003 veröffentlichte der Arbeitskreis Baugruben einen Entwurf der Empfehlung EB 103 „Anwendung der Finite-Elemente-Methode" auf der Grundlage des Globalsicherheitskonzepts, s. *Weißenbach* [212], der später an das Teilsicherheitskonzept angepasst und 2006 in die 4. Auflage der EAB [46] und in überarbeiteter Form 2012 in die 5. Auflage aufgenommen wurde.

Die Empfehlungen des DGGT AK 1.6 „Numerik in der Geotechnik" (s. *Meißner* [121] und *Schanz* [150, 151]) enthalten keine Festlegungen für ein bestimmtes Nachweisverfahren.

Überlegungen in Österreich gehen dahin, bei der Anwendung der FEM auch das Verfahren 3 nach EN 1997-1 zuzulassen, auch wenn in herkömmlichen Nachweisen das Verfahren 2 gefordert ist. Dabei wird eine sorgfältige Überprüfung der Plausibilität der Ergebnisse für zwingend erforderlich gehalten, weil sich gegebenenfalls signifikante Änderungen im Systemverhalten ergeben können und unrealistische Bemessungssituationen möglich sind. Beispielsweise kann sich bei mehrfach gestützten Baugruben eine Druck- statt einer Zugbeanspruchung ergeben. Unter anderem war diese Argumentation von deutscher Seite Anlass, das Verfahren 3 außer beim Böschungs- oder Geländebruch nicht zuzulassen.

9.3 Einschlägige Veröffentlichungen

In der Fachliteratur existiert eine Vielzahl von Publikationen zum Thema der Berechnung von Baugruben mit numerischen Verfahren, sowohl bezüglich der Ermittlung von Verformungen als auch der Untersuchung des Grenzzustands der Tragfähigkeit. Stoffgesetze für Böden werden ausführlich von *Kolymbas* und *Herle* in [105] behandelt. Einen Überblick über den Stand bei numerischen Verfahren in der Geotechnik geben *v. Wolffersdorff* und *Schweiger* in [190]. Eine, wenn auch begrenzte Literaturübersicht, geben *Hettler* und *Schanz* [86] sowie *Weißenbach, Hettler* und *Simpson* [217].

Simpson [167] stellt ein Konzept zur Berechnung von Verbauwänden vor, das sowohl den Einfluss der Belastungsgeschichte als auch den des Dehnungsniveaus auf die konstitutive Beschreibung berücksichtigt. Die *Rankine*-Vorlesung im Jahr 2003, s. *Potts* [138], widmete sich der Anwendung von numerischen Verfahren bei der Berechnung von geotechnischen Randwertproblemen. Detailliert werden die Chancen, aber auch die Grenzen der aktuellen Berechnungsverfahren diskutiert. Einen umfassenden Überblick zu den Arbeiten der letzten 60 Jahre im Zusammenhang mit Stützkonstruktionen geben *Miligan* et al. [122].

Aktuelle Forschungsarbeiten beschäftigen sich mit

- der prinzipiellen Eignung von numerischen Verfahren im Rahmen der aktuell gültigen Nachweisverfahren (*Schweiger* [164], *Heibaum/Herten* [70], *v. Wolffersdorff* [189]),
- der Bewertung von Stoffmodellen zur realistischen Beschreibung der mit Aushubvorgängen verbundenen Belastungspfade (*Marcher* et al. [117], *Scharinger* et al. [154], *Karstunen* et al. [98]),
- der Quantifizierung des Einflusses von kleinen Dehnungen auf die Berechnungsergebnisse im Rahmen der elasto-plastischen Materialbeschreibungen (*Benz* [13], *Scharinger* [154]) und der Hypoplastizität (*Niemunis/Herle* [128]),
- der Quantifizierung des Einflusses der unterschiedlichen Diskretisierungsmöglichkeiten von Wandsystemen und konstruktiven Elementen (s. beispielhaft *Perau* [136, 137])
- der quantitativen Simulation der unterschiedlichen Bauzustände im Zuge der Wandherstellung (*Mayer* [119]) und
- der Analyse von Benchmarkversuchen in Form von synthetischen Versuchen und realen Messungen an geotechnischen Konstruktionen (*v. Wolffersdorff* [188, 190], *Schweiger* [165]).

Von *v. Wolffersdorff* [189] werden Vorschläge zur Anwendung der FEM für Nachweise der Gebrauchstauglichkeit (SLS) und der Gesamtstandsicherheit (GEO-3) unterbreitet. *Heibaum* und *Herten* [70] unterstreichen die Möglichkeit der Ermittlung von Einwirkungen, Belastungen und Widerständen mittels der FEM. Aufgrund der mangelnden Erfahrungsgrundlage raten sie jedoch von einer rigorosen, d. h. ausschließlich numerischen Umsetzung im Rahmen der Nachweise nach DIN 1054 bzw. dem Verfahren 2 nach EN 1997-1 ab. Dies betrifft vorrangig die Ermittlung der Bodenwiderstände (s. auch *Vermeer/Schanz* [192], *Schweiger* [165]). Da die Zahlenwerte der Sicherheit historisch gesehen empirisch auf der Grundlage einer Modellbildung im Rahmen der klassischen Erdstatik festgelegt wurden, können sie nicht ohne Weiteres auf eine Nachweisführung mittels numerischer Verfahren übertragen werden. Anerkannt wird von den Autoren, dass bei der Anwendung der FEM, besonders bei nichtlinearem Bodenverhalten, schwieriger Geometrie, der Berücksichtigung der Bauwerk-Boden-Interaktion und komplexen Bauabläufen, Vorweg-Annahmen bezüglich der auftretenden Kinematiken bzw. Mechanismen weitestgehend entfallen und sich gewissermaßen als Nebenprodukt der Berechnung ergeben (*Schweiger* [164]).

Der bedeutendste Vorteil der Berechnungen mittels der FEM gegenüber konventionellen Berechnungsverfahren besteht darin, dass neben den Grenzzustandsbetrachtungen auch der Nachweis der Gebrauchstauglichkeit am selben mechanischen System erfolgt. Die Auswertung von Benchmarkberechnungen im europäischen Rahmen für das Beispiel einer tiefen Schlitzwand (*Schweiger* [165]) zeigt ein zweigeteiltes Bild: Zwar stimmen die numerischen Ergebnisse auf Grundlage der verschiedenen nationalen Berechnungsgrundlagen bezüglich der erforderlichen Wandgeometrie gut überein, jedoch ergeben sich erhebliche Unterschiede für die Schnittgrößen in der Wand und für die resultierenden Kräfte in den weiteren Ausbauelementen. Diese Unterschiede werden zum größten Teil auf die unterschiedlichen Diskretisierungen und Beschreibungen der Wand-Boden-Interaktion zurückgeführt. Eine Vereinheitlichung der Modellierung im Sinne einer „Best-Practice"-Regelung wäre wünschenswert.

Die Vernachlässigung des Einflusses kleiner Dehnungen im Rahmen der Konstitutivbeziehungen führt dazu, dass sich sowohl die Hebungen in der Baugrubensohle, als auch die seitliche Ausdehnung der Setzungsmulde hinter der Verbauwand als unrealistisch groß ergeben (*Benz* et al. [14]). Besonders bei der Modellierung des Verhaltens von bindigen Böden ist darüber hinaus die realistische Erfassung der inhärenten Anisotropie, des Initialzustands und der Evolution der Mikrostruktur („bonding" und „destructuration") von entscheidender Bedeutung für die Qualität der Berechnungsergebnisse (*Karstunen* et al. [98]). Derartige Stoffmodelle sind zurzeit jedoch wissenschaftlichen Anwendungen vorbehalten und setzen ein hohes Maß der Vertrautheit des Anwenders mit den Grundlagen der Plastizitätstheorie voraus.

Die Herausforderung für die geotechnische Praxis besteht somit in einer verlässlichen und robusten Modellidentifizierung als Kompromiss zwischen der ausreichend realistischen Beschreibung des Bodenverhaltens und einer handhabbaren Komplexität der Konstitutivbeschreibung. So erzielen für Standardsituationen, bei denen das Gesamtsystemverhalten wesentlich durch den Verbau bestimmt ist, klassische Modelle der verfestigenden Elasto-Plastizität (*Schanz* [153]) im Vergleich zu Bauwerksmessungen sowohl realistische als auch robuste Ergebnisse (*Marcher* et al. [116], *Scharinger* et al. [155]).

Die numerische Simulation der räumlichen Herstellung von Verbauwänden ist sehr komplex und bis heute in der Regel ausschließlich wissenschaftlichen Untersuchungen vorbehalten. Es zeigt sich jedoch, z. B. bei der Modellierung einer Schlitzwandherstellung im Berliner Sand, dass die herstellungsbedingten Verformungen in der unmittelbaren Umgebung der Verbauwand, die Verformungen infolge der Erddruckbelastung überwiegen (*Mayer* [119]). Bei *Perau* [136, 137] wird der Einfluss der Diskretisierung von Verpressankern auf den Nachweis der erforderlichen Ankerlänge diskutiert. Im Vergleich mit dem klassischen „Nachweis der Standsicherheit in der tiefen Gleitfuge" ergibt sich, dass bei der Modellierung mittels FEM zusätzlich die Beschreibung des Verformungsverhaltens der Wand und des Baugrunds von entscheidender Bedeutung ist. Die numerischen Ergebnisse sind signifikant von der Netzfeinheit und der Art und Weise der Modellierung der freien Ankerlänge und des Verpresskörpers abhängig. Das räumliche Lastabtragungsverhalten eines einzelnen Ankers konnte nur näherungsweise durch eine ebene Berechnung beschrieben werden.

Im Rahmen der Arbeiten des Arbeitskreis 1.6 der DGGT „Numerik in der Geotechnik" wurden verschiedene Empfehlungen und Beispielblätter zur Berechnung von Baugruben erarbeitet, siehe u. a. *Meißner* [121] und *Schanz* [150, 152].

9.4 Vorschläge zur Anwendung

Über die derzeitigen Anwendungsmöglichkeiten der FEM im Grundbau besteht weitgehend Einvernehmen, s. *Heibaum* [69], *Heibaum/Herten* [70], *Hettler/Schanz* [86], *Schanz* [151], *v. Wolffersdorff* [189]:

a) Die Berechnungen sollten, den deutschen Normenvorstellungen folgend, auf der Grundlage von charakteristischen Bodenkenngrößen durchgeführt werden.
b) Aus den Berechnungen mit charakteristischen Bodenkenngrößen werden die für die Nachweise charakteristischen Beanspruchungen ermittelt.
c) Es werden die klassischen Bruchursachen und Bruchmodelle zugrunde gelegt.
d) Die Nachweise für den Grenzzustand der Tragfähigkeit mit Ausnahme des Geländebruchs erfolgen mit dem Verfahren 2 nach EN 1997-1.
e) Sofern Zweifel bestehen an der Modellierung der Widerstände mit der FEM für den Grenzzustand der Tragfähigkeit, sollte auf klassische Bruchmodelle zurückgegriffen werden.

Ansatz des Erddrucks
Ein wesentlicher Unterschied zwischen klassischen Berechnungen, z. B. mit dem Trägermodell, und der Anwendung der FEM liegt in der Ermittlung des einwirkenden Erddrucks. Während bei klassischen Berechnungen Größe und Verteilung des Erddrucks vorgegeben werden, erhält man den Erddruck bei der FEM als Ergebnis der Berechnung.

Aufgrund jahrzehntelanger Erfahrung ist man heute auch bei klassischen Berechnungen in der Lage, für die wichtigsten Praxisfälle die Größe des Erddrucks in Abhängigkeit der Nachgiebigkeit der Stützung wirklichkeitsnah zu erfassen, vgl. EAB [47], Abschnitte 1.5, 9.5 und 9.6. Für den Standardfall von wenig nachgiebig gestützten Wänden bei waagerechter Geländeoberfläche liegen darüber hinaus Vorschläge zur Verteilung des Erddrucks vor (vgl. EAB, insbesondere Abschnitte 5.2 und 6.2), die durch Vergleichsberechnungen bestätigt werden [90]. Allerdings zeigen Vergleichsberechnungen auch den großen Einfluss des Stoffmodells und der Randbedingungen auf Schnittgrößen und Verformungen.

In einfachen Fällen liefern klassische Verfahren und die FEM ähnliche Ergebnisse, wie das folgende Beispiel im Bild 9.2 für eine einmal gestützte, im Boden frei aufgelagerte Wand zeigt. Verglichen werden das klassische Trägermodell mit unnachgiebiger Stützung, das erweiterte Trägermodell mit gebettetem Wandfuß und FEM-Berechnungen auf der Grundlage der Hypoplastizität.

Bei dem Beispiel in Bild 9.2 wurde die Stützung in der FEM-Berechnung völlig unnachgiebig modelliert. Dies erklärt die im Vergleich zum klassischen Modell höhere Stützkraft und die erhöhten Erddrücke im Bereich der Stützung (Bild 9.2a). Davon abgesehen, ergibt sich eine sehr gute Übereinstimmung zwischen dem nach EAB angenommenen aktiven Erddruck und der FEM-Berechnung. Dies gilt auch für die Momentenverteilung (Bild 9.2c). Wird der Wandfuß mit nichtlinearer Bettung modelliert, stimmen zusätzlich auch die Bodenreaktionen vor dem Wandfuß im klassischen Trägermodell mit dem FEM-Ergebnis praktisch überein (Bild 9.2a).

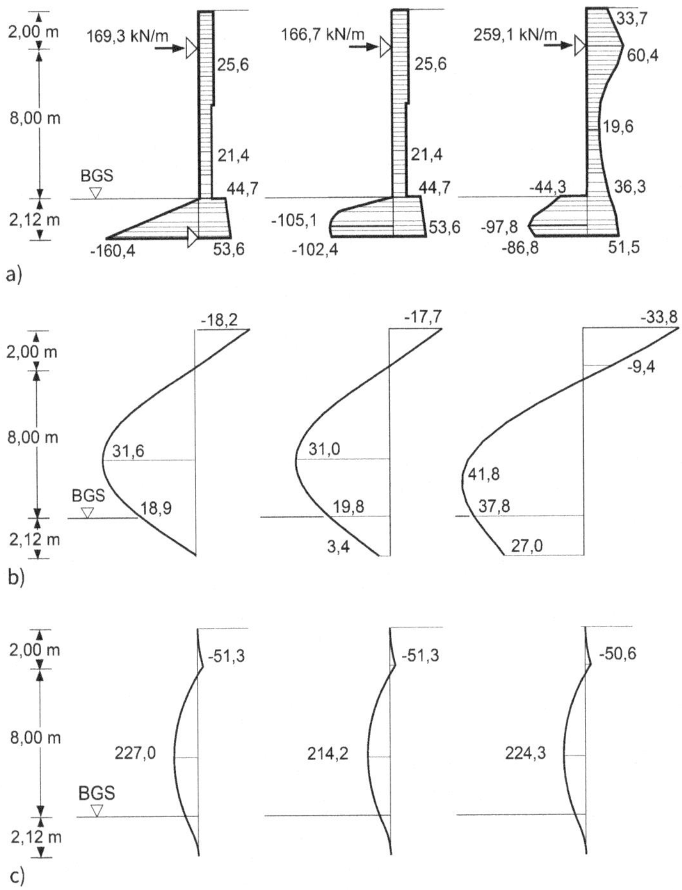

Bild 9.2 Vergleich der klassischen Berechnung mit der FEM für eine Spundwand mit freier Auflagerung bei der Einbindetiefe t = 2,12 m; a) Spannungsverteilung [kN/m²], b) Biegelinie [mm], c) Momentenlinie [kNm/m]

Eine gesonderte Diskussion erfordern die Wandverformungen (Bild 9.2b). Dort spielt die Steifigkeit bei kleinen Dehnungen eine erhebliche Rolle (s. [90]).

Wie dieses Beispiel zeigt, sind bei den durch die EAB abgedeckten Standardfällen durch die FEM kaum Vorteile und Verbesserungen bei der Ermittlung der Erddruckverteilung zu erwarten. Die FEM kann aber dann von Bedeutung sein, wenn der Gültigkeitsbereich der klassischen Erddrucktheorie und die Erfahrungsgrundlage der EAB verlassen werden. Dies gilt insbesondere bei komplexer Geometrie oder nachgiebigen Ankern und flexibler Wand.

Nachweis der Einbindetiefe

Beim Nachweis der Einbindetiefe zeigen sich die Vorteile des Verfahrens 2 nach DIN EN 1997-1 besonders deutlich. Das Verfahren 3 mit einer φ-c-Reduktion kommt zu einer völlig anderen Verteilung von einwirkenden Erddrücken und Bodenreaktionen vor dem Wandfuß und kann damit zu unrealistischen Fußauflagerkräften führen. Unklar ist auch, wie bei einer φ-c-Reduktion das Gleichgewicht der Vertikalkräfte und damit der mögliche Neigungswinkel beim Erdwiderstand angesetzt werden und wie die Verformungsfigur am Wandfuß im Hinblick auf eine mögliche Abminderung des Erdwiderstands interpretiert werden soll. Bei einer FEM-Berechnung mit charakteristischen Bodenkenngrößen lassen sich diese Fragen einfacher klären.

Besonders einfach ist der Nachweis der Vertikalkomponente des mobilisierten Erdwiderstands nach EB 9 [47], Absatz 1 (s. Abschnitt 7.2), der mit charakteristischen Vertikalkräften geführt wird. Die FEM-Berechnung mit charakteristischen Bodenkenngrößen gewährleistet auch das Gleichgewicht dieser Vertikalkräfte und somit ist der Nachweis direkt erbracht, s. a. EB 103 [47], Absatz 11. Der vorhandene Neigungswinkel $\delta_{B,k}$ der Fußauflagerkraft ergibt sich aus der FE-Berechnung und wird bei der Ermittlung des Erdwiderstands $E_{p,k}$ als Erddruckneigungswinkel zugrunde gelegt. Dabei geht man beim Bruch von der Vorstellung aus, dass die geneigte Auflagerkraft und damit auch die Vertikalkomponente B_v erhöht werden. Dadurch bleibt der Neigungswinkel $\delta_{B,k}$ der Auflagerkraft und auch der Erddruckneigungswinkel $\delta_{p,k}$ beim Erdwiderstand erhalten. Ein Beispiel dazu ist bei *Heibaum/Herten* zu finden [70].

Von den klassischen Trägermodellvorstellungen nur bedingt übertragen lassen sich die Begriffe „Freie Auflagerung", „Bodenmechanische Einspannung nach *Blum*", und „Teilweise eingespannte Wand". Eine Einspannung oder eine Teileinspannung lässt sich bei der FEM anhand der Momentenlinie identifizieren, vgl. [90]. Dies ist jedoch beim Nachweis nicht unmittelbar von Bedeutung. Durch Integration der charakteristischen, horizontalen Bodenreaktionen $\sigma_{ph,k}$ vor dem Wandfuß mit der Einbindetiefe t erhält man die Horizontalkomponente der charakteristischen Auflagerkraft $B_{h,k}$

$$B_{h,k} = \int_0^t \sigma_{ph,k} \cdot dz \tag{9.1}$$

Die erforderliche Aufteilung von $B_{h,k}$ in einen Anteil $B_{hG,k}$ aus ständigen Einwirkungen und $B_{hQ,k}$ aus veränderlichen Einwirkungen darf durch Differenzbildung der Auflagerkräfte aus Gesamtlast und aus ständigen Einwirkungen durchgeführt werden (vgl. EB 103 [47], Abs. 9). Dies stellt wegen der Nichtlinearität der FEM eine Näherung dar, die aber für praktische Zwecke ausreichend ist.

Unter Berücksichtigung der Teilsicherheitsbeiwerte γ_G, γ_Q und $\gamma_{R,e}$ lautet der Nachweis

$$B_{hG,k} \cdot \gamma_G + B_{hQ,k} \cdot \gamma_Q \leq E_{ph,k} / \gamma_{R,e} \tag{9.2}$$

Neben dem Erddruckneigungswinkel $\delta_{p,k}$ ist bei der Ermittlung von $E_{ph,k}$ auch die Art der Wandbewegung zu berücksichtigen. Nach DIN 4085 bzw. EB 103 [47], Absatz 10, muss der für eine Parallelbewegung ermittelte Erdwiderstand bei einer Drehung der Wand um den Fußpunkt entsprechend abgemindert werden. Aus FE-Berechnungen erhält man jedoch häufig kombinierte Wandfußbewegungen, die z. B. aus der Überlagerung einer Parallelbewegung mit einer Fußpunktdrehung entstehen, vgl. Bild 9.2b, rechts. Es liegt somit der in Abschnitt 8.6 im Zusammenhang mit dem Bettungsmodulverfahren beschriebene Fall vor, dass auf eine Abminderung verzichtet werden darf. Nur wenn im Einzelfall eine günstige Bewegung des Wandfußes verhindert wird, z.B. durch eine tiefliegende Dichtungsschicht, muss die Abminderung des Erdwiderstands nach Gl. (8.36) vorgenommen werden.

Es ist naheliegend, den charakteristischen Erdwiderstand $E_{ph,k}$ in der Grenzzustandsbedingung (9.2) auch mit der FEM zu ermitteln. Um dem geforderten Grenzzustand GEO-2 Rechnung zu tragen, muss die einwirkende charakteristische Kraft unter Beibehaltung der Neigung bis zum Bruch erhöht werden. Zu beachten ist außerdem die Wandbewegungsart und eine entsprechende Begrenzung des möglichen Neigungswinkels an der Kontaktfläche Wand/Boden. In Anbetracht des erforderlichen Aufwands ist es sinnvoll, in Standardfällen $E_{ph,k}$ konventionell zu ermitteln. Wünschenswert wäre es jedoch, die vorhandene FEM-Software entsprechend zu erweitern, weil eine φ-c-Reduktion in diesem Fall nicht zielführend ist.

Nachweis der Tragfähigkeit von Bauteilen

Aus der gleichen FEM-Berechnung wie beim Nachweis der Einbindetiefe auf der Grundlage von charakteristischen Bodenkenngrößen ergeben sich die charakteristischen Schnittgrößen, die zum Nachweis der Tragfähigkeit von Bauteilen benötigt werden. Aufgrund der Nichtlinearität der FEM und des Nachweisformats, das eine Aufspaltung in Anteile aus ständigen und veränderlichen Einwirkungen erfordert, sind einige besondere Gesichtspunkte zu beachten.

Näherungsweise darf z.B. der Anteil $M_{Q,k}$ der charakteristischen Biegemomente aus veränderlichen Einwirkungen durch Differenzbildung aus den charakteristischen Biegemomenten $M_{G+Q,k}$ aus der Gesamtlast und den Werten $M_{G,k}$ aus ständigen Einwirkungen ermittelt werden:

$$M_{Q,k} = M_{G+Q,k} - M_{G,k} \tag{9.3}$$

vgl. EB 82 [47], Absatz 4. Bild 9.3 zeigt dazu ein Beispiel für eine einfach verankerte Trägerbohlwand nach *v. Wolffersdorff* [189].

Falls die Maximalwerte der charakteristischen Biegemomente $M_{G,k}$ und $M_{G+Q,k}$ nicht wie in Bild 9.3a und 9.3b etwa in derselben Tiefe liegen, sind gesonderte

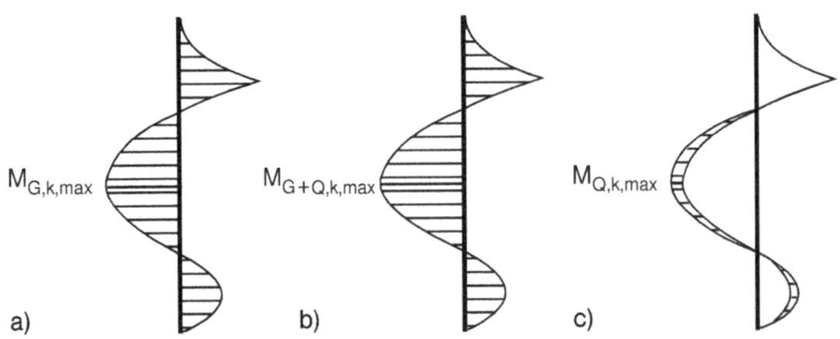

Bild 9.3 Näherungsweise Ermittlung der Biegemomente M_Q durch Differenzbildung; a) charakteristische Biegemomente infolge von ständigen Einwirkungen, b) charakteristische Biegemomente infolge von ständigen und veränderlichen Einwirkungen, c) charakteristische Biegemomente infolge von veränderlichen Einwirkungen

Überlegungen zur Ermittlung des maximalen Bemessungswerts erforderlich. Strenggenommen muss der Maximalwert der überlagerten Bemessungswerte M_d aus den Anteilen $M_{G,d}$ und $M_{Q,d}$ ermittelt werden:

$$M_d = M_{G,d} + M_{Q,d} \tag{9.4}$$

vgl. EB 82 [47], Absatz 5. Für den Fall, dass keine entsprechenden EDV-Programme zur Verfügung stehen, bietet EB 82 eine Reihe von Vereinfachungen an.

Gleichgewicht der Vertikalkräfte

Bei Gleichgewichtsbetrachtungen der an einer Verbauwand angreifenden Vertikalkräfte sind zwei Fälle zu unterscheiden. Zum einen muss die von unten nach oben wirkende Vertikalkomponente des mobilisierten Erdwiderstands durch entsprechende von oben nach unten wirkende Kräfte ausgeglichen werden. Dieser Nachweis ist Bestandteil des Nachweises einer ausreichenden Einbindetiefe der Wand. Er ist bei Anwendung der FEM mit charakteristischen Bodenkenngrößen erfüllt.

Zum anderen ist die Abtragung von Vertikalkräften in den Untergrund nach EB 84 [47] nachzuweisen. Im Unterschied zum Nachweis der Vertikalkomponente des mobilisierten Erdwiderstands, der mit charakteristischen Kräften geführt wird, werden bei der Abtragung der Vertikalkräfte die Bemessungswerte und der Grenzzustand GEO-2 zugrunde gelegt. Als Einwirkungen kommen z. B. vertikale Auflasten, das Eigengewicht der Wand und die Vertikalkomponente der mit positivem Neigungswinkel ermittelten Erddruckkraft sowie Vertikalanteile von Ankerkräften infrage. Widerstände können z. B. der Fußwiderstand und die Reibungskraft auf der Baugrubenseite zwischen Baugrubensohle und Wandfuß sein. Bei der sogenannten freien Auflagerung wird nach dem herkömmlichen Verfahren der Vertikalanteil der Erddruckkraft bis zum Wandfuß berücksichtigt, bei einer bodenmechanischen Einspannung bis zum theoretischen Fußpunkt. Diese Unterscheidung entfällt bei Anwendung der FEM. Dort bietet es sich an, grundsätzlich alle charakteristischen Vertikalanteile der einwirkenden Erddruckkräfte vom Wandkopf bis zum Fuß zu integrieren. Desgleichen können gegebenenfalls charakteristische Vertikalanteile von Ankerkräften mithilfe der FEM ermittelt werden. Zu berücksichtigen ist der Einfluss der Modellbildung für die Verbauwand (z. B. Volumenelemente statt Balkenelemente) auf die Lastabtragung der Wand, besonders der Vertikalkräfte im Fußbereich (s. *Schanz* [151]). Den Nachweis selbst sollte man aus pragmatischen Gründen vorerst noch klassisch führen, vgl. auch *Heibaum/Herten* [70].

Die theoretisch mögliche Ermittlung der Widerstände im Grenzzustand mit der FEM kann zu vielen schwierigen Fragen führen, die bisher noch nicht geklärt sind. Beim klassischen Nachweis geht man von einem ganz bestimmten Versagensmodell aus. Man nimmt an, dass sich die Wand unter den Vertikallasten etwas nach unten bewegt, jedoch weniger als der aktive Erddruckkeil, um die in der Regel positive Erddruckneigung zu erhalten. Gleichzeitig soll sich auf der Baugrubenseite ein vertikaler Reibungswiderstand von unten nach oben aufbauen können und gegebenenfalls vorhandene Ankerkräfte sollen unverändert bleiben. Versucht man dagegen mithilfe der FEM, z. B. durch Steigern der vertikalen Auflasten, den Bruch zu erzeugen, können sich völlig andere Bedingungen einstellen. Kommt es z. B. zu einer entsprechenden Relativbewegung zwischen Wand und Boden, dann wird die Erddruckneigung negativ mit einer entsprechenden Erhöhung der Horizontalanteile. Bei einer knapp dimensionierten Wand kann es dann zu einem Fließgelenk in der Wand kommen, bevor ein Versinken eintritt. Ein anderer denkbarer Fall ist, dass die Vertikalbewegung der Wand zu einem Abfall der Ankerkraft führt und die Wand vor einem Versinken kippt oder sich durch Anwachsen der Feldmomente wiederum ein Fließgelenk ausbildet. Will man die Fließgelenke verhindern, müsste man z. B. größere Profile wählen mit der Folge, dass man unter Umständen im Vergleich zum klassischen Bemessungsverfahren unwirtschaftlich wird. Umgekehrt sind auch im Vergleich zum klassischen Bruchmodell unsichere Zustände denkbar. Diese nicht geklärten Fragen sprechen aus heutiger Sicht dafür, sich auf die klassischen Nachweise und die damit einhergehende Erfahrung einer sicheren und wirtschaftlichen Bemessung zu stützen.

Nachweis der Horizontalkräfte bei Trägerbohlwänden

Nach EB 15 [47], Absatz 1 darf beim Nachweis der Einbindetiefe und bei der Ermittlung von Schnittgrößen von Trägerbohlwänden der Erddruck ΔE_{ah} unterhalb der Baugrubensohle vernachlässigt werden, sofern das Gleichgewicht der Horizontalkräfte für eine gedachte Wand vor den Bohlträgern auf der Baugrubenseite erbracht wird. Der Nachweis ist für den Grenzzustand GEO-2 zu führen. Liegt eine FEM-Berechnung vor, können die charakteristischen Einwirkungen auf die gedachte Wand unmittelbar ermittelt werden. Die Berechnung des Erdwiderstands vor der Wand kann theoretisch auch mit der FEM erfolgen. Folgt man EB 15 [47], dann darf man dabei von einer Parallelverschiebung und dem Erddruckneigungswinkel $\delta_{p,k} = -\varphi'_k$ ausgehen. Einfacher ist jedoch, den Erdwiderstand analytisch mit gekrümmten Gleitflächen zu ermitteln, z. B. nach *Pregl/Sokolowski* [72, 139].

Wird beim Nachweis der Einbindetiefe und bei der Ermittlung der Schnittgrößen der Erddruck auf die Bohlträger von der Geländeoberfläche bis zum Bohlträgerfuß als charakteristische Größe aus einer FEM-Berechnung ermittelt, dann ergibt sich insofern ein Vorteil, als dann der Nachweis des Gleichgewichts der Horizontalkräfte entfallen kann.

Ankerwiderstände

Die Ermittlung der Herausziehkräfte von Verpressankern ist modellierungstechnisch äußerst anspruchsvoll. Um wirklichkeitsnahe Ergebnisse zu erhalten, müssen die FEM-Berechnungen dreidimensional erfolgen. Entfestigung beim Materialverhalten und progressiver Bruch müssen berücksichtigt werden (siehe u. a. *Schanz* [153] und *Marcher* [117]). Zurzeit liegen noch keine allgemein anerkannten Ergebnisse vor. Deshalb empfiehlt es sich, wie bisher Bruchwiderstände auf der Grundlage von Erfahrungswerten, s. *Ostermayer* [132], oder von Eignungsprüfungen zu ermitteln.

Bei Ankerplatten ist die FE-Modellierung weniger kritisch. Hierzu wird auf die Untersuchungen von *Arnold* und *Herle* verwiesen [4]. Für einfache praktische Fälle kann jedoch auch ohne die FEM auf der Grundlage des analytischen Verfahrens von *Arnold/Herle* [4] dimensioniert werden.

Nachweis ausreichender Ankerlänge

Nach langer Diskussion hat man sich in Deutschland dafür entschieden, den Nachweis einer ausreichenden Ankerlänge durch die Untersuchung der Standsicherheit in der tiefen Gleitfuge nach *Kranz* für den Grenzzustand GEO-2 zu erbringen. Dabei wird die mögliche Ankerkraft mit der vorhandenen verglichen. Bruchkörperuntersuchungen mit einer φ-c-Reduktion können zwar aufschlussreiche Erkenntnisse bringen, vgl. *Perau* [136, 137], entsprechen aber nicht den Vorgaben durch die deutschen Normen. Theoretisch könnte man die mögliche Ankerkraft anstatt mit dem klassischen Verfahren auch mit der FEM ermitteln. Die Modellierung ist zurzeit jedoch noch nicht befriedigend gelöst. Hierzu wird auf die ausführliche Diskussion bei *Heibaum/Herten* [70] verwiesen. Wie schon bei den vorherigen Nachweisen verbleibt aus praktischer Sicht jedoch die Möglichkeit, die charakteristischen Beanspruchungen mithilfe der FEM zu ermitteln und den Nachweis klassisch zu führen.

Aufbruch der Baugrubensohle

Der Nachweis der Sicherheit gegen Aufbruch der Baugrubensohle ist bei weichen und stark tonigen Böden von Bedeutung. Beim Bruchmodell geht man von einem gedachten Fundament aus, dessen Sohle sich in Höhe der Unterkante der Baugrubenwand befindet (Bild 9.4). Der Nachweis ist für den Grenzzustand GEO-2 zu führen. Dabei ist die Breite b_g solange zu variieren, bis sich für den Ausnutzungsgrad der Widerstände $R_{n,k}$ an der Sohle und T_k an der seitlichen Bruchkörperfläche für die Beanspruchungen $G_{B,k}$ aus dem Eigengewicht des Bruchkörpers und gegebenenfalls aus G_k sowie Q_{Rep} ein Maximum ergibt.

Zurzeit liegen keine vergleichenden Untersuchungen zur Ermittlung der Bruchwiderstände $R_{n,k}$ und T_K mit der FEM vor. Somit empfiehlt sich die gleiche Vorgehensweise wie beim Nachweis der Standsicherheit in der tiefen Gleitfuge.

Geländebruch

Ein Geländebruch ist bei Baugruben nur in Ausnahmefällen von Bedeutung, vgl. EB 10 [47], Absatz 3. Nach deutschen Vorschriften ist der Geländebruchnachweis

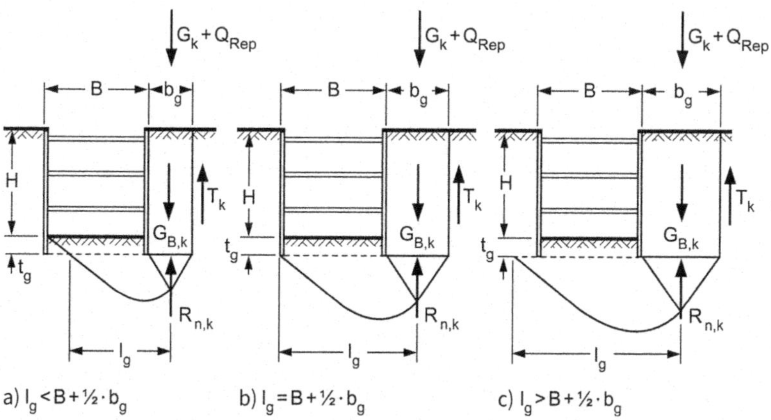

Bild 9.4 Aufbruch der Baugrubensohle bei einheitlichem Boden

für den Grenzzustand GEO-3 zu führen, d. h. die Scherparameter $\tan\varphi'_k$ und c'_k sind entsprechend abzumindern. Dazu eignet sich die FEM in hervorragender Weise. In vielen Software-Paketen ist die für Nachweise erforderliche φ-c-Reduktion bereits enthalten.

Nachweis der Gebrauchstauglichkeit
Ein wesentliches Einsatzgebiet für die FEM ist der Nachweis der Gebrauchstauglichkeit insbesondere bei nichtlinearem Bodenverhalten, komplexer Geometrie und schwierigen Randbedingungen. Wie in Abschnitt 9.2 dargelegt, erfolgt die Berechnung der Verformungen mit charakteristischen Bodenkenngrößen. Hohe Anforderungen sind an die verwendeten Stoffgesetze zu stellen (s. *Schanz* [151]). Verschiedene jüngste Untersuchungen betonen die Notwendigkeit der Berücksichtigung der erhöhten Steifigkeit bei kleinen Dehnungen, um wirklichkeitsnahe Prognosen zu erhalten.

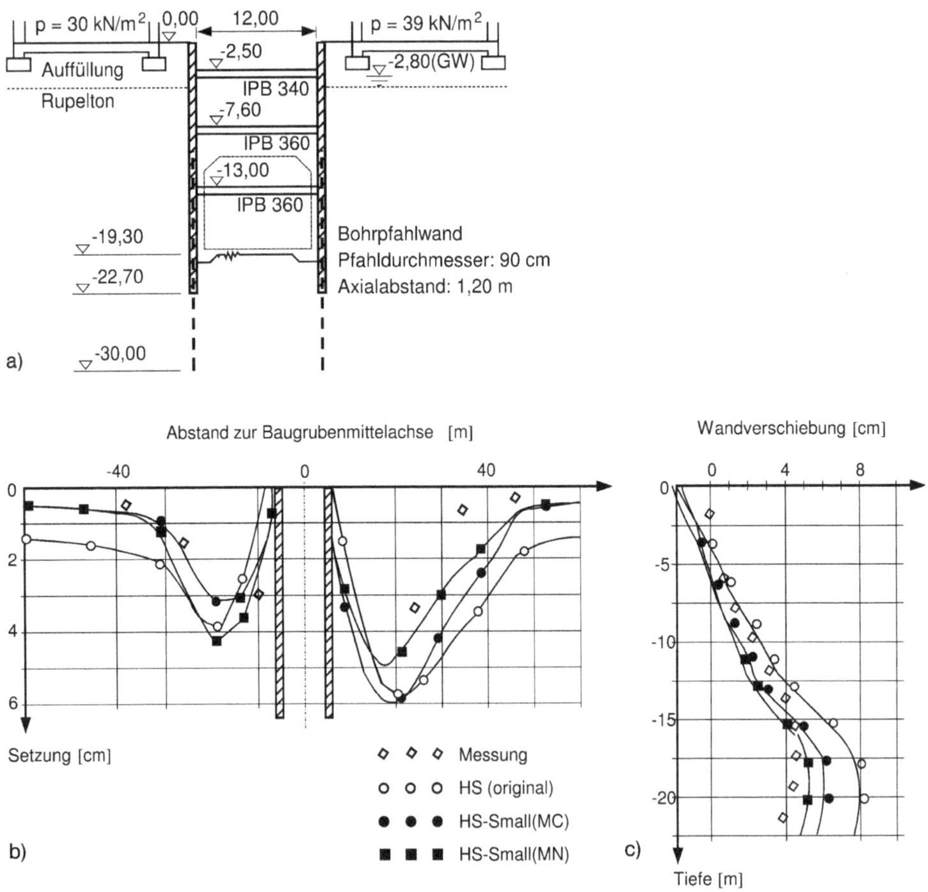

Bild 9.5 Vergleich Messung mit FEM-Ergebnissen ohne und mit Berücksichtigung der erhöhten Steifigkeit bei kleinen Dehnungen nach *Benz*; a) Geometrie der Baugrube, b) Setzung der Geländeoberfläche, c) waagerechte Wandverschiebungen

Beispielhaft zeigt Bild 9.5 den Vergleich von Messungen mit den Ergebnissen aus FEM-Berechnungen nach *Benz* [14] für eine dreifach ausgesteifte Baugrube in Rupelton. Sollen die Setzungsmulde und die horizontalen Wandverschiebungen der Bohrpfahlwand wirklichkeitsnah ermittelt werden, reicht das einfache Hardening-Soil-Modell „HS (original)“ nicht aus. Eine wesentliche Verbesserung bringt die Erhöhung der Steifigkeit bei kleinen Dehnungen im HS-Small(MC)-Modell. Noch genauer ist das HS-Small(MN)-Modell mit der *Matsuoka-Nakai*-Grenzbedingung, die für die praktische Anwendung aber sehr komplex ist.

Sehr gute Übereinstimmungen von gemessenen und berechneten Verformungen ergibt sich in den Untersuchungen von *Brand/Bastian* und *Hillmann* [26] an Verbauwänden verschiedener U-Bahn-Bauwerke. Mittlerweile ist man in der Lage, auch die Bauabfolge zutreffend zu modellieren, vgl. *Stelzer* et al. [171] oder auch [26]. Noch nicht gelöst ist die Frage der herstellbedingten Verformungen (s. Abschnitt 10.2), da hierfür sehr aufwendige FE-Berechnungen mit großen Netzverzerrungen erforderlich sind.

10 Nachweis der Gebrauchstauglichkeit

10.1 Anwendung der EAB

Die Regelungen der EAB [47] stellen sicher, dass bei mindestens mitteldicht gelagertem nichtbindigem Boden und bei mindestens steifem bindigem Boden die Verschiebungen des Fußauflagers einer mehrfach gestützten Wand klein sind und in der Größenordnung mit den Bewegungen und Verformungen der übrigen Baugrubenwand übereinstimmen. In der Regel erübrigen sich somit besondere Untersuchungen über die Größe der Verformungen und Verschiebungen. Sofern jedoch in besonders gelagerten Fällen die Gefahr besteht, dass Verformungen und Verschiebungen der Baugrubenwand trotz der genannten Maßnahmen die Standsicherheit oder die Gebrauchsfähigkeit von benachbarten Bauwerken oder Anlagen beeinträchtigen, ist der Nachweis der Gebrauchstauglichkeit entsprechend Grenzzustand SLS nach Handbuch EC 7, Band 1 zu erbringen.

Ein Nachweis der Gebrauchstauglichkeit kann insbesondere erforderlich sein

- bei Baugruben neben sehr hohen, schlecht gegründeten oder in schlechtem baulichem Zustand befindlichen Bauwerken,
- bei Baugruben mit sehr geringem oder ohne Abstand zu einem vorhandenen Gebäude,
- bei Baugruben neben Bauwerken bei gleichzeitig hohem Grundwasserstand (hierzu siehe *Weißenbach/Gollub* [213] und *Gollub/Klobe* [57]),
- bei Baugruben neben Bauwerken, die in weichem bindigem Boden gegründet sind,
- bei Baugruben neben Bauwerken, die einen besonders großen Anspruch an die Beibehaltung der Ruhelage stellen, z. B. wegen der Empfindlichkeit von Maschinen,
- bei Baugruben mit einer steiler als 35° geneigten Verankerung.

Trotz aller Vorsichtsmaßnahmen kann es Situationen geben, in denen Verformungen und Verschiebungen zu Beeinträchtigungen oder Schäden führen können, z. B.

- bei Baugruben ohne Arbeitsraum, bei denen der Freiraum für das Bauwerk unzulässig eingeengt werden könnte,
- bei benachbarten Bahnanlagen, insbesondere bei schlechter Gleislage oder hohen Fahrgeschwindigkeiten,
- bei Masten für Beleuchtungsanlagen, Signalanlagen, Stromleitungen oder Oberleitungen von Bahnen, insbesondere wenn sie exzentrisch belastet und im Boden eingespannt sind,
- bei nicht längskraftschlüssigen Rohrleitungen, insbesondere in Verbindung mit sprödem Material,
- bei Wasser- oder Gasleitungen, insbesondere bei großem Durchmesser und bei geknickter Trassenführung,
- bei gemauerten Abwasserleitungen, insbesondere alten oder beschädigten Leitungen.

Beim Nachweis der Gebrauchstauglichkeit sind zwei Fälle zu unterscheiden:

a) Sofern die Verformungen der Wand genauer erfasst werden sollen, die Auswirkungen auf die Umgebung dagegen eher untergeordnet sind, kann durch Verbesserungen des statischen Systems, z. B. durch Erfassung der Nachgiebigkeit der Anker, Berücksichtigung der Vorverformungen in den verschiedenen Bauzuständen und Ansatz der Bettungsreaktion im Boden, die Genauigkeit der Verformungsprognosen erhöht werden.
b) Sofern sowohl die Verformungen der Wand als auch die des umgebenden Bodens bestimmt werden sollen, sind numerische Untersuchungen, z. B. mit der Methode der Finiten Elemente unter Berücksichtigung des Ausgangsspannungszustands erforderlich, siehe Kapitel 9.

Der Nachweis der Gebrauchstauglichkeit wird mit charakteristischen Einwirkungen geführt. Im Hinblick auf den Ansatz des Erddrucks gelten dabei die gleichen Regeln wie bei der Untersuchung des Grenzzustands ULS. Dabei zählt der Erddruck aus der großflächigen Gleichlast $p_k = 10\ kN/m^2$ zu den ständigen Lasten. Darüber hinausgehende Erddrücke aus einer großflächigen Flächenlast q_k oder weiteren Lasten aus Verkehr und Baubetrieb brauchen in der Regel nur dann berücksichtigt zu werden, wenn die Größe der Last und die Dauer ihrer Einwirkung dies erforderlich machen. In der Regel ist dies nur bei nicht gestützten, im Boden eingespannten Wänden und bei tief unter Geländeoberfläche angeordneter Stützung erforderlich.

Das statische System ist oberhalb der Aushub- bzw. Baugrubensohle durch die Stützungen vorgegeben. Für die Auflagerung im Boden gilt Folgendes:

a) Damit wirklichkeitsnahe Ergebnisse erzielt werden, ist in der Regel von der tatsächlich vorhandenen, nicht von der rechnerisch erforderlichen Einbindetiefe auszugehen, falls eine größere als die rechnerisch erforderliche Einbindetiefe gewählt worden bzw. in den Vorbauzuständen vorhanden ist. Es sind aber auch alle Annahmen zulässig, die im Rahmen der Gleichgewichtsbedingungen möglich sind. Beispielsweise kann eine freie Auflagerung durch eine Teileinspannung ersetzt, eine volle bodenmechanische Einspannung beibehalten, aber der Ausnutzungsgrad verringert werden.
b) Bei Annahme einer freien Auflagerung im Boden darf die Lage der Resultierenden der Bodenreaktionen entsprechend den Angaben im Abschnitt 5.3 angenommen werden, sofern nicht eine elastische Bettung, z. B. das Bettungsmodulverfahren nach Kapitel 8 zugrunde gelegt wird. Hierzu siehe auch Abschnitt 5.4.
c) Bei im Boden eingespannten Wänden ist der nachfolgende Absatz maßgebend.

Für die Berücksichtigung einer bodenmechanischen Einspannung von biegeweichen Baugrubenwänden genügt in der Regel der herkömmliche Ansatz von *Blum*. Daneben stehen im Wesentlichen folgende weitere Ansätze zur Verfügung:

a) Näherungsweise darf die Verteilung der Bodenreaktionen in Anlehnung an Bild 7.6 angenommen werden, wobei im Bereich unmittelbar unter der Aushub- bzw. Baugrubensohle die Ordinaten des charakteristischen Erdwiderstands, gegebenenfalls unter Berücksichtigung der Kohäsion, zugrunde gelegt werden dürfen.

b) Bei ausreichend biegeweichen Wänden ergibt sich die wirksame Einspannung mithilfe der elastischen Bettung, z. B. mit dem Bettungsmodulverfahren nach Kapitel 8.

In der Regel sind bei der Ermittlung der Verformungen und Verschiebungen der Baugrubenwand

- die Vorverformungen in Höhe der Stützungen vor deren Einbau,
- die Dehnungen von Ankern infolge der Kräfte, die über die Festlegekraft hinausgehen,

zu berücksichtigen. Die elastische Zusammendrückung von Steifen und die Bewegung der Wand gegen das Erdreich beim Vorspannen von Steifen oder Ankern darf im Allgemeinen vernachlässigt werden.

Neben den waagerechten Verformungen und Verschiebungen der Wand sind auch die Setzungen der Wand zu untersuchen. Hierzu siehe Abschnitt 7.3.

Die bisher genannten Angaben berücksichtigen nur das Verhalten der Wand selbst. Nicht erfasst sind Bewegungen durch Auflockerung oder Verdichtung des Bodens bei der Herstellung der Baugrubenwand, z. B.

- Bodenauflockerungen vor dem Einziehen der Bohlen einer Trägerbohlwand,
- Bodenentzug beim Bohren, Nachsackung des Bodens infolge des Überschnitts der Bohrkrone,
- Entspannung des Bodens bei Druckabfall in der Suspension eines Schlitzes für eine Schlitzwand,
- Sackungen des Bodens infolge von Bodenentzug beim Bohren von Ankern,
- Verdichtung des Bodens beim Rammen der Ankerverrohrung,
- Entspannung des Bodens durch Hohlraumbildung beim Ziehen von Spundbohlen.

Soweit sich diese Auswirkungen nicht durch technische Maßnahmen vermeiden lassen, sind die Auswirkungen auf die Gebrauchstauglichkeit der Wand näherungsweise abzuschätzen (s. Abschnitt 10.2).

Bei verankerten Wänden kommen noch die Bewegungen hinzu, die

- durch eine Verkantung des zwischen Baugrubenwand und Ankerverpressstrecken sich bildenden fangedammartigen Erdkörpers,
- durch eine Schubverzerrung des fangedammartigen Erdkörpers und des darunter anstehenden Bodens,
- durch eine waagerechte Verschiebung des fangedammartigen Erdkörpers infolge der Zusammendrückung des Bodenkörpers unterhalb der Baugrubensohle

verursacht werden. Diese Bewegungen und Verformungen können nach *Ulrichs* [185] abgeschätzt werden. Hierzu siehe auch [28] und [127]. Genauere Untersuchungen auf der Basis numerischer Berechnungen sind möglich.

Ergibt die Untersuchung, dass die ermittelten Verformungen bzw. Verschiebungen der Wand die Bedingungen für die Gebrauchstauglichkeit nicht erfüllen, dann kommen im Wesentlichen folgende Maßnahmen infrage:

- die Veränderung der Anordnung der Stützungen,
- die Vergrößerung der Einbindetiefe,
- das Einbringen einer Fußstützung in Höhe der Baugrubensohle vor dem Aushub der Baugrube,
- die Wahl stärkerer Profile bzw. größerer Wanddicken,
- bei verankerten Wänden gegebenenfalls die in EB 46 [47] angegebenen Maßnahmen.

Falls sich durch eine dieser Maßnahmen das statische System deutlich verändert, ist ein neuer Nachweis für den Grenzzustand ULS zu erbringen.

Neben den Verschiebungen der Baugrubenwände und den Verformungen des dahinter anstehenden Bodens können, auch bei ausgesteiften Baugruben, Hebungen der Aushubsohle und der Baugrubenwände eine Rolle spielen. Hierzu siehe Abschnitt 7.4. Die Hebungen werden durch die Aushubentlastung verursacht und später durch das Gewicht des Bauwerks ganz oder teilweise wieder rückgängig gemacht.

10.2 Herstellbedingte Verformungen

Einführung

Mit moderner handelsüblicher Software ist man heute in der Lage, den Aushub schrittweise zu modellieren. Sollen jedoch die Herstellvorgänge selbst abgebildet werden, stößt man rasch an die Grenzen (*Hettler* und *Triantafyllidis* [88]). Nur in Einzelfällen wurden bisher im wissenschaftlichen Bereich Herstellvorgänge untersucht, siehe z. B. *Grabe* und *Mahutka* [58] oder *Triantafyllidis* [179]. In der Praxis ist man dagegen häufig gezwungen, in der Verformungsprognose auch die Auswirkungen z. B. von

- Baugrubenwänden,
- Verpressankern,
- Stütz- und Dichtsohlen,
- Sohlverankerungen

zu berücksichtigen. Solange zuverlässige Prognosemodelle noch nicht vorliegen, ist man darauf angewiesen, eine Abschätzung auf der Grundlage von Messungen in vergleichbaren Fällen durchzuführen. Die folgende Ausführung soll dazu dienen, eine Übersicht über vorliegende Messungen zu geben. Diese Beispiele wurden zusammengetragen in einem Beitrag zur Baugrundtagung 2012 [81].

Rückverankerte Unterwasserbetonsohlen

Seit Ende der 1980er-Jahre werden wasserdichte Trogbaugruben in der sog. Wand-Sohle-Bauweise mit Unterwasseraushub und rückverankerten Unterwasserbetonsohlen hergestellt, s. z. B. *Hettler* [76] oder *Weißenbach* und *Hettler* [215]. Zur

Aufnahme der Kräfte aus Auftrieb werden hauptsächlich Rüttelinjektionspfähle, sog. RI-Pfähle und GEWI-Pfähle eingesetzt. Eines der ersten Projekte war die bis zu 22,00 m tiefe Baugrube zur Herstellung des Fahrlachtunnels mit einer 1,00 m dicken Betonsohle (*Borkenstein* und *Jordan* [25]). Erst durch die begleitenden Messungen an Berliner Baugruben konnte festgestellt werden, dass in einigen Fällen die herstellbedingten Verformungen, z. B. beim Einrütteln der RI-Pfähle, den maßgebenden Anteil der Wandverformungen ausmachen können (*Triantafyllidis* [177, 178], *Borchert* et al. [22]).

Bei der Debis-Baugrube am Potsdamer Platz waren die horizontalen Wandverschiebungen, die beim Einbringen der RI-Pfähle beobachtet wurden, 4-mal höher als die berechneten Verformungen aus der klassischen Statik [178]. Nach dem Unterwasseraushub wurden in den Querschnitten MV1 und MV2 maximal etwa 10 bis 12 mm gemessen, s. Phase 2 in Bild 10.1b und c. Während Phase 3, als die RI-Pfähle hergestellt wurden, kam es zu einem Anstieg auf 38 bis 58 mm. Der Zuwachs an Verformungen beim Lenzen der Baugrube in Phase 4 betrug nur noch 10 bis 12 mm.

Offensichtlich kam es zu einer Verschlechterung der Bettung am Wandfuß bei gleichzeitigem Anstieg des Porenwasserdrucks [177]. Diese Beobachtungen wurden bei allen Baugruben für die Tunnelbauwerke um den Potsdamer Platz und den Hauptbahnhof in Berlin gemacht [161]. Bild 10.2a zeigt einen Querschnitt einer derartigen Baugrube im Bereich des Inklinometers B5 und Bild 10.2b und die ge-

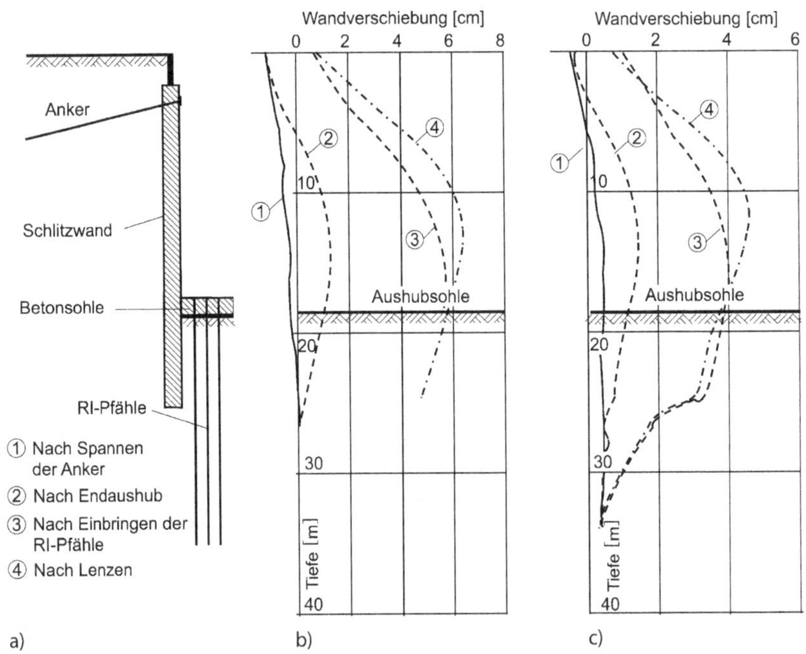

Bild 10.1 Debis Baugrube am Potsdamer Platz; a) Querschnitt, b) Verschiebungen im Messquerschnitt MV1, c) Verschiebungen im Messquerschnitt MV2

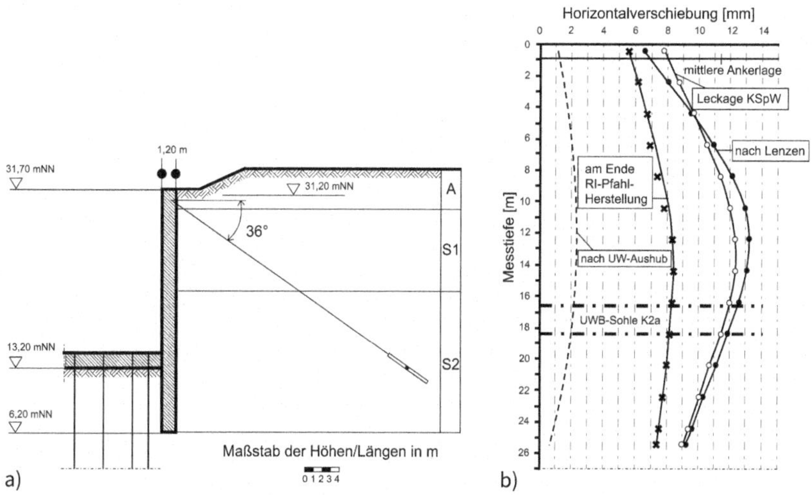

Bild 10.2 Baugrube K2a im Bereich des Inklinometers B5; a) Querschnitt, b) Horizontalverformungen Westwand Baugrube K2a aus Inklinometermessung B5

messenen horizontalen Wandverformungen, *Kramer* et al. [107]. Nach dem Unterwasseraushub betrug die Verschiebung am Wandkopf ca. 12 mm. Am Ende der RI-Pfahlherstellung vergrößerte sich der Wert auf etwa 56 mm. Eine Besonderheit ergab sich bei der Baugrube K2a durch eine Leckage der Kastenspundwand zwischen der Baugrube K2a und der benachbarten Baugrube K2b. Dies führte zu einem weiteren Anwachsen der Verschiebungen der Schlitzwand (s. Bild 10.2b).

Die zusätzlichen Verformungen beim Lenzen waren relativ gering. Das Einbringen der RI-Pfähle führte nicht nur zu relativ großen Verschiebungen in horizontaler Richtung; gleichzeitig setzte sich die durch den Vertikalanteil aus Erddruck und aus Ankerkräften beanspruchte Wand um ca. 60 mm. Beim Lenzen kam es dagegen zu keinen weiteren Vertikalverformungen. Auch beim Unterwasseraushub kam es nicht zu nennenswerten Vertikalverschiebungen. Interessant ist der Vergleich zur Schlitzwand auf der Ostseite der Baugrube, die nur horizontal verankert war. Dort wurden nach dem Aushub und nach dem Einbringen der RI-Pfähle Gesamthebungen von etwa 20 mm bzw. etwa 15 mm beobachtet. Nach dem Lenzen wurden wieder etwa 20 mm festgestellt.

Wie auch *Kramer* et al. [107] berichten, war der Zuwachs an Verformungen während der Herstellung der RI-Pfähle in dieser Größenordnung nicht erwartet worden. Als mögliche Ursachen werden Änderungen im Spannungszustand durch die eingebrachte Energie beim Rütteln gesehen. Zusätzlich kommt es zu Erddruckumlagerungen von unten nach oben beim Nachgeben des Wandfußes und zu einem Ansteigen der Ankerkräfte. *Schran* [161] führt die größere Fußverschiebung der Wände beim Einbau der RI-Pfähle u. a. auf eine Zerstörung vorhandener Verkittungen im Sandboden zurück.

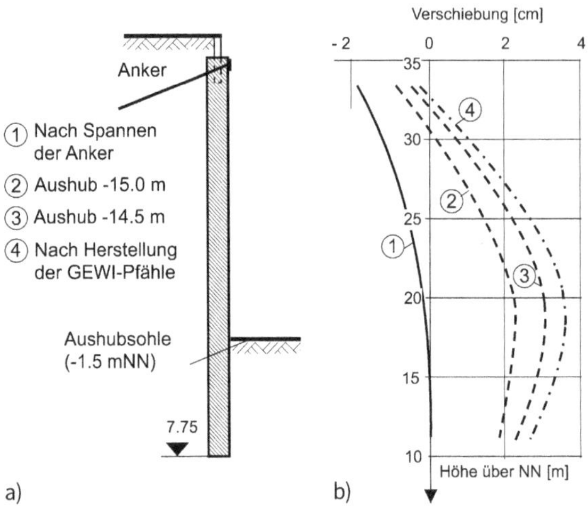

Bild 10.3 Ergebnisse des Messquerschnitts MQA1 der Baugrube A des Loses 1.1 für den Lehrter Bahnhof; a) Querschnitt, b) Horizontalverformungen

Der Herstelleinfluss auf die Wandverformungen ist wesentlich geringer, wenn die Betonsohlen durch GEWI-Pfähle verankert werden, wie das Beispiel der Baugrube A für den Lehrter Bahnhof in Bild 10.3 zeigt, vgl. Phase 3 und Phase 4. Ein Nachteil der Verankerung mit GEWI-Pfählen sind die im Vergleich zu RI-Pfahlverankerungen größeren Sohlhebungen, Einzelheiten siehe *Triantafyllidis* und *Rinke* [182] sowie *Savidis* et al. [147].

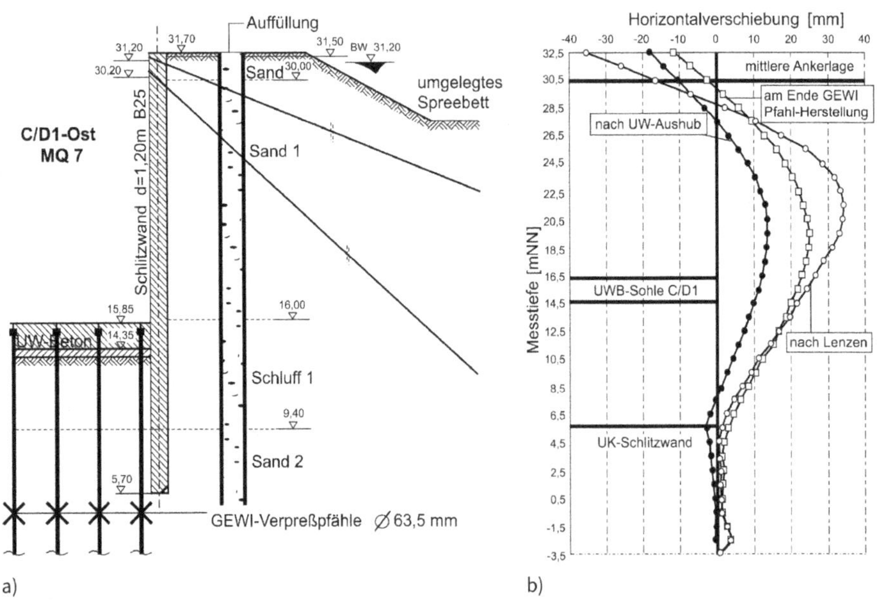

Bild 10.4 Ergebnisse des Messquerschnitts MQ7; a) Querschnitt der Südwand der Baugrube C/D1-Ost, Bereich MQ7, b) Horizontalverformungen Südwand Baugrube C/D1-Ost aus Inklinometermessung MQ7

Relativ kleine Zusatzverformungen während der Herstellung von RI- und GEWI-Pfählen wurden bei den Baugrubenwänden des Sony-Centers gemessen (s. Bild 10.4).

Der Grund liegt in der unterschiedlichen Baugrubenkonstruktion mit einer tiefliegenden Weichgelsohle. Die RI- und die GEWI-Pfähle wurden erst nach dem Aushub und nach dem Lenzen sowie nach dem Aushub eingebaut und dienen der Verankerung des Gebäudes gegen Auftrieb. Einzelheiten siehe *Mayer* [119].

Injektionssohlen
Beim Einbringen von Injektionsrohren im Rüttelbohrverfahren verschob sich eine in eine Dichtwand eingerüttelte Spundwand am Kopf um ca. 100 mm, s. Bild 10.5a und b, wie *Gollub* und *Klobe* [57] berichten. Die Erklärung wird von den Autoren in einer vorübergehenden Entfestigung im Baugrund gesehen und durchgeführte Rammsondierungen zeigen starke Auflockerungen (Bild 10.5c).

Da die Rüttelarbeiten nach einem Voraushub erfolgten, können hier auch vergleichbare Vorgänge wie bei dem RI-Pfahl für Unterwasserbetonsohlen zu den Verschiebungen geführt haben. Wenn durchgängig im Baufeld die durch Sondierungen festgestellten Auflockerungen vorhanden wären, hätte sich die Arbeitsebene im Dezimeterbereich heben müssen. Die in Bild 10.5c dargestellte Auflockerung ist flächig relativ unwahrscheinlich.

Werden die Injektionsrohre ohne Rütteln im Bohrverfahren eingebracht, fallen die herstellbedingten Wandverformungen geringer aus, wie das Beispiel der Spreedreieck-Baugrube zeigt. In Bild 10.6 ist der Verlauf der horizontalen Wandverformungen dargestellt. Bild 10.6a zeigt die Wandverschiebungen nach dem Einbohren der Lanzen. Im Anschluss daran wurden im nördlichen Baufeld Gründungspfähle hergestellt. Dies führte vor dem Einbau der Steifen zusammen mit einem Pump-

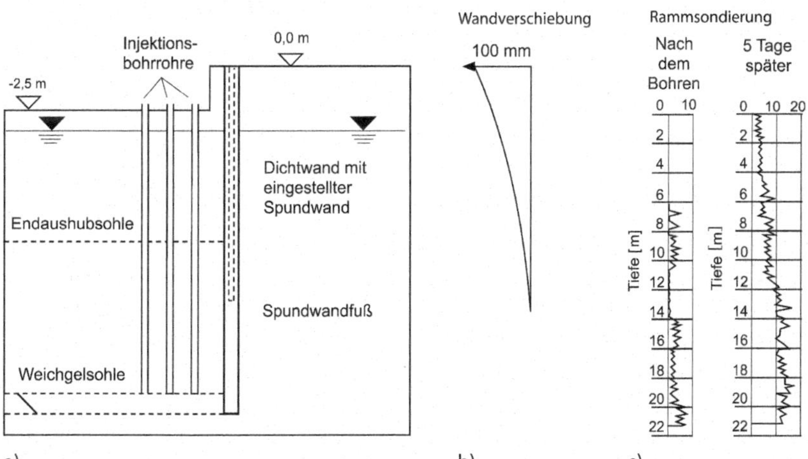

Bild 10.5 Beispiel mit tiefliegender Injektionssohle; a) Querschnitt durch die Baugrube, b) Wandverformungen nach dem Einbringen der Injektionsrohre, c) Ergebnisse von Rammsondierungen

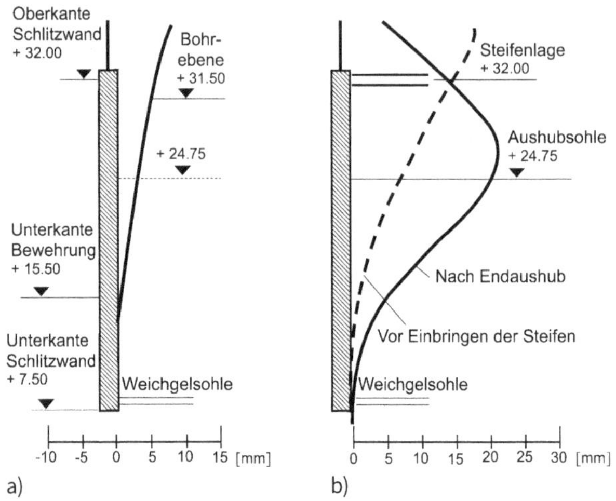

Bild 10.6 Horizontale Wandverformungen der Baugrube Spreedreieck; a) nach dem Einbringen der Injektionslanzen, b) vor dem Einbau der Steifen und im Endaushubzustand

versuch zu einem weiteren Zuwachs, s. Bild 10.6b. Das Vorspannen der Aussteifung nach dem Einbau war mit einer Rückbewegung des Schlitzwandkopfes um ca. 3 mm verbunden. Schließlich wurden im Endaushubzustand die ebenfalls in Bild 10.6b dargestellten Wandverschiebungen erreicht. Einzelheiten siehe *Hoffmann* et al. [93].

Düsenstrahlsohlen

Beim Herstellen einer aufgelösten Aussteifungssohle im Düsenstrahlverfahren für eine Schlitzwand (Bild 10.7) kam es zu unerwarteten Hebungen von bis zu 25 cm in der Bohrebene und ungewöhnlichen Wandverformungen.

Die Schlitzwand bewegte sich zum Erdreich hin mit einem Größtwert von ca. 36 mm am Wandkopf. Dies ist mit hoher Wahrscheinlichkeit auf eine unzureichende Entspannung der Düsenstrahlsuspension in den bindigen Boden zurückzuführen. Die herstellbedingten Verformungen wurden während der verschiedenen Aushubphasen nur teilweise wieder durch eine Gegenbewegung zur Baugrubenseite hin ausgeglichen. Bild 10.8 zeigt ausgehend von der Nulllage bei –2,30 m beispielhaft die Phase 2 (Aushubtiefe –8,30 m) und Phase 6 (Endaushubtiefe –22,00 m). Weitere Einzelheiten siehe *Hettler* et al. [80, 83].

Brand und *Grothe* [27] berichten über Erkenntnisse bei der Ausführung verschiedener Trogbaugruben in Berlin mit tiefliegenden Dichtsohlen, die im Düsenstrahlverfahren hergestellt wurden. Die Beispielsammlung umfasst die Baugruben Alexa Shopping Center, Königstadt Carrée und Mitte-Tiergarten. Bild 10.9 zeigt beispielhaft die Ergebnisse für die Baugrube Königstadt-Carrée. In allen Fällen kam es beim Pumpversuch zur Kontrolle der Dichtsohle und auch im Zuge des Aushubs zu unerwartet großen Verformungen. Drucksondierungen nach dem Düsen der Sohle zeigen über der Düsenstrahlsohle geringere Spitzendrücke als vorher an. Eine theoretische Erklärung fehlt [23].

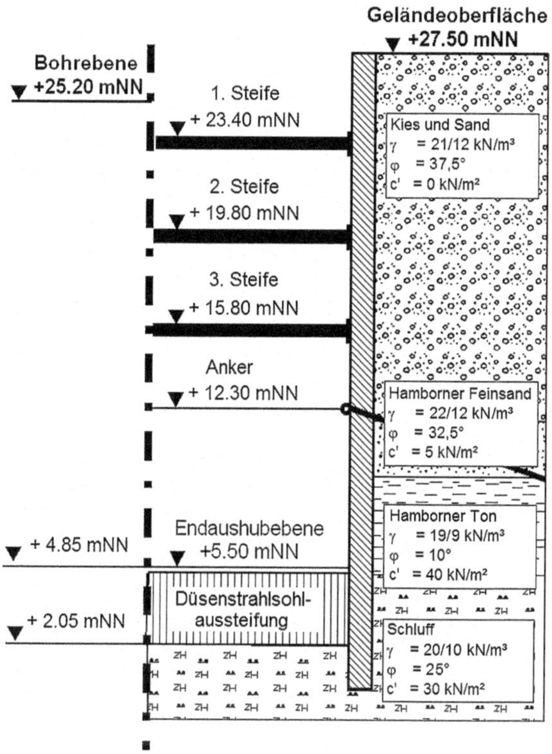

Bild 10.7 Querschnitt durch die Baugrube mit Schichtaufbau

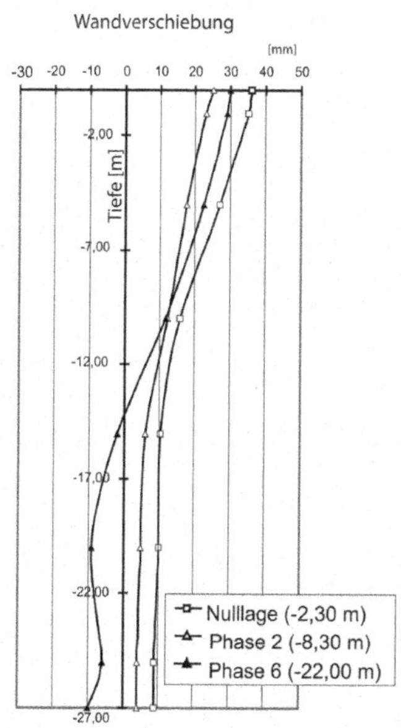

Bild 10.8 Gemessene Verformungen der Schlitzwand im Querschnitt MQI während verschiedener Aushubphasen

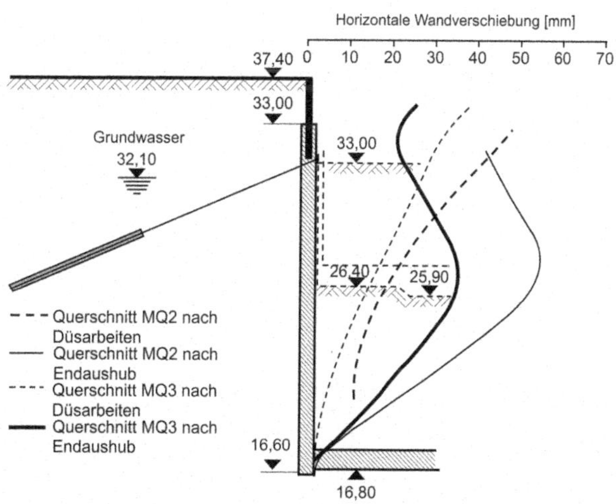

Bild 10.9 Wandverschiebungen der Baugrube Königstadt-Carrée nach dem Herstellen der Düsenstrahlsohle von NN = 33,00 m aus und nach Endaushub

Bohrpfahl- und Schlitzwände

Bei der Herstellung von Bohrpfahl- und Schlitzwänden neben Gebäuden sind Setzungen auch infolge der Herstellung unvermeidbar. Aus Erfahrung sind bei Bohrpfählen in Sandböden die Verformungen größer als bei Schlitzwänden. Besondere Aufmerksamkeit sollte in Feinsandböden den Bohrwerkzeugen und der Bohrtechnik gewidmet werden, um Unterdrücke und hydraulische Grundbrucherscheinungen mit einem möglichen Bodenentzug zu verhindern [21].

An einem Gebäude in Berlin wurden an zwei Stellen des Giebels Setzungen bei Unterfangungsarbeiten mit dem Düsenstrahlverfahren und bei der Schlitzwandherstellung gemessen (Bild 10.10). Diese Verformungen und weitere Setzungen

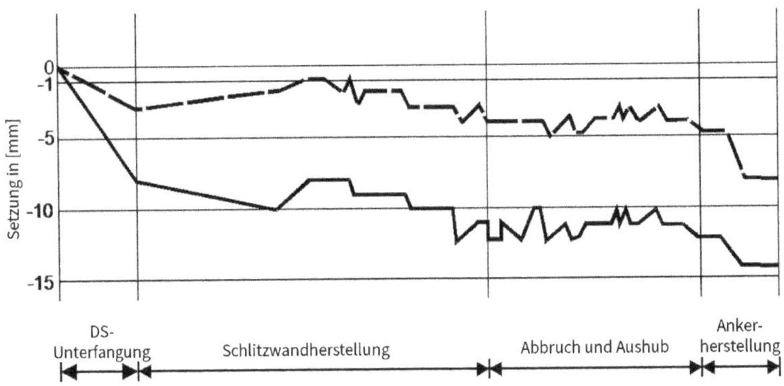

Bild 10.10 Herstellungsbedingte Setzungen eines Giebels neben einer tiefen Baugrube in Berlin

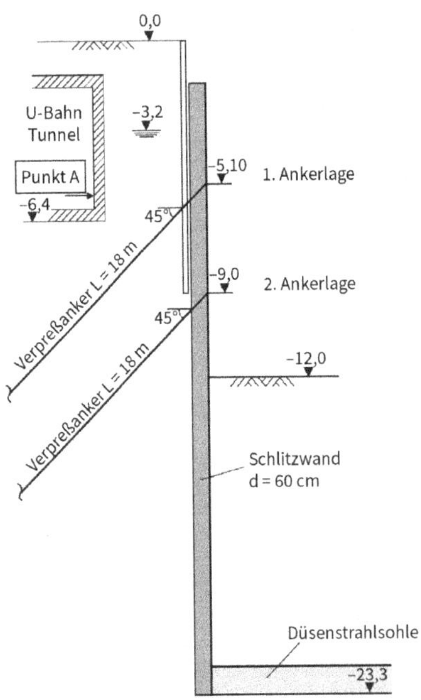

Bild 10.11 Messpunkt im U-Bahn-Tunnel neben einer verankerten Schlitzwand

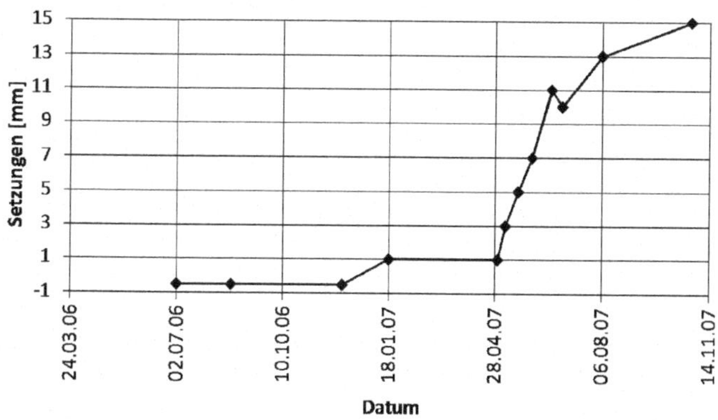

Bild 10.12 Setzungen des U-Bahn-Tunnels (Punkt A) neben einer verankerten Schlitzwand gem. Bild 10.11

infolge Abbruchs von altem Kellermauerwerk vor der Schlitzwand infolge Ankerherstellung führten zu Gesamtwerten von maximal 15 mm [21].

Bei einer ca. 12 m tiefen Baugrube in der Berliner Innenstadt wurden zur Beweissicherung die Setzungen an einem ca. 3 m von der Schlitzwandaußenkante entfernten U-Bahn-Tunnel gemessen. Der U-Bahn-Tunnel besitzt eine relativ flache Lage mit ca. 6 m unter Gelände. Herstellbedingt wurde der Tunnel durch die Schlitzwandherstellung, den Einbau der Verpressanker und die Ausführung einer tiefliegenden Weichgelsohle beeinflusst. Beispielhaft wird ein in der Mitte der Straßenfront liegender Setzungspunkt an der der Baugrube zugewandten Tunnelwand dargestellt (Bild 10.11).

Bei dem U-Bahn-Tunnel zeigte sich, dass die Schlitzwandherstellung in der Zeit vom 22.08. bis zum 08.12.2006 keine Setzungen verursachte (Bild 10.12). Erst die Ankerherstellung im Mai 2007 führte zu messbaren Verformungen.

Die Auswirkungen der Herstellung von Bohrpfählen wurden in den letzten Jahren auch theoretisch untersucht [179].

Verpressanker
Die Herstellung von Verpressankern kann bei mehreren Ankerlagen und hoher Ankerdichte zu Schäden an benachbarten Gebäuden führen. Sehr ungünstig ist insbesondere der Fall, wenn gegen drückendes Grundwasser gebohrt werden muss. Bei der Baugrube für den Fernbahnhof am Potsdamer Platz in Berlin mussten zwei Ankerlagen unter einem Tunnel der S-Bahn erstellt werden (Bild 10.13). Obwohl der Bodentransport beim Bohren sorgfältig überwacht wurde, setzte sich der S-Bahn-Tunnel bis zu 7 cm (Bild 10.14). Einzelheiten siehe *Borchert* [21].

Vergleichbare Beobachtungen machte *Triantafyllidis* [182] bei Messungen an einer Baugrube für den Lehrter Bahnhof. An der ungünstigsten Stelle traten Setzungen von ca. 9,5 cm auf.

In beiden Fällen wurden sehr lange Anker und diese in Abständen geringer als 1 m hergestellt.

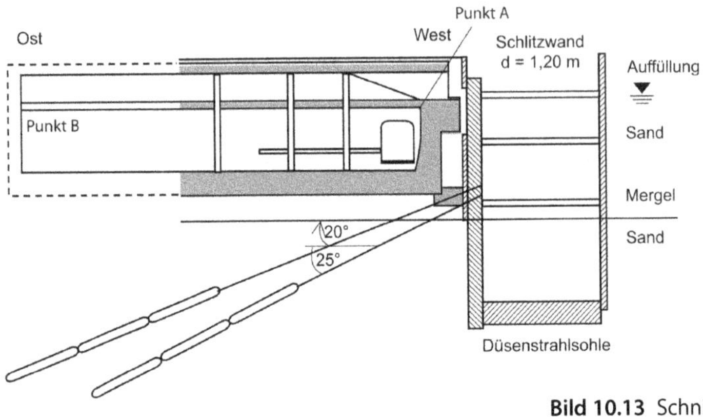

Bild 10.13 Schnitt durch Baugrube und Bahnhof der S-Bahn am Potsdamer Platz

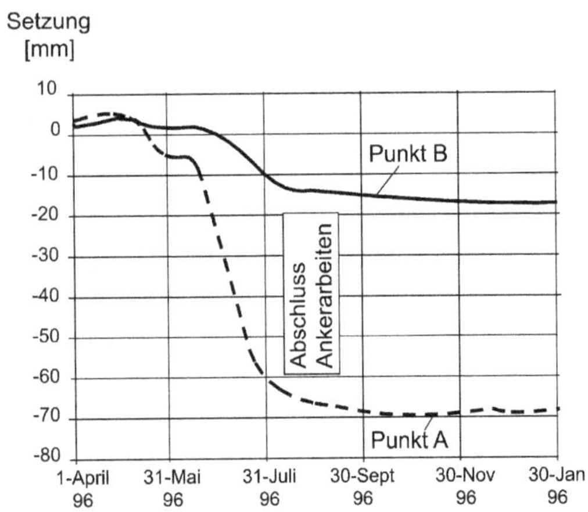

Bild 10.14 Setzungen aus Ankerbohrungen der Punkte A und B des Bahnhofs am Potsdamer Platz

Auch bei einem anderen innerstädtischen Bauvorhaben in Berlin kam es an einem Nachbargebäude durch die Ankerherstellung zu sehr großen Setzungen. Es waren vier Ankerlagen unter dem Nachbargebäude einzubringen (Bild 10.15).

Im Bild 10.16 sind die Setzungen an einem repräsentativen Punkt des Gebäudes während der Herstellung der Schlitzwand, der Düsenstrahlsohle, der Verpressanker und während des Aushubs dargestellt. Die Schlitzwandherstellung im Oktober 2000 führte zu Setzungen von ca. 7 mm (Bild 10.16). Der Einbau der ersten Ankerlage bis Dezember 2000 ergab nur sehr geringe Setzungen, jedoch führte der anschließende Pumpversuch im Juni 2001 zur Prüfung der Düsenstrahlsohle zu Setzungen von 17 mm infolge der Wandverformungen.

Bei der weiteren Herstellung der Ankerlagen 2 bis 4 von Juni bis Dezember 2001 wurden Setzungen von 80 mm registriert. Um das Gebäude nicht noch stärker zu gefährden, wurde dieses nach der 3. Ankerlage bei einer Gesamtsetzung von 114 mm ausgesteift. Diese großen Verformungen können hauptsächlich auf orga-

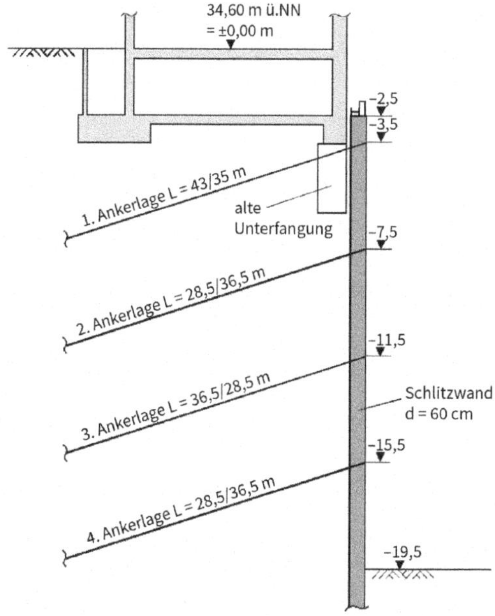

Bild 10.15 Baugrube mit vier Ankerlagen neben einem Gebäude

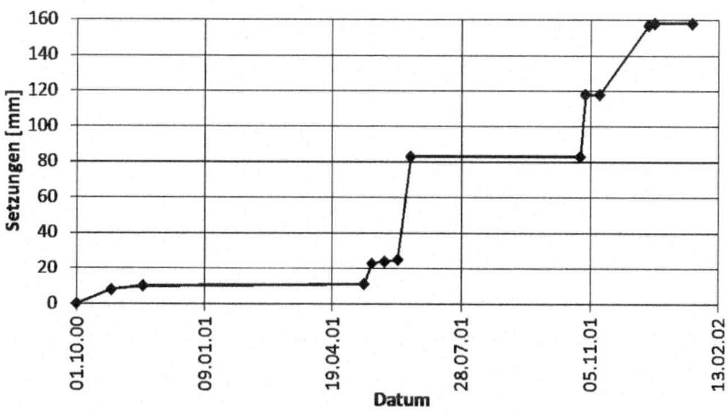

Bild 10.16 Setzungen des Gebäudes am Giebel während der Herstellung der Schlitzwand, der Verpressanker und beim Aushub

nische Schichten direkt unter dem Nachbargebäude, die durch das Bohren der Anker teilweise ausgespült wurden, zurückgeführt werden.

Durch viele Ankerlagen wird die Baugrubenwand zwar steifer und damit verformungsärmer, jedoch müssen dann größere herstellungsbedingte Verformungen durch die Verpressanker in Kauf genommen werden. Bei der Planung ist daher abzuwägen, ob die Setzungen infolge der Ankerherstellung größer als die durch Wandverformungen entstehenden Setzungen sind. Bei vier Ankerlagen kann auch bei mitteldicht gelagerten Sanden diese Gegenüberstellung dazu führen, dass der Verzicht auf eine Ankerlage zu günstigeren Verformungen führt.

Bei üblichen Verpressankern für Baugruben mit Längen bis zu ca. 25 m und Abständen von ca. 2 m können je Ankerlage maximal 10 mm Setzungen eintreten (s. Bild 10.12). Dabei ist zu bedenken, dass Anker mit größeren Längen auch zu größeren Setzungen führen können.

Weitere Hinweise
Bei den vorgestellten Beispielen handelt es sich im Wesentlichen um Baugruben in Sand. Bei Baugruben in weichen Böden im Sinne der Empfehlungen des Arbeitskreises Baugruben EAB [47] können sich bereits bei Aushubtiefen von 4,00 m bis 6,00 m erhebliche Setzungen in der Umgebung einstellen, wenn nicht besondere bautechnische Maßnahmen vorgesehen werden. Bei Seeton können sich z. B. insbesondere Erschütterungen aus Baubetrieb ungünstig auswirken [55]. Arbeitet man in kleinen Abschnitten und baut man sofort nach dem Aushub stützende Konstruktionselemente im Sinne der EAB ein, lassen sich auch in diesen Böden die Auswirkungen von Herstellvorgängen auf die Umgebung auf ein zulässiges Maß beschränken, wie das Beispiel Baugrube Seeuferhaus in Konstanz zeigt [110].

Der wesentliche Punkt, um herstellbedingte Verformungen erkennen und eingrenzen zu können, ist eine messtechnische Überwachung der Baugruben [47]. Messungen sollten bei Projekten mit hohen technischen Schwierigkeiten und großem Risiko unabdingbar sein, vgl. auch [73]. Erst dadurch ist eine sichere Überwachung und Steuerung der Ausführung möglich. Die Erkenntnisse und Erfahrungen aus derartigen Messungen sind eine wichtige Grundlage für die Planung zukünftiger Projekte. Die Anteile verschiedener Herstelleinflüsse sollten getrennt erfasst werden. Die Ergebnisse der Messungen können kontinuierlich aufgezeichnet und gespeichert werden. Jedoch ist es für die Auswertung zwingend erforderlich, eine zeitliche Dokumentation der unterschiedlichen Arbeiten bzw. Lasteinflüsse, z. B. bei der Wandherstellung oder bei den Ankerbohrungen, vorzunehmen.

Aus theoretischer Sicht ist es, von Ausnahmen abgesehen, bis heute nicht möglich, herstellbedingte Verformungen wirklichkeitsnah zu modellieren [88], und die Methode der Finiten-Elemente kommt an die heutigen Grenzen, vgl. auch [86].

Die vorgestellten Beispiele zeigen auch, dass sich Verformungen systembedingt nicht immer vermeiden lassen. Die Anforderungen an die möglichen Auswirkungen auf die Umgebung können nicht beliebig erhöht werden. Bei sehr empfindlichen Bauwerken in der Nachbarschaft müssen unter Umständen gewisse Schäden als Teil der Baumaßnahme in Kauf genommen werden. Wichtig dabei ist, dass eventuelle Auswirkungen und Gegenmaßnahmen in der Planung sowie in der Ausführung berücksichtigt werden.

11 Verankerte Baugrubenwände

11.1 Verankerungskonstruktionen

Wände von einseitig verbauten Baugruben werden häufig verankert. Im Wesentlichen kommen dafür folgende Systeme infrage:

- eingespannte Ankerwände oder Stützpfähle (Bild 11.1a),
- zentrisch gelagerte Ankerwände oder Ankerplatten (Bild 11.1b),
- Verpressanker (Bild 11.1c),
- stark geneigte Schrägpfähle (Bild 11.1d).

Eingespannte Ankerwände und Stützpfähle bieten sich an, wenn eine Wand etwa in Geländeoberfläche verankert werden soll. Bei der Berechnung mittig gefasster Ankerwände oder Ankerplatten darf näherungsweise der volle Erdwiderstand wie bei einer bis zur Geländeoberkante reichenden Wand angenommen werden. Bei senkrechter Ankerwand oder senkrechten Ankerplatten und waagerecht angeordneten Ankern ist der Erddruckneigungswinkel im Allgemeinen mit $\delta_{p,k} = 0$ anzunehmen, da als Vertikalkraft nur die Eigenlast der Wand wirkt und daher anders die Bedingung $\Sigma V = 0$ nicht nachgewiesen werden kann. Auf jeden Fall aber ist der Einfluss der Vertikalkomponente zu berücksichtigen, wenn die Anker nicht waagerecht angeordnet sind oder die Ankerwand nicht senkrecht steht. Schon eine geringe Neigung der Anker kann die Größe des Erdwiderstands stark beeinflussen. Bei waagerecht angeordneten Ankern lässt sich die Größe des Erdwiderstands vor Ankerplatten unabhängig davon, ob sie bis zur Geländeoberfläche reichen oder nicht, wie bei Bohlträgern nach *Weißenbach* [209] ermitteln. Für den Fall $\varphi' = 32{,}5°$ können der Berechnung auch die Beiwerte von *Buchholz* [34] zugrunde gelegt werden.

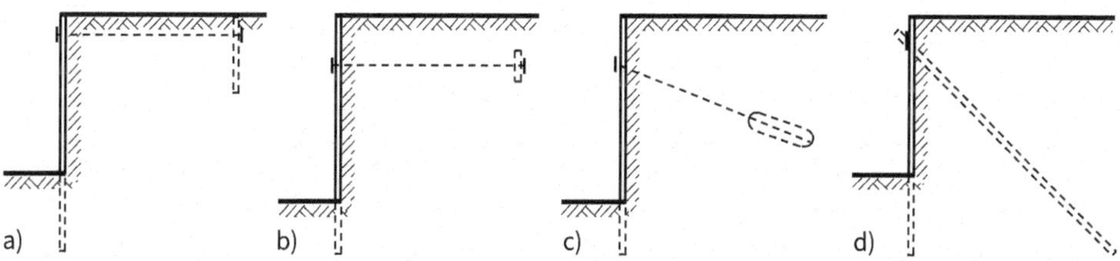

Bild 11.1 Verankerte Baugrubenwände; a) Verankerung mit eingespannten Ankerwänden oder Stützpfählen, b) Verankerung mit zentrisch gefassten Ankerwänden oder Ankerplatten, c) Verankerung mit verpressten Erdankern, d) Verankerung mit glatten oder verpressten Schrägpfählen

Bemessung, Ausführung und Prüfung von Verpressankern für vorübergehende Zwecke richten sich nach Kapitel 8 „Verankerungen" Handbuch EC 7, Band 1, DIN EN 1537 „Verpressanker" sowie DIN SPEC 18537 „Anwendungsdokumente zu DIN EN 1537". Maßgebende Regelungen in EAB sind das Kapitel 7 „Verankerte Wände" mit EB 42 bis EB 46 sowie der Abschnitt 13.11 „Tragfähigkeit von Zugpfählen und Verpressankern" (EB 86). Hierzu siehe auch Abschnitt 18.6.

Baugruben, 3. Auflage. Achim Hettler, Theodoros Triantafyllidis, Anton Weißenbach.

Bei Verpressankern aus Vorspannstählen können die elastischen Längenänderungen die Größenordnung von mehreren Zentimetern erreichen. Eine Vorspannung ist somit unerlässlich. Dabei wird es im Allgemeinen als unbequem, zu aufwendig und auch als nicht unbedingt erforderlich empfunden, die Verankerung in jedem Bauzustand auf die jeweils rechnerisch auftretende Kraft vorzuspannen. Man begnügt sich stattdessen damit, die Anker nach dem Einbau auf eine Kraft vorzuspannen, die im Fall der Bemessung für aktiven Erddruck bei 80 % der im Vollaushubzustand zu erwartenden größten Belastung liegt. Bei den Ankern im oberen Bereich der Baugrube nimmt man dabei an, dass sich mit dem weiteren Aushub der rechnerische Kraftanstieg einstellen wird. Beim jeweils untersten Anker dagegen sollte bereits auf die volle rechnerische Last vorgespannt werden, weil der dann noch folgende Aushub in der Regel keinen großen Einfluss mehr auf die Zunahme der Ankerkraft hat. Bei der Bemessung für einen erhöhten aktiven Erddruck oder den Ruhedruck sind alle Anker auf 100 % der rechnerischen Last im Vollaushub vorzuspannen.

Außer den Verpressankern kommen – vor allem bei Baugrubentiefen von etwa 5 bis 10 m – geneigte Rammpfähle aus I-, HE-B- sowie HZ- bzw. PSp-Profilen oder aus einzelnen Spundwandbohlen als Verankerung infrage. Besonders einfach ist ihr Anschluss an einer Trägerbohlwand, wenn hinter jedem Bohlträger ein Schrägpfahl angeordnet wird. Allerdings ist diese Lösung nur möglich, wenn die Baugrubenwand in Höhe der Geländeoberfläche gestützt werden kann. Soll die Stützung tiefer erfolgen, so müssen die Zugpfähle jeweils neben den Bohlträgern angeordnet und die Kräfte durch entsprechende Gurtkonstruktionen übertragen werden. Wenn die Tragfähigkeit glatter Zugpfähle nicht ausreicht, hilft die Verwendung von Flügelpfählen oder von gerammten Verpressmantelpfählen weiter.

11.2 Berechnung

Größe und Verteilung des Erddrucks auf verankerte Baugrubenwände hängen in erster Linie davon ab, ob und gegebenenfalls mit welchen Kräften die Anker vorgespannt und festgelegt werden. Innerhalb gewisser Grenzen kann durch entsprechende Anordnung und Vorspannung der Anker jede beliebige Erddruckverteilung erzwungen werden. Allerdings gehört zu jeder Erddruckverteilung eine bestimmte Wandverformung. Bei dreimal oder öfter verankerten Baugrubenwänden erhält man z. B. eine Parallelbewegung nur dann, wenn eine etwa rechteck- oder trapezförmige Lastfigur gewählt wird. Im Übrigen kommen oft zwei Grenzfälle infrage:

- die größtmögliche Erddruckumlagerung wie bei ausgesteiften Baugrubenwänden,
- die klassische Erddruckfigur wie bei nicht gestützten, nur im Boden eingespannten Baugrubenwänden.

Sofern Wandbewegungen möglichst vermieden werden sollen, z. B. bei Baugruben neben Bauwerken, wird man in der Regel neben einem erhöhten aktiven Erddruck die größtmögliche Erddruckumlagerung wählen. Sofern Bewegungen der Wand und Setzungen des Bodens in Kauf genommen werden können oder an Ankerlänge gespart werden soll, kommt die klassische Lastfigur infrage, z. B. bei verankerten Böschungssicherungen.

Die Schnittgrößenermittlung richtet sich nach den Angaben des Abschnitts 2.12. Außer der Vertikalkomponente der Erddrucklast sind beim Spannungsnachweis die durch die geneigte Verankerung hervorgerufenen Vertikalkräfte zu berücksichtigen. Von großer Bedeutung ist bei Baugruben mit geneigter Verankerung der Nachweis $\Sigma V = 0$ entsprechend Abschnitt 7.3. Gegebenenfalls ist der Erddruckneigungswinkel $\delta_{a,k}$ herabzusetzen oder negativ einzusetzen. In diesem Falle sind die Auswirkungen auf die Erddruckgröße zu verfolgen.

11.3 Nachweis der Gesamtstandsicherheit einschließlich Standsicherheit in der tiefen Gleitfuge

Bei verankerten Wänden ist stets die erforderliche Länge der Anker zunächst anzunehmen und dann nachzuweisen, dass die gewählten Längen ausreichen. Dazu ist der Nachweis der Standsicherheit des Gesamtsystems zu führen. Im Grundsatz sind zwei verschiedene Bruchzustände möglich:

a) Der Wandfuß weicht aus, die Wand dreht sich um einen hochgelegenen Punkt und das gesamte System, bestehend aus Baugrubenwand, Verankerung und Erdboden rutscht als Ganzes auf einer durchgehenden gekrümmten Gleitfläche ab. Es liegt ein Geländebruch vor (Bild 11.2a).
b) Die Anker geben nach, die Wand dreht sich um einen tiefgelegenen Punkt, es bilden sich – vornehmlich vom Ankerkörper ausgehend – nach oben und unten Bruchfugen im Boden aus, der Boden gerät in einen plastischen Zustand und rutscht in den verschiedenen Bruchfugen ab. Es liegt ein Bruch in der tiefen Gleitfuge vor (Bild 11.2b).

Grundsätzlich sind beide Möglichkeiten zu untersuchen und ausreichende Ankerlängen nachzuweisen. Im Normalfall ist allerdings in der Regel der Nachweis der Standsicherheit in der tiefen Gleitfuge maßgebend.

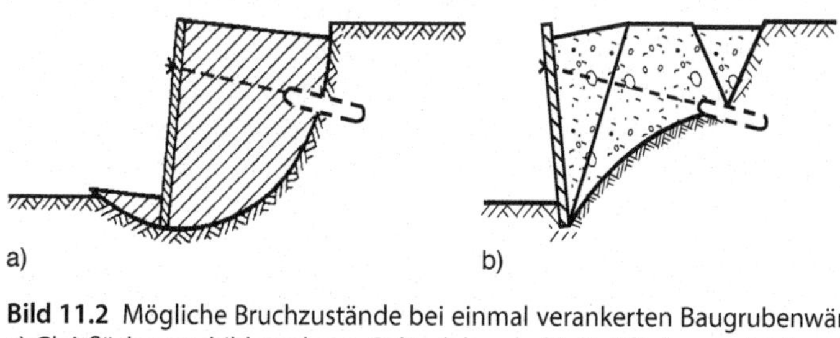

Bild 11.2 Mögliche Bruchzustände bei einmal verankerten Baugrubenwänden; a) Gleitflächenausbildung beim Geländebruch, b) Gleitflächenausbildung beim Bruch in der tiefen Gleitfuge

Nachweis der Standsicherheit in der tiefen Gleitfuge
Bei der Untersuchung muss zunächst die Ankerlänge gewählt und dann die Standsicherheit nachgewiesen werden.

Das in EB 44 [47] beschriebene Berechnungsmodell geht auf das Verfahren von *Kranz* [108] zurück. Dieses ist ursprünglich für einmal verankerte, im Boden frei aufgelagerte Wände mit Ankerwänden und schlaffen Ankern auf der Grundlage des Globalsicherheitskonzepts abgeleitet worden. Darüber hinaus

- wurde es auch auf vorgespannte Anker erweitert, die auf den aktiven Erddruck oder einen erhöhten aktiven Erddruck bemessen wurden,
- steht mit der Erweiterung von *Ranke/Ostermayer* [142] eine sehr gute Näherungslösung für mehrmals verankerte Wände zur Verfügung,
- lässt es sich auch auf im Boden eingespannte Wände übertragen.

Beim Verfahren von *Kranz* [108] wird unterstellt, dass sich nach Bild 11.2b hinter der Wand ein aktiver Gleitkeil ausbildet, der sich auf die Wand abstützt, die ihrerseits durch die Anker gehalten wird. Die Ankerkraft wird über die Verpressstrecke in den Boden eingeleitet, die im Bruchmodell durch ihren Schwerpunkt ersetzt wird. Die in diesem Punkt eingeleitete Kraft verursacht ein Abgleiten des Bodenkörpers auf einer nach oben gekrümmten Gleitfläche, die vom Einleitungspunkt zum Fußpunkt des Bodenkörpers reicht, der in Höhe der Unterkante der Wand liegt. Sie wurde von *Kranz* als „tiefe Gleitfläche" bezeichnet, im Unterschied zum „hohen Gleitflächenzug", der sich im Bruchzustand des Erdwiderstands vom Fuß einer Ankerwand zur Geländeoberfläche ausbildet, dort in die Gleitfläche des aktiven Erddrucks übergeht und mit dieser ebenfalls in Höhe der Unterkante der Wand endet. Obwohl dies nicht auf der sicheren Seite liegt, wurde die gekrümmte Gleitfläche von *Kranz* näherungsweise durch eine ebene Gleitfläche ersetzt. Diese für die weitere Untersuchung erhebliche Vereinfachung hat sich seit Jahrzehnten bewährt. Im ursprünglich untersuchten Fall einer Ankerwand war von einer aktiven Erddruckgleitfläche auszugehen, bei der angenommenen punktförmigen Krafteinleitung ist theoretisch ein Flächenbruch nach *Rankine* maßgebend, der aber in der praktischen Untersuchung durch den gleichwertigen aktiven Erddruck auf eine angenommene senkrechte Begrenzung des Bodenkörpers ersetzt wird. Sowohl die aktive Gleitfläche hinter der Wand als auch die nach oben durchgebogene Gleitfläche und der Flächenbruch nach *Rankine* haben sich in den vergangenen Jahren im Modellversuch und in FEM-Berechnungen bestätigt. Damit hat sich die jahrzehntelange Diskussion zu der Annahme erledigt, dass der Standsicherheitsnachweis nach *Kranz* durch eine erweiterte Geländebruchuntersuchung ersetzt werden könne.

Das Bruchmodell kann als Standsicherheitsproblem für einen trapezförmigen Bodenkörper angesehen werden, der durch einen senkrechten Schnitt von der Baugrubenwand getrennt worden ist. Die an diesem Bodenkörper nach Bild 11.3a angreifenden Kräfte setzen sich zusammen aus den charakteristischen Einwirkungen auf den untersuchten Bodenkörper und aus den charakteristischen Bodenreaktionen in der tiefen Gleitfuge. Aus dem zugehörigen Krafteck nach Bild 11.2b ergibt sich der Widerstand, den das System dem Abgleiten entgegensetzen kann,

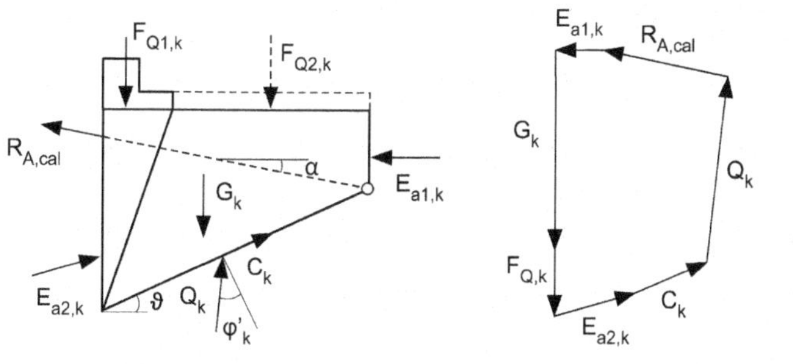

a) Kräfte am Gleitkörper b) Krafteck (unmaßstäblich)

Bild 11.3 Ermittlung des Widerstands $R_{A,cal}$ beim Nachweis der Standsicherheit in der tiefen Gleitfuge; a) Kräfte am Gleitkörper, b) Krafteck (unmaßstäblich)

in Form der möglichen charakteristischen Ankerkraft $R_{A,cal}$. Die charakteristischen Größen $P_{G,k}$ und $P_{Q,k}$ ergeben sich aus der Schnittgrößenermittlung an der Baugrubenwand.

Der Bemessungswert der Ankerbeanspruchung ist aus dem Ansatz

$$P_d = P_{G,k} \cdot \gamma_G + P_{Q,k} \cdot \gamma_Q \tag{11.1}$$

zu ermitteln, der Bemessungswert des Widerstands aus dem Ansatz

$$R_{A,d} = \frac{R_{A,cal}}{\gamma_{R,e}} \tag{11.2}$$

Damit kann für die gewählte Ankerlänge anhand der Grenzzustandsbedingung

$$P_d \leq R_{A,d} \tag{11.3}$$

der Standsicherheitsnachweis erbracht werden. Die Standsicherheit darf auch mit den waagerechten Komponenten der beteiligten Kräfte nachgewiesen werden. Maßgebend ist dann die Grenzgleichgewichtsbedingung

$$P_{h,d} \leq R_{h,A,d} \tag{11.4}$$

Die grafische Ermittlung der möglichen Ankerkraft $R_{A,cal}$ ist im Grundsatz sehr einfach. Für eine vorgegebene geometrische Situation können die Kräfte $E_{a1,k}$, G_k, $F_{Q,k}$, $E_{a2,k}$ und gegebenenfalls C_k wie üblich ermittelt und entsprechend Bild 11.3 nacheinander aufgetragen werden. Am freien Ende der Kraft $E_{a1,k}$ wird eine Parallele zur Wirkungslinie von $R_{A,cal}$ angetragen, an der Spitze der Kraft $E_{a2,k}$ bzw. der Kraft C_k eine Parallele zur Wirkungslinie von Q_k. Da sich die beiden Wirkungslinien in einem Punkt schneiden, ergibt sich ein geschlossenes Krafteck, aus dem die gesuchte mögliche Ankerkraft $R_{A,cal}$ abgegriffen werden kann.

Die rechnerische Lösung, bezogen auf die Horizontalkomponente des unter dem Winkel α geneigten Ankers, stützt sich in Anlehnung an die Ableitung von *Ranke/Ostermayer* [142] auf den Ansatz

$$R_{h,A,k} = \frac{(E_{a2h,k} - E_{a1h,k} + E_{rh,k})}{1 + \tan\alpha \cdot \tan(\varphi'_k - \vartheta)} \tag{11.5}$$

wobei im allgemeinen Fall gilt

$$E_{rh,k} = (G_k + F_{Q,k} + E_{a1v,k} - E_{a2v,k}) \cdot \tan(\varphi'_k - \vartheta) \tag{11.6}$$

Bei Verpressankern entfällt infolge des Ansatzes von $\delta_{a,k} = 0$ der Anteil $E_{a1v,k}$.

Entfällt die Nutzlast auf dem aktiven Gleitkeil, dann entfallen in den Gln. (11.5) und (11.6) die Anteile $F_{Q,k}$, $E_{aq'h,k}$, $E_{aq'v,k}$ und $P_d = \gamma_Q \cdot P_{Q,k}$. Es gelten dann die Ansätze

$$E_{rh,k} = (G_k - E_{agv,k}) \cdot \tan(\varphi'_k - \vartheta) \tag{11.7}$$

$$R_{h,A,k} = \frac{(E_{agh,k} - E_{a1h,k} + E_{rh,k})}{1 + \tan\alpha \cdot \tan(\varphi'_k - \vartheta)} \tag{11.8}$$

Im Hinblick auf die geometrischen Annahmen sieht die Empfehlung EB 44 [47] Folgendes vor:

a) Die vordere Begrenzung des Bodenkörpers ist
   - in der Wandachse bei Trägerbohlwänden und Spundwänden
   - an der Wandrückseite bei Ortbetonwänden

   anzunehmen.
b) Der Fußpunkt der tiefen Gleitfuge ist bei im Boden frei aufgelagerten Wänden in Höhe der Unterkante der Wand bzw. der Bohlträger, bei im Boden eingespannten Wänden in Höhe des rechnerischen Querkraftnullpunkts anzunehmen. Dies gilt im Grundsatz auch dann, wenn die Wand zur Aufnahme äußerer lotrechter Lasten oder aus anderen Gründen tiefer in den Untergrund eingebunden ist als es zur Aufnahme der waagerechten Auflagerkraft erforderlich wäre.
c) Es ist zu prüfen, ob sich der gesamte zwischen den Ankern anstehende Boden an der Entstehung des beschriebenen Bodenblocks beteiligt. Dies darf nur unterstellt werden, wenn der Abstand der Anker bei Ankerwänden, Ankerplatten und Zugpfählen sowie bei Verpressankern kleiner ist als die halbe Krafteinleitungsstrecke.
d) Die Annahme der Ersatzankerwand in der Mitte der planmäßigen Krafteinleitungsstrecke gilt nur für Verpressanker. Für durchgehende Ankerwände, einzelne Ankerplatten, im Boden eingespannte Pfähle und für Zugpfähle gibt es gesonderte Empfehlungen.

Darüber hinaus gibt es Regelungen für Sonderfälle, z. B.
- für Trägerbohlwände, bei denen tatsächlich oder nur rechnerisch auf eine Einbindung der Baugrubenwand in den Untergrund und damit auf ein Auflager unterhalb der Baugrubensohle verzichtet wird,
- für steife Wände mit großer Beanspruchung aus Wasserdruck und einer Verlängerung der Wand zur Auftriebssicherung, zur Begrenzung von Strömungskräften oder zum Abdichten der Baugrube.

Im Hinblick auf die geometrischen Annahmen sieht die Empfehlung EB 44 [47] Folgendes vor:

a) Die veränderliche Einwirkung $F_{Q,1,k}$ ist die Summe der Nutzlasten, die der Ermittlung der Erddrucklast $E_{a2,k}$ und der Ankerkraft P_k zugrunde gelegt worden sind. Dies ist nach Bild 11.3a der Anteil der Nutzlasten, der den aktiven Gleitkeil belastet.

b) Die veränderliche Einwirkung $F_{Q2,k}$ ist nach Bild 11.3a die Summe der Nutzlasten, die im übrigen Bereich der Geländeoberfläche vom aktiven Gleitkeil bis zur gedachten Ankerwand liegen. Sie ist in ungünstiger Laststellung anzusetzen.

c) Bei der Ermittlung von $E_{a1,k}$ ist stets die mögliche Nutzlast auf der Geländeoberfläche zu berücksichtigen. Bei Verpressankern und Zugpfählen ist $\delta_{a,k} = \beta$ zu setzen, das entspricht bei waagerechter Geländeoberfläche dem Wandreibungswinkel $\delta_{a,k} = 0$. Bei Ankerwänden und Ankerplatten darf mit $\delta_{a,k} = \frac{2}{3}\,\varphi'_k$ gerechnet werden. Im einen Fall wird eine Bruchzone nach *Rankine* (Bild 11.2b) zugrunde gelegt, in deren Mittelachse der klassische aktive Erddruck wirksam ist, im anderen Fall ein einseitiger Gleitkeil nach *Coulomb*. Abgesehen von der Annahme des Erddruckneigungswinkels ist die Erddruckermittlung in beiden Fällen gleich.

Bei mehrmals verankerten Baugrubenwänden darf der Standsicherheitsnachweis in Anlehnung an *Ranke/Ostermayer* [142] wie folgt geführt werden (s. Bild 11.4):

a) In jedem Bauzustand ist jeder Mittelpunkt einer Krafteinleitungsstrecke einmal als Endpunkt einer tiefen Gleitfuge anzunehmen.

b) Als Beanspruchungen P_k sind die charakteristischen Kräfte aller Anker anzusetzen, deren Krafteinleitungsstrecke innerhalb des abrutschenden Erdkörpers bzw. innerhalb des aktiven Gleitkeils liegt, der die Erddruckkraft $E_{ag1,k}$ verursacht.

c) Die Kräfte von Ankern, deren Krafteinleitungsstrecke von der tiefen Gleitfuge geschnitten wird, dürfen bei Annahme einer gleichmäßigen Verteilung der Mantelreibung entlang der Krafteinleitungsstrecke in einen Anteil vor und einen Anteil hinter dem Schnitt aufgeteilt werden. Der Anteil der Ankerkraft, der innerhalb des Gleitkörpers abgetragen wird, ist als Beanspruchung zu behandeln. Das Gleiche gilt für die Kräfte von Ankern, die von der aktiven Gleitfläche hinter der Ersatzankerwand geschnitten werden.

d) Darüber hinaus gibt es Regelungen für Sonderfälle, z. B. für den Fall, dass nicht alle Anker die gleiche Neigung aufweisen, und für verankerte Baugrubenwände, die für einen erhöhten aktiven Erddruck oder für einen abgeminderten bzw. für den vollen Erdruhedruck bemessen worden sind.

Weitere Einzelheiten siehe EB 44, Abschnitt 7.3 und EAU, E 10, Abschnitt 8.5.

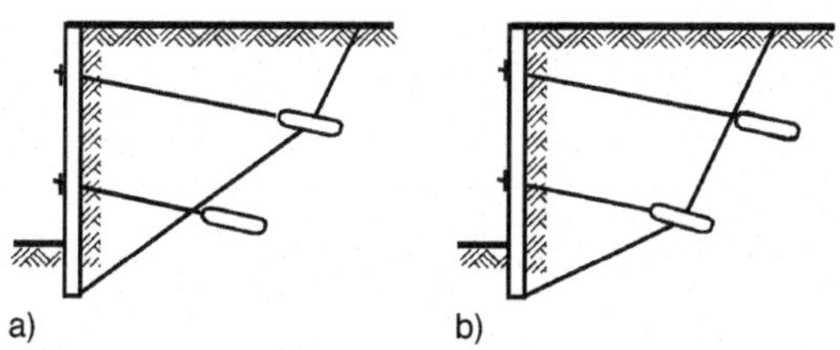

Bild 11.4 Beispiele für Anker, deren Kräfte nicht als Einwirkungen berücksichtigt werden; a) unterer Anker liegt außerhalb der tiefen Gleitfuge, b) oberer Anker liegt außerhalb der aktiven Gleitfuge

Nachweis der Geländebruchsicherheit

Bei verankerten Baugrubenwänden ist im Grundsatz auch der Nachweis der Geländebruchsicherheit zu erbringen. Wie die vorliegenden Erfahrungen allerdings zeigen, genügt es, diesen Nachweis auf Ausnahmefälle zu beschränken. Größere Abmessungen oder größere Ankerlängen können sich zum Beispiel ergeben

- bei großen Geländeauflasten im Bereich der Verpressstrecken,
- wenn unterhalb des Fußpunkts der tiefen Gleitfuge ein Boden ansteht, dessen Scherfestigkeit geringer ist als in den darüber liegenden Schichten,
- bei Baugrubenwänden, die gar nicht oder nur wenig tiefer geführt sind als bis zur Baugrubensohle,
- wenn die Rückseite der Wand stark zum Erdreich hin geneigt ist,
- wenn das Gelände hinter der Wand ansteigt,
- wenn das Gelände vor der Wand abfällt.

Beim Nachweis der Geländebruchsicherheit geht man von der Vorstellung aus, dass die Baugrubenwand durch die Anker mit dem hinter ihr anstehenden Erdreich zu einem monolithischen Körper verbunden ist, der auf einer nach unten gekrümmten Gleitfläche abrutscht (Bild 11.2a). Im Gegensatz zum Nachweis der Standsicherheit in der tiefen Gleitfuge bewegt sich dabei der Wandfuß weiter nach vorn als der Wandkopf. Dies ist mit einer Drehung des monolithischen Körpers um einen hoch gelegenen Punkt verbunden. Der Nachweis der Geländebruchsicherheit zählt zum Grenzzustand GEO-3. Zu Einzelheiten des Nachweises siehe DIN 4084 und die Empfehlung EB 45, Abschnitt 7.4 [47].

11.4 Nachweis der Gebrauchstauglichkeit

Wie aus bisherigen Erfahrungen hervorgeht, sind bei verankerten Baugrubenwänden, insbesondere in bindigen Böden, Wandbewegungen auch dann nicht mit Sicherheit ausgeschlossen, wenn Baugrubenwände und ihre Verankerungsteile für einen erhöhten aktiven Erddruck oder für den Erdruhedruck bemessen und vorgespannt werden. Maßgebend hierfür sind die Bewegungen des Erdkörpers, der fangedammartig von der Baugrubenwand und von den der Kraftübertragung dienenden Konstruktionsteilen eingeschlossen ist [185, 219]. Die Vorspannung der Anker kann zwar eine seitliche Ausdehnung dieses Erdkörpers verhindern, nicht aber Verschiebungen und Verzerrungen. Außerdem kann eine hohe Vorspannung zu einer starken seitlichen Zusammendrückung des Erdkörpers und zu besonders starken Setzungen hinter dem Verankerungsbereich führen. Im Wesentlichen setzen sich die Wandbewegungen aus folgenden Anteilen zusammen:

a) aus der elastischen Verformung der Wand,
b) aus einer Verkantung des fangedammartigen Erdkörpers,
c) aus einer Schubverzerrung des Erdkörpers und des darunter anstehenden Bodens,
d) aus einer waagerechten Verschiebung infolge Zusammendrücken des Bodens unterhalb der Baugrubensohle,

e) aus einer zusätzlichen Entspannungsbewegung infolge der Baugrundentlastung beim Bodenaushub.

Die Verkantung lässt sich durch eine Setzungsberechnung ermitteln. Auf die Anteile b) und d) wirkt sich die Hebung der Baugrubensohle infolge Aushubentlastung aus. Im Übrigen können die zu erwartenden Bewegungen anhand von Veröffentlichungen, z. B. [28, 127, 143, 186] abgeschätzt werden.

Bei nichtbindigen Böden sind die aus der Fangedammwirkung herrührenden waagerechten Wandbewegungen in der Regel gering und damit für angrenzende Bauwerke im Allgemeinen unschädlich. Bei bindigen Böden dagegen sind je nach Zustandsform und plastischem Verhalten wesentlich größere Verformungen möglich [127, 143], insbesondere bei tiefen Baugruben von großer Länge oder Breite.

Ergibt eine entsprechende Untersuchung, dass bei einer nach den üblichen Regeln verankerten Baugrubenwand unzuträgliche Wandbewegungen zu erwarten sind, dann sind entsprechende Maßnahmen zu treffen, z. B.

- eine Verlängerung der Anker,
- der Ersatz von wenigstens einer Ankerlage durch eine Aussteifung,
- Ersatz der Anker durch Steifen in einigen Baugrubenquerschnitten zur Schaffung von Festpunkten,
- die Herstellung von Baugrube und Bauwerk in kurzen Abschnitten.

Soweit Anker durch Steifen ersetzt werden, sind diese für eine wesentlich höhere Last zu bemessen, als es ihrem Anteil an der rechnerischen Erddrucklast entspricht.

12 Bewegungsarme Baugrubenwände neben Bauwerken

12.1 Konstruktion

Werden Baugrubenwände ohne besondere Vorkehrungen hergestellt, dann besteht die Gefahr, dass an benachbarten Bauwerken Schäden auftreten, die von einer einseitigen Setzung zur Baugrube hin herrühren. Eine besonders große Gefährdung geht in dieser Hinsicht von den im Boden eingespannten, weder ausgesteiften noch verankerten Baugrubenwänden aus, die eine Kopfbewegung in der Größenordnung von 10 ‰ der Wandhöhe erreichen. Aber auch bei ausgesteiften, für aktiven Erddruck bemessenen Wänden können die bei nichtbindigen Böden bzw. steifen bis halbfesten bindigen Böden üblicherweise auftretenden Verformungen in der Größenordnung von 1 ‰ der Wandhöhe ausreichen, um unmittelbar hinter der Wand Setzungen von etwa 2 ‰ der Wandhöhe auszulösen. Diese Setzungen klingen in nichtbindigen Böden je nach Art der Wandbewegung erst in einer Entfernung vom 0,6- bis 2,0-Fachen der Baugrubentiefe auf null aus. Bei verankerten Baugrubenwänden und bei ausgesteiften Baugruben in weichen bis steifen bindigen Böden kann sowohl die Setzung als auch die Reichweite ein Mehrfaches dieser Werte annehmen [125, 134, 185, 219]. Will man die dadurch zu erwartenden Schäden an benachbarten Bauwerken vermeiden, so müssen Auflockerungen des Bodens und Verformungen der Baugrubenwände möglichst gering gehalten werden. Beim waagerechten Grabenverbau ist dies nur in begrenztem Maße möglich. Der senkrechte Grabenverbau ist im Grundsatz geeignet, sofern der Boden aufgrund seiner Beschaffenheit nicht durch die Überdeckungsstöße der Dielen austreten kann, die Dielen ausreichend steif sind und die Kanalstreben kräftig angespannt werden. Dies gilt sinngemäß auch für diejenigen Grabenverbaugeräte, bei denen Kanaldielen oder Leichtspundwände eingesetzt werden bzw. bei denen eine gleichzeitige Absenkung und Parallelführung der gegenüberliegenden Verbauplatten erzwungen wird. Bei Trägerbohlwänden dagegen stehen verschiedene Maßnahmen zur Verfügung:

a) Wandbewegungen vor dem Einbau von Steifen oder Ankern lassen sich verringern, indem die erste Lage in Höhe der Geländeoberfläche oder nur wenig darunter eingebaut und die Baugrube jeweils nur so weit ausgehoben wird, wie es zum Einbau der Steifen oder Anker unbedingt erforderlich ist.
b) Eine Auflockerung des Bodens beim Einbringen der Ausfachung lässt sich weitgehend vermeiden, indem der Boden jeweils nur so weit ausgehoben wird, wie es für den Einbau der jeweils nächsten Bohle erforderlich ist. Die zu erwartende Durchbiegung der Bohlen kann durch Zusatzmaßnahmen vorweggenommen werden [215].
c) Die elastischen Verformungen der senkrechten Tragglieder der Baugrubenwände lassen sich verringern durch die Verwendung besonders biegesteifer Profile und durch die Anordnung geringer Abstände zwischen den Steifen- oder Ankerlagen.
d) Die Schlupfbewegungen an den Übertragungsstellen, die elastische Dehnung von Ankern und die Nachgiebigkeit von Verankerungskörpern kann man durch eine entsprechende Vorspannung der Steifen und Anker ausgleichen.

Baugruben, 3. Auflage. Achim Hettler, Theodoros Triantafyllidis, Anton Weißenbach.

e) Eine zu große Bewegung des Wandfußes wird durch eine entsprechende Anordnung der Steifen- oder Ankerlagen und durch die Einführung eines erhöhten Sicherheitsbeiwerts beim Nachweis der Aufnahme der Auflagerkraft vermieden.

Die erforderlichen Maßnahmen richten sich nach dem Abstand, der Gründungstiefe, dem baulichen Zustand und der Setzungsempfindlichkeit des Bauwerks, nach der Baugrubentiefe und nach den Bodenverhältnissen. Besondere Maßnahmen gegen die Auflockerung des Bodens sind immer dann vorzusehen, wenn örtlich ein kohäsionsloser, einkörniger und daher ausgesprochen rolliger Sand oder Kies, eine Fließsandschicht oder weicher bindiger Boden ansteht. Beispielsweise kann bei Böden, die zum Ausfließen oder Ausrieseln neigen, die waagerechte Ausfachung durch eine senkrechte, vor dem Aushub eingebrachte Ausfachung ersetzt werden. Damit wird auch ein ungleichmäßiges Anliegen der Ausfachung am Erdreich vermieden. Die Durchbiegung der Gurte kann durch entsprechendes Verkeilen gegen die Ausfachung unschädlich gemacht werden. Bei größerem Umfang ist die Anordnung von Schlitzwänden, Bohrpfahlwänden und gegebenenfalls auch von Spundwänden zweckmäßig. Wenn dies aus Platzgründen erforderlich ist, können Pfahlwände bis zu 12° geneigt angeordnet werden. Bei besonders empfindlichen Bauwerken kann auch eine Unterfangung durch eine Verfestigung des Bodens durch Zementinjektionen bzw. chemische Mittel durch eine im Düsenstrahlverfahren hergestellte Unterfangungswand oder durch eine Vereisung angebracht sein. Unabhängig von der gewählten Baugrubenkonstruktion kann es immer zweckmäßig sein, die Standsicherheit eines benachbarten Gebäudes durch geeignete Sicherungsmaßnahmen zu verbessern, zum Beispiel durch das Einziehen von Ankern, Ausmauern von Öffnungen und dergleichen.

Feste Regeln dafür, welche Maßnahmen im Einzelfalle zu treffen sind, lassen sich nicht angeben. Sofern gute Bodenverhältnisse vorliegen und das benachbarte Bauwerk sich in einem guten baulichen Zustand befindet, dürften im Allgemeinen die zu Tabelle 12.1, linke Spalte, gehörenden Maßnahmen ausreichen. Dagegen kann es bei sehr empfindlichen Bauwerken, z. B. bei sehr hohen, sehr schweren oder bei baufälligen Bauwerken angebracht sein, sich an Tabelle 12.1, rechte Spalte, zu orientieren. Ungünstige Bodenverhältnisse können auch bei großem Abstand des Bauwerks aufwendige Maßnahmen erzwingen.

Mit ϑ_F ist in Tabelle 12.1 der Winkel bezeichnet, den die Verbindungslinie zwischen der Fundamentecke und dem Schnittpunkt von Baugrubenwand und Baugrubensohle mit der Waagerechten einschließt (Bild 12.1a). Ist dieser Winkel kleiner als 60°, so ist es bei wenig empfindlichen Bauwerken im Allgemeinen zulässig, die Baukonstruktion für den aktiven Erddruck zu bemessen. Der Erddruck kann in der Regel auf der Grundlage ebener Gleitflächen nach dem Verfahren von *Culmann* ermittelt werden [156]. Bei besonders großen Bauwerkslasten und ungünstig geschichtetem Boden kann es jedoch im Einzelfall erforderlich sein, die Größe des Erddrucks auf der Grundlage gebrochener oder gekrümmter Gleitflächen zu ermitteln, hierzu siehe [204]. Zur Vereinfachung der Berechnung ist es zweckmäßig, die Anteile des Erddrucks aus Bodeneigenlast, großflächigen Nutzlasten und Bauwerkslasten, die oberhalb der Baugrubensohle auftreten, unter Berücksichtigung

Tabelle 12.1 Konstruktive Maßnahmen an Baugruben neben Bauwerken

Unempfindliches Bauwerk	Konstruktive Maßnahmen	Empfindliches Bauwerk
$\vartheta_F < 30°$	keine besonderen Maßnahmen	$\vartheta_F < 15°$
$30° < \vartheta_F < 45°$	Vorspannung der Holzbohlen	$15° < \vartheta_F < 30°$
$45° < \vartheta_F < 60°$	mäßige Vorspannung der Steifen bzw. Anker	$30° < \vartheta_F < 45°$
$60° < \vartheta_F < 75°$	starke Vorspannung der Steifen bzw. Anker	$45° < \vartheta_F < 60°$
$\vartheta_F > 75°$	Anordnung einer Schlitzwand oder Pfahlwand	$60° < \vartheta_F < 75°$
	Unterfangung des Bauwerks	$\vartheta_F > 75°$

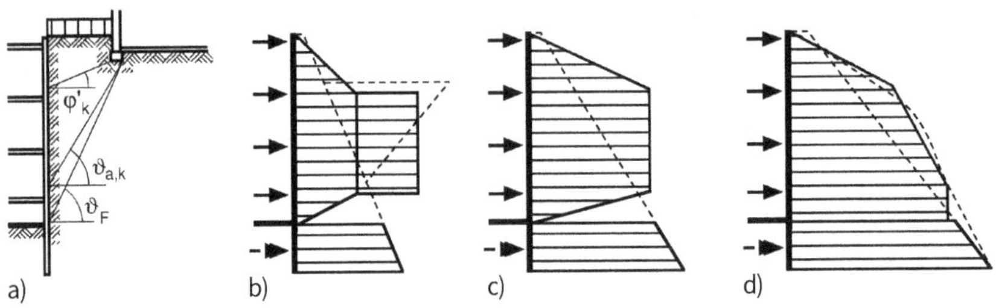

Bild 12.1 Baugrube neben einem Bauwerk; a) Schnitt durch die Baugrube, b) einfacher aktiver Erddruck, c) erhöhter aktiver Erddruck, d) Erdruhedruck

der Kohäsion zusammenzufassen und in eine Lastfigur umzuwandeln, die keine plötzliche Änderung der Erddruckordinate aufweist oder bei der die plötzliche Änderung der Erddruckordinate im Bereich eines Auflagerpunkts liegt (12.1b). Dabei ist im Hinblick auf die Erddruckumlagerung zu unterscheiden zwischen geringem Abstand und großem Abstand der Bebauung, je nachdem, ob das Bauwerk im Gleitkeil aus Bodeneigengewicht liegt oder nicht (s. [47], EB 28 und EB 29). Beim Nachweis $\Sigma H = 0$ nach Abschnitt 7.1 ist ein unterhalb der Baugrubensohle auftretender Erddruck aus Bauwerkslast zu berücksichtigen.

12.2 Berechnung

Werden ausgesteifte oder verankerte Baugrubenwände im Bereich von Bauwerken für den aktiven Erddruck bemessen, so dürfen die zu erwartenden Wandbewegungen nur in geringem Umfang begrenzt werden. Weitergehende Maßnahmen als eine Vorbiegung der Bohlen und ein mäßiges Vorspannen der Steifen sind nicht zulässig. Bei Spundwänden und Ortbetonwänden dürfen die Steifen höchstens bis zu 30%, bei Trägerbohlwänden höchstens bis zu 60% der im Vollaushubzustand zu erwartenden Kraft vorgespannt werden. Abgesehen vom untersten dürfen vorgespannte Anker höchstens mit 80 % der beim Vollaushubzustand zu erwartenden Stützkraft festgelegt werden. Es ist damit zu rechnen, dass durch diese Maßnahmen die Wandbewegung auf etwa die Größe begrenzt wird, die zum Auslösen des Grenzwerts des aktiven Erddrucks erforderlich ist. Sollen Steifen oder Anker stärker vorgespannt werden, dann ist ein erhöhter aktiver Erddruck anzusetzen. Wie die Erfahrung zeigt, genügt es in den meisten Fällen, als Berechnungserddruck den Mittelwert zwischen dem Ruhedruck und dem aktiven Erddruck anzusetzen. In einfachen Fällen kann der Berechnungserddruck aus 25 % Erdruhedruck und 75 % aktivem Erddruck zusammengesetzt werden. Über einen Berechnungserddruck aus 75 % Ruhedruck und 25 % aktivem Erddruck wird man nur in seltenen Ausnahmefällen hinausgehen. Bei großem Abstand der Bebauung ist der Erddruck aus der Bauwerkslast entsprechend der Theorie des elastischen Halbraums bzw. nach der klassischen Erddrucktheorie zu ermitteln und in der gewählten Zusammensetzung des Berechnungserddrucks zu berücksichtigen. Bei kleinem Abstand der Bebauung ist nur der Berechnungserddruck aus Bodeneigengewicht in dieser Weise zu ermitteln und zusammenzusetzen; für den Berechnungserddruck aus der Bauwerkslast ist in diesem Fall nach [47], EB 22 der aktive Erddruck einzusetzen.

Im Allgemeinen kann bei ausgesteiften oder verankerten Baugrubenwänden angenommen werden, dass bei einem Berechnungserddruck, der zwischen dem aktiven Erddruck und dem Erdruhedruck liegt, ebenso eine Umlagerung auftritt wie beim aktiven Erddruck. Der Berechnungserddruck aus Bodeneigengewicht und großflächigen Nutzlasten bis zu $p_k = 10\ kN/m^2$ darf daher unter Berücksichtigung der Kohäsion als Ganzes behandelt und in eine einfache Lastfigur umgewandelt werden, deren Knickpunkte oder Lastsprünge im Bereich der Auflagerpunkte liegen. Der Umlagerungsbereich reicht in der Regel bis zur Baugrubensohle. Werden nur die im Einflussbereich der Bauwerkslast liegenden Steifen oder Anker vorgespannt, so ist der Erddruck stärker in diesem Bereich konzentriert anzunehmen (Bild 12.1c). Das ist besonders dann zu empfehlen, wenn durch das Vorspannen von Steifen im oberen Bereich der Baugrubenwand eine Gefahr für die benachbarten Kellerwände hervorgerufen würde, und immer dann, wenn unterhalb oder oberhalb des Einflussbereichs der Bauwerkslast größere Abstände der Steifen- oder Ankerlagen vorgesehen sind als im Einflussbereich der Last selbst. Im Übrigen ist der Nachweis $\Sigma H = 0$ bei Trägerbohlwänden nach Abschnitt 7.1 auch dann zu führen, wenn der Berechnungserddruck zwischen dem aktiven Erddruck und dem Erdruhedruck liegt. Der unterhalb der Baugrubensohle wirkende Erddruck ist dazu im gleichen Verhältnis aus dem aktiven Erddruck und dem Erdruhedruck zusammenzusetzen wie der oberhalb der Baugrubensohle wirkende Erddruck. Reicht der Einfluss der Bauwerkslast bis unter die Baugrubensohle, so ist dies zu berücksichtigen (s. [47], EB 22).

So wie für jeden Bauzustand der Berechnungserddruck und die Schnittgrößen neu ermittelt werden, müssten strenggenommen auch die Steifen- oder Ankerlagen auf die jeweils neue Last vorgespannt werden. Im Allgemeinen wird aber darauf verzichtet. In den meisten Fällen dürfte es zulässig sein, jede Steifen- oder Ankerlage sofort nach ihrem Einbau auf die Kraft vorzuspannen, die ihr beim Vollaushubzustand zukommt. Nur dann, wenn bei den Vorbauzuständen ungünstige Stützweiten oder Einspannungsverhältnisse auftreten, kann es angebracht sein, zunächst auf einen kleineren Erddruck vorzuspannen und erst vor dem Einbau der untersten Lage und dem dann folgenden Restaushub auf die im Vollaushubzustand auftretenden Kräfte nachzuspannen. Um etwa möglichen Schwierigkeiten aus dem Wege zu gehen, sollte die gewählte Erddruckfigur des Vorbauzustands an keiner Stelle größere Erddruckordinaten aufweisen als die für den Vollaushubzustand maßgebende Erddruckfigur.

Fast immer reicht es aus, die Baugrubenwand für einen erhöhten aktiven Erddruck zu bemessen. Die damit verbundenen geringen Wandbewegungen sind, wie die vorliegenden Erfahrungen zeigen, im Allgemeinen unbedenklich. Nur in Ausnahmefällen, z. B. bei Baugruben neben sehr hohen, schlecht gegründeten oder in schlechtem baulichem Zustand befindlichen Bauwerken, kann es gerechtfertigt sein, durch konstruktive Maßnahmen eine Wandbewegung so weit wie irgend möglich zu verhindern und der Bemessung der Baugrubenwand den vollen Erdruhedruck des ungestörten Bodens zugrunde zu legen, auch wenn keine Gewähr dafür besteht, dass dadurch keine Setzungsschäden auftreten werden. Wenn überhaupt, dann ist die annähernde Erhaltung des Erdruhedrucks aber nur zu erwarten, wenn

- bei Schlitzwänden das Grundwasser sehr tief ansteht oder abgesenkt wird und keine Einzelfundamente unmittelbar neben dem Schlitz liegen,
- bei Bohrpfahlwänden das Bohrrohr dem Aushub stets vorauseilt und die Pfähle sich überschneiden,
- bei Spundwänden ein sehr steifes Profil gewählt wird,
- der Boden durch Verpressung mit Zement oder mit chemischen Mitteln oder durch Vereisung verfestigt wird, oder
- im Düsenstrahlverfahren eine Unterfangungswand hergestellt wird

und darüber hinaus ganz allgemein die Steifen- oder Ankerlagen in verhältnismäßig engem Abstand angeordnet und entsprechend vorgespannt werden.

Zur Ermittlung des Erdruhedrucks aus Bodeneigengewicht siehe [65, 72] und [47], EB 18. Der Erddruck aus Bauwerkslast wird allgemein nach der Theorie des elastischen Halbraums angesetzt. Die von *Fröhlich* abgeleiteten Gleichungen zur Ermittlung der Spannungen, die im elastischen Halbraum infolge von Punktlasten, Linienlasten und Streifenlasten in waagerechter und senkrechter Richtung wirken, sind in [104] zu finden. Einfacher ist die Berechnung mithilfe der Angaben in [47, 92, 204]. Bei der Wahl des Konzentrationsfaktors genügt es, zwei Fälle zu unterscheiden:

a) Die Annahme eines Konzentrationsfaktors 3 ist angebracht, wenn der Elastizitätsmodul und damit der Steifemodul des Baugrunds in allen Richtungen konstant ist. Das ist annähernd der Fall bei vorbelasteten Böden.
b) In allen übrigen Fällen kann der Konzentrationsfaktor mit 4 angenommen werden. Dies entspricht einem mit der Tiefe linear zunehmenden Steifemodul des Baugrunds.

Bei den annähernd bewegungsfreien Baugrubenwänden liegt die Erddruckverteilung für jeden Bauzustand fest. Man kann daher sowohl bei ausgesteiften als auch bei verankerten Baugrubenwänden in jedem Bauzustand die Steifen und Anker sofort für den vollen rechnerischen Erdruhedruck vorspannen. Im Allgemeinen ist es jedoch nicht möglich, auch den Wandfuß völlig bewegungsfrei zu halten. Aus diesem Grunde ist es vielfach üblich, den Erdruhedruck von der untersten Stützung ab nicht mehr mit der Tiefe zunehmend, sondern nach [47], EB 23 als konstant anzunehmen. Im Übrigen ist es stets zulässig, das Erddruckbild so zu vereinfachen, dass bei gleichbleibender Größe der Erddrucklast eine Lastfigur entsteht, die keine sprunghafte Änderung der Erddruckordinate aufweist (Bild 12.1d), oder bei der eine sprunghafte Änderung der Erddruckordinate im Bereich eines Auflagerpunkts liegt. Der Einfluss des Erddrucks aus Bauwerkslasten darf hierbei nicht überbewertet werden. Messungen an einer fast unnachgiebig ausgesteiften Versuchsbaugrube [54] und an einer starren Modellwand [168] zeigen, dass sowohl im Hinblick auf die Größe als auch auf die Verteilung des Erddrucks aus Linienlasten gewisse Abweichungen von der Theorie möglich sind. Auf keinen Fall aber ist es erforderlich, den Erddruck aus Bauwerkslast nach dem „Spiegelungsprinzip" zu verdoppeln [175], wenn das Bauwerk zum Zeitpunkt der Herstellung der Baugrube schon vorhanden ist. Bei besonders großen Bauwerkslasten kann die Erddrucklast aus Bodeneigengewicht und Auflast im Ruhedruckzustand kleiner sein als im aktiven Fall. Dann ist für die Bemessung ein Ansatz zu wählen, der auf der sicheren Seite liegt.

Insbesondere bei der Bemessung der Baugrubenkonstruktion für einen erhöhten aktiven Erddruck oder gar für einen Erdruhedruck steht der Gedanke im Hintergrund, Bewegungen und Verformungen des Erdreichs weitgehend zu verhindern. Während dies im Hinblick auf die Herstellung der Wand durch die Wahl eines geeigneten Bauverfahrens und im Hinblick auf die Stützungen durch das Vorspannen von Steifen und Ankern sichergestellt wird, stehen im Bereich der Einbindung der Wand in den Untergrund kaum konstruktive Maßnahmen zur Verfügung. Hier müssen die Beanspruchungen des Bodens begrenzt werden:

a) Zur Begrenzung der waagerechten Verschiebungen des Wandfußes wird in [47], EB 22 empfohlen, bei mitteldicht oder dicht gelagerten nichtbindigen oder mindestens steifen bindigen Böden im Falle von Trägerbohlwänden den Bemessungserdwiderstand mit dem Anpassungsfaktor $\eta_{Ep} \leq 0{,}6$ bzw. im Falle von Spundwänden und Ortbetonwänden mit dem Anpassungsfaktor $\eta_{Ep} \leq 0{,}8$ zu multiplizieren. Steht weicher bindiger Boden an, dann ist eine Konstruktion zu wählen, bei der keine Stützung durch den Boden benötigt wird.
b) Sofern aufgrund von Probebelastungen eine charakteristische Widerstands-Setzungs-Linie zur Verfügung steht, können die zu erwartenden Setzungen der Baugrubenwand abgeschätzt und im Hinblick auf ihre Verträglichkeit mit dem Bauwerk bewertet werden. Zumindest aber sollten beim Nachweis, dass die aus den Bauwerkslasten herrührende Vertikalkomponente des Erddrucks durch Wandreibung auf die Wand übertragen und von dieser in den Untergrund abgeleitet werden können, die mit den Teilsicherheitsbeiwerten für die Bemessungssituation BS-T ermittelten Bemessungswiderstände mit einem Anpassungsfaktor von $\eta_{Gl} = \eta_P \leq 0{,}8$ abgemindert werden. Lässt sich damit der

Standsicherheitsnachweis nicht erbringen, dann ist die Aufrechterhaltung des ursprünglichen Spannungszustands nicht gewährleistet und somit der Ansatz des Erdruhedrucks nicht gerechtfertigt.

Bei ausgesteiften Baugruben erhält man mit den hier genannten konstruktiven Maßnahmen und rechnerischen Nachweisen in der Regel nur geringe, unter Umständen gar keine Bewegungen oder im oberflächennahen Bereich sogar Bewegungen der Wand gegen das Erdreich. Auch die zu erwartenden Setzungen sind somit gering. Bei verankerten Baugrubenwänden sind jedoch infolge der Fangedammwirkung zusätzliche Bewegungen möglich, die sich auch durch den Ansatz des Erdruhedrucks nicht vermeiden lassen. Zwar kann man mit den in Abschnitt 11.4 genannten Ansätzen die zu erwartenden Wandbewegungen abschätzen, es ist aber nur sehr begrenzt möglich, die zu erwartenden Setzungen des Bauwerks vorherzusagen. Durch die jüngsten Entwicklungen der Finite-Elemente-Methode hat man jedoch neuerdings ein Mittel in der Hand, welches hier weiterhelfen kann (s. Kapitel 9).

13 Baugruben im Wasser

13.1 Großflächig abgesenktes Grundwasser

Baugruben im Grundwasser können wie Baugruben im Trockenen behandelt werden, wenn es gelingt, das Grundwasser bis unter die Baugrubensohle abzusenken (Bild 13.1a). Bei gut durchlässigen Böden verläuft die Spiegellinie so flach, dass sie weitgehend unter den Gleitflächen liegt, die für die Ermittlung des Erddrucks und, bei verankerten Baugrubenwänden, für den Nachweis der Standsicherheit in der tiefen Gleitfuge maßgebend sind. Das Absenkziel liegt in der Regel 0,30 bis 0,50 m unterhalb der Baugrubensohle. Bei der Ermittlung des Erdwiderstands wird man ebenfalls von diesem Wert ausgehen, auch wenn in der Nähe der Brunnen die Absenkung tiefer reicht.

Bei geschichtetem Boden ist eine einwandfreie Absenkung des Grundwasserspiegels oft nicht möglich. In solchen Fällen kann es zweckmäßig sein, die Baugrube mit Spundwänden, Schlitzwänden oder Pfahlwänden einzufassen und damit die ungenügend entwässerten Schichten abzusperren (Bild 13.1c). Es tritt dann ein Strömungsgefälle von den ungenügend entwässerten zu den entwässerten Schichten auf. Im Bereich der durchströmten Schichten vergrößert sich dadurch die Belastung der Wand ganz erheblich.

Die erforderliche Absenkung des Grundwassers kann sich auf weiche bindige Bodenschichten ungünstig auswirken, da durch das Absenken des Grundwasserspiegels der Auftrieb entfällt. Die dadurch verursachte Zunahme des Gewichts wirkt sich ähnlich aus wie eine Belastung der Geländeoberfläche und verursacht unter Umständen erhebliche Setzungen, wodurch auch weiter entfernt stehende Ge-

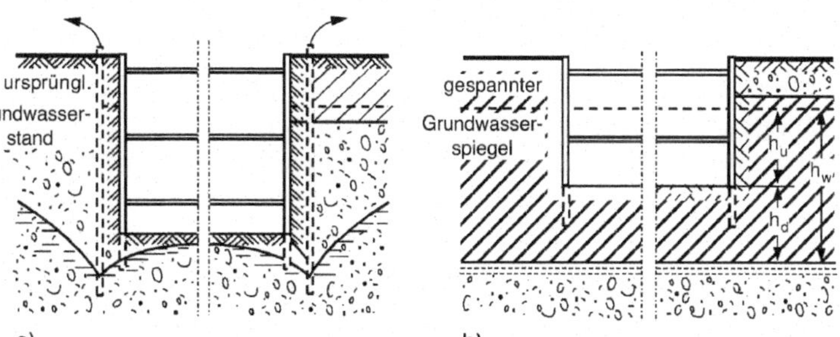

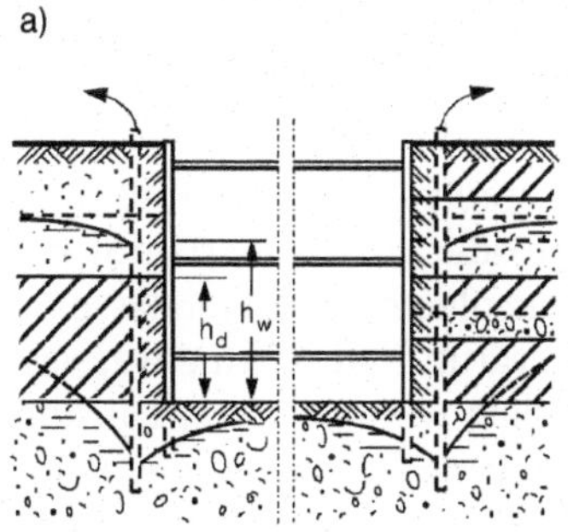

Bild 13.1 Baugruben im Grundwasser;
a) abgesenktes Grundwasser, b) gespanntes Grundwasser, c) Grundwasser in geschichtetem Boden

bäude in Mitleidenschaft gezogen werden können. In solchen Fällen kann die Anordnung einer Injektionsschicht nach Bild 13.3d oder einer Unterwasserbetonsohle nach Bild 13.3e erforderlich werden.

13.2 Hydraulischer Grundbruch

Schneidet eine Baugrube in bindige Bodenschichten ein, so kann – abgesehen von der Ableitung des Niederschlagswassers – eine Wasserhaltung oft entfallen, auch wenn das Grundwasser oberhalb der Baugrubensohle ansteht. Wenn dieser Grundwasserstand durch gespanntes Grundwasser verursacht wird, das in einer tiefer gelegenen Sand- oder Kiesschicht ansteht (Bild 13.1b), dann entsteht im bindigen Boden unterhalb der Baugrubensohle das hydraulische Gefälle

$$i = \frac{h_w - h_d}{h_d} = \frac{h_ü}{h_d} \tag{13.1}$$

Dadurch vermindert sich (mit γ_w = Wichte des Wassers) die Wichte des durchströmten Bodens unabhängig von der Größe des Durchlässigkeitsbeiwerts k um den Anteil

$$\Delta\gamma_k = i \cdot \gamma_w \tag{13.2}$$

Der Erdwiderstand vor einer durchlaufenden Wand oder vor einer Bohlträgerreihe kann daher nur mit einer entsprechend verminderten Wichte des Bodens ermittelt werden. Erreicht das Strömungsgefälle die Größenordnung $i \approx 1$, dann wird der Boden unterhalb der Baugrubensohle scheinbar gewichtslos und bricht in Form eines hydraulischen Grundbruchs hoch. Gegen diesen Zustand muss entsprechend der Grenzzustandsbedingung

$$S_k \cdot \gamma_H \leq G'_{stb,k} \cdot \gamma_{G,stb} \tag{13.3}$$

mit den Teilsicherheitsbeiwerten für den Grenzzustand HYD eine ausreichende Standsicherheit nachgewiesen werden. Die Strömungskraft S_k und das Gewicht $G'_{stb,k}$ des Bodenkörpers unter Auftrieb ergeben sich dabei aus den Ansätzen

$$S_k = \Delta\gamma_k \cdot V \tag{13.4a}$$

$$G'_{stb,k} = \gamma'_k \cdot V \tag{13.4b}$$

(γ'_k = Wichte des Bodens unter Auftrieb). Da das Volumen V in beiden Fällen gleich ist, kürzt es sich weg, wenn die Gln. (13.4a) und (13.4b) in Gl. (13.3) eingesetzt werden.

Gegebenenfalls muss der Grundwasserspiegel entsprechend entspannt werden, entweder durch eine Grundwasserabsenkungsanlage oder durch Überlaufbrunnen, die das Grundwasser unbehindert bis zur Baugrubensohle hochsteigen lassen, von wo aus es dann abgepumpt wird. Sind in den Untergrund nur dünne wasserführende Schichten eingelagert, dann kann es erforderlich werden, Unterdruckbrunnen oder Vakuum-Lanzen einzusetzen, die trotz geringer Filterfläche genügend viel Wasser aus diesen Schichten saugen, um eine ausreichende Druckentlastung her-

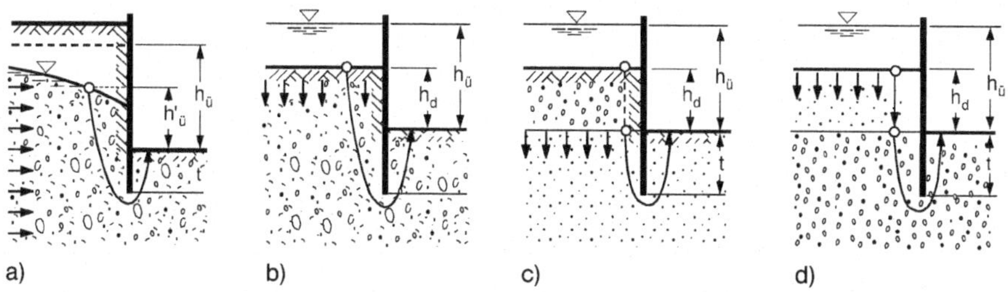

Bild 13.2 Umströmung einer Baugrubenspundwand; a) Baugrube im Grundwasser, gleichmäßig durchlässiger Boden, b) Baugrube im offenen Wasser, gleichmäßig durchlässiger Boden, c) Baugrube im offenen Wasser, Boden oben durchlässiger als unten, d) Baugrube im offenen Wasser, Boden unten durchlässiger als oben

beizuführen. Diese Maßnahmen können auch zweckmäßig sein, wenn in der bindigen Schicht Einlagerungen aus Schluff oder Feinsand enthalten sind, die durch den Überdruck des Wassers nach oben gespült werden. Die hierbei entstehenden Quellen können durch rückschreitende Erosion die Baugrubensohle gefährden (s. [47], E 114 und Handbuch EC7, Band 1, Abschnitt 10.5).

Lassen die Umstände eine Grundwasserabsenkung unterhalb der Baugrubensohle nicht zu, dann ist die geschlossene Wand möglichst bis in eine tiefergelegene bindige Schicht zu führen, um dem Wasser den Zugang von unten her zu versperren. Anderenfalls besteht ebenfalls die Gefahr eines hydraulischen Grundbruchs, insbesondere bei Baugruben im offenen Wasser (Bild 13.2b). Es tritt infolge des Wasserüberdrucks $h_ü$ eine Umströmung der Spundwand ein.

Das strömende Wasser bewirkt unabhängig von der Durchlässigkeit des Bodens eine Strömungskraft auf den Boden, vergrößert die Wichte des Bodens auf der Außenseite der Wand und verringert sie auf der Innenseite. Im Grenzfall wird der Boden unterhalb der Baugrubensohle scheinbar gewichtslos und bricht hoch. Gegen diesen Zustand muss analog zum vorherigen Beispiel anhand der Grenzzustandsbedingung Gl. (13.3) eine ausreichende Sicherheit nachgewiesen werden. Einzelheiten zum Nachweis, s. Handbuch Eurocode 7, Band 1, Abschnitt 2.4.7.5 sowie 10.3, EB 61, Abschnitt 10.4, EAU, E115, Abschnitt 3.1. Eine ausführliche Diskussion hydraulisch bedingter Grenzzustände ist bei *Witt* [222] zu finden.

Besonders gefährdet durch hydraulischen Grundbruch sind Bodenschichten aus Feinsand und Grobschluff. Bei ihnen ist nach [47], EB 61 die Forderung nach Ansatz eines Teilsicherheitsbeiwerts $\gamma_H = 1{,}90/1{,}90/1{,}45$ je nach Bemessungssituation angemessen. Das Gleiche gilt für locker gelagerten Boden ganz allgemein. Bei mitteldicht oder dicht gelagertem Sand und bei Kies genügt dagegen der Ansatz eines Teilsicherheitsbeiwerts $\gamma_H = 1{,}45/1{,}45/1{,}25$ je nach Bemessungssituation. Es sei darauf hingewiesen, dass mit der Änderung A2 vom November 2015 in DIN 1054 die Teilsicherheitsbeiwerte γ_H sowohl für Strömungskräfte bei günstigem Untergrund als auch bei ungünstigem Untergrund erhöht wurden. Diese Änderungen sind im Handbuch Eurocode 7, Band 1, Ausgabe 2011 oder in der 5. Auflage der EAB, Ausgabe 2012 noch nicht berücksichtigt.

Schwer zu bestimmen ist die wirklich vorhandene Grundbruchsicherheit bei bindigen Böden. Näherungsweise lässt sie sich ermitteln, indem man die Zugfestigkeit des Bodens in die Rechnung einführt. Allerdings ist diese kaum zuverlässig zu bestimmen. Außerdem setzt eine solche Rechnung einen homogenen Boden voraus; geringe Einlagerungen von Sand oder Schluff können die Zugfestigkeit örtlich auf null herabsetzen. Neuere Erkenntnisse zum Versagen infolge hydraulischen Grundbruchs beinhalten die Untersuchungen von *Wudtke* [224].

Bei schmalen Baugruben steht dem innerhalb der Baugrube aufsteigenden Wasser ein wesentlich kleinerer Durchflussquerschnitt zur Verfügung als dem von außen her zuströmenden Wasser. Dadurch wird ein großer Teil des Druckhöhenunterschieds innerhalb der Baugrube abgebaut mit der Folge, dass das hydraulische Gefälle i_a auf der Bodenseite hinter der Wand kleiner und das hydraulische Gefälle i_p auf der Baugrubenseite vor dem Wandfuß größer wird.

Das hydraulische Gefälle und die Gefahr des hydraulischen Grundbruchs wird von einer Reihe weiterer Faktoren wie Schichtung, Baugrubengeometrie und dem Unterschied zwischen offenem Wasser und Grundwasser beeinflusst [206]. Ungünstig sind weniger durchlässige Schichten unterhalb der Baugrubensohle wie in Bild 13.2c. Der Einfluss der Baugrubenform auf die Strömungsverhältnisse und die Sicherheit gegen hydraulischen Grundbruch wurde von *Davidenkoff/Franke* [39, 40] untersucht. Hierzu siehe auch *Aulbach* [8] sowie *Aulbach* und *Ziegler* [9, 10].

Bei Baugruben im Grundwasser ist die Gefahr des hydraulischen Grundbruchs deshalb geringer, weil das Wasser nicht mit dem größtmöglichen Gefälle auf dem kürzesten Weg von oben in den Boden einströmen kann wie bei Baugruben im offenen Wasser, sondern von der Seite her gespeist werden muss. Es bildet sich daher eine Absenkungskurve aus und der Wasserüberdruck an der Baugrubenwand ist geringer als beim nicht abgesenkten Grundwasser (Bild 13.2a).

In den bisherigen Ansätzen ist unterstellt worden, dass die wasserführende Schicht bis in eine sehr große Tiefe reicht. Ist die Dicke dieser Schicht gering, dann ergibt sich unterhalb des Wandfußes ein besonders geringer Durchflussquerschnitt, der einen erheblichen Teil des Potentialunterschiedes aufzehrt. Die Folge davon ist eine Verringerung des Potentialgefälles auf der Baugrubenseite und damit eine Vergrößerung der Sicherheit gegen hydraulischen Grundbruch (hierzu siehe [120]).

Vereinfachte Berechnungsansätze reichen für die Ansprüche der Praxis oft aus. Bei einer genaueren Untersuchung sind die Strömungskräfte rechnerisch entsprechend der Potentialtheorie mit EDV-Programmen auf der Grundlage von finiten Elementen oder finiten Differenzen oder zeichnerisch mithilfe der Konstruktion eines Strömungsnetzes zu ermitteln und auf die möglichen Bruchkörper anzusetzen, s. [43], E 114 und [47], EB 61, *Hettler* [77] sowie *Odenwald/Herten* [129].

Ergibt die Untersuchung keine ausreichende Sicherheit gegen hydraulischen Grundbruch, so stehen im Wesentlichen folgende Maßnahmen zur Auswahl:

– eine Verlängerung der Wand,

- eine teilweise oder volle Grundwasserabsenkung oder Grundwasserentspannung,
- das Aufbringen eines Belastungsfilters,
- die Anordnung von Pumpbrunnen oder Überlaufbrunnen innerhalb der Baugrube,
- die Herstellung einer undurchlässigen Schicht im Untergrund,
- die Herstellung einer wasserdichten Baugrubensohle aus Unterwasserbeton,
- die Anwendung von Druckluft.

Belastungsfilter (Bild 13.3a) werden entweder unter Wasser oder in schmalen Streifen eingebracht, die durch eine gewisse Gewölbebildung im Untergrund aufbruchsicher sind, wenn jeweils daneben der bereits eingebrachte Filter und der noch nicht voll ausgehobene Boden als Auflast wirken. Das aufsteigende Wasser läuft in der Filterschicht zu den an den Seiten angeordneten Dränrohren hin. Bei der Ermittlung des Erdwiderstands ist der Boden oberhalb des sich einstellenden Grundwasserspiegels mit der Wichte γ_k des feuchten Bodens in die Berechnung einzuführen, der Boden darunter mit der abgeminderten Wichte des von unten nach oben durchströmten Bodens. Günstig wirkt sich in dieser Hinsicht die Anordnung von Überlaufbrunnen aus: Das nach oben strömende Wasser sammelt sich darin, wird in Pumpensümpfe geleitet und abgepumpt (Bild 13.3b). Der Boden unterhalb der Baugrubensohle bleibt von der Strömung verschont und behält die Wichte γ'_k. Werden die Brunnen als Pumpbrunnen oder als Vakuumbrunnen ausgebildet, dann ist der Boden unterhalb der Baugrubensohle grundwasserfrei und mit der Wichte γ_k wirksam (Bild 13.3c). Bei der Anordnung von Pumpbrunnen oder Überlaufbrunnen innerhalb der Baugrube kann ein Nachweis der Sicherheit gegen hydraulischen Grundbruch entfallen, da auf den Boden unterhalb der Baugrubensohle keine aufwärts gerichteten Strömungskräfte einwirken.

Besondere Sorgfalt ist bei der Dimensionierung von Auflastfiltern erforderlich. Wie die numerischen Untersuchungen von *Odenwald* und *Herten* [129] oder die Berechnungen sowie Versuche von *Schober* [159, 160] zeigen, können durch die Auflastwirkung auch unterhalb des Wandfußes kritische Gradienten > 1 auftreten und der Bruchkörper kann relativ breit sein. Beim Nachweis der Sicherheit gegen hydraulischen Grundbruch gemäß Handbuch Eurocode 7, Band 1, Abschnitt 10.3, Absatz A (1d) ist die untere Begrenzung des Terzaghi-Körpers nicht in Höhe des Wandfußes, sondern entsprechend tiefer anzusetzen. Besondere Beachtung erfor-

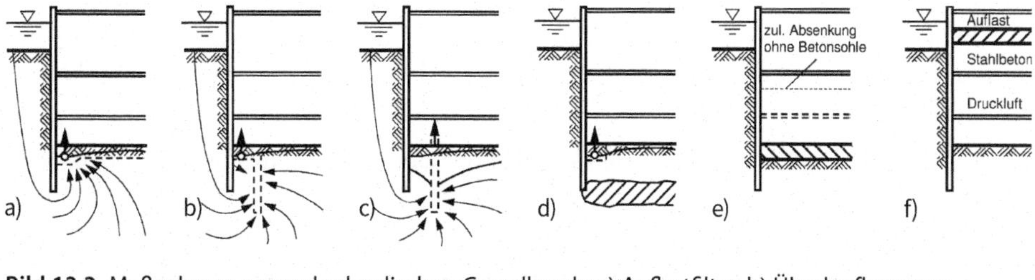

Bild 13.3 Maßnahmen gegen hydraulischen Grundbruch; a) Auflastfilter, b) Überlaufbrunnen, c) Pumpbrunnen, d) undurchlässige Schicht, e) Unterwasserbetonsohle, f) Druckluft

dern wegen der hohen Gradienten und Strömungskräfte sowohl in vertikaler als auch in horizontaler Richtung, die Filterstabilität und die Erosionssicherheit im Untergrund selbst. Eine offene Frage ist noch der Ansatz von haltenden Kräften in Bruchfugen innerhalb des Auflastfilters, s. *Hettler* [77] oder *Schober* [159].

Sehr wirkungsvoll, allerdings teuer, ist die Abdichtung des Untergrunds mithilfe von Injektionen (Bild 13.3d). Wird die Aufbruchsicherheit unter der Annahme nachgewiesen, die verpresste Schicht sei wasserdicht, dann ist die Eigenlast G_k des wassergesättigten Bodens und der verpressten Schicht dem vollen, auf die verpresste Schicht wirkenden Wasserdruck $V_{dst,k}$ gegenüberzustellen. In diesem Falle handelt es sich um ein Auftriebsproblem, bei dem nachzuweisen ist, dass im Grenzzustand UPL die Grenzzustandsbedingung

$$V_{dst,k} \cdot \gamma_{G,dst} \leq G_{k,stb} \cdot \gamma_{G,stb} \tag{13.5}$$

erfüllt ist.

Wird die Situation nach Bild 13.3d als Strömungsproblem angesehen, dann ist die Eigenlast des unter Auftrieb stehenden Bodens und der ebenfalls unter Auftrieb stehenden Dichtungsschicht dem Wasserüberdruck gegenüberzustellen, der sich aus der Differenz des Wasserstands innerhalb und außerhalb der Baugrube ergibt. In diesem Fall ist die Grenzzustandsbedingung Gl. (13.3) maßgebend. Das Ergebnis ist in beiden Fällen etwa das gleiche. Im Übrigen wirkt es sich in beiden Fällen günstig aus, wenn das Wasser innerhalb der Baugrube nur so weit abgesenkt wird, wie es unbedingt erforderlich ist.

Insbesondere bei Baugruben im offenen Wasser nach Bild 13.4a ist es für die Sicherheit gegen hydraulischen Grundbruch und für eine zutreffende Ermittlung der Schnittgrößen außerordentlich wichtig, dass zwischen Baugrubenwand und Boden auch dann ein dichter Anschluss erhalten bleibt, wenn sich die Wand infolge der Wasserdruckbelastung durchbiegt oder verschiebt. Keine Gefahr besteht in dieser Hinsicht erfahrungsgemäß bei Baugruben in Kies, Kiessand oder Sand, weil diese Böden unter Wasser keine Kohäsion besitzen und daher nachrutschen, sowie bei weichen bis steifen tonigen Böden, weil diese sich bei seitlicher Entlastung stark ausdehnen. In einigen Fällen kann jedoch zwischen Baugrubenwand und Boden ein Spalt entstehen, in dem sich der volle hydrostatische Wasserdruck einstellt, z. B. wenn der Boden durch eine Reihe von Pfählen daran gehindert wird, der Bewegung der Baugrubenwand zu folgen, oder wenn hinter der Baugrubenwand ein felsartiger Boden oder ein halbfester bindiger Boden mit geringem Tongehalt ansteht, der aufgrund seiner Scherfestigkeit zumindest vorübergehend ohne Stützung standfest ist. Bei ausgesprochen schluffigen Böden besteht die Gefahr, dass sich in dem Spalt ein Gemisch aus Boden und Wasser bildet, das wie eine Flüssigkeit mit erhöhter Wichte wirkt.

Eine weitere Möglichkeit für eine Gefährdung der Aufbruchsicherheit, insbesondere in locker gelagerten, feinkörnigen Böden, ist der Erosionsgrundbruch. Er beginnt mit einer verstärkten örtlichen Strömung an der Baugrubensohle, setzt sich durch Ausspülen von Bodenteilchen schlauchartig fort und führt schließlich beim Erreichen einer stark wasserführenden Schicht oder des offenen Wassers zu einem plötzlichen Wassereinbruch. Eine ähnliche Wirkung kann entstehen, wenn in wenig durchlässigen, leicht bindigen Bodenschichten tief in den Untergrund reichende, wasserführende Hohlräume vorhanden sind, z. B. schlecht verfüllte Bohrlöcher oder Löcher, die nach dem Ziehen von Pfählen entstanden sind. In diesem Fall sucht sich das Wasser unter hohem Druck ebenfalls einen schlauchartigen Weg zur Baugrubensohle.

Sowohl das Entstehen eines Spalts zwischen Baugrubenwand und Boden als auch die Ausbildung eines Erosionsgrundbruchs sowie die Auswirkung einer durch Hohlräume verkürzten Sickerstrecke lassen sich nur durch konstruktive Maßnahmen ausgleichen, z. B. durch eine zweite Spundwand oder durch eine seitliche Schüttung aus Sand oder Kiessand in Form eines Fangedamms. Entscheidend ist dabei, den unmittelbaren und in der Menge unbegrenzten Zufluss aus dem offenen Wasser zu unterbinden.

13.3 Erd- und Wasserdruck bei umströmten Wänden

Sofern auf eine Absenkung des Grundwassers verzichtet und durch geeignete Maßnahmen eine Umströmung des Spundwandfußes unterbunden wird, ist bei der statischen Untersuchung der Baugrubenwände der volle hydrostatische Wasserdruck anzusetzen. Bei umströmten Baugrubenwänden dagegen ist es zulässig, den durch die Strömungskräfte verursachten Druckabfall in Rechnung zu setzen, wenn dafür die Erhöhung des Erddrucks berücksichtigt wird. Die Verringerung des Erdwiderstands darf auf keinen Fall vernachlässigt werden. Man erhält im Fall einer Baugrube im offenen Wasser nach Bild 13.4a die im Bild 13.4b dargestellte Verteilung des Wasserdrucks und die im Bild 13.4c dargestellte Verteilung des Erddrucks, sofern gleichmäßig durchlässiger Boden ansteht. Gegebenenfalls kann die auftretende Erddruckumlagerung berücksichtigt werden. Meist ist jedoch der Anteil des Erddrucks ohne die Vergrößerung infolge der Strömungskraft an der Gesamtbelastung verhältnismäßig klein, sodass sich die Untersuchung kaum lohnt. Einfacher ist es in diesem Fall, die ermittelten Auflagerkräfte an den von der Umlagerung betroffenen Stellen mit einem kleinen Zuschlag zu versehen.

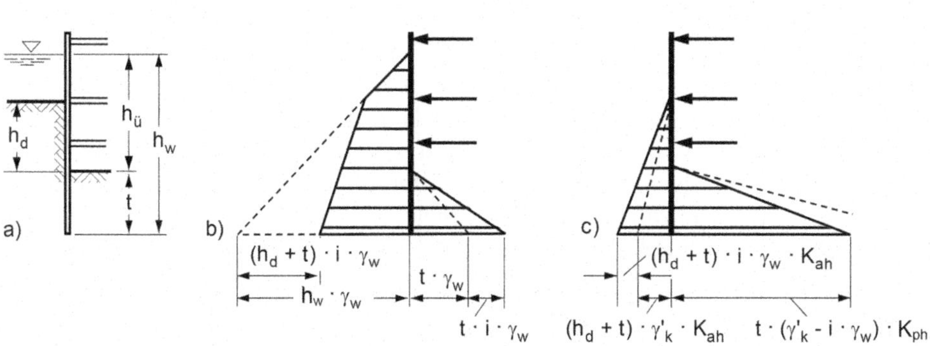

Bild 13.4 Lastbildermittlung bei einer umströmten Baugrubenspundwand im offenen Wasser; a) Schnitt durch die Baugrube, b) Wasserdruck, c) Aktiver und passiver Erddruck

Sofern wegen der Einbindung der Wand in eine undurchlässige Schicht auf der Außenseite der Wand kein Druckabfall und auf der Innenseite der Wand keine Druckzunahme infolge von Strömung angesetzt wird, dann erhält man aus der Überlagerung des äußeren und des inneren Wasserdrucks unterhalb der Baugrubensohle eine rechteckförmige resultierende Wasserdruckbelastung. Ihr Einfluss kann so groß sein, dass auch bei guten Baugrundverhältnissen eine Zusammendrückung des Bodens unterhalb der Baugrubensohle in der Größe von mehreren Zentimetern auftritt, s. *Weißenbach/Gollub* [213]. Dies kann insbesondere bei verankerten Baugrubenwänden zu Schäden an benachbarten Bauwerken führen.

13.4 Grundwasserschonende Bauweisen

Grundwasserschonende Bauweisen haben in den letzten Jahren vor allem im innerstädtischen Bereich Absenkungsmaßnahmen immer mehr verdrängt. Dafür gibt es eine Reihe von Gründen:

a) Der Grundwasserschutz lässt häufig größere Eingriffe nicht zu.
b) Größere Absenkungsmaßnahmen können Wasserwerke und damit die Wasserversorgung beeinträchtigen.
c) Absenkungen des Grundwasserspiegels können in Verbindung mit setzungsweichen Schichten zu Schäden führen, vor allem an historischer Bausubstanz. Biologische Zersetzungsprozesse bei alten Pfahlgründungen können beschleunigt werden. Die Vegetation kann beeinträchtigt werden.
d) Kontaminiertes Grundwasser muss in der Regel vor der Ableitung gereinigt werden, was sehr hohe Kosten mit sich bringen kann. Häufig ist der Verursacher nicht bekannt oder nicht greifbar.

Als Alternative werden die Baugruben im Schutz einer Grundwasserabsperrung hergestellt, was in der Regel die Lage des Grundwasserspiegels verhältnismäßig wenig beeinträchtigt. Als vertikale Dichtelemente stehen z. B. zur Verfügung:

- Bohrpfahlwände,
- Schlitzwände,
- Spundwände,
- kombinierte Spund- und Dichtwände,
- Dichtwände in Kombination mit Böschungen und natürlichen Grundwasserstauern.

Die Absperrung der Sohle ist ebenfalls nach unterschiedlichen Verfahren möglich. Am einfachsten und kostengünstigsten sind natürliche Stauer, z. B. durchgehende Ton- und Schluffschichten sowie unverwitterter Fels, die in nicht allzu großen Tiefen anstehen. Die vertikalen Dichtelemente werden dabei bis in die natürliche Dichtsohle hineingebaut (Bild 13.5a). Weitere Sohlabdichtungssysteme sind:

- hochliegende Sohlen ohne Verankerung (Bild 13.5b),
- hochliegende Sohlen mit Verankerung (Bild 13.5c),
- tiefliegende Sohlen (Bild 13.5d).

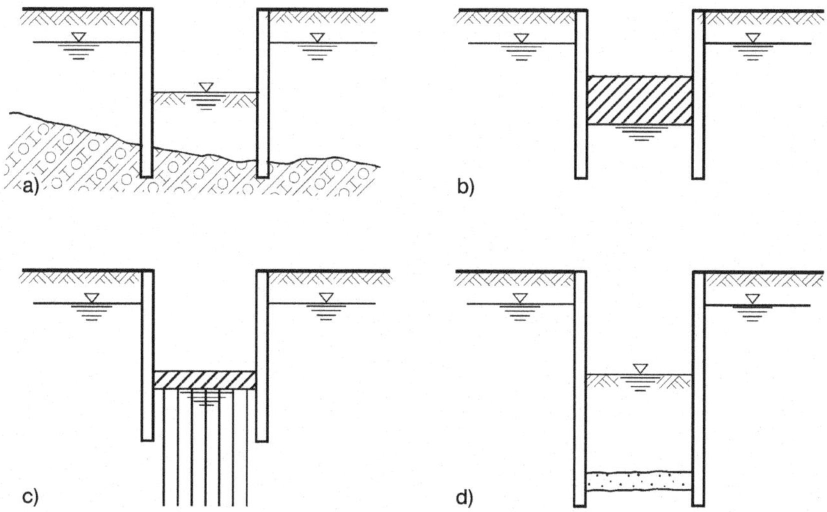

Bild 13.5 Sohlabdichtungssysteme (nach *Borchert* [24]); a) natürliche Dichtsohle aus bindigem Boden, b) hochliegende Sohle ohne Verankerung, c) hochliegende verankerte Sohle, d) tiefliegende Sohle

Hochliegende Sohlen ohne Verankerung werden hauptsächlich aus Unterwasserbeton hergestellt. Aus wirtschaftlichen Gründen darf der Wasserüberdruck allerdings in der Regel 3 m nicht übersteigen [24]. Weitere Varianten sind Düsenstrahlsohlen und, in Sonderfällen, Frostkörper. Durch eine Verankerung können die hochliegenden Sohlen auch bei großem Wasserüberdruck noch wirtschaftlich gebaut werden. Günstiger sind allerdings in diesen Fällen tiefliegende Injektionssohlen aus Weichgel- und Zement- bzw. Feinstzementsuspensionen. Tabelle 13.1 gibt einen Überblick über Vor- und Nachteile verschiedener Systeme. Zu beachten ist dabei, dass Weichgelsohlen nicht überall von den für den Grundwasserschutz zuständigen Behörden zugelassen werden.

Unterwasserbetonsohlen werden üblicherweise nicht bewehrt. Neuerdings wird aber auch Stahlfaserbeton eingesetzt. Der Arbeitsablauf bei der Herstellung ist in Bild 13.6 dargestellt. Das Betonieren kann nach verschiedenen Verfahren, z. B. dem Kontraktor- oder dem Hydroventilverfahren erfolgen. Nach dem Leerpumpen der Baugrube muss die nicht verankerte Sohle den Auftrieb aufnehmen. Maßgebend für den Standsicherheitsnachweis ist die Grenzzustandsbedingung Gl. (13.5). Als zusätzliche Auftriebssicherung stehen zur Verankerung der Sohle üblicherweise Rüttelinjektionspfähle und Verpressanker zur Verfügung. Die Pfähle werden dabei vor dem Betonieren der Sohle von einem Ponton aus hergestellt. Die Verpressanker dagegen werden nach dem Betonieren, aber vor dem Leerpumpen abgeteuft. Zum rechnerischen Nachweis von verankerten Sohlen siehe Abschnitt 13.5. Neben den hier vorgestellten Arbeitsabläufen und Konstruktionen sind noch weitere Varianten möglich, z. B. mit Bewehrung oder Einbindung in die seitlichen Dichtelemente.

Tabelle 13.1 Vergleich verschiedener Sohlabdichtungssysteme (nach *Borchert* [24])

	Ausführungs-grenzen	Tiefenlage UK T_s bzw. T_w	Durch-lässigkeit	Risiken Undichtig-keiten	Risiken Sohl-aufbruch	GW-Beeinflussung durch Baustoffe	Beeinflussung der GW-Strömung	Kosten
Hochliegend unverankert								
Unterwasser-betonsohle	h < 3 m Wirtschaftlichkeit	Sohle t + h Wand t + d_s + 2 m	gering	gering	gering	sehr gering (Beton)	gering (Wände)	mittel
Düsenstrahl-sohle	h < 3 m Wirtschaftlichkeit	Sohle und Wand t + h · 2,2	mittel	hoch	mittel	gering (Zementsuspension)	gering (Wände)	mittel
Hochliegend verankert								
Unterwasser-betonsohle	h < 17 m Wandbemessung	Sohle t + d_s Wand t + ≈ 5 m	gering	gering	mittel	sehr gering (Beton)	mittel (Wände)	hoch
Düsenstrahl-sohle	h < 8 m Verankerung	Sohle t + ≈ 2 m Wand t + ≈ 5 m	mittel	hoch	hoch	gering (Zementsuspension)	mittel (Wände)	sehr hoch
Tiefliegende Düsenstrahl-sohle	h < 10 m Bohrgenauigkeit	Sohle und Wand 1,23 · h + t	mittelhoch	hoch	gering	gering (Zementsuspension)	hoch	sehr hoch
Tiefliegende Injektionssohle								
Zement	nur Kiese und h < 10 m	Sohle und Wand 1,22 · h + t	mittelhoch	hoch	gering	gering (Zementsuspension)	hoch	günstig
Feinstzement	nur Fein- und Mittelsande h < 10 m	1,22 · h + t	mittelhoch	hoch	gering	gering (Feinstzement-suspension)	hoch	sehr hoch
Weichgel	keine bindigen Böden und Kiese h < 10 m	1,25 · h + t	gering	mittel	gering	mittel (Weichgel)	hoch	günstig
Systemmaße	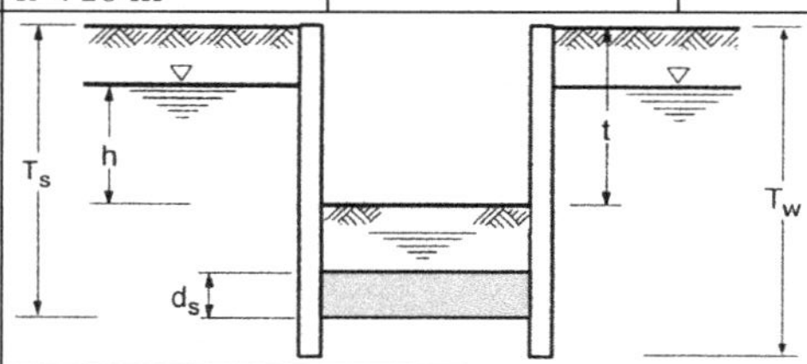							

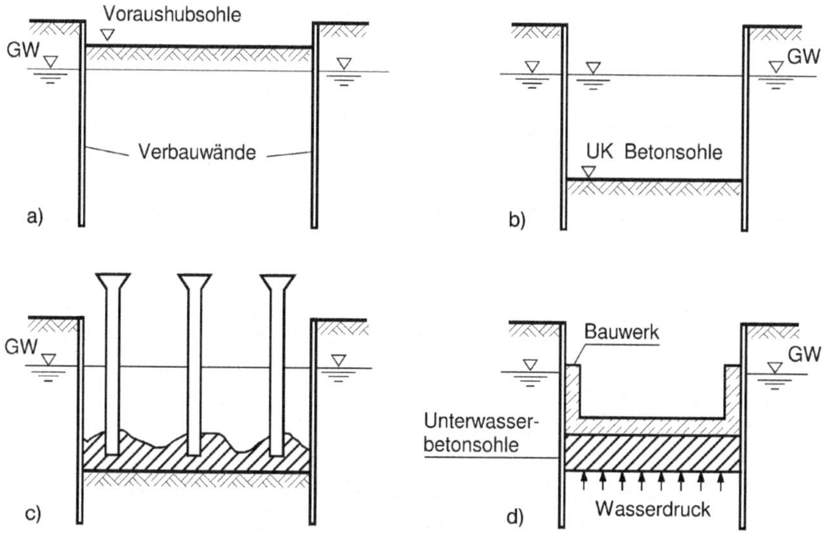

Bild 13.6 Arbeitsablauf bei Unterwasserbetonsohlen nach *Schnell* (ohne Darstellung der Stützung) [158]; a) Aushub im Trockenen, b) Aushub unter Wasser, c) Einbau des Unterwasserbetons, d) Erstellen des Bauwerks im Trockenen

Die Dicke von unbewehrten Sohlen ohne Verankerung liegt etwa zwischen 1 und 4 m; verankerte Sohlen haben Dicken zwischen 1 bis 3 m. Die Unterwasserbetonsohlen sind nicht völlig wasserdicht. Üblich sind Durchlässigkeitsbeiwerte zwischen $k = 10^{-8}$ bis 10^{-10} m/s [158].

Alternativ kann eine hochliegende rückverankerte Sohle auch im Düsenstrahlverfahren hergestellt werden. Allerdings sind nur Wasserdruckdifferenzen bis etwa 8 m möglich, weil die Verbundspannungen zwischen Verankerungselementen und Sohle verhältnismäßig gering sind. Mit der üblichen Dicke von 1,5 m ergeben sich Zugkräfte pro Pfahl oder Anker von etwa 230 kN. Bei tiefliegender Düsenstrahlsohle und Baugrubenbreiten von weniger als 16 m können nach [24] zum Nachweis der Auftriebssicherheit unter Ansatz eines Gewölbes zusätzliche Vertikalkräfte aus Wandreibung, Wandgewicht und Verankerungen der seitlichen Dichtelemente angesetzt werden (Bild 13.7). Dadurch ist eine Verringerung der Tiefenlage um bis zu 4 m möglich.

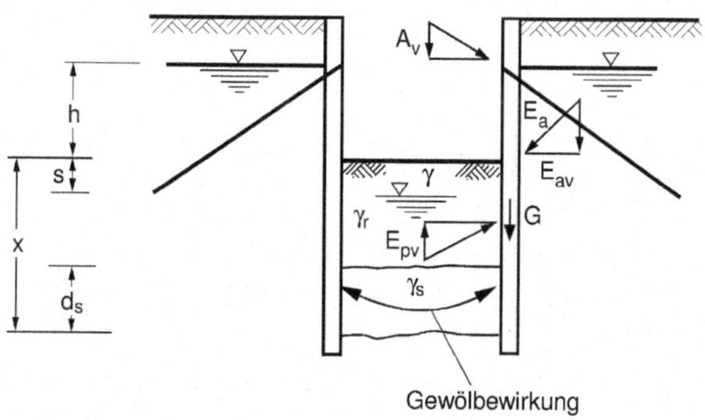

Bild 13.7 Tief liegende, im Düsenstrahlverfahren hergestellte Betonsohle mit Ansatz einer Gewölbewirkung (nach *Borchert* [24])

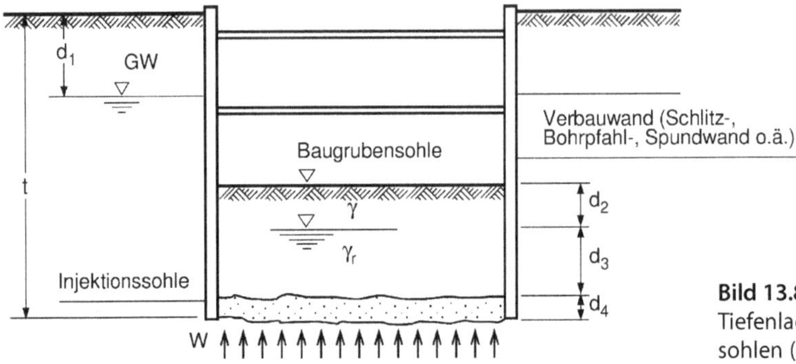

Bild 13.8 Erforderliche Tiefenlage von Injektionssohlen (nach *Schnell* [158])

Wichtig bei den Düsenstrahlsohlen ist eine sorgfältige Herstellung mit einer guten Überschneidung der einzelnen Säulen, um eine geringe Wasserdurchlässigkeit zu erreichen. Hier liegen beträchtliche Risiken. Von Vorteil ist, dass das Düsenstrahlverfahren in fast allen Böden angewendet werden kann. Die erreichbare Durchlässigkeit liegt bei $k \leq 10^{-7}$ m/s.

Tiefliegende Injektionssohlen aus Zement- oder Feinstzementsuspension bzw. aus Weichgel brauchen in der Regel keine hohe Festigkeit aufzuweisen, da sie nur dichtende Funktion übernehmen. Die Tiefenlage ergibt sich mit den Bezeichnungen in Bild 13.8 aus dem Nachweis der Auftriebssicherheit nach der Grenzzustandsbedingung (13.5). Im Gegensatz zum Düsenstrahlverfahren wird bei der Injektion das Korngefüge kaum verändert, weil die Suspensionen in die Poren eingepresst werden. Einzelheiten siehe [111]. Dadurch ist der Anwendungsbereich beschränkt: Zementinjektionen auf Kiese und Sande, Feinstzementinjektionen auf Fein- und Mittelsande und Weichgelinjektionen auf Fein- bis Grobsande.

Eine völlige Wasserdichtigkeit ist durch die vorgestellten Trogbauweisen nicht zu erreichen. Untersuchungen von *Borchert* [24] an Berliner Baugruben haben ergeben, dass der Restwasserzufluss an den Wänden etwa 2 m^3/h je 1000 m^2 und an den Sohlen pro Meter Wasserdruckdifferenz etwa 0,5 bis 2 m^3/h je 1000 m^2 beträgt. Die von *Kindler* und *Pissler* zusammengestellten Auswertungen von Pumpenversuchen [101] aus den Jahren 2013 bis 2014 ergeben zum Teil noch geringere Werte.

Eine weitere Variante, grundwasserschonend zu bauen, besteht darin, die Baugrube nach oben luftdicht abzuschließen und die Arbeiten unter Druckluft ähnlich wie bei einem Senkkasten auszuführen (Bild 13.3f). Dabei ist nachzuweisen, dass die Eigenlast von Decke und seitlicher Konstruktion einschließlich deren Seitenreibung ausreicht, um dem Luftdruck zu widerstehen.

Alle vorgestellten Verfahren beeinflussen mehr oder weniger den Grundwasserstrom und die Grundwasserqualität. Die Veränderungen im Grundwasserstrom sind in der Regel gering; die kleinen Restwassermengen führen kaum zur Absenkung des Grundwasserspiegels. Dagegen kann sich der pH-Wert des Wassers stark ändern. Bei Weichgel wird Natronlauge freigesetzt mit entsprechenden negativen Auswirkungen im Grundwasser. Aber auch Zementinjektionen und das Düsenstrahlverfahren führen in Strömungsrichtung zu Veränderungen des pH-Werts, allerdings in geringerem Ausmaß. Eine ausführliche Diskussion erfolgt bei *Böhme* [20].

13.5 Rückverankerte Betonsohlen

Bei rückverankerten Betonsohlen nach Bild 13.5c sind folgende Nachweise zu führen

- Sicherheit gegen Aufschwimmen im Grenzzustand UPL,
- Sicherheit gegen Herausziehen der Verankerungselemente im Grenzzustand GEO-2,
- Bauteilversagen.

Die Nachweise sind in EB 62, Abschnitt 10.5 der EAB [47] beschrieben und werden ausführlich bei *Hettler* und *Morgen* [85] sowie *Kinzler* und *Morgen* [102] erläutert.

Im Folgenden werden einige Punkte der EB 62 herausgegriffen, die erfahrungsgemäß zu Fragen führen können. Als günstige Einwirkung wird das Eigengewicht g_k, z. B. aus der Betonsohle, als unterer charakteristischer Wert bei den Beanspruchungen angesetzt. EB 62, Absatz 7 gibt dazu die entsprechenden Angaben der DIN 1054 wieder. Beispielsweise darf die Wichte von Stahlbeton höchstens mit 24,0 kN/m^3 angenommen werden. Unbewehrter Beton darf höchstens mit γ = 23,0 kN/m^3 berücksichtigt werden.

Die Vertikalkomponente des Erddrucks darf als günstige Einwirkung ebenfalls nur als unterer charakteristischer Wert eingeführt werden. Einzelheiten dazu geben EB 62, Absatz 8 und EC 7-1, 9.5.1 A(11). Bei nichtbindigen Böden lautet die Empfehlung, den horizontalen und damit auch den vertikalen Erddruck auf die Hälfte des Wertes abzumindern, der bei der Bemessung der Baugrubenkonstruktion zugrunde gelegt wird. Die Erklärung liegt darin, dass im Baugrundgutachten untere charakteristische Werte des Reibungswinkels, also üblicherweise kleinere Reibungswinkel in Bezug auf den wahrscheinlich vorhandenen Mittelwert angegeben werden. Dies führt zu einem höheren Erddruck und damit zu einer auf der sicheren Seite liegenden Beanspruchung und Bemessung, z. B. bei der Einbindelänge oder bei den Wandprofilen. Bei günstigen Einwirkungen aus Erddruck müsste man den oberen Wert des charakteristischen Reibungswinkels ansetzen, also den Reibungswinkel über den Mittelwert hinaus erhöhen, um einen kleineren Wert für den Erddruck zu erhalten. Insofern stellt die Abminderung auf die Hälfte eine pragmatische Lösung dar, um komplizierte Anweisungen bei der Ermittlung von charakteristischen Werten, die nach oben auf der „sicheren" Seite liegen, zu umgehen. Ähnliches gilt für die Kohäsion, die in der Praxis aus Sicherheitsgründen oft relativ gering eingeschätzt wird. Ist sie aber tatsächlich vorhanden, kann der Erddruck leicht gegen null gehen oder es kann sich, z. B. im Zusammenhang mit Temperaturwirkungen, sogar ein Spalt öffnen. Deshalb wurde die Empfehlung gegeben, bei bindigen Böden $E_a = 0$ zu setzen. Allerdings sind bei Fachkunde und Erfahrung des Entwurfsverfassers auch andere Ansätze möglich.

Der Anpassungsfaktor η = 0,8 bzw. 0,9 in den Bemessungssituationen BS-P und BS-T nach EB 62, Absatz 8 zur Ermittlung der Kraft T_k aus der Horizontalkomponente $E_{ah,k}$ und dem Erddruckneigungswinkel $\delta_{a,k}$ mit dem Ansatz

$$T_k = \eta \cdot E_{ah,k} \cdot \tan \delta_{a,k} \qquad (13.6)$$

hat einen anderen Hintergrund. In der früheren DIN 1054, Ausgabe November 1976, Abschnitt 4.1.3.4 war beim Nachweis der Sicherheit gegen Auftrieb für die Lastfälle LF 1 und LF 2 das Eigengewicht mit dem Globalsicherheitsfaktor $\eta_a = 1{,}1$ zu reduzieren und seitliche Bodenreaktionen mit dem um 0,3 erhöhten Faktor $\eta_{as} = 1{,}4$. Um das Sicherheitsniveau beim Teilsicherheitskonzept in etwa gleich zu halten, wurde in DIN 1054:2005 der Anpassungsfaktor η = 0,8 eingeführt, der ziemlich genau dem Verhältnis $\eta_a = 1{,}1$ zu $\eta_{as} = 1{,}4$ entspricht.

Bei der Ermittlung der Vertikalkomponente $F_{A,k}$ der Zugkraft von vorgespannten Ankern darf als günstige Einwirkung nur die tatsächlich vorhandene Kraft eingeführt werden. Dies entspricht der Festlegekraft P_d. Darauf weist EB 62, Absatz 9 hin.

Die Berücksichtigung von günstigen Einwirkungen z. B. $F_{s,k}$ aus der Vertikalkomponente des Erddrucks oder $F_{A,k}$ aus dem Vertikalanteil von Ankerkräften beim Nachweis einer ausreichenden Sicherheit gegen Herausziehen der einzelnen Zugelemente oder beim Nachweis der Sicherheit gegen Aufschwimmen unter Berücksichtigung der Gruppenwirkung setzt Folgendes voraus:

- Die Kräfte müssen an der Schnittstelle Wand/Sohle übertragen werden können.
- Die Verteilung der Kräfte innerhalb der Betonsohle muss gewährleistet sein.

Die entsprechenden Anforderungen sind in EB 62, Absätze 3) und 4) formuliert.

Aus praktischer Sicht können zwei Grenzfälle unterschieden werden:
- relativ schmale Baugruben mit dicken Betonsohlen,
- relativ breite Baugruben mit dünnen Betonsohlen.

Im ersten Fall wird es in der Regel gelingen, die Übertragung von günstigen Einwirkungen z. B. aus der Vertikalkomponente von Erddruckkräften oder aus dem Wandeigengewicht an der Schnittstelle Wand/Sohle und die Beanspruchung der Sohle durch Gewölbewirkung nachzuweisen. Die Kräfte aus Gewölbewirkung können z. B. nach *Baldauf* und *Timm* [11], *Weißenbach* [205] oder, angepasst an DIN EN 1992, nach *Kinzler* und *Morgen* [102] abgeschätzt werden.

Bei relativ breiten Baugruben und dünnen Betonsohlen ohne Bewehrung ist folgende Vorgehensweise sinnvoll. Man weist die Sicherheit gegen Auftrieb und die Beanspruchung der Pfähle für einen repräsentativen Ausschnitt aus der Sohle nach, der die Abmessungen des Pfahlrasters hat und in dessen Mittelpunkt ein Pfahl steht. Günstige Einwirkungen z. B. aus der Vertikalkomponente des Erddrucks, aus Wandeigengewicht oder aus der Vertikalkomponente von Verankerungen entfallen und werden nicht berücksichtigt.

Im Randstreifen prüft man, auf welcher Breite Kräfte aus Gewölbewirkung bei einer vorgegebenen Dicke der Betonsohle übertragen werden können. Im nächsten

Schritt ist die Übertragung an der Schnittstelle zur aufgehenden Verbauwand nachzuweisen. Am Schluss ist das Gleichgewicht der Vertikalkräfte an der Wand selbst zu überprüfen. Angaben zur Reibung und zu Verbundspannungen zwischen Spundwand und Unterwasserbeton finden sich z. B. bei *Wolff* [223]. Die aus den genannten Bedingungen verbleibende kleinste Kraft kann dann dazu genutzt werden, um im Randstreifen entsprechende Anteile der Sohlverankerung einzusparen.

13.6 Hinweise zur 5. Auflage der EAB

Kapitel 10 „Baugruben im Wasser" der EAB wurde wesentlich überarbeitet. Der Begriff Strömungsdruck wurde durchgängig durch den Begriff Strömungskraft ersetzt, der aus mechanischer Sicht zutreffender ist und den vektoriellen Charakter der Einwirkung besser kennzeichnet.

Werden zur Absenkung des Grundwassers Brunnen innerhalb einer Baugrube angeordnet, kommt es zu einer Umströmung des Wandfußes und in der Regel zu Richtungsänderungen der Gradienten und damit der Strömungskräfte. In diesen Fällen müssen ausführlicher als bisher Risiken aus Erosionsvorgängen untersucht werden, z. B. Kontakterosion an Schichtgrenzen oder die innere Filterstabilität der Schichten, s. [35, 146]. In Zweifelsfällen sind die Auswirkungen einer Anisotropie näher zu verfolgen, wenn die horizontale Durchlässigkeit wesentlich größer ist als die vertikale, s. EB 59, Absatz 4b der 5. Auflage. Infolge einer Anisotropie konzentriert sich der Potentialabbau im Vergleich zu isotropen Bedingungen auf der Baugrubenseite zwischen Wandfuß und Baugrubensohle, vgl. *Mittag* und *Richter* [124] sowie *Ziegler* und *Aulbach* [226]. Dadurch erhöht sich z. B. die Gefahr eines hydraulischen Grundbruchs, verbunden mit einer Quellbildung oder rückschreitender Erosion. Der Nachweis einer Anisotropie dürfte in praktischen Fällen schwierig sein. Aufgrund von Streuungen in der Kornverteilung und Feinschichtung wird es kaum gelingen, z. B. durch Laborversuche an Proben mit unterschiedlicher Durchströmungsrichtung einen Anisotropiefaktor zu ermitteln. In der Regel wird man auf numerische Simulation und Parameterstudien angewiesen sein, eventuell in Verbindung mit einer messtechnischen Überwachung während der Bauausführung. Reagiert das System empfindlich auf unterschiedliche Durchlässigkeitsverhältnisse, wird man im Einzelfall die Konstruktion entsprechend sicherer ausführen müssen, z. B. durch Verlängerung der Einbindetiefen.

Dreidimensionale Strömungsverhältnisse, z. B. in den Baugrubenecken, können ebenfalls zu weitaus größeren Strömungskräften führen als im zweidimensionalen isotropen Fall. Diese Erkenntnisse sind nicht neu, wie z. B. die Ausführungen von *Weißenbach* 1981 im Grundbau-Taschenbuch zeigen [207], der sich wiederum auf Untersuchungen von *Davidenkoff* und *Franke* in den 1960er-Jahren bezieht [39, 40]. In der Fachwelt scheint man jedoch erst durch Schadensfälle und Schwierigkeiten bei der Ausführung wieder stärker die Aufmerksamkeit auf diese Themen zu richten. Durch die großen Fortschritte in der EDV stehen seit einigen Jahren der Praxis entsprechende Programme für eine Modellierung von dreidimensionalen Strömungsvorgängen oder anisotropen Verhältnissen zur Verfügung. Eine

Übersicht über die Literatur zu hydraulischem Grundbruch, auch zum Nachweis bei Auflastfiltern, offene Fragen und neue Erkenntnisse geben *Hettler* [77] sowie *Odenwald* und *Herten* [129], vgl. auch *Witt* [222].

Die Empfehlung EB 62 „Nachweis der Sicherheit gegen Aufschwimmen“ wurde insbesondere beim Nachweis von rückverankerten Betonsohlen neu formuliert. Anlass waren Diskussionen im Arbeitskreis „Pfähle“ der Deutschen Gesellschaft für Geotechnik insbesondere zur Frage der Einleitung von seitlichen Kräften in die Betonsohle und deren Verteilung (s. *Hettler* und *Morgen* [85] sowie *Kinzler und Morgen* [102]).

14 Baugruben in weichen Böden

14.1 Allgemeines

Baugruben in weichen Böden zählen zu den schwierigsten Bauaufgaben im Grundbau. In der 5. Auflage der Empfehlungen des Arbeitskreises Baugruben [47] ist diesem Thema das umfangreichste Kapitel gewidmet. Die Empfehlungen gelten für Baugruben, bei denen weicher, feinkörniger, gegebenenfalls mit organischen Bestandteilen durchsetzter Boden ansteht, z. B. Seeton und Beckenschluff. Außerdem können auch aufgeweichte Geschiebelehme und Auelehme sowie organische Böden wie Seekreide, Faulschlamm, Mudden, Klei und zersetzter Torf infrage kommen. Die Böden sind in der Regel normalkonsolidiert, teilweise aber auch unter Eigengewicht noch nicht vollständig auskonsolidiert. Jede der nachfolgend genannten Bodeneigenschaften für sich allein lässt in der Regel darauf schließen, dass ein weicher Boden im Sinne der EAB [47] vorliegt:

- eine breiige oder flüssige Konsistenz entsprechend einer Zustandszahl $I_C < 0{,}50$ nach DIN 18122-1 „Baugrund – Untersuchung von Bodenproben – Zustandsgrenzen (Konsistenzgrenzen) – Teil 1: Bestimmung der Fließ- und Ausrollgrenze“,
- eine Scherfestigkeit des undränierten Bodens $c_{u,k} \leq 20$ kN/m^2,
- eine große Empfindlichkeit (Sensitivität), bestimmt durch das Verhältnis von Bruchscherfestigkeit zu Restscherfestigkeit beim Flügelsondenversuch oder
- ein Wassergehalt von
  $w \geq 35\,\%$ bei weichem Boden ohne organische Bestandteile bzw.
  $w \geq 75\,\%$ bei weichem Boden mit organischen Bestandteilen.

Folgende Bodeneigenschaften geben einen Hinweis darauf, dass ein weicher Boden im Sinne der EAB [47] vorliegen kann:

- eine weiche Konsistenz entsprechend einer Zustandszahl $0{,}75 > I_C \geq 0{,}50$ nach DIN 18122-1,
- eine Scherfestigkeit des undränierten Bodens 40 kN/m$^2 \geq c_{u,k} \geq 20$ kN/m^2,
- eine vollständige oder nahezu vollständige Wassersättigung,
- eine Neigung zum Fließen,
- leicht plastische Eigenschaften nach DIN 18196 „Bodenklassifikation für bautechnische Zwecke“,
- thixotrope Eigenschaften oder
- ein Gehalt an organischen Bestandteilen.

Die Entscheidung, dass es sich im Einzelfall um einen weichen Boden im Sinne der EAB [47] handelt, sollte nicht von einem einzelnen der genannten Kriterien abhängig gemacht werden. Sofern jedoch zwei Kriterien erfüllt sind, ist in der Regel davon auszugehen, dass ein weicher Boden vorliegt. In allen Fällen wirkt es sich erschwerend aus, wenn in die weichen Böden Schichten oder Bänder aus durchlässigerem Boden, z. B. aus Feinsand, eingelagert sind, die unter Porenwasserüberdruck stehen, unabhängig davon, ob dieser schon vor Beginn der Baumaßnahme

Baugruben, 3. Auflage. Achim Hettler, Theodoros Triantafyllidis, Anton Weißenbach.

vorhanden war oder sich erst im Zuge von Aushubarbeiten bzw. Absenkungsmaßnahmen einstellt.

In den folgenden Abschnitten wird auf Verbaukonstruktionen und Bauvorgänge bei Baugruben in weichen Böden eingegangen. Besonderheiten sind aber auch bei der Berechnung und bei der Ermittlung der Scherfestigkeit oder z.B. bei Wasserhaltungsmaßnahmen zu beachten, s. Abschnitte 14.4 bis 14.6, die 5. Auflage der EAB [47] sowie das Buch von *Kempfert* und *Gebreselassi* [100], das zahlreiche Fallstudien mit messtechnischer Überwachung beinhaltet.

14.2 Verbaukonstruktionen

Ist wegen der Baugrubentiefe, wegen der Platzverhältnisse, mit Rücksicht auf Gebäude, Leitungen oder andere bauliche Anlagen oder aus anderen Gründen in einem weichen Boden die Anordnung einer Böschung nicht möglich, dann ist die Baugrube zu verkleiden und soweit wie möglich auszusteifen oder durch eine Verankerung zu sichern. Als Baugrubenverkleidung kommen nur Wände infrage, bei deren Herstellung weder im umgebenden weichen Boden noch an baulichen Anlagen nennenswerte Setzungen und waagerechte Bewegungen zu erwarten sind. Die Gefahr von Setzungen und waagerechten Bewegungen besteht, wenn beim Einbringen bzw. Herstellen der Wand der Boden verflüssigt oder entzogen wird. Im Wesentlichen sind bei Baugruben in weichen Böden Spundwände, Bohrpfahlwände und Schlitzwände geeignet. Trägerbohlwände und aufgelöste Pfahlwände mit einer im Zuge des Aushubs eingebrachten waagerechten Ausfachung zwischen den Pfählen sind als Baugrubenverkleidung in weichem Boden in der Regel ungeeignet. Trägerbohlwände mit einer senkrechten Ausfachung aus Kanaldielen dagegen können bei sorgfältiger Ausführung durchaus infrage kommen. Zu den drei wichtigsten Verfahren werden in [47], EB 92 die nachfolgenden Hinweise gegeben:

Beim Einbringen von Spundwänden ist darauf zu achten, dass Erschütterungswirkungen auf benachbarte Gebäude möglichst geringgehalten werden. Die Anhaltswerte für Schwinggeschwindigkeiten nach DIN 4150-3 „Erschütterungen im Bauwesen – Einwirkungen auf bauliche Anlagen" sind bei den oben beschriebenen Randbedingungen in der Regel zu hoch, weil auf weichem Boden flach gegründete benachbarte Gebäude häufig bereits Verformungen erlitten haben, die mit einem erhöhten inneren Spannungszustand verbunden sind, und die Gebäude daher nur noch geringe Verformungsreserven aufweisen. Außerdem können erschütterungsempfindliche Böden infolge von Porenwasserdruckanstieg Festigkeitsverluste bis hin zur Verflüssigung erleiden.

Im Einzelnen werden in EB 92 weitere Hinweise gegeben
- zum Rammen mithilfe von Schlagbären,
- zum Einrüttelverfahren,
- zum Einpressverfahren.

Für die Herstellung von Bohrpfahlwänden gilt DIN EN 1536 „Spezialtiefbau; Bohrpfähle“. Darüber hinaus werden in EB 92 weitere Hinweise gegeben

- zur Herstellung der einzelnen Pfähle einer Bohrpfahlwand im Hinblick auf ein vergrößertes Voreilmaß des Bohrrohrs, auf die Ausbildung der Bohrkrone und auf die Vermeidung einer Sogwirkung auf die Bohrlochsohle;
- zu den möglichen Ausführungsarten einer Bohrpfahlwand mit überschnittenen Pfählen, mit Zwickeldichtpfählen und als tangierende Bohrpfahlwand mit nachträglichem Verschließen der Lücken während des Aushubs;
- zu den damit verbundenen Möglichkeiten, die Bohrpfahlwand gegen Durchtreten von Wasser und Boden zu sichern;
- zu den Voraussetzungen, die gegeben sein müssen, um unverrohrte, durch Suspension gestützte Bohrungen herzustellen und unmittelbar gegen den Boden zu betonieren.

Für die Herstellung von Schlitzwänden und die hierbei zu führenden Nachweise gilt DIN 4126 „Ortbeton-Schlitzwände; Konstruktion und Ausführung“. Außerdem ist die DIN EN 1538 „Spezialtiefbau; Schlitzwände“ zu beachten, soweit sie nicht zu DIN 4126 im Widerspruch steht. Darüber hinaus werden in EB 92 weitere Hinweise gegeben

- zum Abstand zu benachbarten Gebäuden, insbesondere zu hochbelasteten Giebelfundamenten;
- zu Besonderheiten beim Nachweis der Schlitzstabilität bei weichen Böden;
- zur möglichen Vergrößerung des Suspensionsdrucks;
- zur Überprüfung der zweckmäßigen Zusammensetzung der Stützflüssigkeit an einem Probeschlitz.

Außerdem wird in EB 92 empfohlen,
- das gewählte Einbring- bzw. Herstellungsverfahren vor oder mit Beginn der Bauarbeiten auf dem vorgesehenen Baugrundstück, aber in größerer Entfernung von der vorhandenen Nachbarbebauung, probeweise einzusetzen und anhand von parallel durchgeführten Untersuchungen zu optimieren;
- beim Einsatz von Ankern das Ankerherstellungsverfahren darauf auszurichten, dass ein Entzug, eine Aufweichung oder eine Entfestigung des Bodens vermieden wird;
- unabhängig von der Art der gewählten Verbaukonstruktion die Arbeitsebene so herzustellen, dass der weiche Boden beim Betrieb der Baugeräte seine Tragfähigkeit nicht verliert und nicht ins Fließen gerät.

Falls Schlitzwände oder Spundwände in einer Zement-Bentonit-Suspension in Bereichen von weichem Boden hergestellt werden, kann in dem oberen Bereich der Wand aufgrund eines Frischbetondrucks, der höher sein kann als der Erdruhedruck, eine entsprechende Erddruckerhöhung stattfinden. Dieser erhöhte Ausgangszustand wirkt sich nicht nur auf das Verformungsverhalten aus, sondern beeinflusst beim Aushub auch die aufzunehmenden Steifenkräfte. Dies kann zu einer Erhöhung um 50 % der berechneten Steifenkräfte führen, s. hierzu *Schäfer* [149].

14.3 Bauvorgang

Bei Baugruben in weichen Böden ist wegen der zu erwartenden Verschiebungen

- eine bodenmechanische Einspannung einer nicht gestützten Baugrubenwand allenfalls im ersten Vorbauzustand mit sehr geringer Aushubtiefe und
- eine freie Auflagerung einer gestützten Baugrubenwand unterhalb der Aushubsohle auch nur in begrenztem Umfang

möglich. Daher sind nach [47], EB 93 je nach Baugrubentiefe und Baugrubenabmessungen sowie Baugrund- und Grundwasserverhältnissen die nachfolgend beschriebenen Vorgehensweisen zweckmäßig. Sie gehen von dem ungünstigsten Fall aus, dass im Grundsatz von Geländeoberfläche bis weit unter die Aushubsohle weicher Boden ansteht. Liegen teilweise günstigere Bodenverhältnisse vor, dann dürfen die erforderlichen Maßnahmen entsprechend angepasst werden.

Unabhängig von der Baugrubentiefe ist bei Spundwänden im Vorweg ein umlaufender Kopfbalken in Form einer Gurtung oder eines Holms anzuordnen, der in der Lage ist, Erddruckkräfte aus dem Bereich des jeweils freigelegten Streifens auf die benachbarten Bereiche umzulagern. Außerdem dient er zur Begrenzung der zu erwartenden Kopfverschiebungen. In dieser Hinsicht ist es besonders günstig, diesen Kopfbalken als Gurtung für eine Steifenlage in Geländehöhe auszubilden. Das Gleiche gilt für Ortbetonwände, wenn nicht durch konstruktive Maßnahmen verhindert wird, dass sich die einzelnen Schlitzwandlamellen bzw. die Einzelpfähle unterschiedlich bewegen können.

Bei Baugruben geringer Tiefe, in der Regel bis zu 3 m, und bei nicht zu großer Flächenausdehnung kann wie folgt vorgegangen werden:

a) Im Rahmen einer Tagesleistung wird in Höhe der zukünftigen Baugrubensohle ein etwa 2 bis 3 m breiter, seitlich abgeböschter Graben parallel zur Schmalseite der Baugrube ausgehoben und unterhalb der Gründungsebene des späteren Gebäudes ein aussteifender Unterbetonstreifen hergestellt.
b) Durch fortschreitende Ausführung der Unterbetonstreifen nach Bild 14.1 ergibt sich eine Betonscheibe, welche die Baugrubenwände in Höhe der Baugrubensohle gegeneinander aussteift. In den Eckbereichen der Baugrube kann es zweckmäßig sein, die Unterbetonstreifen diagonal anzuordnen.
c) Zeigen sich bei dieser Bauweise Kopfbewegungen der Baugrubenwand, die nicht hingenommen werden können, dann ist
   - der Graben mit senkrechten Wänden herzustellen und zu verbauen,

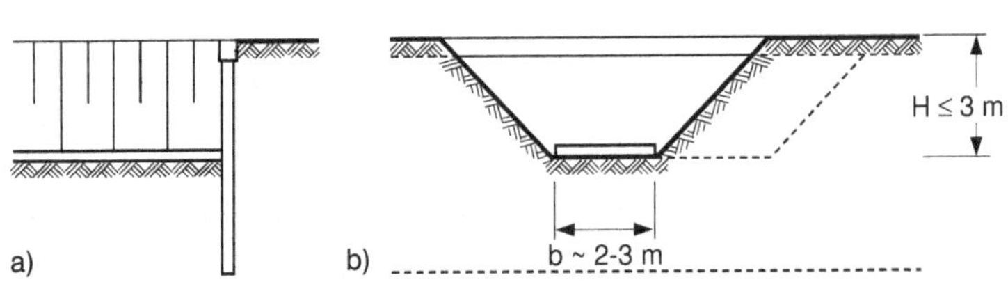

Bild 14.1 Nicht gestützte Baugrubenwand in weichem Boden nach Einbau des ersten Unterbetonstreifens; a) Längsschnitt, b) Querschnitt

– in Geländehöhe eine Aussteifung anzuordnen oder
– die Kernbauweise zu wählen.

Gegebenenfalls kann es zweckmäßig und ausreichend sein, nach und nach in größerem Abstand voneinander mehrere Unterbetonstreifen in verbauten Gräben herzustellen und damit eine wirksame Aussteifung gegenüberliegender Baugrubenwände zu erzielen, bevor die dazwischen liegenden Unterbetonstreifen in einseitig geböschten Gräben ergänzt werden.

Bei Baugruben mittlerer Tiefe, in der Regel bei 3 bis 5 m, muss in zwei oder mehr Aushubstufen streifenweise eine verformungsarme Aussteifungskonstruktion eingebaut werden. Sofern der Grundriss der Baugrube dies erlaubt, kann dabei unmittelbar gegen die jeweils gegenüberliegende Wand ausgesteift werden. Der Bauvorgang spielt sich dann im Grundsatz wie folgt ab:

a) Sofern die oberste Steifenlage nicht bereits im Zusammenhang mit einem Kopfbalken etwa in Geländehöhe eingebaut wird, sondern tiefer, dann kann in einem ersten Schritt der Boden streifenweise bis zur Aushubsohle des ersten Vorbauzustands ausgehoben und jeweils eine Steife eingebaut werden.
b) Anschließend kann der Boden streifenweise bis zur endgültigen Aushubsohle ausgehoben und jeweils ein aussteifender Unterbetonstreifen hergestellt werden.
c) Sofern eine zweite Steifenlage oder mehrere weitere Steifenlagen vorgesehen sind, wiederholt sich der Arbeitsvorgang nach Absatz a), bevor der letzte Arbeitsgang nach Absatz b) die Aushubphase abschließt.

Im Bild 14.2 ist eine einmal ausgesteifte Baugrubenwand im Zustand nach Einbau des ersten Unterbetonstreifens dargestellt.

Bei der Herstellung der Unterbetonstreifen ist Folgendes zu beachten:
a) Der aussteifende Unterbeton sollte mit Rücksicht auf eine schnelle Erhärtung und auf einen zügigen Arbeitsablauf mit schnellabbindendem Zement hergestellt werden.
b) Die Dicke des Unterbetons richtet sich nach dem statischen Nachweis, sollte aber 0,20 m nicht unterschreiten.
c) Erforderlichenfalls sind die Unterbetonstreifen zu bewehren.

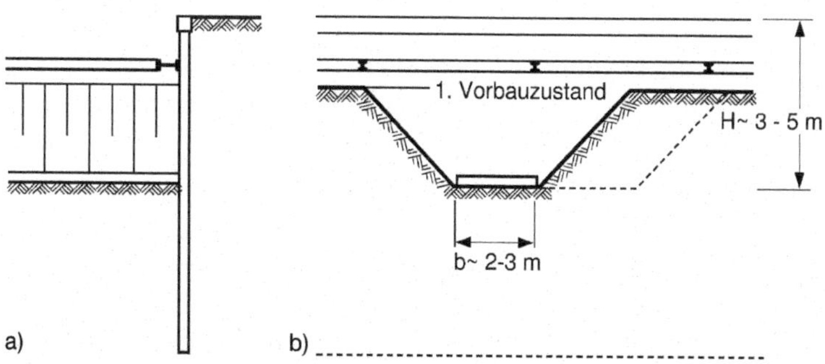

Bild 14.2 Einmal gestützte Baugrubenwand in weichem Boden nach Einbau des ersten Unterbetonstreifens; a) Längsschnitt, b) Querschnitt

Sind die beschriebenen Bauvorgänge wegen zu großer Grundrissabmessungen der Baugrube nicht möglich, dann ist die Kernbauweise zu wählen und wie folgt vorzugehen:

a) In einem ersten Schritt wird in einer abgeböschten oder verkleideten Baugrube der zentrale Teil der Gründungsplatte des Bauwerks bzw. dessen Untergeschoss hergestellt. Bei der abgeböschten Baugrube müssen dabei genügend breite Bermen für eine zuverlässige und verformungsarme Stützung der Haupt-Baugrubenwand verbleiben.
b) In einem zweiten Schritt wird eine Zwischenaussteifung gegen den im zentralen Bereich fertiggestellten Gründungskörper vorgenommen, die Berme streifenweise entfernt und die aussteifende Sohle gegen die Baugrubenwände verlängert. Auf diese Weise erhält die Wand nach und nach eine durchgehende Stützung in Höhe der Baugrubensohle.

Bei Baugruben großer Tiefe, in der Regel mehr als 5 m, in tiefreichendem weichem Boden kann es erforderlich sein, ein Fußauflager der Baugrubenwand im Vorweg durch eine aussteifende Sohle zu schaffen, die z. B. mit dem Düsenstrahlverfahren [99, 133] hergestellt wird. Die Stützung der Baugrubenwände oberhalb der Baugrubensohle erfolgt im Zuge des Aushubvorgangs durch Steifen, gegebenenfalls durch Anker oder mithilfe der Kernbauweise.

Weiche Böden sind besonders empfindlich gegen dynamische Beanspruchungen und gegen Änderungen des Ausgangsspannungszustands infolge von Baugrubenaushub. Um der Gefahr eines Bodenfließens zu begegnen, darf der weiche Boden unmittelbar auf der Aushubebene nicht befahren, bei extremen Verhältnissen nicht einmal ungeschützt betreten werden. Der Aushub muss immer von einem höheren Niveau aus erfolgen. Sofern dies in Teilbereichen nicht möglich ist, muss ein ausreichend dickes Arbeitsplanum geschüttet werden, um den weichen Boden zu schützen.

Weiche Böden und besonders Böden mit Bänderung unter dem Grundwasserspiegel neigen stark zum Fließen. Bauvorgänge mit vorübergehender Zuhilfenahme von Böschungen und Bermen lassen sich dann oftmals nur mit einer Stabilisierung des weichen Bodens, z. B. durch Vakuumbrunnen bzw. Vakuumlanzen, verwirklichen [30]. Hierzu siehe [47], EB 100, Absatz 3 und Absatz 4.

Alle Aus- und Umsteifungsmaßnahmen sind verformungsarm, in der Regel mithilfe hydraulischer Pressen, in kleinen Teilabschnitten vorzunehmen, da sich in weichen Böden Bodengewölbe nicht zuverlässig ausbilden können und Spannungsumlagerungen im Boden unmittelbar mit Wandverschiebungen verbunden sind.

Bei Baugruben in weichen Böden besteht stets die Gefahr des Aufbruchs der Baugrubensohle und des hydraulischen Grundbruchs. Dadurch kann der Boden in der Baugrube starke Hebungen erfahren, der Boden außerhalb der Baugrube starke Setzungen. Um der damit verbundenen Gefahr von Setzungsschäden an benachbarten baulichen Anlagen zu begegnen, ist je nach den Randbedingungen eine der folgenden Maßnahmen oder eine Kombination dieser Maßnahmen zu treffen:

– Erstellung des Bauwerks in kleinen Abschnitten wie für Baugruben mittlerer Tiefe angegeben,
– Verlängerung der Wand über das für eine Fußabstützung erforderliche Maß hinaus nach unten,
– Ausführung eines streifenweise eingebrachten Unterbetons als Gewölbe oder als bewehrter Biegebalken von Verbauwand zu Verbauwand,
– Verankerung eines streifenweise eingebrachten Unterbetons, einer streifenweise eingebrachten Sohlplatte oder einer vorweg im Düsenstrahlverfahren hergestellten Sohle mit Zugpfählen.

Da sich das Verhalten von Baugrubenkonstruktionen in weichem Boden und die Verformungen des außerhalb der Baugrube liegenden Bodens nicht mit der erforderlichen Zuverlässigkeit vorhersagen lassen, ist es unabdingbar, von Anbeginn der Arbeiten an die Einzelteile der Baugrubenkonstruktion, den Boden und die benachbarten baulichen Anlagen zu beobachten und Messungen durchzuführen. Hierzu siehe auch [47], EB 31 bis EB 37, und DIN 4123 „Ausschachtungen, Gründungen und Unterfangungen im Bereich bestehender Gebäude". Zeigen die Messungen, dass im Hinblick auf benachbarte Gebäude, Leitungen, andere bauliche Anlagen oder Verkehrsflächen unzulässig große Bewegungen zu erwarten sind, dann ist das Bauverfahren umzustellen oder es sind zusätzliche Maßnahmen zu treffen.

Eine Kombination verschiedener Maßnahmen zur Sicherung einer Baugrube in weichem Boden zeigt Bild 14.3.

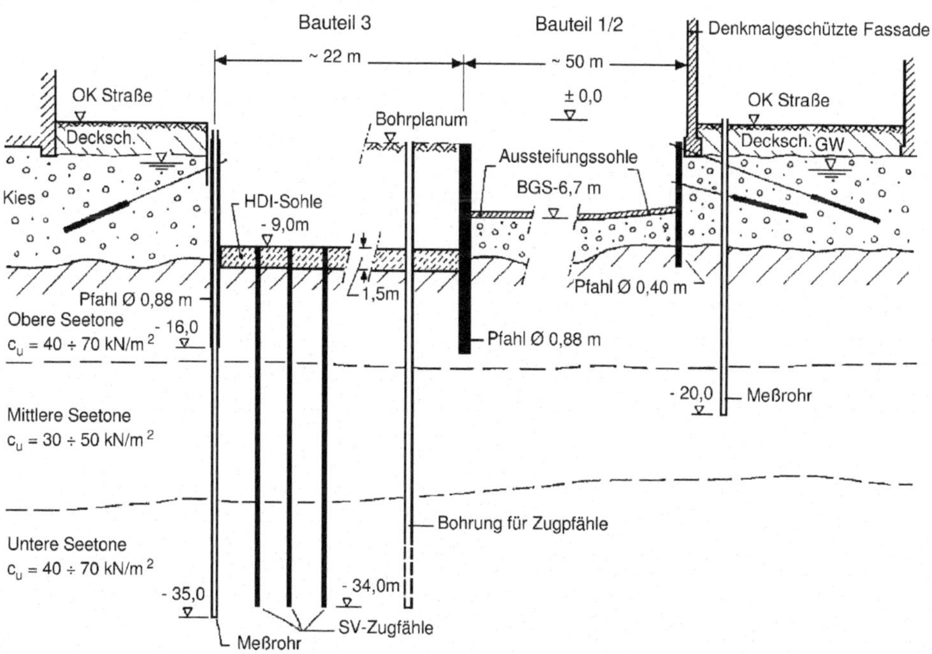

Bild 14.3 Schnitt durch die Baugrube Karstadt in *Rosenheim* [133]

14.4 Scherfestigkeit

Für die Erkundung des Baugrunds im Zusammenhang mit Baugruben in weichen Böden ist in der Regel die geotechnische Kategorie GK 3 nach DIN 4020 „Geotechnische Untersuchungen für bautechnische Zwecke" zugrunde zu legen und ein Sachverständiger für Geotechnik einzuschalten. Er hat zu klären und anzugeben, ob der anstehende weiche Boden unter seinem Eigengewicht bereits konsolidiert ist bzw. ob durch vorhergegangene Baumaßnahmen ein Porenwasserüberdruck entstanden ist oder ob durch die Veränderungen beim Aushub der Baugrube in maßgebenden Bereichen des Bodens ein Porenwasserüberdruck zu erwarten ist. Aufgrund dieser Feststellungen ergibt sich dann im Einzelfall die Entscheidung, ob die Berechnung auf der Grundlage der Scherfestigkeit des dränierten oder des undränierten Bodens durchzuführen ist. Häufig sind annähernd dränierte Randbedingungen zu erwarten. Eine rechnerische Berücksichtigung von undränierten Zuständen ist somit in der Regel nicht erforderlich.

Entsprechend den Randbedingungen im Scherversuch ist zu unterscheiden zwischen

- der Scherfestigkeit des dränierten Bodens mit den Parametern φ'_k und c'_k,
- dem Winkel der Gesamtscherfestigkeit $\varphi'_{s,k}$ des dränierten Bodens,
- der Scherfestigkeit des undränierten Bodens mit den Parametern $\varphi_{u,k}$ und $c_{u,k}$, wobei in der Regel $\varphi_{u,k} = 0$ angenommen wird.

Zur Bestimmung der Scherfestigkeit von sehr weichen, gering plastischen Böden sind diese Versuche nur bedingt geeignet. Daher werden in der Regel zusätzlich zu den üblichen Baugrunderkundungsmaßnahmen und Laborversuchen bei Baugruben in weichen Böden die örtliche Scherfestigkeit $c_{u,k}$ des undränierten Bodens durch Flügelsondierungen ermittelt. Einzelheiten zur Festlegung der Scherfestigkeit $c_{u,k}$ sind in [47], EB 94 angegeben. Unabhängig davon, ob im Anwendungsfall ein Porenwasserüberdruck zu erwarten ist oder nicht, sind jedoch die Ergebnisse von Berechnungen, die unmittelbar auf der Scherfestigkeit $c_{u,k}$ beruhen, unbefriedigend und nicht zielführend. Die Ermittlung von Erddruck und Erdwiderstand ergibt unglaubwürdige Ergebnisse, weil

- bis zu einer von der Größe $c_{u,k}$ abhängigen Tiefe, in der Regel mehr als 1 m, rechnerisch kein Erddruck wirksam ist,
- Erddruck und Erdwiderstand wegen des üblichen Ansatzes $\varphi_{u,k} = 0$ in gleicher Weise mit der Tiefe zunehmen und dadurch bei zunehmender Einbindetiefe im Boden die rechnerische Sicherheit gegen Versagen des Fußauflagers immer kleiner wird.

Dementsprechend gehen die in [47], EB 95 vorgeschlagenen Regelungen davon aus, dass die Scherfestigkeit stets als Reibungswinkel angesetzt wird, entweder

- in Form des im Scherversuch ermittelten oder aus der Scherfestigkeit $c_{u,k}$ abgeleiteten Winkels der Gesamtscherfestigkeit $\varphi'_{s,k}$ im Fall, dass kein Porenwasserüberdruck zu berücksichtigen ist, oder

– in Form eines Ersatzreibungswinkels ers $\varphi'_{s,k}$ auf der Grundlage der Scherfestigkeit $c_{u,k}$, im Fall, dass Porenwasserüberdruck zu berücksichtigen ist.

Einzelheiten dazu sind in [47], EB 94 geregelt.

14.5 Angaben zur Berechnung

Als Ausgangspunkt für die Untersuchung einer Baugrubenwand in weichem Boden ist wie bei anderen Böden der Erdruhedruck anzusehen. Für den Erdruhedruckbeiwert eines unter Eigengewicht konsolidierten Bodens werden in [47], EB 95 empirische Näherungsansätze wiedergegeben, die vom Reibungswinkel, von der Plastizitätszahl bzw. vom Wassergehalt an der Fließgrenze ausgehen. Eine Auswertung dieser Ansätze ergibt Erdruhedruckbeiwerte von $K_0 = 0{,}45$ bis etwa $K_0 = 0{,}85$. Der Ansatz des Erdruhedrucks als größtmöglicher Erddruck ist allerdings nur sinnvoll, wenn aufgrund des gewählten Bauvorgangs am Wandkopf und in Höhe der Aushubsohle eine Wandbewegung so gut wie ganz vermieden wird. Dies kann der Fall sein, wenn

- eine Pfahlwand oder eine Schlitzwand angeordnet wird,
- bereits von der Geländeoberfläche aus im Düsenstrahlverfahren oder durch Bodenverfestigung eine aussteifende Sohlplatte hergestellt wird und
- die erste Steifenlage ohne nennenswerten Voraushub eingebaut und vorgespannt wird.

Bei der Anordnung von Spundwänden kommt wegen deren Verformbarkeit nur ein erhöhter aktiver Erddruck infrage. Ohne die im Vorweg eingebrachte Sohlplatte ist immer vom Ansatz des geradlinig mit der Tiefe zunehmenden aktiven Erddrucks auszugehen. Bei starker Vorspannung der Steifen kann allenfalls eine mäßige Erddruckumlagerung nach oben erzwungen werden. Bei der Ermittlung der Erddrucklast darf unterstellt werden, dass zwischen Baugrubenwand und Boden eine Adhäsion wirksam ist. Vereinfachend ist es zulässig, anstelle dieser Adhäsion den Erddruckneigungswinkel $\delta_{a,k} = \frac{1}{3}\varphi'_k$ anzusetzen, wobei für φ'_k der Winkel der Gesamtscherfestigkeit $\varphi'_{s,k}$ bei konsolidiertem Boden bzw. der Ersatzreibungswinkel ers $\varphi_{s,k}$ bei nicht konsolidiertem Boden zugrunde zu legen ist. Bei sehr kleiner Scherfestigkeit kann der aktive Erddruck größer werden als der Erdruhedruck. In diesem Fall darf für die Ermittlung der Wandbelastung der Erdruhedruck zugrunde gelegt werden.

Sofern keine Möglichkeit besteht oder keine Maßnahmen ergriffen werden, um eine tiefliegende, durchlässige Schicht zu entwässern, ist damit zu rechnen, dass wassergesättigter weicher Boden unter Auftrieb steht und ein hydrostatischer Wasserdruck wirksam ist. Wenn die Wand in eine tragfähige, undurchlässige Schicht einbindet, ist wie üblich der charakteristische Wasserdruck auf den beiden Seiten der Wand zu überlagern, sodass nur noch der resultierende Wasserdruck als Einwirkung wirksam ist. Als Näherung darf dieser Ansatz auch zugrunde gelegt werden, wenn die Wand nicht in eine undurchlässige Schicht einbindet. Bei einer genaueren Untersuchung wird nach [47], EB 63 die Umströmung der Wand berücksichtigt. Die Auswirkungen auf Erddruck und Erdwiderstand werden in [47], EB 97 für Bauzustände mit bzw. ohne aussteifende Sohlplatte dargestellt. Sofern die Setzungen infolge einer Aufschüttung oder einer Bauwerksgründung neben der geplanten Baugrube noch nicht abgeklungen sind und dementsprechend ein Porenwasserüberdruck wirkt, ist der hydrostatische Wasserdruck auf der ganzen wirksamen Höhe um den Porenwasserüberdruck zu vergrößern. Es kann außerdem ein natürlicher Porenwasserüberdruck z. B. bei ausgedehnten Sandbändern oder aus artesischer Herkunft vorhanden sein.

In der Regel unterliegt der Grundwasserspiegel jahreszeitlichen Schwankungen. Wegen des außerordentlich ungünstigen Einflusses, den der Wasserüberdruck auf die Ermittlung der Einbindetiefe und der Schnittgrößen der Baugrubenwand ausübt, wird in [47], EB 100 empfohlen, den Grundwasserspiegel durch eine außerhalb der Baugrube angeordnete Ringdränung auf den niedrigsten aus der Vergangenheit bekannten Stand abzusenken.

Wegen der zu erwartenden Kopfbewegungen ist eine volle bodenmechanische Einspannung im weichen Boden nur bei geringer Aushubtiefe möglich. Sie reicht allenfalls aus, um den Aushub vor dem Einbau von Steifen oder Ankern zu ermöglichen. Sofern die Baugrube nicht abgeböscht werden kann, ist somit immer von einer Stützung der Baugrubenwand etwa in Geländehöhe auszugehen. Bei der Ermittlung der Schnittgrößen und beim Nachweis der ausreichenden Einbindetiefe werden folgende Fälle unterschieden:

- Bauzustände ohne aussteifende Sohle,
- Bauzustände mit einer streifenweise im Zuge des Aushubs eingebrachten aussteifenden Sohle,
- Bauzustände mit einer im Vorweg von der Geländeoberfläche aus eingebrachten aussteifender Sohle.

In Bauzuständen ohne aussteifende Sohlplatte ist ein Gleichgewicht der waagerechten Kräfte nur zu erreichen, wenn vor dem Wandfuß eine Bodenreaktion in Anspruch genommen wird. Sie wird geradlinig mit der Tiefe zunehmend angenommen. Der als Bezugsgröße für die maximal aufnehmbare Bodenreaktion zugrunde gelegte Erdwiderstand darf ebenso wie der aktive Erddruck mit dem Winkel der Gesamtscherfestigkeit $\varphi'_{s,k}$ bzw. mit dem Ersatzreibungswinkel ers $\varphi_{s,k}$ ermittelt werden. Hierbei darf anstelle einer Adhäsion vereinfachend der Erddruckneigungswinkel $\delta_{p,k} = -\frac{1}{3}\varphi_k$ angesetzt werden, sofern nicht der Nachweis $\Sigma V = 0$ dies verbietet, z. B. bei den Gegebenheiten des Bildes 14.4. Mit Rücksicht auf den Gebrauchszustand ist zur Begrenzung der Wandverschiebung der über den Erdruhedruck hinausgehende Anteil des Erdwiderstands mit dem Anpassungsfaktor $\eta_p \leq 0{,}75$ abzumindern.

In Bauzuständen mit einer im Vorweg oder im Zuge des Aushubvorgangs streifenweise eingebrachten aussteifenden Sohlplatte wird das Gleichgewicht der Kräfte in erster Linie durch den Druckwiderstand der Sohlplatte sichergestellt. Im Übrigen können auf der Baugrubenseite außer dem erhalten gebliebenen Erdruhedruck unterhalb der Sohlplatte auch Bodenreaktionen auftreten, z. B. bei einer großen

Belastung infolge des Erddrucks aus Gebäudelasten, bei großem Wasserüberdruck oder bei starker Vorspannung der Steifen bzw. Anker. Hierzu werden in [47], EB 95 EB 96 und EB 98, eingehende Vorschläge für den Ansatz der Bodenreaktion angeboten, auch der Ansatz von elastischer Bettung. Darüber hinaus enthalten die Empfehlungen EB 98, EB 99 und EB 101 eine Reihe von weiteren Hinweisen, z. B.:

a) Wegen des großen Einflusses auf die Schnittgrößen sind in der Regel in jedem Bauzustand zumindest die rechnerischen Vorverformungen der Baugrubenwand und ihre Auswirkungen in Form von Auflagerpunktverschiebungen in Höhe der jeweils nächsten Stützung in den folgenden Bauzuständen zu berücksichtigen.
b) Für die Bauzustände, die sich nach Einbau einer Steifenlage in Höhe der Geländeoberfläche örtlich und zeitlich begrenzt einstellen, werden Angaben über die Führung der erforderlichen Standsicherheitsnachweise gegeben, darüber hinaus aber auch die Ausführungsbedingungen genannt, bei deren Einhaltung auf den rechnerischen Nachweis verzichtet werden darf.
c) Für den Nachweis der Sicherheit gegen Aufbruch der Baugrubensohle gelten im Grundsatz die Angaben im Abschnitt 7.4. Dort wird auch der Sonderfall mit $\varphi_{u,k} = 0$ behandelt, siehe auch EB 99.
d) Bei hochliegendem Grundwasserstand sind insbesondere Baugruben, bei denen der weiche Boden unmittelbar unterhalb der Baugrubensohle ansteht, stark durch hydraulischen Grundbruch gefährdet.
e) Bei Baugruben in durchgehend weichem Boden und bei Baugruben, bei denen der weiche Boden unmittelbar unterhalb der Baugrubensohle ansteht, ist der Nachweis der Geländebruchsicherheit mit einem deutlich unter $\mu = 1$ liegenden Ausnutzungsgrad zu führen. Die Normalkraft und der Widerstand gegen Abscheren oder Anheben einer aussteifenden Sohlplatte dürfen als günstig wirkend im Nachweis berücksichtigt werden.
f) Bei verankerten Baugrubenwänden ist die Standsicherheit in der tiefen Gleitfuge nach EB 44 nachzuweisen. Dabei ist zu beachten, dass sich bei Baugruben in einem Boden, in dem tragfähige Schichten und weiche Schichten abwechseln, eine tiefe Gleitfuge einstellen kann, die nicht geradlinig vom Schwerpunkt der Verpressstrecke zum Fußpunkt der Wand verläuft, sondern auf größere Länge durch eine waagerechte Gleitfläche in einer der weichen Schichten unterbrochen ist.
g) Bei Baugruben, bei denen die weiche Schicht nach Bild 14.4 unterhalb des Wandfußes ansteht und somit die Ausbildung eines Fußauflagers in der Deckschicht möglich ist, ist Folgendes zu beachten:
   - Bei der Ermittlung des aktiven Erddrucks ist der Erddruckneigungswinkel mit $\delta_{a,k} = 0$ anzusetzen, weil die Abtragung von Vertikallasten in den Untergrund nicht sichergestellt ist.
   - Bei ausgesteiften Baugruben nach Bild 14.4a ist der Nachweis der ausreichenden Einbindetiefe in der tragfähigen Deckschicht zu erbringen. Dabei ist der Erddruckneigungswinkel zu $\delta_{p,k} = 0$ anzusetzen, damit nicht rechnerisch eine Gleitfläche durch den weichen Boden maßgebend wird.

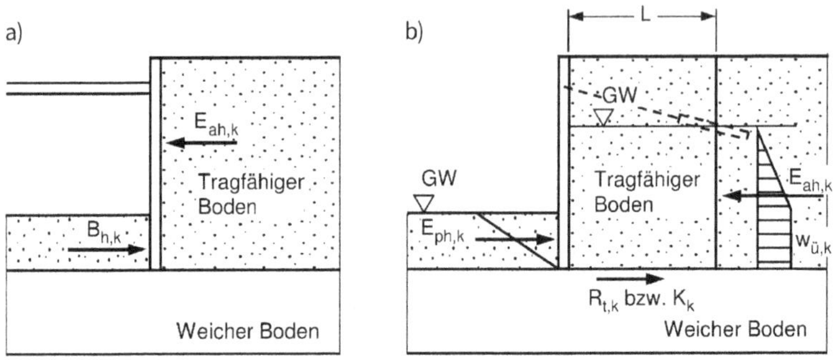

Bild 14.4 Baugrube mit weichem Boden unterhalb des Wandfußes; a) ausgesteifte Wand, b) verankerte Wand

- Bei verankerten Baugrubenwänden nach Bild 14.4b ist eine ausreichende Gleitsicherheit nachzuweisen. Für den Gleitwiderstand ist der kleinere von zwei möglichen Widerständen maßgebend, entweder die Reibungskraft $R_{t,k}$ oder die Kohäsionskraft K_k.
- Insbesondere bei der verankerten Wand kann ein Ausnutzungsgrad $\mu < 1{,}0$ erforderlich sein, um die zu erwartenden Verschiebungen zu begrenzen.

h) In EB 100 werden die Wasserhaltungsmaßnahmen beschrieben, die innerhalb der Baugrubenumschließung erforderlich bzw. zulässig sind.

i) In EB 101 werden zusammenfassend alle Maßnahmen aufgelistet, mit denen die Gebrauchstauglichkeit der Baugrubenkonstruktion sichergestellt werden kann.

14.6 Wasserhaltungsmaßnahmen

a) Bei weichen Böden sind erhebliche Setzungen zu erwarten, wenn das Grundwasser so weit abgesenkt wird, dass die Wirkung des Auftriebs verloren geht und das Gewicht des wassergesättigten Bodens wirksam wird. Eine Absenkung außerhalb der Baugrubenumschließung, gegebenenfalls auch eine Entspannung des Grundwasserspiegels, ist daher nur innerhalb eng gezogener Grenzen zulässig. Dabei sind weitreichende Sandbänderungen zu berücksichtigen.

b) In der Regel unterliegt der Grundwasserspiegel jahreszeitlichen Schwankungen. Wegen des außerordentlich ungünstigen Einflusses, den der Wasserüberdruck auf die Ermittlung der Einbindetiefe und der Schnittgrößen der Baugrubenwand ausübt, empfiehlt es sich, den Grundwasserspiegel durch eine außerhalb der Baugrube angeordnete Ringdränung auf den niedrigsten aus der Vergangenheit bekannten Stand abzusenken. Es darf in der Regel davon ausgegangen werden, dass der Boden bei diesem Stand konsolidiert ist.

c) Innerhalb einer verkleideten Baugrube ist es in der Regel zulässig, eingelagerte Bänder aus Feinsand oder Grobschluff zu entwässern bzw. den vorhandenen gespannten Wasserspiegel abzusenken. Dabei sollten die Brunnen oberhalb des Fußes der Baugrubenwand enden, um nach außen reichende Auswirkungen der Absenkung möglichst gering zu halten. Hierfür sind Vakuumfilterbrunnen einzusetzen, wenn eine Schwerkraftentwässerung nicht ausreicht oder wenn zusätzlich ein Verfestigungseffekt erzielt werden soll.

d) Der örtliche Einsatz von Vakuumlanzen zur Stabilisierung von Böschungen, z. B. beim Herstellen der Gräben zum Einbringen von Unterbetonstreifen, ist in der Regel im Hinblick auf benachbarte bauliche Anlagen unbedenklich.

e) Restschichtwasser und Oberflächenwasser sollten stets durch eine filterstabile Flächendränung nach DIN 4095 „Dränung zum Schutz baulicher Anlagen" in Pumpensümpfe abgeleitet werden. Die Pumpensümpfe sind so lange in Betrieb zu halten, bis ein Aufschwimmen der Bauwerkssohle nicht mehr möglich ist.

f) Die Wirkungen der Wasserhaltungsmaßnahmen innerhalb und außerhalb der Baugrube sind laufend zu überwachen.

15 Baugruben in felsartigen Böden

Sofern die in Abschnitt 1.2 genannten Bedingungen für die Anordnung einer Felsböschung nicht eingehalten werden können oder der erforderliche Platz dafür nicht zur Verfügung steht, sind die Baugrubenwände ganz oder teilweise zu verkleiden und auszusteifen oder zu verankern. Größe und Verteilung des Drucks auf verkleidete und gestützte Baugrubenwände in geklüftetem Fels sind im Wesentlichen abhängig von Neigung, Abstand, Oberflächenform und Durchtrennungsgrad der Kluftflächen, von der wirksamen Scherfestigkeit der Kluftfüllung und vom Kreuzungswinkel zwischen Fall- bzw. Streichrichtung und Baugrubenwand. Dabei können sich die im ungestörten Zustand vorhandenen Eigenschaften des Gesteins durch äußere Einflüsse verändern. So können z. B.

- durch Sprengungen verursachte Erschütterungen,
- durch den Zutritt von Luft oder Wasser bzw. durch Entspannungsbewegungen des Gesteins verursachte Zerfallserscheinungen oder Quellerscheinungen,
- durch Druckumlagerungen verursachte Änderungen des Porenwasserdrucks in der Kluftfüllung und ein damit verbundenes plastisches Fließen

einen Einfluss auf Größe und Verteilung des Gebirgsdrucks ausüben. Außerdem spielt der Bauvorgang eine wesentliche Rolle bei der Entwicklung des Drucks auf verkleidete und gestützte Baugrubenwände.

Die Baugrubenverkleidung und ihre Abstützung sind so auszubilden, dass Bewegungen möglichst vermieden werden. Alle stützenden Teile sind unverzüglich nach dem Freilegen des Gebirges einzubauen und satt an das freigelegte Gestein anzuschließen. Auf diese Forderungen ist deshalb besonders zu achten, weil Messungen und Beobachtungen gezeigt haben, dass – im Gegensatz zum Verhalten von Lockergestein – durch progressiven Bruch die Größe des Gebirgsdrucks erheblich zunehmen kann, wenn Bewegungen auftreten. Die Kraft, mit der ein Felsanschnitt gestützt werden muss, damit dieser progressive Bruch nicht zustande kommt, wird als Gebirgsstützkraft bezeichnet. Die Einwirkung des Gebirges auf den Baugrubenverbau wird im Folgenden entsprechend [47], EB 39 als Gebirgsdruck bezeichnet. Ist die Baugrubenwand vollflächig verkleidet und kann nicht für eine Ableitung von anfallendem Kluftwasser gesorgt werden, so ist zusätzlich auch der Druck des Kluftwassers zu berücksichtigen.

Bei der Ermittlung des Gebirgsdrucks ist von den vorgegebenen Trennflächen auszugehen. Zu unterscheiden sind hierbei im Wesentlichen folgende Gleitflächenarten:

- in vorhandenen durchgehenden Schichtfugen verlaufende Gleitflächen (Bild 15.1a),
- parallel zu nicht durchgehenden Klüften verlaufende Gleitflächen (Bild 15.1b),
- treppenförmig in Schichtflächen und Kluftflächen verlaufende Gleitflächen (Bild 15.2).

Bei durchgehenden Gleitflächen, die entsprechend Bild 15.1a in einer Schichtfläche verlaufen, ist die Restscherfestigkeit des gerissenen Gesteins in der Gleitfläche

Baugruben, 3. Auflage. Achim Hettler, Theodoros Triantafyllidis, Anton Weißenbach.

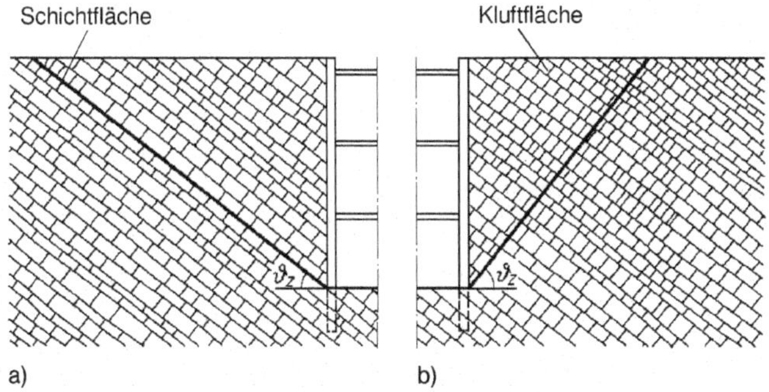

Bild 15.1 Durchgehende Gleitflächen bei Baugruben in nicht standfestem Fels; a) Gleitfläche in einer Schichtfläche, b) Gleitfläche parallel zu den Kluftflächen

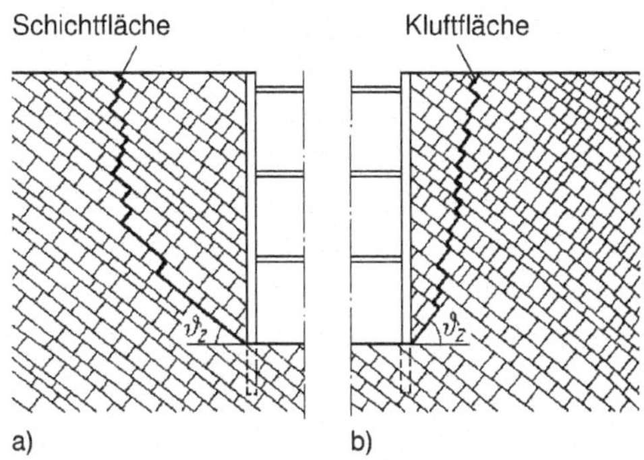

Bild 15.2 Treppenförmige Gleitflächen bei Baugruben in nicht standfestem Fels; a) Gleitbewegung in Schichtflächen, b) Gleitbewegung in Kluftflächen

maßgebend, bei unterschiedlichen Gesteinen die Restscherfestigkeit der jeweils schwächeren Schicht. Diese kann gegebenenfalls nur einige Millimeter dick und zu Lockergestein zerfallen sein und als Gleitschicht zwischen den festeren Gesteinsschichten wirken.

Bei Gleitflächen, die entsprechend Bild 15.1b parallel zu den Kluftflächen verlaufen, ist anzustreben, dass in allen Bauzuständen durch eine entsprechend ausgebildete Verkleidung und Stützung der Baugrubenwand in den Trennflächen keine Bewegungen auftreten und somit die Materialbrücken nicht durchtrennt werden. In diesem Fall ist für die Ermittlung des Gebirgsdrucks die Gesteinsscherfestigkeit in den Materialbrücken maßgebend. Liegen diese Voraussetzungen nicht vor, dann muss davon ausgegangen werden, dass infolge unvermeidbarer Bewegungen die Materialbrücken durchtrennt werden. Es sind dann für die Ermittlung des Gebirgsdrucks die Scherfestigkeit der Kluftfüllung im Bereich der vorhandenen Klüfte und die Restscherfestigkeit der Materialbrücken nach ihrer Durchtrennung anteilig maßgebend. Bei hohem Durchtrennungsgrad ist die Scherfestigkeit der Kluftfüllung allein maßgebend. In jedem Fall ist darüber hinaus nachzuweisen, dass auch der aus einer abgetreppten Gleitfläche nach Bild 15.2 sich ergebende Gebirgsdruck vom Verbau aufgenommen werden kann. Maßgebend für deren Ermittlung ist die Scherfestigkeit der Kluftfüllung. Liegen dafür keine genaueren Untersuchungen vor, dann kann der Reibungswinkel der Kluftfüllung nach [47], EB 39 in Abhängigkeit von der Kornzusammensetzung wie folgt abgeschätzt werden:

- $\varphi'_k = 30°$ bei sandiger Kluftfüllung,
- $\varphi'_k = 20°$ bei schluffiger Kluftfüllung,
- $\varphi'_k = 10°$ bei toniger Kluftfüllung.

Auf den Ansatz einer Kohäsion ist in der Regel im oberflächennahen Bereich (üblicherweise 1 m von der Wand, GOK) zu verzichten. Bei Kluftfüllungen aus reinem Ton oder aus schmierigen Ton-Schluff-Gemischen und bei nicht konsolidierten, unter Porenwasserdruck stehenden Kluftfüllungen kann es erforderlich werden, die Scherfestigkeit mit $\varphi'_k = 0$ anzunehmen.

Verläuft im Grundriss die Falllinie rechtwinklig bzw. die Streichlinie parallel zur Baugrubenwand, so können die gleichen Berechnungsansätze verwendet werden wie bei der Ermittlung des Erddrucks aus Bodeneigenlast bei Annahme einer Zwangsgleitfläche unter dem Winkel ϑ_z. Eine Wandreibung darf dabei nur angenommen werden, wenn eine einwandfreie Abtragung der Vertikalkräfte in den Untergrund gewährleistet ist. Unabhängig davon sollte in der Regel, wenn keine besondere Erfahrung vorhanden ist, ein rechnerischer Mindestbemessungserddruck auf die Baugrubenverkleidung nicht unterschritten werden, der sich in Anlehnung an den Mindesterddruck bei Lockergestein mit $\varphi_{Ers} = 40°$ ergibt, wenn keine begleitenden Messungen ausgeführt werden, bzw. mit $\varphi_{Ers} = 45°$, wenn solche Messungen vorgesehen werden.

Über die Verteilung des Gebirgsdrucks auf verkleidete und gestützte Baugrubenwände ist durch Messungen bislang wenig bekannt. In [47], EB 40 wird empfohlen, sowohl bei ausgesteiften als auch bei verankerten Baugrubenwänden als Lastfigur ein durchgehendes Rechteck zu wählen und die damit ermittelten Querkräfte, Auflagerkräfte und Normalkräfte unabhängig von der Art der Baugrubenverkleidung um 30 % zu erhöhen. Darüber hinaus ist es zweckmäßig, alle Steifen bzw. Anker vorzuspannen und bei der rechnerischen Last festzulegen, um damit dem Gestein die angenommene Druckverteilung aufzuzwingen und dabei gleichzeitig einer Entfestigung des Gesteins vorzubeugen

Der Widerstand des Gebirges vor dem Fuß einer durchgehenden Baugrubenwand kann analog zum Gebirgsdruck ermittelt werden. Maßgebend ist entweder eine Gleitfläche in einer durchgehenden Schichtfläche oder eine Gleitfläche, die parallel zu nicht durchgehenden Kluftflächen verläuft. Für den Widerstand des Gebirges vor Bohlträgern ist der Durchmesser des Bohrlochs maßgebend, welches in der Regel auszubetonieren ist. Eine räumliche Wirkung darf nur in Rechnung gestellt werden, wenn Durchtrennungsgrad, Kluftdichte, Kluftfüllung und Kluftrichtung dies rechtfertigen. Ohne besonderen Nachweis darf als Ersatzbreite für die räumliche Wirkung nicht mehr als die Hälfte der Einbindetiefe, höchstens jedoch das Zweifache des Bohrlochdurchmessers bei ausbetonierten Bohrlöchern angesetzt werden. Außerdem ist zu prüfen, ob aufgrund vorgegebener Trennflächen Verschneidungen auftreten, die vom Bohlträger bzw. vom ausbetonierten Bohrloch aus nach oben zur Baugrubensohle verlaufen. Die dadurch gebildeten Teilgleitkörper können – vor allem bei geringer Einbindetiefe – für die Ermittlung des Gesteinswiderstands maßgebend sein.

16 Untersuchung besonderer Baugrubenkonstruktionen

16.1 Baugruben mit besonders großen Abmessungen

16.1.1 Besonders breite Baugruben

Zu jeder Aussteifungsart gehört eine größte Baugrubenbreite, die ohne besondere Maßnahmen nicht überschritten werden kann. Wenn man von den Kanalbaugruben absieht, die im Allgemeinen nicht breiter sind als 4 m und mit den üblichen Kanalstreben oder mit Rundholz ausgesteift werden, ergeben sich bei der Verwendung von Holzsteifen und Stahlsteifen in statischer und wirtschaftlicher Hinsicht gewisse Grenzen für die erreichbare Baugrubenbreite:

- Rundholzsteifen bis etwa 10 m Baugrubenbreite,
- HE-B-Stahlsteifen ohne Knickhaltung bis etwa 15 m Baugrubenbreite,
- HE-B-Stahlsteifen mit Knickhaltung bis etwa 22 m Baugrubenbreite,
- Stahlrohrsteifen oder Gitterträger bis etwa 30 m Baugrubenbreite.

Die angegebenen Baugrubenbreiten können bei Anordnung einer Mittelwand nach Bild 16.1a verdoppelt, bei Anordnung von zwei Mittelwänden verdreifacht werden. Die Standsicherheit solcher Mittelwände ist statisch nachzuweisen. Man nimmt dazu entsprechend DIN 4124 „Baugruben und Gräben" bzw. nach EAB [47], EB 52 Absatz 9, als Bemessungslast 1 % der Summe der in den angeschlossenen Steifen vorhandenen Normalkräfte an. Außerdem ist entsprechend EAB [47], EB 56, in einer Höhe von 1,20 m über der jeweiligen Aushubsohle eine waagerechte Einzellast von H = 100 kN in beliebiger Richtung zu berücksichtigen, sofern keine konstruktive Sicherung gegen den Anprall von Baugeräten angeordnet ist. Sind zur Verkürzung der Knicklänge zwei oder mehrere dieser Konstruktionen nebeneinander angeordnet, so ist jede einzeln für die angegebenen Lasten zu bemessen. Das Gleiche gilt für gemeinsame Verbände. Geschweißte Anschlüsse sind wegen der möglichen Zwängungen für das Doppelte der so errechneten Lasten zu bemessen.

Die ermittelten Längskräfte müssen durch entsprechende Verbände in das Erdreich abgeleitet werden. Bei langgestreckten Baugruben kommen dafür zwei Möglichkeiten infrage: entweder die Anordnung von waagerechten Verbänden in der Steifenebene und senkrechten Verbänden an den Baugrubenwänden oder die Anordnung von senkrechten Verbänden in der Ebene der Mittelwand. Im ersten Fall

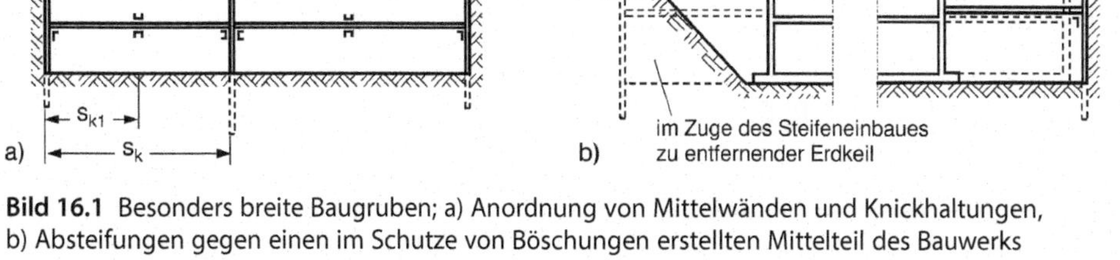

Bild 16.1 Besonders breite Baugruben; a) Anordnung von Mittelwänden und Knickhaltungen, b) Absteifungen gegen einen im Schutze von Böschungen erstellten Mittelteil des Bauwerks

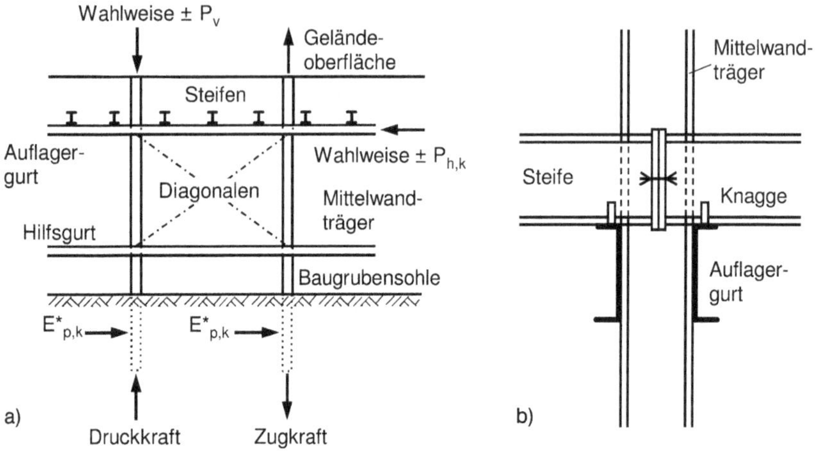

Bild 16.2 Einzelheiten einer Mittelwand zur Verkürzung der Knicklänge der Steifen; a) einwirkende Kräfte, b) Detail der Steifenauflagerung

werden die Längskräfte in die Baugrubenwände und von dort auf das Erdreich übertragen, im zweiten Fall wirken die Mittelwände im Bereich der Auskreuzung als starre Scheiben und übertragen die Längskraft in den Untergrund unterhalb der Baugrubensohle (Bild 16.2). Die dabei entstehenden Druck- und Zugpfahlwirkungen in den Mittelwandträgern sind mit den rechnerisch ermittelten Zug- und Druckkräften aus einer angenommenen Schräglage 1:100 der Steifen zu überlagern. Die Nichtbeachtung der räumlichen Stabilität von Mittelwänden war die entscheidende Ursache des aufsehenerregenden Einsturzes eines Teils der Baugrube der Berliner S-Bahn im Jahre 1935 [41, 140].

Wenn man die mit der Anordnung von Mittelwänden verbundenen Schwierigkeiten vermeiden will, bietet sich die im Bild 16.1b dargestellte Lösung an. Zunächst wird nur der Mittelteil der Baugrube ausgehoben, die Baugrubenwände kragen zum Teil aus und werden im Übrigen durch Böschungen gestützt, die am Rand der Baugrube stehen bleiben.

Sobald der Mittelteil des Bauwerks fertiggestellt ist, werden die Baugrubenwände gegen diesen Mittelteil abgesteift. Anschließend kann der Bereich zwischen den Baugrubenwänden und dem Bauwerksmittelteil ausgehoben und fertiggestellt werden. Baubetrieblich ist diese Lösung nicht sehr günstig, da der zweite Arbeitsgang zeitlich vom ersten abhängig ist. Sie kann aber immer noch günstiger sein als die Anordnung von Schrägsteifen nach Abschnitt 16.4. Wesentlich einfacher sind in dieser Hinsicht verankerte Baugrubenwände, sofern eine Verankerung möglich ist.

16.1.2 Besonders tiefe Baugruben

Bei tiefen Baugruben kann die Herstellung der Baugrubenwände mit Schwierigkeiten verbunden sein, insbesondere bei Spundwänden und Trägerbohlwänden. Auch bei verdichtungswilligen und hindernisfreien Böden sind im Allgemeinen nur

Rammtiefen bis etwa 20 m erreichbar. Wenn sich die Spundwände und Bohlträger bei tiefen Baugruben nicht bis zur erforderlichen Tiefe unter die vorgesehene Baugrubensohle rammen lassen, stehen folgende Möglichkeiten zur Auswahl:

- man verzichtet auf die Einbindung der Rammträger in den Boden unter der Baugrubensohle und rechnet das untere Ende als Kragarm,
- man setzt die Bohlträger in vorgebohrte, unter Umständen unverrohrte Löcher und rammt überhaupt nicht oder nur noch einen Teil der Länge,
- man verwendet anstelle von Bohlträgern die Mantelrohre von Bohrpfählen, an die laufend mit dem Aushub Flansche angeschweißt werden,
- man ordnet eine Bohrpfahlwand oder eine Schlitzwand an,
- man wählt eine gestaffelte Baugrube.

Die im ersten Fall genannte Verkürzung der Rammträger führt dazu, dass keine Vertikalkräfte in den Untergrund abgeleitet werden können. Der aktive Erddruck muss somit für den Erddruckneigungswinkel $\delta_{a,k} = 0$ ermittelt werden. Diese Lösung empfiehlt sich auch aus einem anderen Grund. Bei Baugruben und Tiefen von mehr als 15 m wird die rechnerische Normalkraft in den Spundwänden und Bohlträgern sehr groß und die Ableitung in den Untergrund schwierig. Außerdem wirkt sich bei der Bemessung der Spundwände oder Bohlträger die Normalspannung aus der Vertikalkomponente des Erddrucks bei großen Baugrubentiefen sehr stark aus. Oft ist es für die Bemessung der Baugrubenverkleidung günstig, auf eine Einbindung der Wand in den Untergrund zu verzichten, den Erddruckneigungswinkel mit $\delta_{a,k} = 0$ anzusetzen und die damit verbundene rechnerische Erhöhung des Erddrucks um 10 bis 20 % in Kauf zu nehmen. Die gleichen Überlegungen gelten auch für Bohlträger, die in vorgebohrte Löcher gesetzt werden und für die Mantelrohre von Bohrpfählen, die anstelle von Bohlträgern angeordnet werden. Bei Bohrpfahlwänden und Schlitzwänden spielt die Frage der Aufnahme von Vertikalkräften im Allgemeinen keine Rolle.

Gestaffelte Baugruben können entsprechend den Gegebenheiten und Erfordernissen aus Spundwänden, Ortbetonwänden und Trägerbohlwänden kombiniert werden. Nachteilig ist bei der Herstellung von Ortbetonwänden bzw. beim Rammen einer zweiten Spundwandstaffel, dass die bereits eingebaute Aussteifung im oberen Teil der Baugrube laufend umgesetzt werden muss. Bei Trägerbohlwänden kann dies umgangen werden, indem die Träger jeweils zwischen den Steifen der oberen Staffel angeordnet werden. Alle diese Probleme lassen sich bei größeren Baugruben vermeiden, wenn der obere Teil der Baugrube nach Bild 16.3b verankert wird. Zu beachten ist, dass die Erschütterungen beim Rammen der zweiten Staffel die Standsicherheit der bis dahin erstellten Baugrubenkonstruktion beeinträchtigen können. Im Allgemeinen wird man nicht mehr als zwei, höchstens drei Staffeln wählen. Werden sie entsprechend Bild 16.3a unmittelbar voreinander angeordnet, dann ist der Erddruck wie für eine von oben bis unten durchgehende Wand zu ermitteln. Bei größerem Abstand der Staffeln kann es zweckmäßig sein, zur Ermittlung der Erddrucklast eine genauere Untersuchung mit gebrochenen oder gekrümmten Gleitflächen vorzunehmen. Auch auf die Verteilung des Erddrucks kann der Abstand der Staffeln Einfluss haben. Je größer dieser Abstand, desto geringer ist die

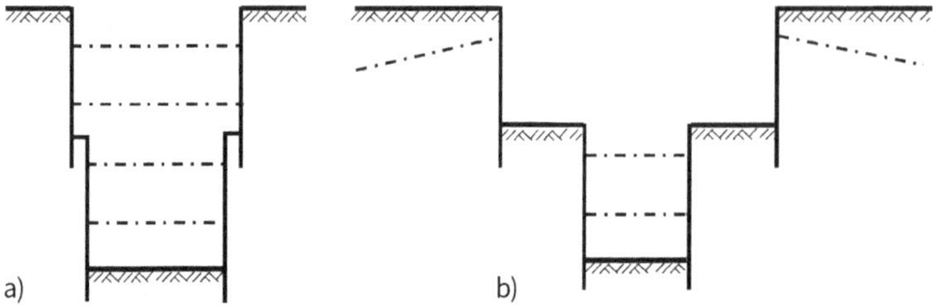

Bild 16.3 Gestaffelte Baugruben; a) schmale Berme, beide Staffeln ausgesteift, b) breite Berme, obere Staffel verankert, untere Staffel ausgesteift

Ordinate des umgelagerten Erddrucks in Höhe der Berme. Sofern eine entsprechende Untersuchung bei größerem Abstand ergibt, dass bei getrennter Ermittlung die Erddruckkraft auf die obere Wand und die Erddruckkraft auf die untere Wand zusammen größer sind als die Erddruckkraft bei Annahme einer durchgehenden Gleitfläche, dann sind die beiden Wände bei der Ermittlung von Größe und Verteilung des Erddrucks jeweils für sich zu behandeln. Eine Auflagerkraft am Fuß der oberen Wand ist allerdings als zusätzliche Belastung der unteren Wand anzusetzen. Dabei kann jedoch eine entsprechende Lastausbreitung im Untergrund angenommen werden, sofern keine feste Verbindung zwischen dem Fuß der oberen Wand und dem Kopf der unteren Wand besteht.

16.2 Baugruben mit besonderem Grundriss

16.2.1 Quadratische und rechteckige Baugruben

Grundsätzlich können quadratische und rechteckige Baugruben wie langgestreckte Baugruben konstruiert und berechnet werden. Im Allgemeinen werden bei Trägerbohlwänden an den Ecken jeweils zwei Bohlträger angeordnet (Bild 16.4a). Da diese doppelten Eckträger jeweils nur durch ein halbes Bohlenfeld belastet sind, genügen dafür Bohlträgerprofile, deren Widerstandsmoment bis zur Hälfte geringer sein darf als das Widerstandsmoment der übrigen Bohlträger. Die andere mögliche Lösung, die Anordnung jeweils eines auf Doppelbiegung beanspruchten Bohlträgers an den Ecken, setzt eine Verringerung der Stützweite in der schwachen Achse voraus, sofern auf die ganze Länge bzw. Breite der Baugrube der gleiche Erddruck angesetzt wird. Bei nachgiebigen Wänden wie Spundwänden und Trägerbohlwänden ist es allerdings vertretbar, den Erddruck an den Baugrubenecken abzumindern, da sich die Gleitkeile an diesen Stellen gegenseitig behindern (Bild 16.5a). Eine vorsichtige Abschätzung der Reibungskräfte, die dadurch geweckt werden, führt zu dem Vorschlag nach Bild 16.5b, den Erddruck von $e_{h,k} = 0$ an der Baugrubenecke geradlinig zunehmen zu lassen und erst im Abstand $0{,}20 \cdot H$ den vollen rechnerischen Wert anzusetzen. Bei einer Baugrubentiefe $H = 10$ bis 15 m entspricht das einer Breite von 2,0 bis 3,0 m, also dem üblichen Bohlträgerabstand. Für Baugruben, deren Tiefe deutlich kleiner ist als die Breite bzw. Länge, ergibt sich bei einer genaueren Untersuchung nach *Walz* [198] die Breite, auf welcher der Erddruck abgemindert werden darf, etwa zu $\leq 0{,}30 \cdot H$. Hierzu siehe auch [47],

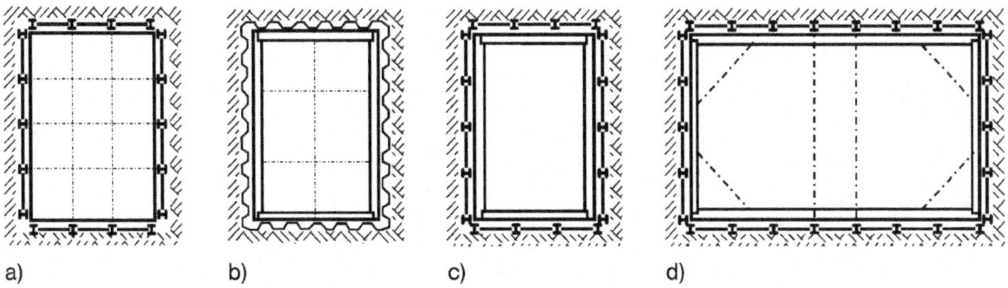

Bild 16.4 Rechteckige Baugruben; a) Bohlträger gegeneinander ausgesteift, b) Spundwandgurte gegeneinander ausgesteift, c) steifenfreie Baugrube, d) mit Diagonalsteifen und Normalsteifen ausgesteifte Baugrube

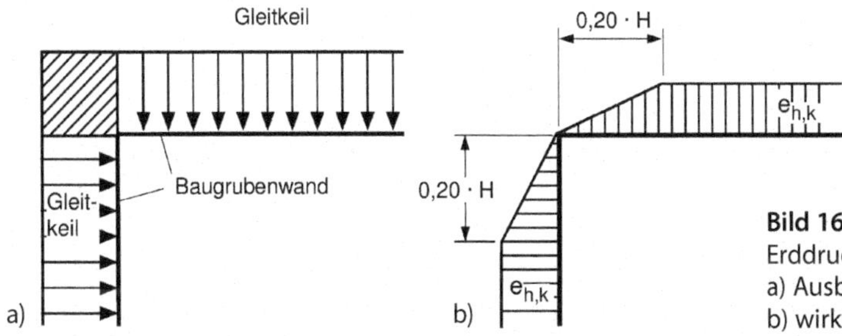

Bild 16.5 Abminderung des Erddrucks an Baugrubenecken; a) Ausbildung von Gleitkeilen, b) wirksamer Erddruck

EB 75. Unabhängig von der Anordnung der Eckträger lassen sich die auftretenden Auflagerkräfte der Eckträger im Allgemeinen durch die winkel- oder U-förmigen Gurte übertragen, die zur Auflagerung der Steifen erforderlich sind. Auch bei Spundwänden und beim senkrechten Grabenverbau können die angeordneten Gurte aus Holz, Stahl oder Stahlbeton zusätzlich zum Biegemoment auch die Längskraft aufnehmen und auf die gegenüberliegende Baugrubenseite übertragen (Bild 16.4b).

An den wenig nachgiebigen Ecken von Baugruben, die mit Schlitzwänden oder überschnittenen Bohrpfahlwänden verkleidet sind, ist davon auszugehen, dass der Erdruhedruck annähernd erhalten bleibt. Die Abminderung des Erddrucks infolge der räumlichen Wirkung ist daher im mittleren Bereich der Baugrubenseiten zu erwarten. Dementsprechend darf hier nach EB 75 auf einer Länge von 0,40 · H bis 0,60 · H der Erddruck auf die Hälfte abgemindert werden. Zweckmäßiger dürfte es sein, diese Länge und den anteiligen Erddruck zu vergrößern. Wird z. B. der Erddruck nur auf 75 % abgemindert, dann erhält man eine Länge von 0,80 · H bis 1,20 · H, auf welcher der abgeminderte Erddruck anzusetzen ist.

Durch die gegenseitige Abstützung der jeweils gegenüberliegenden Baugrubenwände erhält man eine schachbrettartige Aussteifung der Baugrube. Im Allgemeinen wird man dafür sorgen, dass die Vertikalkräfte aus Eigenlasten und Nutzlast der Aussteifung durch die Steifen mit der kürzeren Spannweite abgetragen werden. Darüber hinaus ist es in den meisten Fällen zweckmäßig, die Knicklänge der Steifen herabzusetzen, indem man sie an den Kreuzungspunkten miteinander verbin-

Bild 16.6 Mit Stahlbeton ausgesteifter Anfahrschacht für einen Schildvortrieb (Elbtunnel Hamburg, Los 11, Elbhang), Foto: Ph. Holzmann AG

det. Bei einer Stahlbetonaussteifung ist dies besonders einfach, da sich die Bauteile in einer Ebene durchkreuzen können (Bild 16.6). Bei einer Stahlaussteifung ist die Anordnung in einer Ebene im Allgemeinen unwirtschaftlich, da die Steifen in der einen Richtung stückweise zwischen die Steifen der anderen Richtung eingepasst werden müssen. In diesem Fall ist es zweckmäßig, die Steifen so in zwei Ebenen einzubauen, dass die Flansche sich berühren. Zur Herabsetzung der Knicklänge genügt eine einfache Schraubverbindung zwischen den Trägerflanschen. Bei Holzsteifen lässt sich eine solche Verbindung ebenfalls durch einen im Kreuzungspunkt angeordneten Schraubenbolzen herstellen. Gegebenenfalls müssen Unebenheiten durch Futterstücke ausgeglichen werden.

Oft behindert die im Bild 16.4b gezeigte schachbrettartige Anordnung der Steifen den Bauvorgang. In solchen Fällen wird man versuchen, die jeweils auf einer Seite angreifenden Erddruckkräfte zusammenzufassen und konzentriert zur gegenüberliegenden Baugrubenseite zu leiten. Eine steifenfreie Baugrube erhält man, wenn man an allen vier Seiten der Baugrube kräftige Gurte anordnet (Bild 16.4c). Bei größeren Abmessungen der Baugrubenseiten scheidet diese Lösung allerdings aus. Es ist dann mit der Anordnung von Gurten, Fachwerkträgern, Diagonalsteifen und rechtwinklig zur Baugrubenwand verlaufenden Steifen die jeweils günstigste Lösung zu ermitteln. Besonders vorteilhaft ist die im Bild 16.4d gezeigte Grundform einer mit normalen Steifen und kopfbandartigen Diagonalsteifen ausgesteiften Baugrube. Im Übrigen sind zahlreiche Kombinationen möglich.

16.2.2 Baugrubenstirnwände

Sofern langgestreckte Baugruben nicht rampenförmig auslaufen, brauchen sie an ihren Enden einen Abschluss. Lassen sich die Stirnwände nicht abböschen oder verankern, dann müssen geeignete Abfangekonstruktionen vorgesehen werden. Bei Baugruben mit geringer Tiefe und geringer Breite reichen dafür im Allgemeinen einfache Biegeträger nach Bild 16.7a aus, die in jeder Steifenlage angeordnet und wie die Auswechslungen an Baggerlöchern berechnet werden. Bei größeren Baugrubenabmessungen kann ein Sprengwerk nach Bild 16.7b bzw. c oder ein Fachwerkträger nach Bild 16.7d erforderlich werden. Für die Aufnahme der Auflagerkräfte kommen folgende Möglichkeiten infrage:

- Übertragung durch Reibung von der Baugrubenwand in das Erdreich,
- Übertragung in eigens dafür angeordneten Nischen in das Erdreich.

Bei der Ableitung der Stirnwandkräfte durch Diagonalsteifen nach Bild 16.7b bzw. c kann eine Bodenreaktion geweckt werden, welche die Längswand örtlich stärker beansprucht als der wirksame aktive Erddruck. Auch bei der Ableitung der Stirnwandkräfte in seitlich angeordneten Nischen ist zu untersuchen, ob dadurch der Erddruck auf die Baugrubenlängsseiten vergrößert wird. Diese Gefahr ist bei rechtwinklig angeordneten Nischen nach Bild 16.7d größer als bei schiefwinklig angeordneten Nischen nach Bild 16.7c. Gegebenenfalls sind diese nach außen gerichteten Kräfte durch Zugglieder aufzunehmen.

Den geringeren Aufwand verursacht im Allgemeinen die Ableitung des Stirnwanderddrucks auf die Baugrubenlängsseiten. Die aus den Biegegurten, Sprengwerken oder Fachwerkträgern der Stirnwandabfangungen punktförmig abgegebenen Kräfte müssen durch entsprechend bemessene Gurte in die Längswände abgeleitet werden. Bei Trägerbohlwänden genügt allerdings die Anordnung von Gurten in der jeweiligen Höhenlage der Abfangekonstruktionen oft nicht. Liegen diese in der Höhe weit auseinander, dann ist durch zusätzliche Gurte und Verbände dafür zu sorgen, dass die angreifenden Kräfte gut auf die Wand verteilt werden, ohne die Bohlträger allzu sehr in der schwachen Achse auf Biegung zu beanspruchen. Wenn die Verbände an der Baugrubenwand so angeordnet sind, dass sie nur auf Zug beansprucht werden, eignen sich dafür Flachstähle, die den Arbeitsraum nur unwesentlich einengen. Auf jeden Fall aber müssen an den Gurten Knaggen oder Schraubverbindungen angebracht werden, welche die Längskräfte in die Einzelteile der Wände einleiten. Dies gilt auch für die einzelnen Bohlen einer Spundwand, die sich anderenfalls ziehharmonikaartig in Längsrichtung zusammendrücken ließen. Die Flachstahlverbände können entfallen, da die Bohlen infolge der weitgehend schubfesten Verbindungen in den Schlössern wie eine Scheibe wirken. Sinngemäß das Gleiche gilt für Schlitzwände und für Bohrpfahlwände mit überschnittenen Pfählen, nicht aber für aufgelöste Bohrpfahlwände, die in dieser Hinsicht wie Trägerbohlwände zu behandeln sind.

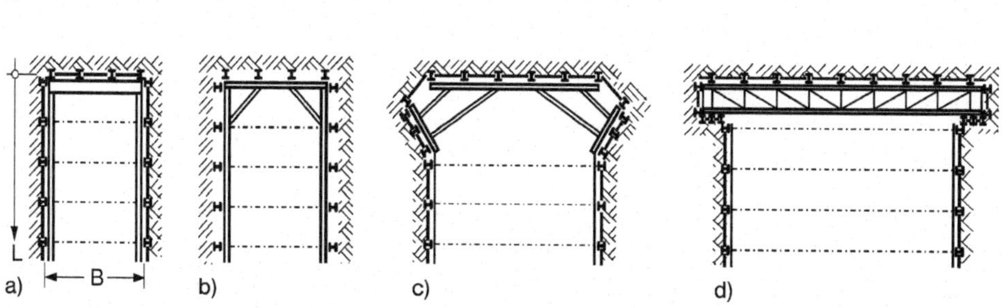

Bild 16.7 Stirnwandabfangungen; a) Biegeträger mit Ableitung der Längskräfte in die Längswände, b) Sprengwerk mit Ableitung der Längskräfte in die Längswände, c) Sprengwerk mit Ableitung der Längskräfte in schräg angeordneten Nischen, d) Fachwerkträger mit Ableitung der Längskräfte in rechtwinklig angeordneten Nischen

Ebenso wie die Einleitung der Längskräfte in die Baugrubenwand ist auch die Abtragung der Längskräfte von der Baugrubenwand in das anliegende Erdreich nachzuweisen. Bei Spundwänden, Bohrpfahlwänden und bei Trägerbohlwänden, deren Bohlen hinter den vorderen Flanschen der Träger verkeilt sind, erhält man die für die Abtragung der Stirnwandkräfte erforderliche Wandlänge L bei waagerechtem Gelände näherungsweise aus dem Ansatz

$$L \approx B/\tan\delta_{L,k} \tag{16.1}$$

Mit B wird hier die Breite der Stirnwand bezeichnet. Der Längsreibungswinkel darf hierbei höchstens zu $\delta_{L,k} = \frac{2}{3}\,\varphi'_k$ angenommen werden, wenn der Erddruck auf die Baugrubenwand mit dem Erddruckneigungswinkel $\delta_{a,k} = \frac{2}{3}\,\varphi'_k$ ermittelt worden ist. Die Resultierende aus den beiden Winkeln ergibt sich dann zu $\delta_{max} \approx \varphi'_k$, das ist der größtmögliche Wandreibungswinkel, der nur bei sehr rauen Wänden auftreten kann. Bei Schlitzwänden und bei Trägerbohlwänden, bei denen die Bohlen hinter den rückwärtigen Flanschen von Bohlträgern verkeilt werden, sind dementsprechend kleinere Werte für den Längsreibungswinkel $\delta_{L,k}$ anzunehmen, gegebenenfalls auch für den Erddruckneigungswinkel $\delta_{a,k}$. Im Übrigen berücksichtigt Gl. (16.1) den Fall, dass der Erddruck bei unterschiedlicher Belastung der Geländeoberfläche auf der Stirnwand bis zu 30 % größer sein kann als der Erddruck auf den Baugrubenlängsseiten. Wird ein rechnerischer Nachweis geführt, dann ist, mit den Teilsicherheitsbeiwerten für den Grenzzustand GEO-2, folgende Grenzzustandsbedingung maßgebend:

$$E_{GhB,k} \cdot B \cdot \gamma_G + E_{QhB,k} \cdot B \cdot \gamma_Q \leq 2 \cdot E_{GhL,k} \cdot L \cdot \tan\delta_{L,k}/\gamma_{R,e} \tag{16.2}$$

Mit $E_{GhB,k}$ wird hier der Erddruck aus Bodeneigengewicht auf die Stirnwand bezeichnet, mit $E_{QhB,k}$ der Erddruck aus Nutzlasten auf die Stirnwand, mit $E_{GhL,k}$ der Erddruck aus Bodeneigengewicht auf die Längswand. Mit der Unterscheidung von $E_{GhB,k}$ und $E_{GhL,k}$ wird der Fall erfasst, dass der Erddruck auf die Längswand mit zunehmendem Abstand von der Stirnwand in Abhängigkeit von der Baugrubentiefe größer oder kleiner wird.

16.2.3 Baugrubenverbreiterungen

Ähnliche Überlegungen wie bei der Ableitung von Stirnwandkräften in die Baugrubenlängswände lassen sich bei Baugruben anstellen, die sich trompetenförmig erweitern. Der größte zulässige Winkel $\beta_{s,d}$ zwischen Steifenachse und Längswand ergibt sich zu

$$\tan\beta_{s,d} \approx \tan\delta_{L,k}/\gamma_G \cdot \gamma_{R,e} \tag{16.3}$$

Für die verschiedenen Formen der konstruktiven Ausbildung von Baugrubenverbreiterungen lassen sich damit folgende Regeln aufstellen:

Erweitert sich eine Baugrube nach Bild 16.8a dergestalt, dass die eine Seite der Baugrube gerade durchläuft und die andere unter dem Winkel β_L zu ihr steht, so dürfen die Steifen rechtwinklig zur durchgehenden Baugrubenwand gesetzt werden, sofern der Winkel $\beta_{s,d}$ zwischen der Steifenachse und der Baugrubenwand die

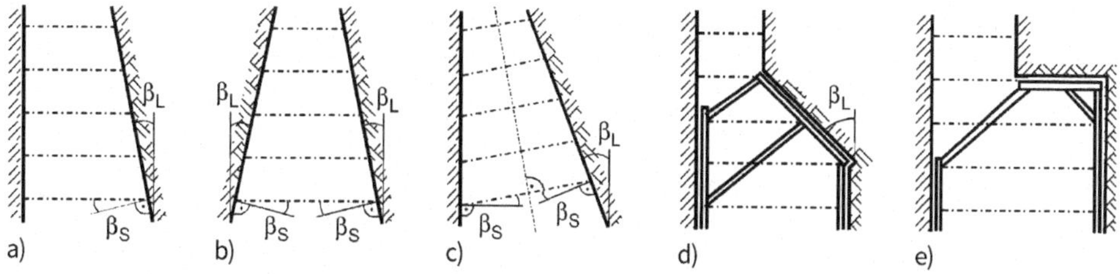

Bild 16.8 Baugrubenverbreiterung; a) einseitige Verbreiterung mit $\beta_L \leq \beta_{s,d}$, b) zweiseitige Verbreiterung mit $\beta_L \leq \beta_{s,d}$, c) einseitige Verbreiterung mit $\beta_L > \beta_{s,d}$, d) einseitige Verbreiterung mit $\beta_L > \beta_{s,d}$, e) sprunghafte Verbreiterung

durch Gl. (16.3) gegebene Bedingung einhält. Das Gleiche gilt bei einer Baugrube nach Bild 16.8b, deren Wände jeweils den Winkel β_L mit der geradlinig durchlaufenden Achse einschließen. Die Bedingung der Gl. (16.3) gilt in diesem Fall für jede Baugrubenseite. Ist bei einer einseitigen Baugrubenerweiterung der Winkel β_L größer als der Winkel $\beta_{s,d}$, so lässt sich die Baugrube ohne großen Aufwand sichern, wenn die Steifen rechtwinklig zur Baugrubenachse angeordnet werden (Bild 16.8c). Die Steifen treffen dann auf keine der beiden Baugrubenseiten rechtwinklig auf.

Nimmt die Baugrubenbreite mit der Länge stärker zu, als es die Gleichung $\beta_L \leq 2 \cdot \beta_{s,d}$ erlaubt, dann wird man – sofern nicht eine Rückverankerung infrage kommt – die Steifen rechtwinklig zur durchlaufenden Wand anordnen und die Verbreiterung als Stirnwandabfangung behandeln. Zwischen einer Baugrubenverbreiterung unter dem Winkel $\beta_L > 2 \cdot \beta_{s,d}$ nach Bild 16.8d und einer sprunghaften Baugrubenverbreiterung nach Bild 16.8e besteht somit kein grundsätzlicher Unterschied. In beiden Fällen muss der in Längsrichtung der Baugrube wirkende Erddruck durch eine geeignete Konstruktion aufgenommen und in das Erdreich abgeleitet werden.

Die Anordnung der Steifen nach Bild 16.8a bis Bild 16.8c wirkt sich nicht auf die Beanspruchung der Baugrubenwand aus. Anders ist dies bei einer Baugrube nach Bild 16.8d oder 16.8e. In diesen Fällen ergibt sich zwangsläufig jeweils im Bereich der Knickpunkte oder auf der gegenüberliegenden Seite eine Konzentration der Belastung. Da die Kräfte auf beiden Enden einer Steife im Gleichgewicht sein müssen, wird bei ungleichen Feldweiten jeweils auf der Baugrubenseite, an der die Steifen zusammenlaufen, Erdwiderstand geweckt. Bei Trägerbohlwänden kann man diesen Umstand auf einfache Weise berücksichtigen, indem man an beiden Enden einer Steife die gleichen Bohlträger anordnet. Bei Spundwänden kann es erforderlich werden, im Bereich solcher Spannungskonzentrationen ein stärkeres Profil zu wählen. Bei Schlitzwänden wird man, falls erforderlich, die betreffenden Lamellen, bei Bohrpfahlwänden die betreffenden Pfähle stärker bewehren.

Sofern bei Baugruben nach Bild 16.8a bis Bild 16.8c die Steifen unter einem Winkel β_s an der Baugrubenwand auftreffen, der höchstens gleich ist dem nach Gl. (16.3) ermittelten Winkel $\beta_{s,d}$, werden rechnerisch keine Kräfte in Längsrichtung der

Baugrubenwand auf andere Bereiche der Baugrube abgeleitet. In Wirklichkeit ist es durchaus möglich, dass eine gewisse Umlagerung der Kräfte stattfindet. Der Grund kann in wechselnden Festigkeitseigenschaften des Bodens, in einem ungleichen Ankeilen der Steifen, in einem ungleich satten Anliegen der Bohlen am Erdboden und anderen nicht vermeidbaren Ungenauigkeiten der Ausführung liegen. Bei Spundwänden ist dies ohne Belang, da sie eine ausreichende Steifigkeit in Längsrichtung besitzen. Bei Trägerbohlwänden sollten dagegen stets konstruktive Verbände an der Baugrubenwand angeordnet werden.

16.2.4 Kreisförmige Baugruben

Bei kreisförmigen Baugruben reicht es im Allgemeinen aus, den gleichen Erddruck wie auf die unendlich lange Wand anzusetzen und Spundwände oder Bohlträger und Bohlen dafür zu bemessen, sofern die Tiefe im Verhältnis zum Durchmesser klein ist. Bei kreisförmigen Baugruben, deren Tiefe größer ist als ihr Durchmesser, liegt der räumliche Erddruck deutlich unter dem Erddruck nach der klassischen Erddrucktheorie, sofern die Baugrubenkonstruktion ausreichend nachgiebig ist, um die räumliche Wirkung zustande kommen zu lassen. Näherungsweise kann der Erddruckansatz wie folgt gewählt werden:

a) Bei unnachgiebigen Systemen, z. B. bei einem Kreis aus Schlitzwandelementen oder überschnittenen Bohrpfählen, kann als oberer Grenzwert die Erdruhedrucklast E_0 infrage kommen. Als unterer Grenzwert kann eine Erddrucklast von der Größe $E_k = \frac{1}{2} \cdot (E_{0,k} + E_{aR,k})$ angenommen werden. Mit E_{aR} wird hier die räumliche aktive Erddrucklast nach der modifizierten Elementscheibentheorie nach *Walz/Hock* [199, 200] bezeichnet.
b) Bei annähernd unnachgiebigen Systemen, z. B. bei durch Aussteifungsringe gestützten Spundwänden und nicht überschnittenen Bohrpfahlwänden, kann als oberer Grenzwert eine Erddrucklast von der Größe $E_k = \frac{1}{2} \cdot (E_{0,k} + E_{aR,k})$, als unterer die räumliche Erddrucklast $E_{aR,k}$ nach der modifizierten Elementscheibentheorie angesehen werden.
c) Bei wenig nachgiebigen Systemen, z. B. bei durch Aussteifungsringe gestützten Trägerbohlwänden mit Bohlenausfachung, kann als oberer Grenzwert eine Erddrucklast $E_{aR,k}$ nach der modifizierten Elementscheibentheorie, als unterer Grenzwert eine Erddrucklast nach dem vereinfachten Ansatz von *Beresanzew* [16] angesehen werden.
d) Bei stark nachgiebigen Systemen, z. B. bei Baugrubenwänden, die nicht durch Ringe gestützt, sondern nur im Boden eingespannt sind, darf die Erddrucklast nach dem vereinfachten Ansatz von *Beresanzew* ermittelt werden.
e) Anstelle der modifizierten Elementscheibentheorie von *Walz/Hock* darf bei nichtbindigen Böden auch der Ansatz von *Steinfeld* [170] gewählt werden, sofern die Umhüllende der möglichen Erddruckverteilungen zugrunde gelegt wird.

Der Ringverspannungsfaktor ist bei der Ermittlung des räumlichen Erddrucks nach der modifizierten Elementscheibentheorie mit $K_y = 0{,}5$ anzusetzen, wenn der obere Grenzwert gesucht wird, dagegen mit $K_y = 1{,}0$ bei der Ermittlung des unteren

Grenzwerts. Sinngemäß gelten beim Ansatz nach *Steinfeld* die Ringverspannungsfaktoren $\lambda_s = 0{,}7$ und $\lambda_s = 1{,}0$.

Der Ausbau mit Tübbingen oder mit Spritzbeton kann je nach Abschachthöhe und Standfestigkeit des anstehenden Bodens als wenig nachgiebiges System oder als annähernd unnachgiebiges System angesehen werden. Das Gleiche gilt für Trägerbohlwände mit einer Betonausfachung, die eine ringförmige Lastabtragung sicherstellt. Bei unnachgiebigen Systemen ist anzunehmen, dass die Verteilung des Erddrucks nur wenig von der geradlinigen Zunahme mit der Tiefe abweichen wird. Liegen jedoch die Voraussetzungen für das Auftreten des aktiven Erddrucks vor, dann ist die Gesamtlast des räumlichen aktiven Erddrucks sinngemäß wie bei ebenen Baugrubenwänden über die Wandhöhe zu verteilen. In Zweifelsfällen empfiehlt es sich, mit zwei Grenzverteilungen zu rechnen und für die Bemessung der Einzelteile die jeweils größeren Schnittgrößen zugrunde zu legen.

Unvorhergesehene Abweichungen von der Radialsymmetrie, z. B. Inhomogenitäten des Bodens, die in den Bodenaufschlüssen nicht erkannt worden sind, oder unplanmäßige geometrische Imperfektionen sind beim Lastansatz zu erfassen. Näherungsweise darf dazu ein radial wirkender, nach einer Cosinus-Funktion verteilter Erddruck aus einer einseitigen Nutzlast $p_k = 10$ kN/m^2 angesetzt werden. Soweit die Belastung aus Verkehr oder Baubetrieb über die durchgehende Gleichlast $p_k = 10$ kN/m^2 hinausgeht, brauchen nur tatsächlich mögliche Laststellungen berücksichtigt zu werden. Wird der Erddruck aus Bodeneigengewicht als Erdruhedruck angesetzt, dann darf auch der Erddruck aus Nutzlast nach der Theorie des elastischen Halbraums ermittelt werden; wird beim Erddruck aus Bodeneigengewicht der Mittelwert zwischen dem Erdruhedruck und dem aktiven Erddruck angesetzt, dann gilt dies auch für den Erddruck aus Nutzlast.

Die infolge einer einseitigen Belastung auftretenden Bodenreaktionen sind entsprechend der Wechselwirkung zwischen dem Last-Verformungsverhalten der Baugrubenkonstruktion und dem Last-Verformungsverhalten des Bodens anzusetzen. Näherungsweise darf unter Verzicht auf die seitlichen Bettungsreaktionen auf der gegenüberliegenden Seite ein Erddruck von gleicher Größe und Verteilung wie auf der Lastseite zugrunde gelegt werden. Bei höheren Ansprüchen an die Genauigkeit der ermittelten Schnittgrößen und Verformungen, z. B. bei Baugruben neben Bauwerken, sind genauere Verfahren anzuwenden. Sofern das Bettungsmodulverfahren zugrunde gelegt wird und keine genaueren Untersuchungen vorliegen, darf der Bettungsmodul näherungsweise aus dem Ansatz $k_{s,k} = E_{s,k}/r$ dem Steifemodul des Bodens und dem Außenradius der Baugrube ermittelt werden. Größere Werte als mob $e_{ph} = \frac{1}{2} \cdot e_{ph}$ für den Widerstand des Bodens sind jedoch in der Regel nicht zulässig.

Sofern sich die Baugrubenwand als geschlossener Kreis aus überschnittenen Bohrpfählen (Bild 16.9) oder aus Stahlbetonringen bzw. als Polygon aus Schlitzwandlamellen zusammensetzt, kann eine zusätzliche Aussteifungskonstruktion in der Regel entfallen.

Bild 16.9 Kreisförmige Baugrube aus überschnittenen Bohrpfählen (VEW Zinkhütte Dortmund); Foto: Wiemer & Trachte, Dortmund

In allen anderen Fällen empfiehlt sich die Anordnung von Druckringen aus Stahl oder Stahlbeton. Für eine Auflagerkraft A_k pro m Breite erhält man die Druckkraft im Aussteifungsring zu

$$N_{R,k} = A_k \cdot R_a \qquad (16.4)$$

wobei mit R_a der Radius der Außenseite der Baugrubenwand bezeichnet ist. Um Biegemomente infolge von ausmittigem Kraftangriff zu vermeiden, wird man im Allgemeinen bei Spundwänden und senkrechtem Verbau die Gurte genau kreisförmig herstellen. Bei der Stützung von Trägerbohlwänden ist es dagegen zweckmäßig, den Aussteifungsring als Polygon herzustellen, dessen Knickpunkte jeweils vor den Bohlträgern liegen. Biegemomente im Gurt sind dann nur noch möglich, wenn der aktive Erddruck von der einen Seite größer ist als von der anderen, zum Beispiel wegen einseitiger Nutzlast. In der Regel ist jedoch der Einfluss der Nutzlast verhältnismäßig gering. Es genügt schon eine ganz geringe Zusammendrückung des Aussteifungsrings in der stärker belasteten Achse, um durch eine entsprechende Ausweitung in der Querrichtung die erforderliche Bodenreaktion zu wecken. In Zweifelsfällen können im Übrigen gelenkartige Unterbrechungen im Aussteifungsring angeordnet werden, um größere Biegemomente zu vermeiden.

16.3 Baugruben mit unregelmäßigem Querschnitt

16.3.1 Baugruben am Hang

Schneidet eine Baugrube einen Hang etwa rechtwinklig zur Falllinie an, so entsteht ein unsymmetrischer Baugrubenquerschnitt. Die Baugrubenwand auf der Talseite ist niedriger als die Baugrubenwand auf der Bergseite. Gleichgewicht ist nur vorhanden, wenn durch eine Aussteifung auf der Talseite eine ausreichend große Bodenreaktion geweckt wird. Die dafür maßgebenden Bedingungen lassen sich am Beispiel der einmal ausgesteiften Baugrube zeigen (Bild 16.10a).

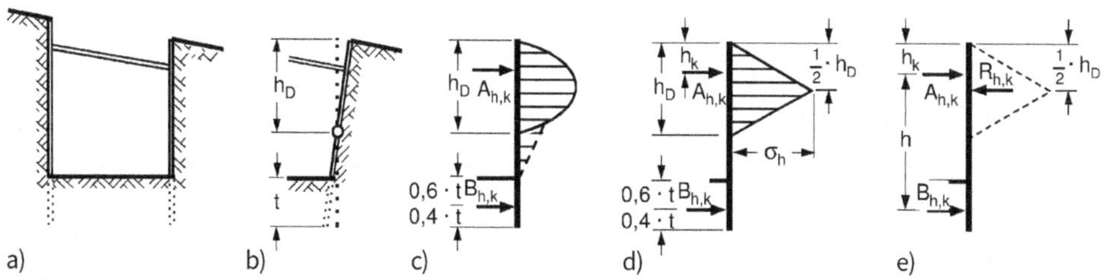

Bild 16.10 Baugrube in geneigtem Gelände; a) Schnitt durch die Baugrube, b) Bewegung der talseitigen Wand, c) Erdwiderstand bei der talseitigen Wand, d) Lastbild, e) statisches System

Die Berechnung der bergseitigen Baugrubenwand unterscheidet sich nicht wesentlich von der Berechnung einer Baugrubenwand in waagerechtem Gelände. Abgesehen von dem größeren Erddruckbeiwert bei ansteigendem Gelände ist nur die Nachgiebigkeit der talseitigen Baugrubenwand auf die Bewegung der bergseitigen Baugrubenwand und ihr Einfluss auf die Erddruckverteilung zu berücksichtigen. Gegebenenfalls können diese Wirkungen durch eine Vorspannung der Steifen ausgeglichen werden. Hinzu kommt allerdings der Nachweis, dass die Wand nicht durch die Vertikalkomponente der Steifenkraft aus dem Boden gezogen wird. Dies kann bei Trägerbohlwänden und Spundwänden der Fall sein, wenn die Neigung $\delta_{S,k}$ der Steifen größer ist als zwei Drittel des Erddruckneigungwinkels $\delta_{a,k}$ beim aktiven Erddruck (Bild 16.11a). Hierzu siehe Abschnitt 16.4.

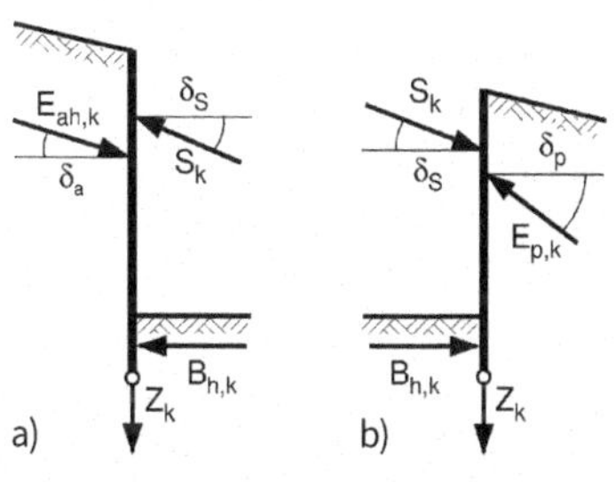

Bild 16.11 Nachweis der Sicherheit gegen Herausziehen der Baugrubenwand; a) bergseitige Wand, b) talseitige Wand

Für die Berechnung der talseitigen Baugrubenwand dagegen sind neue Gesichtspunkte maßgebend. Hier drückt die Steife den oberen Teil der Wand talwärts. Die Wand dreht sich entsprechend Bild 16.10b um einen Punkt im unteren Teil der Wand und weckt oberhalb des Drehpunkts die Bodenreaktion σ_h und unterhalb der Baugrubensohle die Auflagerkraft B_h (Bild 16.10c). Man erhält damit näherungsweise das Lastbild entsprechend Bild 16.10d, bei dem die Bodenreaktion zu einem symmetrischen Dreieck vereinfacht wird.

Aus der Gleichgewichtsbedingung $\Sigma M = 0$ um den unteren Auflagerpunkt ergibt sich mit den Bezeichnungen des Bildes 16.10e die erforderliche Bodenreaktionskraft zu

$$R_{h,k} = R_{Gh,k} + R_{Qh,k} = \frac{(A_{Gh,k} + A_{Qh,k}) \cdot h}{h + h_k - \frac{1}{2} \cdot h_D} \tag{16.5}$$

Der zur Verfügung stehende Erdwiderstand ergibt sich mit der größtmöglichen Ordinate

$$e_{ph,k} = \tfrac{1}{2} \cdot \gamma_k \cdot K_{ph} \cdot h_D \tag{16.6}$$

aus dem Ansatz

$$E_{ph,k} = \tfrac{1}{4} \cdot \gamma_k \cdot K_{ph} \cdot h_D^2 \tag{16.7}$$

Der Erdwiderstandsbeiwert K_{ph} ist für fallendes Gelände zu ermitteln. Hierzu siehe die Tabellen nach *Krey* in [109], nach *Caquot-Kèrisel-Absi* in [36] oder in [206] sowie die allgemeinen Formeln nach *Pregl/Sokolowski* [72].

Sofern die Größe von h_D durch eine Vorberechnung bekannt ist, kann mit diesen Angaben der Standsicherheitsnachweis

$$R_{h,d} \leq E_{ph,d} \tag{16.8}$$

geführt werden. Muss die Größe von h_D durch Iteration bestimmt werden, dann ist es zweckmäßig, die Gln. (16.5) und (16.7) mit den Teilsicherheitsbeiwerten für den Grenzzustand GEO-2 in der Grenzzustandsbedingung

$$A_{Gh,k} \cdot \gamma_G + A_{Qh,k} \cdot \gamma_Q \leq \left(\frac{1}{4} \cdot \gamma_k \cdot K_{ph} \cdot h_D^2 \right) \cdot \frac{h + h_k - \frac{1}{2} \cdot h_D}{h} \cdot \gamma_{R,e} \tag{16.9}$$

zusammenzuführen. Der aktive Erddruck zwischen Drehpunkt und Baugrubensohle kann vernachlässigt werden. Ist h_D und damit die Lage des Drehpunkts gefunden, dann erhält man die Schnittgrößen nach den bekannten Regeln der Statik. Im Übrigen lassen sich diese Überlegungen auch auf mehrfach ausgesteifte Baugruben und auf Baugruben in bindigem Boden anwenden.

Insbesondere bei Trägerbohlwänden und Spundwänden ist zu prüfen, ob die Wand infolge der Vertikalkomponente der Bodenreaktion aus dem Boden gezogen werden kann und ob dies durch Zugkräfte im Einbindebereich verhindert werden muss. Dies kann der Fall, sein, wenn die Neigung $\delta_{S,k}$ der Steifen geringer ist als der Erddruckneigungswinkel $\delta_{p,k}$ beim Erdwiderstand (Bild 16.11b). Hierzu siehe Abschnitt 16.4 unter dem Gesichtspunkt, dass der Erdwiderstand $E_{p,k}$ an die Stelle der Steifenkraft S tritt. Gegebenenfalls lässt sich das Problem auch durch eine Verringerung des Erddruckneigungswinkels δ_p lösen.

16.3.2 Nebeneinander angeordnete Baugruben

Ähnliche Verhältnisse wie bei einer Baugrube in geneigtem Gelände liegen vor, wenn zwei Baugruben verschiedener Tiefe ineinander übergehen (Bild 16.12a). In diesem Fall untersucht man zunächst die tiefere Baugrubenseite und weist dann nach, dass die Steifenkräfte auf der anderen Seite aufgenommen werden. Dafür

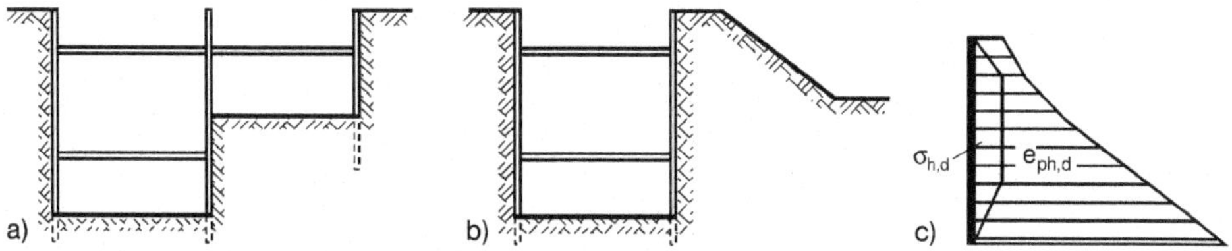

Bild 16.12 Nebeneinander angeordnete Baugruben; a) ineinander übergehende Baugruben verschiedener Tiefe, b) geböschte Baugruben neben einer ausgesteiften Baugrube, c) Gegenüberstellung des erforderlichen und des möglichen Erdwiderstands

gelten die gleichen Ansätze wie bei einer Baugrube am Hang nach Bild 16.10. Ein anderer Weg muss gewählt werden, wenn eine ausgesteifte Baugrube untersucht werden soll, in deren unmittelbarer Nähe eine geböschte Baugrube ausgehoben worden ist (Bild 16.12b). In diesem Fall ist sowohl die mögliche Größe als auch die Verteilung der Bodenreaktionen auf der zur geböschten Baugrube hin gelegenen Seite der ausgesteiften Baugrube zu untersuchen. Eine genaue Ermittlung der Bodenreaktionen ist nicht möglich. Es wird aber allgemein als ausreichende Näherung angesehen, für verschiedene Punkte der Wand eine Ermittlung des Erdwiderstands nach *Culmann,* im Falle bindigen Bodens nach dem erweiterten Verfahren von *Schmidt* [156] vorzunehmen, die Summenlinie aufzutragen und aus dem Ergebnis auf die Verteilung des Erdwiderstands zu schließen. Anstelle dieser grafischen Verfahren kann zur Ermittlung des Erdwiderstands auch das analytische Verfahren von *Minnich/Stöhr* [123] angewandt werden. Zu beachten ist bei der Ermittlung des Erdwiderstands die unterschiedliche Richtung der Erddruckneigungswinkel. Maßgebend dafür ist in den einzelnen Bereichen der Wand die Relativbewegung zwischen Baugrubenwand und Gleitkeil.

Hat man mit der Annahme einer Parallelverschiebung die Größe und Verteilung des Erdwiderstands auf der zur Nachbarbaugrube hin gelegenen Wandseite ermittelt, dann ist nachzuweisen, dass auf der gesamten Wandhöhe an keiner Stelle der Grenzzustand erreicht wird. Näherungsweise nimmt man dazu ohne Rücksicht auf die tatsächliche Steifenanordnung den auf der äußeren Baugrubenseite wirkenden Erddruck als Belastung der inneren Wand an. Die mögliche Konzentration der Spannungen im Bereich der Steifen wird dabei vernachlässigt. Es ist nun nachzuweisen, dass in jedem Punkt der Wand ein ausreichender Abstand zum Grenzzustand vorhanden ist (Bild 16.12c). An der schwächsten Stelle sollte ein Ausnutzungsgrad von etwa $\mu = \sigma_{h,d}/e_{ph,d} = 0{,}50$ nicht überschritten werden, wenn auf der gegenüberliegenden Wandseite mit voller Erddruckumlagerung gerechnet werden soll. Lässt sich diese Sicherheit nicht nachweisen, dann sind entweder die Steifen entsprechend vorzuspannen oder es ist anzunehmen, dass die Erddruckumlagerung nicht voll wirksam wird. Je größer der Ausnutzungsgrad ist, umso mehr nähert sich die wirksame Belastung der äußeren Baugrubenwand der klassischen Erddruckverteilung. Im Grenzfall, bei mit der Tiefe geradlinig zunehmendem Erddruck auf der äußeren Baugrubenseite, genügt als Nachweis der Sicherheit auf der inneren Wandseite die Einhaltung eines Ausnutzungsgrads von $\mu = 1$ entsprechend der früher maßgebenden Globalsicherheit von $\eta_p = 1{,}5$.

16.3.3 Geneigte oder verspringende Baugrubensohle

Nicht immer kann die Sohle einer Baugrube waagerecht von der einen bis zur anderen Seite ausgehoben werden; oft sind es Bauzustände, die ein Verspringen oder wenigstens teilweise ein Abböschen der Sohle erzwingen. So kann es bei dem im Bild 16.13a dargestellten Fall erforderlich sein, die Aushubsohle vor dem Einbau der Steifenlage parallel zu dieser Steifenlage anzuordnen, damit sich der statische Nachweis für die bergseitige Wand für den Zustand vor dem Einbau der Steifenlage erbringen lässt. Die Berechnung ist – abgesehen von den unterschiedlichen Erdwiderstandsbeiwerten – die gleiche wie bei Baugruben mit waagerechter Sohle. Bei größeren Neigungen der Sohle wird eine ausreichende Stützwirkung allerdings nur erreicht, wenn der Boden eine gewisse Kohäsionsfestigkeit besitzt. Eine Schwierigkeit tritt auf, wenn der Erdwiderstand vor Bohlträgern ermittelt werden soll, da keine Beiwerte ω_R und ω_K für die geneigte Bodenoberfläche vorliegen. Näherungsweise ist es zulässig, die Erdwiderstandsbeiwerte ω_R unmittelbar im Verhältnis des Erdwiderstandsbeiwerts $K_{ph(\beta \neq 0)}$ für geneigtes Gelände zum Erdwiderstandsbeiwert $K_{ph(\beta \neq 0)}$ für waagerechtes Gelände umzurechnen. Beim Erdwiderstandsbeiwert ω_K ist die Wurzel aus dem Verhältniswert maßgebend.

Häufig wird eine Baugrubenwand im Zustand vor dem Einbau einer Steifenlage durch eine Berme gestützt (Bild 16.13b). Dieser Fall tritt fast immer auf, wenn der beim Ausheben der Baugrube gelöste Boden durch Planierraupen in Längsrichtung zu den Baggerstellen geschoben werden soll. Würde man den Boden nur jeweils wenig mehr ausheben, als es zum Einbau einer Steifenlage erforderlich ist, dann wäre dieser Bauvorgang nach dem Einbau einer Steifenlage nicht mehr möglich.

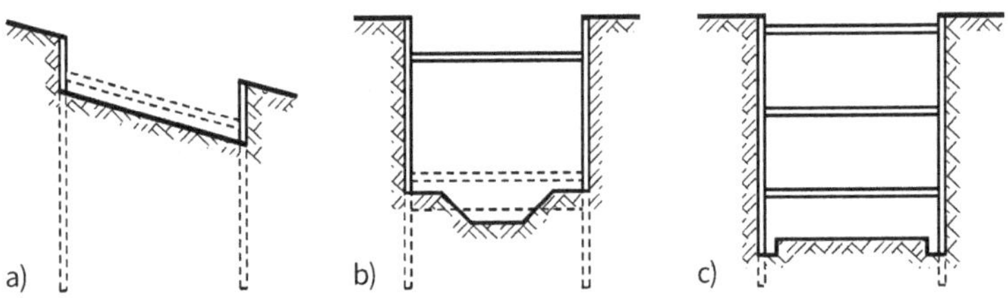

Bild 16.13 Baugruben mit nicht durchgehend waagerechter Sohle;
a) geneigte Sohle bei Anordnung geneigter Steifen, b) Bermen in der Baugrubensohle,
c) Drängräben in der Baugrubensohle

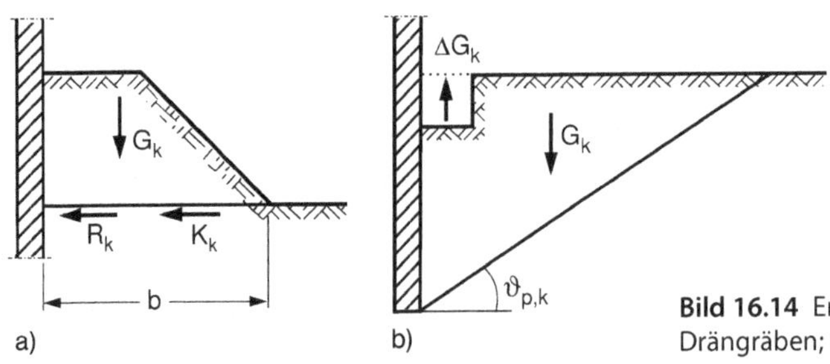

Bild 16.14 Erdwiderstand bei Bermen und Drängräben; a) Berme, b) Drängraben

Aus diesem Grunde hat es sich vielfach eingebürgert, vor dem Einbau der Steifen in der Baugrubenmitte einen Schlitz auszuschieben und seitlich davon Bermen stehen zu lassen. Bei einer genauen Untersuchung ist nachzuweisen, dass der Erdwiderstand des Bodens im Bereich der Berme in der Lage ist, der Wand ein sicheres Auflager zu bieten. Man ermittelt dazu den Erdwiderstand nach dem Verfahren von *Culmann,* bei bindigem Boden mit der Erweiterung von *Schmidt* [156]. Bei verhältnismäßig schmalen Bermen reduziert sich diese Untersuchung auf die Ermittlung der Scherkräfte in einer waagerechten Gleitfläche nach Bild 16.14a.

Es gilt dann

$$E_{ph,k} = G_k \cdot \tan \varphi'_k + b \cdot c'_k \tag{16.10}$$

Bei Trägerbohlwänden ist der Erdwiderstand der Berme geringer als bei Spundwänden, da nicht eine geschlossene Wand, sondern nur eine Reihe von Einzelträgern gegen das Erdreich drückt. Die entsprechende Abminderung ergibt sich näherungsweise aus einem Vergleich mit einer Bohlträgerreihe in waagerechtem Gelände. Man ermittelt dazu den Erdwiderstand vor einer Bohlträgerreihe und setzt ihn ins Verhältnis zum Erdwiderstand vor einer durchgehenden Wand. Oft steht der Aufwand, mit dem der Erdwiderstand einer Berme ermittelt wird, in keinem angemessenen Verhältnis zum Erfolg. Dies trifft zum Beispiel zu, wenn ein Bauzustand nachzuweisen ist, der aller Voraussicht nach nicht die ungünstigsten Beanspruchungen für die Baugrubenwand und ihre Aussteifung erwarten lässt. Für solche Fälle hat es sich als ausreichend erwiesen, eine Ersatzebene einzuführen, die in halber Höhe der Berme liegt. Bei durchschnittlichen Bodenverhältnissen und bei einer Tiefe des Schlitzes von nicht mehr als 2,00 m reicht diese Vereinfachung aus, sofern eine Bermenbreite von 1,00 m nicht unterschritten wird.

Sehr oft werden nach Erreichen der endgültigen Baugrubensohle an beiden Seiten der Baugrube Dränleitungen verlegt (Bild 16.13c). Die dazu erforderlichen Gräben erhalten etwa die Abmessungen 30 cm × 30 cm. Die Abminderung des Erdwiderstands infolge dieser Gräben wird leicht überschätzt. Der gesamte Erdwiderstand reduziert sich näherungsweise auf

$$\text{red } E_{ph,k} = E_{ph,k} \cdot \frac{G_k - \Delta G_k}{G_k} \tag{16.11}$$

wenn die Änderung der Gleitflächenneigung nicht berücksichtigt wird. Vernachlässigt man beim statischen Nachweis das Vorhandensein des Drängrabens, so liegt der Fehler im Allgemeinen in einer noch nicht bedeutsamen Größenordnung.

16.4 Zur Baugrubensohle abgestützte Baugrubenwände

Bei Baugruben geringer Tiefe ist es naheliegend, eine nicht gestützte, nur im Boden eingespannte Wand anzuordnen. Voraussetzung dafür ist jedoch, dass sich in dem zu sichernden Geländesprung keine Gebäude oder Rohrleitungen befinden, die durch die zwangsläufig auftretende Bewegung der Wand gefährdet werden könn-

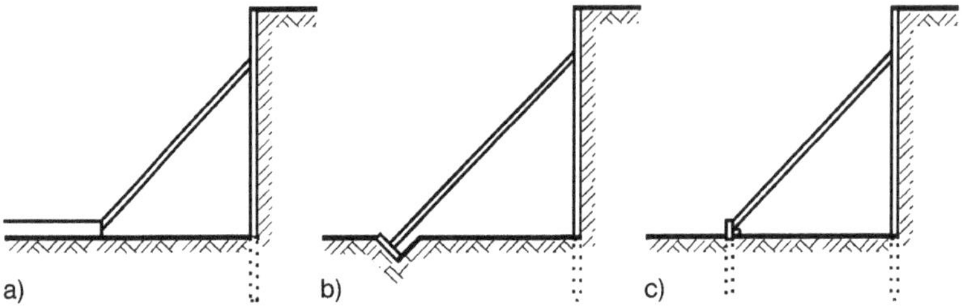

Bild 16.15 Mit Schrägsteifen abgestützte Baugrubenwände; a) Abstützung auf ein Teilstück eines Bauwerks, b) Abstützung gegen das Erdreich, c) Abstützung auf einen Stützpfahl

ten. Größere Baugrubentiefen als 6 m wird man allerdings nur in Sonderfällen ohne Absteifung oder Verankerung zu bewältigen versuchen.

Eine andere Möglichkeit, einseitig verbaute Baugruben zu sichern, ist die Schrägabsteifung auf die Baugrubensohle (Bild 16.15). Bei kleineren Tiefen genügt eine Absteifung, bei größeren Tiefen wird man zwei Absteifungen wählen. Sie können zu einem gemeinsamen Widerlager geführt oder etwa parallel zueinander angeordnet werden. Sehr beliebt ist die Schrägabsteifung allerdings nicht, da sie den maschinellen Baubetrieb behindert und auch manchen anderen Bauvorgang umständlich gestalten kann, zum Beispiel das Herstellen der Sohlenabdichtung, das Einschalen, Bewehren und Betonieren der Sohle und der Wände.

Die Verteilung des Erddrucks auf schräg abgesteifte Baugrubenwände hängt in starkem Maße von der Nachgiebigkeit der Stützung und der Steifigkeit der Wand ab. Sie kann von der klassischen Erddruckfigur im Falle der nachgiebigen Stützung einer steifen Wand bis zur starken Erddruckumlagerung wie bei waagerechter Aussteifung reichen, die bei wenig nachgiebiger Stützung und biegeweicher Wand zu erwarten ist, z. B. wenn die Steifen leicht vorgespannt werden. Im Übrigen sind für die Standsicherheit von schräg abgesteiften Baugrubenwänden folgende Bedingungen maßgebend:

a) Die Baugrubenwand darf nicht aus dem Boden gezogen werden.
b) Die Steifenkräfte müssen in die Baugrubensohle abgeleitet werden können.

Das Problem, dass die Baugrubenwand aus dem Boden gezogen werden könnte, stellt sich nur, wenn die nach oben gerichtete Vertikalkomponente S_v der Steifenkraft größer ist als die nach unten gerichtete Vertikalkomponente E_{av} der Erddruckkraft und gleichzeitig das Eigengewicht der Wand einen untergeordneten Einfluss hat. Dies kann insbesondere bei Spundwänden und Trägerbohlwänden der Fall sein. Es liegt im Grundsatz die gleiche Situation wie bei der bergseitigen Wand einer Baugrube vor, die nach Abschnitt 16.3 parallel zu den Höhenschichtlinien eines Hangs verläuft. Mit den Bezeichnungen in Bild 16.11a ist für den Nachweis $\Sigma V = 0$ die Grenzzustandsgleichung

$$S_{Gv,k} \cdot \gamma_G + S_{Qv,k} \cdot \gamma_Q - (G + E_{agv,k} + E_{apv,k}) \cdot \gamma_{G,inf} \leq Z_k/\gamma_{s,t} \tag{16.12}$$

maßgebend. Sie geht davon aus, dass bei diesem Bruchmodell die Vertikalkomponenten $S_{Gv,k}$ und $S_{Qv,k}$ ungünstige ständige bzw. veränderliche Einwirkungen und G, $E_{agv,k}$ und $E_{apv,k}$ günstige ständige Einwirkungen sind. Unabhängig davon, ob die erforderliche Zugkraft Z in Form einer Vertikalkomponente B_v der unteren Auflagerkraft oder als Mantelreibung R_1 in den Untergrund abgetragen wird, wird sie im Sinne der DIN 1054 als Pfahlbeanspruchung behandelt. Daher wird bei diesem Nachweis der Teilsicherheitsbeiwert $\gamma_{G,inf}$ verwendet. Wird beim Nachweis der Abtragung in den Untergrund die Zugkraft Z_k als Vertikalkomponente B_v gewertet, dann ist zu beachten, dass sich dies ungünstig auf die Größe des Erdwiderstands auswirkt. Um dies zu vermeiden, wird in der Praxis gern der Erddruckneigungswinkel zu $\delta_p = 0$ gewählt und die Abtragung der Zugkraft Z rechnerisch als Mantelreibung einer zusätzlichen Einbindetiefe zugewiesen. Zum Ansatz der Mantelreibung bei Zugbeanspruchung siehe Abschnitt 18.6. Die früher in DIN 4026 „Rammpfähle“ geforderte Mindesteinbindelänge von 5 m für Zugpfähle wird in DIN 1054 „Sicherheitsnachweise im Erd- und Grundbau“ nicht mehr erwähnt, doch sollte das Maß von 3 m auf keinen Fall unterschritten werden.

Bei Ortbetonwänden ergibt sich das Eigengewicht aus den Abmessungen und der Wichte des Betons. Bei Trägerbohlwänden und Spundwänden ist in diesem Sinne nur das Gewicht der Bohlträger und der Ausfachung bzw. des nackten Spundwandprofils anzusetzen. Es ist aber vertretbar, bei Bohlträgern zumindest die Mantelreibung an den hinter der Verbohlung zur Verfügung stehenden Stegflächen und den inneren Flanschflächen anzusetzen. Noch wirksamer ist es, entsprechend dem Ansatz des Erddrucks auf die durchgehende Fläche auf der Rückseite der Bohlträger und Spundwände die zwischen dieser Fläche und der Verbohlung bzw. der Innenseite der Spundwandwellen liegenden Erdkörper zumindest teilweise als zusätzliches Gewicht in den Nachweis einzubringen. In diesem Fall wird der Nachweis gegen Herausziehen der Wand in der Regel ohne zusätzliche Einbindetiefe möglich sein.

Für die Aufnahme der Kräfte aus den Schrägsteifen kommen folgende Möglichkeiten infrage:

- die Abstützung auf ein Teilstück eines Bauwerks (Bild 16.15a),
- die Abstützung gegen das Erdreich (Bild 16.15b),
- die Abstützung auf einen Stützpfahl (Bild 16.15c).

Auf ein Bauwerk wird im Allgemeinen von beiden Seiten her abgestützt. In diesem Fall heben sich die Kräfte auf und es ist kein weiterer Standsicherheitsnachweis zu erbringen. Drücken die Schrägsteifen dagegen nur von einer Seite her auf das Bauwerk, dann ist nachzuweisen, dass die Schubkräfte in den Untergrund abgetragen werden können. Falls dazu die Reibung zwischen Bauwerk und Baugrund nicht ausreicht, müssen entweder entsprechende Nocken oder sogar Schrägpfähle unter dem Bauwerk angeordnet werden.

Bei der Abstützung gegen das Erdreich erhält man verhältnismäßig tiefe Gräben. Da die Lastverteilungskonstruktionen im Allgemeinen rechtwinklig zur Steifenachse angeordnet werden, ist der Erddruckneigungswinkel $\delta_p = 0$. Den Erdwiderstand erhält man nach DIN 4085, nach *Caquot-Kèrisel-Absi* in [36] oder in [206]. Die Ermittlung des Erdwiderstands mit ebenen Gleitflächen ist in diesem Falle nicht mehr zulässig.

Ist die Absteifung gegen einen Bauwerksteil nicht möglich und die unmittelbare Abstützung gegen das Erdreich nicht erwünscht, so besteht die Möglichkeit der Abstützung auf Stützpfähle, sogenannte „Tote Männer“.

17 Baugruben bei Erdbebenbeanspruchungen

Der Bau in Erdbebengebieten impliziert, dass ein gewisses seismisches Ereignis während der Bauzeit auftreten kann. Die anzusetzende Intensität richtet sich nach Wiederkehrperioden und der Wahrscheinlichkeit des Auftretens, wobei für den Bauzustand die Wiederkehrperiode für 50 oder 100 Jahre angesetzt werden kann. Das endgültige Bauwerk, würde es im Baugrund dauerhaft eingebettet, unterliegt einer höheren seismischen Belastung, die für die Ingenieurbauwerke üblicherweise mit einer Wiederkehrperiode von ca. 500 Jahren veranschlagt wurde. Die alte DIN 4149 bzw. der Eurocode 8 (DIN EN 1998-1/NA) behandelt die seismische Anregung von Hochbauten. In der DIN EN 1998-5 werden Gründungen, Stützbauwerke und einige geotechnische Aspekte der Baugrund-Bauwerk-Wechselwirkung behandelt. Eingebettete tiefe Bauwerke oder Baugruben werden im Eurocode 8 nicht behandelt, und sehr oft ist es schwierig, eine Vorgehensweise zu finden, die eine angemessene Berücksichtigung der seismischen Belastung erlaubt, zumal diese Bauwerke diese Energie nicht über freie Schwingungen abtragen. Es treten kinematische Wechselwirkungen zwischen Boden und Bauwerk auf, die grundsätzlich auch eine geometrische Abstrahlung der seismischen Wellen beinhalten, die mit Wellen-Diftraktionseffekten (Beugung) zusammenhängen.

Der wesentliche Unterschied der eingebetteten zu den oberirdischen Bauwerken ist, dass das Antwortverhalten vorwiegend kinematischer Natur ist, die nicht durch Trägheitseffekte dominiert wird. Die kinematische Boden-Bauwerk-Interaktion ist ausschlaggebend und für ihre Berechnung sind kompatible Verformungsmuster sowie das Steifigkeitsverhältnis zwischen Bauwerk und Boden maßgebend. Trägheitseffekte sind in der Regel zu vernachlässigen.

Abhängig vom Standort der Baumaßnahme wird zunächst anhand der Erdbebengefährdungszone (0 bis 3 nach DIN EN 1998-1/NA) für eine Wiederkehrperiode von ca. 500 die maximale Bodenbeschleunigung a_{gR} (PGA peak ground acceleration) ermittelt. Für Baugruben, die meist temporär angelegt werden, sind jedoch seismische Ereignisse nach den Wiederkehrperioden von maximal 50 bis 100 Jahren zugrunde zu legen. Für Wiederkehrperioden können deterministische oder stochastische Modelle den maximalen Bodenbeschleunigungswert liefern (s. hierzu *Grünthal* u. a. [63]). Die Angaben zur a_{gR} beziehen sich üblicherweise auf eine Festgesteinsoberfläche, welche auch als Geländeoberfläche angesehen wird. Falls jedoch andere Untergrund- und Baugrundverhältnisse herrschen, so sind diese PGA-Werte mit dem sog. Untergrundparameter S nach Tab. NA 4 der DIN EN 1998-1/NA, zu multiplizieren. Dies gilt auch für das gesamte zugrunde gelegte elastische Antwortspektrum. In Abhängigkeit der Bedeutungskategorie des Bauwerks (Baugrube, endgültiges Bauwerk) kann ein weiterer Verstärkungsfaktor (0,8 bis 1,2) eingesetzt werden. Um dynamische Berechnungen für die Wechselwirkung Baugrund/Bauwerk durchführen zu können, müssen an der Berandung eines FE-Netzes die seismischen Randbedingungen eingesetzt werden. Diese ermitteln sich aus einem mit a_{gR} und S skalierten tatsächlich gemessenen Signal an der GOK (z. B. aus einer benachbarten Erdbebenstation) oder das Signal wird synthetisch aufgrund örtlicher Erfahrungen ermittelt, aber so, dass das elastische Bodenspek-

Baugruben, 3. Auflage. Achim Hettler, Theodoros Triantafyllidis, Anton Weißenbach.

trum (ohne den Verstärkungsfaktor für die Bedeutungskategorie des Bauwerks) sehr nahe dem zugrunde gelegten liegt.

Mithilfe von einer 1-D elastischen seismischen Standortberechnung (z. B. der Programme EERA, SHAKE etc.) wird nun das Signal von der Oberfläche aufgrund der vorliegenden dynamischen Kenngrößen (Scherwellengeschwindigkeit v_s und Dichte ρ als Funktionen der Tiefe) auf die tatsächliche Tiefe der Festgesteinsunterlage transformiert. Mit den dynamischen Kenngrößen der über dem Gebirge liegenden Bodenformationen wird nun ein Berechnungslauf mit den Eingangsgrößen der Beschleunigung an der tieferliegenden Grundgebirgsoberfläche gestartet. Das Berechnungsergebnis liefert ein Tiefenprofil der maximalen Beschleunigung und der maximalen Scherdehnung mit der Tiefe. Da die dynamischen Kennwerte wie Schubmodel G oder Scherwellengeschwindigkeit v_s und Dämpfungsmaß D von der Scherdehnung abhängen, muss diese Berechnung dehnungskompatibel (d. h. mithilfe einer Iteration) durchgeführt werden. Nach Ermittlung der zur Erdbebenanregung dehnungskompatiblen dynamischen Kenngrößen wird die Geometrie der Baugrube (Massen, Steifigkeit) in einem FE-Netz abgebildet und dabei die seismische Anregung am unteren Rand des Netzes als Zeitsignal angesetzt. Ein genügend großer Abstand zu den seitlichen Rändern (4-mal die Breite der Baugrube) des FE-Netzes muss gewählt werden, sodass störende Reflexionen (zumindest während der Beobachtungzeit) von den seitlichen Rändern auf das betrachtete Gebiet der Baugrube weitestgehend vermieden werden. Bei lang andauernden Signalen kann diese Bedingung zu sehr großen FE-Netzen führen und in solchen Fällen ist es sinnvoll, das Signal auf die maßgebende seismische Intensität zu begrenzen.

Da viele FEM-Rechenprogramme im Zeitbereich für den Boden eine frequenzabhängige Rayleigh'sche Dämpfung benutzen, müssen diese die dehnungskompatiblen Werte vom Dämpfungsmaß D (im Frequenzbereich) wiedergeben. Mithilfe der 1-D elastischen Berechnung werden die Fourier-Spektren des Signals für verschiedene Tiefen errechnet, um den maßgebenden Frequenzbereich zu ermitteln. Für diesen Frequenzbereich werden dann die Parameter (α_R, β_R) der Rayleigh'schen Dämpfung bestimmt (s. hierzu *Amorosi* und *Boldini* [3]).

Die Wahl dieser Parameter muss so sein, dass sie im betrachteten Frequenzbereich in etwa die Materialdämpfung wiedergeben.

Für die Berechnung des dynamischen Erddrucks auf Baugrubenwände, so wie diese typischerweise bei seismischen Anregungen entstehen, werden zwei Methoden verfolgt:

1. Kinematische Methoden unter Zugrundlegung des Grenzgleichgewichts für den dynamischen Fall in Anlehnung an die klassische Erddrucktheorie nach *Coulomb*. Bei dieser Methode wird eine Mobilisierung des Scherwiderstands in einer Gleitfläche im Boden angesetzt.
2. Wellenausbreitungsmethoden, bei denen der Boden als ein linear-viskoelastisches Kontinuum angesehen wird und die Wand mit ihrer Nachgiebigkeit und Lagerung eine Randbedingung des dynamischen Randwertproblems der Wellenausbreitung darstellt.

Die kinematischen Methoden, wie z. B. die Mononobe-Okabe(M-O-M)-Methode, die auch in der DIN EN 1998-5 informativ aufgeführt wird, setzen generell eine ausreichende große Verschiebung der Wand voraus, die für die Erbebengebiete in Deutschland sehr unwahrscheinlich ist. Außerdem ist diese M-O-Methode gut geeignet, um Standsicherheitsnachweise bei starren Schwergewichtswänden zu führen. Bei flexiblen Wänden jedoch kommt es auf die elastische Wechselwirkung der einfallenden Wellen auf die Wand an und hierfür sind Wellenausbreitungsmethoden, auch für die Verteilung der Beanspruchungen, von Bedeutung.

Eine ausführliche Darstellung der Verfahren zur Berechnung von Erddrücken auf Wände, findet man bei *Vrettos, Beskos* und *Triantafyllidis* [194]. *Vrettos* und *Feldbusch* [195] haben mittels FEM den dynamischen Erddruck auf starre und flexible Wände untersucht und dabei Vergleiche zwischen numerischen und analytischen Lösungen angestellt. Es ist damit möglich, mit den heutigen zur Verfügung gestellten Mitteln, in der Praxis die Erddruckverteilungen an Wänden infolge seismischer Einwirkungen auch bei inhomogenem Untergrund zu erfassen.

Die Berechnung der resultierenden Erddrücke erfolgt üblicherweise in Kombination mit den ständig wirkenden und ungünstigen Verkehrslasten, wobei bei der Bemessungssituation Erdbeben alle Teilsicherheiten zu 1,0 gesetzt werden. Für die Ermittlung der maßgebenden Beanspruchungen der Bauteile sind als Bemessungsgrößen die Werte aus der Einhüllenden im Zeitbereich zu nehmen.

Falls die beiden horizontalen Komponenten der seismischen Anregung in der gleichen Größenordnung zu erwarten sind, so ist die dynamische Berechnung in zwei senkrechten Schritten durchzuführen und die ermittelten Schrittgrößen vektoriell zu addieren, um die Bemessungswerte festzulegen.

Es ist dabei anzumerken, dass die aus der Kinematik der Wechselwirkung zwischen Wand und Wellenfeld nur die dynamischen Lasten aus dem Erdbeben bzw. die Schnittgrößen ermittelt werden. Für die Bemessung der Wand sind noch die weiteren Wirkungen aus Bodeneigengewicht in der Erddruckberechnung zu überlagern sowie möglichweise ungünstig wirkende Verkehrslasten, die auch mit Kombinationsfaktoren für die Bemessung versehen werden können.

Ein Berechnungsbeispiel für eine tiefe ausgesteifte Baugrube unter Erdbebenbeanspruchung findet man bei *Vrettos* u. a. [196, 197].

18 Bemessung der Einzelteile

18.1 Bohlen, Brusthölzer und Gurte aus Holz

Für die Bohlen, Brusthölzer und Gurte des waagerechten Normverbaus nach Bild 1.2 und des senkrechten Normverbaus nach Bild 1.4 kann ein statischer Nachweis entfallen, wenn die in DIN 4124 „Baugruben und Gräben" angegebenen Abmessungen eingehalten werden und die angegebenen Bedingungen in Bezug auf die anstehenden Bodenarten und die zulässigen Belastungen neben der Baugrube erfüllt sind. In allen anderen Fällen ist ein Standsicherheitsnachweis zu erbringen. Hierbei ist in der Regel von den in den Abschnitten 2.9, 4.2, 5.1, 6.1 und 6.2 beschriebenen Lastansätzen auszugehen. Die dabei ermittelte größte Ordinate der klassischen Erddruckverteilung bei einer nicht gestützten Wand bzw. die größte Ordinate einer dreieckförmigen Lastfigur bei einer gestützten Wand darf nach [47], EB 47 um ein Drittel abgemindert werden.

Der maßgebende Berechnungserddruck wird bei waagerecht angeordneten Bohlen im Allgemeinen unter Vernachlässigung der Vertikalkomponente als Gleichlast angesetzt. Die Stützweite ergibt sich beim waagerechten Grabenverbau aus dem Abstand der Brusthölzer. Zu beachten ist, dass sich dieser Abstand bei Umsteifvorgängen ändert. Bei der Trägerbohlwand mit vorgehängten Bohlen ergibt sich die maßgebende Stützweite aus der Anordnung der Befestigungsklammern.

Bei der üblichen Trägerbohlwand, bei der die Bohlen oder Kanthölzer hinter den Flanschen verkeilt sind (Bild 1.18), ist die maßgebende Stützweite l_s kleiner als der Abstand a_t der Bohlträger. Die Bohlen werden einzeln so auf Länge geschnitten, dass sie entsprechend Bild 18.1a zwischen die Bohlträger eingebracht werden können. Ihre Länge ist somit durch das Maß

$$l_b = a_t - \frac{1}{2} \cdot b_t - \frac{1}{2} \cdot t_{St} \qquad (18.1)$$

begrenzt, wenn mit a_t der Bohlträger-Achsabstand, mit b_t die Breite und mit t_{St} die Stegdicke des Bohlträgers bezeichnet wird. Setzt man die halbe Stegdicke einschließlich des erforderlichen Spielraums mit

$$\frac{1}{2} \cdot t_{St} \approx \frac{1}{10} \cdot b_t \qquad (18.2)$$

an, so erhält man die zulässige Bohlenlänge zu

$$l_b = a_t - \frac{3}{5} \cdot b_t \qquad (18.3)$$

Nimmt man den Auflagerpunkt der Bohlen entsprechend Bild 18.1b in der Mitte der verbleibenden Auflagerfläche an, so ergibt sich die rechnerische Stützweite l_s als Mittel zwischen der Bohlenlänge l_b und dem lichten Bohlträgerabstand

$$b_t = a_t - b_t \qquad (18.4)$$

zu

Baugruben, 3. Auflage. Achim Hettler, Theodoros Triantafyllidis, Anton Weißenbach.

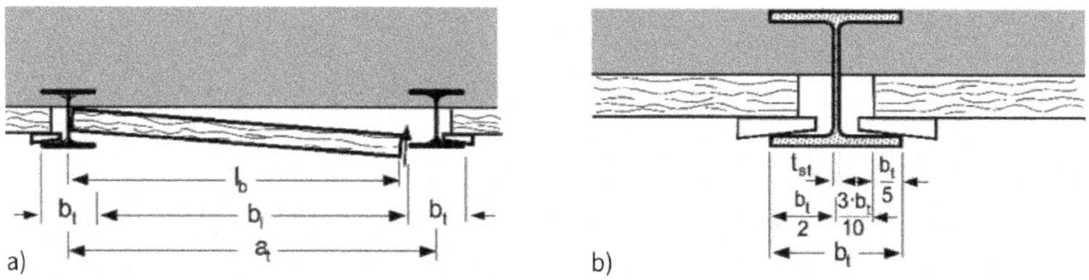

Bild 18.1 Ermittlung der Stützweite der Verbohlung einer Trägerbohlwand; a) Arbeitsvorgang beim Einbringen der Bohlen, b) Abmessungen der Auflagerflächen

$$l_s = \frac{1}{2} \cdot \left[\left(a_t - \frac{3}{5} \cdot b_t \right) + \left(a_t - b_t \right) \right] = a_t - \frac{4}{5} \cdot b_t \tag{18.5}$$

Sofern die Bohlen in diesem Fall ohne Vorbiegung hinter den baugrubenseitigen Flanschen eingebaut werden, bildet sich von Bohlträger zu Bohlträger ein Gewölbe, welches den Druck auf die Bohlen stark vermindern kann. Die noch verbleibende Belastung kann nach *Karstedt* [97] ermittelt werden. Nach [47], EB 47 darf von diesen Ansätzen aber nur Gebrauch gemacht werden, wenn

- ein mitteldicht oder dicht gelagerter nichtbindiger Boden oder ein mindestens steifer bindiger Boden ansteht,
- die Bohlträger eingerammt bzw. eingerüttelt werden oder bei in Bohrlöcher gestellten Bohlträgern das Verfüllungsmaterial so gut verdichtet wird, dass eine kraftschlüssige Verbindung zwischen den Bohlträgern und dem anstehenden Erdreich entsteht,
- die Ausfachung ohne Vorbiegung, aber satt am Boden anliegend, hinter den baugrubenseitigen Flanschen eingebaut wird.

Die Abminderung des Berechnungserddrucks durch die Gewölbebildung ist beachtlich. Hinzu kommt, dass nach [47], EB 47 eine Lastfigur gewählt werden darf, bei der die größte Ordinate an den Bohlenenden auftritt. Die Forderung, im Fall des Ansatzes einer Gewölbewirkung, bei der Bemessung von Holzbohlen die Vertikalkomponente des Erddrucks zu berücksichtigen, verliert erheblich an Bedeutung, wenn zur Ausfachung Hölzer verwendet werden, deren Breite größer ist als die Dicke. Dies wird besonders deutlich, wenn bei günstigen Verhältnissen Bohlen von 6 oder 7 cm ausreichen. Bei einer üblichen Bohlenbreite von etwa 20 cm kann dann die Vertikalkomponente des Erddrucks vernachlässigt werden. Das Gleiche gilt für Ausfachungen mit Kanaldielen und bei Ausfachungen aus Stahlbeton.

Das Bemessungsbiegemoment, ermittelt aus der gewählten Lastfigur, ergibt sich zu

$$M_{E,d} = M_{G,k} \cdot \gamma_G + M_{Q,k} \cdot \gamma_Q \tag{18.6}$$

und die Bemessungsbeanspruchung durch Division mit dem Widerstandsmoment W zu

$$\sigma_{E,d} = \frac{M_{E,d}}{W} \tag{18.7}$$

Der Bemessungswiderstand

$$f_{m,d} = k_{mod} \cdot \frac{f_{m,k}}{\gamma_M} \tag{18.8}$$

richtet sich nach den Angaben im Handbuch Eurocode 5 „Holzbau".

Mit diesen Bemessungswerten muss nachgewiesen werden, dass die Grenzzustandsbedingung

$$\sigma_{E,d} \leq f_{m,d} \tag{18.9}$$

erfüllt ist.

Im Einzelnen wird auf Folgendes hingewiesen:

a) Die angegebenen Materialkenngrößen und Teilsicherheitsbeiwerte setzen die Verwendung von neuen oder neuwertigen Hölzern voraus.
b) Der Modifikationsfaktor zur Berücksichtigung der Nutzungsklasse und der Klasse der Lasteinwirkungsdauer darf zu $k_{mod} = 1{,}00$ angenommen werden.

Die Festlegung des Modifikationsfaktors ist den unterschiedlichen Gegebenheiten bei Holzbauwerken einerseits und Baugrubenverkleidungen andererseits angemessen. Bei der Festlegung der charakteristischen Festigkeit von Holz in DIN EN 338 „Bauholz für tragende Zwecke – Festigkeitsklassen" musste davon ausgegangen werden, dass im Einzelfall die Tragfähigkeit von Holzbauteilen durch das Vorhandensein von Ästen sehr stark herabgesetzt und dass durch das Versagen eines einzelnen Bauteils ein ganzes Bauwerk gefährdet werden kann. Hinzu kommt bei Bauteilen aus Holz die Gefahr eines Nachlassens der Tragfähigkeit infolge äußerer Einflüsse wie Witterung oder Schädlingsbefall. Auf die Verkleidung von Baugruben treffen die genannten Bedingungen nur zu einem kleinen Teil zu. Wie durch die Erfahrung und durch Messungen bekannt ist, treten die größten Beanspruchungen in der Regel schon beim Einbau der Bohlen und Kanthölzer auf. Ist ihr Querschnitt durch Äste über Gebühr geschwächt, so zeigt sich dies gleich beim Einbau und die Teile können sofort ausgewechselt werden. Im Übrigen ist ein Austausch oder eine Verstärkung von Bohlen, Aufrichtern und Gurten fast zu jeder Zeit möglich. Es war daher bereits vor der Einführung des Teilsicherheitskonzeptes üblich, die nach DIN 1052 bei dauernder Durchfeuchtung geforderte Abminderung der zulässigen Spannungen unberücksichtigt zu lassen und außerdem die zulässigen Spannungen zu erhöhen bzw. Vereinfachungen bei der Ermittlung der Schnittgrößen zuzulassen. Anders ließen sich die seit Jahrzehnten bewährten Abmessungen der im Kanalbau üblichen Bohlen, Aufrichter und Gurte rechnerisch nicht nachweisen.

Für Vorbemessungen kann die erforderliche Bohlendicke in Abhängigkeit vom Bohlträgerabstand und vom charakteristischen Erddruck (als Gleichlast angesetzt) dem Bild 18.2 entnommen werden. Diese Abbildung entspricht dem im Kapitel 3.4 „Baugruben" der 6. Auflage des Grundbau-Taschenbuchs dargestellten Bild 86, wobei der zulässige Erddruck dem charakteristischen Erddruck und die dort angegebene Holz-Güteklasse II der Festigkeitsklasse C24 nach DIN EN 338 entspricht.

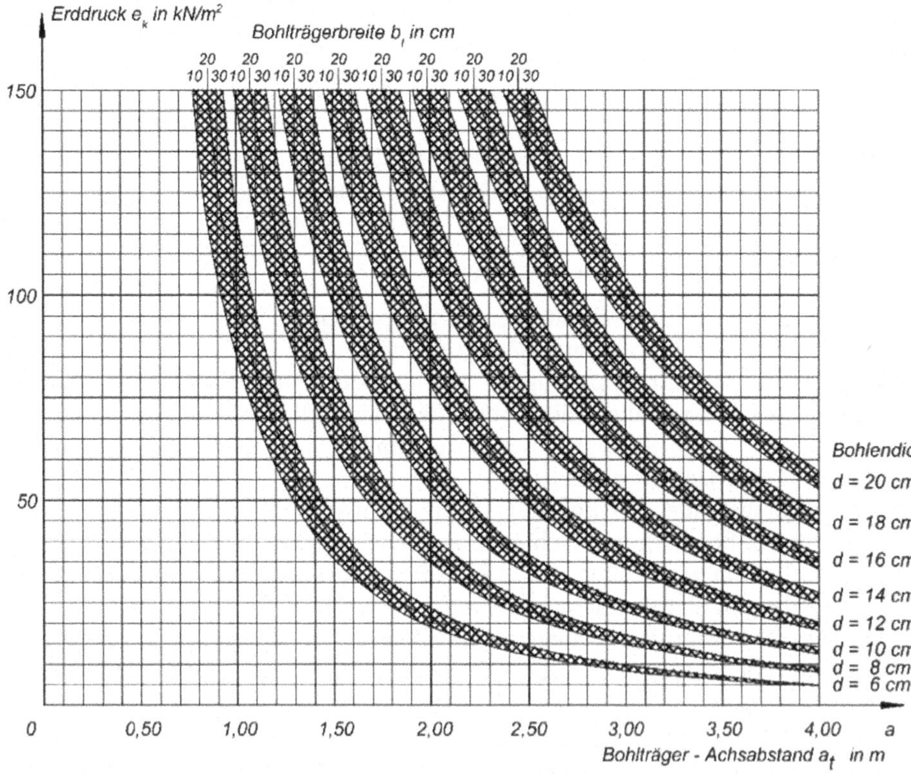

Bild 18.2 Mögliche charakteristische Erddruckbelastung (Gleichlast) von Holzbohlen zwischen Bohlträgern, Holz C24

Die im Bild 18.2 angegebene charakteristische Erddruckbelastung gilt für den Fall einer zutreffenden Erddruck-Lastfigur gemäß den Abschnitten 5.1 und 6.1 sowie einen Verkehrslastanteil an der Gesamt-Erddruckbelastung von ca. einem Drittel.

Wenn aber – ausnahmsweise – noch mit der vereinfachten rechteckförmigen Lastfigur nach EAB 3. Auflage [44], siehe Hinweis in [47], EB12, Absatz 4, gerechnet wird, so sollte die Bemessungs-Biegefestigkeit mit einem Anpassungsfaktor von 0,8 abgemindert werden, da sich sonst zu günstige Holzquerschnitte ergeben.

Ein rechnerischer Nachweis der beim Prüfen, Überspannen oder Lösen von Steifen oder Ankern auftretenden Beanspruchungen der Ausfachung ist nicht erforderlich. Während der Ausführung dieser Arbeiten ist jedoch das Verhalten der Ausfachung zu beobachten. Eine schlechte Verdichtung des Verfüllungsmaterials in den Bohrlöchern kann dazu führen, dass die Bohlträger beim Anspannen von Ankern zum Boden hingezogen werden und die Bohlen sich dadurch bis zum Bruch verformen.

18.2 Bohlträger, Spundbohlen und Kanaldielen aus Stahl

Die Bemessung von Bohlträgern, Spundbohlen und Kanaldielen aus Stahl richtet sich nach DIN EN 1993-1-1 „Bemessung und Konstruktion von Stahlbauten – Teil 1-1: Allgemeine Bemessungsregeln und Regeln für den Hochbau" und DIN EN 1993-5 „Bemessung und Konstruktion von Stahlbauten – Teil 5: Pfähle und Spundwände" mit den zugehörigen Nationalen Anhängen.

Im Hinblick auf die Bemessung nach diesen Normen ist in Anlehnung an [47], EB 48 und EB 49 Folgendes zu beachten:

a) Bei der Bemessung von Bohlträgern und Spundbohlen darf die Eigenlast der Baugrubenkonstruktion vernachlässigt werden.
b) Bei der Bemessung von Bohlträgern sind neben der Normalkraft- und Momentenbeanspruchung in allen Fällen auch die Querkraftbeanspruchbarkeit und die Interaktion der verschiedenen Beanspruchungen (s. hierzu DIN EN 1993-1-1, Abschnitt 6.2) nachzuweisen.
c) Die Trägerabstände von Bohlträgern sind, soweit möglich, etwa gleich groß auszuführen. Bei stark unterschiedlichen benachbarten Abständen sind besondere Maßnahmen zu treffen, um ein Verdrehen der Träger infolge unterschiedlicher Belastung der Ausfachung zu verhindern.
d) Doppelte U-Profile sind in ausreichend engem Abstand durch Bindebleche auf der Baugruben- und auf der Erdseite zu verbinden. Auf einen Nachweis der Torsionsspannungen darf verzichtet werden, wenn der Bindeblechabstand nicht größer gewählt wird als 1,50 m.
e) Ein Nachweis der Flanschbiegung infolge der Auflagerkräfte der Ausfachung kann bei Doppel-T- und bei U-Profilen mit Flanschbreiten ≤ 300 mm entfallen. Bei größeren Flanschbreiten kann die Flanschbiegung in Anlehnung an DIN EN 1993-5, Anhang D, nachgewiesen werden.
f) Bei Wellenspundwänden, deren Schlösser in der Nulllinie liegen, ist in der Regel ein rechnerischer Nachweis der Schubkraftübertragung zu erbringen. In der Regel ist jedes zweite Schloss zu verpressen oder zu verschweißen. Hierzu siehe DIN EN 1993-5, Abschnitt 5.2.2. Die Auswirkungen der Schlossverbindungen, die bei U-Bohlen in der Wandachse liegen, auf eine evtl. Tragfähigkeitsabminderung ist gemäß DIN EN 1993-5, Abschnitt 6.4 zu beachten.
g) Gegenüber Dauerbauwerken wird bei Bohlträgern und Baugrubenspundwänden oft gebrauchtes Material verwendet wird. Dies ist wie folgt zu berücksichtigen:
   - Schwächungen der Flansche durch Löcher und Schweißnähte quer zur gezogenen oder gedrückten Faser sind beim Spannungsnachweis zu berücksichtigen, sofern sie im Bereich größerer Biegemomente liegen.
   - Schwächungen des Stegs durch Löcher sind zu berücksichtigen, sofern sie im Bereich größerer Querkräfte liegen.
   - Schwächungen infolge von Abrostung auf dem gesamten Umfang der Spundbohlen und Bohlträger sind durch einen entsprechenden Abzug von den vollen Querschnittswerten zu berücksichtigen.

Im Hinblick auf einen evtl. erforderlichen Stabilitätsnachweis ist in Anlehnung an [47], EB 48 und EB 49 Folgendes zu beachten:

a) Sofern außer der Eigenlast der Baukonstruktion und der Vertikalkomponente des Erddrucks weitere Vertikalkräfte abzutragen sind, z. B. aus dem Erddruck sowie aus Baugrubenabdeckungen, Hilfsbrücken oder geneigten Verankerungen, so ist, insbesondere für einfach gestützte Baugrubenwände und für die Rückbauzustände von mehrfach gestützten Baugrubenwänden, der Stabilitätsnachweis zu erbringen.
b) Bei Wellenspundwänden ist ein Ausweichen der gedrückten Gurte im Allgemeinen nicht maßgebend, da sie durch die beidseitig anschließenden Stege daran gehindert werden. Die Bedingungen der DIN EN 1993-5, Abschnitt 5.2.3 sind aber zu beachten. Auch bei Bohlträgern kann diese Voraussetzung als erfüllt angesehen werden, wenn die Bohlen hinter den vorderen Flanschen verkeilt werden. Die sichtbaren Bohlträgerflansche werden dann in den gedrückten Bereichen durch die Gurte und die Bohlen gegen Ausknicken gesichert, die rückwärtigen Flansche durch das umgebende Erdreich. In diesen Fällen genügt der Tragfähigkeitsnachweis nach DIN EN 1993-1-1, Abschnitt 6.2. Sind die Bohlen hinter den rückwärtigen Flanschen eingebaut, dann sind die Flansche nicht ausreichend gegen Ausknicken und die Stege nicht ausreichend gegen Ausbeulen gesichert und es ist der Stabilitätsnachweis nach DIN EN 1993-1-1, Abschnitt 6.3 zu erbringen, sofern keine besonderen Maßnahmen getroffen werden. Da durch das Anbringen entsprechender Aussteifungsbleche die Wiederverwendbarkeit der Träger stark beeinträchtigt wird, verzichtet man im Allgemeinen auf solche Maßnahmen.

Ein Beispiel für die Bemessung von Profilstahl-Bohlträgern ist im Abschnitt 19.6, für Spundbohlen im Abschnitt 19.7 zu finden.

18.3 Gurte, Auswechslungen und Verbandstäbe aus Stahl

Bei Spundwänden ist es üblich, die Auflagerkräfte der Bohlen auf Gurte zu übertragen und diese gegeneinander auszusteifen oder im Erdreich zu verankern. Durchlaufende Gurte werden dabei nach Möglichkeit so gestützt, dass die Biegemomente über den Auflagerpunkten etwa gleich groß sind. Auf diese Weise lässt sich eine wirtschaftliche Bemessung erzielen. Bei nur zweimal gestützten Gurten kann es zweckmäßig sein, die Kraglänge so klein zu wählen, dass das Feldmoment größer wird als das Kragmoment. In der Regel ist nämlich nur im Bereich der Feldmitten die Biegebeanspruchung maßgebend, an den Auflagern kann sich dagegen durch die Querkraftbeanspruchung eine Abminderung der Momentenbeanspruchbarkeit ergeben. Sinngemäß gilt das Gleiche für Ortbetonwände. Auch bei Trägerbohlwänden werden auf Biegung beanspruchte Gurte angeordnet, zumindest an den Baggerlöchern. Bei geringem Abstand der benachbarten Bohlträger und immer dann, wenn ein Längstransport des Aushubbodens zu den Baggerlöchern nicht möglich oder nicht wirtschaftlich ist, kann es auch zweckmäßig sein, auf die gesamte Länge der Baugrube jede zweite Steife oder sogar zwei von jeweils drei Steifen durch Gurte auszuwechseln.

Für die Bemessung von Gurten, die vorwiegend auf Biegung beansprucht sind und bei denen durch eine ausreichende Anzahl von Stegaussteifungen die gedrückten Flansche gegen Ausweichen gesichert sind, richtet sich die Bemessung nach DIN EN 1993-1-1, Abschnitt 6.2. Oft wird man bei Gurten die Anordnung von Stegaussteifungen auf die Punkte beschränken, an denen die Steifenkräfte übertragen werden, in den Feldmitten aber darauf verzichten. Die Flansche sind dann nicht ausreichend gegen Ausweichen gesichert. Somit ist zusätzlich DIN EN 1993-1-1, Abschnitt 6.3 zu beachten. Im Übrigen gilt [47], EB 51.

Sofern keine Längskräfte abzutragen sind, brauchen die Gurte bei Spundwänden im Allgemeinen nicht durchgehend verbunden zu sein. Spundwandbohlen sind infolge ihrer gegenseitigen Verhakung in sich steif und zugfest und benötigen keine konstruktiven Sicherungen. Bei Trägerbohlwänden dagegen dienen die Gurte, abgesehen von ihrer Funktion als Biegeträger oder als Auflager für die Steifen, folgenden Zwecken:

- Sie sichern den Abstand der einzelnen nebeneinanderstehenden Bohlträger.
- Sie verhindern, dass sich die einzelnen Bohlträger verdrehen.
- Sie bilden beim Ausfall einer Steife oder eines Ankers ein Hängewerk und halten den gefährdeten Bohlträger.

Die Sicherung des Abstands und das Verhindern einer Verdrehung von Bohlträgern sind sehr wichtige Aufgaben. Schon verhältnismäßig kleine Bewegungen der Bohlträger genügen, um den Bohlen das ohnehin so knappe Auflager von nur einem Fünftel der Flanschbreite zu nehmen und ein Bohlenfeld einbrechen zu lassen. Die dafür erforderlichen Bewegungen können zum Beispiel dadurch verursacht werden, dass ein Bagger mit Raupenfahrwerk gegen den Trägerkopf stößt oder eine Planierraupe Verfüllungsmaterial über die Baugrubenkante schiebt und dabei den Trägerkopf erfasst. Zumindest ein Gurt im oberen Bereich der Baugrubenwand muss daher stets durchlaufend zug- und druckfest ausgebildet werden, auch bei nur im Boden eingespannten, nicht gestützten Trägerbohlwänden. Sofern nicht aus statischen Gründen oder mit Rücksicht auf die erforderliche Auflagerbreite für Steifen größere Abmessungen gewählt werden müssen, sollte konstruktiv ein Querschnitt von 5 cm^2 bei Baugruben bis 5 m, ein Querschnitt von 10 cm^2 bei größeren Baugrubentiefen nicht unterschritten werden.

Ein solches Profil ist dann auch in der Lage, beim Ausfall einer Steife oder eines Ankers vorübergehend als Sicherung zu dienen. Hier kann sich dann gemäß

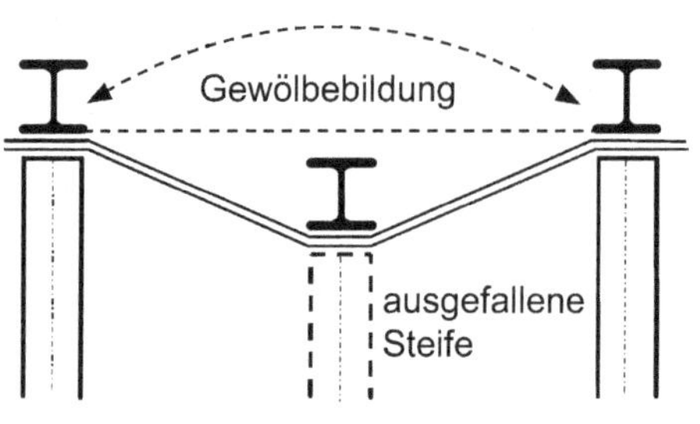

Bild 18.3 Bildung eines Hängewerks beim Ausfall einer Steife (oder eines Ankers)

Bild 18.3 durch Ausbildung von Fließgelenken an der Lasteinleitungsstelle und an den benachbarten Auflagerpunkten ein Hängewerk bilden, das den gefährdeten Bohlträger hält.

Um zu verhindern, dass die Bohlträgerflansche ausknicken oder sich verdrehen, sind die Gurte jeweils an den Rändern der Flansche anzuschrauben oder anzuschweißen. Ist in Sonderfällen ein rechnerischer Standsicherheitsnachweis zu führen, so darf der Gurt entsprechend der Bemessungssituation BS-A unter Berücksichtigung aller Reserven der Tragkonstruktion und des Bodens, z. B. mit Berücksichtigung der Gewölbebildung im Boden und mit voller Ausnutzung der Streckgrenze des Stahls, bemessen werden.

Bei besonders verwinkelten Baugrubengeometrien können Stahl-Zugbänder oder Stahlgurte z. B. zur Sicherung der ausspringenden Ecken genutzt werden, um dort einen Ausgleich der ansonsten deutlichen Differenzverformungen und Klaffungen zwischen den aneinanderstoßenden Verbauabschnitten zu erreichen.

Auch als Rückverankerung für Bohlträger, die durch Ausfachungen, die als Gewölbe wirken (siehe Abschnitt 18.5), Horizontalkräfte aus Gewölbeschub erhalten, z. B. Endfelder oder ausspringende Baugrubenecken derartiger Verbaukonstruktionen, kommen Zugbänder oder Gurte zur Anwendung. Sie müssen dann über mehrere Felder durchlaufen und die Lasten in diese „Verbau-Wandscheiben" einleiten und verteilen.

18.4 Steifen

Steifen sind die am meisten gefährdeten Teile der Baugrubenkonstruktion. Sie sind die festen Punkte, auf die sich der Erddruck bei einer Durchbiegung der Wand konzentriert. Hinzu kommt, dass gerade die Steifen leicht unbeabsichtigten und in der statischen Berechnung nicht berücksichtigten Beanspruchungen ausgesetzt sind: Temperaturwirkungen, senkrechte Belastungen durch Stapellasten, waagerechte und schräg gerichtete Kräfte durch Anprall eines Baggerkorbs und durch Stöße bei Materialtransporten. Zudem handelt es sich bei der Beanspruchung von Steifen um Stabilitätsfälle, die keine Reserven kennen.

Die genannten Gesichtspunkte erlauben es nicht, bei der Bemessung von Steifen mit Hinweis auf den Bauzustand das Sicherheitsniveau abzusenken, insbesondere nicht bei Steifen aus Stahl. Aus diesem Grund sind nach [47], EB 52, Absatz 12, beim Nachweis der Tragfähigkeit von Steifen die Teilsicherheitsbeiwerte für die Bemessungssituation BS-P zugrunde zu legen.

Ein Sonderfall liegt vor, wenn die Steifen ganz oder wenigstens annähernd für den Erdruhedruck bemessen werden (hierzu siehe Kapitel 12). In diesem Fall ist eine Vergrößerung der Steifenkraft durch Erddruckwirkungen nicht zu erwarten. Es kann daher bei der Ermittlung der Bemessungsbeanspruchungen nach Handbuch Eurocode 7, Band 1 von der Herabsetzung des Teilsicherheitsbeiwerts $\gamma_G = 1{,}35$ auf $\gamma_{E0g} = 1{,}20$ Gebrauch gemacht werden. Im Übrigen ist nachzuweisen, dass die allgemein zugelassenen Beanspruchungen nicht überschritten werden, wenn an Stelle des mit der Tiefe zunehmenden Ruhedrucks der umgelagerte aktive Erddruck auftritt. Die Erhöhung der möglichen Beanspruchung wirkt sich daher nur auf die in der unteren Baugrubenhälfte liegenden Steifen aus.

Bei der Bemessung der Steifen werden die Kräfte zugrunde gelegt, die sich aus der Schnittgrößenermittlung am Gesamtsystem ergeben. Bestehen Zweifel, ob eine gewählte Lastfigur für einzelne Steifenlagen ausreichend sichere Auflagerkräfte ergibt, so sind hierfür angemessene Zuschläge zu machen. In jedem Fall zu berücksichtigen ist die Biegebeanspruchung infolge von Steifeneigenlast und von Nutzlasten. Als Nutzlasten kommen bei größeren Baugruben infrage: Laufstege, Arbeitsbühnen, vorübergehende Lagerung von Schalung und Bewehrung, angehängte Laufschienen für Längstransporte, kleinere Versorgungsleitungen. Im Allgemeinen werden diese Einflüsse durch Ansatz einer Nutzlast $p_k = 1{,}0$ kN/m zusätzlich zur Eigenlast ausreichend erfasst. Waagerechte Belastungen, z. B. aus der Abstützung von Schalungskonstruktionen, sind stets gesondert anzusetzen.

Im Wesentlichen werden drei Arten von Steifen verwendet:
- verstellbare Kanalstreben,
- Holzsteifen mit oder ohne Spindelkopf,
- Steifen aus Walzprofilen oder Rohren.

Kanalstreben werden anhand der „Grundsätze für die Prüfung der Arbeitssicherheit von Aussteifungsmitteln für den Leitungsgrabenbau" von der Tiefbau-Berufsgenossenschaft geprüft worden und erhalten ein Prüfzeichen. Ältere, nicht geprüfte Kanalstreben dürfen nicht mehr eingesetzt werden.

Bei der Bemessung von Rundholzsteifen braucht eine Ausmittigkeit des Kraftangriffs im Allgemeinen nicht berücksichtigt zu werden. Zwar lässt sich eine zentrische Krafteinleitung keineswegs sicherstellen, die Tragfähigkeitsreserven von Rundholzsteifen lassen aber die Vernachlässigung dieses Einflusses als gerechtfertigt erscheinen. Für Vorbemessungen kann der erforderliche Steifendurchmesser in Abhängigkeit von der Knicklänge und der zulässigen Druckkraft, die hier der charakteristischen Druckkraft entspricht, aus Bild 83 im Kapitel 3.4 „Baugruben" der 5. Auflage des Grundbau-Taschenbuchs [206] entnommen werden.

Die für Aussteifungen verwendeten Stahlträger-Profile erhalten in der Regel an beiden Enden Kopfplatten, die etwa halb so breit sind wie die Steifen. Werden die Keile in Querrichtung eingeschlagen, dann lässt sich zwar eine Ausmittigkeit der Krafteinleitung in der Stegebene vermeiden, es besteht dann aber die Gefahr einer Ausmittigkeit quer zur Stegebene. Für den Einbau bequemer ist die senkrechte Anordnung der Keile, weil sich der eine Keil mit dem breiten Ende auf den Gurt absetzen lässt, während der andere leicht von oben nachgeschlagen werden kann. Die Möglichkeit einer in der Stegebene exzentrischen Krafteinteilung ist bei der Bemessung zu berücksichtigen. Nach [47], EB 52 ist mit folgenden zusätzlichen Ausmittigkeiten in der Lotrechten zu rechnen:

- mit einer Ausmittigkeit von einem Sechstel der Trägerhöhe bei Walzprofilen bzw. des Rohrdurchmessers bei Rohren ohne Endzentrierung,

- in Fällen mit Endzentrierung mit einer Ausmittigkeit von einem Sechstel der Höhe der Kontaktfläche.

Die Ausmittigkeit ist zur Durchbiegung hinzuzuzählen.

Bei Steifenlängen bis etwa 10 m ist es zweckmäßig, auf Knickhaltungen zu verzichten. Bei Baugruben von etwa 10 bis 20 m Breite kann es wirtschaftlich sein, Knickhaltungen etwa in Steifenmitte anzuordnen und damit die Gefahr des Knickens aus der Stegebene heraus und die Gefahr des Biegedrillknickens abzumindern. Dadurch wird die Tragfähigkeit der Steifen zum Teil erheblich gesteigert, und es wird vor allem die erreichbare Steifenlänge vergrößert.

Insbesondere bei Stahlsteifen kann sich die tägliche und die jahreszeitliche Änderung der Temperatur ungünstig auf die Beanspruchung auswirken, da die von steigenden Temperaturen verursachte Ausdehnung durch die Baugrubenwände und den dahinter anstehenden Boden teilweise behindert wird. Temperatureinwirkungen brauchen jedoch nach [47], EB 52 in der Regel nur

- bei Langzeitbaustellen mit großen, jahreszeitlich bedingten Temperaturschwankungen,
- bei Verwendung von schlanken Stahlsteifen aus I-Profilen ohne Anordnung von Knickhaltungen,
- bei Verwendung kurzer Stahlsteifen mit Knickhaltungen und relativ unnachgiebigen Widerlagern, z. B. bei felsartigem Boden oder bei Ortbetonwänden,

untersucht werden. Hierzu siehe [17]. Auf den Nachweis darf verzichtet werden

- bei HE-B-Stahlsteifen für Trägerbohlwände,
- beim Grabenverbau mit Kanalstreben,
- bei Holzsteifen.

In diesen Fällen decken die üblichen Erddruckansätze und die Differenz der Teilsicherheitsbeiwerte zwischen den Bemessungssituationen BS-P und BS-T bzw. BS-T/A die Steifenkrafterhöhung infolge Temperatureinwirkungen erfahrungsgemäß ausreichend ab.

Der Einfluss von Frost ist bei schmalen Baugruben zu berücksichtigen, sofern in frostgefährdetem Boden mit einem starken Anstieg der Steifenkräfte beim Gefrieren des Bodens zu rechnen ist.

Für Vorbemessungen kann das erforderliche Steifenprofil in Abhängigkeit von der Knicklänge und dem Bemessungswert der Tragfähigkeit N_{Rd} gemäß DIN EN 1993-1-1 aus den folgenden Bildern 18.4 und 18.5 entnommen werden. Hier werden nach jetzigem Vorschriftenstand die Tragfähigkeit der Steifen ohne/mit Knickhalterung unter den Randbedingungen einer Steifenkraftausmitte von einem Sechstel der Trägerhöhe sowie einer Nutzlast auf der Steife von 1 kN/m in Diagrammform angegeben.

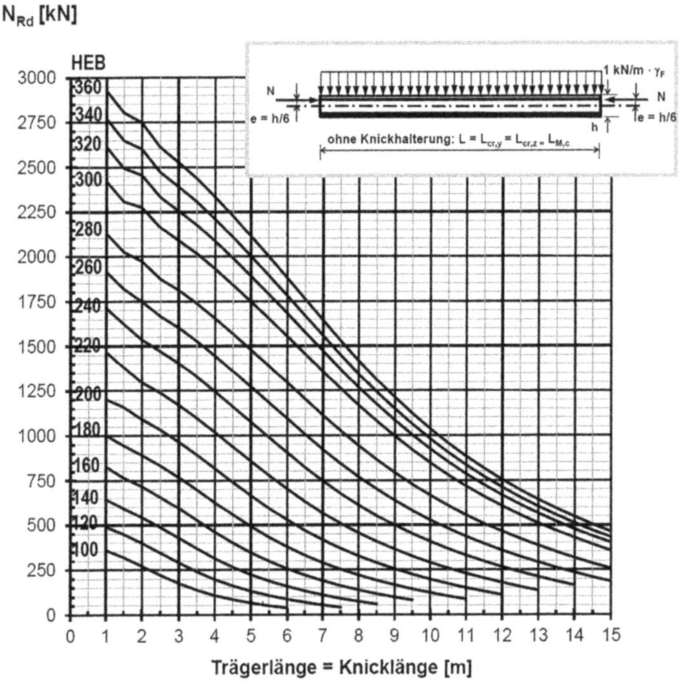

Bild 18.4 Bemessungswert der Tragfähigkeit von Steifen ohne Knickhalterung nach DIN EN 1993-1-1

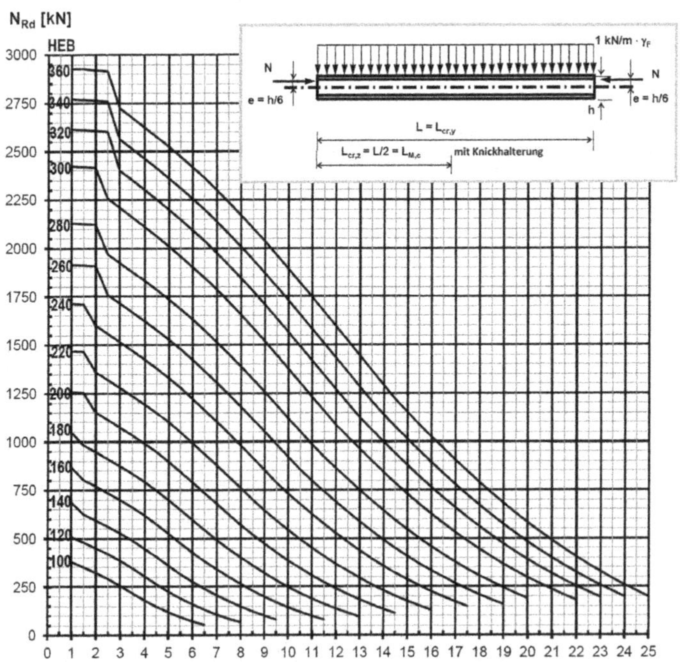

Bild 18.5 Bemessungswert der Tragfähigkeit von Steifen mit Knickhalterung nach DIN EN 1993-1-1

18.5 Verbauteile aus Beton und Stahlbeton

Auf Biegung beanspruchte Bauteile aus Stahlbeton kommen in Form von Spritzbeton, eingeschaltem Beton und Betondielen zwischen Bohlträgern an Stelle der sonst üblichen Holzbohlen von Trägerbohlwänden, als Schlitzwand, Pfahlwand oder Unterfangungswand sowie als Gurtung bei Spundwänden, Schlitzwänden und Pfahlwänden vor. Hinzu kommt die Anwendung von Stahlbeton zum Herstellen aufbruchsicherer Baugrubensohlen bei Baugruben im Wasser.

Im Grundsatz gilt für alle diese Bauweisen Handbuch Eurocode 2 „Betonbau – Band 1: Allgemeine Regeln“. Sonderregelungen dazu gibt es

- für Pfahlwände in DIN EN 1536 „Ausführung von Arbeiten im Spezialtiefbau – Bohrpfähle“, DIN-Fachbericht 129 und DIN SPEC 18140,
- für Schlitzwände in DIN EN 1538 „Ausführung von Arbeiten im Spezialtiefbau – Schlitzwände“.

Für die Bemessung von Schlitzwänden ist die DIN EN 1538 zu beachten, unabhängig davon sind folgende Hinweise in [47], EB 50 gegeben:

a) Neben der Abminderung des rechnerisch größten Stützmoments nach EB 11 darf an allen Stützpunkten eine Ausrundung der Momentenlinie vorgenommen werden, sofern versteckte Balken oder Gurte aus Stahlbeton angeordnet werden. Bei Gurten aus Walzprofilen darf nur dann die volle Breite des Flansches als Unterstützung angesetzt werden, wenn die Flansche durch Stegaussteifungen in ausreichendem Maße gegen Ausweichen gesichert sind und ein vorhandener Abstand zwischen Gurt und Baugrubenwand ausbetoniert wird.
b) Bei der Ermittlung der Schubbewehrung sind Schlitzwandelemente, deren Dicke größer ist als ein Fünftel der Breite, als Balken zu behandeln, sofern die einzelnen Elemente nicht kraftschlüssig miteinander verdübelt sind. Schlitzwandelemente, die mehrere Bewehrungskörbe innerhalb einer Elementlänge umfassen und in einem Arbeitsgang fugenlos betoniert werden, gelten als kraftschlüssig verdübelt. Bei getrennt hergestellten Schlitzwandelementen kann eine ausreichende Verdübelung beispielsweise durch geeignete Profilierung der Abstellfugen erreicht werden.
c) Beim Nachweis der Verankerungslänge sind die Verbundbedingungen im Sinne der DIN EN 1992-1-1, Abschnitt 8.4.2 für die waagerechten Bewehrungsstäbe stets als mäßig, für die senkrechten Bewehrungsstäbe als gut einzustufen.
d) In der Regel ist ein Nachweis zur Beschränkung der Rissbreite bei Ortbetonwänden nicht erforderlich, wenn bei der baulichen Durchbildung die erforderliche Mindestbewehrung nach DIN EN 1992-1-1, Abschnitt 9.2.11 eingehalten wird. Ein Nachweis ist erforderlich, wenn
   - die Umgebungsbedingungen der Expositionsklasse XA 3 nach DIN EN 1992-1-1, Tabelle 4.1 berücksichtigt werden müssen,
   - die Umgebungsbedingungen der Expositionsklassen XS und XA nach DIN EN 1992-1-1, Tabelle 4.1 berücksichtigt werden müssen und der für die Bewehrung maßgebende Bauzustand planmäßig länger als 2 Jahre dauert,
   - die Ortbetonwände Bestandteile eines Dauerbauwerks werden.

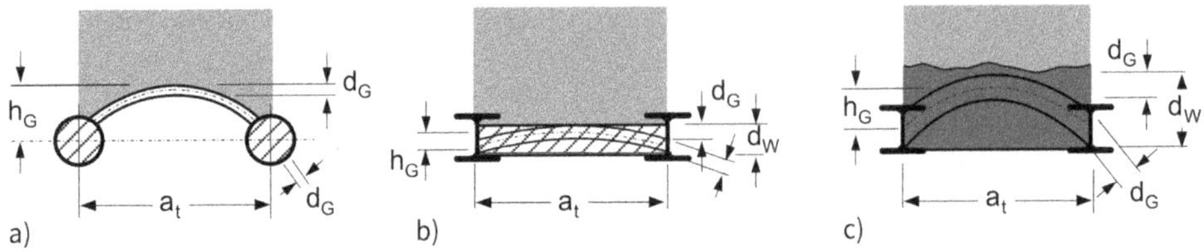

Bild 18.6 Bemessung einer nicht auf Biegung beanspruchten Ausfachung; a) Betongewölbe, b) ebene Betonausfachung, c) verfestigtes Erdreich/Dichtwandfeststoffe

Besondere Fälle stellen die Ausfachung von Trägerbohlwänden oder aufgelösten Bohrpfahlwänden mit unbewehrtem Beton und die Ausfachung zwischen Stahlträgern, die z. B. in Dichtwandfeststoffe oder mit Bindemitteln verfestigtes Erdreich gestellt werden, dar. Deren Standsicherheit beruht nicht auf der Biegefestigkeit, sondern auf der Druckfestigkeit eines Gewölbes. Ist die Schalendicke d_G und die Pfeilhöhe h_G entsprechend Bild 18.6a durch die Konstruktion vorgegeben, so erhält man aus der Gleichgewichtsbedingung

$$M_k = \frac{1}{8} \cdot e_{h,k} \cdot a_t^2 = H_k \cdot h_G \tag{18.10}$$

den Horizontalschub zu

$$H_k = \frac{e_{h,k} \cdot a_t^2}{8 \cdot h_G} \tag{18.11}$$

Die Druckspannung im Gewölbe ergibt sich daraus zu

$$\sigma_k = \frac{H_k}{d_G} \tag{18.12}$$

Bei einer ebenen Betonausfachung nach Bild 18.6b oder einer Ausfachung durch verfestigtes Erdreich bzw. Dichtwandfeststoffe nach Bild 18.6c können die Gewölbedicke d_G und die Pfeilhöhe s_G im Grundsatz im Rahmen der Bedingung

$$d_w = d_G + h_G \tag{18.13}$$

frei gewählt werden. Wie eine entsprechende Untersuchung jedoch zeigt, erhält man bei Vernachlässigung der Biegezugfestigkeit mit

$$d_w = d_G = \frac{1}{2} \cdot d_w \tag{18.14}$$

die kleinste Druckspannung im Gewölbe zu

$$\sigma_k = \sigma_{G,k} + \sigma_{Q,k} = \frac{1}{2} \cdot e_{Gh,k} \cdot \left(\frac{a_t}{d_w}\right)^2 + \frac{1}{2} \cdot e_{Qh,k} \cdot \left(\frac{a_t}{d_w}\right)^2 \tag{18.15}$$

Die Bemessungsbeanspruchung ergibt sich zu

$$\sigma_{E,d} = \sigma_{G,k} \cdot \gamma_G + \sigma_{Q,k} \cdot \gamma_Q \tag{18.16}$$

Der Bemessungswiderstand

$$f_{c,d} = \frac{f_{c,k}}{\gamma_M} \cdot \alpha \tag{18.17}$$

richtet sich nach den Vorschriften der DIN EN 1992-1-1 mit zugehörigem Nationalen Anhang, der DIN 4093 bzw. den Zulassungen für Verfahren zur Herstellung von Abdichtungs- und Verfestigungskörpern. Mit diesen Bemessungswerten muss nachgewiesen werden, dass die Grenzzustandsbedingung

$$\sigma_{E,d} \leq f_{c,d} \tag{18.18}$$

erfüllt ist.

Wichtig ist auch der Nachweis, dass die Gewölbeschubkraft H der Endfelder aufgenommen werden kann, z. B. durch Zugbänder, die über mehrere Bohlträger reichen.

18.6 Erdanker und Zugpfähle

Gemeinsame Regelungen

Bei Verankerungen sind, außer dem Nachweis der ausreichenden Länge (s. hierzu Abschnitt 11.3), stets zwei Nachweise zu erbringen:

- Der Ankerstahl muss in der Lage sein, mit ausreichender Sicherheit die Ankerkraft aufzunehmen.
- Die Ankerkraft muss mit ausreichender Sicherheit in den Untergrund übertragen werden.

Für die Ermittlung der Bemessungsbeanspruchung gilt gemäß Handbuch Eurocode 7, Band 1, Abschnitt A 9.7.13:

„Die Bemessungswerte der Beanspruchungen von Verpressankern und Mikropfählen im Vollaushubzustand einer Baugrube sind aus den charakteristischen Beanspruchungen durch Multiplikation mit den Teilsicherheitsbeiwerten für die Bemessungssituation BS-P nach Tabelle A 2.1 zu ermitteln. Dies gilt unabhängig davon, dass die Bemessung in den vorangegangenen Bauzuständen und in den Rückbauzuständen ebenso wie die Bemessung der übrigen Teile mit den Teilsicherheitsbeiwerten für die Bemessungssituation BS-T erfolgt."

Diese Regelung für den Vollaushubzustand ist mit der oft sehr langen Zeitdauer dieses Zustands begründet. Sie gilt nicht für den Nachweis der Standsicherheit in der tiefen Gleitfuge und auch nicht für einen gegebenenfalls erforderlichen Nachweis der Sicherheit gegen Aufschwimmen einer mit Verpressankern gesicherten Betonsohle.

Der Nachweis, dass die Ankerkraft mit ausreichender Sicherheit in den Untergrund abgeleitet wird, kann nur bei Verankerungseinrichtungen, die auf der Wirkung des Erdwiderstands beruhen, z. B. bei Ankerwänden, Ankerplatten oder Verankerungspfählen (Stützpfahl, „Toter Mann"), nach den bekannten Regeln der Erdstatik berechnet werden (hierzu siehe Abschnitt 11.1). In allen anderen Fällen ist der Nachweis der Tragfähigkeit im Grundsatz durch Probebelastungen zu führen.

Nicht vorgespannte Anker und Zugpfähle

Für die Bemessung nicht vorgespannter Anker und Zugpfähle sind DIN EN 1993-1-1 sowie DIN EN 1993-5 mit zugehörigen Nationalen Anhängen maßgebend.

Bei stark geneigten Zugpfählen, das können Verdrängungspfähle (Rammpfähle), Verdrängungspfähle mit Mantelverpressung oder verpresste Mikropfähle sein, ist der mit einer Probebelastung verbundene Aufwand im Hinblick darauf, dass es sich bei einer Baugrubenkonstruktion um einen verhältnismäßig kurzen Bauzustand handelt, oft verhältnismäßig groß. In der Situation nach Bild 16.10, wo die bergseitige Baugrubenwand im Einbindebereich auf Zug beansprucht wird, und bei der mit Schrägsteifen abgestützten Baugrubenwand nach Bild 16.15 ist eine sinnvolle Probebelastung für den Bereich der Fußeinbindung gar nicht möglich. Es liegen somit begründete Ausnahmefälle vor, in denen man sich mit einer rechnerischen Bestimmung der Grenztragfähigkeit aufgrund von Erfahrungswerten begnügen darf.

Im Handbuch Eurocode 7, Band 1 finden sich keine Angaben zu Erfahrungswerten, diese sind aber in EA-Pfähle [48] und zum Teil auch in EAU 2012 [43] und EAB, 5. Aufl. [47] zu finden.

Für Bohrpfähle und sinngemäß für Bohlträger, die in vorgebohrte Löcher gesetzt und im Fußbereich einbetoniert werden, finden sich in EA-Pfähle [48], Tab 5.13 folgende Spannen der Erfahrungswerte für die charakteristische Pfahlmantelreibung (Bruchwert $q_{s,k}$) in nichtbindigem Boden in Abhängigkeit von dem mittleren Spitzenwiderstand der Drucksonde q_c:

$q_{s,k} = 55$ bis $80\ kN/m^2$ bei $q_c = 7{,}5\ MN/m^2$,
$q_{s,k} = 105$ bis $140\ kN/m^2$ bei $q_c = 15\ MN/m^2$,
$q_{s,k} = 130$ bis $170\ kN/m^2$ bei $q_c \geq 25\ MN/m^2$.

Die entsprechenden Werte für bindigen Boden sind in Tabelle 5.15 in Abhängigkeit von der Scherfestigkeit des undränierten Bodens $c_{u,k}$ wie folgt angegeben:

$q_{s,k} = 30$ bis $40\ kN/m^2$ bei $c_{u,k} = 60\ kN/m^2$,
$q_{s,k} = 50$ bis $65\ kN/m^2$ bei $c_{u,k} = 150\ kN/m^2$,
$q_{s,k} = 65$ bis $85\ kN/m^2$ bei $c_{u,k} \geq 250\ kN/m^2$.

Die jeweiligen unteren Werte dieser Tabellen entsprechen annähernd denen in DIN 4014 (1990) „Bohrpfähle", die bis zu ihrer Ablösung durch die DIN 1054 bauaufsichtlich eingeführt war.

Da sie sich seit Erscheinen der DIN 4014 (1990) in der Praxis bewährt haben und in den Tabellen der EA-Pfähle als unterste Werte der jeweiligen Spannen genannt sind, darf unterstellt werden, dass diese unteren Werte ausreichend weit auf der sicheren Seite liegen und daher in den vorgenannten begründeten Ausnahmefällen angesetzt werden können.

Für gerammte Verdrängungspfähle (Fertigrammpfähle) ist mit den Festlegungen im Jahresbericht 2014 des Arbeitskreises „Pfähle", der die EA-Pfähle [48] fortschreibt/ergänzt, für die Bemessung dieser Pfahltypen ein einheitliches Bemessungskonzept festgelegt worden, das die bisherigen Unterschiede in den Bemessungskonzepten zwischen EA-Pfähle und EAU 2012 [43] beseitigt. Für die Bemessung der Fertigrammpfähle gelten daher neben dem Handbuch Eurocode 7, Band 1, zukünftig nur noch die Angaben im vorgenannten Jahresbericht 2014 des Arbeitskreises „Pfähle", in EAU 2012 bzw. dem zugehörigen EAU-Jahresbericht 2014 sind Festlegungen für diese Pfähle nicht mehr enthalten. Die Festlegungen in EAU 2012 und EAB, 5. Aufl. [47] gelten weiterhin für Stahlspundwände.

In EA-Pfähle/Jahresbericht 2014, Tab. 5.5b sind für u. a. Stahlträgerprofilpfähle folgende Spannen der Erfahrungswerte für die charakteristische äußere Pfahlmantelreibung $q_{s,k}$ (zugehörig zur Grenzsetzung s_g) in nichtbindigem Boden in Abhängigkeit von dem mittleren Spitzenwiderstand der Drucksonde q_c angegeben:

$q_{s,k}$ = 25 bis 35 kN/m² bei q_c = 7,5 MN/m²,
$q_{s,k}$ = 50 bis 70 kN/m² bei q_c = 15 MN/m²,
$q_{s,k}$ = 60 bis 90 kN/m² bei q_c = 25 MN/m².

Es wird empfohlen, wenn in begründeten Ausnahmefällen mit den Erfahrungswerten gerechnet werden soll, für Stahlpfähle die vorstehend angegebenen unteren Werte anzusetzen.

In EAU 2012/JB 2014 sowie in EAB, 5. Aufl. sind für Stahlspundwände folgende Erfahrungswerte für die charakteristische Mantelreibung (Bruchwert $q_{s,k}$) in nichtbindigem Boden in Abhängigkeit von dem mittleren Spitzenwiderstand der Drucksonde q_c angegeben:

$q_{s,k}$ = 20 kN/m² bei q_c = 7,5 MN/m²,
$q_{s,k}$ = 40 kN/m² bei q_c = 15 MN/m²,
$q_{s,k}$ = 50 kN/m² bei $q_c \geq$ 25 MN/m².

Entsprechende Erfahrungswerte für Stahlpfähle in bindigem Boden sind in EA-Pfähle aufgrund einer bisher zu geringen Datenbasis von Pfahlprobebelastungen nicht angegeben, Gleiches gilt für die Stahlspundwände. In diesen Fällen sollte immer ein Sachverständiger für Geotechnik eingeschaltet werden.

Ganz allgemein ist der Hinweis in EA-Pfähle zu beachten, wonach die dort für Verdrängungspfähle angegebenen Werte zur Tragfähigkeit nur für gerammte Pfähle gelten. Bei einvibrierten Pfählen hat sich eine deutliche Verringerung der Tragfähigkeit gezeigt. Gleiches gilt auch für einvibrierte Stahlspundwände. In diesem Fall wird gemäß EAB, 5. Aufl. [47], Anhang A 10 empfohlen, die Erfahrungswerte auf 75 % abzumindern.

Für verpresste Mikropfähle ($D_s \leq$ 0,3 m) finden sich in EA-Pfähle [48], Tab 5.29 folgende Spannen der Erfahrungswerte für die charakteristische Pfahlmantelreibung $q_{s,k}$ in nichtbindigem Boden in Abhängigkeit von dem mittleren Spitzenwiderstand der Drucksonde q_c:

$q_{s,k}$ = 135 bis 175 kN/m² bei q_c = 7,5 MN/m²,
$q_{s,k}$ = 215 bis 280 kN/m² bei q_c = 15 MN/m²,
$q_{s,k}$ = 255 bis 315 kN/m² bei $q_c \geq$ 25 MN/m².

Die entsprechenden Werte für bindigen Boden sind in Tab. 5.30 in Abhängigkeit von der Scherfestigkeit des undränierten Bodens $c_{u,k}$ wie folgt angegeben:

$q_{s,k}$ = 55 bis 65 kN/m² bei $c_{u,k}$ = 60 kN/m²,
$q_{s,k}$ = 95 bis 105 kN/m² bei $c_{u,k}$ = 150 kN/m²,
$q_{s,k}$ = 115 bis 125 kN/m² bei $c_{u,k} \geq$ 250 kN/m².

Die jeweiligen unteren Werte dieser Tabellen entsprechen annähernd den früheren im informativen Anhang D zur DIN 1054 angegebenen Mantelreibungswerten. Jedoch sollen auch sie nur in Ausnahmefällen angewendet werden. In der Regel sind für verpresste Mikropfähle Probebelastungen vorzunehmen.

An dieser Stelle ist anzumerken, dass für die richtige Anwendung der vorgenannten Erfahrungswerte der Anwender die Verantwortung trägt. Wenn er nicht selbst über die erforderliche Sachkunde und Erfahrung verfügt, muss er einen Fachplaner bzw. einen Sachverständigen für Geotechnik in die Festlegungen einbinden, der mit der Tragfähigkeit von Pfählen vertraut ist. Werden über die unteren Werte hinausgehende Mantelreibungswerte angesetzt, ist dies nur möglich, wenn sie durch einen Sachverständigen für Geotechnik bestätigt werden.

Die mögliche wirksame Länge eines gerammten oder verpressten Zugpfahls errechnet sich vom Pfahlfuß bis zur Erddruck-Gleitfläche, wenn durchgehend tragfähige Schichten vorhanden sind, oder vom Pfahlfuß bis zur Grenze der tragfähigen Schicht, falls diese tiefer liegt als der Schnittpunkt von Ankerachse und Gleitfläche. Die erforderliche Mindestverankerungslänge, bezogen auf den Schnittpunkt mit der Gleitfläche gemäß dem „Nachweis der Standsicherheit in der tiefen Gleitfuge", ist dabei zu berücksichtigen.

Vorgespannte Verpressanker
Für die Bemessung und Prüfung vorgespannter Verpressanker gilt Handbuch Eurocode 7, Band 1, Abschnitt 8. Danach darf die Tragfähigkeit der Verpresskörper nur auf der Grundlage von Eignungsprüfungen an Ort und Stelle bzw. in einem vergleichbaren Baugrund festgelegt werden. Darüber hinaus ist die DIN EN 1537 „Ausführung von besonderen geotechnischen Arbeiten (Spezialtiefbau) – Verpressanker" mit Berichtigung 1 und DIN SPEC 18537 zu beachten.

Eine Eignungsprüfung besteht aus mindestens drei Einzelversuchen an Ankern, die unter gleichartigen Ausführungsbedingungen wie die Bauwerksanker hergestellt wurden. Dabei ist das Prüfverfahren 1 nach DIN EN 1537, Abschnitt 9.4 zu verwenden. Es entspricht weitgehend dem bisher verwendeten Verfahren nach DIN 4125. Die Prüfkraft P_P ist, abweichend von der früheren Regelung, die sich auf die charakteristische Beanspruchung E_k bezog, aus dem Ansatz

$$P_P = 1{,}10 \cdot E_d \qquad (18.19)$$

zu ermitteln. Ebenso wie bei der Eignungsprüfung darf auch bei der Abnahmeprüfung die Prüfkraft die Werte

$$P_P = 0{,}80 \cdot A_S \cdot f_{t,k} \tag{18.20}$$

und

$$P_P = 0{,}95 \cdot A_S \cdot f_{t,0.1,k} \tag{18.21}$$

nicht überschreiten. Dabei ist

A_S die Querschnittsfläche des Stahlzugglieds,
$f_{t,k}$ der charakteristische Wert der Zugfestigkeit des Stahlzugglieds,
$f_{t,0.1,k}$ der charakteristische Wert der Spannung des Stahlzugglieds bei 0,1 % bleibender Dehnung.

Der kleinere Wert ist maßgebend.

Aus dem Einzelversuch ergibt sich der Herausziehwiderstand $R_{a,i}$. Dies ist diejenige Kraft, die im Zugversuch ein Kriechmaß von $k_s = 2$ mm verursacht. Das Kriechmaß ergibt sich aus der Differenz der gemessenen Verschiebungen s_b und s_a und den zugehörigen Beobachtungszeiten t_b und t_a zu

$$k_s = \frac{s_b - s_a}{\lg\left(\frac{t_b}{t_a}\right)} \tag{18.22}$$

Ist bei der Prüfkraft P_P in der Eignungsprüfung das Kriechmaß $k_s < 2$ mm, gilt die Prüfkraft P_P als Herausziehwiderstand im Einzelversuch.

Der charakteristische Herausziehwiderstand $R_{a,k}$ ist aus dem Kleinstwert der Ergebnisse der Einzelversuche abzuleiten. Der Bemessungswert $R_{a,d}$ des Herausziehwiderstands ergibt sich damit aus dem Ansatz

$$R_{a,d} = \frac{R_{a,k}}{\gamma_A} \tag{18.23}$$

Dabei ist $\gamma_A = 1{,}10$ unabhängig vom Lastfall der Teilsicherheitsbeiwerte nach Tabelle A.2.3. aus Handbuch Eurocode 7 [67].

Jeder einzelne Verpressanker ist nach dem Erhärten des Verpresskörpers einer Abnahmeprüfung zu unterziehen. Dabei ist das Prüfverfahren 1 nach DIN EN 1537, Abschnitt 9.4, zu verwenden. Die Prüfkraft P_P ist die gleiche wie bei der Eignungsprüfung nach Gl. (18.19) mit den Einschränkungen nach den Gln. (18.20) und (18.21).

Mit den ermittelten Bemessungswerten muss nachgewiesen werden, dass die Grenzzustandsbedingung

$$E_d \leq R_d \tag{18.24}$$

erfüllt ist. Als Bemessungswiderstand ist hierbei der kleinere der beiden Werte $R_{i,d}$ und $R_{a,d}$ einzusetzen.

Um sich ein Bild darüber zu verschaffen, welche charakteristische Ankerwiderstände in Abhängigkeit vom anstehenden Boden zu erwarten sind, kann auf die umfangreichen Angaben von *Ostermayer* [132], zurückgegriffen werden. So erhält man z. B. für einen Verpresskörper von 100 bis 150 mm Durchmesser und 5,00 m Länge in nichtbindigem Boden mittlere Werte

- von 400 bis 800 kN bei mitteldichter Lagerung,
- von 700 bis 1100 kN bei dichter Lagerung.

Die unteren Werte gelten für Fein- und Mittelsand mit einem Ungleichförmigkeitsgrad von $U < 3$, die oberen Werte für einen sandigen Kies mit $U < 5$. Der Durchmesser des Verpresskörpers hat nur einen geringen Einfluss, im Gegensatz zu seiner Länge. Ist die Verpressstrecke mit 2,50 m halb so lang, dann sinkt der Ankerwiderstand auf etwa 60 %, ist die Verpressstrecke mit 10,00 m doppelt so groß, dann nimmt der Ankerwiderstand nur auf etwa 130 % zu. Eine Nachverpressung zur Erhöhung der Tragfähigkeit ist bei Ankern in nichtbindigem Boden in der Regel nicht erforderlich.

Für bindigen Boden gibt *Ostermayer* [132] Werte für die Mantelreibung an. Überträgt man sie auf einen Verpresskörper von 125 mm Durchmesser und 5,00 m Länge, bei denen die übliche Nachverpressung vorgenommen wurde, dann erhält man mittlere Werte

- von 410 bis 590 kN bei steifem, mittelplastischem Ton (TM nach DIN 18196) und bei halbfestem, ausgeprägt plastischem Ton (TA),
- von 590 bis 840 kN bei halbfestem, mittelplastischem Ton und Schluff (TM, UM) und bei halbfestem, leicht plastischem Ton und Schluff (Tl, UL),
- von 840 bis 1050 kN bei Ton- und Schluffmergel sowie sandigem Mergel (TL, TM, UM) mit einer Zylinderdruckfestigkeit $q_u < 700\ \text{kN/m}^2$.

Der Ankerwiderstand hängt unmittelbar vom Durchmesser des Verpresskörpers ab. Dementsprechend sinkt er auf etwa 80 % bei einem Durchmesser von 100 mm bzw. er nimmt auf etwa 120 % zu bei einem Durchmesser von 150 mm. Eine größere Länge hat ähnlich wie bei nichtbindigem Boden nur eine begrenzte Wirkung. Ist die Verpressstrecke mit 10,00 m doppelt so lang, dann nimmt der Ankerwiderstand nur auf etwa 120 % zu. Für Verpressstrecken von weniger als 5,00 m Länge werden keine Werte für die Mantelreibung angegeben.

18.7 Verbände, Anschlüsse und Verbindungsmittel

Die zur Sicherung langer Stahlsteifen gegen Ausknicken erforderlichen Längsgurte nach Bild 18.7a müssen an der Ober- und Unterseite der Steifen angeordnet werden. Das Gleiche gilt auch für die zugehörigen Kreuz- oder K-Verbände, sofern die Gurte nicht durch Diagonalstäbe oder durch eingeschweißte Bleche (Bild 18.7b) unverschieblich miteinander verbunden sind. Damit nicht sämtliche Steifen durch

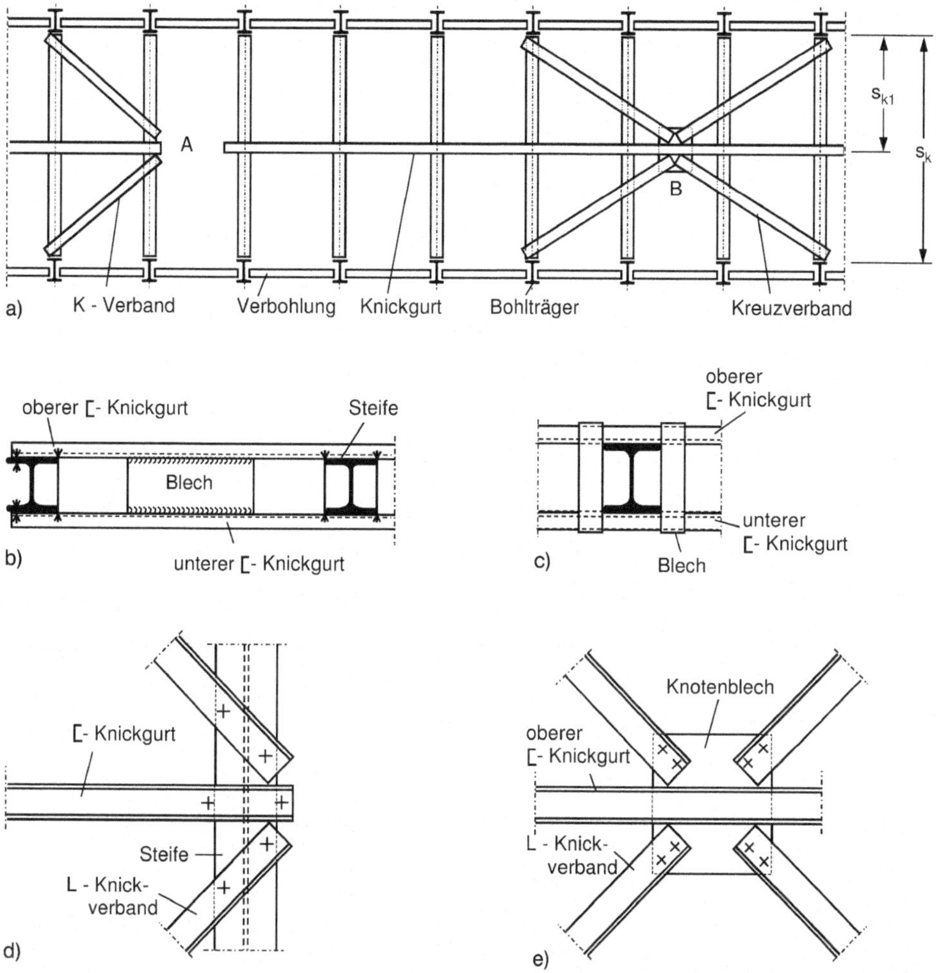

Bild 18.7 Einzelheiten von Knickverbänden; a) Gesamtübersicht, b) Verbindung der Knickgurte, c) Festhaltung einer Steife, d) Knoten A, e) Knoten B

Bohrungen oder Schweißnähte beschädigt werden, können sie durch Laschen (Bild 18.7c) oder durch entsprechende Schraubenbolzen gefasst werden, die unmittelbar neben den Flanschen der Steifen die beiden Gurte miteinander verbinden. Lediglich die Diagonalstäbe werden unmittelbar mit den Steifen verbunden (Bild 18.7d), sofern nicht Knotenbleche angeordnet sind (Bild 18.7e), (hierzu siehe auch [66]).

Eine Baugrubenkonstruktion verformt sich laufend in den verschiedenen Bauzuständen. Aus diesem Grund sollten Anschlüsse an Knotenpunkte nach Möglichkeit durch Schraubverbindungen hergestellt werden, da sie ein großes Verformungsvermögen besitzen und daher nicht so leicht überbeansprucht werden können. Bei geschweißten Anschlüssen sind wegen ihrer Unnachgiebigkeit große Nebenspannungen zu erwarten. Zum Ausgleich dafür ist beim statischen Nachweis das Doppelte der errechneten Stabkräfte, die sich bei der Berechnung der aussteifenden Verbände gemäß DIN EN 1993-1-1 ergeben, zugrunde zu legen.

19 Berechnungsbeispiele

19.1 Nachweis der Böschungsstandsicherheit mit Tabellenwerten

1. Ausgangswerte

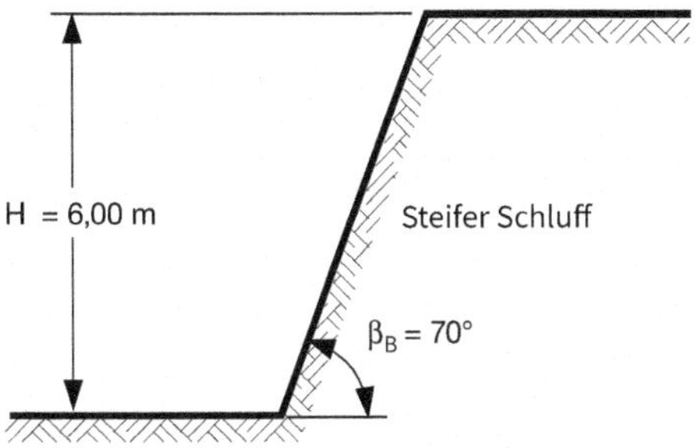

Wandhöhe:	$H = 6{,}00$ m
Böschungsneigung:	$\beta = 70°$
Wichte:	$\gamma_k = 17{,}0$ kN/m³
Reibungswinkel:	$\varphi'_k = 25°$
Kohäsion:	$c'_k = 20{,}0$ kN/m²

Bild 19.1 Baugrubenquerschnitt

Nachzuweisen ist die Standsicherheit der Böschung für die Bemessungssituation BS-T.

2. Nachweis der Standsicherheit

Für die Bemessungssituation BS-T sind die Teilsicherheitsbeiwerte

$\gamma_\varphi = 1{,}15$ und $\gamma_c = 1{,}15$

maßgebend. Die Bemessungswerte φ'_k und c'_d ergeben sich zu:

$$\tan\varphi'_d = \frac{1}{1{,}15} \cdot \tan 25° = 0{,}4055; \; \varphi'_d = \arctan 0{,}4055 = 22{,}07°$$

$$c'_d = \frac{20{,}0}{1{,}15} = 17{,}4 \,\text{kN/m}^2$$

Aus Tabelle 20.5.1 ergibt sich mit $\beta_B = 70°$ und $\varphi'_d = 22{,}07°$ durch Interpolation:

$$f_\beta = 8{,}12 + \frac{8{,}77 - 8{,}12}{2{,}5} \cdot 2{,}07 = 8{,}66$$

Daraus ergibt sich die zulässige Höhe

$$H_{Gr,d} = f_\beta \cdot \frac{c'_d}{\gamma_k} = 8{,}66 \cdot \frac{17{,}4}{17{,}0} = 8{,}86 \,\text{m}$$

Die vorhandene Höhe $H = 6{,}00$ m ist kleiner als die mit Bemessungswerten ermittelte Höhe $H_{Gr,d} = 8{,}86$ m. Somit ist der Nachweis der Standsicherheit erbracht.

Baugruben, 3. Auflage. Achim Hettler, Theodoros Triantafyllidis, Anton Weißenbach.

3. Ermittlung des Mobilisierungsgrads

In der Regel wird man sich mit der Feststellung begnügen, dass 6,00 m < 8,86 m. Wenn zu Vergleichszwecken der Mobilisierungsgrad benötigt wird, kann dieser jedoch nicht in der Form $\mu = 6{,}00/8{,}86 = 0{,}68$ ermittelt werden. Vielmehr ist er auf die Bemessungswerte $\tan\varphi_d$ und c_d zu beziehen und durch Iteration zu ermitteln. Im vorliegenden Fall ergibt er sich zu $\overline{\mu} = 0{,}78$. Dies zeigt die nachfolgende Rechnung:

$$\tan\overline{\varphi} = 0{,}78 \cdot \tan\varphi_d' = 0{,}78 \cdot 0{,}4055 = 0{,}316$$

$$\overline{\varphi} = 17{,}55°$$

$$\overline{f}_\beta = 7{,}50$$

$$\overline{H} = \overline{f}_\beta \cdot \frac{\overline{\mu} \cdot c_d'}{\gamma_k} = 7{,}50 \cdot \frac{0{,}78 \cdot 17{,}4}{17{,}0} \approx 6{,}00\,\text{m}$$

19.2 Nachweis der Böschungsstandsicherheit mit dem lamellenfreien Gleitkreisverfahren

1. Ausgangswerte

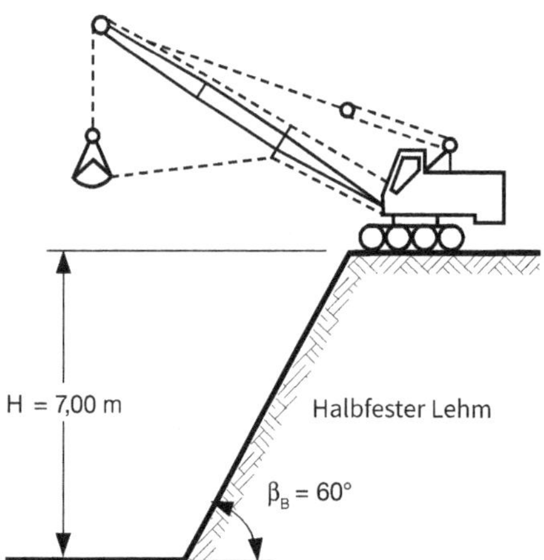

Wandhöhe:	$H = 7{,}00$ m
Böschungsneigung:	$\beta_B = 60°$
Wichte:	$\gamma_k = 21{,}0$ kN/m³
Reibungswinkel:	$\varphi_k' = 27{,}5°$
Kohäsion:	$c_k' = 35{,}0$ kN/m²
Bagger mit 60 t (600 kN)	
Aufstandflächen siehe Bild 19-3	
Lastabstand:	$a_p' = 0{,}60$ m

Bild 19.2 Baugrubenquerschnitt mit Auflast aus Bagger

Nachzuweisen ist die Standsicherheit der Böschung mit dem lamellenfreien Gleitkreisverfahren:

a) mit dem grafischen Reibungskreisverfahren nach *Krey*, s. Abschnitt 4.3 in [214],
b) mit dem rechnerischen Verfahren nach *Fröhlich* gemäß DIN 4084:2009-01,
c) mit dem rechnerischen Verfahren nach *Goldscheider* [56], s. DIN 4084/A1:2017.

2. Ersatzlast für Bagger

Gesamtlast: $P_k = 600$ kN

Exzentrizität der Last angenommen zu $e = \frac{1}{4} \cdot l_{p'} = 0{,}25 \cdot 3{,}00 = 0{,}75$ m

Dreieckförmige Last nach Bild 19.3a wird ersetzt durch rechteckförmige Last.

Lastausbreitung nach Bild 19.3b für eine Raupenkette mit dem wirksamen Abstand

$0{,}60 + 2 \cdot 2{,}10 = 4{,}80$ m

Ersatzlast für eine Raupenkette:

$$\overline{q}_k = \frac{1}{2} \cdot \frac{600}{4{,}80} = 62{,}5 \text{ kN/m}$$

Ersatzlast im Bereich der Überschneidung: $\overline{q}_k = 2 \cdot 62{,}5 = 125$ kN/m

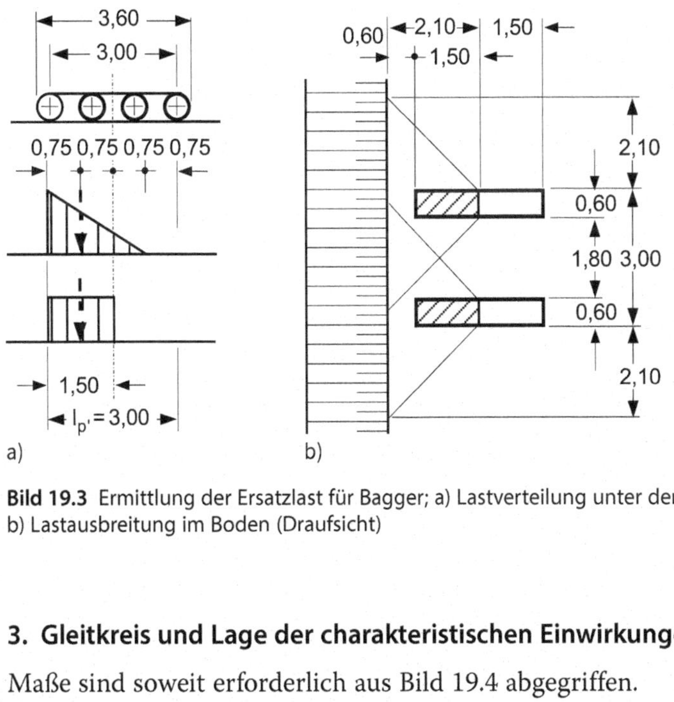

Bild 19.3 Ermittlung der Ersatzlast für Bagger; a) Lastverteilung unter den Raupenketten, b) Lastausbreitung im Boden (Draufsicht)

3. Gleitkreis und Lage der charakteristischen Einwirkungen

Maße sind soweit erforderlich aus Bild 19.4 abgegriffen.

Tabelle 19.1 Lage und Größe der charakteristischen Einwirkungen

Last	Lastgröße	Hebelarm
$G_{1,k}$	$\frac{1}{2} \cdot 7{,}00 \cdot 2{,}10 \cdot 21{,}0 = 154$ kN/m	5,35 m
$G_{2,k}$	$\frac{2}{3} \cdot 9{,}30 \cdot 1{,}40 \cdot 21{,}0 = 182$ kN/m	5,50 m
$\overline{q}_k$	125 kN/m	7,35 m

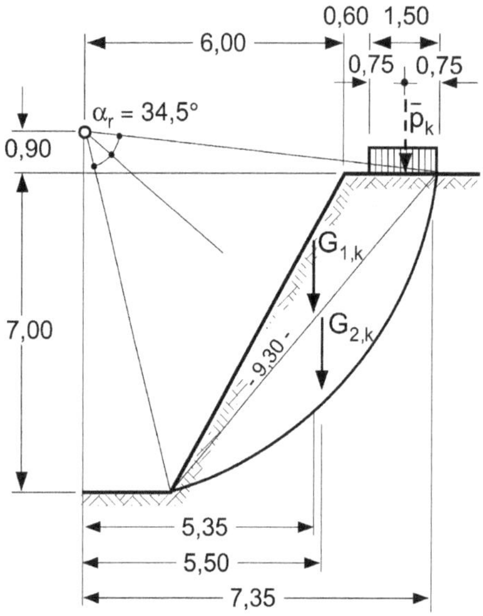

Bild 19.4 Gleitkreis und angreifende Kräfte

4. Bemessungswerte von Einwirkungen und Widerständen

Im Grenzzustand GEO-3 sind für die Bemessungssituation BS-T die Teilsicherheitsbeiwerte $\gamma_G = 1{,}00$ für ständige Einwirkungen und $\gamma_Q = 1{,}20$ für veränderliche Einwirkungen maßgebend. Mit den charakteristischen Lasten aus Abschnitt 3 des Beispiels erhält man die Bemessungswerte

$$G_d = (G_{1,k} + G_{2,k}) \cdot \gamma_G = (154 + 182) \cdot 1{,}00 = 336 \text{ kN/m}$$

$$\bar{q}_d = \bar{q}_k \cdot \gamma_Q = 125 \cdot 1{,}20 = 150 \text{ kN/m}$$

Mit den entsprechenden Teilsicherheitsbeiwerten $\gamma_\varphi = 1{,}15$ und $\gamma_c = 1{,}15$ berechnet sich:

$$\tan\varphi'_d = \frac{\tan\varphi'_k}{\gamma_\varphi} = \frac{\tan 27{,}5°}{1{,}15} = 0{,}45;\ \varphi'_d = 24{,}4°$$

$$c'_d = \frac{c'_k}{\gamma_c} = \frac{35}{1{,}15} = 30{,}4 \text{ kN/m}^2$$

5. Nachweis der Standsicherheit mit dem Reibungskreisverfahren nach Krey

Mit dem halben Öffnungswinkel $\alpha_r = 34{,}5°$ erhält man

$$\xi = 0{,}50\left(1 + \frac{\operatorname{arc}\alpha_r}{\sin\alpha_r}\right) = 0{,}50 \cdot \left(1 + \frac{34{,}5 \cdot \pi}{180 \cdot \sin 34{,}5}\right) = 1{,}03$$

Der Radius des Reibungskreises $r_{\varphi,d}$ im Bemessungszustand ergibt sich unter Verwendung von $\xi = 1{,}03$, des Gleitkreisradius $r = 8{,}21$ m sowie $\varphi'_d = 24{,}4°$ zu

$r_{\varphi,d} = \xi \cdot r \cdot \sin\varphi'_d = 1{,}03 \cdot 8{,}21 \cdot \sin 24{,}4° = 3{,}49$ m.

Der Bemessungswert der Kohäsionskraft berechnet sich zu

$C_d = 2 \cdot c'_d \cdot r \cdot \sin\alpha_r = 2 \cdot 30{,}4 \cdot 8{,}21 \cdot \sin 34{,}5° = 282{,}7$ kN/m

Der Hebelarm l_c der Kohäsionskraft ergibt sich zu

$$r_c = \frac{\text{arc}\,\alpha_r}{\sin\alpha_r} \cdot r = \frac{34{,}5 \cdot \pi}{180 \cdot \sin 34{,}5°} \cdot 8{,}21 = 8{,}73\,\text{m}$$

Zusätzlich wird noch der Hebelarm $e_{R,d}$ der Resultierenden R aus den Bemessungswerten $G_{1,d}$, $G_{2,d}$ und $\overline{q}_d$ benötigt. Er berechnet sich aus

$$e_{R,d} = \frac{G_{1,d} \cdot r_1 + G_{2,d} \cdot r_2 + \overline{q}_d \cdot r_p}{G_{1,d} + G_{2,d} + \overline{p}_d} = \frac{154 \cdot 5{,}35 + 182 \cdot 5{,}50 + 150 \cdot 7{,}35}{154 + 182 + 150} = 6{,}02\,\text{m}$$

R_d ergibt sich zu

$R_d = 154 + 182 + 150 = 486$ kN/m

Mit $r_{\varphi,d}$, C_d, l_c, R_d und $e_{R,d}$ lässt sich grafisch die Wirkungslinie der Reaktionskraft Q_d und das Krafteck ermitteln (s. Bild 19.5). Das Krafteck ist offen. Somit ist der Nachweis für die untersuchte Gleitfläche erbracht. Im Grundsatz müsste durch Iteration der Ausnutzungsgrad $\overline{\mu}$ für $\tan\varphi'_d$ und c'_d so bestimmt werden, dass sich das Krafteck schließt. Dies ist erforderlich, wenn mehrere Gleitkreise untersucht werden. Maßgebend ist dann der Gleitkreis mit dem größten Ausnutzungsgrad.

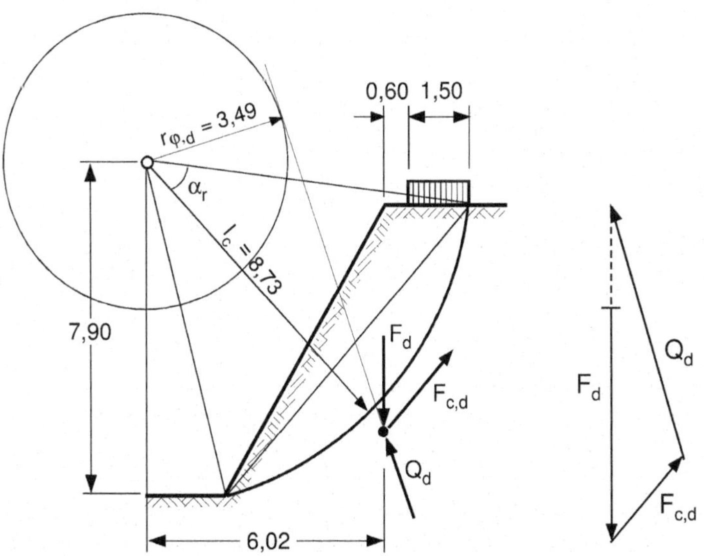

Bild 19.5 Nachweis mit Reibungskreisverfahren

6. Nachweis der Standsicherheit mit dem rechnerischen Verfahren nach Fröhlich

Hinweis: Es werden die Bezeichnungen und das Verfahren nach DIN 4084:2009-01 verwendet.

Zusammenfassung der einwirkenden Größen:

$F_{G,k} = 154 + 182 = 336\ \text{kN/m}$ $\qquad F_{G,d} = F_{G,k} \cdot \gamma_G = 336 \cdot 1{,}00 = 336\ \text{kN/m}$

$F_{Q,k} = 125\ \text{kN/m}$ $\qquad F_{Q,d} = F_{Q,k} \cdot \gamma_Q = 125 \cdot 1{,}20 = 150\ \text{kN/m}$

$F_k = 461\ \text{kN/m}$ $\qquad F_d = 486\ \text{kN/m}$

Hebelarme:

$$e_{G,k} = \frac{G_{1,k} \cdot r_1 + G_{2,k} \cdot r_2}{G_{1,k} + G_{2,k}} = 5{,}43\ \text{m};\ e_{Q,k} = 7{,}35\ \text{m}$$

$$\omega = 90° - \alpha_r = 90 - 34{,}5 = 55{,}5°$$

Bemessungswert des einwirkenden Moments:

$$E_{M,d} = F_d \cdot e = F_{G,k} \cdot \gamma_G \cdot e_G + F_{Q,k} \cdot \gamma_Q \cdot e_Q$$
$$= 336 \cdot 1{,}00 \cdot 5{,}43 + 125 \cdot 1{,}20 \cdot 7{,}35 = 2927{,}0\ \text{kNm/m}$$

Kohäsionskräfte in der Gleitfläche:

$$F_{c,k} = 2 \cdot c'_k \cdot r \cdot \sin\alpha_r = 2 \cdot 35 \cdot 8{,}21 \cdot \sin 34{,}5° = 325{,}5\ \text{kN/m}$$

$$F_{c,d} = F_{c,k}/\gamma_c = 325{,}5/1{,}15 = 283{,}1\ \text{kN/m}$$

Resultierende Kraft Q_d in der Gleitfläche:

$$Q_d = \sqrt{F_d^2 - 2 \cdot F_d \cdot F_{c,d} \cdot \sin\omega + F_{c,d}^2}$$
$$= \sqrt{486^2 - 2 \cdot 486 \cdot 283{,}1 \cdot \sin(55{,}5°) + 283{,}1^2} = 299{,}3\ \text{kN/m}$$

Bemessungswert des widerstehenden Moments:

Mit

$$\xi = \tfrac{1}{2} \cdot \left(1 + \frac{\operatorname{arc}\alpha_r}{\sin\alpha_r}\right) = \tfrac{1}{2} \cdot \left(1 + \frac{\sin 34{,}5° \cdot \pi}{180 \cdot \sin 34{,}5°}\right) = 1{,}03$$

erhält man

$$R_{M,d} = Q_d \cdot \xi \cdot r \cdot \sin\varphi'_k + F_{c,d} \cdot r \cdot \frac{\operatorname{arc}\alpha_r}{\sin\alpha_r}$$
$$= 299{,}3 \cdot 1{,}03 \cdot 8{,}21 \cdot \sin 24{,}35° + 283{,}1 \cdot 8{,}21 \cdot 1{,}06 = 3507{,}2\ \text{kNm/m}$$

Mit

$$E_{M,d} = 2927{,}0\ \text{kNm/m} < R_{M,d} = 3\,507{,}2\ \text{kNm/m}$$

ist die Standsicherheit nachgewiesen. Falls der Ausnutzungsgrad benötigt wird, muss er iterativ ermittelt werden.

7. Nachweis der Standsicherheit mit dem rechnerischen Verfahren nach Goldscheider

Bemessungswerte von Einwirkungen und Widerständen:

angreifende Kräfte

$F_d = F_{v,d} = (G_{1,k} + G_{2,k}) \cdot \gamma_G + q_k \cdot \gamma_Q = (154 + 182) \cdot 1{,}0 + 125 \cdot 1{,}2 = 336 + 150$
$= 486$ kN/m

$F_{h,d} = 0$ kN/m

mit dem Hebelarm $e_d = \dfrac{G_{1d} \cdot r_1 + G_{2d} \cdot r_2 + q_d \cdot r_q}{G_{1d} + G_{2d} + q_d} = 6{,}02\,\text{m}$

Bodenkenngrößen (s. Abschnitt 4 des Beispiels) $\varphi'_d = 24{,}4°$
$c'_d = 30{,}4$ kN/m²

Bemessungswert der resultierenden Kohäsionskraft in der Gleitlinie:

$F_{cd} = 2 \cdot c_d \cdot r \cdot \sin(\alpha_r) = 2 \cdot 30{,}4 \cdot 8{,}15 \cdot \sin(34{,}5°) = 280{,}7$ kN/m

Abstand e_c der Wirkungslinie von F_{cd} vom Gleitkreismittelpunkt:

$$e_c = r \cdot \frac{\alpha_r[\text{rad}]}{\sin(\alpha_r)} = 8{,}15 \cdot \frac{34{,}5° \cdot \frac{\pi}{180°}}{\sin(34{,}5°)} = 8{,}66\,\text{m}$$

Abstand e_φ der resultierenden Reibungskraft in der Gleitlinie vom Gleitkreismittelpunkt:

$$e_\varphi = 0{,}5 \cdot r \cdot \left(1 + \frac{\alpha_r[\text{rad}]}{\sin(\alpha_r)}\right) = 0{,}5 \cdot 8{,}15 \cdot \left(1 + \frac{34{,}5° \cdot \frac{\pi}{180°}}{\sin(34{,}5°)}\right) = 8{,}41\,\text{m}$$

1. Iterationsschritt

Aus Bild 19.5: Gleitkreisradius r = 8,15 m

$\vartheta_s = \arccos(7{,}9/8{,}15) + \alpha_r = 14{,}2° + 34{,}5° = 48{,}7°$

Ausnutzungsgrad $\mu_1 = 1{,}0$

$Q_h = -F_h + \mu \cdot F_{c,d} \cdot \cos(\vartheta_s) + \mu \cdot F_{A,d} \cdot \cos(\alpha_A)$
$= 0 + 1{,}0 \cdot 280{,}7 \cdot \cos(48{,}7°) + 1{,}0 \cdot 0 \cdot \cos(48{,}7°) = 185{,}3$ kN/m

$Q_v = F_v - \mu \cdot F_{c,d} \cdot \sin(\vartheta_s) + \mu \cdot F_{A,d} \cdot \sin(\alpha_A)$
$= 486 - 1{,}0 \cdot 280{,}7 \cdot \sin(48{,}7°) = 275{,}1$ kN/m

$$\tan\vartheta_Q = \frac{Q_h}{Q_v} = \frac{185{,}3}{275{,}1} = 0{,}67 \rightarrow \vartheta_Q = 33{,}8°$$

$$\sin\hat{\varphi} = \frac{\cos(\vartheta_Q)\cdot(F\cdot e - \mu\cdot F_{c,d}\cdot e_c - \mu\cdot F_{A,d}\cdot e_A)}{e_\varphi\cdot Q_v}$$

$$= \frac{\cos(33{,}8°)\cdot(486\cdot 6{,}02 - 1{,}0\cdot 280{,}7\cdot 8{,}73)}{8{,}41\cdot 275{,}1} = 0{,}17$$

$$\rightarrow \hat{\varphi} = 9{,}8°$$

Der Wert μ_i ist ausreichend genau bestimmt, wenn gilt:

$$|\varphi_i - \arctan(\mu_i\cdot\tan(\varphi_d))| \leq 0{,}2°$$

$$\rightarrow |9{,}8° - \arctan(1{,}0\cdot 0{,}45)| \leq 0{,}2°$$

$$\rightarrow |-14{,}43| \leq 0{,}2°$$

Da $\widehat{\varphi_1} < \arctan(\mu_1 \cdot \tan(\varphi_d))$, ist $\mu_2 < \mu_1$ zu wählen.

Der Ausnutzungsgrad μ des Systems ist somit < 1. Die Standsicherheit ist nachgewiesen.

2. Iterationsschritt

$$\mu_{i+1} = \frac{1}{2}\cdot\left(\mu_i + \frac{\tan\widehat{\varphi_i}}{\tan\varphi_d}\right) \rightarrow \mu_2 = \frac{1}{2}\cdot\left(\mu_1 + \frac{\tan\widehat{\varphi_1}}{\tan\varphi_d}\right) = \frac{1}{2}\cdot\left(1 + \frac{\tan(9{,}8°)}{0{,}45}\right) = 0{,}69$$

$$Q_h = 0{,}69 \cdot 280{,}7 \cdot \cos(48{,}7°) = 127{,}8 \text{ kN/m}$$

$$Q_v = 486 - 0{,}69 \cdot 280{,}7 \cdot \cos(48{,}7°) = 358{,}2 \text{ kN/m}$$

$$\tan\vartheta_Q = \frac{127{,}8}{358{,}2} = 0{,}36$$

$$\rightarrow \vartheta_Q = 19{,}8°$$

$$\sin\hat{\varphi} = \frac{\cos(19{,}8°)\cdot(486\cdot 6{,}02 - 0{,}69\cdot 280{,}7\cdot 8{,}73)}{8{,}47\cdot 358{,}2} = 0{,}38$$

$$\rightarrow \widehat{\varphi_2} = 22{,}3°$$

$$|22{,}3° - \arctan(0{,}69\cdot 0{,}45)| = 5{,}1° \geq 0{,}2°$$

μ muss nun, solange iteriert werden, bis die Bedingung erfüllt ist:

$$\mu_3 = 0{,}80 \rightarrow \widehat{\varphi_3} = 19{,}3°, |19{,}3 - \arctan(0{,}80\cdot 0{,}45)| = 0{,}5 > 0{,}2$$

$$\mu_4 = 0{,}79 \rightarrow \widehat{\varphi_4} = 19{,}5°, |19{,}5 - \arctan(0{,}79\cdot 0{,}45)| = 0{,}1 < 0{,}2$$

Der Ausnutzungsgrad beträgt $\mu = 0{,}79 \mathrel{\hat{=}} 79\,\%$.

Darüber hinaus wurde analytisch für einen Ausnutzungsgrad $\mu = 1{,}0$ der minimale Kohäsionswert zu c = 20,6 kPa bestimmt. Für c = 20 kPa liegt der Ausnutzungsgrad also knapp unter 1,0 und für c = 21 kPa knapp über 1,0.

Es ist zu zeigen, ob der Nachweis der Standsicherheit mit der Wahl $\mu_2 < \mu_1 = 1{,}0$ erbracht ist:

Für c = 20 kPa ergibt sich im ersten Iterationsschritt mit $\mu_1 = 1{,}0$:

$\hat{\varphi} = 25{,}06° > 24{,}23° = \arctan(\mu_1 \cdot \tan(\varphi_d))$

μ_2 müsste somit größer als μ_1 gewählt werden.

μ_2 wäre damit größer als 1 und der Nachweis der Standsicherheit nicht erbracht.

Für c =21 kPa ergibt sich im ersten Iterationsschritt mit $\mu_1 = 1{,}0$:

$\hat{\varphi} = 23{,}73° > 24{,}23° = \arctan(\mu_1 \cdot \tan(\varphi_d))$

μ_2 müsste somit kleiner als μ_1 gewählt werden.

μ_2 wäre damit kleiner als 1 und der Nachweis der Standsicherheit erbracht.

19.3 Erddruckermittlung für eine im Boden eingespannte, nicht gestützte Spundwand

1. Ausgangswerte

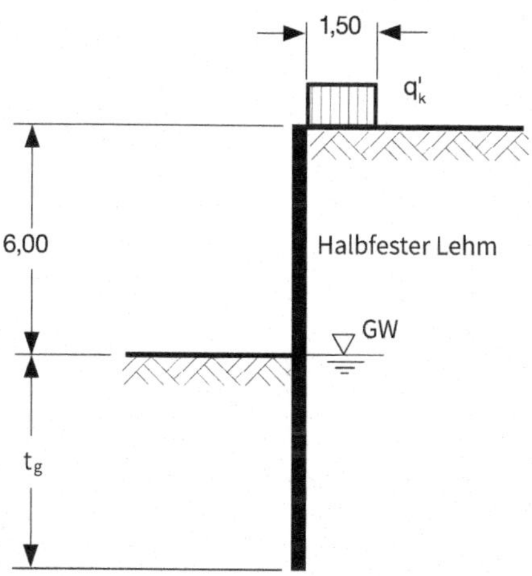

Wandhöhe:	H = 6,00 m
Grundwasser:	ab Baugrubensohle
Feuchtwichte:	γ_k = 20,0 kN/m³
Wichte unter Auftrieb:	γ'_k = 10,0 kN/m³
Reibungswinkel:	φ'_k = 27,5°
Wichte:	c'_k = 25,0 kN/m²
Streifenlast:	q'_k = 45,0 kN/m²
Lastbreite:	b'_p = 1,50 m

Bild 19.6 Baugrubenquerschnitt

Zu bestimmen ist die charakteristische Erddruckverteilung aus Bodeneigengewicht, Kohäsion und Streifenlast q'_k bis zur Baugrubensohle.

2. Erddruckermittlung mit Gleitflächen unter dem Winkel $\vartheta_{a,k}$

$$\delta_{a,k} = \tfrac{2}{3} \cdot \varphi_k = 18{,}3°$$

$$K_{agh} = 0{,}310;\ \vartheta_{a,k} = 54{,}5°$$

$$e_{agh,k} = 20{,}0 \cdot 0{,}310 \cdot 6{,}00 = 37{,}2\,\text{kN/m}^2$$

$$e_{ach,k} = -25{,}0 \cdot \frac{2 \cdot \cos 27{,}5° \cdot \cos 18{,}3°}{1 + \sin(27{,}5° + 18{,}3°)} = -24{,}5\,kN/m^2$$

$$e_{auh,k} = 37{,}2 - 24{,}5 = 12{,}7\,kN/m^2$$

$$e_{aq'h,k} = 45{,}0 \cdot 0{,}310 = 14{,}0\,kN/m^2$$

$$h_{p'} = 1{,}50 \cdot \tan 54{,}5° = 2{,}10\,m$$

3. Erddruckermittlung mit dem Ersatzreibungswinkel $\varphi'_{Ers,k}$

Mindesterddruckbeiwert beim Erddruck aus Bodeneigengewicht mit $\varphi'_{Ers,k} = 40°$

Gewählter Erddruckneigungswinkel $\delta_{a,k} = \frac{2}{3} \cdot \varphi'_{Ers,k}$

$$K^*_{agh} = 0{,}179$$

$$e_{agh,k} = 20{,}0 \cdot 0{,}179 \cdot 6{,}00 = 21{,}5\ kN/m^2$$

$$e_{aq'h,k} = 45{,}0 \cdot 0{,}310 = 14{,}0\ kN/m^2$$

$$h_{p'} = 1{,}50 \cdot \tan 54{,}5° = 2{,}10\ m$$

4. Erddruckermittlung mit Zwangsgleitfläche unter dem Winkel ϑ_z

$$\tan \vartheta_z = \frac{6{,}00}{1{,}50} = 4{,}00; \quad \vartheta_z = 76{,}0°$$

$$G_k = \frac{1}{2} \cdot 1{,}50 \cdot 6{,}00 \cdot 20{,}0 = 90{,}0\ kN/m$$

$$q'_k = 1{,}50 \cdot 45{,}0 = 67{,}5\ kN/m$$

$$E'_{a(gq')h,k} = (90{,}0 + 67{,}5) \cdot \frac{\sin(76{,}0° - 27{,}5°) \cdot \cos 18{,}3°}{\cos(76{,}0° - 27{,}5° - 18{,}3°)} = 129{,}6\ kN/m$$

$$E'_{ach,k} = -25{,}0 \cdot 6{,}00 \cdot \frac{\cos 27{,}5° \cdot \cos 18{,}3°}{\cos(76{,}0° - 27{,}5° - 18{,}3°) \cdot \sin 76{,}0°} = -150{,}7\ kN/m$$

$E'_{ah,k} = 129{,}6 - 150{,}7 =$ negativ, also nicht maßgebend.

5. Ergebnis der drei Untersuchungen

Maßgebend ist $e_{auh,k} = 21{,}5\ kN/m^2$ für Gleitflächen unter dem Winkel $\vartheta_{a,k} = 54{,}5°$.

Streng genommen ist die Resultierende des aktiven Erddrucks bis zum theoretischen Fußpunkt entscheidend. Auch unter diesem Aspekt bleibt es bei diesem Ergebnis.

19.4 Erddruckermittlung für eine Baggerlast

1. Ausgangswerte

Konstruktion:	gestützte Baugrubenwand
Wandhöhe:	$H \geq 3{,}00$ m
Boden:	steifer Lehm
Grundwasser:	unterhalb der Baugrubensohle
Wichte:	$\gamma_k = 19{,}0\ \text{kN/m}^3$
Reibungswinkel:	$\varphi'_k = 22{,}5°$
Kohäsion:	$c'_k = 15{,}0\ \text{kN/m}^2$
Erddruckneigungswinkel:	$\delta_{a,k} = 2/3 \cdot \varphi'_k = 15°$

Baugerät: Raupenbagger mit einem Arbeitsgewicht von $G_k = 420$ kN

Aufstandsfläche einer Raupenkette:	$l_{p'} \cdot b_{p'} = 3{,}40\,\text{m} \cdot 0{,}60\,\text{m}$
Abstand von der Baugrubenwand:	$a_{p'} = 0{,}20\,\text{m}$

2. Ersatzlast für Bagger

Baggerlast:	$G_k = 420$ kN
Raupenbelastung:	$P_k = 80\,\% \cdot 420 = 336$ kN

Lastausbreitung nach Bild 19.7b

$$\overline{q}_k = \frac{336}{2 \cdot 0{,}80 + 3{,}40} = 67{,}2\,\text{kN/m}$$

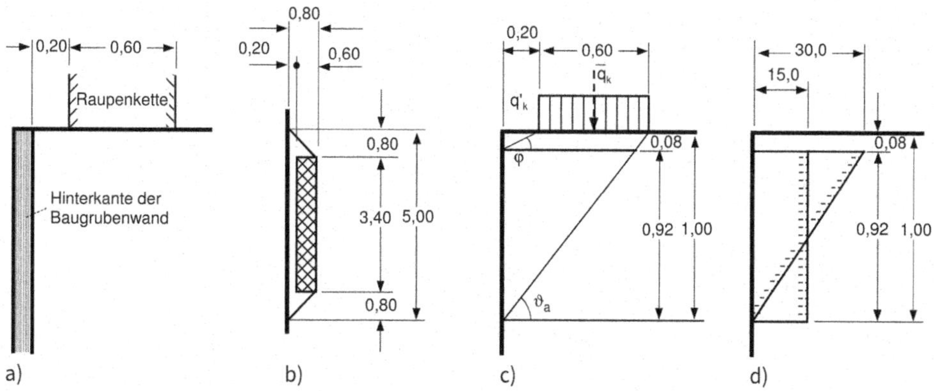

Bild 19.7 Erddruckermittlung bei Baugeräten; a) Belastung, b) Lastausbreitung, c) Ersatzlast, d) Erddruckverteilung

3. Gesamterddruck bei Flächenlast

$$q'_k = \frac{67{,}2}{0{,}20 + 0{,}60} = 84{,}0\,\text{kN/m}^2$$

$K_{agh} = K_{aph} = 0{,}384$

$\vartheta_{a,k} = 51{,}5°$

$h_{pu} = (0{,}20 + 0{,}60) \cdot \tan 51{,}5° = 1{,}00\ \text{m}$

$E_{aq'h,k} = 84{,}0 \cdot 0{,}384 \cdot 1{,}00 = 32{,}4\ \text{kN/m}$

4. Gesamterddruck bei Linienlast

$K_{agh} = 0{,}384$ und $h_{pu} = 1{,}00$ m wie vorher

$K_{a\bar{p}h} = 0{,}483$

$E_{a\bar{p}h,k} = 0{,}483 \cdot 67{,}2 = 32{,}4\,\text{kN/m}$

5. Erddruckverteilung

$h_{pu} = 1{,}00\,\text{m}$ wie vorher

$h_{po} \leq 0{,}20 \cdot \tan 22{,}5° = 0{,}08\,\text{m}$

$h_p = 1{,}00 - 0{,}08 = 0{,}92\,\text{m}$

Rechtecklast: $e_{aq'ch,k} = \dfrac{32{,}4}{0{,}92} = 35{,}2\,\text{kN/m}^2$

Dreiecklast: $e_{aq'ch,k} = 2 \cdot 35{,}2 = 70{,}4\,\text{kN/m}^2$

19.5 Ermittlung des Erdwiderstands vor einer Trägerbohlwand

1. Ausgangswerte

Bohlträger:	HE-B 300 mit $b_t = 0{,}30$ m und Trägerabstand: $a_t = 1{,}80$ m
Einbindetiefe:	$t_0 = 2{,}50$ m
Boden:	steifer Geschiebemergel
Grundwasser:	unterhalb des Trägerfußpunktes
Wichte:	$\gamma_k = 20{,}0\ \text{kN/m}^3$
Reibungswinkel:	$\varphi'_k = 30°$
Kohäsion:	$c'_k = 10{,}0\ \text{kN/m}^2$
Wandreibungswinkel:	$\delta_{p,k} = -27{,}5°$, d. h. behinderte Vertikalbewegung

2. Erdwiderstand ohne Überschneidung

$f_t = \frac{0{,}30}{2{,}50} = 0{,}12 < 0{,}30 = \frac{b_{kr}}{t}$ Somit: Beiwert $\omega_R = 2{,}23$ und Beiwert $\omega_K = 3{,}01$

$$E^*_{pgh,k} = \tfrac{1}{2} \cdot 20{,}0 \cdot 2{,}23 \cdot 2{,}50^3 = 348 \text{ kN}$$

$$E^*_{pch,k} = 50\% \cdot 2 \cdot 10{,}0 \cdot 3{,}01 \cdot 2{,}50^2 = 188 \text{ kN}$$

$$E^*_{ph,k} = 348 + 188 = 536 \text{ kN}$$

$$E_{ph,k} = \frac{536}{1{,}80} = 298 \text{ kN/m}$$

3. Erdwiderstand mit Überschneidung

$K_{pgh} = 5{,}46$ für $\delta_{p,k} = -27{,}5°$

$= -\delta^*_{p,k}$ nach Abschnitt 3.3 und K_{pgh} nach Tabelle 20.3.3

$K_{pgh} = 3{,}00$ für $\delta_{p,k} = 0°$

$$E^*_{pght,k} = \tfrac{1}{2} \cdot 20{,}0 \cdot 5{,}46 \cdot 0{,}30 \cdot 2{,}50^2 = 102 \text{ kN}$$

$$E^*_{pghw,k} = \tfrac{1}{2} \cdot 20{,}0 \cdot 3{,}00 \cdot (1{,}80 - 0{,}30) \cdot 2{,}50^2 = 281 \text{ kN}$$

$$E^*_{pgh,k} = 102 + 281 = 383 \text{ kN}$$

$$E_{pgh,k} = \frac{383}{1{,}80} = 213 \text{ kN/m}$$

$K_{pch} = 5{,}73$ (für $\delta_{p,k} = -27{,}5°$ nach Abschnitt 2.2 und K_{pch} nach Tabelle 20.3.6)

$$E_{pch,k} = 10{,}0 \cdot 5{,}73 \cdot 2{,}50 = 143 \text{ kN/m}$$

$$E_{ph,k} = 213 + 143 = 356 \text{ kN/m}$$

4. Maßgebender Erdwiderstand

ohne Überschneidung: $E_{ph,k} = 298$ kN/m

Ersatzerdwiderstandsbeiwert: $\omega_{ph} = \frac{2 \cdot E_{ph,k}}{\gamma_k \cdot t^2} = \frac{2 \cdot 298}{20{,}0 \cdot 2{,}50^2} = 4{,}77$

19.6 Nicht gestützte, im Boden eingespannte Trägerbohlwand in nichtbindigem Boden

1. Ausgangswerte

Im Folgenden wird die Standsicherheit einer im Boden eingespannten Trägerbohlwand berechnet und anschließend die Bemessung durchgeführt. Einzelheiten sind in Bild 19.8a angegeben.

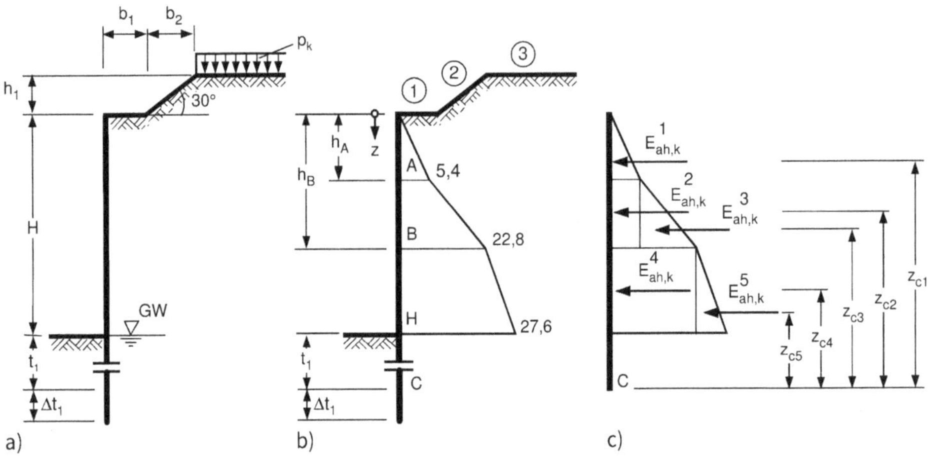

Bild 19.8 Nicht gestützte, im Boden eingespannte Trägerbohlwand; a) Baugrubenquerschnitt, b) Erddruckverteilung, c) Erddruckkräfte

Es wird von folgenden Gegebenheiten ausgegangen:

Geometrie nach Bild 19.8a

Baugrubentiefe:	$H = 5{,}00$ m
	$h_1 = 1{,}30$ m
	$b_1 = 1{,}00$ m
	$b_2 = 2{,}25$ m
Einbindetiefe (geschätzt):	$t_1 = 5{,}00$ m
Bohlträgerbreite:	$b_t = 0{,}30$ m
Bohlträgerabstand	$a_t = 2{,}20$ m
Bohlträger HE-B 400; S 235:	$g_k = 1{,}55$ kN/m
Boden:	mitteldicht gelagerter Sand
Grundwasser:	ab Baugrubensohle
Feuchtwichte:	$\gamma_k = 18{,}0$ kN/m³
Wichte unter Auftrieb:	$\gamma'_k = 11{,}0$ kN/m³
Reibungswinkel:	$\varphi'_k = 35{,}0°$
Erddruckneigungswinkel:	$\delta_{a,k} = 2/3\ \varphi'_k = 23{,}3°$
Geländeauflast:	$p_k = 10{,}0$ kN/m²

2. Ermittlung des Erddrucks bis zur Baugrubensohle

Berechnung des Erddrucks nach *Jenne*:

Für $\beta = 0$: $K_{ah1} = K_{ah3} = 0{,}224$

Für $\beta = 30°$: $K_{agh2} = K_{ah2} = \dfrac{\cos^2 \varphi'_k}{\left(1+\sqrt{\dfrac{\sin(\varphi'_k + \delta_{a,k}) \cdot \sin(\varphi'_k - \beta)}{\cos\delta_a \cdot \cos\beta}}\right)^2}$

$$= \frac{\cos^2(35{,}0°)}{\left(1+\sqrt{\dfrac{\sin(35{,}0° + 23{,}3°) \cdot \sin(35{,}0° - 30{,}0°)}{\cos 23{,}3° \cdot \cos 30{,}0°}}\right)^2} = 0{,}394$$

Eine getrennte Ermittlung des Erddrucks für ständige und veränderliche Einwirkungen ist hier nicht erforderlich, da großflächige Auflasten mit $p_k \leq 10$ kN/m² als ständige Einwirkung behandelt werden dürfen.

Die Ordinaten des charakteristischen Erddrucks aus Bodeneigengewicht und großflächiger Auflast bis zur Baugrubensohle sind:

Geländeneigung 1: $\beta = 0°$

$e_{ah,k1} = K_{ah1} \cdot \gamma_k \cdot z = 0{,}224 \cdot 18{,}0 \cdot z = 4{,}03 \cdot z$ [kN/m²]

Geländeneigung 2: $\beta = 30°$

$h_2 = h_1 \cdot b_2/b_1 = 1{,}30 \cdot 1{,}00/2{,}25 = 0{,}58$ m

$e_{ah,k2} = K_{ah2} \cdot \gamma_k \cdot z - K_{ah2} \cdot \gamma_k \cdot h_p$

$= 0{,}394 \cdot 18{,}0 \cdot z - 0{,}394 \cdot 18{,}0 \cdot 0{,}58$

$= 7{,}09 \cdot z - 4{,}11$ [kN/m²]

Geländeneigung 3: $\beta = 0°$

$e_{ah,k3} = K_{ah3} \cdot \gamma_k \cdot z + K_{ah3} \cdot \gamma_k \cdot h_1 + K_{ah3} \cdot p_k$

$= 0{,}224 \cdot 18{,}0 \cdot z + 0{,}224 \cdot 18{,}0 \cdot 1{,}30 + 0{,}224 \cdot 10{,}0$

$= 4{,}03 \cdot z + 7{,}48$ [kN/m²]

z ist hierbei die Ordinate ausgehend vom Wandkopf, siehe Bild 19.8b.

Lage der Schnittpunkte:

$4{,}03 \cdot h_A = 7{,}09 \cdot h_A - 4{,}11 \quad \rightarrow h_A = 1{,}34$ m

$7{,}09 \cdot h_B - 4{,}11 = 4{,}03 \cdot h_B + 7{,}48 \quad \rightarrow h_B = 3{,}79$ m

Erddruckordinaten in Höhe der Schnittpunkte:

$e^A_{ah,k} = K_{ah1} \cdot \gamma_k \cdot h_A = 0{,}224 \cdot 18{,}0 \cdot 1{,}34 = 5{,}4$ kN/m²

$e^B_{ah,k} = K_{ah2} \cdot \gamma_k \cdot (h_B - h_p) = 0{,}394 \cdot 18{,}0 \cdot (3{,}79 - 0{,}58) = 22{,}8$ kN/m²

$e^H_{ah,k} = K_{ah1} \cdot \gamma_k \cdot (H + h_1) + K_{ah1} \cdot p_k = 0{,}224 \cdot 18{,}0 \cdot (5{,}00 + 1{,}30) + 0{,}224 \cdot 10{,}0$

$= 27{,}6$ kN/m²

Gesamterddruck bis zur Baugrubensohle:

Siehe Bild 19.7c

$$E^1_{ah,k} = \frac{e^A_{ah,k} \cdot h_A}{2} = \frac{5,4 \cdot 1,34}{2} = 3,6 \text{ kN/m}$$

$$E^2_{ah,k} = e^A_{ah,k} \cdot (h_B - h_A) = 5,40 \cdot (3,79 - 1,34) = 13,2 \text{ kN/m}$$

$$E^3_{ah,k} = \frac{(e^B_{ah,k} - e^A_{eh,k})}{2} \cdot (h_B - h_A) = \frac{(22,8 - 5,4)}{2} \cdot (3,79 - 1,34) = 21,3 \text{ kN/m}$$

$$E^4_{ah,k} = e^B_{ah,k} \cdot (h_H - h_B) = 22,8 \cdot (5,00 - 3,79) = 27,6 \text{ kN/m}$$

$$E^5_{ah,k} = \frac{(e^H_{ah,k} - e^B_{eh,k})}{2} \cdot (h_H - h_B) = \frac{(27,6 - 22,8)}{2} \cdot (5,00 - 3,79) = 2,9 \text{ kN/m}$$

$$E_{ah,k} = 3,6 + 13,2 + 21,3 + 27,6 + 2,9 = 68,6 \text{ kN/m}$$

3. Ermittlung des Erdwiderstands

Erdwiderstand ohne Überschneidung

Einbindetiefe: $t_1 = 5,00$ m (geschätzt)

$$f_t = \frac{b_t}{t_1} = \frac{0,30}{5,00} = 0,06$$

$\omega_R = 2,29$ für $\delta_p = \delta_p^* = -27,5°$ nach Tabelle 20.4.1 für behinderte Vertikalbewegung

$$\omega_{ph} = \frac{\omega_R \cdot t_1}{a_t} = \frac{2,29 \cdot 5,00}{2,20} = 5,20$$

Korrekturfaktor für Trägerbohlwände: $f_\omega = 0,85$ nach Abschnitt 3.7 und [214]

$$\omega^*_{ph} = f_\omega \cdot \omega_{ph} = 0,85 \cdot 5,20 = 4,42$$

Erdwiderstand mit Überschneidung

$K_{pgh} = K_{ph}\ (\delta_p = 0) = 3,69$

$K_{pgh} = K_{ph}\ (\delta_p \neq 0) = 7,12$ nach Tabelle 20.3.3 mit $\delta_p = \delta^*_p = -27,5°$ nach Abschnitt 3.3

$$\omega_{ph} = \frac{a_t - b_t}{a_t} \cdot K_{ph(\delta_p = 0)} + \frac{b_t}{a_t} \cdot K_{ph(\delta_p \neq 0)} = \frac{2,20 - 0,30}{2,20} \cdot 3,69 + \frac{0,30}{2,20} \cdot 7,12 = 4,16$$

Korrekturfaktor für Trägerbohlwände: $f_\omega = 0,95$ nach Abschnitt 3.7 und [214]

$$\omega^*_{ph} = f_\omega \cdot \omega_{ph} = 0,95 \cdot 4,16 = 3,95$$

Zusammenfassung der Ergebnisse

Ohne Überschneidung: $\omega_{ph}^{*} = 4{,}42$

Mit Überschneidung: $\omega_{ph}^{*} = 3{,}95$

Der Erdwiderstand mit Überschneidung ist maßgebend.

$E_{ph,k} = \frac{1}{2} \cdot \gamma'_k \cdot \omega_{ph}^{*} \cdot t_1^2 = \frac{1}{2} \cdot 11{,}00 \cdot 3{,}95 \cdot 5{,}00^2 = 543{,}1$ kN/m

4. Nachweis des Bodenauflagers

Zum Nachweis des Bodenauflagers und damit der Einbindetiefe wird die Lage von $B_{h,k}$ mit $z_B = \frac{1}{3} \cdot t_1 = \frac{1}{3} \cdot 5{,}00 = 1{,}67$ m oberhalb des theoretischen Auflagerpunkts der Ersatzkraft $C_{h,k}$, also im Schwerpunkt der Lastfläche, angenommen.

Da die großflächige Auflast $p_k = 10{,}0$ kN/m^2 als ständige Beanspruchung behandelt werden darf, kann die charakteristische Auflagerkraft $B_{h,k} = B_{Gh,k}$ ohne eine Trennung nach ständigen und veränderlichen Einwirkungen aus dem Momentengleichgewicht um den Wandfuß ermittelt werden.

Die angreifenden Kräfte und Hebelarme bezogen auf den theoretischen Auflagerpunkt der Ersatzkraft $C_{h,k}$ sind

$E_{ah,k}^{1} = 3{,}6$ kN/m; $z_{c,1} = 9{,}11$ m

$E_{ah,k}^{2} = 13{,}2$ kN/m; $z_{c,2} = 7{,}44$ m

$E_{ah,k}^{3} = 21{,}3$ kN/m; $z_{c,3} = 7{,}03$ m

$E_{ah,k}^{4} = 27{,}6$ kN/m; $z_{c,4} = 5{,}61$ m

$E_{ah,k}^{5} = 2{,}9$ kN/m; $z_{c,5} = 5{,}40$ m

Das Moment um den theoretischen Auflagerpunkt C infolge der Einwirkungen berechnet sich zu:

$M_{G,k}^{C} = 3{,}6 \cdot 9{,}11 + 13{,}2 \cdot 7{,}44 + 21{,}3 \cdot 7{,}03 + 27{,}6 \cdot 5{,}61 + 2{,}9 \cdot 5{,}40 = 451{,}2$ kNm/m

Somit ergibt sich aus den Momentengleichgewicht, bezogen auf den Punkt C, folgende charakteristische Auflagerkraft:

$$B_{h,k} = B_{Gh,k} = \frac{1}{t_1/3} \cdot M_k^C = \frac{1}{5{,}00/3} \cdot 451{,}2 = 270{,}7 \text{ kN/m}$$

Aus den charakteristischen Größen $B_{h,k}$ und $E_{ph,k}$ ergeben sich die Bemessungsgrößen:

$S_d = \gamma_G \cdot B_{Gh,k} = 1{,}20 \cdot 270{,}7 = 324{,}8$ kN/m

und

$$R_d = \frac{E_{ph,k}}{\gamma_{R,e}} = \frac{543{,}1}{1{,}30} = 417{,}8 \text{ kN/m}$$

Mit $S_d = 324{,}8$ kN/m $< R_d = 417{,}8$ kN/m ist die Einbindetiefe nachgewiesen.

Die gesamte Einbindetiefe ergibt sich mit

$\Delta t_1 = 0{,}20\ t_1 = 0{,}20 \cdot 5{,}00 = 1{,}00$ m zu:

$t_g = t_1 + \Delta\ t_1 = 5{,}00 + 1{,}00 = 6{,}00$ m

Falls die Verformungen eine Rolle spielen, kann die Einbindetiefe vergrößert werden. Damit verringert sich der Mobilisierungsgrad beim Erdwiderstand und die Wandkopfverschiebungen werden reduziert.

Die charakteristische Ersatzkraft $C_{h,k}$ kann aus der Summe der Horizontalkräfte zu

$C_{h,k} = B_{h,k} - E_{ah,k} = 270{,}7 - 68{,}6 = 202{,}1$ kN/m

bestimmt werden.

5. Nachweis des Gleichgewichts der Horizontalkräfte

Mittels des Nachweises soll gezeigt werden, dass der nicht ausgenutzte Erdwiderstand zwischen den Bohlträgern den unterhalb der Baugrubensohle wirkenden Erddruck aufnehmen kann. Der unterhalb der Baugrubensohle vernachlässigte Erddruckanteil $\Delta E_{ah,k}$ ergibt sich mit

$e_{ahu,k} = 27{,}6$ kN/m zu:

$$\Delta E_{ah,k} = \Delta E_{agh,k} = \left(e_{ahu,k} + \frac{\gamma'_k \cdot K_{ah}}{2} \cdot t_1\right) \cdot t_1$$

$$= \left(27{,}6 + \frac{11{,}0 \cdot 0{,}224}{2} \cdot 5{,}00\right) \cdot 5{,}00 = 168{,}8\,\text{kN/m}$$

Zur Ermittlung des Erdwiderstands darf der Erddruckneigungswinkel $\delta_{p,k} = -\varphi'_k$ angesetzt werden:

$K_{pgh} = K_{ph}$ für $\delta_p = -\varphi'_k = K_C \cdot k_{p1} \cdot k_{p2} = 10{,}20 \cdot 1{,}00 \cdot 0{,}819$
$= 8{,}354$ nach *Caquot/Kérisel*, s. [204]

$$E_{ph,k} = \frac{\gamma'_k \cdot K_{ph}}{2} \cdot t_1^2 = \frac{11{,}0 \cdot 8{,}354}{2} \cdot 5{,}00^2 = 1148{,}7\ \text{kN/m}.$$

Aus den charakteristischen Größen $B_{Gh,k}$, $\Delta E_{agh,k}$ und $\Delta E_{ph,k}$ ergeben sich die Bemessungsgrößen

$S_d = \gamma_G \cdot (B_{Gh,k} + \Delta E_{agh,k}) = 1{,}20 \cdot (270{,}7 + 168{,}8) = 527{,}4$ kN/m

und

$R_d = E_{ph,k}/\gamma_{R,e} = 1148{,}7/1{,}30 = 883{,}6$ kN/m.

Mit $S_d = 527{,}4$ kN/m $< R_d = 883{,}6$ kN/m

ist der Nachweis des Gleichgewichts der Horizontalkräfte erfüllt.

6. Nachweis der Vertikalkomponente des mobilisierten Erdwiderstands

Mit dem Nachweis wird überprüft, ob die einwirkenden Vertikalkräfte groß genug sind, um den gewählten Neigungswinkel von $\delta_{p,k} = -27{,}5°$ im Erdauflager zu mobilisieren.

Damit wird nachgewiesen, dass mit der Annahme von $\delta_{p,k}$ der Erdwiderstand nicht überschätzt wird. Hierbei sind nur diejenigen Anteile des Erdwiderstands und der Ersatzkraft C_k zu berücksichtigen, die mit Wandreibung zustande kommen. Weiterhin werden nur die Erddruckkräfte oberhalb der Baugrubensohle in die Rechnung einbezogen.

Nach Abschnitt 7.2 und [214] ist bei nicht gestützten, im Boden eingespannten Trägerbohlwänden mit einem Trägerabstand $a_t \geq 5 \cdot b_t$ das innere Gleichgewicht der Vertikalkräfte erfüllt. Obwohl hier $a_t = 2{,}20 > 5 \cdot b_t = 5 \cdot 0{,}30 = 1{,}50$ m ist, wird der Nachweis erbracht. Er wird mit charakteristischen Größen geführt.

Horizontalkräfte:

$$E_{h,k} = 68{,}6 \text{ kN/m}$$

$$B'_{h,k} = B_{h,k} \cdot \frac{b_t}{a_t} = 270{,}7 \cdot \frac{0{,}30}{2{,}20} = 36{,}9 \text{ kN/m}$$

$$C'_{h,k} = C_{h,k} \cdot \frac{b_t}{a_t} = 202{,}1 \cdot \frac{0{,}30}{2{,}20} = 27{,}6 \text{ kN/m}$$

Vertikalkräfte:

$$E_{v,k} = E_{ah,k} \cdot \tan \delta_{a,k} = 68{,}6 \cdot \tan 23{,}3° = 29{,}5 \text{ kN/m}$$

$$B_{v,k} = B'_{h,k} \cdot \tan \delta_{p,k} = 36{,}9 \cdot \tan 27{,}5° = 19{,}2 \text{ kN/m}$$

$$C_{v,k} = C'_{h,k} \cdot \tan \cdot (1/3 \cdot \varphi'_k) = 27{,}6 \cdot \tan(1/3 \cdot 35{,}0°) = 5{,}7 \text{ kN/m}$$

$$G^*_{\text{Träger},k} = (H + t_g) \cdot g_k = (5{,}00 + 6{,}00) \cdot 1{,}55 = 17{,}1 \text{ kN}$$

$$G_{\text{Wand},k} = G^*_{\text{Träger},k}/a_t = 17{,}1/2{,}20 = 7{,}8 \text{ kN/m}$$

Der vereinfachte Nachweis ist mit

$$V_k = B_{v,k} + C_{v,k} + G_{\text{Wand},k} = 29{,}5 + 5{,}7 + 7{,}8 = 43{,}0 \text{ kN/m} > B_{v,k} = 19{,}2 \text{ kN/m}$$

erbracht.

7. Ermittlung der Bemessungsschnittgrößen

Zur Berechnung des maximalen Biegemoments wird als Hilfsgröße das Moment

$$M_{G,k} = 3{,}6 \cdot 4{,}11 + 13{,}2 \cdot 2{,}44 + 21{,}3 \cdot 2{,}03 + 27{,}6 \cdot 0{,}61 + 2{,}9 \cdot 0{,}4 = 108{,}2 \text{ kN/m}$$

der charakteristischen Einwirkungen, bezogen auf die Höhe der Baugrubensohle, eingeführt. Das maximale Moment tritt am Querkraftnullpunkt auf. Die Lage des Querkraftnullpunkts gemessen von der Baugrubensohle ergibt sich zu:

$$z_u = \sqrt{\frac{2 \cdot E_{ah,k}}{\gamma'_k \cdot \omega'_{ph}}} = \sqrt{\frac{2 \cdot 68{,}6}{11{,}0 \cdot 1{,}97}} = 2{,}52 \text{ m}$$

$$\text{mit } \omega'_{ph} = \frac{2 \cdot B_{hk}}{\gamma'_k \cdot t_1^2} = \frac{2 \cdot 270{,}7}{11{,}0 \cdot 5{,}00^2} = 1{,}97$$

Das maximale Biegemoment beträgt somit

$$M_{max,k} = M_{G,k} + E_{ah,k} \cdot z_u - \frac{\gamma'_k \cdot \omega_{ph}}{6} \cdot z_u^3 = 108{,}2 + 68{,}6 \cdot 2{,}52 - \frac{11{,}0 \cdot 1{,}97}{6} \cdot 2{,}52^3$$

$$= 223{,}3 \text{ kNm/m}$$

Das Bemessungsmoment der Beanspruchung ist:

$$M_{S,d} = \gamma_G \cdot M_{G,k} = 1{,}20 \cdot 223{,}3 = 268{,}0 \text{ kNm/m}$$

Die Normalkraft ergibt sich, mit dem Gesamtgewicht des Bohlträgers und damit geringfügig auf der sicheren Seite liegend, zu:

$$N_k = E_{v,k} + G_{Wand,k} = 29{,}5 + 7{,}8 = 37{,}3 \text{ kN/m}$$

$$N_d = \gamma_G \cdot N_k = 1{,}20 \cdot 37{,}3 = 44{,}8 \text{ kN/m}$$

Die Querkraft an der Stelle des maßgebenden Feldmoments beträgt

$$V_{Z,d} = \gamma_G \cdot V_{Z,k} = 1{,}20 \cdot 0 = 0{,}0 \text{ kN/m}$$

Die Bemessungsbeanspruchungen bezogen auf den Einzelträger ergeben sich zu:

$$M^*_{y,d} = M_{S,d} \cdot a_t = 268{,}0 \cdot 2{,}20 = 589{,}6 \text{ kNm}$$

$$N^*_d = N_d \cdot a_t = 44{,}8 \cdot 2{,}20 = 98{,}6 \text{ kN (Druck)}$$

8. Bemessung der Bohlträger

Vorgaben

Hinweis: Es werden die Bezeichnungen der Stahlbaunormen verwendet. Maßgebend ist die bauaufsichtlich eingeführte Norm DIN EN 1993-1-1 mit zugehörigem nationalen Anhang/NA.

Gewählt: Profil HEB 400 in S 235 mit

$f_{y,k} = 235 \text{ N/mm}^2 = 23{,}5 \text{ kN/cm}^2$ nach DIN EN 1993-1-1, Tabelle 3.1, und nachfolgenden Querschnittswerten (Profilbezeichnungen nach DIN 1993-1-1, Bild 1.1)

$A = 198 \text{ cm}^2$; $I_y = 57680 \text{ cm}^4$; $W_{y,el,Flansch} = 2880 \text{ cm}^3$; $W_{y,el,Steg} = 3871 \text{ cm}^3$;
$b = 300$ mm; $c_w = 298$ mm; $t_w = 13{,}5$ mm; $t_f = 24$ mm; $r = 27$ mm

Gewählt: Nachweisverfahren Elastisch-Elastisch (Bezeichnung nach früherer Norm DIN 18800-1, Tabelle 11), Nachweis für Querschnittsklasse 3 nach DIN EN 1993-1-11, Abschnitt 5.5.2

Klassifizierung von Querschnitten/Grenzwerte c/t_w für den Steg

Die Klassifizierung eines Querschnitts ist vom c/t-Verhältnis seiner druckbeanspruchten Teile abhängig. Nach DIN EN 1993-1-1, Tabelle 5.2:

$$\sigma_1 = +\frac{N_{Ed}}{A} + \frac{M_{y,Ed}}{W_{y,el,Steg}} = +\frac{98{,}6 \cdot 10^3}{198 \cdot 10^2} + \frac{589{,}6 \cdot 10^6}{3871 \cdot 10^3} = +5{,}0 + 152{,}3 = +157{,}3 \text{ N/mm}^2$$

(Druck, positiv)

$$\sigma_2 = +\frac{N_{Ed}}{A} - \frac{M_{y,Ed}}{W_{y,el,Steg}} = +\frac{98{,}6 \cdot 10^3}{198 \cdot 10^2} - \frac{589{,}6 \cdot 10^6}{3871 \cdot 10^3} = +5{,}0 - 152{,}3 = -147{,}3 \text{ N/mm}^2$$

$$\Psi = \frac{-147{,}3}{+157{,}3} = -0{,}94 > -1{,}0$$

Hierbei ist Ψ das Verhältnis der Stegrandspannungen

$$\Psi = \sigma_2/\sigma_1$$

wobei σ_1 die (maximale) Druckspannung ist. Sie wird, europäisch harmonisiert, mit positivem Vorzeichen versehen. Der Wert von Ψ liegt zwischen +1 und −1. Er ergibt sich zu

$\Psi = -1$ bei reiner Biegebeanspruchung mit $N = 0$,

$\Psi = +1$ bei reiner Druckbeanspruchung mit $M = 0$.

Mithilfe des Ψ-Werts ermittelt man die „Grenzschlankheit“ max. c/t, die nicht überschritten werden darf, wenn das Beulen des Querschnittsteils vermieden werden soll.

Für Profile der Querschnittsklasse 3:

$\Psi > -1{,}0$:

$$c/t \le \frac{42 \cdot \varepsilon}{0{,}67 + 0{,}33 \cdot \Psi} \quad \text{mit: } \varepsilon = \sqrt{\frac{235}{f_y}} = \sqrt{\frac{235}{235}} = 1{,}0$$

$$c_w/t_w \le \frac{42 \cdot 1{,}0}{0{,}67 + 0{,}33 \cdot 0{,}94} = 117$$

$$\text{vorh. } c_w/t_w = 298/13{,}5 = 22{,}1 \ll 117$$

Ein Nachweis der Beulsicherheit nach DIN EN 1993-1-5 ist somit für den Steg nicht erforderlich.

Klassifizierung von Querschnitten/Grenzwerte c/t_f für den Flansch

$$c/t_f = \frac{\frac{b}{2} - r - \frac{t_w}{2}}{t_f} = \frac{\frac{300}{2} - 27 - \frac{13{,}5}{2}}{24} = 4{,}8 < 14 \cdot \varepsilon = 14 \cdot 1{,}0 = 14 \quad \text{(Klasse 3)}$$

(Auch Klasse 1 oder Klasse 2 möglich, da $< 9 \cdot \varepsilon = 9$)

Ein Nachweis der Beulsicherheit nach DIN EN 1993-1-5 ist somit weder für den Steg noch für den Flansch erforderlich.

Stabilitätsnachweis nach DIN EN 1993-1-1, Abschnitt 6.3.1

Nachweis für einachsige Biegung mit Normalkraft. Vereinfacht wird der Einspannpunkt mittig zwischen $B_{h,k}$ und $C_{h,k}$ angesetzt, damit ergibt sich die Knicklänge zu

$$l_{cr} = 2{,}0 \cdot (5{,}00 + 5{,}00 - \tfrac{1}{2} \cdot 1{,}67 + \tfrac{1}{4} \cdot 1{,}00) = 18{,}82\ \text{m}$$

$$N_{cr} = \frac{\pi^2 \cdot E \cdot I}{l_{cr}^2} = \frac{\pi^2 \cdot 21000 \cdot 57680}{1882^2} = 3372\,\text{kN}$$

$$\frac{N_{Ed}}{N_{cr}} = \frac{98{,}6}{3372} = 0{,}03 < 0{,}04$$

Damit kann gemäß DIN EN 1993-1-1 Abschnitt 6.3.1.2 (4) ein Biegeknicknachweis entfallen.

Stabilitätsnachweis nach DIN EN 1993-1-1, Abschnitt 6.3.2

Nachweis für einachsige Biegung ohne Normalkraft.

Nach Abschnitt 6.3.2.1 ist der Tragsicherheitsnachweis „Biegedrillknicken" zu erbringen. Dieser kann entfallen, wenn eine seitliche Verschiebung des Stabs bzw. des Trägers ausreichend behindert wird.

Im vorliegenden Fall der Trägerbohlwand kann davon ausgegangen werden, dass die Verkeilung der Holzausfachung sowie die auf der Gesamtlänge des Trägers vorhandene Einbettung in mitteldicht bis dicht gelagerten Bodenschichten eine seitliche Verschiebung ausreichend behindert. Somit kann der Biegedrillknicknachweis entfallen.

Nachweis der Querschnittstragfähigkeit

Nach DIN EN 1993-1-1, Abschnitt 6.2.1

Bemessungsbeanspruchung:

$$\begin{aligned}\sigma_{Ed} &= N_{Ed}/A + M_{y,Ed}/W_{y,Fl} \\ &= 98{,}6 \cdot 10^3\ \text{N}/198 \cdot 10^2\ \text{mm}^2 + 589{,}6 \cdot 10^3\ \text{N} \cdot 10^3\ \text{mm}/2880 \cdot 10^3\ \text{mm}^3 \\ &= 5{,}0 + 204{,}7 = 209{,}7\ \text{N/mm}^2\end{aligned}$$

Bemessungswiderstand:

$$\sigma_{Rd} = f_{y,d} = f_{y,k}/\gamma_{M0} = 235/1{,}0 = 235\ \text{N/mm}^2$$

Mit $\sigma_{E,d} < \sigma_{Rd} = 209{,}7 < 235\ \text{N/mm}^2$
ist der Standsicherheitsnachweis für das Bohlträgerprofil erfüllt.

9. Bemessung der Ausfachung

Maßgebend ist die bauaufsichtlich eingeführte DIN EN 1995-1-1 in Verbindung mit EB 47.

Gewählt: Bohlen d = 10 cm aus Vollholz der Festigkeitsklasse C 24 mit

$$W_y = \frac{100 \cdot d^2}{6} = \frac{100 \cdot 10{,}0^2}{6} = 1666{,}7 \text{ cm}^3/\text{m}$$

Die Stützweite der Bohlen ergibt sich zu:

$l_b = a_t - \frac{4}{5} \cdot b_t = 2{,}20 - 0{,}80 \cdot 0{,}30 = 2{,}20 - 0{,}24 = 1{,}96$ m

Die maximale Belastung wirkt an der Baugrubensohle mit
$e_{ah,k} = 27{,}6$ kN/m²

Diese Ordinate darf nach EB 47 um ein Drittel abgemindert werden:

$e_{h,k} = \frac{2}{3} \cdot e_{ah,k} = \frac{2}{3} \cdot 27{,}6 = 18{,}4$ kN/m²

$$M_k = e_{h,k} \cdot \frac{l_s^2}{8} = 18{,}4 \cdot \frac{1{,}96^2}{8} = 884 \text{ kNcm/m}$$

$\sigma_{m,k} = M_k/W_y = 884 \text{ kNcm/m}/1666{,}67 \text{ cm}^3/\text{m} = 0{,}530 \text{ kN/cm}^2 = 5{,}30 \text{ N/mm}^2$

$\sigma_{m,d} = \gamma_G \cdot \sigma_{m,k} = 1{,}20 \cdot 5{,}30 = 6{,}36 \text{ N/mm}^2$

$f_{m,d} = k_{mod} \cdot f_{m,k}/\gamma_M = 1{,}00 \cdot 24{,}0/1{,}30 = 18{,}5 \text{ N/mm}^2$

Mit $\sigma_{m,d} = 6{,}36 \text{ N/mm}^2 < f_{m,d} = 18{,}5 \text{ N/mm}^2$
ist der Standsicherheitsnachweis erbracht.

19.7 Nicht gestützte, im Boden eingespannte Spundwand in bindigem Boden

1. Ausgangswerte

Im folgenden Beispiel werden Einbindetiefe und Schnittgrößen einer im Boden eingespannten, nicht gestützten Spundwand berechnet. Der Baugrubenquerschnitt mit Angaben zu Lasten und Bodenkenngrößen ist in Bild 19.9 gegeben.

Bei der Spundwand wird zunächst von folgenden Größen ausgegangen:

Spundwandprofil AZ 36, Stahl S 240 GP mit $W_y = 3600$ cm³/m
und $g_k = 1{,}94$ kN/m²

Charakteristischer Wert der Streckgrenze nach EC 3: $f_{y,k} = 235$ N/mm²

Teilsicherheitsbeiwert der Widerstandsgröße nach EC 3: $\gamma_M = 1{,}1$

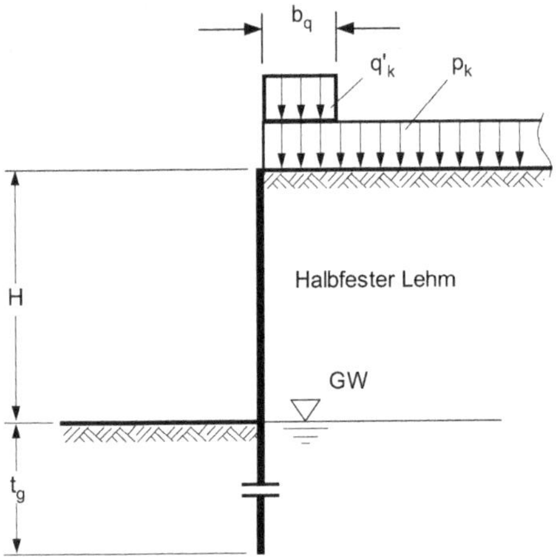

Baugrubentiefe:	$H = 6{,}00$ m
Grundwasser ab Baugrubensohle	
Flächenlast:	$p_k = 10{,}0$ kN/m²
Streifenlast:	$q'_k = 80{,}0$ kN/m²
Lastbreite:	$b_{q'} = 1{,}75$ m
Wichte:	$\gamma_k = 20{,}0$ kN/m³
Wichte unter Auftrieb:	$\gamma'_k = 10{,}0$ kN/m³
Reibungswinkel:	$\varphi'_k = 27{,}5°$
Kohäsion:	$c'_k = 25{,}0$ kN/m²

Bild 19.9 Baugrubenquerschnitt

Für den Erddruckneigungswinkel gilt:

aktiver Erddruck (vgl. EB 4): $\delta_{a,k} = +\frac{2}{3}\varphi'_k$

Erdwiderstand (gewählt): $\delta_{p,k} = -15°$

Ersatzkraft nach *Blum* (vgl. EB 9): $\delta_{C,k} = +\frac{1}{3}\varphi'_k$

2. Ermittlung von aktivem Erddruck und Erdwiderstand

Wegen der großen Kohäsion ist der Mindesterddruck anstelle des Erddrucks infolge von Bodeneigengewicht, Kohäsion und Flächenlast maßgebend. Der Erddruckbeiwert wird mit dem Ersatzreibungswinkel $\varphi'_{Ers} = 40°$ berechnet. Mit $\delta_{a,k} = \frac{2}{3}\,\varphi'_{Ers}$ ergibt sich $K_{agh} = 0{,}179$.

Charakteristischer Erddruck aus Bodeneigengewicht und Flächenlast p_k:

$e_{aghu,k} = 20{,}0 \cdot 0{,}179 \cdot 6{,}00 = 21{,}5\ \text{kN/m}^2$ in Höhe der Baugrubensohle

$e_{aghC,k} = 21{,}5 + 10{,}0 \cdot 0{,}179 \cdot t_1 = 21{,}5 + 1{,}79 \cdot t_1$ in Höhe des theoretischen Auflagerpunkts

$e_{aph,k} = 10{,}0 \cdot 0{,}179 = 1{,}8\ \text{kN/m}^2$ über die gesamte Höhe.

Resultierende Erddruckkräfte (Bild 19.10a und c):

$E_{agh1,k} = \frac{1}{2} \cdot 21{,}5 \cdot 6{,}00 = 64{,}5\ \text{kN/m}$

$E_{agh2,k} = \frac{1}{2} \cdot (21{,}5 + 21{,}5 + 1{,}79 \cdot t_1) \cdot t_1 = 21{,}5 \cdot t_1 + 0{,}90 \cdot t_1^2$ in kN/m

$E_{aph,k} = 1{,}79 \cdot (6{,}00 + t_1) = 10{,}8 + 1{,}79 \cdot t_1$ in kN/m

Der charakteristische Erddruck aus der Streifenlast q'_k wird für $\varphi'_k = 27{,}5°$ und $\delta_{a,k} = 2/3\ \varphi'_k$ berechnet:

$K_{agh} = 0{,}310;\ \vartheta_a = 54{,}5°$

$h_p = 1{,}75 \cdot \tan 54{,}5° = 2{,}45\ m$

$e_{aq'h,k} = 80{,}0 \cdot 0{,}310 = 24{,}8\ kN/m^2$

$E_{aq'h,k} = 24{,}8 \cdot 2{,}45 = 60{,}8\ kN/m$

Der Erdwiderstandsbeiwert ergibt sich bei einem gewählten Neigungswinkel $\delta_{p,k} = -15°$ und $\varphi'_k = 27{,}5°$ nach Tabelle 20.3.3 zu $K_{pgh} = 3{,}76$.

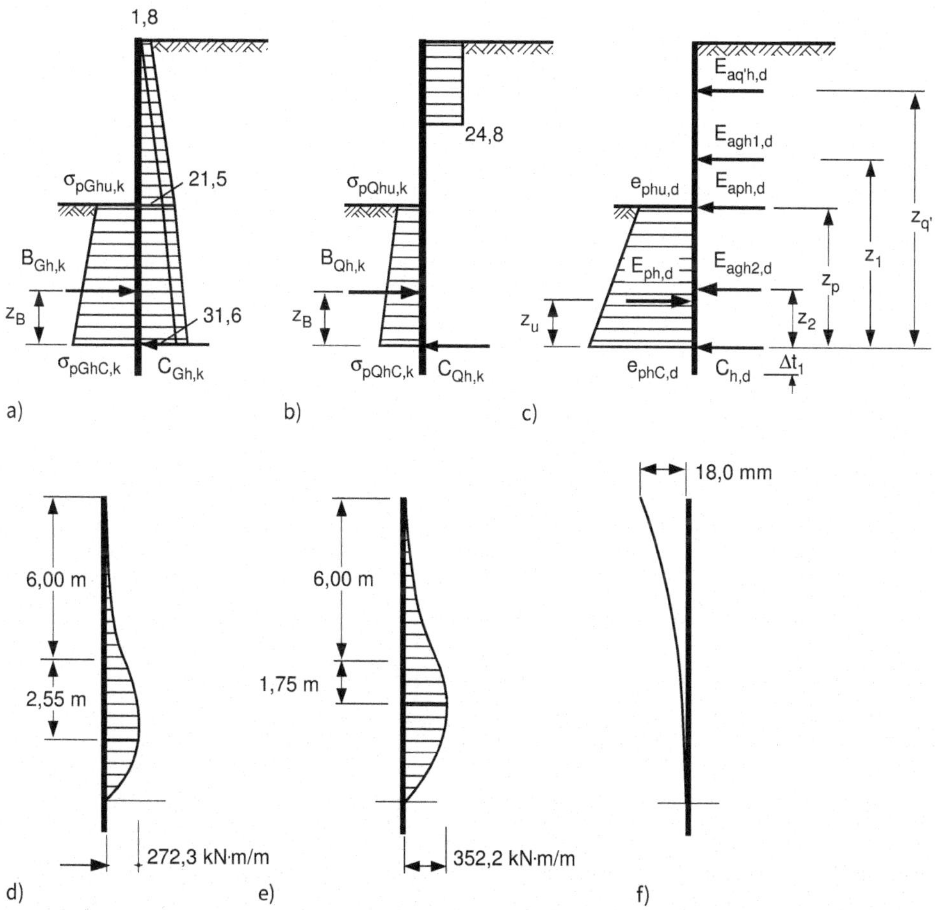

Bild 19.10 Schnittgrößenermittlung mit charakteristischen Werten; a) Lastbild für den Erddruck aus Bodeneigengewicht, b) Lastbild für den Erddruck aus Auflast, c) Erddruckkräfte und Erdwiderstand, d) Biegemomente infolge des Erddrucks aus Bodeneigengewicht, e) Biegemomente infolge des Erddrucks aus Auflast, f) Wandverschiebungen

Der charakteristische Erdwiderstand beträgt in Höhe der Baugrubensohle unter Verwendung der Näherung $K_{pch} \approx 2 \cdot \sqrt{K_{pgh}}$

$$e_{phu,k} = e_{pch,k} \approx 2 \cdot c'_k \cdot \sqrt{K_{ph}} = 2 \cdot 25{,}0 \cdot \sqrt{3{,}76} = 97{,}0 \text{ kN/m}^2$$

und in Höhe des theoretischen Auflagerpunktes

$$e_{phC,k} = e_{pch,k} + e_{pghC,k} = 97{,}0 + 10{,}0 \cdot 3{,}76 \cdot t_1 = 97{,}0 + 37{,}6 \cdot t_1 \text{ in kN/m}^2$$

$$E_{ph,k} = \frac{1}{2} \cdot (e_{phu,k} + e_{phc,k}) \cdot t_1 = 97{,}0 \cdot t_1 + 18{,}8\, t_1^2 \text{ in kN/m}$$

3. Ermittlung der Einbindetiefe mit Bemessungsgrößen

Die Ermittlung der Einbindetiefe t_1 bis zum theoretischen Fußpunkt erfolgt direkt mit Bemessungsgrößen für Einwirkungen und Widerstände.

Es wird eine feste Einspannung im theoretischen Auflagerpunkt C angenommen mit der Bedingung, dass das Moment $M_{C,d}$ in der Tiefe t_1 gleich null ist. Das Moment $M_{EC,d}$ aus den Einwirkungen im Bemessungszustand ergibt sich aus Bild 19.10c zu:

$$M_{EC,d} = \gamma_G \cdot (E_{agh1,k} \cdot z_1 + E_{agh2,k} \cdot z_2 + E_{aph,k} \cdot z_p) + \gamma_Q \cdot E_{aq'h,k} \cdot z_{q'}$$

Auf der Baugrubenseite wird die Beanspruchung durch das Moment

$$M_{RC,d} = E_{ph,d} \cdot z_u$$

aus den Bodenreaktionen aufgenommen, die sich aus der Bedingung ergeben, dass

$$M_{C,d} = M_{EC,d} - M_{UC,d} = 0.$$

In Höhe der Baugrubensohle erhält man die Ordinate des Bemessungserdwiderstands zu

$$e_{pch,d} = e_{pch,k}/\gamma_{R,e} = 97{,}0/1{,}30 = 74{,}6 \text{ kN/m}^2$$

Die Ordinate des Bemessungserdwiderstands in Höhe des theoretischen Auflagerpunktes ist abhängig von t_1 und ergibt sich zu

$$e_{phC,d} = e_{phC,k}/\gamma_{R,e} = (97{,}0 + 37{,}6 \cdot t_1)/1{,}30 = 74{,}6 + 28{,}9 \cdot t_1 \text{ in kN/m}^2$$

Die Bemessungsgröße des Erdwiderstands ergibt sich nach Bild 19.10c zu:

$$E_{ph,d} = t_1 \cdot (e_{phu,d} + e_{phC,d})/2 = t_1 \cdot (74{,}6 + 74{,}6 + 28{,}9 \cdot t_1)/2 = 74{,}6 \cdot t_1 + 14{,}5 \cdot t_1^2$$
in kN/m.

Einsetzen von $E_{ph,d}$ in die Bedingung $M_{C,d} = 0$ ergibt eine Gleichung dritten Grades für t_1. Als Lösung ergibt sich $t_1 \approx 5{,}55$ m. Gewählt wird $t_1 = 5{,}60$ m.

Alternativ lässt sich die Bedingung $M_{C,d} = 0$ halbgrafisch lösen. In Tabelle 19.2 sind die Ergebnisse für drei Proberechnungen mit verschiedenen Werten für t_1 angegeben. Aus der Auftragung in Bild 19.11 ergibt sich wie vorher die Einbindetiefe $t_1 \approx 5{,}55$ m.

Tabelle 19.2 Ergebnisse von drei Proberechnungen

t_1	$M_{EC,d}$	$M_{UC,d}$	$M_{C,d}$
5,40 m	+1936,5 kNm/m	–1848,1 kNm/m	+88,3 kNm/m
5,50 m	+1971,0 kNm/m	–1931,7 kNm/m	+39,3 kNm/m
5,70 m	+2041,4 kNm/m	–2106,1 kNm/m	–64,7 kNm/m

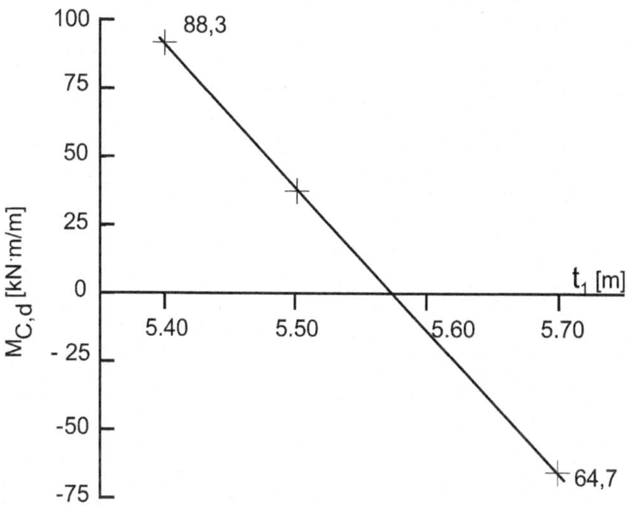

Bild 19.11 Grafische Ermittlung der Länge t_1

Die Gesamteinbindetiefe erhält man zu $t_g = 1{,}20 \cdot 5{,}60 = 6{,}72 \approx 6{,}70$ m. Diese Rechnung gilt jedoch im Sinne des Teilsicherheitskonzepts nur als Vorberechnung. Sie ist kein Teil des Standsicherheitsnachweises. Der formale Standsicherheitsnachweis wird nachfolgend geführt.

4. Nachweis des Bodenauflagers

Nachweis mit charakteristischen Größen

Im Folgenden wird der Nachweis des Bodenauflagers und damit der Einbindetiefe zunächst auf der Grundlage von charakteristischen einwirkenden Erddrücken und Bodenreaktionen geführt.

Mit der gewählten Tiefe $t_1 = 5{,}60$ m werden die charakteristischen Beanspruchungen des Bodenauflagers getrennt nach ständigen und veränderlichen Einwirkungen nach Bild 19.10a und b ermittelt.

Strenggenommen sind die Verteilungen der Bodenreaktionen und damit die Hebelarme der resultierenden Auflagerkräfte B_{Gh} und B_{Qh} nach Bild 19.10a und b unbekannt. Im Beispiel wird die klassische Verteilung des Grenzzustands nach Bild 19.10c angenommen, sodass die Verteilungen im Bemessungszustand und für charakteristische Größen gleich sind. Somit sind die Hebelarme z_B nach Bild 19.10a und b gleich und die statischen Systeme zur Berechnung der Auflagerkräfte $B_{Gh,k}$ und $B_{Qh,k}$ liegen nach Bild 19.12 fest. Mit

$e_{phu,d} = e_{pch,d} = 74{,}6\ \text{kN/m}^2$ und

$e_{phC,d} = e_{phC,k}/\gamma_{R,e} = (97{,}0 + 37{,}6 \cdot 5{,}60)/1{,}30 = 236{,}6\ \text{kN/m}^2$

nach Abschnitt 2 des Beispiels ergibt sich der Hebelarm z_B zu

$$z_B = t_1 \cdot \left(1 - \frac{e_{phu,d} + 2 \cdot e_{phC,d}}{3 \cdot (e_{phu,d} + e_{phC,d})}\right) = 5{,}60 \cdot \left(1 - \frac{74{,}6 + 2 \cdot 236{,}6}{3 \cdot (74{,}6 + 236{,}6)}\right) = 2{,}31\ \text{m}.$$

Mit den Lastbildern nach Bild 19.12 ergibt sich mithilfe eines Stabwerkprogramms als Beanspruchung des Bodenauflagers

$B_{Gh,k} = 432{,}5\ \text{kN/m}$ aus ständigen Einwirkungen,

$B_{Qh,k} = 272{,}4\ \text{kN/m}$ aus veränderlicher Einwirkung.

Der charakteristische Erdwiderstand errechnet sich zu

$E_{ph,k} = 97{,}0 \cdot 5{,}60 + 18{,}8 \cdot 5{,}60^2 = 543{,}1 + 589{,}4 = 1132{,}5\ \text{kN/m}.$

Die Bemessungsgrößen sind

$S_d = B_{h,d} = \gamma_G \cdot B_{Gh,k} + \gamma_Q \cdot B_{Qh,k} = 1{,}20 \cdot 432{,}5 + 1{,}30 \cdot 272{,}4 = 873{,}1\ \text{kN/m}$

$$R_d = E_{ph,d} = \frac{1}{\gamma_{R,e}} \cdot E_{ph,k} = \frac{1132{,}5}{1{,}30} = 871{,}7\ \text{kN/m}$$

Somit ist $S_d \approx R_d$ und der Standsicherheitsnachweis im Hinblick auf die Einbindetiefe ist erbracht. Der Ausnutzungsgrad beträgt etwa $\mu \approx 1{,}00$.

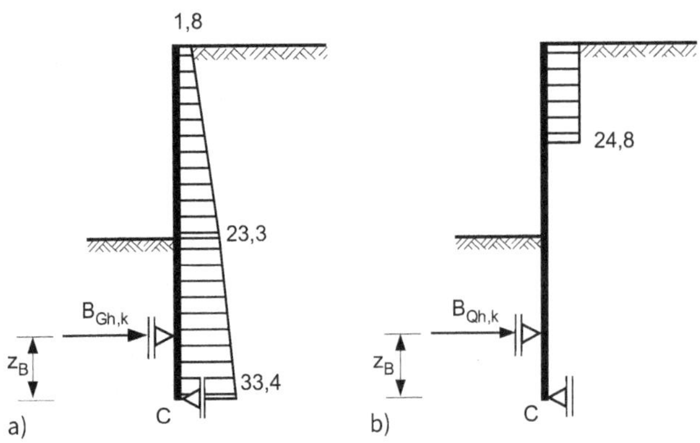

Bild 19.12 Nachweis des Bodenauflagers mit charakteristischen Größen; a) ständige Einwirkungen, b) veränderliche Einwirkungen

Nachweis mit Bemessungsgrößen

Alternativ kann der Nachweis des Bodenauflagers und damit der Einbindetiefe auch unmittelbar am System mit Bemessungsgrößen geführt werden. Anstelle der Lastbilder für ständige und veränderliche Einwirkungen als charakteristische Größen wird das System mit Bemessungsgrößen zugrunde gelegt (s. Bild 19.13). Der Hebelarm z_B der Bemessungswerte für die Auflagerkräfte $B_{Gh,d}$ sowie $B_{Qh,d}$ beträgt $z_B = 2{,}31$ m. Mithilfe eines Stabwerkprogramms erhält man $B_{Gh,d} = 519{,}0$ kN/m und $B_{Qh,d} = 354{,}1$ kN/m. Der Bemessungswert der gesamten Auflagerkraft $B_{h,d}$ ergibt sich aus

$$B_{h,d} = B_{Gh,d} + B_{Qh,d} = 519{,}0 + 354{,}1 = 873{,}1 \text{ kN/m}$$

Aus den Bemessungswerten der Ordinaten des passiven Erddrucks $e_{phu,d} = 74{,}6$ kN/m² an der Baugrubensohle sowie $e_{phc,d} = 236{,}6$ kN/m² am Wandfuß, berechnet sich der Bemessungswert des Erdwiderstands $E_{ph,d}$ zu

$$E_{ph,d} = \tfrac{1}{2}\,(74{,}6 + 236{,}6) \cdot 5{,}60 = 871{,}4 \text{ kN/m}$$

Mit $B_{h,d} \approx E_{ph,d}$ ist wie beim Nachweis am System mit charakteristischen Größen die Einbindetiefe nachgewiesen.

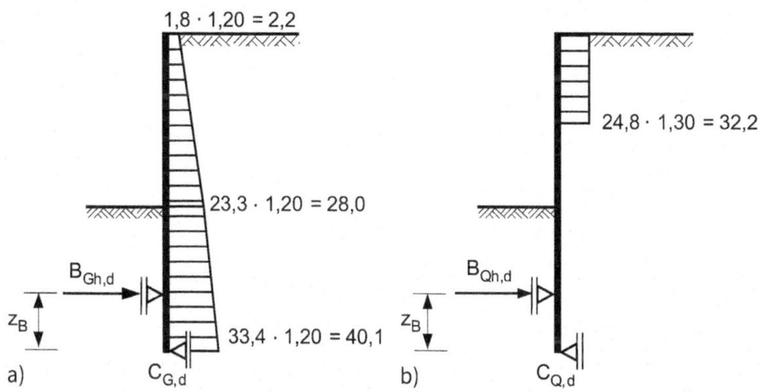

Bild 19.13 Nachweis des Bodenauflagers mit Bemessungsgrößen; a) ständige Einwirkungen; b) veränderliche Einwirkungen

5. Nachweis der Vertikalkomponente des mobilisierten Erdwiderstands

Mit dem Nachweis wird überprüft, ob die einwirkenden Vertikalkräfte groß genug sind, um den gewählten Neigungswinkel des Erdwiderstands von $\delta_{p,k} = 15°$ im Bodenauflager zu mobilisieren. Es wird damit gezeigt, dass die Annahme von $\delta_{p,k}$ zutreffend ist und die Größe des Erdwiderstands nicht überschätzt wird. Der Nachweis wird mit charakteristischen Größen geführt.

Beteiligte Horizontalkräfte:

$E_{agh,k} = 21{,}5 \cdot 6{,}00/2 + (21{,}5 + 31{,}6) \cdot 5{,}60/2 = 213{,}2$ kN/m

$E_{aph,k} = 1{,}8 \cdot (6{,}00 + 5{,}60) = 20{,}9$ kN/m

$E_{aq'h,k} = 60{,}8$ kN/m

$E_{h,k} = 213{,}2 + 20{,}9 + 60{,}8 = 294{,}9$ kN/m

$B_{h,k} = B_{Gh,k} + B_{Qh,k} = 432{,}5 + 272{,}4 = 704{,}9$ kN/m

$C_{h,k} = B_{h,k} - E_{h,k} = 704{,}9 - 294{,}9 = 410{,}0$ kN/m

Beteiligte Vertikalkräfte:

Abweichend von der Ermittlung der waagerechten Komponente des Mindesterddrucks mit $\delta_{a,k} = 2/3\ \varphi'_{Ers} = 2/3\ 40° = 26{,}7°$ ist bei der Ermittlung der senkrechten Komponente der Erddruckneigungswinkel $\delta_{a,k} = 2/3\ \varphi'_k = 2/3\ 27{,}5° = 18{,}3°$ des anstehenden Bodens maßgebend.

$E_{v,k} = E_{h,k} \cdot \tan(2/3\ \varphi'_k) = 294{,}9 \cdot \tan 18{,}3° = 97{,}5$ kN/m

$B_{v,k} = B_{h,k} \cdot \tan \delta_{p,k} = 704{,}9 \cdot \tan 15° = 188{,}9$ kN/m

$C_{v,k} = C_{h,k} \cdot \tan(1/3\ \varphi'_k) = 410{,}0 \cdot \tan 9{,}2° = 66{,}4$ kN/m

$G_{Wand,k} = (H + t_g) \cdot g_k = (6{,}00 + 6{,}70) \cdot 1{,}94 = 24{,}6$ kN/m

Der vereinfachte Nachweis

$V_k = 97{,}5 + 66{,}4 + 24{,}6 = 188{,}5$ kN/m $< B_{v,k} = 188{,}9$ kN/m

reicht knapp aus. Der genauere Nachweis ergibt:

$V'_k = E_{v,k} + 1/2 \cdot C_{v,k} + G_{Wand,k} = 97{,}5 + 1/2 \cdot 66{,}4 + 24{,}6 = 155{,}3$ kN/m

$B'_{v,k} = (B_{h,k} - 1/2 \cdot C_{h,k}) \cdot \tan \delta_{p,k} = (704{,}9 - 1/2 \cdot 410{,}0) \cdot \tan 15° = 133{,}9$ kN/m

$V'_k = 155{,}3$ kN/m $> B'_{v,k} = 133{,}9$ kN/m

Somit könnte der Neigungswinkel der Auflagerkraft B bzw. des Erdwiderstands E_p geringfügig vergrößert werden.

6. Nachweis der Abtragung von Vertikalkräften in den Untergrund

Im Grundsatz ist sicherzustellen, dass die von oben nach unten gerichteten lotrechten Einwirkungen von der Wand in den Untergrund abgeleitet werden können und die Wand nicht versinkt. Im vorliegenden Beispiel darf aber auf den Nachweis verzichtet werden, weil neben dem Eigengewicht der Spundwand und der Vertikalkomponente des mobilisierten Erddrucks keine weiteren von oben nach unten gerichteten Einwirkungen, z. B. veränderliche oder ständige vertikale Auflagerkräfte oder nach unten gerichtete Kräfte aus geneigten Ankern vorhanden sind. Bei einer Gegenüberstellung der Bemessungseinwirkungen und des Bemessungswiderstands ohne Berücksichtigung des Spitzenwiderstands der Spundwand ergäbe sich Folgendes:

Bemessungseinwirkungen: $V_d = \gamma_G \cdot (G_k + E_{v,k}) = 1{,}20 \cdot (24{,}6 + 97{,}5) = 146{,}5$ kN/m

Bemessungswiderstand: $R_d = B_{v,k}/\gamma_{R,e} = 188{,}9/1{,}30 = 145{,}3$ kN/m

Standsicherheitsnachweis: $V_d = 146{,}5$ kN/m $\approx R_d = 145{,}3$ kN/m

Der rechnerische Ausnutzungsgrad beträgt hier $\mu \approx 1$. Bei Berücksichtigung des Spitzenwiderstands läge er erheblich niedriger.

7. Nachweis des Einbindetiefenzuschlags

Überschlägig erhält man:

1. Näherung: $\Delta t_1 = 0{,}20 \cdot 5{,}60 = 1{,}12$ m

2. Näherung: $\Delta t_1 = 0{,}15 \cdot 5{,}60 = 0{,}84$ m

Für den Nachweis nach *Lackner* gewählt: $\Delta t_1 = 0{,}80$ m

Beanspruchungen:

$C_{Gh,k} = B_{Gh,k} - E_{agh,k} = 432{,}5 - 234{,}1 = 198{,}4$ kN/m

$C_{Qh,k} = B_{Qh,k} - E_{aqh,k} = 272{,}4 - 60{,}8 = 211{,}6$ kN/m

$S_d = C_{h,d} = C_{Gh,k} \cdot \gamma_G + C_{Qh,k} \cdot \gamma_Q = 198{,}4 \cdot 1{,}20 + 211{,}6 \cdot 1{,}30 = 513{,}2$ kN/m

Widerstand:

Mit $\varphi'_k = 27{,}5°$ und $\delta_C = \frac{1}{3}\,\varphi'_k = 9{,}2°$ beträgt $K_{phC} = 1{,}98$.

$$e_{phC,k} = (\gamma_k \cdot H + \gamma'_k \cdot t_1 + p_k) \cdot K_{phC} + 2 \cdot c'_k \cdot \sqrt{K_{phC}}$$

$$= (20{,}0 \cdot 6{,}0 + 10{,}0 \cdot 5{,}6 + 10{,}0) \cdot 1{,}98 + 2 \cdot 25{,}0 \cdot \sqrt{1{,}98} = 438{,}6\,\text{kN/m}^2$$

Mit dem gewählten Tiefenzuschlag $\Delta t_1 = 0{,}80$ m ergibt sich:

$$R_d = 2 \cdot \Delta t_1 \cdot e_{phC,k} \cdot \frac{1}{\gamma_{R,e}} = 2 \cdot 0{,}80 \cdot 438{,}6 \cdot \frac{1}{1{,}30} = 539{,}8\ \text{kN/m}$$

$S_d = 513{,}2$ kN/m $< R_d = 539{,}8$ kN/m

$$\text{Ausnutzungsgrad: } \mu = \frac{513{,}2}{539{,}8} = 0{,}95 < 1{,}00$$

8. Ermittlung der Bemessungsschnittgrößen

Ermittlung mit charakteristischen Eingangsgrößen

Die Beanspruchung der Spundwand wird getrennt für ständige und veränderliche Einwirkungen ermittelt. Die bereits ermittelten Erdauflagerkräfte $B_{Gh,k}$ und $B_{Qh,k}$ werden entsprechend Bild 19.10a und b in eine trapezförmige Verteilung mit den Ordinaten $\sigma_{pGhu,k}$ und $\sigma_{pQh,k}$ in Höhe der Baugrubensohle und $\sigma_{pGhC,k}$ und $\sigma_{pQhC,k}$ am theoretischen Auflagerpunkt umgewandelt. Als Bedingung für die Verteilung gilt, dass sich die Ordinaten wie $e_{phu,d}$ zu $e_{phC,d}$ verhalten. Die Spannungsordinaten ergeben sich für die ständigen Einwirkungen zu

$\sigma_{pGhu,k} = 37{,}1\ kN/m^2$ und $\sigma_{pGhC,k} = 117{,}4\ kN/m^2$

und für die veränderlichen Einwirkungen zu

$\sigma_{pQhu,k} = 23{,}3\ kN/m^2$ und $\sigma_{pQhC,k} = 73{,}9\ kN/m^2$.

Daraus können mithilfe eines Stabwerksprogramms die maximalen Momente

$M_{G,k} = 272{,}3$ kNm/m aus ständiger Einwirkung und

$M_{Q,k} = 352{,}2$ kNm/m aus veränderlicher Einwirkung

berechnet werden.

In der Überlagerung bleibt hier unberücksichtigt, dass die beiden Maximalmomente nicht genau an derselben Stelle auftreten (s. Bild 19.10d und e).

Der Bemessungswert der Biegebeanspruchung ist

$$M_{S,d} = \gamma_G \cdot M_{G,k} + \gamma_Q \cdot M_{Q,k} = 1{,}20 \cdot 272{,}3 + 1{,}30 \cdot 352{,}2 = 784{,}6\ kNm/m$$

Der Bemessungswert der Normalkraftbeanspruchung an der Stelle der größten Biegebeanspruchung bei etwa 2,15 m unter Baugrubensohle ist

$$N_{S,d} = [\gamma_G \cdot (E_{agh1,k} + E_{agh2,k} + E_{aph,k}) + \gamma_Q \cdot E_{aqh,k}] \cdot \tan \tfrac{2}{3}\,\varphi'_k$$

$$= [1{,}20 \cdot (64{,}5 + 21{,}5 \cdot 2{,}15 + 0{,}90 \cdot 2{,}15^2 + 10{,}8 + 1{,}80 \cdot 2{,}15) + 1{,}30 \cdot 60{,}8) \cdot \tan 18{,}3^\circ$$

$$= [1{,}20 \cdot 129{,}6 + 1{,}30 \cdot 60{,}8) \cdot \tan 18{,}3^\circ = 234{,}6 \cdot \tan 18{,}3^\circ = 77{,}0\ kN/m$$

Der Bemessungswert der Querkraftbeanspruchung an der Stelle der größten Biegebeanspruchung bei etwa 2,15 m unter Baugrubensohle ist

$V_{s,d} = 0$ kN/m

Ermittlung mit Bemessungswerten der Eingangsgrößen

Verteilt man die Auflagerkräfte $B_{Gh,d}$ und $B_{Qh,d}$ am System für die Bemessungsgrößen (Bild 19.14a und b) trapezförmig wie in Abschnitt 2 des Beispiels, so ergibt sich für die Bemessungswerte der Bodenreaktionen aus ständigen Einwirkungen:

$\sigma_{pGhu,d} = 37{,}1 \cdot 1{,}20 = 44{,}5\ kN/m^2$

$\sigma_{pGhc,d} = 117{,}4 \cdot 1{,}20 = 140{,}9\ kN/m^2$

und für die veränderlichen Einwirkungen

$\sigma_{pQhu,d} = 23{,}3 \cdot 1{,}30 = 30{,}3\ kN/m^2$

$\sigma_{pQhc,d} = 73{,}9 \cdot 1{,}30 = 96{,}1\ kN/m^2$

Mithilfe eines Stabwerkprogramms erhält man die Momentenlinien aus ständigen Einwirkungen (Bild 19.14c) sowie aus veränderlichen Einwirkungen (Bild 19.14d). Der maßgebende Bemessungswert für den Lastfall ständige einschließlich veränderliche Einwirkungen ergibt sich ebenfalls mithilfe eines Stabwerkprogramms durch Überlagerung der Momentenlinien in Bild 19.14c und d (s. Bild 19.14e) zu

$M_{s,d}$ = 783,2 kNm/m in der Tiefe z = 2,12 m unterhalb der Baugrubensohle.

Dabei handelt es sich um den genauen Wert, der nur wenig geringer ist als der Wert von M = 784,6 kNm/m bei der Ermittlung auf der Grundlage mit charakteristischen Eingangsgrößen. Dort werden näherungsweise die Maximalwerte der charakteristischen Momentenlinien, die an verschiedenen Stellen liegen, überlagert. Maßgeblich ist der Größtwert des Moments am System mit Bemessungsgrößen. Unter anderen Voraussetzungen kann der Unterschied wesentlich größer sein.

Den Bemessungswert der Normalkraftbeanspruchung an der Stelle der größten Biegebeanspruchung erhält man wie bei der Ermittlung auf der Grundlage mit charakteristischen Eingangsgrößen zu

$N_{S,d}$ = 77,0 kN/m.

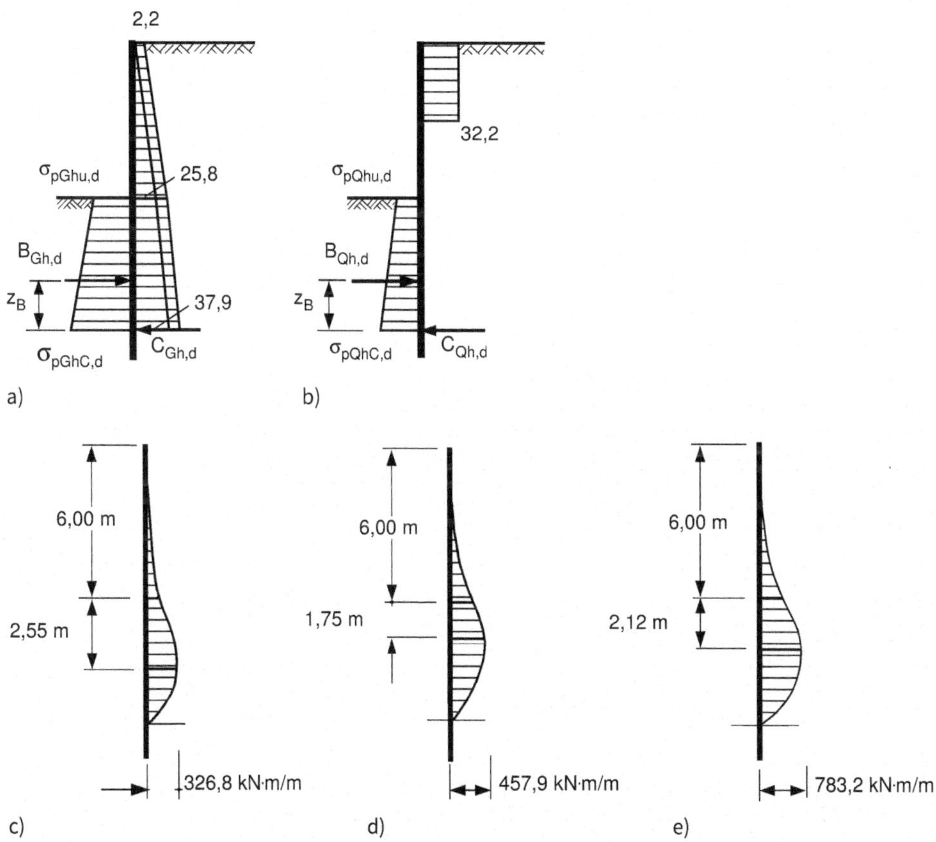

Bild 19.14 Schnittgrößenermittlung mit Bemessungswerten; a) Lastbild für den Erddruck aus Bodeneigengewicht, b) Lastbild für den Erddruck aus Auflast, c) Biegemomente infolge des Erddrucks aus Bodeneigengewicht, d) Biegemomente infolge des Erddrucks aus Auflast, e) Summe der Biegemomente infolge des Erddrucks aus Bodeneigengewicht und Auflast

9. Bemessung der Spundwand

Hinweis: Es werden die Bezeichnungen der Stahlbaunormen verwendet.

Maßgebend ist die bauaufsichtlich eingeführte DIN EN 1993-5 mit zugehörigem nationalen Anhang/NA in Verbindung mit DIN EN 1993-1-1 und zugehörigem nationalen Anhang/NA.

Gewählt: Spundwandprofil AZ 24-700; Stahl S 355 GP mit $\varepsilon = (235/355)^{½} = 0{,}81$

Die Querschnittswerte sind aus den Tabellen des Herstellers übernommen.

$b_f = 370$ mm; $t_f = 11{,}2$ mm; $t_w = 11{,}2$ mm

$b_f/t_f/\varepsilon = 370/11{,}2/0{,}81 = 40{,}8 < 45$

Nach DIN EN 1993-5, Tabelle 5.1, Zeile 4: Klasse-2-Profil

$C_{Steg} = 545{,}3$ mm; $\alpha_{Steg} = 55{,}2°$

$C_{Steg}/t_w = 545{,}3/11{,}2 = 48{,}7 < 72 \cdot \varepsilon = 72 \cdot 0{,}81 = 58{,}3$

Somit ist ein Stegbeulnachweis nicht erforderlich

$A = 174{,}1$ cm²/m; $g = 1{,}367$ kN/m²

$I_y = 55820$ cm⁴/m; $W_{y,el} = 2430$ cm³/m; $W_{y,pl} = 2867$ cm³/m

Bei Klasse-2-Profilen erlaubt DIN EN 1993-5 sowohl eine elastisch/elastische als auch eine elastisch/plastische Berechnung. Im vorliegenden Fall wird das Nachweisverfahren elastisch/elastisch gewählt. Damit werden die Querschnittstragreserven nicht genutzt.

Bei Z-förmigen Spundwandprofilen ist nach DIN EN 1993-5, Tabelle 5.2, bei Wasserüberdruck $h_{wü} > 50$ kN/m² der Abminderungsfaktor ρ_p zu berücksichtigen, der eine Reduzierung der Streckgrenze des Stahls zur Folge hat. Im vorliegenden Fall, bei $h_{wü} = 0$ m, gilt

$f_{y,red} = f_{y,k} = 355 \text{ N/mm}^2 = 0{,}355 \text{ kN/mm}^2 = 35{,}5 \text{ kN/cm}^2$

Nach DIN EN 1993-5 und/NA, Abschnitt 5.1.1 (mit Verweis auf DIN EN 1993-1-1/NA bzw. DIN EN 1993-1-1, Abschnitt 6.1) gilt für Bauteilwiderstände der Sicherheitsbeiwert $\gamma_{m0} = 1{,}0$. Damit ergibt sich der Bemessungswert des Biegewiderstands zu

$M_{C,Rd} = W_{y,el} \cdot f_{y,red}/\gamma_{m0} = (2430 \cdot 35{,}5)/1{,}0 = 86270 \text{ kNcm/m} = 862{,}7 \text{ kNm/m}$

$N_{pl,Rd} = A \cdot f_{y,red}/\gamma_{m0} = 174{,}1 \cdot 35{,}5/1{,}0 = 6180{,}6 \text{ kN/m}$

$l_k = 2 \cdot (H + t_1) = 2 \cdot (6{,}00 + 5{,}50) = 23{,}0 \text{ m}$

$N_{cr} = \pi^2 \cdot E \cdot I/l_k^2 = \pi^2 \cdot 21000 \cdot 55820/2300^2 = 2187 \text{ kN/m}$

M/N-Interaktion: $N_{s,d}/N_{pl,Rd} = 77{,}0/6180{,}6 = 0{,}012 < 0{,}100$

Eine Abminderung von $M_{C,Rd}$ ist nicht erforderlich

Mit $M_{S,d} = 784{,}6$ kNm/m < $M_{C,Rd} = 862{,}7$ kNm/m
ist der Biegenachweis erfüllt.

Mit $N_{s,d}/N_{cr} = 77{,}0/2187 = 0{,}035 < 0{,}040$
ist der Stabilitätsnachweis nicht erforderlich.

Gegebenenfalls wäre der Stabilitätsnachweis wie folgt zu erbringen gewesen:

$$\frac{\Sigma N_{S,d}}{\kappa \cdot N_{pl,Rd} \cdot \gamma_{M0}/\gamma_{M1}} + 1{,}15 \cdot \frac{\Sigma M_{S,d}}{M_{C,Rd} \cdot \gamma_{M0}/\gamma_{M1}} \leq 1{,}0$$

Der Beiwert „κ“ ergibt sich mit den Eingangswerten

$$\bar{\lambda}_k = \sqrt{\frac{A \cdot f_{y,red}}{N_{cr}}}$$

und $\alpha = 0{,}76$ für die Knickspannungslinie „d“ aus DIN EN 1993-5, Abschnitt 6.3.1 bzw. aus Tabellenbüchern, z. B. *Schneider* Bautabellen [157], Tafel 8.26.

19.8 Einmal ausgesteifte, im Boden frei aufgelagerte Schlitzwand in geschichtetem Boden

1. Ausgangswerte

Im folgenden Beispiel werden Einbindetiefe und Schnittgrößen einer gestützten, im Boden frei aufgelagerten Schlitzwand berechnet.

Bild 19.15a zeigt das Tragwerk und die Bodenschichtung. Die Ausgangsgrößen sind:

Wandhöhe: $H = 10{,}00$ m

Steifenlage bei $h_k = 2{,}00$ m

Bodenschichtung:

von 0,00 m bis 3,00 m Tiefe:	Steifer Lehm
von 3,00 m bis 7,00 m Tiefe:	Mitteldichter Sand
von 7,00 m bis 10,00 m Tiefe:	Halbfester Lehm
ab 10 m Tiefe:	Kiessand

Grundwasser 0,50 m unterhalb der Baugrubensohle

Bodenkenngrößen:

Steifer Lehm:	$\gamma_k = 19{,}0$ kN/m³	$\varphi'_k = 22{,}5°$	$c'_k = 15{,}0$ kN/m²
Sand:	$\gamma_k = 18{,}0$ kN/m³	$\varphi'_k = 35{,}0°$	$c'_k = 0$
Halbfester Lehm:	$\gamma_k = 21{,}0$ kN/m³	$\varphi'_k = 27{,}5°$	$c'_k = 15{,}0$ kN/m²
Kiessand:	$\gamma_k = 20{,}0$ kN/m³	$\gamma'_k = 12$ kN/m³	$\varphi'_k = 37{,}5°$

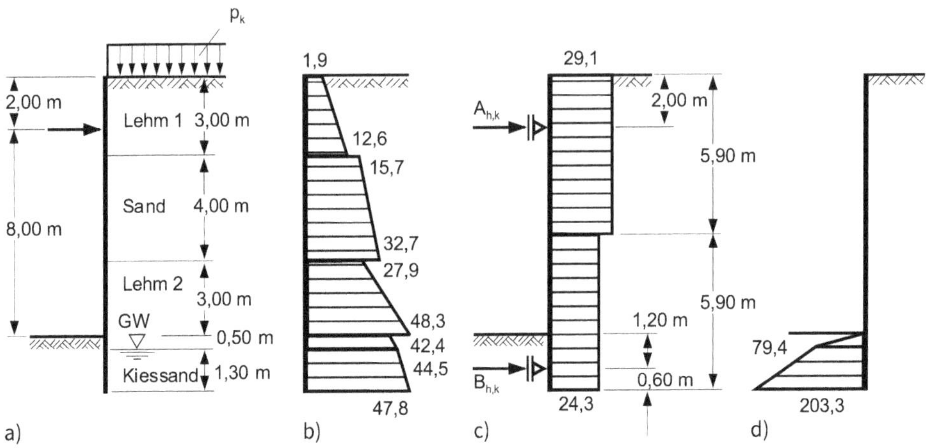

Bild 19.15 Einmal ausgesteifte Schlitzwand in geschichtetem Boden; a) Baugrubenquerschnitt, b) ständige charakteristische Einwirkungen, c) veränderliche charakteristische Einwirkungen, d) charakteristische Bodenreaktionen

Geländeauflast: $p_k = 10{,}0\ kN/m^2$

Die Wandkonstruktion besteht aus Schlitzwänden mit einer Dicke von 0,64 m. Der E-Modul beträgt 30000 MN/m². Der Wandreibungswinkel wird nach EB 89 auf $\delta_{a,k} = \frac{1}{2}\ \varphi'_k$ und $\delta_{p,k} = -\frac{1}{2}\ \varphi'_k$ begrenzt und in dieser Form auch als Erddruckneigungswinkel angesetzt.

Die Wandeinbindetiefe wird zu d = 1,80 m gewählt. In der Berechnung wird nachgewiesen, dass die Einbindung ausreichend ist. Somit entfällt eine Vorermittlung. Für den Erddruckneigungswinkel gilt:

Aktiver Erddruck: $\delta_{a,k} = \frac{1}{2}\ \varphi'_k$ beim Ansatz des Reibungswinkels φ'_k

$\delta_{a,k} = \frac{1}{2}\ \varphi'_{Ers}$ beim Ansatz des Ersatzreibungswinkels φ'_{Ers}

Erdwiderstand: $\delta_{p,k} = -\frac{1}{2}\ \varphi'_k$

2. Ermittlung von aktivem Erddruck und Erdwiderstand

Steifer Lehm:

Maßgebend ist der Ersatzreibungswinkel $\varphi_{Ers} = 40°$.

Mit $\delta_{a,k} = \frac{1}{2}\ \varphi'_{Ers}$ ergibt sich $K_{agh} = 0{,}187$.

Mitteldichter Sand:

Mit $\varphi'_k = 35{,}0°$ und $\delta_{a,k} = \frac{1}{2}\ \varphi'_k$ ergibt sich $K_{agh} = 0{,}235$

Halbfester Lehm:

Maßgebend sind die charakteristischen Bodenkenngrößen $\varphi'_k = 27{,}5°$ und $c'_k = 15{,}0\ kN/m^2$.

Tabelle 19.3 Erddruck aus ständigen Einwirkungen

Bodenschicht	Kote [m]	$e_{agh,k}$ [kN/m²]	$e_{ach,k}$ [kN/m²]	$e_{aph,k}$ [kN/m²]	$e_{ah,k}$ [kN/m²]	$E_{ahi,k}$ [kN/m]
Steifer Lehm	±0,00	0,0	-	1,9	1,9	
	–3,00	10,7	-	1,0	12,6	21,9
Sand	–3,00	13,4	-	2,4	15,7	
	–7,00	30,3	-	2,4	32,7	96,8
Halbfester Lehm	–7,00	41,7	–17,00	3,2	27,9	
	–10,00	62,0	–17,00	3,2	48,2	114,2
Kiessand	–10,00	40,3	-	2,1	42,4	21,7
	–10,50	42,4	-	2,1	44,5	60,0
	–11,80	45,7	-	2,1	47,8	

Mit $\varphi'_k = 27{,}5°$ und $\delta_{a,k} = \frac{1}{2}\,\varphi'_k$ ergibt sich $K_{agh} = 0{,}323$ und $K_{ach} \approx -2 \cdot \sqrt{K_{ah}} = 1{,}137$.

Kiessand:

Mit $\varphi'_k = 37{,}5°$ und $\delta_{a,k} = \frac{1}{2}\,\varphi'_k$ ergibt sich $K_{agh} = 0{,}210$.

Die großflächige Gleichlast $p_k = 10$ kN/m² darf als ständige Einwirkung behandelt werden. Weitere veränderliche Einwirkungen sind nicht vorhanden und müssen folglich nicht getrennt untersucht werden.

Eine Zusammenstellung der charakteristischen aktiven Erddrücke $e_{agh,k}$ aus Bodeneigengewicht, $e_{aph,k}$ aus großflächiger Gleichlast $p_k = 10$ kN/m², $e_{ach,k}$ aus Kohäsion sowie die Summe aus den Anteilen findet sich in Tabelle 19.3. Die maßgebende Erddruckverteilung aus charakteristischen ständigen Einwirkungen zeigt Bild 19.15b. Wählt man die abgestufte Erddruckfigur, deren Ordinaten das Verhältnis $e_{ho} : e_{hu} = 1{,}20$ haben, und wählt eine Erddruckumlagerung bis zum Wandfuß, dann ergibt sich das Lastbild in Bild 19.15c.

Mit $\varphi'_k = 37{,}5°$ und $\delta_{p,k} = \frac{1}{2}\,\varphi'_k$ erhält man $K_{ph} = 7{,}94$, wenn man den Ansatz von *Caquot/Kérisel* zugrunde legt. Unter Verwendung der Wichten nach Abschnitt 1 berechnet sich die in Bild 19.15d angegebene Verteilung des charakteristischen Erdwiderstands $e_{pgh,k}$. Der resultierende charakteristische Erdwiderstand beträgt $E_{ph,k} = 203{,}6$ kN/m.

3. Nachweis des Bodenauflagers

Zum Nachweis des Bodenauflagers und damit der Einbindetiefe wird von einem Balken auf zwei Stützen ausgegangen (Bild 19.15c). Die Lage von $B_{h,k}$ wird vereinfachend mit $z_B = \frac{1}{3}\,t = 0{,}60$ m über dem Wandfuß angenommen. Infolge des Grundwasserspiegels liegt die Auflagerkraft in Wirklichkeit um ein kleines Maß höher und besitzt dadurch einen kleineren Hebelarm zum Auflager der Steife. Dadurch ist die tatsächliche Beanspruchung des Auflagers zwar geringfügig höher, der Fehler ist jedoch in diesem Fall vernachlässigbar.

Die charakteristische Auflagerkraft $B_{h,k}$ lässt sich aus dem Momentengleichgewicht um den Angriffspunkt der Steifenkraft bestimmen. Man erhält

$$B_{h,k} = \frac{M_{G,k}}{z'_B + h_s}$$

Dabei bezeichnet $z'_B + h_s$ den Hebelarm von $B_{h,k}$ (Bild 19.16) und $M_{G,k}$ das Moment aus der charakteristischen Erddruckbelastung in Bild 19.15c. Mit den Zahlenwerten aus Bild 19.15c ergibt sich $M_{G,k} = 1141{,}1$ kNm/m und $B_{h,k} = 124{,}0$ kN/m.

Aus den charakteristischen Größen $B_{h,k} = 124{,}0$ kN/m und $E_{ph,k} = 203{,}6$ kN/m ergeben sich die Bemessungsgrößen

$S_d = B_{h,k} \cdot \gamma_G = 124{,}0 \cdot 1{,}20 \qquad = 148{,}8$ kN/m und

$R_d = E_{ph,k}/\gamma_{R,e} = 203{,}6/1{,}30 \qquad = 156{,}6$ kN/m.

Mit $S_d = 148{,}8$ kN/m $< R_d = 156{,}6$ kN/m

ist die Einbindetiefe nachgewiesen. Der Ausnutzungsgrad beträgt:

$$\mu = \frac{148{,}8}{156{,}6} = 0{,}95 < 1{,}00$$

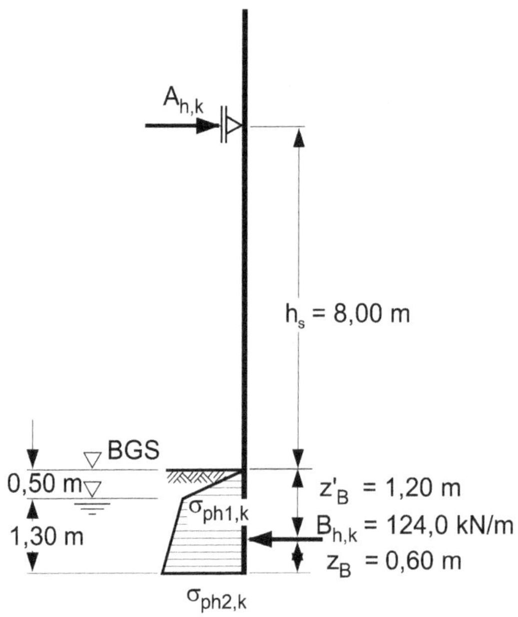

Bild 19.16 Nachweis des Bodenauflagers

4. Schnittgrößen und Verformungen

Für die Ermittlung der Schnittgrößen und der Verformungen wird ein Balken auf zwei Stützen nach Bild 19.17a zugrunde gelegt. Die aus der Belastung resultierende Momentenlinie, Querkraftlinie und Biegelinie wurden mit einem Stabwerksprogramm ermittelt (s. Bild 19.17b bis d). Wie vorher beträgt die Auflagerkraft $B_{h,k} = 124,0$ kN/m. Die Steifenkraft ergibt sich zu $A_{h,k} = 190,4$ kN/m. Das maximale Moment, das oberhalb der Baugrubensohle liegt, wurde zu max $M_{F,k} = 243,5$ kNm/m ermittelt. Die Kopfverschiebung beträgt w = 2,0 mm und die maximale Durchbiegung w = 3,2 mm.

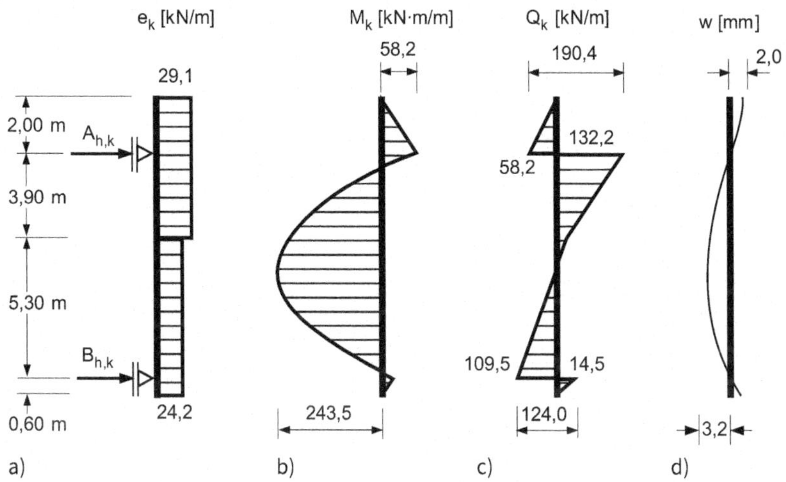

Bild 19.17 Schnittgrößen und Verformungen; a) Lastbild, b) Biegemomente, c) Querkraftlinie, d) Biegelinie

Zur Verbesserung der Momentenlinie und der Querkraftlinie unterhalb der Baugrubensohle könnte man anstelle der Schneidenauflagerkraft $B_{h,k}$ die mobilisierten Bodenreaktionen $\sigma_{ph,k}$ ermitteln. An der Kopfverschiebung und an der maximalen Durchbiegung würde sich jedoch nichts ändern.

5. Nachweis der Vertikalkomponente des mobilisierten Erdwiderstands

Die gesamte Vertikalkomponente der charakteristischen Erddruckresultierenden $E_{av,k}$ setzt sich aus den einzelnen Schichtanteilen zusammen:

$$E_{av,k} = \Sigma E_{ahi,k} \cdot \tan \delta_{i,k}$$

$$= 21,8 \cdot \tan(\tfrac{1}{2} \cdot 22,5°) + 96,8 \cdot \tan(\tfrac{1}{2} \cdot 35°) + 114,2 \cdot \tan(\tfrac{1}{2} \cdot 27,5°)$$

$$+ (21,7 + 60,0) \cdot \tan(\tfrac{1}{2} \cdot 37,5°) = 90,4 \text{ kN/m}$$

Mit $\gamma_k = 25,0$ kN/m³ für den Beton, einer Gesamtlänge von l = 11,8 m und einer Dicke der Wand d = 0,64 m erhält man

$$G_k = 0,64 \cdot 11,8 \cdot 25,0 = 188,8 \text{ kN/m}$$

Die charakteristische Vertikalkomponente der Auflagerkraft berechnet sich zu

$B_{v,k} = B_{h,k} \cdot \tan\delta_{p,k} = 124{,}5 \cdot \tan(\tfrac{1}{2} \cdot 37{,}50) = 42{,}1\ \text{kN/m}$

Somit ist

$G_k + E_{av,k} = 188{,}8 + 90{,}4 = 279{,}2\ \text{kN/m} > B_{v,k} = 42{,}1\ \text{kN/m}$

6. Abtragung der Vertikalkräfte in den Untergrund

Mit $E_{aGv,k} = E_{av,k} = 90{,}4$ kN/m, $G_k = 188{,}8$ kN/m und $B_{v,k} = 42{,}1$ kN/m sowie einem geschätzten charakteristischen Spitzenwiderstand $q_{b,k} = 1000\ \text{kN/m}^2$ ergibt sich bei einer Breite b = 0,64 m:

Beanspruchung im Bemessungszustand:

$E_{v,d} = (90{,}4 + 188{,}8) \cdot 1{,}20 = 335{,}0\ \text{kN/m}$

Der Widerstand im Bemessungszustand $R_{1,d}$ setzt sich zusammen aus der Vertikalkomponente der Auflagerkraft B mit $R_{s,d} = B_{v,k}/\gamma_b$ und dem Spitzenwiderstand $R_{b,d} = q_{b,k} \cdot b/\gamma_b$:

$$R_{1,d} = \frac{42{,}1}{1{,}40} + \frac{1000 \cdot 0{,}64}{1{,}40} = 487{,}2\ \text{kN/m}$$

Somit ist $E_{v,d} = 335{,}0\ \text{kN/m} \leq R_{1,d} = 487{,}2\ \text{kN/m}$

Der Ausnutzungsgrad beträgt:

$$\mu = \frac{335{,}0}{487{,}2} = 0{,}69 < 1{,}00$$

19.9 Korrektur der Wandfußverschiebung mithilfe einer Mobilisierungsfunktion

19.9.1 Variante A: Bodenauflager im Schwerpunkt der Bodenreaktionen

1. Ausgangswerte

Alle Ausgangswerte sind in Bild 19.18 zusammengestellt.

Die üblicherweise zusätzlich geforderte Gleichlast $p_k = 10\ \text{kN/m}^2$ wird hier zur Vereinfachung der Rechnung vernachlässigt.

Es wird von einer Spundwand Hoesch 1700, Stahl S 240 GP ausgegangen. Der Teilsicherheitsbeiwert der Widerstandsgröße wird nach DIN EC 3 zu $\gamma_M = 1{,}1$ gewählt.

2. Ermittlung von aktivem Erddruck und Erdwiderstand

Der Erddruckbeiwert und der Neigungswinkel der aktiven Gleitfläche ergeben sich für $\varphi'_k = 35°$ und $\delta_{a,k} = +\tfrac{2}{3}\,\varphi'_k$ zu $K_{ah} = 0{,}224$ und $\vartheta_{a,k} = 58{,}9°$. Eine Zwangsgleitfläche

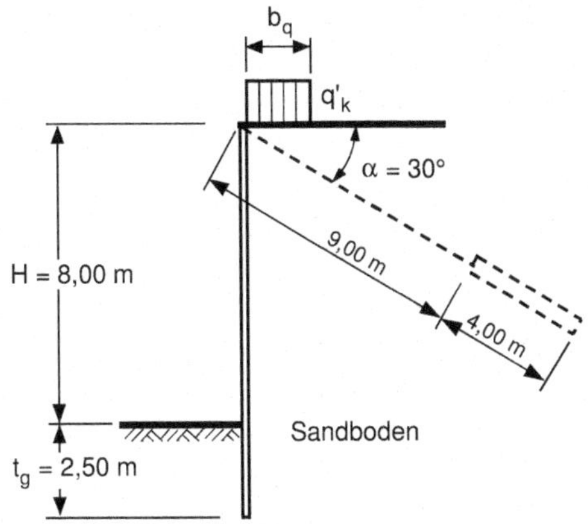

Baugrubentiefe:	$H = 8{,}00$ m
Einbindetiefe:	$t_g = 2{,}50$ m
Streifenlast aus Bagger:	$q'_k = 100{,}0$ kN/m²
Breite der Streifenlast:	$b_p = 2{,}00$ m
Wichte:	$\gamma_k = 17{,}0$ kN/m³
Reibungswinkel:	$\varphi'_k = 35°$
Aktiver Erddruck:	$\delta_{a,k} = +\,2/3\,\varphi'_k$
Erdwiderstand:	$\delta_{p,k} = -\,\varphi'_k$

Bild 19.18 Baugrubenquerschnitt

ist nach Abschnitt 3.4 aufgrund der wenig nachgiebigen Stützung nicht zu untersuchen.

Die Ordinaten des charakteristischen Erddrucks aus Bodeneigengewicht bis zur Baugrubensohle und bis zum Wandfuß sind:

$z = 8{,}00$: $e_{agh,k} = \gamma_k \cdot K_{ah} \cdot z = 17{,}0 \cdot 0{,}224 \cdot 8{,}00 = 30{,}5 \text{ kN/m}^2$

$z = 10{,}50$: $e_{agh,k} = \gamma_k \cdot K_{ah} \cdot z = 17{,}0 \cdot 0{,}224 \cdot 10{,}50 = 40{,}0 \text{ kN/m}^2$

Der Erddruck aus Bodeneigengewicht wird bis zur Baugrubensohle in eine Rechteck-Lastfigur umverteilt:

$$e_{aghm,k} = \tfrac{1}{2} \cdot e_{agh,k} = \tfrac{1}{2} \cdot 30{,}5 = 15{,}3 \text{ kN/m}^2$$

Bei der Baggerlast handelt es sich um eine veränderliche Last. Daher muss ihr Erddruckanteil gesondert behandelt werden.

$$e_{aqh,k} = q'_k \cdot K_{ah} = 100 \cdot 0{,}224 = 22{,}4 \text{ kN/m}^2$$

$$h_p = b_p \cdot \tan\vartheta_{a,k} = 2{,}00 \cdot \tan 58{,}9° = 3{,}32 \text{ m}$$

Die Erddruckverteilungen sind in Bild 19.19 getrennt nach ständigen und veränderlichen Einwirkungen dargestellt.

Der charakteristische Erdwiderstand bzw. die Verteilung der Bodenreaktionen werden als parabelförmig verteilt angenommen.

Mit $\varphi'_k = 35°$ und $\delta_{p,k} = -\varphi'_k$ erhält man nach *Caquot/Kérisel* [36]) den Beiwert $K_{ph,k} = 8{,}35$. Der resultierende charakteristische Erdwiderstand beträgt:

$$E_{ph,k} = \tfrac{1}{2} \cdot \gamma_k \cdot K_{ph} \cdot d^2 = \tfrac{1}{2} \cdot 17{,}0 \cdot 8{,}35 \cdot 2{,}50^2 = 443{,}6 \text{ kN/m}$$

Die Resultierende der Bodenreaktionen greift im Schwerpunkt der parabelförmigen Lastfläche an. Dort wird das Bodenauflager mit der Kraft B_h angesetzt.

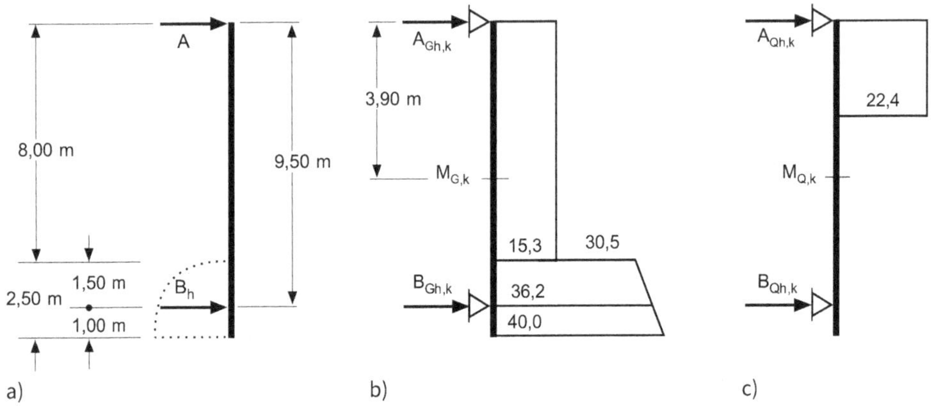

Bild 19.19 Tragwerk mit Einwirkungen; a) Tragsystem, b) ständige charakteristische Einwirkungen, c) veränderliche charakteristische Einwirkungen

3. Nachweis des Bodenauflagers

Zum Nachweis des Bodenauflagers und damit der Einbindetiefe wird von einem Balken auf zwei Stützen ausgegangen (Bild 19.19b). Die Lage von $B_{h,k}$ wird mit $z_B = 0{,}60\ t = 1{,}50$ m unterhalb der Baugrubensohle, im Schwerpunkt der Lastfläche, angenommen.

Die charakteristische Auflagerkraft wird getrennt nach ständigen und veränderlichen Einwirkungen $B_{h,k} = B_{Gh,k} + B_{Qh,k}$ (siehe Bild 19.19b und c) aus dem Momentengleichgewicht um den Angriffspunkt der Ankerkraft ermittelt. Die angreifenden Kräfte und Hebelarme, bezogen auf den Angriffspunkt der Ankerkraft, sind:

Ständige Einwirkungen:

$E_{agh,k1} = 15{,}3 \cdot 8{,}00 \quad = 122{,}4$ kN/m; $z_1 = 4{,}00$ m

$E_{agh,k2} = 30{,}5 \cdot 2{,}50 \quad = 76{,}3$ kN/m; $z_2 = 9{,}25$ m

$E_{agh,k3} = \frac{1}{2} \cdot 9{,}50 \cdot 2{,}50 = 11{,}9$ kN/m; $z_3 = 9{,}67$ m

Veränderliche Einwirkungen:

$E_{aph,k} = 22{,}4 \cdot 3{,}32 \quad = 74{,}4$ kN/m; $z_P = 1{,}66$ m

Der Hebelarm der charakteristischen Bodenreaktion beträgt sowohl für ständige als auch veränderliche Einwirkungen $z_B = 9{,}50$ m.

Somit ergeben sich aus dem Momentengleichgewicht um den Angriffspunkt der Ankerkraft folgende charakteristische Bodenreaktionen:

$$B_{Gh,k} = \frac{1}{z_B} \cdot (E_{agh,k1} \cdot z_1 + E_{agh,k2} \cdot z_2 + E_{agh,k3} \cdot z_3)$$

$$= \frac{1}{9{,}50} \cdot (122{,}4 \cdot 4{,}00 + 76{,}3 \cdot 9{,}25 + 11{,}9 \cdot 9{,}67) = 137{,}9\ \text{kN/m}$$

$$B_{Q,k} = \frac{1}{z_B} \cdot E_{aq'h,k} \cdot z_p = \frac{1}{9{,}50} \cdot 74{,}4 \cdot 1{,}66 = 13{,}0\,\text{kN/m}$$

Aus den charakteristischen Größen $B_{Gh,k}$, und $B_{Qh,k}$ und $E_{ph,k}$ ergeben sich die Bemessungsgrößen

$S_d = \gamma_G \cdot B_{Gh,k} + \gamma_Q \cdot B_{Qh,k} = 1{,}35 \cdot 137{,}9 + 1{,}50 \cdot 13{,}0 = 205{,}7$ kN/m

und

$R_d = E_{ph,k}/\gamma_{R,e} = 443{,}6/1{,}3 = 341{,}2$ kN/m

Mit $S_d = 205{,}3$ kN/m < $R_d = 374{,}6$ kN/m ist die Einbindetiefe nachgewiesen. Der Ausnutzungsgrad beträgt:

$$\mu = \frac{S_d}{R_d} = \frac{205{,}3}{341{,}2} = 0{,}60 = 60\%$$

Der Mobilisierungsgrad des charakteristischen Erdwiderstands ergibt sich zu

$$\mu_M = \frac{137{,}9 + 13{,}0}{443{,}6} = 0{,}34$$

4. Ermittlung der Biegelinie

Biegelinie bei unverschieblichem Bodenauflager

Wie bei der Bestimmung der Auflagerkräfte wird zur Ermittlung der Biegelinie von einem Balken auf zwei Stützen ausgegangen. Das Bodenauflager wird im Schwerpunkt der Verteilung der Bodenreaktion, 1,50 m unterhalb der Baugrubensohle angesetzt. Aus programmtechnischen Gründen wurde der mobilisierte Erdwiderstand trapezförmig verteilt (siehe Bild 19.20). Um die Auflagerkräfte $A_{h,k}$ und $B_{h,k}$ nicht zu verändern, liegt der Schwerpunkt der trapezförmigen Verteilung genau im Auflager von $B_{h,k}$. Die Biegelinie ist in Bild 19.21a dargestellt. Die maximale Durchbiegung liegt ungefähr 4,70 m unterhalb der Geländeoberfläche und beträgt w = 35 mm. In Höhe der Baugrubensohle stellt sich eine Durchbiegung von w = 17 mm ein. Unterhalb des Schneidenauflagers kommt es zu einer rechnerischen Rückdrehung von w = 11 mm.

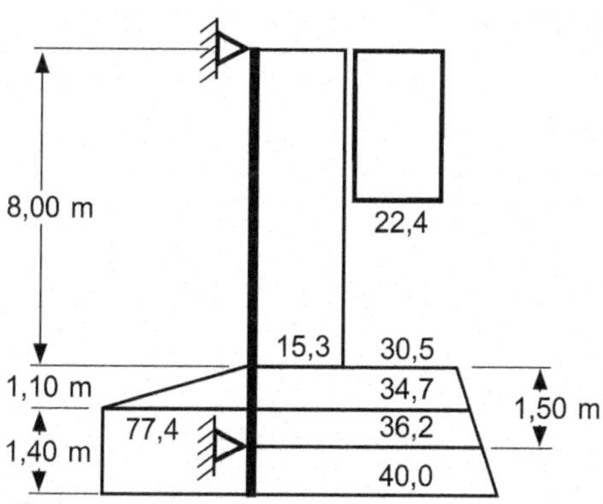

Bild 19.20 Einwirkungen und Bodenreaktionen

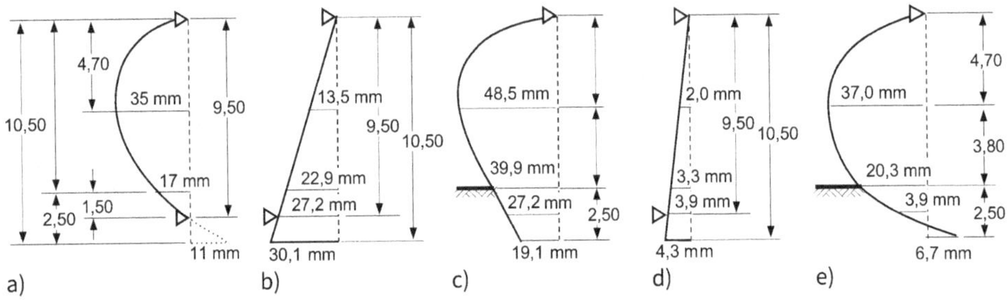

Bild 19.21 Biegelinien; a) Biegelinie bei festem Auflager, b) Auflagerverschiebung ohne Vorbelastung, c) Überlagerung aus a) und b), d) Auflagerverschiebung mit Vorbelastung, e) Überlagerung aus a) und d)

Verschiebung des Bodenauflagers

Zu der Durchbiegung infolge der Einwirkungen kommt der Anteil der Verschiebung des Fußauflagers hinzu. Dieser wird mithilfe des Mobilisierungsansatzes nach *Besler* in Abhängigkeit der Ausnutzung des Erdwiderstands und des Vorbelastungszustands der Baugrubensohle bestimmt. Für mitteldichte Lagerung, trockenen Boden und unter Annahme einer Parallelverschiebung der Wand betragen die Verschiebungen bei halber Grenzlast bzw. bei Erreichen des Grenzzustands

$s_G \approx 1{,}28 \cdot 2{,}44 \cdot 1{,}00 \cdot 0{,}50\,\% \cdot t = 1{,}56\,\% \cdot H$

$s_B \approx 1{,}28 \cdot 1{,}57 \cdot 1{,}00 \cdot 3{,}87\,\% \cdot t = 7{,}78\,\% \cdot H$

Die auf die Bruchverschiebung bezogene Verschiebung bei halbem Grenzerdwiderstand beträgt damit

$\xi_G = 1{,}56 : 7{,}78 = 0{,}201.$

Mithilfe des Erdruhedruckbeiwerts

$K_0 = 1 - \sin\varphi = 1 - \sin 35° = 0{,}426$

und dem Erddruckbeiwert $K_{ph} = 8{,}35$ für den Grenzwiderstand nach *Caquot/Kérisel* können nun die Konstanten C, A und B bestimmt werden:

$$C = \frac{-8{,}35 \cdot 0{,}201}{2 \cdot (8{,}35 - 0{,}426) \cdot 0{,}201 + 2 \cdot 0{,}426 - 8{,}35} = 0{,}389$$

$$A = 8{,}35 + 0{,}389 \cdot (8{,}35 - 0{,}426) = 11{,}43$$

$$B = -(0{,}389 + 0{,}389^2) \cdot (8{,}35 - 0{,}426) = -4{,}28$$

Die Mobilisierungskurve wird unter Verwendung des dimensionslosen Ansatzes

$$K'_{ph}\ (\xi = s/s_B) = 11{,}43 + \frac{-4{,}28}{0{,}389 + \xi}$$

mit $0 \le \xi = s/s_B \le 1$ im K'_{ph}/K_{ph}-ξ-Diagramm dargestellt (siehe Bild 19.22).

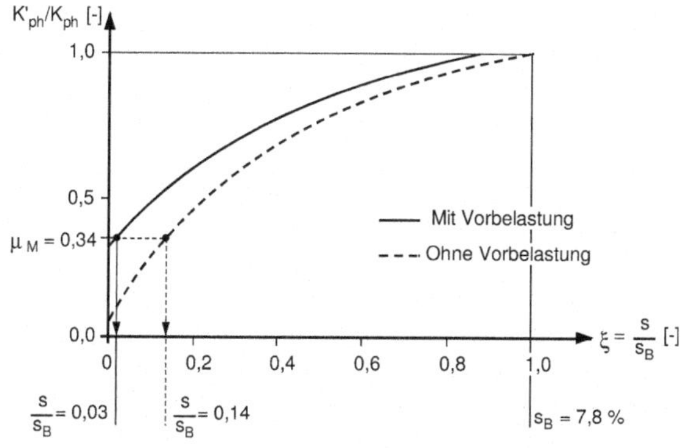

Bild 19.22 Mobilisierungsfunktion

Für einen Mobilisierungsgrad $\mu = 0{,}34$ kann nun aus der Mobilisierungskurve (Bild 19.22) eine bezogene Verschiebung $\xi = s/s_B = 0{,}14$ abgelesen werden. Die Verschiebung des Fußauflagers ergibt sich in Abhängigkeit von der Einbindetiefe $d = 2{,}50$ m und der Verschiebung im Bruchzustand s_B zu:

$$s_M = \xi \cdot s_B \cdot d = 0{,}14 \cdot \frac{7{,}78}{100} \cdot 2{,}5 \cdot 10^3 = 27{,}2 \text{ mm}$$

Infolge des Aushubs von $h = 10{,}50 - 2{,}50 = 8{,}00$ m beträgt die Vorbelastung des Bodens unterhalb der Baugrubensohle

$$p_{v,k} = h \cdot \gamma_k = 8{,}00 \cdot 17{,}0 = 136{,}0 \text{ kN/m}^2$$

Mit ($\varphi'_k = 35°$ und $\delta_{p,k} = 0$): $K_{ph} = 3{,}69$ ergeben sich:

$$z_e = \frac{0{,}426}{3{,}69 - 0{,}426} \cdot \frac{136{,}0}{17{,}0} = 1{,}04 \text{ m}$$

$$E_v = 0{,}426 \cdot \left(17{,}0 \cdot \frac{2{,}50^2}{2} + 136{,}0 \cdot \left(2{,}50 - \frac{1{,}04}{2}\right)\right) = 137{,}3 \text{ kN/m}$$

$$K_v = \frac{2 \cdot 137{,}3}{17{,}0 \cdot 2{,}5^2} = 2{,}58$$

Mithilfe des Versatzmaßes

$$\Delta\xi = \frac{-4{,}28}{2{,}58 - 11{,}43} - 0{,}389 = 0{,}095$$

und den dimensionslosen charakteristischen Verschiebungsgrößen

$$\xi_{G,v} = 0{,}201 - 0{,}095 = 0{,}106$$

$$\xi_{B,v} = 1 - 0{,}095 = 0{,}905$$

können die Konstanten der Mobilisierungsfunktion berechnet werden:

$$C_V = \frac{-8{,}35 \cdot 0{,}106 \cdot 0{,}905}{2 \cdot (8{,}35 - 2{,}58) \cdot 0{,}106 + 2 \cdot 2{,}58 \cdot 0{,}905 - 8{,}35 \cdot 0{,}905} = 0{,}481$$

$$A_V = 8{,}35 - \frac{0{,}481 \cdot (2{,}58 - 8{,}35)}{0{,}905} = 11{,}42$$

$$B_V = \left(0{,}481 + \frac{0{,}481^2}{0{,}905}\right) \cdot (2{,}58 - 8{,}35) = -4{,}25$$

Die Mobilisierungsfunktion lautet nun:

$$K'_{ph}\,(\xi) = 11{,}42 + \frac{-4{,}25}{0{,}481 + \xi}$$

Für einen Mobilisierungsgrad des Erdauflagers

$$\mu_M = \frac{137{,}9 + 13{,}0}{443{,}6} = 0{,}34$$

kann die Verschiebung des Fußauflagers anhand der Mobilisierungskurve mit Vorbelastung zu

$s_M = \xi \cdot s_B \cdot t = 0{,}03 \cdot 7{,}78\,\% \cdot 2{,}50\ \text{m} = 3{,}9\ \text{mm}$

bestimmt werden.

Am Fußpunkt beträgt die Verschiebung

$s_F = 3{,}9 \cdot 10{,}5/9{,}5 = 4{,}3\ \text{mm}$

Den Verlauf der Verschiebung zeigt Bild 19.21d.

Gesamtverschiebungen

Durch Überlagerung der Durchbiegung infolge der Einwirkung durch Erddruck in Bild 19.21a und der Verschiebung des Fußauflagers ergeben sich folgende Gesamtverschiebungen:

Ohne Berücksichtigung der Vorbelastung (s. Bilder 19.21b und c):

s_{max} $= 35{,}0 + 27{,}2 \cdot 4{,}70/9{,}50 = 35{,}0 + 13{,}5$
$= 48{,}5$ mm bei etwa 4,7 m unterhalb GOF

s_{Sohle} $= 17{,}0 + 27{,}2 \cdot 8/9{,}5 = 17 + 22{,}9$
$= 39{,}9$ mm in Höhe der Baugrubensohle

s_{Lager} $= 27{,}2$ mm in Höhe des Auflagers

$s_{Fuß}$ $= 27{,}2 \cdot 10{,}5/9{,}5 - 11{,}0 = 19{,}1$ in Höhe des Fußpunktes der Wand.

Mit Berücksichtigung der Vorbelastung (s. Bilder 19.21d und e):

s_{max} $= 35{,}0 + 3{,}9 \cdot 4{,}70/9{,}50$
$= 35{,}0 + 2{,}0 = 37{,}0$ mm bei etwa 4,7 m unterhalb GOK

s_{Sohle} $= 17 + 3{,}9 \cdot 8/9{,}5 = 17 + 3{,}3$
$= 20{,}3$ mm in Höhe der Baugrubensohle

s_{Lager} $= 3{,}9$ mm in Höhe des Auflagers

$s_{Fuß}$ $= 3{,}9 \cdot 10{,}5/9{,}5 - 11{,}0 = -6{,}7$ mm in Höhe des Fußpunktes der Wand.

19.9.2 Variante B: Auflager im Fußpunkt der Wand

1. Nachweis des Bodenauflagers

Die Ausgangswerte sowie die Ermittlung von Erddruck und Erdwiderstand können von der Variante A übernommen werden. Auch der Nachweis des Bodenauflagers und damit der Einbindetiefe bleibt bei der Berechnung vom Grundsatz her gleich. Man geht von einem Balken auf zwei Stützen aus, jedoch mit einem unverschieblichen Auflager im Fußpunkt der Wand und der Nebenbedingung, dass die Auflagerkraft $C_h = 0$ beträgt (Bild 19.23a). Die Stützung im Wandfußbereich erfolgt über die Bodenreaktionen, deren Resultierende mit B_h bezeichnet wird. Die Verteilung der Bodenreaktionen wird wie in der Variante A angenommen. Somit bleiben auch der Schwerpunkt und die Lage von B_h mit $z_B = 0{,}60\ t = 1{,}50$ m unterhalb der Baugrubensohle gleich.

Die charakteristische Resultierende $B_{h,k}$ der Bodenreaktionen wird wie in der Variante A getrennt nach ständigen und veränderlichen Einwirkungen $B_{h,k} = B_{Gh,k} + B_{Qh,k}$ (siehe Bild 19.23b und c) aus dem Momentengleichgewicht um den Angriffspunkt der Ankerkraft ermittelt. Die Auflagerkraft bringt wegen $C_{hG,k} = 0$ und $C_{Qh,k} = 0$ keinen Momentenanteil. Die angreifenden Kräfte und Hebelarme, bezogen auf den Angriffspunkt der Ankerkraft, sind somit identisch mit denen der Variante A mit dem Bodenauflager im Schwerpunkt der Bodenreaktionen. Dementsprechend erhält man die gleichen Schnittgrößen und den gleichen Nachweis der Standsicherheit.

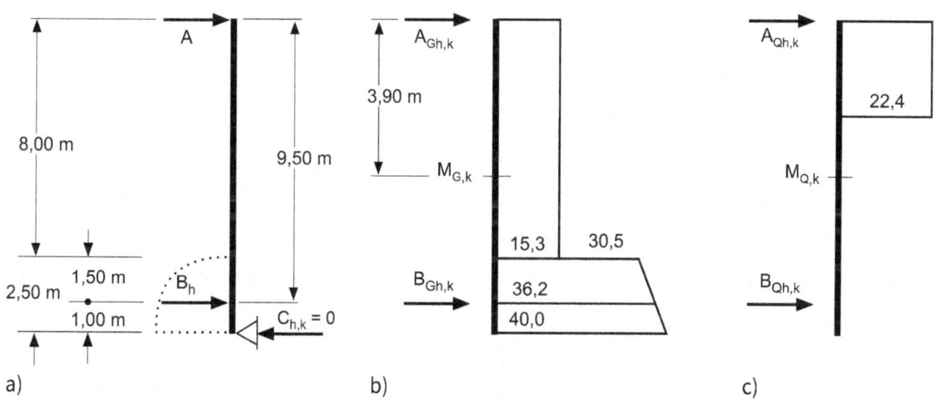

Bild 19.23 Tragwerk mit Einwirkungen; a) Tragsystem, b) ständige charakteristische Einwirkungen, c) veränderliche charakteristische Einwirkungen

2. Ermittlung der Biegelinie

Biegelinie bei unverschieblichem Fußauflager

Wie bei der Bestimmung der Auflagerkräfte wird zur Ermittlung der Biegelinie von einem Balken auf zwei Stützen ausgegangen. Das Auflager liegt am Fußpunkt der Wand. Aus programmtechnischen Gründen wird der mobilisierte Erdwiderstand wie bei der Variante A trapezförmig verteilt (s. Bild 19.20). Die Biegelinie ist in Bild 19.24a dargestellt. Die maximale Durchbiegung liegt ungefähr bei 4,80 m unterhalb der Geländeoberfläche und beträgt w = 41 mm. Auf der Höhe der Baugrubensohle stellt sich eine Durchbiegung von w = 25,5 mm ein.

Verschiebung des Fußauflagers

Wie bei der Variante A kommt zu der Durchbiegung infolge der Einwirkungen aus Erddruck der Anteil der Verschiebung des Fußauflagers hinzu. Die Ermittlung erfolgt wie bei der Variante A. Alle Ergebnisse aus der Variante A können somit übernommen werden (s. Bild 19.21b und d).

Gesamtverschiebungen

Durch Überlagerung der Durchbiegung infolge Einwirkungen aus Erddruck und der Verschiebung des Fußauflagers ergeben sich folgende Gesamtverschiebungen:

Ohne Berücksichtigung der Vorbelastung (s. Bild 19.24a bis c):

s_{max} = 41,0 + 27,2 · 4,80/9,50 = 41,0 + 13,5
= 54,8 mm bei etwa 4,8 m unterhalb GOK

s_{Sohle} = 25,5 + 27,2 · 8/9,5 = 25,5 + 22,9
= 48,4 mm in Höhe der Baugrubensohle

$s_{Fuß}$ = 0,0 + 30,1 = 30,1 mm in Höhe des Fußauflagers der Wand

Mit Berücksichtigung der Vorbelastung (s. Bild 19.24a, d und e):

s_{max} = 41,0 + 3,9 · 4,8/9,50 = 41,0 + 2,0
= 43,0 mm bei etwa 4,8 m unterhalb GOK

s_{Sohle} = 25,5 + 3,9 · 8/9,5 = 25,5 + 3,3
= 28,5 mm in Höhe der Baugrubensohle

$s_{Fuß}$ = 0,0 + 4,3 = 4,3 mm in Höhe des Fußauflagers der Wand

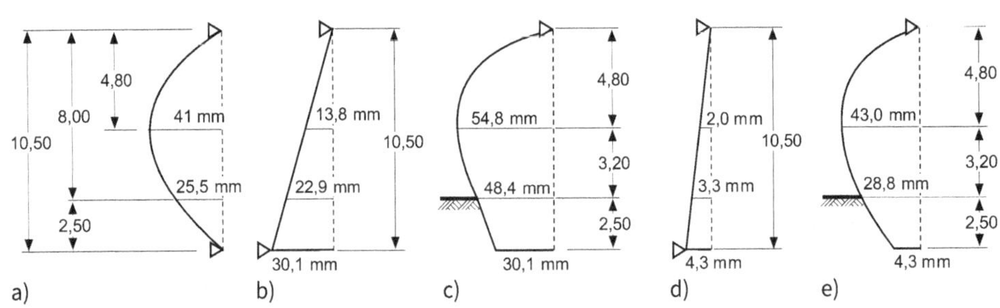

Bild 19.24 Biegelinien; a) Biegelinie bei festem Auflager, b) Auflagerverschiebung ohne Vorbelastung, c) Überlagerung aus a) und b), d) Auflagerverschiebung mit Vorbelastung, e) Überlagerung aus a) und d)

3. Biegemomente

Durch die Anordnung eines unverschieblichen Auflagers im Fußpunkt der Wand mit Auflagerkraft $C_h = 0$ entfällt das Kragmoment im Wandfußbereich (vgl. Abschnitt 19.8, Bild 19.17b) wie die Momentenlinie in Bild 19.25 zeigt.
Sowohl im Hinblick auf die Momentenlinie als auch im Hinblick auf die maßgebende Biegelinie zeigen die beiden Vergleichsrechnungen, dass nur die Berechnung mit dem fiktiven Auflager in Höhe des Fußpunkts mit Berücksichtigung der Vorbelastung wirklichkeitsnahe Ergebnisse erbringt.

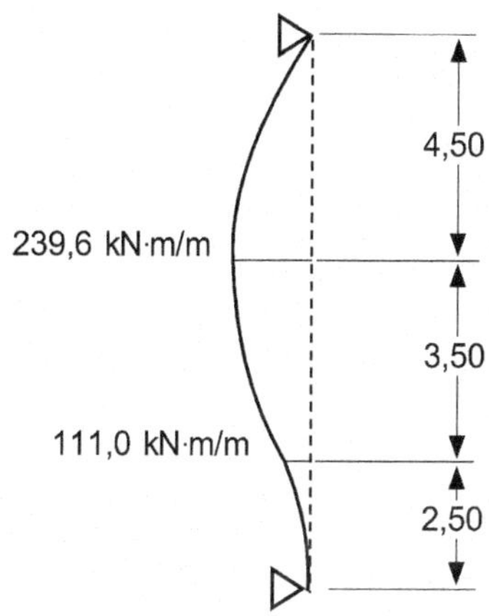

Bild 19.25 Momentenverlauf

19.10 Nachweis der Einbindetiefe bei Anwendung des Bettungsmodulverfahrens

1. Ausgangswerte

Untersucht wird eine 10,00 m tiefe Baugrube mit einer Stützung in 2,00 m Tiefe unterhalb der Geländeoberfläche. Der Untergrund besteht aus mittelmitteldichtem Sand. Alle Systemdaten und Bodenkenngrößen gehen aus Bild 19.26 hervor.

Berechnungen als Träger mit einem frei drehbaren Schneidenauflager ergeben für eine freie Auflagerung im Boden eine Einbindetiefe von $t_0 = 2{,}12$ m. Bei einer Bodeneinspannung nach *Blum* ergibt sich bis zum theoretischen Fußpunkt eine Einbindung von $t_1 = 3{,}65$ m. Mit einem Zuschlag von 20 % nach *Blum* erhält man für die gesamte Länge $t_g = 4{,}38$ m. Allen Berechnungen liegen das Teilsicherheitskonzept nach Handbuch Eurocode 7, Band 1 und die Vorgaben der Empfehlungen des Arbeitskreises Baugruben, 5. Auflage mit der Bemessungssituation BS-T zugrunde.

Für die Untersuchungen wurde eine Spundwand, Profil Larssen 43, mit einem E-Modul von $E = 210000$ MN/m^2 ausgewählt. Die Querschnittswerte der Wand sind in Tabelle 19.4 zusammengestellt.

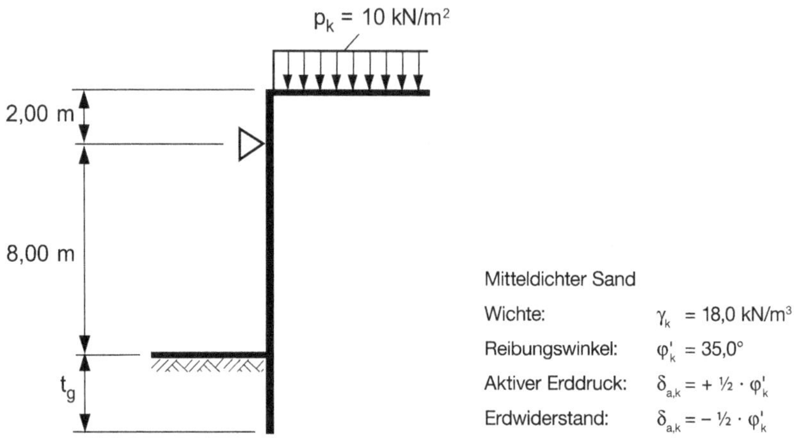

Bild 19.26 Baugrubenquerschnitt

Tabelle 19.4 Querschnittswerte der untersuchten Wand

Querschnitts-fläche A [cm²/m]	Profil-breite b [mm]	Wand-höhe h [mm]	Rücken-dicke t [mm]	Steg-dicke S [mm]	Trägheits-moment I_y [cm⁴/m]	Widerstands-moment W_y [cm³/m]
212	500	420	12	12	34900	1600

Der Wandfuß wurde mit einem lokalen, nichtlinearen Bettungsmodul modelliert. Verwendet wurde der Ansatz von *Besler* (s. Abschnitt 8.3). Alle Berechnungen wurden mit einem eigenen Programm durchgeführt. Einzelheiten siehe [82].

In den Berechnungen wurde die Einbindetiefe variiert. In Anlehnung an das Ergebnis der Trägerberechnung für eine freie Auflagerung wurde mit t = 2,0 m begonnen. Als maximale Einbindung wurde t = 10,00 m gewählt, um den Einfluss der Einbindetiefe auf die Einspannwirkung zu untersuchen.

2. Erddruck

Mit den Systemdaten und den Bodenkenngrößen aus Bild 19.26 ergeben sich die nachfolgend zusammengefassten Erddrücke.

Für den aktiven Erddruck berechnet sich $K_{ah} = 0{,}235$. Unter Beachtung einer Erddruckumlagerung erhält man das Lastbild in Bild 19.27.

Den Erdruhedruckbeiwert erhält man zu $K_0 = 0{,}426$. Nach *Caquot/Kérisel* [36] beträgt der Erdwiderstandsbeiwert $K_{ph} = 6{,}56$ für $\delta_{p,k} = -\frac{1}{2}\,\varphi'_k = -17{,}5°$.

Daraus ergibt sich der ungebettete Bereich zu $z_e = 0{,}69$ m (Bild 19.28).

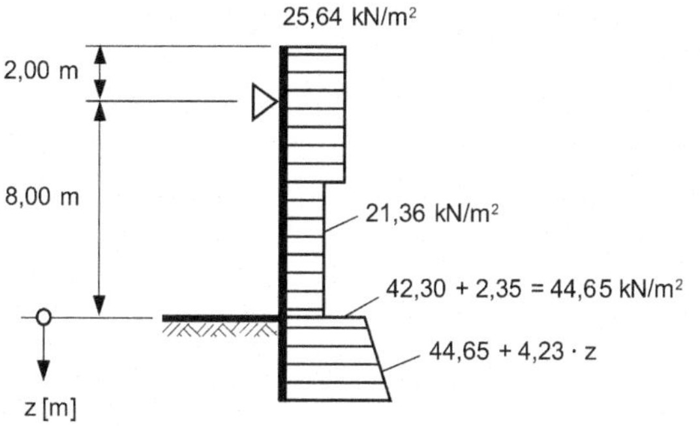

Bild 19.27 Lastbild

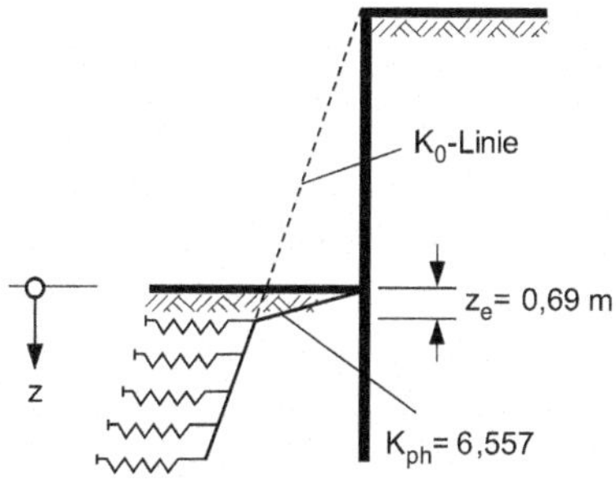

Bild 19.28 Ausgangsspannungen und Bettungsansatz

3. Berechnungsergebnisse

Alle Berechnungen wurden mit dem nichtlinearen Bettungsansatz von Besler unter Berücksichtigung der Vorbelastung aus dem Gewicht des Bodenaushubs durchgeführt.

Bild 19.29 zeigt die berechneten Biegelinien. Je nach Einbindetiefe ergibt sich eine Rückdrehung der Wand mit einem ersten Verschiebungsnullpunkt, der etwa zwischen 2,20 m und 3,20 m unterhalb der Baugrubensohle liegt. Die Bettungsberechnung ergibt in diesem Falle geringfügig günstigere Werte als der Ansatz nach *Blum* mit einer Lage des theoretischen Fußpunktes bei $t_1 = 3{,}65$ m. Bei einer Einbindelänge von 10 m ergibt sich ein weiterer Nullpunkt für die Verschiebungen.

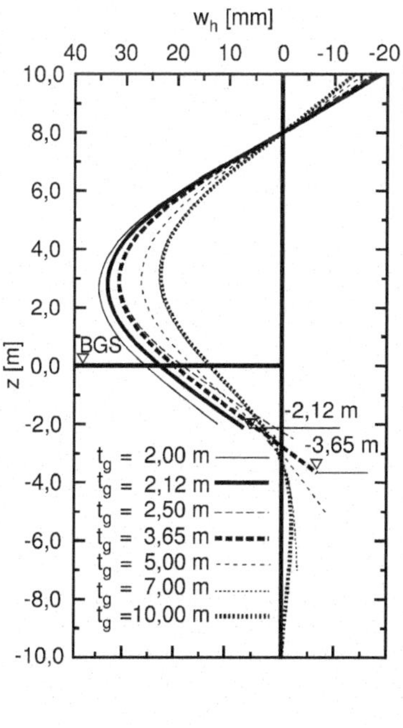

Bild 19.29 Biegelinien für Spundwand mit Vorbelastung und erweitertem Ansatz nach EAB bei verschiedenen Einbindetiefen

Die Spannungsverteilungen werden beispielhaft für vier Einbindetiefen in Bild 19.30 wiedergegeben. Auf der Baugrubenseite wird zunächst wie vorausgesetzt der volle Erdwiderstand mit dem Erdwiderstandsbeiwert K_{ph} für $\delta_p = -17{,}5°$ mobilisiert. Bei zunehmender Einbindetiefe (Bilder 19.30b und c) wird auf der Bodenseite bereits in relativ geringen Tiefen die K_0-Linie erreicht. Unterhalb des Verschiebungsnullpunktes springen die Ausgangsspannungen auf der Erdseite wie vorausgesetzt vom aktiven Erddruck auf den Erdruhedruck. Darüber hinaus werden nur noch geringfügige Bodenreaktionen infolge von Bettung mobilisiert (Bild 19.30d).

Die Einspannwirkung lässt sich anhand der Momentenlinie in Bild 19.31 beurteilen. Erst ab einer Einbindetiefe von etwa 7,00 m zeigen sich keine Veränderungen

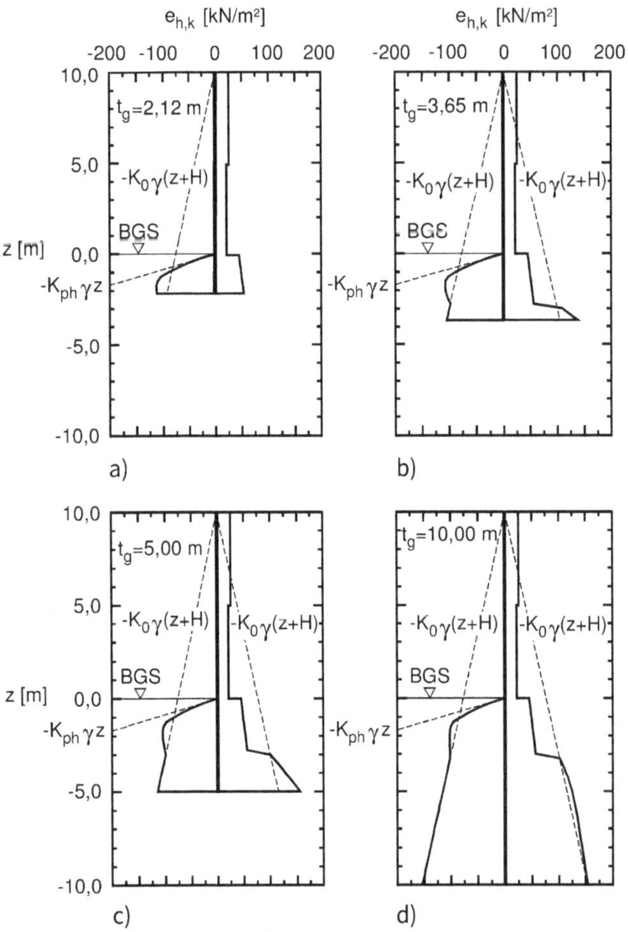

Bild 19.30 Spannungsverteilungen für Spundwand mit Vorbelastung und erweitertem Ansatz nach EAB bei verschiedenen Einbindetiefen; a) $t_g = 2{,}12$ m, b) $t_g = 3{,}65$ m, c) $t_g = 5{,}00$ m, d) $t_g = 10{,}00$ m

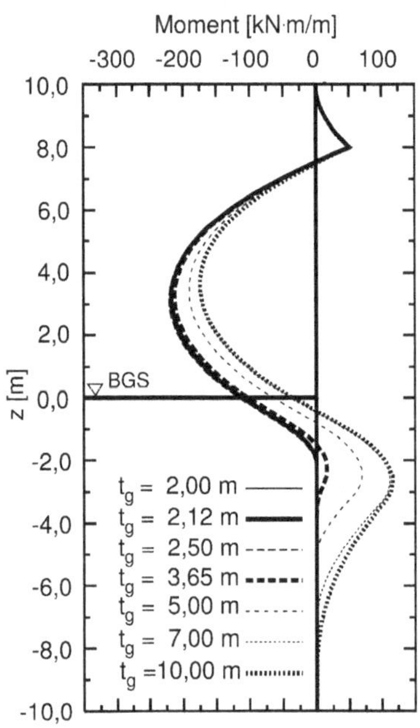

Bild 19.31 Momentenlinien für Spundwand mit Vorbelastung nach EB 102 bei verschiedenen Einbindetiefen

mehr in dem Maximalmoment im Wandfußbereich. Die Einspannwirkung ist geringer als nach *Blum*, weil im Verschiebungsnullpunkt keine vertikale Tangente erreicht wird (s. Bild 19.29).

4. Nachweis des Bodenauflagers

In Anlehnung an eine Trägerberechnung mit unverschieblichen Auflagern werden drei verschiedene Einbindetiefen untersucht:

- t = 2,12 m für ein freies Auflager,
- t = 3,65 für eine bodenmechanische Einspannung bis zum theoretischen Fußpunkt ohne Zuschlag,
- t = 4,40 m für eine bodenmechanische Einspannung nach Blum mit einem Zuschlag von 20 % auf die Einbindetiefe bis zum theoretischen Fußpunkt.

Bild 19.32 zeigt die Berechnungsergebnisse.
Für den Nachweis werden die Bodenreaktionen vor dem Wandfuß auf der Baugrubenseite zur Resultierenden

$$B_{h,k} = \int_0^t \sigma_{ph,k} \cdot dz$$

integriert. Wenn sich der Wandfuß zurückdreht und ein Verschiebungsnullpunkt erreicht wird, sind die Bodenreaktionen nur von der Baugrubensohle bis zum Verschiebungsnullpunkt zu berücksichtigen.

Wird durch eine Einspannung ein Verschiebungsnullpunkt erreicht und ist das Verformungsbild ähnlich wie bei einer Wanddrehung um den Fußpunkt, dann ist nach EB 102, Absatz 12 nicht der Erdwiderstand $E_{phP,k}$ für eine Parallelbewegung, sondern der reduzierte Erdwiderstand $E_{phF,k}$ für eine Drehung um den Fußpunkt maßgebend. Nach DIN 4085 und EB 102, Absatz 12 liegt der Reduktionsfaktor zwischen 0,50 und 0,62. Allerdings ist die Abminderung nicht erforderlich, sofern sich bei gestützten Wänden im Bruchzustand eine Drehung um einen hochliegenden Punkt einstellen kann. Davon kann man im vorliegenden Beispiel ausgehen, weil die Wandfußbewegung nicht behindert wird. Dies wäre beispielsweise der Fall bei einer tiefliegenden Düsenstrahlsohle, die eine Drehung um den Fußpunkt erzwingen würde.

Je nach Einbindetiefe ist das Verformungsbild nicht immer eindeutig einer Parallelbewegung oder einer Drehung um den Fußpunkt zuzuordnen. In diesen Fällen darf nach DIN 4085 eine Kombination der beiden Wandbewegungsarten angenommen und der Erdwiderstand $E_{phP,k}$ bei Parallelbewegung vorausgesetzt werden.

Der Erdwiderstandsbeiwert wurde in dem Beispiel nach *Caquot/Kérisel* [36] zu K_{ph} = 6,56 ermittelt. Nach *Streck/Weißenbach* (s. Tabelle 20.3.3) wäre K_{ph} = 5,80 maßgebend gewesen, nach *Pregl/Sokolowski* (s. Tabelle 20.3.4) dagegen K_{ph} = 6,32.

Bei einer Einbindetiefe t = 2,12 m ergibt die Integration bis zum Wandfuß $B_{h,K}$ = 172,5 kN/m.

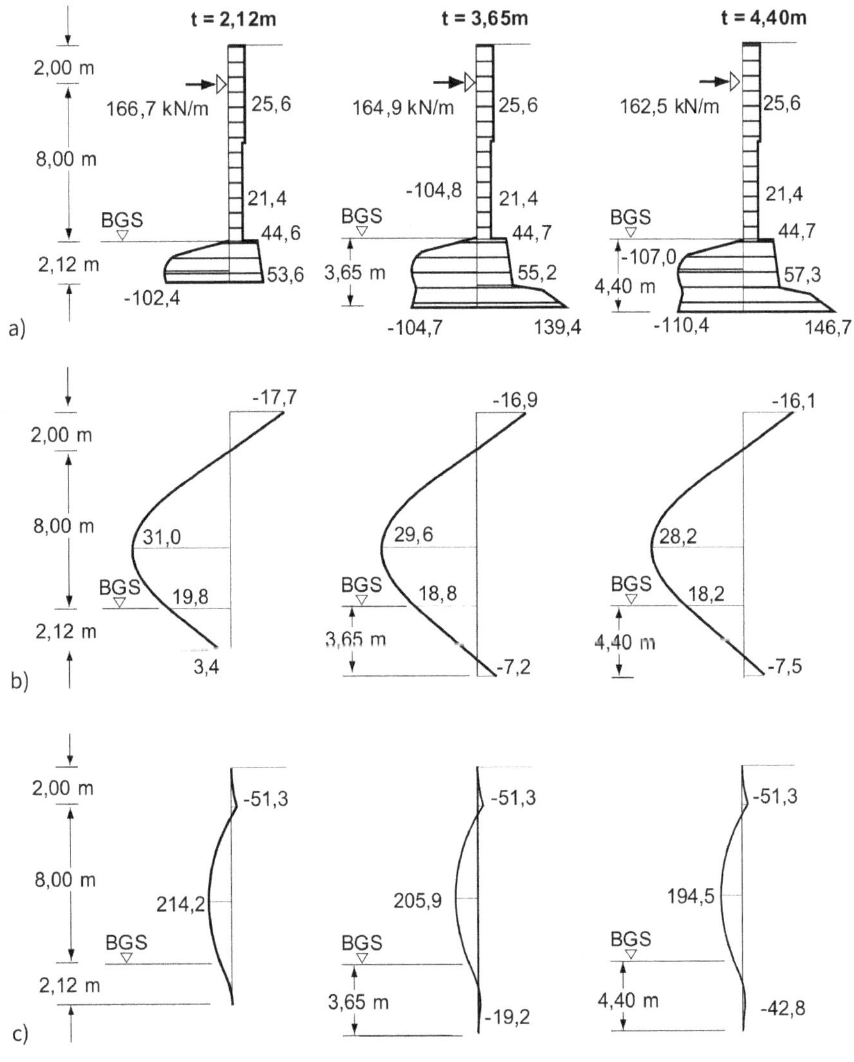

Bild 19.32 Berechnungsergebnisse für drei verschiedene Einbindetiefen; a) Spannungsverteilung [kN/m²], b) Biegelinie [mm], c) Momentenverteilung [kNm/m]

Der resultierende passive Erddruck beträgt:

$E_{phP,k} = \frac{1}{2} \cdot 2{,}12^2 \cdot 6{,}56 \cdot 18{,}0 = 265{,}2$ kN/m.

Es liegt keine reine Drehung um den Fußpunkt vor, sondern eine kombinierte Bewegung. Deshalb ist es gerechtfertigt, den Erdwiderstand bei Parallelbewegung anzusetzen.

Mit den Bemessungswerten

$B_{h,d} = \gamma_G \cdot B_{h,k} = 1{,}20 \cdot 172{,}5 = 207{,}0$ kN/m und

$E_{phP,d} = 265{,}2/1{,}30 = 204{,}4$ kN/m

ergibt sich

$B_{h,d} = 207{,}0$ kN/m $\approx E_{phP,d} = 204{,}4$ kN/m

und der Nachweis ist mit $\mu = 207{,}0/204{,}4 = 1{,}01$ gerade noch ausreichend erfüllt. Dies entspricht der Vorgabe einer freien Auflagerung bei der Trägerberechnung.

Bei einer Einbindetiefe t = 3,65 m ergibt sich ein Verschiebungsnullpunkt bei $z_0 = 2{,}48$ m. Die resultierende theoretische Bodenreaktion beträgt

$$B_{h,k} = \int_0^{z_0} \sigma_{ph,k} \cdot dz = 211{,}1\,\text{kN/m}$$

und den resultierenden charakteristischen Erdwiderstand für Parallelbewegung erhält man zu

$E_{phP,k} = \frac{1}{2} \cdot 18{,}0 \cdot 6{,}56 \cdot 2{,}48^2 = 362{,}9$ kN/m

Legt man die Wandfußbewegung im Gebrauchszustand zugrunde (s. Bild 19.32b), dann ist strenggenommen der Erdwiderstand $E_{phF,k}$ für eine Drehung um den Fußpunkt maßgebend. Geht man von dem Mittelwert für den Abminderungsfaktor aus, dann erhält man

$E_{phF,k} = 0{,}56 \cdot E_{phP,k} = 203{,}3$ kN/m

Mit den Bemessungswerten

$B_{h,d} = 1{,}20 \cdot 211{,}1 = 253{,}3$ kN/m

sowie

$E_{phF,d} = 203{,}3/1{,}30 = 156{,}3$ kN/m

lässt sich der Nachweis nicht erbringen. Geht man dagegen davon aus, dass sich im Bruchzustand eine Drehung um einen hochliegenden Punkt einstellen kann bzw. eine Kombination der beiden Wandbewegungsarten Drehung um den Fußpunkt und Parallelbewegung angenommen werden darf, dann erhält man mit dem Erdwiderstand für Parallelbewegung

$E_{ph,P,d} = 362{,}9/1{,}30 = 279{,}2$ kN/m

sowie

$B_{h,d} = 253{,}3$ kN/m $< E_{ph,d} = 279{,}2$ kN/m

und der Nachweis gelingt.

Analog ergibt sich bei einer Einbindetiefe t = 4,40 m:

$z_0 \quad = 3{,}00$ m

$B_{h,k} \quad = 258{,}6$ kN/m

$B_{h,d} \quad = 310{,}3$ kN/m

$E_{phP,k} \quad = 531{,}1$ kN/m

$E_{phP,d}$ = 408,5 kN/m

$E_{phF,k}$ = 297,4 kN/m

$E_{phF,d}$ = 228,8 kN/m

Wie bei t = 3,65 m kann die Einbindetiefe bei Ansatz des rechnerischen Erdwiderstands nur für eine Parallelbewegung nachgewiesen werden, nicht aber für eine reine Drehung um den Fußpunkt. Auch hier darf jedoch der Erdwiderstand für Parallelbewegung angesetzt werden. Damit kann der Nachweis der Einbindetiefe geführt werden:

$B_{h,d}$ = 310,3 kN/m < $E_{ph,d}$ = 408,5 kN/m.

19.11 Nachweis der Einbindetiefe bei Anwendung der Finite-Elemente-Methode

1. Ausgangswerte aus FEM-Berechnungen

Für dasselbe System wie im Abschnitt 19.10 mit gebettetem Wandfuß wird der Nachweis der Sicherheit gegen Aufbruch des Bodens vor dem Wandfuß auf der Grundlage einer Finite-Elemente-Berechnung geführt. In Anlehnung an eine Trägerberechnung mit unverschieblichen Auflagern werden drei verschiedene Einbindetiefen untersucht:

- t = 2,12 m für ein freies Auflager,
- t = 3,65 für eine bodenmechanische Einspannung bis zum theoretischen Fußpunkt ohne Zuschlag,
- t = 4,40 m für eine bodenmechanische Einspannung nach *Blum* mit einem Zuschlag von 20 % auf die Einbindetiefe bis zum theoretischen Fußpunkt.

Bild 19.33 zeigt die Berechnungsergebnisse für eine Spundwand unter Berücksichtigung einer großflächigen Auflast p_k = 10 kN/m^2. Gerechnet wurde mit der Hypoplastizität in der Version von *v. Wolffersdorff* und der Erweiterung mit intergranularer Dehnung. Um das Verständnis zu erleichtern, sind neben den Spannungsverteilungen mit Einwirkungen und Bodenreaktionen auch die Biege- und die Momentenlinien wiedergegeben.

Analysiert man die Wandfußverformungen in Bild 19.33b, so ergeben sich trotz unterschiedlichen Einbindetiefen auf den ersten Blick ähnliche Bewegungsformen. In allen drei Fällen lässt sich die Wandfußbewegung aufteilen in eine Parallelbewegung kombiniert mit einer Drehung um den Fußpunkt. Bei einer Trägerberechnung mit einer bodenmechanischen Einspannung nach *Blum* oder bei einer Berechnung mit Bettung und vergleichbarer Einbindetiefe dagegen entfällt der Translationsanteil und die Verformung lässt sich gut mit einer reinen Drehung um den theoretischen Fußpunkt beschreiben.

Betrachtet man die Biegelinie in Bild 19.33b näher, erkennt man, dass sich bei t = 3,65 m und t = 4,40 im Wandfußbereich die Krümmung ändert und dadurch eine Einspannwirkung mit negativen Momenten (Bild 19.33c) erreicht wird, ähn-

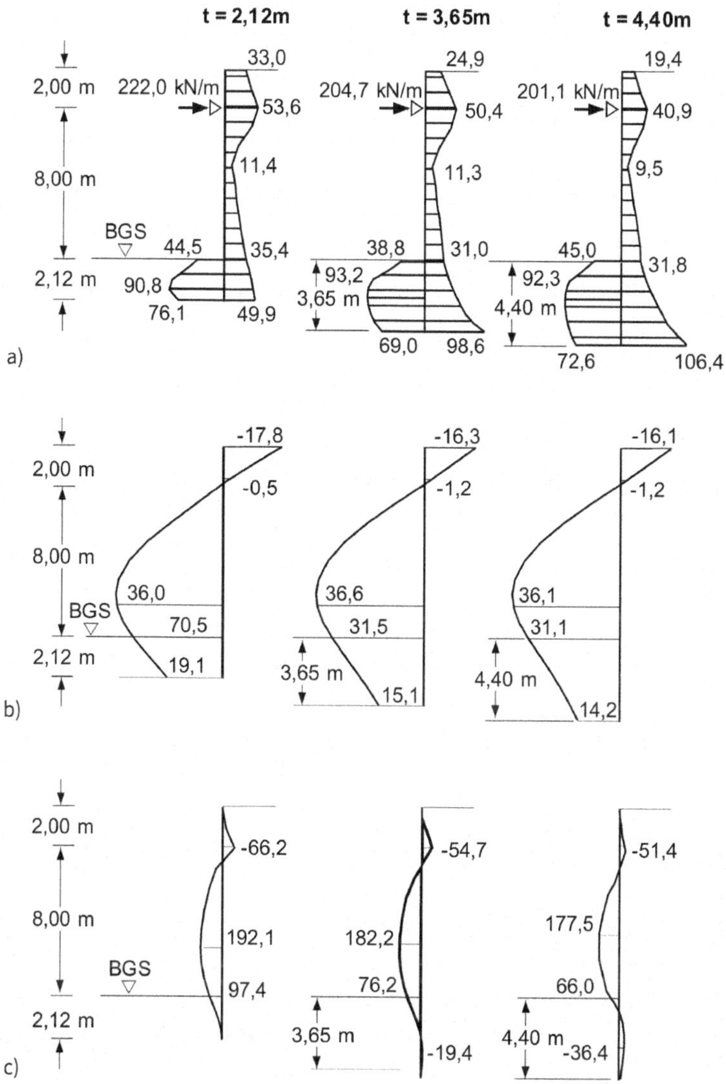

Bild 19.33 Berechnungsergebnisse für drei verschiedene Einbindetiefen;
a) Spannungsverteilung [kN/m²], b) Biegelinie [mm], c) Momentenverteilung [kNm/m]

lich wie bei einer Trägerberechnung mit einer bodenmechanischen Einspannung nach *Blum* oder einer Teileinspannung.

2. Nachweis des Bodenauflagers

Für den Nachweis des Bodenauflagers und damit der Einbindetiefe ist man im vorliegenden Fall trotz der Einspannwirkung geneigt, aufgrund des Verformungsbildes eher den Erdwiderstand bei einer Parallelbewegung als bei einer Fußpunktdrehung anzusetzen. In diesem Fall darf nach DIN 4085:2017 sinngemäß davon ausgegangen werden, dass eine Mischform vorliegt und Größe und Verteilung des Erdwiderstands sich wie bei einer reinen Parallelbewegung einstellen. Dadurch entfällt die Abminderung nach EB 103, Absatz 10. Der Erdwiderstand ist bis zum Wandfuß zu ermitteln und die resultierende Auflagerkraft ergibt sich durch Integration der Bodenreaktionen bis zum Wandfuß zu

$$B_{h,k} = \int_{0}^{t} \sigma_{ph,k} \cdot dz$$

Bei der Einbindetiefe t = 2,12 m ergibt die Integration der Bodenreaktion in Bild 19.33a für die resultierende charakteristische Auflagerkraft

$B_{h,k} = 160{,}0$ kN/m

Mit $K_{ph} = 6{,}56$ nach *Caquot/Kérisel* (s. [36]) für $\varphi'_k = 35°$ und $\delta_p = -\varphi'_k$ berechnet sich

$E_{ph,k} = \frac{1}{2} \cdot 18{,}0 \cdot 6{,}56 \cdot 2{,}12^2 = 265{,}2$ kN/m

Die Bemessungswerte lauten

$B_{h,d} = \gamma_G \cdot B_{h,k} = 1{,}20 \cdot 160{,}0 = 192{,}0$ kN/m

sowie

$E_{ph,d} = E_{ph,k}/\gamma_{R,e} = 265{,}2/1{,}30 = 204{,}0$ kN/m

Mit

$B_{h,d} = 192{,}0$ kN/m $< E_{ph,d} = 204{,}0$ kN/m

ist der Nachweis erfüllt. Analog erhält man bei t = 3,65 m

$B_{h,k} = 291{,}9$ kN/m

$B_{h,d} = 350{,}3$ kN/m

$E_{ph,k} = 786{,}2$ kN/m

$E_{ph,d} = 604{,}8$ kN/m

und

$B_{h,d} = 350{,}3$ kN/m $< E_{ph,d} = 604{,}8$ kN/m

Bei der Einbindetiefe t = 4,40 m ergibt sich

$B_{h,k} = 358{,}8$ kN/m

$B_{h,d} = 430{,}6$ kN/m

$E_{ph,k} = 1142{,}5$ kN/m

$E_{ph,d} = 878{,}8$ kN/m

und

$B_{h,d} = 430{,}6$ kN/m $< E_{ph,d} = 878{,}8$ kN/m

Aufgrund des Verformungsbilds im Wandfußbereich und des Ansatzes des Erdwiderstands $E_{phP,k}$ bei Parallelbewegung ist der Ausnutzungsgrad beim Nachweis der Einbindetiefe auf der Grundlage der FE-Berechnung geringer als bei einer Trägerberechnung mit einer bodenmechanischen Einspannung nach *Blum*.

19.12 Nachweis der Sicherheit gegen Aufbruch der Baugrubensohle

Beispiel A: Baugrube in bindigem Boden mit Reibung und Kohäsion ohne Fußeinbindung

1. Ausgangswerte

Bild 19.34 zeigt die Baugrube und den zugrunde gelegten Bruchmechanismus. Die Ausgangsgrößen sind:

Baugrubentiefe: $H = 8{,}00$ m

Baugrubenbreite: $B = 10{,}00$ m

Einbindetiefe der Wand: $t_g = 0{,}00$ m

Wichte: $\gamma_k = 19{,}0$ kN/m^3

Reibungswinkel: $\varphi'_k = 20°$

Kohäsion: $c'_k = 10$ kN/m^2

Nachzuweisen ist die Sicherheit gegen Aufbruch der Baugrubensohle.

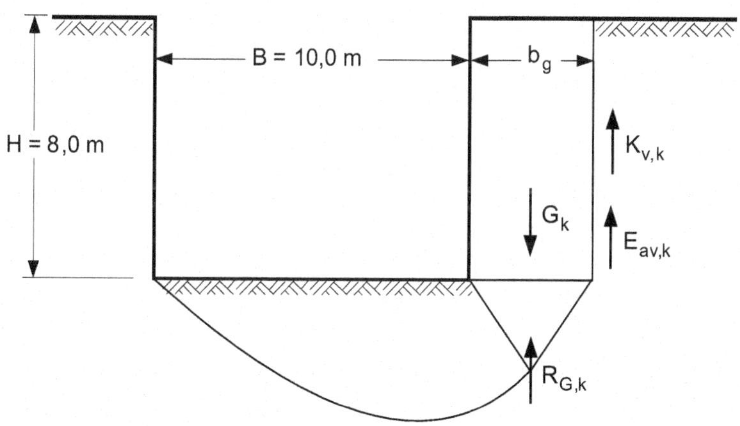

Bild 19.34 Baugrubenquerschnitt

2. Einwirkungen und Widerstände

Charakteristisches Eigengewicht des prismatischen Erdkörpers:

$G_k = H \cdot b_g \cdot \gamma = 152 \cdot b_g$ [kN/m]

Charakteristischer Grundbruchwiderstand:

Mit $\varphi'_k = 20°$ ergibt sich nach DIN 4017: $N_{b0} = 1{,}96$ und $N_{cd} = 14{,}83$.

$N_{d0} = 6{,}40$ wird nicht benötigt wegen $t_g = 0$.

Damit berechnet sich der charakteristische Grundbruchwiderstand zu

$R_{G,k} = b_g \cdot (19{,}0 \cdot b_g \cdot 1{,}96 + 10 \cdot 14{,}83)$ [kN/m]

Charakteristische seitliche Kohäsionskraft:

$K_{v,k} = 10{,}0 \cdot (8{,}00 + 0) = 80{,}0$ kN/m

Charakteristische vertikale Erddruckkraft:

Mit $\varphi'_k = 20°$ und $\delta_a = -2/3\ \varphi'_k$ ergibt sich $K_{ah} = 0{,}611$

Damit errechnet sich die horizontale charakteristische Erddruckkraft $E_{ah,k}$ unter Verwendung der Näherung $K_{ach} \approx -2 \cdot c \cdot \sqrt{K_{agh}}$ zu

$$E_{ah,k} = \tfrac{1}{2} \cdot \gamma \cdot K_{ah} \cdot H^2 - 2 \cdot c'_k \cdot H \cdot \sqrt{K_{ah}}$$
$$= \tfrac{1}{2} \cdot 19{,}0 \cdot 8{,}00^2 \cdot 0{,}611 - 2 \cdot 10{,}0 \cdot 8{,}00 \cdot \sqrt{0{,}611} = 246{,}4\ \text{kN/m}$$

Die charakteristische vertikale Erddruckkraft ergibt sich zu

$E_{av,k} = 246{,}4 \cdot \tan(-\tfrac{2}{3} \cdot 20°) = -58{,}4$ kN/m

Bemessungsgrößen der Einwirkungen und der Widerstände:

In der Bemessungssituation BS-T sind die Teilsicherheitsbeiwerte $\gamma_G = 1{,}20$ und $\gamma_{Gr} = 1{,}30$ maßgebend.

Der Bemessungswert der Beanspruchungen S_d aus Eigengewicht in der gedachten Sohlfuge ergibt sich zu

$S_d = G_d = \gamma_G \cdot G_k = 1{,}20 \cdot 152\ b_g = 182{,}4\ b_g$ [kN/m]

Die Bemessungswiderstände berechnen sich zu:

$$R_{G,d} = \frac{R_{G,k}}{\gamma_{R,v}} = 28{,}72 \cdot b_g^2 + 114{,}1 \cdot b_g\ [\text{kN/m}]$$

$$K_{v,d} = \frac{K_{v,k}}{\gamma_{R,v}} = 61{,}5\ \text{kN/m}$$

$$E_{av,d} = \frac{E_{av,k}}{\gamma_{R,v}} = -44{,}9\ \text{kN/m}$$

3. Standsicherheitsnachweis

Mit den Bemessungswerten der Beanspruchungen und der Widerstände erhält man den Ausnutzungsgrad

$$\mu = \frac{182{,}4 \cdot b_g}{28{,}7 \cdot b_g^2 + 114{,}1 \cdot b_g + 61{,}5 + 44{,}9}$$

Tabelle 19.5 zeigt die Ergebnisse für verschiedene Breiten b_g. Daraus ergibt sich der maximale Ausnutzungsgrad $\mu_{max} = 0{,}81$ bei einer Breite $b_g = 2{,}00$ m. Selbst für eine Breite $b_g = 3{,}00$ m liegt mit $l_g = 9{,}30$ m der Bruchkörper noch innerhalb der Baugrube.

Für $b_g = 2{,}00$ m ergeben sich die Bemessungsgrößen:

$G_d = 364{,}8$ kN/m

$R_{G,d} = 343{,}1$ kN/m

$E_{av,d} = 44{,}9$ kN/m

$K_{v,d} = 61{,}5$ kN/m

Der Nachweis der Sicherheit gegen Aufbruch der Baugrubensohle nach dem Ansatz

$S_d = G_d \leq R_{G,d} + E_{av,d} + K_{v,d}$

ergibt

364,8 kN/m < 343,1 + 44,9 + 61,5 = 449,5 kN/m

Hinweis: Der Wert für die exakte Breite aus der analytischen Lösung in Gl. (7.60), s. Abschnitt 7.4, beträgt

$$b_{gmax} = \left[\frac{58{,}39 + 10{,}0 \cdot (8{,}00 + 0)}{19{,}0 \cdot 1{,}965}\right]^{\frac{1}{2}} = 1{,}93\,\text{m}$$

Der Unterschied zur Auswertung nach Tabelle 19.5 ist jedoch vernachlässigbar.

Tabelle 19.5 Ausnutzungsgrad μ und Länge l_g bei verschiedenen Breiten b_g in Beispiel A

b_g [m]	0	0,5	1,0	1,5	2,0	2,5	3,0
μ	0	0,534	0,732	0,799	0,811	0,798	0,774
l_g [m]	0	1,55	3,10	4,65	6,20	7,75	9,30

Beispiel B: Baugrube in bindigem Boden mit Reibung und Kohäsion und Fußeinbindung

1. Ausgangswerte

Baugrubentiefe:	H = 4,00 m
Baugrubenbreite:	B = 6,00 m
Einbindetiefe der Wand:	t_g = 0,00 m; t_g = 2,00 m; t_g = 4,00 m
Wichte:	$\gamma_k = 17{,}0\ kN/m^3$
Reibungswinkel:	$\varphi'_k = 15°$
Kohäsion:	$c'_k = 20\ kN/m^2$

Gesucht ist der Einfluss der Einbindetiefe auf den Ausnutzungsgrad für die Einbindetiefen $t_g = 0$, t_g = 2,00 m und t_g = 4,00 m

2. Standsicherheitsnachweis

Der Berechnungsgang ist wie in Beispiel A und wird hier nicht im Detail aufgeführt. Dargestellt werden nur die Ergebnisse für den Ausnutzungsgrad in Abhängigkeit der Breite b_g für die zu untersuchenden Einbindetiefen t_g (Bild 19.35).

Bei der Einbindetiefe $t_g = 0$ ergibt sich das Maximum μ_{max} = 0,668 m für eine Breite $b_{g,max}$ = 1,83 m. Bei den Einbindetiefen t_g = 2,00 und t_g = 4,00 m ergeben sich die Maxima μ_{max} = 0,514 bei $b_{g,max}$ = 2,45 m bzw. μ_{max} = 0,462 bei $b_{g,max}$ = 3,04 m. Wie

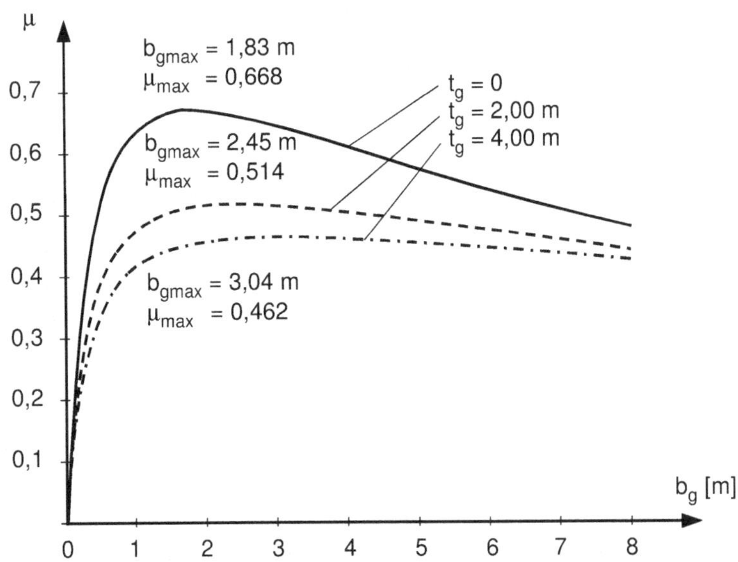

Bild 19.35 Ausnutzungsgrad μ in Abhängigkeit von der Breite b_g für verschiedene Einbindetiefen t_g der Wand in bindigem Boden

erwartet nimmt die Sicherheit mit steigender Einbindetiefe zu. Das Maximum ist bei zunehmender Einbindetiefe flacher ausgeprägt.

Beispiel C: Baugrube in c_u-Boden mit Einbindung der Wand

1. Ausgangswerte

Baugrubentiefe:	$H = 4{,}00$ m
Baugrubenbreite:	$B = 6{,}00$ m
Einbindetiefe der Wand:	$t_g = 0{,}00$ m; $t_g = 2{,}00$ m; $t_g = 4{,}00$ m
Wichte:	$\gamma_k = 17{,}0$ kN/m^3
Undränierte Scherfestigkeit:	$c_{u,k} = 20{,}0$ kN/m^2

Gesucht ist der Einfluss der Einbindetiefe auf den Ausnutzungsgrad für die Einbindetiefen $t_g = 0$, $t_g = 2{,}00$ m und $t_g = 4{,}00$ m.

2. Standsicherheitsnachweis

Wie im Beispiel B werden nur die Ergebnisse für den Ausnutzungsgrad dargestellt (Bild 19.36). Wie in Abschnitt 7.4 diskutiert, wächst der Ausnutzungsgrad monoton mit der Breite b_g. Nach Gl. (7.55) ist für das untersuchte Beispiel die Breite $b_g = B = 6{,}00$ m maßgebend.

Bei einer Einbindetiefe $t_g = 0$ ergibt sich aus Gl. (7.56)

$$\max\mu = \frac{1{,}20 \cdot [17{,}0 \cdot 6{,}00 \cdot (4{,}00)]}{\frac{1}{1{,}30} \cdot [20{,}0 \cdot 4{,}00 + 6{,}00 \cdot (5{,}14 \cdot 20{,}0)]} = 0{,}913$$

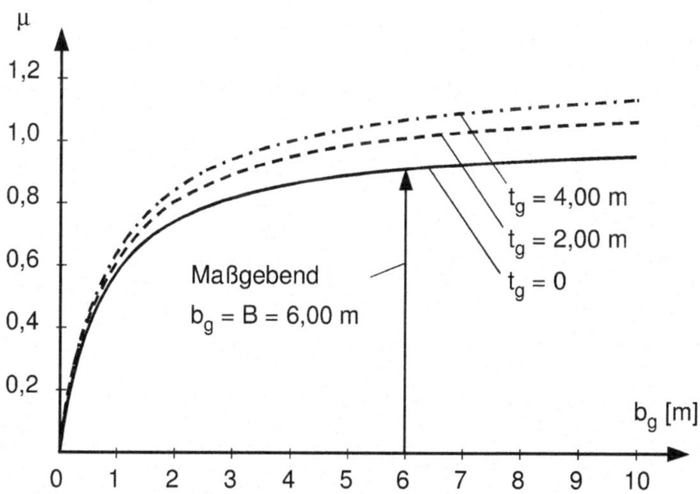

Bild 19.36 Ausnutzungsgrad μ in Abhängigkeit von der Breite b_g für verschiedene Einbindetiefen der Wand bei c_u-Boden

Ergänzend wird noch der Grenzwert für $b_g = \infty$ nach Gl. (7.52) bei einer Einbindetiefe $t_g = 0$ berechnet. Man erhält

$$\mu(b_g = \infty) = \frac{1{,}20 \cdot 17{,}0 \cdot 4{,}00}{\frac{1}{1{,}30} \cdot (5{,}14 \cdot 20{,}0)} = 1{,}032$$

Dieser Wert ist jedoch nicht maßgebend.

Wie aus Bild 19.36 außerdem hervorgeht, vergrößert sich der Ausnutzungsgrad bei zunehmender Einbindetiefe t_g. Hierzu wird auf die Diskussion in Abschnitt 7.4 verwiesen.

19.13 Nachweis der Standsicherheit einer Verankerung

Dieses Beispiel stellt die Fortsetzung des Beispiels im Abschnitt 19.9 dar.

1. Ausgangswerte

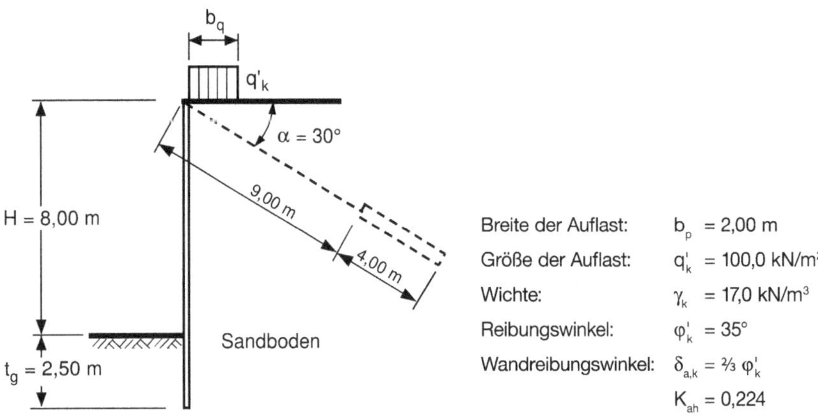

Bild 19.37 Baugrubenquerschnitt

Die Lastbilder des Bildes 19.38 ergeben sich aus dem Beispiel im Abschnitt 19.9.

2. Ermittlung der Beanspruchungen

Das Momentengleichgewicht für die ständigen Einwirkungen um den Auflagerpunkt B lautet:

$$\Sigma M_{G,B} = 15{,}3 \cdot 8{,}0 \cdot 5{,}50 + 30{,}5 \cdot 1{,}50 \cdot 0{,}75 + \tfrac{1}{2} \cdot 5{,}7 \cdot 1{,}50 \cdot 0{,}50$$
$$- 36{,}2 \cdot 1{,}00 \cdot 0{,}50 - \tfrac{1}{2} \cdot 3{,}8 \cdot 1{,}00 \cdot 0{,}66 - A_{Gh,k} \cdot 9{,}50 = 0$$

Daraus ergibt sich für die Horizontalkomponente $A_{Gh,k}$ der Ankerkraft $A_{G,k}$:

$A_{Gh,k} = 72{,}7$ kN/m

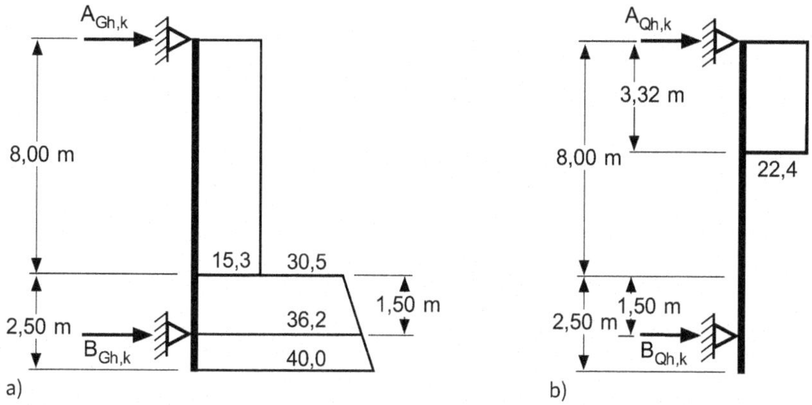

Bild 19.38 Lastbilder; a) ständige Einwirkungen, b) veränderliche Einwirkungen

und für die Ankerkraft

$A_{G,k} = A_{Gh,k}/\cos 30° = 72{,}7/0{,}866 = 84{,}0$ kN/m

Die Horizontalkomponente $A_{Qh,k}$ der charakteristischen Ankerkraft $A_{Q,k}$ aus veränderlichen Einwirkungen ergibt sich aus

$\Sigma M_{Q,B} = 22{,}4 \cdot 3{,}32 \cdot 7{,}84 - A_{Qh,k} \cdot 9{,}50 = 0$

zu

$A_{Qh,k} = 61{,}4$ kN/m.

Die charakteristische Ankerkraft $A_{Q,k}$ lautet:

$A_{Q,k} = A_{Qh,k}/\cos 30° = 61{,}4/0{,}866 = 70{,}9$ kN/m

Die Bemessungsbeanspruchung ergibt sich zu

$A_d = \gamma_G \cdot A_{G,k} + \gamma_Q \cdot A_{Q,k} = 1{,}35 \cdot 84{,}0 + 1{,}50 \cdot 70{,}9 = 113{,}4 + 106{,}4 = 219{,}8$ kN/m

für den Nachweis der Ankertragfähigkeit (Bemessungssituation BS-P im Vollaushubzustand),

$A = A_{vorh,d} = \gamma_G \cdot A_{G,k} + \gamma_Q \cdot A_{Q,k} = 1{,}20 \cdot 84{,}0 + 1{,}30 \cdot 70{,}9 = 100{,}8 + 92{,}2$
$= 193{,}0$ kN/m

für den Nachweis der Standsicherheit in der tiefen Gleitfuge (Bemessungssituation BS-T).

3. Nachweis der Ankertragfähigkeit

Bei einem gewählten Ankerabstand von $a_t = 2{,}50$ m ergibt sich die Bemessungsbeanspruchung zu:

$A^*_d = A_d \cdot a_t = 219{,}8 \cdot 2{,}50 = 549{,}5$ kN

Nachweis für das Stahlzugglied

Gewählt: Litzenanker aus Stahl 1570/1770 mit drei Litzen 0,6″

Charakteristischer Zugwiderstand:
$R_{1,k} = A_S \cdot f_{t,0.1,k} = 3 \cdot 140 \text{ mm} \cdot 1570 \text{ N/mm}^2 \cdot 10^{-3} = 659{,}4 \text{ kN}$

Bemessungswert des Zugwiderstands:
$R_{1,d} = R_{1,k}/\gamma_M = 659{,}4/1{,}15 = 573{,}4 \text{ kN}$

Mit $A^*_d = 549{,}5 \text{ kN} < R_{1,d} = 573{,}5 \text{ kN}$
ist der Nachweis erfüllt.

Nachweis für den Verpresskörper

Aufgrund von Eignungsversuchen wird als bekannt angenommen:
charakteristischer Herausziehwiderstand des Verpressankers: $R_{a,k} = 600 \text{ kN}$

Damit ergibt sich der Bemessungswert des Herausziehwiderstands zu:
$R_{a,d} = R_{a,k}/\gamma_a = 600/1{,}10 = 545{,}5 \text{ kN}$

Mit $A^*_d = 549{,}5 \text{ kN} \approx R_{a,d} = 545{,}5 \text{ kN}$
ist zwar formal die Grenzzustandsbedingung nicht exakt eingehalten, mit dem Ausnutzungsgrad
$\mu = 549{,}5/545{,}5 \text{ kN} = 1{,}01 \approx 1{,}00$
ist das hinnehmbar.

4. Nachweis der Standsicherheit in der tiefen Gleitfuge

Bei der gewählten freien Ankerlänge von $l_{fA} = 9{,}00$ m und der Länge des Verpresskörpers von $l_0 = 4{,}00$ m ergibt sich der Abstand vom Ankerkopf bis zum Schwerpunkt der Krafteinleitungsstrecke zu
$l_r = 9{,}00 + \frac{1}{2} \cdot 4{,}00 = 11{,}00 \text{ m}$
und damit die rechnerische Breite des Bruchkörpers nach Bild 19.39 zu
$b = l_r \cdot \cos 30° = 11{,}00 \cdot 0{,}866 = 9{,}53 \text{ m}$,
die Höhe der Ersatzankerwand zu
$h_1 = l_r \cdot \sin 30° = 11{,}00 \cdot 0{,}500 = 5{,}50 \text{ m}$

Die tiefe Gleitfuge hat damit die Neigung
$\tan \vartheta = (10{,}50 - 5{,}50)/9{,}53 = 0{,}525;\ \vartheta = 27{,}7° < \varphi'_k = 35°$

Eine großflächige Gleichlast von 10 kN/m² hinter der aktiven Gleitfläche wird nicht angesetzt, da sie günstig wirkt. Auf den Ansatz einer großflächigen Gleichlast hinter der angenommenen Ankerwand wird verzichtet.

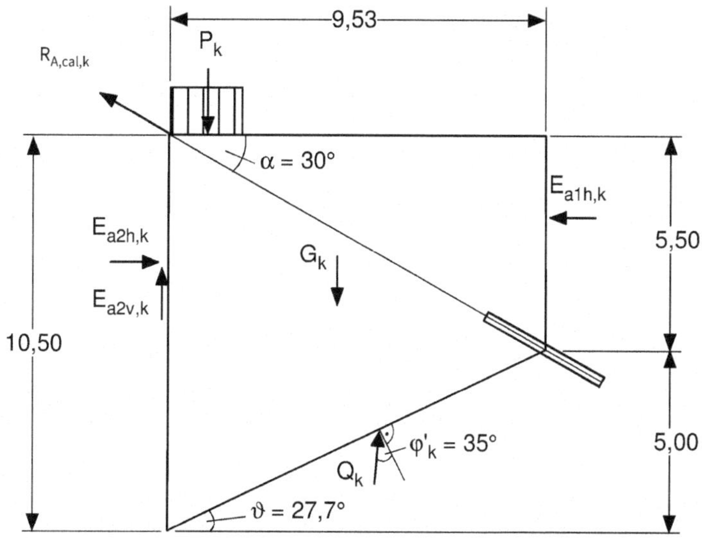

Bild 19.39 Kräfte am Bruchkörper für ständige und veränderliche Einwirkungen

An dem Bruchkörper greifen folgende Kräfte an:

$G_k \quad = 9{,}53 \cdot 5{,}50 \cdot 17{,}0 + {}^1/_2 \cdot 9{,}53 \cdot 5{,}00 \cdot 17{,}0 \quad = 1296{,}0\ \text{kN/m}$

$E_{agh,k} = 15{,}3 \cdot 8{,}00 + 30{,}5 \cdot 2{,}50 + {}^1/_2 \cdot 9{,}50 \cdot 2{,}50 = 210{,}5\ \text{kN/m}$

$E_{agv,k} = 210{,}5 \cdot \tan({}^2/_3 \cdot 35°) = 90{,}8\ \text{kN/m}$

$E_{a1\,h,k} = {}^1/_2 \cdot 17{,}0 \cdot 0{,}271 \cdot 5{,}50^2$ (mit $\delta_{a,k} = 0$) $= 69{,}7\ \text{kN/m}$

$P'_k = 100{,}0 \cdot 2{,}00 = 200{,}0\ \text{kN/m}$

$E_{aq'h,k} = 22{,}4 \cdot 3{,}32 = 74{,}4\ \text{kN/m}$

$E_{aq'v,k} = 74{,}4 \cdot \tan({}^2/_3 \cdot 35°) = 32{,}1\ \text{kN/m}$

$E_{a2\,h,k} = E_{agh,k} + E_{aq'h,k} = 210{,}5 + 74{,}4 = 284{,}9\ \text{kN/m}$

$E_{a2v,k} = E_{agv,k} + E_{aq'v,k} = 90{,}8 + 32{,}1 = 122{,}9\ \text{kN/m}$

Nach Abschnitt 11.3 erhält man mit

$$E_{rh,k} = (G_k + P'_k - E_{a2v,k}) \cdot \tan(\varphi'_k - \vartheta)$$
$$= (1296{,}0 + 200{,}0 - 122{,}9) \cdot \tan(35° - 27{,}7°) = 1.373{,}1 \cdot 0{,}128 = 175{,}8\ \text{kN/m}$$

den charakteristischen Wert der Horizontalkomponente der möglichen Ankerkraft zu

$$R_{h,A,k} = (E_{a2\,h,k} - E_{a1\,h,k} + E_{rh,k})/(1 + \tan\alpha \cdot \tan(\varphi'_k - \vartheta))$$

$$= \frac{(284{,}9 - 69{,}7 + 175{,}8)}{(1 + \tan 30° \cdot \tan(35° - 27{,}7°))}$$

$$= \frac{391{,}0}{(1 + 0{,}577 \cdot 0{,}128)} = \frac{391{,}0}{1{,}0739} = 364{,}1\ \text{kN/m}$$

Der charakteristische Wert der möglichen Ankerkraft selbst ergibt sich zu

$R_{A,cal,k} = R_{h,A,k}/\cos 30° = 364{,}1/0{,}866 = 420{,}4$ kN/m,

der Bemessungswert zu

$R_{A,d} = R_{A,cal,k}/\gamma_{R,e} = 420{,}4/1{,}30 = 323{,}4$ kN/m

Mit $A_{vorh,d} = 193{,}0$ kN/m $\leq R_{A,d} = 323{,}4$ kN/m

ist die Standsicherheit nachgewiesen. Der Ausnutzungsgrad ergibt sich zu

$\mu = 193{,}0/323{,}4 = 0{,}60$

Eine zusätzliche Untersuchung ohne die Baggerlast kann offensichtlich entfallen. Führt man sie trotzdem durch, so ergibt sich ohne die Anteile $P'_k = 200{,}0$ kN/m, $E_{aq'h,k} = 74{,}4$ kN/m und $E_{aq'v,k} = 32{,}1$ kN/m und mit $A_{vorh,d} = \gamma_G \cdot A_{G,k} = 100{,}8$ kN/m:

$$E_{rh,k} = (G_k - E_{agv,k}) \cdot \tan(\varphi'_k - \vartheta)$$
$$= (1296{,}0 - 90{,}8) \cdot \tan(35° - 27{,}7°) = 1205{,}2 \cdot 0{,}128 = 154{,}3 \text{ kN/m}$$

$$R_{h,A,k} = (E_{agh,k} - E_{a1\,h,k} + E_{rh,k})/(1 + \tan\alpha \cdot \tan(\varphi'_k - \vartheta)$$
$$= \frac{(210{,}5 - 69{,}7 + 154{,}3)}{(1 + \tan 30° \cdot \tan(35° - 27{,}7°))}$$
$$= \frac{295{,}1}{(1 + 0{,}577 \cdot 0{,}128)} = 295{,}1 / 1{,}0739 = 274{,}8 \text{ kN/m}$$

$$R_{A,cal,k} = R_{h,A,k}/\cos 30° = 274{,}8/0{,}866 = 317{,}3 \text{ kN/m}$$

$$R_{A,d} = R_{A,cal,k}/\gamma_{R,e} = 317{,}3/1{,}30 = 244{,}1 \text{ kN/m}$$

$$A_{vorh,d} = 100{,}8 \text{ kN/m} \leq R_{A,d} = 244{,}1 \text{ kN/m}$$

$\mu = 100{,}8/244{,}1 = 0{,}41 < 0{,}60.$

19.14 Baugrube mit rückverankerter Betonsohle*

Bemessung nach DIN 1054:2005-01 und EAB 4. Auflage, angepasst an EAB 5. Auflage sowie Handbuch Eurocode 7, Band 1.

1. Aufgabenstellung und Annahmen

Es handelt sich entsprechend Bild 19.40 um eine Baugrube im Grundwasser, die durch eine überschnittene Bohrpfahlwand und eine 1 m dicke, mit Verpresspfählen verankerte Betonsohle gesichert ist. Die Bohrpfähle haben einen Durchmesser von D = 0,90 m und sind 15 m lang. Die Breite der Baugrube beträgt 20 m. Folglich handelt es sich um eine breite Baugrube mit relativ dünner Sohle.

* Auszug aus Beitrag zur Bautechnik von *Hettler/Morgen* [85]

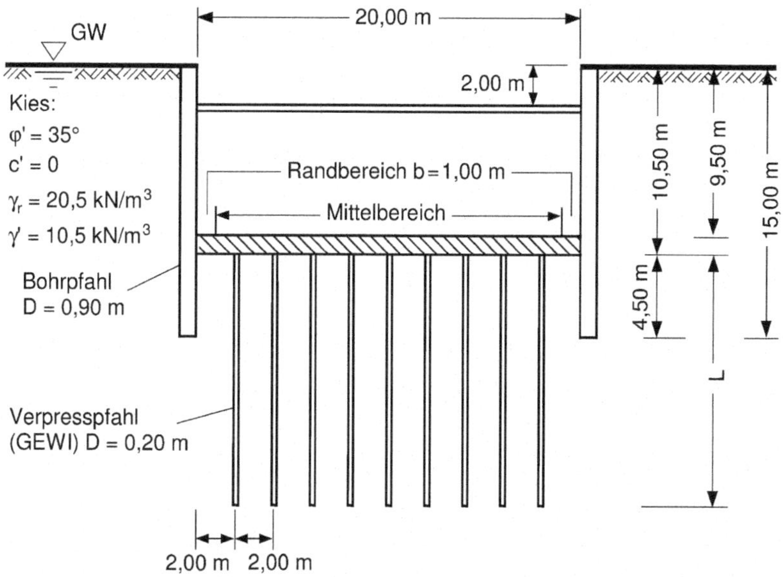

Bild 19.40 Abmessung der mit Bohrpfählen umschlossenen Baugrube mit Betonsohle

Die Zugpfähle sind GEWI-Pfähle mit einem Durchmesser von D = 0,20 m. Sie sind in einem Raster mit 2,00 m Pfahlabstand in beiden Richtungen angeordnet. Es ist die erforderliche Pfahllänge der Zugpfähle für den in Bild 19.40 dargestellten Bauzustand zu ermitteln. Die Nachweise sind im Rahmen eines Vorentwurfs mit einer charakteristischen Pfahlmantelreibung von $q_{s,k} = 200\ kN/m^2$ aus Erfahrungswerten zu erbringen. Es sind die äußeren Nachweise der Pfahltragfähigkeit als Einzelpfahl und für die Pfahlgruppe als Bodenblock zu führen. Die Betonsohle ist 1,0 m dick und liegt 10,5 m unter Geländeoberfläche. Der anstehende Boden ist ein Kies mit einer Wichte von $\gamma_r = 20{,}5\ kN/m^3$ für den wassergesättigten Boden. Das Grundwasser kann bis zur Geländeoberfläche ansteigen.

Für die überschnittene Bohrpfahlwand wird eine mittlere Dicke von $d_{Wand} = 0{,}90 \cdot 0{,}90 \approx 0{,}80$ m angesetzt, s. EB 62, Absatz 3d. Die Nachweise werden zunächst für ein 2,0 m breites und 2,0 m langes Sohlsegment aus dem Mittelbereich geführt. Dies entspricht dem Pfahlraster. Gesonderte Überlegungen werden für den 1,0 m breiten Randstreifen angestellt, s. Punkt 4. Das Eigengewicht der Sohlplatte wird mit $\gamma_{Beton} = 23{,}0\ kN/m^3$ angesetzt, s. EB 62, Absatz 5b.

2. Nachweis der Sicherheit gegen Herausziehen der Einzelpfähle im Mittelbereich

Unter der Annahme, dass die Tragfähigkeit des einzelnen Zugglieds maßgebend ist, muss für den Grenzzustand GEO-2 der Nachweis gegen Herausziehen mit folgender Grenzzustandsbedingung erfüllt sein:

$$F_{t,d} \leq R_{t,i,d} \qquad (19.1)$$

Folgt man den Vorgaben der Norm, ist zunächst die erforderliche Einbindelänge L der Pfähle zu schätzen und danach der Nachweis nach Gl. (19.1) zu führen. Um mehrfaches Probieren zu vermeiden, empfiehlt sich aus Sicht der Praxis die folgende Vorermittlung.

Der charakteristische Wert $R_{t,k}$ des Herausziehwidertands eines einzelnen Pfahls ergibt sich mit einem charakteristischen Wert für die Pfahlmantelreibung nach Abschnitt 1 von $q_{s1,k} = 200\ kN/m^2$ zu:

$$R_{t,i,k} = A_s \cdot q_{s,k} = \pi \cdot D \cdot L \cdot q_{s,k}$$

$$= \pi \cdot 0{,}2 \cdot L \cdot 200{,}0 = 126 \cdot L\,[kN] \qquad \text{(mit L in m)} \qquad (19.2)$$

Der Bemessungswert $R_{t,i,d}$ des Herausziehwiderstands eines Pfahls beträgt dann:

$$R_{t,i,d} = \frac{R_{t,k}}{\gamma_{s,t} \cdot \eta_M} = \frac{126 \cdot L}{1{,}5 \cdot 1{,}25} = 67{,}2\,[kN] \qquad (19.3)$$

Zur Ermittlung des Bemessungswerts der Zugbeanspruchung $F_{t,d}$ in Gl. (19.4) bzw. Gl. (19.1) wird zunächst der charakteristische Wert der Zugbeanspruchung infolge einer an der Unterkante der Gründungssohle einwirkenden hydrostatischen Auftriebskraft berechnet:

$$F_{t,k} = 2{,}0 \cdot 2{,}0 \cdot 10{,}5 \cdot 10{,}0 = 420{,}0\ kN \qquad (19.4)$$

Ein charakteristischer Wert der Zugbeanspruchung infolge von möglichen ungünstigen veränderlichen Einwirkungen $E_{1QZ,k}$ ist in dem vorliegenden Fall nicht zu berücksichtigen. Als günstig wirkende ständige Einwirkung $E_{1GD,k}$ werden das Eigengewicht der Sohlplatte mit $1{,}0 \cdot 2{,}0 \cdot 2{,}0 \cdot 23{,}0 = 92$ kN und das Eigengewicht der GEWI-Pfähle zu $\pi \cdot 0{,}1^2 \cdot (24{,}0 - 10{,}0) \cdot L = 0{,}44 \cdot L$ [m] angesetzt. Damit ergibt sich unter Berücksichtigung der Teilsicherheitsbeiwerte für die Bemessungssituation BS-T

$$F_{t,d} = 420 \cdot 1{,}2 + 0 \cdot 1{,}30 - (92{,}0 + 0{,}44 \cdot L) \cdot 1{,}0 = 412{,}0 - 0{,}44 \cdot L\ kN \qquad (19.5)$$

Nach 2.4.6 der 5. Auflage der EAB erfolgt die Bemessung von Verankerungen für Wände im Vollaushub für die Bemessungssituation BS-P. Für Sohlverankerungen gilt die Bemessungssituation BS-T.

In die Grenzzustandsgleichung für den Nachweis des Herausziehens des Einzelpfahls eingesetzt

$$F_{t,d} = 412{,}0 - 0{,}44 \cdot L \le R_{t,i,d} = 67{,}2 \cdot L \qquad (19.6)$$

ergibt eine Pfahllänge $L \ge 6{,}09$ m.

Maßgebend für die Pfahllänge ist jedoch das Aufschwimmen der Konstruktion mit dem angehängten Bodenblock in Abschnitt 3, deshalb wird im Folgenden der Nachweis gegen Herausziehen des Einzelpfahls mit der Länge L = 12,5 m geführt.

Der charakteristische Wert $R_{t,i,k}$ des Herausziehwiderstands eines einzelnen Pfahls ergibt sich mit einem charakteristischen Wert für die Pfahlmantelreibung von $q_{s1,k} = 200\ kN/m^2$ bei L = 12,5 m zu:

$$R_{t,i,k} = \pi \cdot 0{,}2 \cdot 12{,}50 \cdot 200{,}0 = 1570{,}8 \text{ kN} \quad (19.7)$$

Der Bemessungswert $R_{t,d}$ des Herausziehwiderstands eines Pfahls beträgt dann:

$$R_{t,d} = \frac{R_{t,k}}{\gamma_{s,t} \cdot \eta_M} = \frac{1.570{,}8}{1{,}5 \cdot 1{,}25} = 837{,}76 \text{ kN} \quad (19.8)$$

Der Bemessungswert der Zugbeanspruchung $F_{t,d}$ beträgt bei L = 12,50 m

$$F_{t,d} = 420 \cdot 1{,}2 + 0 \cdot 1{,}3 - (92 + 0{,}44 \cdot 12{,}5) \cdot 1{,}0 = 406{,}5 \text{ kN} \quad (19.9)$$

In die Grenzzustandsgleichung für den Nachweis des Herausziehens des Einzelpfahls eingesetzt erhält man

$$F_{t,d} = 406{,}5 \text{ kN} \le R_{t,i,d} = 837{,}76 \text{ kN} \quad (19.10)$$

Für den Anpassungsfaktor η_M nach DIN 1054 (2012) gilt:

$\eta_M = 1{,}25$ vgl. auch 5. Auflage EAB, EB 86, 13.11 (2)

3. Nachweis der Sicherheit gegen Aufschwimmen der zugpfahlverankerten Konstruktion mit angehängtem Bodenblock im Mittelbereich

Unter der Annahme, dass die Zugelemente zusammen mit dem von ihnen erfassten Boden infolge der Gruppenwirkung einen geschlossenen Bodenblock bilden, ist der Nachweis gegen Verlust der Lagesicherheit im Grenzzustand UPL für die Pfähle mit folgender Gleichung zu erbringen:

$$V_{dst,k} \cdot \gamma_{G,dst} + Q_k \cdot \gamma_{Q,dst} \le G_{E,stb} \cdot \gamma_{G,stb} + G_{E,k} \cdot \gamma_{G,stb} \quad (19.11)$$

Wie in Abschnitt 2 wird zunächst eine Vorermittlung der erforderlichen Pfahllänge L durchgeführt und danach der Nachweis erbracht.

Der charakteristische Wert $G_{E,k}$ des Eigengewichts des angehängten Bodens ergibt sich aus der Formel:

$$G_{E,k} = l_a \cdot l_b \left(L - \frac{1}{3} \cdot \sqrt{l_a^2 + l_b^2} \cdot \cot\varphi \right) \cdot \eta \cdot \gamma' \quad (19.12)$$

$$= 2{,}0 \cdot 2{,}0 \left(L - \frac{1}{3} \cdot \sqrt{2{,}0^2 + 2{,}0^2} \cdot \cot 35° \right) \cdot 0{,}8 \cdot 10{,}5 = 33{,}6 \cdot L - 45{,}2 \text{ kN}$$

In die Nachweisgleichung (19.11) eingesetzt, erhält man aus

$$420{,}0 \cdot 1{,}05 \le 92{,}0 \cdot 0{,}95 + (33{,}6\, L - 45{,}2) \cdot 0{,}95 \quad (19.13)$$

eine Pfahllänge L ≥ 12,42 m. Diese Länge ist maßgebend. Daher wird als endgültige Pfahllänge 12,50 m gewählt und damit der Nachweis erbracht.

Der charakteristische Wert $G_{E,k}$ des Eigengewichts des angehängten Bodens ergibt sich bei L = 12,50 m zu:

$$G_{E,k} = 2{,}0 \cdot 2{,}0 \left(12{,}50 - \frac{1}{3} \cdot \sqrt{2{,}0^2 + 2{,}0^2} \cdot \cot 35° \right) \cdot 0{,}8 \cdot 10{,}5 = 374{,}8 \text{ kN} \quad (19.14)$$

In die Nachweisgleichung (19.11) eingesetzt, erhält man mit

$$420{,}0 \cdot 1{,}05 \leq 92{,}0 \cdot 0{,}95 + 374{,}8 \cdot 0{,}95 \quad (19.15a)$$

$$441{,}0\ \text{kN} \leq 443{,}5\ \text{kN} \quad (19.15b)$$

eine ausreichende Sicherheit gegen Aufschwimmen der zugpfahlverankerten Konstruktion als angehängter Bodenblock.

4. Nachweis der Sicherheit gegen Aufschwimmen im Randbereich

Die Erddruckkraft $E_{ah,k}$ je Meter Bohrpfahlwand ergibt sich mit $K_{agh} = 0{,}224$ zu:

$$E_{ah} = 0{,}5 \cdot \gamma' \cdot K_{agh} \cdot L_{Wand}^2 = 0{,}5 \cdot 10{,}5 \cdot 0{,}224 \cdot 15{,}0^2 = 264{,}6\,\text{kN/m} \quad (19.16)$$

Wie in Abschnitt 13.5 erläutert, darf gemäß EB 62 [47] bei nichtbindigen Böden als unterer Wert 50 % davon angesetzt werden, d. h.

$$E_{ah,k} = 0{,}5 \cdot E_{ah} = 0{,}5 \cdot 264{,}6 = 132{,}3\,\text{kN/m} \quad (19.17)$$

und somit ergibt sich für den Randstreifen die dort wirkende Kraft

$$T_k = 0{,}8 \cdot 132{,}3 \cdot \tan\left(\frac{2}{3} \cdot 35°\right) = 45{,}6\,\text{kN/m} \quad (19.18)$$

Da keine geneigten Anker vorhanden sind, ergibt sich $P_{v,k} = 0$.

Das Eigengewicht der bewehrten Bohrpfahlwand unter Auftrieb beträgt pro m

$$G_{Wand,k} = 0{,}80 \cdot (24{,}0 - 10{,}0) \cdot 15{,}0 = 168{,}0\,\text{kN/m} \quad (19.19)$$

und das Eigengewicht des 1 m breiten Sohlstreifens pro m

$$G_{Sohle,k} = 1{,}0 \cdot 1{,}0 \cdot 23{,}0 = 23{,}0\,\text{kN/m} \quad (19.20)$$

Der Nachweis gegen Aufschwimmen des Randstreifens lautet

$$V_{dst,k} \cdot \gamma_{G,dstb} \leq G_{k,stb} \cdot \gamma_{G,stb} + T_{s,k} \cdot \gamma_{G,stb} + P_{v,k} \cdot \gamma_{G,stb} \quad (19.21)$$

Durch Einsetzen erhält man

$$1{,}0 \cdot 1{,}0 \cdot 10{,}5 \cdot 10{,}0 \cdot 1{,}05 \leq (168{,}0 + 23{,}0) \cdot 0{,}95 + 45{,}6 \cdot 0{,}95 + 0 \cdot 0{,}95 \quad (19.22a)$$

$$110{,}3\ \text{kN} \leq 224{,}8\ \text{kN} \quad (19.22b)$$

d. h. der Nachweis der Sicherheit gegen Aufschwimmen ist für den Randstreifen erbracht.

Nach EB 66 Absatz 8a ist noch zu prüfen, ob die erforderliche Kraftübertragung in die Sohle sichergestellt ist. Für die charakteristische Übertragungskraft $Q_{ü,k}$ zur Erreichung der Auftriebssicherheit gilt die Bedingung

$$A_k \cdot \gamma_{G,dst} \leq G_{Sohle,k} \cdot \gamma_{G,stb} + Q_{ü,k} \cdot \gamma_{G,stb} \quad (19.23)$$

Daraus ermittelt sich die mindestens erforderliche Kraft $Q_{ü,k}$ zu

$$Q_{ü,k} \geq \frac{1}{0{,}95} \cdot (110{,}3 - 23{,}0 \cdot 0{,}95) = 93{,}1\,\text{kN} \quad (19.24)$$

Die maximal mögliche Übertragungskraft ergibt sich als charakteristischer Widerstand $R_{Q,k}$ aus dem Reibungsbeiwert μ und der Normalkraft N_k zwischen Bohrpfahlwand und Betonsohle. Im vorliegenden Fall ist die Normalkraft N_k mit der Auflagerkraft B_k der Bohrpfahlwand identisch. Somit ergibt sich

$$R_{Q,k} = \mu \cdot B_k \tag{19.25}$$

Aufgrund von sicherheitstheoretischen Überlegungen muss die Auflagerkraft B_k nicht wie beim Nachweis der Einbindetiefe als oberer charakteristischer Wert, sondern als unterer charakteristischer Wert ermittelt werden. Im vorliegenden Beispiel enthält B_k Anteile aus Wasserdruck und Erddruck, wobei der Einfluss des Wasserdrucks überwiegt. Zur Ermittlung des unteren charakteristischen Werts der Erddruckkraft wird von einer dreieckförmigen Erddruckverteilung und einer Abminderung auf 50 % gemäß EB 62, Absatz 3 ausgegangen. Damit dürften auch Unschärfen der Erddruckverteilung abgedeckt sein. Beim Wasserdruck werden keine Zu- oder Abschläge als erforderlich erachtet. Im vorliegenden Fall verringert sich mit dem Wasserdruck und der Kraft B_k auch die Auftriebskraft. Dadurch, dass der Wasserspiegel an der Geländeoberfläche steht, ist bereits die ungünstigste Situation erreicht. Eine andere Einschätzung wäre erforderlich, wenn zum Beispiel die Wasserdruckeinwirkungen auf die Wand und auf die Sohle voneinander unabhängig wären. Bild 19.41a zeigt das statische System zur Ermittlung der Auflagerkraft B_k. Die Einwirkungen aus Erddruck sind in Bild 19.41b dargestellt und der resultierende Wasserdruck in Bild 19.41c. Man beachte, dass unterhalb der Betonsohle ab einer Tiefe von 10,50 m der resultierende Wasserdruck null ist.

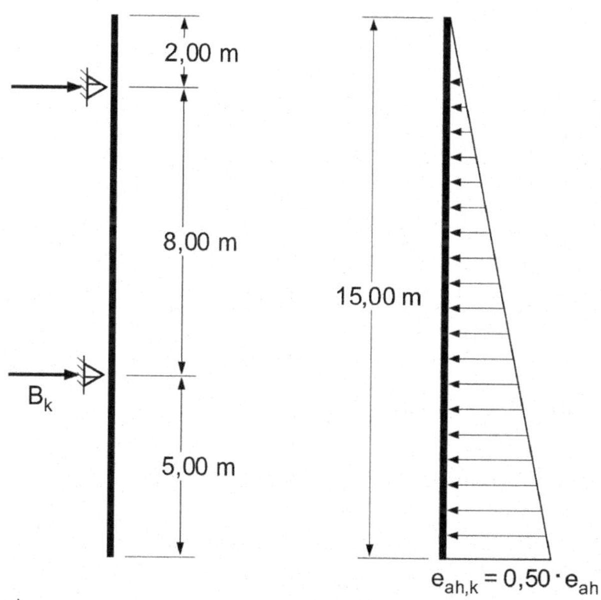

Bild 19.41 Ermittlung der Auflagerkraft B_k; a) statisches System, b) charakteristische Einwirkung aus Erddruck, c) resultierender Wasserdruck w_k

Unter Verwendung der abgeminderten Erddruckkraft $E_{ah,k}$ aus Gl. (19.17) ergibt sich

$$B_k = \frac{1}{8} \cdot \left[132,3 \cdot 8,0 + 0,5 \cdot 10,0 \cdot 10,5^2 \cdot (2/3 \cdot 10,5 - 2,0)\right] = 476,8\,\text{kN} \quad (19.26)$$

Messungen zum Reibungsbeiwert μ zwischen Betonflächen liegen von *Wolff* [223] vor. Daraus ergibt sich $\mu \approx 0,8$. Im Folgenden wird ein unterer charakteristischer Wert von $\mu_k = 0,4$ angesetzt. Er entspricht einem Reibungswinkel von $\varphi = 21,8°$ und deckt auch den Fall ab, dass bei der Herstellung der Unterwasserbetonsohle stellenweise ein Filterkuchen erhalten geblieben ist. Somit erhält man den charakteristischen Reibungswiderstand

$$R_{Q,k} = 476,8 \cdot 0,4 = 190,7\text{ kN} \quad (19.27)$$

Der Nachweis der Sicherheit gegen Überschreitung der Reibungsfestigkeit lautet:

$$Q_{ü,k} \cdot \gamma_G \leq R_{Q,k}/\gamma_R \quad (19.28)$$

Legt man die Angaben der DIN 1054:2010-12 für den Gleitsicherheitsnachweis für die Bemessungssituation BS-T zugrunde, dann erhält man mit den Teilsicherheitsbeiwerten $\gamma_G = 1,20$ und $\gamma_R = \gamma_{Gl} = 1,10$:

$$93,1 \cdot 1,20 \leq 190,7/1,10 \quad (19.29a)$$

$$111,7 \leq 173,4 \quad (19.29b)$$

d.h. der Nachweis der Sicherheit gegen Versagen der Schubkraftübertragung ist erbracht.

Im vorliegenden Beispiel sind alle grundbautechnischen Nachweise erfüllt. Es fehlt noch der Nachweis einer ausreichenden Tragfähigkeit des Betongewölbes am Randstreifen und der Betongewölbe zwischen den einzelnen Pfählen. Hinweise hierzu finden sich bei *Baldauf* und *Timm* [11]. Die Nachweisführung nach Eurocode ist bei *Kinzler/Morgen* [102] zu finden.

20 Tabellen

20.1 Erfahrungswerte für Bodenkenngrößen

Tabelle 20.1.1 Erfahrungswerte der Wichte nichtbindiger Böden

Nach EAB [47]

Bodenart	Kurzzeichen nach DIN 18196	Lagerung	Wichte		
			erdfeucht γ_k [kN/m³]	gesättigt $\gamma_{r,k}$ [kN/m³]	unter Auftrieb γ'_k [kN/m³]
Kies, Sand eng gestuft	GE, SE mit U < 6	locker mitteldicht dicht	16,0 17,0 18,0	18,5 19,5 20,5	8,5 9,5 10,5
Kies, Sand weit oder intermittierend gestuft	GW, GI, SW, SI mit 6 ≤ U ≤ 15	locker mitteldicht dicht	16,5 18,0 19,5	19,0 20,5 22,0	9,0 10,5 12,0
Kies, Sand weit oder intermittierend gestuft	GW, GI, SW, SI mit U > 15	locker mitteldicht dicht	17,0 19,0 21,0	19,5 21,5 23,5	9,5 11,5 13,5

Bei Anwendung der Tabellenwerte ist Folgendes zu beachten:

a) Die angegebenen Erfahrungswerte für die Wichte sind charakteristische Mittelwerte.
b) Beim Nachweis der Sicherheit gegen Aufschwimmen, der Sicherheit gegen hydraulischen Grundbruch und der Sicherheit gegen Abheben sind die angegebenen Wichten
   - um 1,0 kN/m³ im Fall eines erdfeuchten Bodens,
   - um 0,5 kN/m³ im Fall eines wassergesättigten oder unter Auftrieb stehenden Bodens

   zu vermindern. Man erhält dann die unteren charakteristischen Werte der Wichte.

Baugruben, 3. Auflage. Achim Hettler, Theodoros Triantafyllidis, Anton Weißenbach.

Tabelle 20.1.2 Erfahrungswerte der Scherfestigkeit nichtbindiger Böden

Nach EAB [47]

Reibungswinkel

Bodenart	Kurzzeichen nach DIN 18196	Lagerung	Reibungswinkel φ'_k [°]
Kies, Sand eng, weit oder intermittierend gestuft	GE, SE, GI, SE, SW, SI	locker mitteldicht dicht	30,0–32,5 32,5–37,5 35,0–40,0

Kapillarkohäsion

Bodenart	Bezeichnung nach DIN 4022-1	Kapillarkohäsion $c_{c,k}$ [kN/m²]
Sandiger Kies	G,s	0–2
Grobsand	gS	1–4
Mittelsand	mS	3–6
Feinsand	fS	5–8

Bei Anwendung der Tabellenwerte ist Folgendes zu beachten:

a) Die für den Reibungswinkel φ'_k und für die Kapillarkohäsion $c_{c,k}$ angegebenen Erfahrungswerte sind vorsichtige Schätzwerte des Mittelwerts im Sinne von DIN 1054. Sie gelten für runde und abgerundete Kornformen.
b) Sofern nachweislich kantige Körner überwiegen, dürfen die angegebenen Werte für den Reibungswinkel um 2,5° erhöht werden.
c) Die Anwendung der angegebenen Bandbreiten für die Werte der Scherfestigkeit setzt voraus, dass der Entwurfsverfasser bzw. der Fachplaner über Sachkunde und Erfahrung in der Geotechnik verfügt. Anderenfalls dürfen nur die jeweils kleinsten Werte verwendet werden.
d) Die für die Kapillarkohäsion $c_{c,k}$ angegebenen Erfahrungswerte sind wie folgt anzuwenden:
   - Die unteren Werte gelten für einen Sättigungsgrad $5\,\% \leq S_r \leq 40\,\%$ und lockere Lagerung.
   - Die oberen Werte gelten für einen Sättigungsgrad $40\,\% \leq S_r \leq 60\,\%$ und dichte Lagerung.

Gegebenenfalls darf zwischen den Werten interpoliert werden.

Die Kapillarkohäsion darf nur berücksichtigt werden, sofern sie nicht durch Austrocknen oder durch Überfluten des Baugrunds, infolge Ansteigens des Grundwasserspiegels oder infolge Wasserzulaufs von oben während der Bauzeit verloren gehen kann.

Tabelle 20.1.3 Erfahrungswerte der Wichte bindiger Böden

Nach EAB [47]

Bodenart	Kurzzeichen nach DIN 18196	Zustandsform	Wichte		
			erdfeucht γ_k [kN/m³]	gesättigt $\gamma_{r,k}$ [kN/m³]	unter Auftrieb γ'_k [kN/m³]
Schluffböden					
Leicht plastische Schluffe (w_L < 35 %)	UL	weich steif halbfest	17,5 18,5 19,5	19,0 20,0 21,0	9,0 10,0 11,0
Mittelplastische Schluffe (35 % ≤ w_L ≤ 50 %)	UM	weich steif halbfest	16,5 18,0 19,5	18,5 19,5 20,5	8,5 9,5 10,5
Tonböden					
Leicht plastische Tone (w_L < 35 %)	TL	weich steif halbfest	19,0 20,0 21,0	19,0 20,0 21,0	9,0 10,0 11,0
Mittelplastische Tone (35 % ≤ w_L ≤ 50 %)	TM	weich steif halbfest	18,5 19,5 20,5	18,5 19,5 20,5	8,5 9,5 10,5
Ausgeprägt plastische Tone (w_L > 50 %)	TA	weich steif halbfest	17,5 18,5 19,5	17,5 18,5 19,5	7,5 8,5 9,5
Organische Böden					
Organischer Schluff Organischer Ton	OU und OT	breiig weich steif	14,0 15,5 17,0	14,0 15,5 17,0	4,0 5,5 7,0

Bei Anwendung der Tabellenwerte ist Folgendes zu beachten:

a) Die angegebenen Erfahrungswerte für die Wichte sind charakteristische Mittelwerte.
b) Bei bindigen Böden mit besonders flacher Kornverteilungslinie, z. B. bei Geschiebemergel und Lehm, deren Korngrößen von Ton oder Schluff bis zu Sand oder Kies reichen (gemischtkörnige Böden der Bodengruppen GU, GT, SU und ST bzw. GU*, GT*, SU* und ST* nach DIN 18196), sind die angegebenen Erfahrungswerte der Wichte um 1,0 kN/m³ zu erhöhen.

Tabelle 20.1.4 Erfahrungswerte der Scherfestigkeit bindiger Böden

Nach EAB [47]

Bodenart	Kurzzeichen nach DIN 18196	Zustandsform	Scherfestigkeit		
			erdfeucht		Kohäsion
			φ'_k [°]	c'_k [kN/m²]	$c'_{u,k}$ [kN/m²]
Schluffböden					
Leicht plastische Schluffe ($w_L < 35\,\%$)	UL	weich steif halbfest	27,5–32,5	0 2–5 5–10	5–60 20–150 50–300
Mittelplastische Schluffe ($35\,\% \leq w_L \leq 50\,\%$)	UM	weich steif halbfest	22,5–30,0	0 5–10 10–15	5–60 20–150 50–300
Tonböden					
Leicht plastische Tone ($w_L < 35\,\%$)	TL	weich steif halbfest	22,5–30,0	0–5 5–10 10–15	5–60 20–150 50–300
Mittelplastische Tone ($35\,\% \leq w_L \leq 50\,\%$)	TM	weich steif halbfest	17,5–27,5	5–10 10–15 15–20	5–60 20–150 50–300
Ausgeprägt plastische Tone ($w_L > 50\,\%$)	TA	weich steif halbfest	15,0–25,0	5–15 15–20 15–25	5–60 20–150 50–300
Organische Böden					
Organischer Schluff Organischer Ton	OU und OT	breiig weich steif	17,5–22,5	0 2–5 5–10	2–20 5–60 20–150

Bei Anwendung der Tabellenwerte ist Folgendes zu beachten:

a) Die für die Scherfestigkeit angegebenen Erfahrungswerte sind vorsichtige Schätzwerte des Mittelwerts im Sinne von DIN 1054.

b) Als Scherfestigkeit im unkonsolidierten Zustand sind in der Tabelle nur charakteristische Werte für $c_{u,k}$ angegeben. Der zugehörige Reibungswinkel ist mit $\varphi_u = 0$ anzunehmen.

c) Die Anwendung der für die Kohäsion c'_k des konsolidierten bzw. dränierten Bodens und der für die Scherfestigkeit $c_{u,k}$ des undränierten Bodens angegebenen Erfahrungswerte ist nur zulässig, wenn ausgeschlossen ist oder wenn verhindert wird, dass sich die Zustandsform ungünstig ändert.

d) Die Anwendung der angegebenen Bandbreiten für die Werte der Scherfestigkeit setzt voraus, dass der Entwurfsverfasser bzw. der Fachplaner über Sachkunde und Erfahrung in der Geotechnik verfügt. Anderenfalls dürfen nur die jeweils kleinsten Werte verwendet werden.

20.2 Beiwerte zur Ermittlung des aktiven Erddrucks

Tabelle 20.2.1 Gleitflächenwinkel ϑ_a für waagerechte Geländeoberfläche

$$\tan\vartheta_a = \frac{\sin\varphi + \sqrt{\dfrac{\tan\varphi}{\tan\varphi + \tan\delta_a}}}{\cos\varphi}$$

Voraussetzungen: senkrechte Wand, ebene Gleitfläche

δ_a	$\varphi =$														
	10°	12.5°	15°	17.5°	20°	22.5°	25°	27.5°	30°	32.5°	35°	37.5°	40°	42.5°	45°
$+\frac{2}{3}\cdot\varphi$	43.9	45.5	47.0	48.5	50.0	51.5	53.0	54.5	56.0	57.5	58.9	60.4	61.9	63.4	64.8
+45°															63.4
+42.5°														61.9	63.6
+40°													60.4	62.2	63.9
+37.5°												58.9	60.7	62.5	64.1
+35°											57.4	59.2	61.0	62.7	64.4
+32.5°										55.9	57.7	59.5	61.3	62.9	64.6
+30°									54.3	56.2	58.1	59.8	61.5	63.2	64.8
+27.5°								52.8	54.7	56.6	58.4	60.1	61.8	63.4	65.0
+25°							51.3	53.2	55.1	57.0	58.7	60.4	62.1	63.7	65.2
+22.5°						49.7	51.8	53.7	55.6	57.4	59.0	60.7	62.3	63.9	65.4
+20°					48.1	50.3	52.3	54.2	56.0	57.7	59.4	61.0	62.6	64.2	65.7
+17.5°				46.6	48.8	50.8	52.8	54.7	56.4	58.1	59.7	61.3	62.9	64.4	65.9
+15°			45.1	47.4	49.5	51.5	53.4	55.1	56.9	58.5	60.1	61.6	63.2	64.6	66.1
+12.5°		43.4	45.9	48.2	50.3	52.1	54.0	55.7	57.3	58.9	60.5	61.9	63.4	64.9	66.3
+10°	41.8	44.6	47.0	49.1	51.1	52.9	54.6	56.2	57.8	59.3	60.8	62.3	63.7	65.1	66.5
+7.5°	43.4	45.9	48.1	50.1	51.9	53.6	55.2	56.7	58.3	59.8	61.2	62.6	64.0	65.4	66.8
+5°	54.2	47.4	49.4	51.2	52.8	54.4	55.9	57.4	58.8	60.2	61.6	63.0	64.4	65.7	67.0
+2.5°	47.3	49.2	50.8	52.4	53.8	55.3	56.7	58.0	59.4	60.7	62.0	63.4	64.6	65.9	67.2
0°	50.0	51.3	52.5	53.8	55.0	56.3	57.5	58.8	60.0	61.3	62.5	63.8	65.0	66,3	67.5
−2.5°	53.4	53.8	54.4	55.3	56.3	57.3	58.4	59.5	60.6	61.8	63.0	64.2	65.3	66.6	67.8
−5°	58.1	57.0	56.8	57.1	57.7	58.5	59.4	60.4	61.4	62.4	63.5	64.6	65.7	66.9	68.0
−7.5°	65.5	61.3	59.8	59.4	59.5	59.9	60.5	61.3	62.2	63.1	64.1	65.1	66.1	67.2	68.3
−10°	90.0	68.1	63.9	62.2	61.5	61.5	61.8	62.3	63.0	63.8	64.6	65.6	66.6	67.6	68.6
−12.5°		90.0	70.1	65.9	64.2	63.4	63.3	63.5	64.0	64.6	65.3	66.2	67.1	68.0	69.0
−15°			90.0	71.7	67.7	65.9	65.1	64.9	65.1	65.5	66.1	66.8	67.6	68.4	69.4
−17.5°				90.0	73.0	69.2	67.4	66.6	66.4	66.5	66.9	67.4	68.1	68.9	69.7
−20°					90.0	74.2	70.5	67.8	68.0	67.8	67.9	68.2	68.8	69.4	70.2
−22.5°						90.0	75.1	71.6	70.0	69.3	69.0	69.1	69.5	70.0	70.7
−25°							90.0	76.0	72.7	71.1	70.4	70.2	70.3	70.7	71.2
−27.5°								90.0	76.8	73.7	72.2	71.5	71.3	71.4	71.8
−30°									90.0	77.5	74.5	73.1	72.5	72.4	72.5
−32.5°										90.0	78.1	75.3	74.0	73.5	73.4
−35°											90.0	78.8	76.1	74.9	74.4
−37.5°												90.0	79.3	76.8	75.7
−40°													90.0	79.9	77.5
−42.5°														90.0	80.3
−45°															90.0
$-\frac{2}{3}\cdot\varphi$	62.6	63.2	63.9	65.5	65.2	65.9	66.6	67.3	68.0	68.7	69.5	70.2	70.9	71.7	72.5

Tabelle 20.2.2 Erddruckbeiwerte K_{agh} für waagerechte Geländeoberfläche

$$K_{agh} = \frac{\cos^2\varphi}{\left[1+\sqrt{\frac{\sin(\varphi+\delta_a)\cdot\sin\varphi}{\cos\delta_a}}\right]^2}$$

Voraussetzungen: senkrechte Wand, ebene Gleitfläche

δ_a	$\varphi =$														
	10°	12.5°	15°	17.5°	20°	22.5°	25°	27.5°	30°	32.5°	35°	37.5°	40°	42.5°	45°
$+\frac{2}{3}\cdot\varphi$	0.647	0.583	0.525	0.473	0.426	0.384	0.346	0.31	0.279	0.251	0.224	0.200	0.179	0.159	0.140
+45°															0.125
+42.5°														0.142	0.128
+40°													0.161	0.145	0.130
+37.5°												0.182	0.164	0.148	0.133
+35°											0.205	0.186	0.168	0.151	0.135
+32.5°										0.230	0.209	0.189	0.171	0.154	0.138
+30°									0.257	0.234	0.213	0.193	0.174	0.157	0.140
+27.5°								0.288	0.263	0.239	0.217	0.197	0.178	0.160	0.143
+25°							0.322	0.294	0.268	0.244	0.222	0.200	0.181	0.162	0.145
+22.5°						0.359	0.329	0.300	0.274	0.249	0.226	0.204	0.184	0.165	0.148
+20°					0.401	0.367	0.336	0.307	0.279	0.254	0.230	0.208	0.187	0.168	0.150
+17.5°				0.448	0.410	0.375	0.343	0.313	0.285	0.259	0.235	0.212	0.191	0.171	0.152
+15°			0.500	0.458	0.420	0.384	0.351	0.320	0.291	0.264	0.239	0.216	0.194	0.174	0.155
+12.5°		0.559	0.512	0.469	0.429	0.393	0.359	0.327	0.297	0.270	0.244	0.220	0.198	0.177	0.158
+10°	0.625	0.573	0.525	0.481	0.440	0.402	0.367	0.334	0.304	0.275	0.249	0.224	0.201	0.180	0.160
+7.5°	0.642	0.588	0.539	0.493	0.451	0.412	0.376	0.342	0.311	0.281	0.254	0.229	0.205	0.183	0.163
+5°	0.660	0.605	0.554	0.507	0.463	0.423	0.385	0.350	0.318	0.287	0.259	0.233	0.209	0.187	0.166
+2.5°	0.680	0.623	0.570	0.521	0.476	0.434	0.395	0.359	0.325	0.294	0.265	0.238	0.213	0.190	0.169
0°	0.704	0.644	0.589	0.538	0.490	0.446	0.406	0.368	0.333	0.301	0.271	0.243	0.217	0.194	0.172
−2.5°	0.733	0.669	0.610	0.556	0.506	0.460	0.418	0.378	0.342	0.308	0.277	0.249	0.222	0.197	0.175
−5°	0.769	0.698	0.635	0.577	0.524	0.475	0.431	0.390	0.352	0.317	0.284	0.254	0.227	0.201	0.178
−7.5°	0.820	0.736	0.665	0.602	0.545	0.493	0.445	0.402	0.362	0.325	0.292	0.261	0.232	0.206	0.182
−10°	0.970	0.791	0.704	0.632	0.569	0.513	0.462	0.416	0.374	0.335	0.300	0.267	0.238	0.210	0.186
−12.5°		0.953	0.761	0.672	0.599	0.537	0.482	0.432	0.387	0.346	0.309	0.275	0.244	0.215	0.190
−15°			0.933	0.730	0.639	0.567	0.505	0.450	0.402	0.358	0.319	0.283	0.251	0.221	0.194
−17.5°				0.910	0.698	0.606	0.534	0.473	0.420	0.373	0.330	0.292	0.258	0.227	0.199
−20°					0.883	0.665	0.572	0.501	0.441	0.389	0.344	0.303	0.267	0.234	0.204
−22.5°						0.854	0.631	0.539	0.468	0.410	0.359	0.315	0.276	0.242	0.211
−25°							0.821	0.596	0.504	0.435	0.378	0.330	0.288	0.250	0.217
−27.5°								0.787	0.560	0.470	0.403	0.348	0.301	0.261	0.225
−30°									0.750	0.525	0.436	0.371	0.318	0.273	0.235
−32.5°										0.711	0.488	0.402	0.339	0.288	0.240
−35°											0.671	0.452	0.369	0.308	0.260
−37.5°												0.629	0.416	0.336	0.278
−40°													0.587	0.380	0.303
−42.5°														0.544	0.345
−45°															0.500
$-\frac{2}{3}\cdot\varphi$	0.800	0.752	0.704	0.657	0.611	0.567	0.523	0.481	0.441	0.402	0.365	0.330	0.296	0.265	0.235

Tabelle 20.2.3 Erddruckbeiwerte K_{ach} für waagerechte Geländeoberfläche

$$K_{ach} = \frac{2 \cdot \cos\varphi \cdot \cos\delta_a}{1 + \sin(\varphi + \delta_a)}$$

Voraussetzungen: senkrechte Wand, ebene Gleitfläche

δ_a	$\varphi =$														
	10°	12.5°	15°	17.5°	20°	22.5°	25°	27.5°	30°	32.5°	35°	37.5°	40°	42.5°	45°
$+\frac{2}{3}\cdot\varphi$	1.520	1.425	1.337	1.256	1.180	1.109	1.043	0.980	0.921	0.866	0.813	0.762	0.714	0.667	0.623
+45°															0.500
+42.5°														0.545	0.522
+40°													0.591	0.567	0.543
+37.5°												0.640	0.615	0.589	0.563
+35°											0.692	0.665	0.638	0.611	0.584
+32.5°										0.746	0.718	0.690	0.661	0.633	0.604
+30°									0.804	0.774	0.744	0.714	0.684	0.654	0.623
+27.5°								0.865	0.833	0.802	0.770	0.738	0.706	0.674	0.642
+25°							0.930	0.897	0.863	0.829	0.796	0.762	0.728	0.695	0.661
+22.5°						1.000	0.964	0.928	0.892	0.857	0.821	0.786	0.750	0.715	0.679
+20°					1.075	1.036	0.998	0.960	0.922	0.884	0.846	0.809	0.772	0.734	0.697
+17.5°				1.156	1.114	1.073	1.032	0.991	0.951	0.911	0.871	0.832	0.793	0.754	0.715
+15°			1.244	1.198	1.154	1.109	1.066	1.023	0.980	0.938	0.896	0.855	0.814	0.773	0.732
+12.5°		1.340	1.290	1.241	1.194	1.146	1.100	1.054	1.009	0.965	0.921	0.877	0.834	0.791	0.749
+10°	1.445	1.391	1.337	1.285	1.234	1.184	1.134	1.086	1.038	0.991	0.945	0.899	0.854	0.810	0.766
+7.5°	1.501	1.443	1.385	1.329	1.275	1.221	1.169	1.118	1.067	1.018	0.969	0.922	0.874	0.828	0.782
+5°	1.559	1.495	1.434	1.374	1.316	1.259	1.204	1.150	1.097	1.045	0.993	0.943	0.894	0.846	0.798
+2.5°	1.618	1.550	1.484	1.420	1.358	1.298	1.239	1.182	1.126	1.071	1.017	0.965	0.913	0.863	0.813
0°	1.678	1.605	1.535	1.466	1.400	1.336	1.274	1.214	1.155	1.097	1.041	0.986	0.933	0.880	0.828
-2.5°	1.741	1.662	1.587	1.514	1.444	1.376	1.310	1.246	1.184	1.123	1.065	1.007	0.951	0.897	0.843
-5°	1.805	1.721	1.640	1.562	1.487	1.415	1.346	1.278	1.213	1.150	1.088	1.028	0.970	0.913	0.858
-7.5°	1.871	1.781	1.694	1.611	1.532	1.455	1.382	1.311	1.242	1.176	1.111	1.049	0.988	0.929	0.872
-10°	1.940	1.843	1.750	1.662	1.577	1.496	1.418	1.343	1.271	1.201	1.134	1.069	1.006	0.945	0.885
-12.5°		1.906	1.807	1.713	1.623	1.537	1.455	1.376	1.300	1.227	1.157	1.089	1.023	0.960	0.898
-15°			1.866	1.765	1.670	1.579	1.492	1.409	1.329	1.253	1.179	1.108	1.040	0.974	0.911
-17.5°				1.819	1.717	1.621	1.529	1.442	1.358	1.278	1.201	1.128	1.057	0.989	0.923
-20°					1.766	1.664	1.567	1.475	1.387	1.303	1.223	1.146	1.073	1.002	0.934
-22.5°						1.707	1.605	1.508	1.415	1.328	1.244	1.165	1.088	1.015	0.945
-25°							1.643	1.541	1.444	1.352	1.265	1.182	1.103	1.027	0.955
-27.5°								1.574	1.472	1.376	1.285	1.199	1.117	1.039	0.964
-30°									1.500	1.400	1.305	1.215	1.131	1.050	0.973
-32.5°										1.423	1.324	1.231	1.143	1.060	0.981
-35°											1.342	1.245	1.154	1.068	0.987
-37.5°												1.259	1.165	1.076	0.992
-40°													1.174	1.082	0.997
-42.5°														1.087	0.999
-45°															1.000
$-\frac{2}{3}\cdot\varphi$	1.849	1.801	1.750	1.696	1.639	1.579	1.517	1.453	1.387	1.320	1.251	1.182	1.113	1.043	0.973

Tabelle 20.2.4 Erddruckbeiwerte K_{aqh} für Linien- und Streifenlasten

$$K_{aqh} = \frac{\sin(\vartheta_a - \varphi) \cdot \cos\delta_a}{\cos(\vartheta_a - \varphi - \delta_a)}$$

Voraussetzungen: senkrechte Wand, ebene Gleitfläche unter dem Winkel ϑ_a

δ_a	$\varphi =$														
	10°	12.5°	15°	17.5°	20°	22.5°	25°	27.5°	30°	32.5°	35°	37.5°	40°	42.5°	45°
$+\frac{2}{3}\cdot\varphi$	0.624	0.592	0.563	0.535	0.508	0.483	0.459	0.436	0.414	0.393	0.373	0.353	0.334	0.316	0.298
+45°															0.250
+42.5°														0.267	0.258
+40°													0.284	0.275	0.266
+37.5°												0.301	0.293	0.284	0.274
+35°											0.320	0.311	0.302	0.293	0.282
+32.5°										0.339	0.331	0.322	0.312	0.301	0.290
+30°									0.359	0.351	0.342	0.332	0.321	0.310	0.298
+27.5°								0.379	0.372	0.363	0.353	0.342	0.331	0.319	0.306
+25°							0.401	0.394	0.385	0.375	0.365	0.353	0.341	0.328	0.315
+22.5°						0.424	0.417	0.409	0.399	0.388	0.377	0.364	0.351	0.337	0.323
+20°					0.448	0.442	0.434	0.425	0.414	0.402	0.389	0.376	0.362	0.347	0.332
+17.5°				0.473	0.469	0.462	0.452	0.442	0.429	0.416	0.402	0.388	0.372	0.357	0.340
+15°			0.500	0.498	0.492	0.483	0.472	0.460	0.446	0.431	0.416	0.400	0.384	0.367	0.350
+12.5°		0.529	0.529	0.525	0.517	0.506	0.493	0.479	0.464	0.447	0.431	0.413	0.395	0.377	0.359
+10°	0.559	0.565	0.563	0.555	0.544	0.531	0.516	0.500	0.482	0.464	0.446	0.427	0.408	0.389	0.369
+7.5°	0.606	0.607	0.601	0.590	0.576	0.559	0.541	0.522	0.503	0.483	0.462	0.442	0.421	0.400	0.379
+5°	0.664	0.658	0.646	0.630	0.611	0.591	0.569	0.547	0.525	0.503	0.480	0.458	0.435	0.413	0.390
+2.5°	0.738	0.722	0.700	0.677	0.652	0.627	0.601	0.575	0.550	0.525	0.499	0.475	0.450	0.426	0.402
0°	0.839	0.803	0.767	0.733	0.700	0.668	0.637	0.607	0.577	0.549	0.521	0.493	0.466	0.440	0.414
−2.5°	0.987	0.912	0.954	0.803	0.758	0.717	0.679	0.643	0.608	0.575	0.544	0.513	0.484	0.455	0.427
−5°	1.235	1.074	0.971	0.894	0.831	0.776	0.728	0.684	0.644	0.606	0.570	0.536	0.503	0.472	0.442
−7.5°	1.799	1.346	1.143	1.016	0.924	0.850	0.788	0.733	0.685	0.640	0.599	0.561	0.525	0.490	0.457
−10°	∞	1.966	1.435	1.197	1.051	0.945	0.862	0.793	0.733	0.681	0.633	0.589	0.549	0.510	0.475
−12.5°		∞	2.099	1.504	1.238	1.075	0.958	0.867	0.792	0.728	0.672	0.622	0.576	0.533	0.494
−15°			∞	2.204	1.556	1.267	1.089	0.963	0.866	0.786	0.719	0.660	0.607	0.559	0.515
−17.5°				∞	2.284	1.593	1.284	1.095	0.962	0.859	0.775	0.704	0.643	0.588	0.539
−20°					∞	2.341	1.615	1.290	1.092	0.953	0.846	0.759	0.686	0.623	0.567
−22.5°						∞	2.376	1.624	1.287	1.082	0.938	0.828	0.739	0.664	0.599
−25°							∞	2.391	1.620	1.274	1.064	0.917	0.805	0.714	0.638
−27.5°								∞	2.387	1.604	1.253	1.040	0.891	0.777	0.686
−30°									∞	2.365	1.577	1.224	1.009	0.859	0.745
−32.5°										∞	2.327	1.539	1.187	0.973	0.823
−35°											∞	2.273	1.493	1.143	0.931
−37.5°												∞	2.205	1.437	1.093
−40°													∞	2.123	1.373
−42.5°														∞	2.029
−45°															∞
$-\frac{2}{3}\cdot\varphi$	1.541	1.488	1.435	1.380	1.324	1.267	1.209	1.151	1.092	1.034	0.975	0.917	0.859	0.802	0.745

20.3 Beiwerte zur Ermittlung des ebenen Erdwiderstands

Tabelle 20.3.1 Gleitflächenwinkel ϑ_p für ebene Gleitflächen

$$\tan\vartheta_p = \frac{1}{\cos\varphi \cdot \sqrt{\frac{\tan\varphi - \tan\delta_p}{\tan\varphi}}} - \tan\varphi$$

Voraussetzungen: senkrechte Wand, waagerechte Geländeoberfläche

δ_p	$\varphi =$														
	10°	12.5°	15°	17.5°	20°	22.5°	25°	27.5°	30°	32.5°	35°	37.5°	40°	42.5°	45°
$-\frac{2}{3}\cdot\varphi$	31.4	29.8	28.2	26.6	24.9	23.2	21.5	19.8	18.1	16.4	14.6	12.8	10.9	9.1	7.2
−45°															0.0
−42.5°														2.43	1.2
−40°													4.87	3.6	2.5
−37.5°												7.1	6.0	4.8	3.7
−35°											9.3	8.2	7.1	6.0	4.8
−32.5°										11.4	10.4	9.3	8.3	7.1	6.0
−30°									13.4	12.5	11.5	10.5	9.4	8.3	7.2
−27.5°								15.5	14.6	13.6	12.6	11.6	10.6	9.5	8.4
−25°							17.4	16.6	15.7	14.8	13.8	12.8	11.7	10.6	9.5
−22.5°						19.3	18.6	17.8	16.9	16.0	15.0	14.0	12.9	11.8	10.7
−20°					21.2	20.6	19.8	19.0	18.1	17.2	16.2	15.2	14.1	13.0	11.9
−17.5°				23.1	22.5	21.9	21.1	20.3	19.4	18.4	17.4	16.4	15.3	14.2	13.1
−15°			24.9	24.5	23.9	23.2	22.4	21.6	20.7	19.7	18.7	17.6	16.6	15.5	14.4
−12.5°		26.7	26.5	26.0	25.4	24.7	23.8	23.0	22.0	21.0	20.0	18.9	17.8	16.7	15.6
−10°	28.4	28.5	28.2	27.7	27.0	26.2	25.3	24.4	23.4	22.4	21.4	20.3	19.2	18.0	16.9
−7.5°	30.6	30.5	30.1	29.5	28.7	27.9	26.9	25.9	24.9	23.9	22.8	21.7	20.5	19.4	18.2
−5°	33.2	32.8	32.2	31.5	30.6	29.7	28.6	27.6	26.5	25.4	24.3	23.1	22.0	20.8	19.6
−2.5°	36.2	35.5	34.7	33.7	32.7	31.6	30.5	29.3	28.2	27.0	25.8	24.6	23.4	22.2	21.0
0°	40.0	38.8	37.5	36.3	35.0	33.8	32.5	31.2	30.0	28.7	27.5	26.3	25.0	23.8	22.5
+2.5°	44.8	42.7	40.8	39.2	37.6	36.1	34.7	33.3	31.9	30.6	29.3	28.0	26.6	25.3	24.0
+5°	51.4	47.6	44.8	42.6	40.6	38.8	37.2	35.6	34.1	32.6	31.2	29.8	28.4	27.0	25.7
+7.5°	61.5	54.2	49.8	46.6	44.1	41.9	39.9	38.1	36.4	34.8	33.2	31.7	30.2	28.8	27.4
+10°	84.2	63.9	56.4	51.7	48.2	45.4	43.0	40.9	38.9	37.1	35.4	33.8	32.2	30.7	29.2
+12.5°		84.2	65.8	58.1	53.2	49.6	46.6	44.0	41.8	39.7	37.8	36.0	34.3	32.7	31.1
+15°			84.1	67.3	59.7	54.6	50.8	47.7	45.0	42.6	40.5	38.5	36.6	34.8	33.1
+17.5°				84.1	68.6	61.0	55.8	51.9	48.7	45.9	43.4	41.2	39.1	37.2	35.3
+20°					84.1	69.6	62.1	56.9	52.9	49.6	46.7	44.2	41.9	39.7	37.7
+22.5°						84.0	70.6	63.1	57.9	53.8	50.4	47.5	44.9	42.5	40.3
+25°							84.0	71.4	64.1	58.8	54.7	51.2	48.2	45.5	43.1
+27.5°								84.0	72.1	64.9	59.7	55.5	52.0	48.9	46.2
+30°									83.9	72.8	65.7	60.5	56.3	52.7	49.6
+32.5°										83.9	73.5	66.4	61.2	57.0	53.4
+35°											83.9	74.0	67.1	61.9	57.7
+37.5°												83.8	74.6	67.8	62.6
+40°													83.8	75.1	68.4
+42.5°														83.7	75.6
+45°															83.7
$+\frac{2}{3}\cdot\varphi$	57.5	56.9	56.4	55.8	55.2	54.6	54.0	53.5	52.9	52.3	51.8	51.2	50.7	50.1	49.6

Tabelle 20.3.2 Erdwiderstandsbeiwerte K_{pgh} für ebene Gleitflächen

$$K_{pgh} = \frac{\cos^2\varphi}{\left[1 - \sqrt{\frac{\sin(\varphi - \delta_p)\cdot\sin\varphi}{\cos\delta_p}}\right]^2}$$

Voraussetzungen: senkrechte Wand, waagerechte Geländeoberfläche

δ_p	$\varphi =$														
	10°	12.5°	15°	17.5°	20°	22.5°	25°	27.5°	30°	32.5°	35°	37.5°	40°	42.5°	45°
$-\frac{2}{3}\cdot\varphi$	1.61	1.83	2.10	2.42	2.81	3.30	3.91	4.70	5.74	7.15	9.15	12.1	16.7	24.6	39.9
−45°															–
−42.5°														273	1118
−40°													70.9	128	296
−37.5°												32.5	48.0	76.6	139
−35°											18.8	25.2	35.1	51.6	82.2
−32.5°										12.3	15.6	20.2	27.0	37.5	55.1
−30°									8.74	10.7	13.2	16.7	21.6	28.8	39.9
−27.5°								6.53	7.78	9.36	11.4	14.1	17.8	22.9	30.5
−25°							5.07	5.93	6.98	8.29	9.95	12.1	14.9	18.8	24.2
−22.5°						4.05	4.67	5.41	6.31	7.41	8.78	10.5	12.8	15.7	19.8
−20°					3.31	3.78	4.32	4.96	5.74	6.67	7.82	9.25	11.1	13.4	16.5
−17.5°				2.75	3.11	3.52	4.01	4.57	5.24	6.04	7.02	8.21	9.69	11.6	14.0
−15°			2.32	2.60	2.93	3.30	3.72	4.22	4.81	5.50	6.33	7.34	8.57	10.1	12.0
−12.5°		1.98	2.21	2.46	2.75	3.09	3.47	3.91	4.42	5.03	5.74	6.60	7.63	8.90	10.5
−10°	1.70	1.89	2.10	2.33	2.60	2.89	3.24	3.63	4.08	4.61	5.23	5.96	6.84	7.90	9.20
−7.5°	1.63	1.80	1.99	2.21	2.45	2.72	3.02	3.37	3.77	4.24	4.78	5.41	6.16	7.06	8.14
−5°	1.56	1.72	1.89	2.09	2.30	2.55	2.82	3.14	3.49	3.90	4.37	4.93	5.57	6.34	7.25
−2.5°	1.49	1.64	1.80	1.97	2.17	2.39	2.64	2.92	3.24	3.60	4.01	4.50	5.06	5.71	6.49
0°	1.42	1.55	1.70	1.86	2.04	2.24	2.46	2.72	3.00	3.32	3.69	4.11	4.60	5.17	5.83
+2.5°	1.34	1.47	1.60	1.75	1.91	2.10	2.30	2.53	2.78	3.07	3.39	3.77	4.19	4.68	5.25
+5°	1.26	1.38	1.50	1.64	1.79	1.96	2.14	2.35	2.58	2.83	3.12	3.45	3.83	4.25	4.75
+7.5°	1.16	1.28	1.40	1.53	1.67	1.82	1.99	2.18	2.39	2.62	2.87	3.17	3.49	3.87	4.30
+10°	0.97	1.17	1.30	1.42	1.55	1.69	1.85	2.02	2.20	2.41	2.64	2.90	3.19	3.52	3.90
+12.5°		0.95	1.17	1.30	1.43	1.56	1.71	1.86	2.03	2.22	2.43	2.66	2.92	3.21	3.53
+15°			0.93	1.17	1.30	1.43	1.57	1.71	1.87	2.04	2.22	2.43	2.66	2.92	3.20
+17.5°				0.91	1.15	1.29	1.42	1.56	1.71	1.86	2.03	2.22	2.42	2.65	2.90
+20°					0.88	1.14	1.28	1.41	1.55	1.69	1.85	2.02	2.20	2.40	2.63
+22.5°						0.85	1.11	1.26	1.39	1.53	1.67	1.83	1.99	2.18	2.38
+25°							0.82	1.09	1.23	1.37	1.50	1.64	1.80	1.96	2.14
+27.5°								0.79	1.05	1.20	1.33	1.47	1.61	1.76	1.92
+30°									0.75	1.02	1.16	1.30	1.43	1.57	1.71
+32.5°										0.71	0.98	1.12	1.25	1.38	1.52
+35°											0.67	0.94	1.08	1.20	1.33
+37.5°												0.63	0.89	1.03	1.15
+40°													0.59	0.84	0.97
+42.5°														0.54	0.79
+45°															0.50
$+\frac{2}{3}\cdot\varphi$	1.20	1.25	1.32	1.34	1.39	1.43	1.47	1.52	1.55	1.58	1.62	1.65	1.67	1.69	1.71

Tabelle 20.3.3 Erdwiderstandsbeiwerte K_{pgh} nach *Streck/Weißenbach*

$$K_{pgh} = K_R = \frac{(a_1 + a_1^2)\cdot \tan\frac{\alpha}{2}\cdot \cot(\vartheta_2 - \varphi) + a_1^2 \cdot K_{p(\delta=0)}}{1 + \tan\delta_p \cdot \cot(\vartheta_2 - \varphi)} \quad \text{mit } \delta_p = -\delta_p^* \text{ und } 27{,}5° \geq \delta_p^* \leq \varphi - 2{,}5°$$

Voraussetzungen: senkrechte Wand, waagerechte Geländeoberfläche, gebrochene Gleitfläche

δ_p	$\varphi =$														
	10°	12.5°	15°	17.5°	20°	22.5°	25°	27.5°	30°	32.5°	35°	37.5°	40°	42.5°	45°
$-\delta_p^*$	1.59	1.81	2.11	2.38	2.77	3.23	3.81	4.51	5.46	6.15	7.12	8.27	9.64	11.4	13.6
-45°															22.2
-42.5°														17.6	21.0
-40°													14.0	16.6	19.8
-37.5°												11.3	13.2	15.7	18.5
-35°											9.07	10.5	12.0	14.1	16.9
-32.5°										7.27	8.25	9.46	11.0	13.0	15.6
-30°									5.96	6.65	7.57	8.77	10.2	12.1	14.5
-27.5°								5.24	5.46	6.15	7.12	8.27	9.64	11.4	13.6
-25°							4.35	4.51	5.11	5.84	6.72	7.82	9.12	10.7	12.8
-22.5°						3.70	3.81	4.27	4.86	5.56	6.41	7.41	8.62	10.1	12.0
-20°					3.11	3.23	3.62	4.08	4.66	5.31	6.10	7.03	8.15	9.53	11.2
-17.5°				2.63	2.77	3.09	3.48	3.92	4.46	5.07	5.80	6.67	7.69	8.95	10.5
-15°			2.25	2.38	2.67	2.98	3.35	3.76	4.27	4.83	5.50	6.31	7.24	8.38	9.77
-12.5°		1.95	2.11	2.30	2.58	2.87	3.22	3.60	4.07	4.59	5.21	5.95	6.80	7.82	9.08
-10°	1.69	1.81	2.01	2.22	2.48	2.75	3.08	3.43	3.87	4.35	4.91	5.59	6.36	7.28	8.40
-7.5°	1.59	1.76	1.94	2.14	2.38	2.64	2.94	3.26	3.66	4.11	4.61	5.22	5.92	6.75	7.74
-5°	1.54	1.70	1.87	2.05	2.28	2.51	2.79	3.08	3.45	3.86	4.31	4.85	5.48	6.22	7.09
-2.5°	1.49	1.63	1.79	1.95	2.17	2.39	2.63	2.90	3.23	3.60	4.00	4.48	5.04	5.69	6.45
0°	1.42	1.55	1.70	1.86	2.04	2.24	2.46	2.72	3.00	3.32	3.69	4.11	4.60	5.16	5.83
+2.5°	1.34	1.46	1.60	1.74	1.91	2.09	2.29	2.52	2.77	3.06	3.38	3.75	4.17	4.67	5.23
+5°	1.24	1.36	1.48	1.61	1.77	1.93	2.11	2.32	2.54	2.79	3.07	3.39	3.75	4.17	4.64
+7.5°	1.11	1.23	1.35	1.47	1.62	1.77	1.93	2.11	2.30	2.52	2.77	3.04	3.34	3.69	4.07
+10°		1.09	1.21	1.33	1.46	1.60	1.74	1.90	2.07	2.26	2.47	2.70	2.95	3.22	3.53
+12.5°			1.05	1.16	1.30	1.43	1.56	1.70	1.84	2.00	2.18	2.37	2.57	2.78	3.02
+15°				1.00	1.12	1.24	1.36	1.48	1.61	1.75	1.89	2.04	2.20	2.37	2.53
+17.5°					0.95	1.06	1.17	1.28	1.39	1.50	1.62	1.74	1.85	1.97	2.08
+20°						0.88	0.98	1.08	1.17	1.27	1.36	1.45	1.53	1.60	1.67
+22.5°							0.81	0.89	0.97	1.05	1.12	1.18	1.23	1.27	1.28
+25°								0.73	0.79	0.85	0.90	0.93	0.96	0.97	0.94
+27.5°									0.64	0.67	0.70	0.72	0.72	0.69	0.64
+30°										0.54	0.54	0.54	0.52	0.46	0.38
+32.5°											0.44	0.40	0.35	0.28	0.17
+35°												0.33	0.24	0.14	0.01
+37.5°												–	–	–	–
+40°													–	–	–
+42.5°														–	–
+45°															–
$+\delta_p^*$	1.11	1.09	1.05	1.00	0.95	0.88	0.81	0.73	0.64	0.67	0.70	0.72	0.72	0.69	0.64

Tabelle 20.3.4 Erdwiderstandsbeiwerte K_{pgh} nach *Pregl/Sokolowski*

$$K_{pgh} = \cos\delta_p \cdot \frac{1+\sin\varphi}{1-\sin\varphi} \cdot (1-0{,}53 \cdot \delta_p)^{0{,}26+5{,}96\varphi} \cdot \delta_p \leq 0$$

$$K_{pgh} = \cos\delta_p \cdot \frac{1+\sin\varphi}{1-\sin\varphi} \cdot (1+0{,}41 \cdot \delta_p)^{-7{,}13} \qquad \delta_p > 0$$

Voraussetzungen: senkrechte Wand, waagerechte Geländeoberfläche, gekrümmte Gleitfläche

δ_p	$\varphi =$														
	10°	12.5°	15°	17.5°	20°	22.5°	25°	27.5°	30°	32.5°	35°	37.5°	40°	42.5°	45°
-45°															23.01
-42.5°														17.98	22.11
-40°													14.17	17.27	21.15
-37.5°												11.26	13.61	16.52	20.14
-35°											9.03	10.82	13.02	15.73	19.09
-32.5°										7.30	8.68	10.35	12.40	14.91	18.01
-30°									5.95	7.02	8.31	9.87	11.76	14.08	16.93
-27.5°								4.89	5.73	6.73	7.92	9.37	11.11	13.24	15.84
-25°							4.05	4.71	5.49	6.42	7.53	8.86	10.46	12.40	14.77
-22.5°						3.38	3.91	4.53	5.25	6.11	7.13	8.34	9.80	11.56	13.71
-20°					2.85	3.27	3.76	4.33	5.00	5.79	6.72	7.83	9.15	10.74	12.67
-17.5°				2.42	2.76	3.16	3.61	4.14	4.75	5.47	6.32	7.32	8.51	9.94	11.67
-15°			2.08	2.35	2.67	3.03	3.45	3.93	4.50	5.15	5.92	6.82	7.89	9.17	10.70
-12.5°		1.80	2.02	2.28	2.57	2.91	3.29	3.73	4.24	4.83	5.52	6.33	7.28	8.42	9.77
-10°	1.57	1.76	1.96	2.20	2.47	2.78	3.13	3.52	3.98	4.52	5.13	5.85	6.70	7.70	8.89
-7.5°	1.54	1.71	1.90	2.12	2.37	2.64	2.96	3.32	3.73	4.21	4.75	5.39	6.13	7.01	8.05
-5°	1.50	1.66	1.84	2.04	2.26	2.51	2.79	3.12	3.48	3.90	4.39	4.94	5.60	6.36	7.26
-2.5°	1.46	1.61	1.77	1.95	2.15	2.37	2.63	2.91	3.24	3.61	4.03	4.52	5.08	5.74	6.52
0°	1.42	1.55	1.70	1.86	2.04	2.24	2.46	2.72	3.00	3.32	3.69	4.11	4.60	5.17	5.83
2.5°	1.25	1.37	1.50	1.64	1.80	1.97	2.17	2.39	2.64	2.93	3.25	3.62	4.05	4.55	5.13
5°	1.10	1.20	1.32	1.44	1.58	1.74	1.91	2.11	2.33	2.58	2.86	3.19	3.57	4.01	4.52
7.5°	0.97	1.06	1.16	1.27	1.39	1.53	1.68	1.85	2.05	2.27	2.52	2.81	3.14	3.53	3.98
10°	0.85	0.93	1.02	1.12	1.23	1.35	1.48	1.63	1.80	2.00	2.22	2.47	2.77	3.11	3.51
12.5°		0.82	0.90	0.99	1.08	1.19	1.31	1.44	1.59	1.76	1.96	2.18	2.44	2.74	3.09
15°			0.79	0.87	0.95	1.05	1.15	1.27	1.40	1.55	1.72	1.92	2.15	2.41	2.72
17.5°				0.76	0.84	0.92	1.01	1.12	1.23	1.37	1.52	1.69	1.89	2.12	2.40
20°					0.74	0.81	0.89	0.98	1.09	1.20	1.34	1.49	1.67	1.87	2.11
22.5°						0.71	0.79	0.87	0.96	1.06	1.18	1.31	1.47	1.65	1.86
25°							0.69	0.76	0.84	0.93	1.03	1.15	1.29	1.45	1.63
27.5°								0.67	0.74	0.82	0.91	1.01	1.13	1.27	1.44
30°									0.65	0.72	0.80	0.89	1.00	1.12	1.26
32.5°										0.63	0.70	0.78	0.87	0.98	1.11
35°											0.61	0.68	0.77	0.86	0.97
37.5°												0.60	0.67	0.75	0.85
40°													0.590	0.66	0.74
42.5°														0.57	0.65
45°															0.56

Tabelle 20.3.5 Erdwiderstandsbeiwerte K_{pph} nach *Pregl/Sokolowski*

$$K_{pph} = \cos\delta_p \cdot \frac{1+\sin\varphi}{1-\sin\varphi} \cdot (1-1{,}33\cdot\delta_p)^{0{,}08+2{,}37\varphi} \cdot \delta_p \leq 0$$

$$K_{pph} = \cos\delta_p \cdot \frac{1+\sin\varphi}{1-\sin\varphi} \cdot (1-0{,}72\cdot\delta_p)^{2{,}81} \qquad \delta_p > 0$$

Voraussetzungen: senkrechte Wand, waagerechte Geländeoberfläche, gekrümmte Gleitfläche

δ_p	$\varphi =$														
	10°	12.5°	15°	17.5°	20°	22.5°	25°	27.5°	30°	32.5°	35°	37.5°	40°	42.5°	45°
−45°															16.52
−42.5°														13.45	16.29
−40°													11.01	13.23	15.98
−37.5°												9.06	10.81	12.95	15.60
−35°											7.50	8.89	10.57	12.62	15.15
−32.5°										6.24	7.35	8.68	10.28	12.24	14.64
−30°									5.22	6.11	7.17	8.43	9.96	11.82	14.08
−27.5°								4.39	5.11	5.95	6.96	8.16	9.61	11.35	13.48
−25°							3.72	4.30	4.98	5.78	6.73	7.86	9.22	10.86	12.84
−22.5°						3.16	3.64	4.19	4.83	5.58	6.48	7.54	8.81	10.33	12.17
−20°					2.71	3.09	3.54	4.06	4.67	5.37	6.21	7.20	8.37	9.78	11.48
−17.5°				2.33	2.65	3.01	3.44	3.92	4.49	5.15	5.92	6.84	7.92	9.22	10.77
−15°			2.02	2.28	2.58	2.93	3.32	3.77	4.30	4.91	5.63	6.47	7.46	8.64	10.06
−12.5°		1.76	1.98	2.23	2.51	2.83	3.20	3.62	4.10	4.66	5.32	6.08	6.98	8.05	9.33
−10°	1.55	1.73	1.94	2.17	2.43	2.72	3.06	3.45	3.89	4.40	5.00	5.69	6.51	7.47	8.61
−7.5°	1.52	1.69	1.88	2.10	2.34	2.61	2.92	3.27	3.68	4.14	4.68	5.30	6.02	6.88	7.89
−5°	1.49	1.65	1.83	2.02	2.24	2.49	2.77	3.09	3.46	3.87	4.35	4.90	5.54	6.30	7.19
−2.5°	1.46	1.60	1.77	1.94	2.14	2.37	2.62	2.91	3.23	3.60	4.02	4.50	5.07	5.72	6.50
0	1.42	1.55	1.70	1.86	2.04	2.24	2.46	2.72	3.00	3.32	3.69	4.11	4.60	5.17	5.83
2.5°	1.30	1.42	1.55	1.70	1.86	2.05	2.25	2.48	2.74	3.03	3.37	3.76	4.20	4.72	5.32
5°	1.18	1.29	1.41	1.54	1.69	1.86	2.05	2.25	2.49	2.76	3.06	3.41	3.82	4.29	4.84
7.5°	1.07	1.17	1.27	1.40	1.53	1.68	1.85	2.04	2.25	2.49	2.77	3.09	3.45	3.88	4.38
10°	0.96	1.05	1.15	1.26	1.38	1.51	1.66	1.83	2.03	2.24	2.49	2.78	3.11	3.49	3.94
12.5°		0.94	1.03	1.12	1.23	1.35	1.49	1.64	1.81	2.01	2.23	2.48	2.78	3.12	3.52
15°			0.91	1.00	1.10	1.20	1.32	1.46	1.61	1.78	1.98	2.21	2.47	2.77	3.13
17.5°				0.88	0.97	1.06	1.17	1.29	1.42	1.58	1.75	1.95	2.18	2.45	2.77
20°					0.85	0.93	1.03	1.13	1.25	1.38	1.54	1.71	1.92	2.15	2.43
22.5°						0.81	0.89	0.99	1.09	1.21	1.34	1.49	1.67	1.88	2.12
25°							0.77	0.85	0.94	1.04	1.16	1.29	1.44	1.62	1.83
27.5°								0.73	0.81	0.90	0.99	1.11	1.24	1.39	1.57
30°									0.69	0.76	0.85	0.94	1.05	1.18	1.34
32.5°										0.64	0.71	0.79	0.89	1.00	1.12
35°											0.59	0.66	0.74	0.83	0.94
37.5°												0.54	0.61	0.68	0.77
40°													0.49	0.56	0.63
42.5°														0.45	0.50
45°															0.40

Tabelle 20.3.6 Erdwiderstandsbeiwerte K_{pch} nach *Pregl/Sokolowski*

$$K_{pch} = \cos\delta_p \cdot \left(\frac{1+\sin\varphi}{1-\sin\varphi} - 1\right) \cdot \cot\varphi \cdot (1 - 1{,}33 \cdot \delta_p)^{0{,}08+2{,}37\varphi} \qquad \delta_p \le 0$$

$$K_{pch} = \cos\delta_p \cdot \left(\frac{1+\sin\varphi}{1-\sin\varphi} - 1\right) \cdot \cot\varphi \cdot (1 + 4{,}46 \cdot \delta_p \cdot \tan\varphi)^{-1{,}14+0{,}57\varphi} \qquad \delta_p > 0$$

Voraussetzungen: senkrechte Wand, waagerechte Geländeoberfläche, gekrümmte Gleitfläche

δ_p	$\varphi =$														
	10°	12.5°	15°	17.5°	20°	22.5°	25°	27.5°	30°	32.5°	35°	37.5°	40°	42.5°	45°
−45°															13.69
−42.5°														11.83	13.49
−40°													10.26	11.64	13.24
−37.5°												8.94	10.08	11.40	12.92
−35°											7.81	8.76	9.86	11.11	12.55
−32.5°										6.85	7.65	8.56	9.59	10.77	12.13
−30°									6.03	6.70	7.46	8.32	9.29	10.40	11.67
−27.5°								5.33	5.90	6.53	7.25	8.05	8.96	9.99	11.17
−25°							4.74	5.21	5.75	6.34	7.01	7.75	8.60	9.55	10.64
−22.5°						4.23	4.63	5.08	5.58	6.13	6.74	7.44	8.21	9.09	10.09
−20°					3.79	4.14	4.51	4.93	5.39	5.90	6.46	7.10	7.81	8.61	9.51
−17.5°				3.42	3.71	4.03	4.38	4.76	5.18	5.65	6.17	6.74	7.39	8.11	8.93
−15°			3.10	3.35	3.62	3.91	4.23	4.58	4.97	5.39	5.86	6.38	6.96	7.60	8.33
−12.5°		2.83	3.04	3.27	3.51	3.78	4.07	4.39	4.74	5.12	5.54	6.00	6.51	7.09	7.73
−10°	2.60	2.78	2.97	3.18	3.40	3.64	3.90	4.19	4.49	4.83	5.20	5.61	6.07	6.57	7.13
−7.5°	2.56	2.72	2.89	3.08	3.28	3.49	3.72	3.97	4.25	4.54	4.87	5.22	5.62	6.05	6.54
−5°	2.51	2.65	2.80	2.97	3.14	3.33	3.53	3.75	3.99	4.25	4.53	4.83	5.17	5.54	5.95
−2.5°	2.45	2.57	2.71	2.85	3.00	3.17	3.34	3.53	3.73	3.95	4.18	4.44	4.73	5.04	5.38
0	2.38	2.49	2.61	2.73	2.86	2.99	3.14	3.30	3.46	3.65	3.84	4.06	4.29	4.55	4.83
2.5°	2.30	2.39	2.48	2.57	2.68	2.79	2.90	3.03	3.16	3.31	3.47	3.64	3.83	4.04	4.27
5°	2.22	2.28	2.35	2.43	2.51	2.60	2.70	2.80	2.91	3.03	3.16	3.31	3.46	3.64	3.83
7.5°	2.13	2.18	2.24	2.30	2.36	2.43	2.51	2.60	2.69	2.79	2.90	3.03	3.16	3.31	3.48
10°	2.05	2.09	2.13	2.17	2.22	2.28	2.35	2.42	2.50	2.58	2.68	2.79	2.91	3.04	3.19
12.5°		2.00	2.02	2.06	2.10	2.14	2.20	2.26	2.32	2.40	2.49	2.58	2.69	2.81	2.94
15°			1.92	1.95	1.98	2.01	2.06	2.11	2.17	2.24	2.31	2.40	2.50	2.61	2.73
17.5°				1.84	1.86	1.90	1.93	1.98	2.03	2.09	2.16	2.23	2.32	2.42	2.54
20°					1.76	1.78	1.81	1.85	1.90	1.95	2.01	2.09	2.17	2.26	2.37
22.5°						1.68	1.70	1.74	1.78	1.83	1.88	1.95	2.03	2.11	2.21
25°							1.60	1.63	1.67	1.71	1.76	1.82	1.90	1.98	2.07
27.5°								1.53	1.56	1.60	1.65	1.71	1.77	1.85	1.94
30°									1.46	1.50	1.54	1.60	1.66	1.73	1.82
32.5°										1.40	1.45	1.50	1.55	1.62	1.70
35°											1.35	1.40	1.45	1.52	1.59
37.5°												1.31	1.36	1.42	1.49
40°													1.27	1.32	1.39
42.5°														1.23	1.30
45°															1.20

20.4 Beiwerte zur Ermittlung des räumlichen Erdwiderstands

Tabelle 20.4.1 Erdwiderstandsbeiwerte ω_R für behinderte Vertikalbewegung

$$\omega_R = 1{,}826 \cdot K_R \cdot (0{,}30 + 0{,}60 \cdot \tan\varphi) \cdot \sqrt{f_t}$$

mit

$f_t = \dfrac{b_t}{t}$ (b_t = Breite des Bohlträgers, t = Einbindetiefe des Bohlträgers)

$\delta_p = -\delta_p^*$

$27{,}5 \geq \delta_p^* \leq \varphi - 27{,}5°$

Voraussetzungen: senkrechte Wand, waagerechte Geländeoberfläche, gekrümmte Gleitfläche

f_t	$\varphi =$														
	10°	12.5°	15°	17.5°	20°	22.5°	25°	27.5°	30°	32.5°	35°	37.5°	40°	42.5°	45°
0.00	0.00	0.00	0.00	0.00	0.00	0.00	0.00	0.00	0.00	0.00	0.00	0.00	0.00	0.00	0.00
0.01	0.12	0.14	0.18	0.21	0.26	0.32	0.40	0.50	0.64	0.77	0.94	1.15	1.41	1.77	2.24
0.02	0.17	0.20	0.25	0.30	0.37	0.46	0.57	0.71	0.91	1.08	1.32	1.62	2.00	2.50	3.16
0.03	0.20	0.25	0.31	0.37	0.45	0.56	0.70	0.87	1.12	1.33	1.62	1.99	2.45	3.06	3.87
0.04	0.23	0.29	0.36	0.43	0.52	0.65	0.81	1.01	1.29	1.53	1.87	2.30	2.83	3.54	4.47
0.05	0.26	0.32	0.40	0.48	0.59	0.72	0.90	1.13	1.44	1.71	2.09	2.57	3.16	3.96	5.00
0.06	0.29	0.35	0.44	0.52	0.64	0.79	0.99	1.24	1.58	1.88	2.29	2.81	3.46	4.33	5.47
0.07	0.31	0.38	0.47	0.56	0.69	0.86	1.07	1.33	1.71	2.03	2.48	3.04	3.74	4.69	5.91
0.08	0.33	0.40	0.51	0.60	0.74	0.92	1.14	1.43	1.82	2.17	2.65	3.25	4.00	5.00	6.32
0.09	0.35	0.43	0.54	0.64	0.79	0.97	1.21	1.51	1.93	2.30	2.81	3.44	4.24	5.31	6.71
0.10	0.37	0.45	0.57	0.67	0.83	1.02	1.28	1.59	2.04	2.42	2.96	3.63	4.47	5.59	7.07
0.11	0.39	0.47	0.59	0.71	0.87	1.07	1.34	1.67	2.14	2.54	3.11	3.81	4.69	5.87	7.41
0.12	0.41	0.50	0.62	0.74	0.91	1.12	1.40	1.75	2.23	2.65	3.24	3.98	4.90	6.13	7.74
0.13	0.42	0.52	0.65	0.77	0.95	1.17	1.45	1.82	2.32	2.76	3.38	4.14	5.10	6.38	8.06
0.14	0.44	0.54	0.67	0.80	0.98	1.21	1.51	1.89	2.41	2.87	3.50	4.30	5.29	6.62	8.36
0.15	0.46	0.55	0.69	0.82	1.02	1.25	1.56	1.95	2.50	2.97	3.63	4.45	5.48	6.85	8.66
0.16	0.47	0.57	0.72	0.85	1.05	1.29	1.61	2.02	2.58	3.06	3.75	4.59	5.66	7.08	8.94
0.17	0.49	0.59	0.74	0.88	1.08	1.33	1.66	2.08	2.66	3.16	3.86	4.73	5.83	7.29	9.22
0.18	0.50	0.61	0.76	0.90	1.11	1.37	1.71	2.14	2.73	3.25	3.97	4.87	6.00	7.50	9.48
0.19	0.51	0.62	0.78	0.93	1.14	1.41	1.76	2.20	2.81	3.34	4.08	5.01	6.16	7.71	9.74
0.20	0.53	0.64	0.80	0.95	1.17	1.45	1.80	2.26	2.88	3.43	4.19	5.14	6.32	7.91	10.0
0.21	0.54	0.66	0.82	0.97	1.20	1.48	1.85	2.31	2.95	3.51	4.29	5.26	6.48	8.11	10.2
0.22	0.55	0.67	0.84	1.00	1.23	1.52	1.89	2.37	3.02	3.59	4.39	5.39	6.63	8.30	10.5
0.23	0.57	0.69	0.86	1.02	1.26	1.55	1.93	2.42	3.09	3.67	4.49	5.51	6.78	8.48	10.7
0.24	0.58	0.70	0.88	1.04	1.28	1.58	1.98	2.47	3.16	3.75	4.59	5.63	6.93	8.67	11.0
0.25	0.59	0.72	0.90	1.06	1.31	1.62	2.02	2.52	3.22	3.83	4.68	5.74	7.07	8.84	11.2
0.26	0.60	0.73	0.91	1.08	1.34	1.65	2.06	2.57	3.29	3.91	4.77	5.85	7.21	9.02	11.4
0.27	0.61	0.74	0.93	1.10	1.36	1.68	2.10	2.62	3.35	3.98	4.86	5.97	7.35	9.19	11.6
0.28	0.62	0.75	0.95	1.12	1.39	1.71	2.13	2.67	3.41	4.05	4.95	6.08	7.48	9.36	11.8
0.29	0.63	0.77	0.97	1.14	1.41	1.74	2.17	2.71	3.47	4.13	5.04	6.18	7.62	9.53	12.0
0.30	0.64	0.78	0.98	1.16	1.44	1.77	2.21	2.76	3.53	4.20	5.13	6.29	7.75	9.69	12.2

Tabelle 20.4.2 Erdwiderstandsbeiwerte ω_K für behinderte Vertikalbewegung

$$\omega_K = 1{,}826 \cdot K_K \cdot (1{,}20 + 0{,}90 \cdot \tan\varphi) \cdot \sqrt{f_t}$$

mit

$f_t = \frac{b_t}{t}$ (b_t = Breite des Bohlträgers, t = Einbindetiefe des Bohlträgers)

$\delta_p = -\delta_p^*$

$27{,}5 \geq \delta_p^* \leq \varphi - 27{,}5°$

Voraussetzungen: senkrechte Wand, waagerechte Geländeoberfläche, gekrümmte Gleitfläche

f_t	φ =														
	10°	12.5°	15°	17.5°	20°	22.5°	25°	27.5°	30°	32.5°	35°	37.5°	40°	42.5°	45°
0.00	0.00	0.00	0.00	0.00	0.00	0.00	0.00	0.00	0.00	0.00	0.00	0.00	0.00	0.00	0.00
0.01	0.34	0.39	0.44	0.48	0.54	0.60	0.68	0.76	0.87	0.96	1.08	1.22	1.39	1.59	1.83
0.02	0.49	0.55	0.62	0.69	0.76	0.85	0.96	1.08	1.23	1.36	1.53	1.73	1.96	2.24	2.59
0.03	0.60	0.67	0.76	0.84	0.93	1.04	1.17	1.32	1.51	1.66	1.87	2.12	2.40	2.75	3.17
0.04	0.69	0.77	0.88	0.97	1.07	1.20	1.35	1.52	1.74	1.92	2.16	2.44	2.77	3.17	3.66
0.05	0.77	0.86	0.98	1.08	1.20	1.34	1.51	1.70	1.94	2.14	2.41	2.73	3.10	3.55	4.09
0.06	0.84	0.95	1.08	1.19	1.31	1.47	1.66	1.87	2.13	2.35	2.64	2.99	3.39	3.88	4.48
0.07	0.91	1.02	1.16	1.28	1.42	1.59	1.79	2.02	2.30	2.54	2.86	3.23	3.67	4.20	4.84
0.08	0.98	1.09	1.24	1.37	1.51	1.70	1.92	2.15	2.46	2.71	3.05	3.46	3.92	4.49	5.17
0.09	1.03	1.16	1.32	1.45	1.61	1.80	2.03	2.29	2.61	2.88	3.24	3.67	4.16	4.76	5.49
0.10	1.09	1.22	1.39	1.53	1.69	1.90	2.14	2.41	2.75	3.03	3.41	3.86	4.38	5.02	5.78
0.11	1.14	1.28	1.46	1.61	1.78	1.99	2.25	2.53	2.88	3.18	3.58	4.05	4.59	5.26	6.07
0.12	1.19	1.34	1.52	1.68	1.86	2.08	2.35	2.64	3.01	3.32	3.74	4.23	4.80	5.49	6,34
0.13	1.24	1.39	1.58	1.75	1.93	2.16	2.44	2.75	3.14	3.46	3.89	4.41	4.99	5.72	6.60
0.14	1.29	1.44	1.64	1.81	2.00	2.25	2.54	2.85	3.25	3.59	4.04	4.57	5.18	5.93	6.84
0.15	1.34	1.49	1.70	1.88	2.07	2.32	2.62	2.95	3.37	3.71	4.18	4.73	5.36	6.14	7.08
0.16	1.38	1.54	1.76	1.94	2.14	2.40	2.71	3.05	3.48	3.83	4.32	4.89	5.54	6.34	7.32
0.17	1.42	1.59	1.81	2.00	2.21	2.47	2.79	3.14	3.59	3.95	4.45	5.04	5.71	6.54	7.54
0.18	1.46	1.64	1.86	2.06	2.27	2.55	2.87	3.23	3.69	4.07	4.58	5.18	5.88	6.73	7.76
0.19	1.50	1.68	1.92	2.11	2.33	2.62	2.95	3.32	3.79	4.18	4.71	5.33	6.04	6.91	7.97
0.20	1.54	1.73	1.97	2.17	2.40	2.68	3.03	3.41	3.89	4.29	4.83	5.47	6.19	7.09	8.18
0.21	1.58	1.76	2.01	2.22	2.45	2.75	3.10	3.49	3.99	4.39	4.95	5.60	6.35	7.27	8.38
0.22	1.62	1.81	2.06	2.27	2.51	2.82	3.18	3.57	4.08	4.50	5.06	5.73	6.50	7.43	8.58
0.23	1.65	1.85	2.11	2.33	2.57	2.88	3.25	3.65	4.17	4.60	5.18	5.86	6.64	7.61	8.77
0.24	1.69	1.89	2.15	2.38	2.62	2.94	3.32	3.73	4.26	4.70	5.29	5.99	6.79	7.77	8.96
0.25	1.72	1.93	2.20	2.42	2.68	3.00	3.39	3.81	4.35	4.79	5.40	6.11	6.93	7.93	9.15
0.26	1.76	1.97	2.24	2.47	2.73	3.06	3.45	3.88	4.44	4.89	5.50	6.23	7.06	8.09	9.33
0.27	1.79	2.01	2.28	2.52	2.78	3.12	3.52	3.96	4.52	4.98	5.61	6.35	7.20	8.24	9.50
0.28	1.82	2.04	2.33	2.57	2.83	3.18	3.58	4.03	4.60	5.07	5.71	6.47	7.33	8.39	9.68
0.29	1.86	2.08	2.37	2.61	2.88	3.23	3.65	4.10	4.68	5.16	5.81	6.58	7.46	8.54	9.85
0.30	1.89	2.11	2.41	2.66	2.93	3.29	3.71	4.17	4.76	5.25	5.91	6.69	7,59	8.69	10.0

Tabelle 20.4.3 Erdwiderstandsbeiwerte ω_R für unbehinderte Vertikalbewegung

$$\omega_{R(\delta_p=0)} = \omega_R \cdot \frac{K_{R(\delta_p=0)}}{K_{R(\delta_p=-\delta_p^*)}} = 1{,}826 \cdot K_{R(\delta_p=0)} \cdot (0{,}30 + 0{,}60 \cdot \tan\varphi) \cdot \sqrt{f_t}$$

mit

$f_t = \frac{b_t}{t}$ (b_t = Breite des Bohlträgers, t = Einbindetiefe des Bohlträgers)

$\delta_p = -\delta_p^*$

$27{,}5 \geq \delta_p^* \leq \varphi - 27{,}5°$

Voraussetzungen: senkrechte Wand, waagerechte Geländeoberfläche, gekrümmte Gleitfläche

f_t	$\varphi =$														
	10°	12.5°	15°	17.5°	20°	22.5°	25°	27.5°	30°	32.5°	35°	37.5°	40°	42.5°	45°
0.00	0.00	0.00	0.00	0.00	0.00	0.00	0.00	0.00	0.00	0.00	0.00	0.00	0.00	0.00	0.00
0.01	0.11	0.12	0.14	0.16	0.19	0.22	0.26	0.30	0.35	0.42	0.49	0.57	0.67	0.80	0.96
0.02	0.15	0.17	0.20	0.23	0.27	0.32	0.37	0.43	0.50	0.58	0.68	0.81	0.95	1.13	1.36
0.03	0.18	0.21	0.25	0.29	0.33	0.39	0.45	0.53	0.61	0.72	0.84	0.99	1.17	1.39	1.66
0.04	0.21	0.25	0.29	0.34	0.38	0.45	0.52	0.61	0.71	0.83	0.97	1.14	1.35	1.60	1.92
0.05	0.23	0.27	0.32	0.38	0.43	0.50	0.58	0.68	0.79	0.92	1.08	1.28	1.51	1.79	2.15
0.06	0.26	0.30	0.35	0.41	0.47	0.55	0.64	0.74	0.87	1.02	1.19	1.40	1.65	1.96	2.35
0.07	0.28	0.32	0.38	0.44	0.51	0.60	0.69	0.80	0.94	1.10	1.28	1.51	1.78	2.12	2.54
0.08	0.29	0.34	0.41	0.47	0.54	0.64	0.74	0.86	1.00	1.17	1.37	1.61	1.90	2.27	2.71
0.09	0.31	0.37	0.44	0.50	0.58	0.67	0.78	0.91	1.06	1.24	1.46	1.71	2.02	2.41	2.87
0.10	0.33	0.39	0.46	0.53	0.61	0.71	0.83	0.96	1.12	1.31	1.53	1.80	2.13	2.54	3.03
0.11	0.35	0.41	0.48	0.56	0.64	0.74	0.87	1.01	1.17	1.37	1.61	1.89	2.24	2.66	3.18
0.12	0.37	0.43	0.50	0.58	0.67	0.78	0.90	1.06	1.22	1.43	1.68	1.98	2.34	2.78	3.32
0.13	0.38	0.45	0.52	0.60	0.70	0.81	0.94	1.10	1.27	1.49	1.75	2.06	2.43	2.89	3.46
0.14	0.39	0.46	0.54	0.62	0.72	0.84	0.98	1.14	1.33	1.55	1.81	2.14	2.52	3.00	3.59
0.15	0.41	0.47	0.56	0.64	0.75	0.87	1.01	1.18	1.37	1.60	1.88	2.21	2.61	3.10	3.72
0.16	0.42	0.49	0.58	0.66	0.77	0.89	1.04	1.22	1.42	1.65	1.94	2.28	2.70	3.21	3.84
0.17	0.44	0.51	0.60	0.68	0.79	0.92	1.07	1.25	1.46	1.71	2.00	2.35	2.78	3.30	3.96
0.18	0.45	0.52	0.61	0.70	0.82	0.95	1.10	1.29	1.50	1.76	2.06	2.42	2.86	3.40	4.07
0.19	0.46	0.53	0.63	0.72	0.84	0.98	1.13	1.33	1.54	1.80	2.11	2.49	2.94	3.49	4.18
0.20	0.47	0.55	0.64	0.74	0.86	1.00	1.16	1.36	1.58	1.85	2.17	2.55	3.01	3.58	4.28
0.21	0.48	0.56	0.66	0.76	0.88	1.03	1.19	1.39	1.62	1.90	2.22	2.61	3.09	3.67	4.38
0.22	0.49	0.57	0.68	0.78	0.91	1.05	1.22	1.43	1.66	1.94	2.27	2.68	3.16	3.76	4.49
0.23	0.51	0.59	0.69	0.80	0.93	1.07	1.25	1.46	1.70	1.98	2.33	2.74	3.23	3.84	4.59
0.24	0.52	0.60	0.71	0.81	0.94	1.09	1.28	1.49	1.73	2.03	2.38	2.80	3.30	3.92	4.70
0.25	0.53	0.61	0.73	0.83	0.96	1.12	1.30	1.52	1.77	2.07	2.42	2.85	3.37	4.00	4.80
0.26	0.54	0.62	0.73	0.84	0.98	1.14	1.33	1.55	1.81	2.11	2.47	2.91	3.44	4.08	4.89
0.27	0.54	0.63	0.75	0.86	1.00	1.16	1.36	1.58	1.84	2.15	2.52	2.97	3.51	4.16	4.98
0.28	0.55	0.64	0.77	0.88	1.02	1.19	1.38	1.61	1.87	2.19	2.56	3.02	3.57	4.24	5.06
0.29	0.56	0.66	0.78	0.89	1.04	1.21	1.40	1.63	1.91	2.23	2.61	3.07	3.63	4.32	5.15
0.30	0.57	0.68	0.79	0.91	1.06	1.23	1.43	1.66	1.94	2.26	2.66	3.13	3.70	4.39	5.23

Tabelle 20.4.4 Erdwiderstandsbeiwerte ω_K für unbehinderte Vertikalbewegung

$$\omega_{K(\delta_p=0)} = 1{,}826 \cdot K_{K(\delta_p=0)} \cdot (1{,}20 + 0{,}90 \cdot \tan\varphi) \cdot \sqrt{f_t} \cong \sqrt{\omega_K \cdot \frac{K_{R(\delta_p=0)}}{K_{R(\delta_p=-\delta_p^*)}}}$$

mit

$f_t = \frac{b_t}{t}$ (b_t = Breite des Bohlträgers, t = Einbindetiefe des Bohlträgers)

$\delta_p = -\delta_p^*$

$27{,}5 \geq \delta_p^* \leq \varphi - 27{,}5°$

Voraussetzungen: senkrechte Wand, waagerechte Geländeoberfläche, gekrümmte Gleitfläche

f_t	$\varphi =$														
	10°	12.5°	15°	17.5°	20°	22.5°	25°	27.5°	30°	32.5°	35°	37.5°	40°	42.5°	45°
0.00	0.00	0.00	0.00	0.00	0.00	0.00	0.00	0.00	0.00	0.00	0.00	0.00	0.00	0.00	0.00
0.01	0.32	0.36	0.40	0.42	0.46	0.50	0.55	0.59	0.64	0.71	0.78	0.86	0.96	1.07	1.20
0.02	0.46	0.51	0.56	0.61	0.65	0.71	0.77	0.84	0.91	1.00	1.10	1.22	1.35	1.51	1.70
0.03	0.57	0.62	0.68	0.74	0.80	0.87	0.94	1.03	1.12	1.22	1.35	1.49	1.66	1.85	2.08
0.04	0.65	0.71	0.79	0.86	0.92	1.00	1.09	1.18	1.29	1.41	1.56	1.72	1.91	2.14	2.40
0.05	0.72	0.80	0.88	0.96	1.03	1.12	1.21	1.32	1.44	1.57	1.74	1.92	2.14	2.39	2.68
0.06	0.79	0.87	0.97	1.05	1.12	1.23	1.33	1.45	1.58	1.73	1.90	2.11	2.34	2.62	2.93
0.07	0.86	0.94	1.04	1.13	1.23	1.33	1.44	1.57	1.70	1.87	2.06	2.28	2.54	2.83	3.17
0.08	0.92	1.01	1.11	1.21	1.30	1.42	1.54	1.67	1.82	1.99	2.20	2.44	2.71	3.03	3.39
0.09	0.98	1.07	1.18	1.28	1.38	1.50	1.63	1.78	1.93	2.12	2.33	2.59	2.87	3.21	3.60
0.10	1.03	1.13	1.25	1.35	1.45	1.58	1.72	1.87	2.04	2.23	2.46	2.72	3.03	3.38	3.79
0.11	1.08	1.18	1.31	1.42	1.53	1.66	1.81	1.97	2.13	2.34	2.58	2.86	3.17	3.55	3.98
0.12	1.12	1.24	1.36	1.49	1.60	1.73	1.89	2.05	2.23	2.44	2.69	2.98	3.32	3.70	4.15
0.13	1.17	1.29	1.42	1.55	1.66	1.80	1.96	2.14	2.33	2.54	2.80	3.11	3.45	3.86	4.32
0.14	1.22	1.33	1.47	1.60	1.72	1.88	2.04	2.21	2.41	2.64	2.91	3.22	3.58	4.00	4.48
0.15	1.26	1.38	1.53	1.66	1.78	1.93	2.11	2.29	2.50	2.73	3.01	3.33	3.70	4.14	4.64
0.16	1.30	1.42	1.58	1.72	1.84	2.00	2.18	2.37	2.58	2.82	3.11	3.45	3.83	4.27	4.79
0.17	1.34	1.47	1.63	1.77	1.90	2.06	2.24	2.44	2.66	2.90	3.20	3.55	3.95	4.41	4.94
0.18	1.38	1.52	1.67	1.82	1.95	2.13	2.31	2.51	2.73	2.99	3.30	3.65	4.06	4.54	5.08
0.19	1.42	1.56	1.72	1.87	2.00	2.19	2.37	2.58	2.81	3.07	3.39	3.76	4.17	4.66	5.22
0.20	1.46	1.60	1.77	1.92	2.06	2.24	2.44	2.65	2.88	3.15	3.48	3.86	4.28	4.78	5.36
0.21	1.49	1.64	1.81	1.96	2.10	2.29	2.49	2.71	2.96	3.22	3.56	3.94	4.39	4.90	5.49
0.22	1.53	1.67	1.85	2.01	2.15	2.35	2.56	2.77	3.02	3.31	3.64	4.04	4.49	5.01	5.62
0.23	1.56	1.71	1.89	2.6	2.21	2.40	2.61	2.84	3.09	3.39	3.73	4.13	4.59	5.13	5.74
0.24	1.60	1.75	1.93	2.11	2.25	2.45	2.67	2.90	3.16	3.45	3.81	4.22	4.69	5.24	5.87
0.25	1.63	1.79	1.97	2.15	2.30	2.50	2.73	2.96	3.22	3.52	3.89	4.31	4.79	5.34	5.99
0.26	1.66	1.82	2.01	2.19	2.34	2.55	2.77	3.01	3.29	3.59	3.96	4.39	4.88	5.45	6.11
0.27	1.69	1.86	2.05	2.23	2.39	2.60	2.83	3.08	3.35	3.66	4.04	4.48	4.98	5.55	6.22
0.28	1.72	1.89	2.09	2.27	2.43	2.65	2.88	3.13	3.41	3.73	4.11	4.56	5.07	5.65	6.34
0.29	1.76	1.92	2.13	2.31	2.47	2.69	2.93	3.19	3.47	3.79	4.18	4.64	5.15	5.76	6.45
0.30	1.79	1.95	2.16	2.35	2.51	2.74	2.98	3.24	3.53	3.86	4.26	4.72	5.24	5.86	6.55

20.5 Beiwerte zur Ermittlung der Böschungsstandsicherheit

Tabelle 20.5.1 Größtmögliche Böschungshöhe bei Annahme kreisförmiger Gleitflächen

Nach *Krey/Ehrenberg*

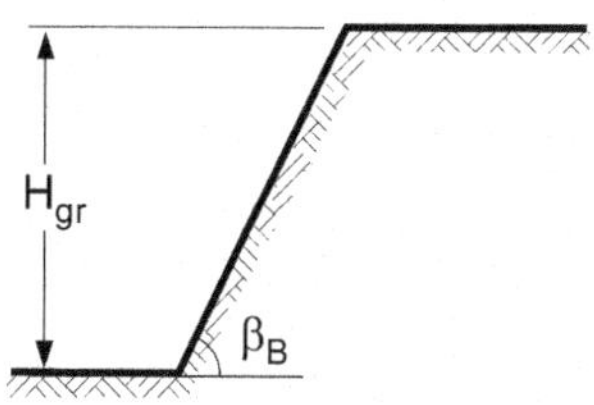

$$H_{gr} = f_\beta \cdot \frac{c}{\gamma}$$

Voraussetzungen:
a) Ebene Böschung
b) Waagerechtes Gelände neben der Böschungskante
c) Keine Belastung neben der Böschungskante

β_B	f_β für φ =														
	5°	7.5°	10°	12.5°	15°	17.5°	20°	22.5°	25°	27.5°	30°	32.5°	35°	37.5°	40°
5°	∞														
7.5°	38.8	∞													
10°	22.2	58.8	∞												
12.5°	16.8	30.7	75.0	∞											
15°	13.9	22.7	40.0	100	∞										
17.5°	12.1	16.9	29.0	50.0	117	∞									
20°	11.1	15.2	22.2	35.7	62.5	143	∞								
22.5°	10.2	13.3	18.1	24.8	43.7	69.0	156	∞							
25°	9.62	12.2	15.9	21.3	31.3	47.7	83.3	182	∞						
27.5°	9.15	11.2	14.1	18.1	24.4	32.7	52.7	89.2	198	∞					
30°	8.77	10.5	12.8	16.4	20.8	28.6	40.0	59.5	100	217	∞				
32.5°	8.40	9.86	11.8	14.7	18.0	23.4	30.9	40.6	67.6	111	240	∞			
35°	8.07	9.34	11.1	13.3	16.1	20.0	26.3	34.5	45.5	76.7	125	260	∞		
37.5°	7.77	8.91	10.4	12.2	14.5	17.4	21.7	27.4	34.1	49.1	79.4	114	240	∞	
40°	7.50	8.55	9.82	11.4	13.3	15.6	18.5	22.7	28.5	35.7	47.6	66.7	111	217	∞
42.5°	7.26	8.23	9.35	10.7	12.3	14.3	16.6	19.8	23.9	28.5	35.7	42.7	76.1	112	207
45°	7.05	7.93	8.93	10.1	11.6	13.3	15.4	17.9	21.0	25.7	32.3	40.0	52.6	83.3	111
47.5°	6.85	7.63	8.54	9.57	10.9	12.3	14.1	16.2	18.7	22.2	26.8	32.2	39.7	55.0	77.5
50°	6.67	7.35	8.18	9.10	10.2	11.5	13.0	14.8	17.0	19.6	22.7	27.0	33.1	40.0	55.5
52.5°	6.50	7.09	7.83	8.68	9.65	10.8	12.1	13.7	15.6	17.6	20.2	23.6	28.1	32.5	42.7
55°	6.33	6.85	7.52	8.30	9.17	10.2	11.4	12.8	14.4	16.1	18.5	21.3	24.8	29.5	35.7
57.5°	6.16	6.64	7.25	7.95	8.73	9.62	10.7	11.9	13.3	14.9	16.8	19.0	21.7	25.5	30.1
60°	6.00	6.46	7.01	7.62	8.33	9.09	10.0	11.1	12.3	13.8	15.4	17.2	19.2	22.3	26.3
62.5°	5.83	6.28	6.77	7.32	7.96	8.65	9.47	10.4	11.4	12.8	14.1	15.6	17.4	19.8	23.0
65°	5.68	6.10	6.55	7.04	7.63	8.26	9.00	9.80	10.7	11.8	13.0	14.3	16.0	17.9	20.4
67.5°	5.52	5.92	6.34	6.78	7.30	7.87	8.54	9.25	10.1	11.0	12.0	13.2	14.7	16.4	18.5
70°	5.37	5.75	6.14	6.55	7.00	7.50	8.12	8.77	9.52	10.3	11.2	12.2	13.6	15.1	17.0
72.5°	5.23	5.58	5.94	6.32	6.74	7.20	7.75	8.33	8.99	9.68	10.5	11.3	12.5	13.9	15.6
75°	5.09	5.41	5.75	6.10	6.50	6.92	7.41	7.93	8.50	9.12	9.80	10.6	11.8	12.8	14.3
77.5°	4.96	5.25	5.57	5.90	6.26	6.64	7.07	7.55	8.06	8.61	9.24	9.97	10.8	11.9	13.2
80°	4.83	5.10	5.40	5.71	6.02	6.37	6.75	7.18	7.64	8.13	8.73	9.38	10.1	11.1	12.2
82.5°	4.70	4.94	5.21	5.48	5.77	6.09	6.44	6.81	7.21	7.65	8.20	8.78	9.42	10.3	11.3
85°	4.55	4.77	5.01	5.26	5.53	5.82	6.14	6.45	6.80	7.20	7.69	8.20	8.77	9.52	10.4
87.5°	4.38	4.59	4.81	5.04	5.29	5.56	5.84	6.12	6.43	6.79	7.21	7.66	8.15	8.78	9.51
90°	4.18	4.39	4.61	4.83	5.06	5.30	5.56	5.82	6.10	6.41	6.76	7.14	7.57	8.07	8.62

20.6 Materialkenngrößen und Teilsicherheitsbeiwerte für Bauteile aus Holz

Tabelle 20.6.1 Charakteristische Werte für die Festigkeits-, Steifigkeits- und Rohdichtekennwerte für Nadelholz

Auszug aus DIN EN 338 für Nadelholz.
Die angegebenen Werte setzen die Verwendung von neuen oder neuwertigen Hölzern voraus.

Festigkeitsklasse		C 16	C 24	C 30	C35
Festigkeitseigenschaften in N/mm²					
Biegung	$f_{m,k}$	16	24	30	35
Zug in Faserrichtung rechtwinklig zur Faserrichtung	$f_{t,0,k}$ $f_{t,90,k}$	10 0,4	14 0,4	18 0,4	21 0,4
Druck in Faserrichtung rechtwinklig zur Faserrichtung	$f_{c,0,k}$ $f_{c,90,k}$	17 2,2	21 2,5	23 2,7	25 2,8
Schub	$f_{v,k}$ 1)	2,0	2,0	2,0	2,0
Steifigkeitseigenschaften in kN/mm²					
Mittelwert des Elastizitätsmoduls in Faserrichtung rechtwinklig zur Faserrichtung	 $E_{0,mean}$ 2) $E_{90,mean}$	 8 0,27	 11 0,37	 12 0,40	 13 0,43
Schubmodul	G_{mean}	0,50	0,69	0,75	0,81
Rohdichte in kg/m³					
Rohdichte	ρ_k	310	350	380	400
Mittelwert der Rohdichte	ρ_{mean}	370	420	460	480

1) Die charakteristischen Werte für die Schubfestigkeit sind gemäß DIN EN 1995-1-1/NA, NDP zu 6.1.7(2) einheitlich mit 2,0 N/mm² anzusetzen.
2) Mittelwert; für die 5%-Quantile gilt folgender Rechenwert: $E_{0,05} = 2/3 \cdot E_{0,mean}$

Tabelle 20.6.2 Teilsicherheitsbeiwerte

Nach DIN EN 1995-1-1/NA, Tabelle NA.2, ergänzt entsprechend EB 24

Einwirkungskombination nach EB 24	Bemessungssituation			
	BS-P	BS-T	BS-T/A	BS-A
γ_M für den Nachweis der Tragfähigkeit	(1,30)	1,30	1,30	1,00
γ_M für den Nachweis der Gebrauchstauglichkeit	(1,00)	1,00	1,00	1,00

20.7 Materialkenngrößen und Teilsicherheitsbeiwerte für Bauteile aus Stahl

Tabelle 20.7.1 Charakteristische Materialkennwerte (Nennwerte)

Sinngemäß nach DIN EN 1993-1-1 und DIN EN 1993-5, für Erzeugnisdicken < 40 mm

Werkstoffnorm und Stahlsorte	Streckgrenze f_y [N/mm²]	Zugfestigkeit f_u [N/mm²]	Schubfestigkeit τ_R [N/mm²]	E-Modul E [N/mm²]	Schubmodul G [N/mm²]
DIN EN 10025-2					
S 235	235	360	136		
S 275	275	430	159		
S 355	355	490	205		
S 450	440	550	254		
DIN EN 10027				210 000	81 000
S240GP	240	340	139		
S270GP	270	410	156		
S320GP	320	440	185		
S355GP	355	480	205		
S390GP	390	490	225		
S430GP	430	510	248		

Tabelle 20.7.2 Teilsicherheitsbeiwerte

Nach DIN EN 1993-1-1 und/NA, ergänzt entsprechend EB 24

Einwirkungskombination nach EB 24	Bemessungssituation			
	BS-P	BS-T	BS-T/A	BS-A
γ_M für den Nachweis der Tragfähigkeit				
a) Beanspruchbarkeit von Querschnitten γ_{M0}	(1,00)	1,00	1,00	1,00
b) Beanspruchbarkeit von Bauteilen bei Stabilitätsversagen γ_{M1}	(1,10)	1,10	1,10	1,00
c) Beanspruchbarkeit von Querschnitten bei Bruchversagen infolge Zugbeanspruchung γ_{M2}	(1,25)	1,25	1,20	1,15
d) zur Berechnung der Steifigkeiten	(1,00)	1,00	1,00	1,00
γ_M für den Nachweis der Gebrauchstauglichkeit	(1,00)	1,00	1,00	1,00

Zu den Teilsicherheitsbeiwerten beim Nachweis der Beanspruchbarkeit von Anschlüssen siehe DIN EN 1993-1-8.

20.8 Materialkenngrößen und Teilsicherheitsbeiwerte für Bauteile aus Beton und Stahlbeton

Tabelle 20.8.1 Charakteristische Materialkennwerte für Normalbeton nach DIN EN 1992-1-1, Tabelle 3.1

Betonfestigkeits-klasse C $f_{ck}/f_{ck,cube}$	C12/15	C16/20	C20/25	C25/30	C30/37	C35/45	C40/50	C45/55	C50/60
Für den Nachweis der Tragfähigkeit									
f_{ck} [N/mm²]	12	16	20	25	30	35	40	45	50
Für den Nachweis der Gebrauchstauglichkeit									
f_{ctm} [N/mm²]	1,6	1,9	2,2	2,6	2,9	3,2	3,5	3,8	4,1
$f_{ctk;0,05}$ [N/mm²]	1,1	1,3	1,5	1,8	2,0	2,2	2,5	2,7	2,9
$f_{ctk;0,95}$ [N/mm²]	2,0	2,5	2,9	3,3	3,8	4,2	4,6	4,9	5,3
E_{cm} [N/mm²]	27.000	29.000	30.000	31.000	33.000	34.000	35.000	37.000	38.000

f_{ck} charakteristische Zylinderdruckfestigkeit des Betons nach 28 Tagen
$f_{ck,cube}$ charakteristische Würfeldruckfestigkeit des Betons nach 28 Tagen
f_{ctm} Mittelwert der zentrischen Zugfestigkeit des Betons
$f_{ctk;0,05}$ charakteristischer Wert des 5 %-Quantils der zentrischen Betonzugfestigkeit
$f_{ctk;0,95}$ charakteristischer Wert des 95 %-Quantils der zentrischen Betonzugfestigkeit
E_{cm} mittlerer Elastizitätsmodul für Normalbeton (Sekante bei $|\sigma_c| \approx 0{,}4\, f_{cm}$)

Tabelle 20.8.2 Charakteristische Materialkennwerte für Betonstahl nach DIN 488-1, Auszug aus Tabelle 2

Kurzname	B500A	B500B	B500A	B500A	Quantile p (%) bei W = 1 − α (einseitig)
Werkstoffnummer	1.0438	1.0439	1.0438	1.0438	
Oberfläche	gerippt	gerippt	glatt (+G)	profiliert (+P)	
Erzeugnisform/ Lieferform	Betonstahl in Ringen, abgewickelte Erzeugnisse, Betonstahlmatten, Gitterträger	Betonstabstahl, Betonstahl in Ringen, abgewickelte Erzeugnisse, Betonstahlmatten, Gitterträger	Bewehrungsdraht in Ringen und Stäben, Gitterträger		
Streckgrenze R_e[1)] [N/mm²]	500	500	500	500	5,0 bei W = 0,90
Streckgrenzen-verhältnis R_m/R_e	1,05[2)]	1,08	1,05[2)]	1,05[2)]	10,0 bei W = 0,90
Verhältnis $R_{e,ist}/R_{e,nenn}$	–	1,30	–	–	90,0 bei W = 0,90
Prozentuale Gesamtdehnung bei Höchstkraft A_{gt} [%]	2,5[2)]	5,0	2,5[2)]	2,5[2)]	10,0 bei W = 0,90

1) Die Streckgrenze (und Zugfestigkeit) wird errechnet aus der Kraft bei Erreichen der Streckgrenze (und Höchstkraft), dividiert durch die Nennquerschnittsfläche ($A_n = \pi\, d^2/4$). Als Streckgrenze gilt die obere Streckgrenze R_{eH}. Tritt keine ausgeprägte Streckgrenze auf, ist die 0,2 %-Dehngrenze $R_{p0,2}$ zu ermitteln.
2) $R_m/R_e \geq 1{,}03$ und $A_{gt} \geq 2{,}0$ für die Nenndurchmesser 4,0 mm bis 5,5 mm.

Tabelle 20.8.3 Teilsicherheitsbeiwerte

Nach DIN EN 1992-1-1/NA, Tabelle NA.2.1, ergänzt entsprechend EB 24 und EB 79

Einwirkungskombination nach EB 24	Bemessungssituation			
	BS-P	BS-T	BS-T/A	BS-A
γ_c für die Bestimmung des Tragwiderstands von Beton[1)]	(1,50)	1,50	1,50	1,30
γ_s für die Bestimmung des Tragwiderstands von Betonstahl	(1,15)	1,15	1,15	1,00
γ_c und γ_s für den Nachweis der Gebrauchstauglichkeit	(1,00)	1,00	1,00	1,00

1) Bei Ortbeton-Bohrpfählen mit wiedergewonnener Verrohrung ist der Teilsicherheitsbeiwert in der Regel mit dem Beiwert k_f zu multiplizieren. Bei Bohrpfählen, deren Herstellung nach DIN EN 1536 erfolgt, ist $k_f = 1{,}0$, in allen anderen Fällen ist $k_f = 1{,}1$.

21 Literaturverzeichnis und Normen

Literaturverzeichnis

[1] Abouleid, A.: Beitrag zur Berechnung einer in lockeren Sand gerammten, zweifach verankerten Spundwand. Mitteilungen des Institutes für Wasserwirtschaft, Grundbau und Wasserbau der TH Stuttgart, Heft 1, 1963.

[2] Al-Akel, S.: Beitrag zur Berechnung von eingespannten starren Stützkonstruktionen in kohäsionslosem Boden. Institut für Geotechnik, TU Dresden, Mitteilungen, Heft 14, 2005.

[3] Amorosi, A.; Boldine, D.: Numerical modelling of the transverse dynamic behaviour of circular tunnels in clayey soils. In: Soil Dynamics and Earthquake Engineering, Vol. 29, 2009, pp. 1059–1072.

[4] Arnold, M.; Herle, I.: Mobilisierung des räumlichen passiven Erddruckes bei Erdüberdeckung. Geotechnik 31 (2008), Heft 1, S. 12–22.

[5] Arwanitaki, A.: Über das Kontaktverhalten einer Zweiphasen Schlitzwand und nichtbindigen Böden. Schriftenreihe des Lehrstuhls für Grundbau, Boden und Felsmechanik, Ruhr-Universität Bochum, Heft 41, 2009.

[6] Arwanitaki, A.; König, D.; Triantafillydis, T.: Zum Kontaktverhalten zwischen suspensionsgestützten Ortbetonwänden und dem anstehenden Boden. Bautechnik 84 (2007), Heft 11, S. 781–792.

[7] Arz, P. u. a.: Abschnitt „Grundbau" in Beton-Kalender 1991. Ernst & Sohn, Berlin 1991.

[8] Aulbach, B.: Hydraulischer Grundbruch – Zur erforderlichen Einbindetiefe bei Baugruben in nichtbindigem Baugrund. Dissertation. Ziegler (Hrsg.): Fakultät Bauingenieurwesen der Rheinisch-Westfälischen Technischen Hochschule Aachen, 2013.

[9] Aulbach, B.; Ziegler, M.: Hydraulischer Grundbruch – Formel zur Ermittlung der erforderlichen Einbindetiefe. Bautechnik 90 (2013), Heft 10, S. 631–641.

[10] Aulbach, B.; Ziegler, M.: Neue einfache Ermittlung der Einbindetiefe von Verbauwänden bei Gefährdung durch hydraulischen Grundbruch. 13. Geotechnik-Tag, Zentrum Geotechnik der TU München 2014.

[11] Baldauf, H.; Timm, W.: Betonkonstruktionen im Tiefbau, Abschnitt 4.1.6 Unterwasserbetonsohlen, Verfasser Radomski, H., 1988, Ernst & Sohn, Berlin.

[12] Bartl, U.: Zur Mobilisierung des passiven Erddrucks in kohäsionslosem Boden. Institut für Geotechnik Dresden, Heft 12, 2004.

[13] Benz, Th.: Small-Strain Stiffness of Soils and its Numerical Consequences. Institut für Geotechnik, Universität Stuttgart, Heft 55, 2007.

[14] Benz, Th.; Schwab, R.; Vermeer, P.: Zur Berücksichtigung des Bereichs kleiner Dehnungen in geotechnischen Berechnungen. Bautechnik 84 (2007), S. 749–761.

Baugruben, 3. Auflage. Achim Hettler, Theodoros Triantafyllidis, Anton Weißenbach.

[15] Beresanzew, W. G.: Berechnung einzelner, mit Horizontalkräften beanspruchter Pfähle (in russischer Sprache). Hierzu siehe [37].

[16] Beresanzew, W. G.: Earth Pressure an Cylindrical Retaining Walls. Proc. Brussels Conf. On Earth Pressure Problems 11 (Bruxelles 1958) S. 21. Hierzu siehe auch: Kezdi, A.: Erddrucktheorien. Berlin/Göttingen/Heidelberg: Springer Verlag, 1962.

[17] Besler, D.: Einfluss von Temperaturerhöhungen auf die Tragfähigkeit von Baugrubensteifen. Bautechnik 71 (1994), S. 582–590.

[18] Besler, D.: Wirklichkeitsnahe Erfassung der Fußauflagerung und des Verformungsverhaltens von gestützten Baugrubenwänden. Schriftenreihe des Lehrstuhls Baugrund-Grundbau der Universität Dortmund, Heft 22, 1998.

[19] Blum, H.: Einspannungsverhältnisse bei Bohlwerken. Ernst & Sohn, Berlin 1931.

[20] Böhme, M.: Auswirkungen von Baugruben mit Weichgel- oder Betonsohlen auf die Grundwasserqualität, in Baumaßnahmen im Grundwasser. Erich Schmidt Verlag, 1996.

[21] Borchert, K.-M.: Innerstädtische Baugruben, Erfahrung zur Verformungen und Dichtigkeit, Bauen in Boden und Fels. Technische Akademie, Esslingen 2008.

[22] Borchert, K.-M.; Deterding, K.; Schran, U.: Erfahrungen mit Wandverankerungen bei tiefen Baugruben mit Unterwasserbetonsohlen. 16. Christian-Veder-Kolloquium Graz 2001.

[23] Borchert, K.-M.; Mittag, J.; Richter, Th.: Erfahrungen und Risiken bei Düsenstrahlsohlen in Trogbaugruben. Baugrundtagung Bremen, Deutsche Gesellschaft für Geotechnik e. V. 2006.

[24] Borchert, K.-M.: Dichtigkeit von Baugruben bei unterschiedlichen Sohlen-Konstruktionen – Lehren aus Schadensfällen. VDI Verein Deutscher Ingenieure, Jahrbuch 1999, VDI Verlag, Düsseldorf.

[25] Borkenstein, D.; Jordan, P.: Der Fahrlachtunnel in Mannheim, Herstellung eines oberflächennahen Straßentunnels im Schutze einer Baugrundvereisung. Tagungsband, Vorträge der Baugrundtagung Karlsruhe, Deutsche Gesellschaft für Erd- und Grundbau, 1990.

[26] Brand, T.; Bastian, D.; Hillmann, S.: Die Berechnung von Baugruben mit dem Bettungsmodulverfahren nach EB 102 – Anwendungshinweise, Fallbeispiele, Vergleich mit Mess- und FE-Ergebnissen. Bautechnik 88 (2011), Heft 10, S. 694–706.

[27] Brand, T.; Grothe, J.: Aktuelle Erkenntnisse bei der Ausführung von Trogbaugruben mit Dichtsohlen in Berlin. 3. Hans Lorenz Symposium, Berlin, Veröffentlichungen des Grundbauinstitutes der Technischen Universität Berlin, Heft 41, S. 151–166, Berlin 2007.

[28] Breth, H.; Romberg, W.: Messungen an einer verankerten Wand. Vorträge der Baugrundtagung 1972 in Stuttgart, S. 807. Deutsche Gesellschaft für Erd- und Grundbau e. V., Essen 1973.

[29] Breth, H.; Stroh, D.: Ursachen der Verformungen im Boden beim Aushub tiefer Baugruben und konstruktive Möglichkeiten zur Verminderung der Vorformungen von verankerten Baugruben. Der Bauingenieur 51 (1976), S. 81–88.

[30] Breymann, H.: Tiefe Baugruben in weichplastischen Böden. 7. Christian Veder Kolloquium, TU Graz 1992.

[31] Brinch Hansen, J.; Lundgren, H.: Hauptprobleme der Bodenmechanik. Springer, Berlin, Göttingen, Heidelberg 1960.

[32] Briske, R.: Anwendung von Erddruckumlagerungen bei Spundwandbauwerken. Die Bautechnik 34 (1957), Heft 7, S. 264–271 und Heft 10, S. 376–380.

[33] Briske, R.: Erddruckverlagerung bei Spundwandbauwerken, 2. Auflage. Ernst & Sohn, Berlin 1957.

[34] Buchholz, W.: Erdwiderstand auf Ankerplatten. Jahrbuch der Hafenbautechnischen Gesellschaft 1930/1931, S. 300–327. VDI-Verlag, Berlin.

[35] Busch, K.-F.; Luckner, L.; Timer, K.: Geohydraulik, 3. neubearbeitete Auflage, Borntraeger 1993.

[36] Caquot, A.; Kérisel, J.; Absi, E.: Tables de Butée et de poussée. Gauthier-Villars Éditeur, Paris, Bruxelles, Madrid 1973.

[37] Christow, C. K.: Zur Berechnung von im Boden eingespannten Pfählen und Wänden nach Prof. Snitko. Die Bautechnik 43 (1966), Heft 3, S. 83–90 und Heft 6, S. 196–199. Zuschrift: Die Bautechnik 45 (1968), Heft 4, S. 143–144.

[38] Colling, G.: Beitrag zur Berechnung freistehender, im Boden eingespannter Dalben. Die Bautechnik 39 (1962), Heft 12, S. 397–403. Zuschriften: Die Bautechnik 40 (1963), Heft 11, S. 399–400 sowie Die Bautechnik 41 (1964), Heft 3, S. 108.

[39] Davidenkoff, R.; Franke, L.: Räumliche Sickerströmung in eine umspundete Baugrube im Grundwasser. Die Bautechnik 43 (1966), S. 401–409.

[40] Davidenkoff, R.; Franke, L.: Untersuchung der räumlichen Sickerströmung in eine umspundete Baugrube in offenen Gewässern. Die Bautechnik 42 (1965), S. 298–307.

[41] Dischinger, F.: Die Ursachen des Einsturzes der Baugrube der Berliner Nord-Süd-S-Bahn in der Hermann-Göring-Straße. Der Bauingenieur 18 (1937), S. 107–112.

[42] Empfehlungen des Arbeitsausschusses „Ufereinfassungen" Häfen und Wasserstraßen, EAU 2004, 10. Auflage, Hafenbautechnische Gesellschaft e. V. und Deutsche Gesellschaft für Geotechnik e. V. Ernst & Sohn, Berlin 2004.

[43] Empfehlungen des Arbeitsausschusses „Ufereinfassungen" Häfen und Wasserstraßen, EAU 2012, 11. Auflage, Hafenbautechnische Gesellschaft e. V. und Deutsche Gesellschaft für Geotechnik e. V. Ernst & Sohn, Berlin 2012.

[44] Empfehlungen des Arbeitskreises „Baugruben", EAB. 1. Auflage. Deutsche Gesellschaft für Geotechnik e. V. Ernst & Sohn, Berlin 1980.

[45] Empfehlungen des Arbeitskreises „Baugruben“, EAB, 3. Auflage. Deutsche Gesellschaft für Geotechnik e. V. Ernst & Sohn, Berlin 1994.

[46] Empfehlungen des Arbeitskreises „Baugruben“, EAB. 4. Auflage. Deutsche Gesellschaft für Geotechnik e. V. Ernst & Sohn, Berlin 2006.

[47] Empfehlungen des Arbeitskreises „Baugruben“, EAB. 5. Auflage. Deutsche Gesellschaft für Geotechnik e. V., Ernst & Sohn, Berlin 2012.

[48] Empfehlungen des Arbeitskreises „Pfähle“, herausgegeben von der Deutschen Gesellschaft für Geotechnik e. V. (DGGT). Ernst & Sohn, Berlin 2007.

[49] Empfehlungen des Arbeitskreises „Pfähle“, EA-Pfähle. Deutsche Gesellschaft für Geotechnik e. V., 2., wesentlich überarb. u. erw. Auflage. Ernst & Sohn, Berlin 2012.

[50] Empfehlungen des Arbeitskreises 1.6 der DGGT: „Numerik in der Geotechnik“ der DGGT, Abschnitt 3: „Baugruben“. Geotechnik 25 (2002), Heft 1, S. 44–56.

[51] Empfehlungen des Arbeitskreises Numerik in der Geotechnik – EANG, Deutsche Gesellschaft für Geotechnik, Ernst & Sohn, 2014.

[52] Fellenius, W.: Erdstatische Berechnungen, 4. Auflage. Ernst & Sohn, Berlin 1948.

[53] Finn, W. D. L.: Stability of deep Cuts in Clay. Civil Engineering 33 (1963), Heft 6, S. 67.

[54] Gantke, F.: Stahlspundwände bei den Bauwerken des rollenden Verkehrs. Hoesch Hüttenwerke AG, Dortmund 1973.

[55] Goldscheider, M.; Gudehus, G.: Bau einer Tiefgarage im Konstanzer Seeton – Baugrubensicherung und bodenmechanische Anforderungen. Vorträge der Baugrundtagung in Hamburg, Deutsche Gesellschaft für Erd- und Grundbau, e. V. 1988.

[56] Goldscheider, M.; Hettler, A.: Zur Gleitkreisberechnung ohne Lamellen nach DIN 4084. Geotechnik 34 (2011), Heft 3, S. 181–192.

[57] Gollub, P.; Klobe, B.: Tiefe Baugruben in Berlin. Bisherige Erfahrungen und geotechnische Probleme. Geotechnik 19 (1995), S. 121–131.

[58] Grabe, J.; Mahutka, J.: Finite-Elemente-Analyse zur Vibrationsrammung von Pfählen. Bautechnik 82 (2005), S. 632–640.

[59] Grabe, J.; Schümann, B.; Katzmann, A.: Anwendung der Fließgelenktheorie auf Baugruben. Bautechnik 85 (2008), S. 443–453.

[60] Grabe, J.; Schürmann, B.; Katzmann, A.: Zur plastischen Berechnung von Baugrubenwänden. Bundesanstalt für Wasserbau, Kolloquium „Anwendung der Finite-Elemente-Methode“. Karlsruhe 02/2008.

[61] Grandas, C.; Triantafyllidis, Th.: Simulation of a corner slurry trench failure in clay. 2012. In: Computers and Geotechnics, Vol. 45, pp. 107–117.

[62] Gruhle, H.-D.: Verformungsmessungen an den Spundwänden der Schleuse Friedrichsfeld. Die Bautechnik 36 (1959), Heft 4, S. 128–132.

[63] Grünthal, G.; Bosse, Ch.; Stromeyer, D.: Die neue Generation der probabilistischen seismischen Gefährdungsabschätzung der Bundesrepublik Deutschland, Version 2007 mit Anwendung für die Erdbebenlastfälle der DIN 19700-2004-07, Scientific Technical Report STR09/07, GFZ, Helmholtz-Zentrum Potsdam.

[64] Gudehus, G.: Bodenmechanik. Enke, Stuttgart 1981.

[65] Gudehus, G.: Erddruckermittlung. Grundbau-Taschenbuch, 5. Auflage, Teil 1, Abschnitt 1.10, Ernst & Sohn, Berlin 1996.

[66] Haack, A.: Baugruben-Sicherung. Merkblatt 161 der Beratungsstelle für Stahlverwendung. Düsseldorf 1979.

[67] Handbuch Eurocode 7, Geotechnische Bemessung, Band 1, Allgemeine Regeln. Beuth, Berlin Mai 2011.

[68] Hegert, H.: Anwendbarkeit des Bettungsmodulverfahren mithilfe von Mobilisierungsfunktionen zur Prognose von Wandverschiebungen. 2016. Schriftenreihe des Lehrstuhls Baugrund-Grundbau der TU Dortmund, Heft 32, Dortmund.

[69] Heibaum, M.: Klassische Rechenmodelle und FEM-Berechnungen für Nachweise nach DIN 1054. Bundesanstalt für Wasserbau, Kolloquium „Anwendung der Finite-Elemente-Methode“. Karlsruhe 02/2008.

[70] Heibaum, M.; Herten, M.: Finite-Elemente-Methode für geotechnische Nachweise nach neuer Normung? Bautechnik 84 (2007), Heft 9, S. 627–635.

[71] Hettler A.: Kapitel „1.6 Erddruck“ im Grundbau-Taschenbuch. 7. Auflage, Teil 1. Ernst & Sohn, Berlin 2008.

[72] Hettler A.: Kapitel „1.6 Erddruck“ im Grundbau-Taschenbuch. 8. Auflage, Teil 1. Ernst & Sohn, Berlin 2017.

[73] Hettler, A.: Bodenmechanische Herausforderungen bei tiefen Baugruben. Beiträge zum RuhrGeo Tag 2010: Geotechnische Herausforderungen beim Umbau des Emschersystems, Bochum 27. Mai 2010, Schriftenreihe des Lehrstuhls für Grundbau, Boden- und Felsmechanik, Heft 43, Herausgeber Tom Schanz.

[74] Hettler, A.: Einbindetiefen und Schnittgrößen bei gestützten Wänden mit beliebiger Fußauflagerung. Bautechnik 86 (2009), Heft 9, S. 542–546.

[75] Hettler, A.: Empfehlung EB 102 des Arbeitskreises „Baugruben“ der DGGT zur Anwendung des Bettungsmodulverfahrens. Bautechnik 88 (2011), Heft 5, S. 640–645.

[76] Hettler, A.: Gründung von Hochbauten. Ernst & Sohn, Berlin 2000.

[77] Hettler, A.: Hydraulischer Grundbruch: Literaturübersicht und offene Fragen. Bautechnik 85 (2008), S. 578–584.

[78] Hettler, A.: Sekantenmoduln bei horizontal belasteten Pfählen im Sand, berechnet aus nichtlinearer Bettungstheorie. Geotechnik 9 (1986), S. 20–29.

[79] Hettler, A.; Besler, D.: Zur Bettung von gestützten Baugrubenwänden in Sand. Bautechnik 78 (2001), Heft 2, S. 89–100.

[80] Hettler, A.; Besler, D.; Gutjahr; S.: FE-Simulation von aufgetretenen Spannungen und Verformungen an der Baugrube Gleiswechsel. Bautechnik 74 (1997), S. 25–32.

[81] Hettler, A.; Borchert, K.-M.: Herstellbedingte Verformungen bei tiefen Baugruben. DGGT Baugrundtagung München 2010.

[82] Hettler, A.; Gutjahr, St.; Vega-Ortiz, S.: Nichtlinearer Bettungsansatz von Besler bei Baugrubenwänden. Bautechnik 82 (2005), Heft 9, S. 593–604.

[83] Hettler, A.; Keiter, T.; Mumme, B: Influence of the construction procedure on the displacements of excavation walls. Proc. Int. Conf. on Num. Modelling of Construction Process Bochum, Taylor and Francis, London, 2006, S. 47–53.

[84] Hettler, A.; Maier, Th.: Verschiebungen des Bodenauflagers bei Baugruben auf der Grundlage der Mobilisierungsfunktion von Besler. Bautechnik 81 (2004), Heft 5, S. 323–336.

[85] Hettler, A.; Morgen, K.: Nachweis der Sicherheit gegen Aufschwimmen bei Baugruben mit verankerten Betonsohlen. Bautechnik 85 (2008), S. 374–380.

[86] Hettler, A.; Schanz, T.: Zur Anwendung der Finite-Elemente-Methode bei Baugrubenwänden. Bautechnik 85 (2008), Heft 9, S. 603–615.

[87] Hettler, A.; Stoll, Ch.: Nachweis des Aufbruchs der Baugrubensohle nach der neuen DIN 1054:2003-01. Bautechnik 81 (2004), Heft 7, S. 562–568.

[88] Hettler, A.; Triantafyllidis, Th.: Deformations of Deep Excavation Walls induced by Construction Processes. Proc. 17th ICSMGE, Alexandria 2009.

[89] Hettler, A.; Vega-Ortiz, S.; Gutjahr, S.: Nichtlinearer Bettungsansatz von Besler bei Baugrubenwänden. Bautechnik 82 (2005), Heft 9, S. 593–604.

[90] Hettler, A.; Vega-Ortiz, S.; Mumme, B.: Berechnung von Baugrubenwänden mit verschiedenen Methoden: Trägermodell, nichtlineare Bettung, Finite-Elemente-Methode. Bautechnik 83 (2006), Heft 1, S. 35–45.

[91] Hettler, A.; Hegert, H.: Baugruben: Bautechnik 94, Heft 5 (2017), Ermittlung des Bettungsmoduls auf Grundlage von Mobilisierungsfunktionen, S. 263–273.

[92] Hilmer, K.: Horizontaler Erddruck infolge lotrechter Einzel-, Linien- und Flächenlasten. Veröffentlichungen des Grundbauinstituts der Landesgewerbeanstalt Bayern, Heft 20, Nürnberg 1972.

[93] Hoffmann, J.; Mittag, J.; Armbruster, D.: Spreedreieck Planung und Bau einer innerstädtischen Baugrube mit komplexen geologischen Randbedingungen und Verformungsanforderungen. Tagungsband, Vorträge der Baugrundtagung, Dortmund, S. 53–62, Deutsche Gesellschaft für Geotechnik, VGE Verlag, Berlin 2008.

[94] Jacobi, E.: Grundsätzliches über die Berechnung von Spundwänden. Die Bautechnik 19 (1941), Heft 8, S. 88–94. Zuschriften: Die Bautechnik 19 (1941), Heft 33, S. 359–360 und Heft 45, S. 480–484.

[95] Jung, S.; Vrettos, Ch.: Bettungsmodul für Trägerbohlwände in mitteldichtem Sand aus einem Großversuch validierten FEM-Berechnungen. Geotechnik 39 (2016) Heft 4, S. 252–262.

[96] Kärcher, K.: Erdwiderstand vor schmalen Druckflächen. Modellversuche mit starren Trägern in bindigen Böden. Die Bautechnik 45 (1968), Heft 1, S. 31.

[97] Karstedt, J.: Ermittlung eines aktiven Erddruckbeiwertes für den räumlichen Erddruckfall bei rolligen Böden. Tiefbau Ingenieurbau Straßenbau, Heft 4 (1978), S. 258.

[98] Karstunen, M.; Wiltafsky, C.; Krenn, H.; Scharinger, F.; Schweiger, H. F.: Modelling the behaviour of an embankment in soft clay with different constitutive models. Int. J. Numer. Anal. Meth. Geomech. 30 (2006), pp. 953–982.

[99] Katzenbach, R.; Floss, R.; Schwarz, W.: Neues Baukonzept zur verformungsarmen Herstellung tiefer Baugruben in weichem Seeton. Vorträge der Baugrundtagung 1992 in Dresden, S. 13–31. Deutsche Gesellschaft für Geotechnik e. V. 1992.

[100] Kempfert, H.-G.; Gebreselassi, B.: Excavations and Foundations in Soft Soils. Springer Verlag 2006.

[101] Kindler, A.; Pissler, H.: Trogbaugruben – Anforderungen an Dichtigkeit versus Realität. Vorträge zum 11. Hans Lorenz Symposium am 24.09.2015, Veröffentlichungen des Grundbauinstitutes der TU Berlin, Heft 68, S. 87–106.

[102] Kinzler, S.; Morgen, K.: Rückverankerte Betonsohlen – Nachweise in den Grenzzuständen UPL, GEO-2 und STR. Bautechnik 91 (2014), Heft 9, S. 622–632.

[103] Kirchhoff, R.: Statik der Bauwerke. 2. Band. Ernst & Sohn, Berlin 1951.

[104] Kollbrunner, C. E.: Fundation und Konsolidation, Band I. S. D. V., Zürich 1946.

[105] Kolymbas, D.; Herle, I.: Kapitel „1.7 Stoffgesetze für Böden" im Grundbau-Taschenbuch. 8. Aufl., Teil 1. Ernst & Sohn, Berlin 2017.

[106] König, D.; Schröder, T.: RuhrGeoTag 2017, S. 126–146.

[107] Kramer, J.; Könemann, F.; Haubrichs, K.: Das Verformungsverhalten von tiefen Baugruben mit verankerter Unterwasserbetonsohle für die Verkehrsanlagen im Zentralen Bereich Berlin. Taschenbuch für den Tunnelbau, 26. Jahrgang. VGE, Essen 2002.

[108] Kranz, E.: Über die Verankerung von Spundwänden. Ernst & Sohn, Berlin 1953.

[109] Krey, H.; Ehrenberg, J.: Erddruck, Erdwiderstand und Tragfähigkeit des Baugrundes. Ernst & Sohn, Berlin 1936.

[110] Krieg, S.; Lächler, W.; Siebler, G.: Tiefe Baugruben in breiigen Seetonen für das Seeuferhaus in Konstanz. Vorträge der Baugrundtagung in Leipzig, Deutsche Gesellschaft für Geotechnik, e. V. 2004.

[111] Kutzner; C.: Injektionen im Baugrund. Enke, Stuttgart 1991.

[112] Lackner, E.: Berechnung mehrfach gestützter Spundwände. 3. Aufl., Ernst & Sohn, Berlin 1950.

[113] Lehmann, H.: Die Verteilung des Erdangriffs an einer oben drehbar gelagerten Wand. Die Bautechnik 20 (1942), Heft 31/32, S. 272–282.

[114] Lorenz, H.: Zur Tragfähigkeit starrer Spundwände und Mastgründungen. Vorträge der Baugrundtagung 1952 in Essen. Bautechnik-Archiv, Heft 8, S. 79–82. Ernst & Sohn, Berlin 1952.

[115] Mao, P.: Erdwiderstand von Sand in Abhängigkeit von Wandbewegungsart und Sättigungsgrad. Schriftenreihe des Fachgebietes Baugrund – Grundbau der Universität Dortmund, Heft 16, 1993.

[116] Marcher, T.; Vermeer, P. A.; v. Wolffersdorff, P. A.: Hypoplastic and elastoplastic modelling – a comparison with test Data. In: Kolymbas, D. (ed.): Constitutive Modelling of Granular Materials, pp. 353–374. Springer, Berlin 2000.

[117] Marcher. T.: Nichtlokale Modellierung der Entfestigung dichter Sande und steifer Tone. Institut für Geotechnik, Universität Stuttgart, Heft 50. Stuttgart 2003.

[118] Marotz, G.; Schwarz, H.: Untersuchungen zur Standsicherheit von aus Dreifachbohlen gestaffelt gerammten Spundwänden. Die Bautechnik 49 (1972), Heft 3, S. 100–105.

[119] Mayer, P.-M.: Verformungen und Spannungsänderungen im Boden durch Schlitzwandherstellung und Baugrubenaushub. 2001. Institut für Bodenmechanik und Felsmechanik, Universität Karlsruhe, Heft 151, Karlsruhe.

[120] McNamee, J.: Seepage into a Sheeted Excavation. Geotechnique 1 (1949), Nr. 4.

[121] Meißner, H.: Numerik der Geotechnik – Baugruben. Geotechnik 25 (2002), Heft 1, S. 44–56.

[122] Miligan, G. W. E.; St. John, H. D.; O'Rourke, T. D.: Contributions to Geotechnique 1948–2008: Retaining structures. Geotechnique 58 (2008), No. 5, S. 377–383.

[123] Minnich, H.; Stöhr, G.: Analytische Lösung des zeichnerischen Culmann-Verfahrens zur Ermittlung des passiven Erddrucks. Die Bautechnik 58 (1981), S. 197–202.

[124] Mittag, J.; Richter, Th.: Grundwasserabsenkungen und Grundwasserentspannungen/Risiken und wirtschaftliche Chancen. Veröffentl. Grundbauinstitut der TU Berlin 2009, Heft 47, S. 65–76.

[125] Moormann, Ch.: Trag- und Verformungsverhalten tiefer Baugruben in bindigen Böden unter besonderer Berücksichtigung der Baugrund-Tragwerk- und Baugrund-Grundwasser-Interaktion. Mitteilungen des Institutes und der Versuchsanstalt für Geotechnik der TU-Darmstadt, Heft 50, 2002.

[126] Müller-Haude, H. Ch.; v. Scheibner, D.: Neue Bodendruckmessungen an Baugruben und Tunnelbauten der Berliner U-Bahn. Die Bautechnik 42 (1965), Heft 9, S. 293–298 und Heft 11, S. 380–385.

[127] Nendza, H.; Klein, K.: Bodenverformung beim Aushub tiefer Baugruben. Straße Brücke Tunnel (1974), Heft 9, S. 231–239.

[128] Niemunis, A.; Herle, I.: Hypoplastic model for cohesionless soils with elastic strain range. Mechanics of Cohesive frictional Materials 2 (1996), No. 4, pp. 279–299.

[129] Odenwald, B.; Herten, M.: Hydraulischer Grundbruch: Neue Erkenntnisse. Bautechnik 85 (2008), S. 585–595.

[130] Ohde, J.: Zur Theorie des Erddruckes unter besonderer Berücksichtigung der Erddruckverteilung. Die Bautechnik 16 (1938), Heft 10/11, S. 150–159, Heft 13, S. 176–180, Heft 19, S. 241–245, Heft 25, S. 331–335, Heft 37, S. 480–487, Heft 42, S. 570–571 und Heft 53/54, S. 753–761. Zuschrift Heft 52, S. 715–716.

[131] Ohde, J.: Zur Erddrucklehre. Die Bautechnik 25 (1948), Heft 6, S. 122–126. Die Bautechnik 26 (1949), Heft 12, S. 360–364. Die Bautechnik 27 (1950), Heft 4, S. 111–114. Die Bautechnik 28 (1951), Heft 12, S. 297–301. Die Bautechnik 29 (1952), Heft 2, S. 31–35, Heft 8, S. 219–224 und Heft 11, S. 315–318.

[132] Ostermayer H.: Kapitel „2.5 Verpressanker" im Grundbau-Taschenbuch. 6. Aufl., Ernst & Sohn, Berlin 2001.

[133] Ostermayer, H.; Gollub, P.: Baugrube Karstadt in Rosenheim. Vorträge der Baugrundtagung in Berlin. Deutsche Gesellschaft für Erd- und Grundbau e.V. 1996, S. 341–360.

[134] Peck, R.B.: Deep Excavations and Tunneling in Soft Ground. Proceedings 7. International Conference on Soil Mechanics and Foundation Engineering, Mexico-City 1969. State-of-the-Art-Volume, pp. 225–290.

[135] Pelz, G.: Die Berücksichtigung einer Vorbelastung bei der Mobilisierung des passiven Erddruckes feinkörniger Böden. Lehrstuhl und Prüfamt für Grundbau, Bodenmechanik, Felsmechanik und Tunnelbau der TU München 2011, Heft 48.

[136] Perau, E.: Konzept und FE-Modellierung zum Nachweis der erforderlichen Ankerlänge. Bautechnik 85 (2008), Heft 4, S. 247–257.

[137] Perau, E.: Nachweis der erforderlichen Ankerlänge mit der Finite-Elemente-Methode. Bautechnik 84 (2007), Heft 6, S. 367–378.

[138] Potts, D.M.: 42nd Rankine Lecture: Numerical analysis: a virtual dream or practical reality. Geotechnique 53 (2003), No. 6, pp. 533–573.

[139] Pregl, O.: Bemessung von Stützbauwerken. Handbuch der Geotechnik, Band 16. Eigenverlag des Instituts für Geotechnik, Universität für Bodenkultur, Wien 2002.

[140] Press, H.: Baugrubenherstellung. In: Grundbau-Taschenbuch, Band I. 1. Aufl., Ernst & Sohn, Berlin 1955.

[141] Radomski, H.: Untersuchungen über den Einfluss der Querschnittsform wellenförmiger Spundwände auf die statischen und rammtechnischen Eigenschaften. Mitteilungen des Instituts für Wasserwirtschaft, Grundbau und Wasserbau der Universität Stuttgart, Heft 10, Stuttgart 1968.

[142] Ranke, A.H.; Ostermayer, H.: Beitrag zur Stabilitätsuntersuchung mehrfach verankerter Baugrubenumschließungen. Die Bautechnik 45 (1968), Heft 10, S. 341–350.

[143] Romberg, W.; Breth, H.: Messungen an einer verankerten Wand. Vorträge der Baugrundtagung in Stuttgart 1972, S. 807–823 und 876.

[144] Rowe, P.W.: Cantilever Sheet Piling in Cohesionless Soil. Engineering vom 7.9.1951, pp. 316–319.

[145] Rowe, P.W.; Briggs, A.: Measurements on Model Strutted Sheet Pile Excavation. Proc. of the 5th Int. Conf. on Soil Mech. and Found. Eng. Vol. 11, pp. 473–478. Paris 1961.

[146] Saucke, U.: Nachweis der Sicherheit gegen Erosion für körnige Erdstoffe. Geotechnik 29 (2006), Heft 1, S. 43–54.

[147] Savidis, S.; Borchert, K.-M.; Deterding, K.; Rackwitz, F.: Verformungen von Unterwasserbetonsohlen. 1999. VDI-Tagung Tiefe Baugruben, Berlin.

[148] Schäfer, J.: Erdwiderstand vor schmalen Druckflächen in rheinischem Schluff. Schriftenreihe des Fachgebietes „Baugrund-Grundbau“ der Universität Dortmund, Heft 2, 1990.

[149] Schäfer, R.: Einfluss der Herstellungsmethode auf das Verformungsverhalten von Schlitzwänden in weichen bindigen Böden. Schriftenreihe des Institutes für Grundbau und Bodenmechanik der Ruhr-Universität Bochum, Heft 36, 2004.

[150] Schanz, T.: Aktuelle Entwicklungen bei Standsicherheits- und Verformungsberechnungen in der Geotechnik. Geotechnik 29 (2006), Heft 1, S. 13–27.

[151] Schanz, T.: Aktuelle Entwicklungen bei Standsicherheits- und Verformungsberechnungen. Bundesanstalt für Wasserbau, Kolloquium „Anwendung der Finite-Elemente-Methode“, Karlsruhe 02/2008.

[152] Schanz, T.: Standsicherheitsberechnungen von Baugruben – Berechnungsbeispiele. Beiblatt zu Empfehlung Nr. 4 des Arbeitskreises 1.6 „Numerik in der Geotechnik“. Geotechnik 29 (2006), Heft 4, S. 359–368.

[153] Schanz, T.: Zur Modellierung des mechanischen Verhaltens von granularen Reibungsmaterialien. Institut für Geotechnik, Universität Stuttgart, Heft 45, 1998.

[154] Scharinger, F.: Multilaminate Model for Soil incorporating Small Strain Stiffness. Gruppe Geotechnik Graz, Heft 31, 2007.

[155] Scharinger, F.; Schweiger, H.F.; Galavi, V.: FE-analysis of deep excavations in lacustrine clay with different constitutive models. In: Proceedings of the 16th International Conference on Soil Mechanics and Geotechnical Engineering 2005, pp. 971–974.

[156] Schmidt, H.: Culmannsche E-Linie bei Ansatz von Reibung und Kohäsion. Die Bautechnik 43 (1966), S. 80–82 und Zuschrift: Die Bautechnik 45 (1968), S. 36.

[157] Schneider, K.-J.; Albert, A.: Bautabellen für Ingenieure mit Berechnungshinweisen und Beispielen, 22. Auflage. Werner, 2012.

[158] Schnell, W.: Verfahrenstechnik zur Sicherung von Baugruben. Teubner, Leipzig 1995.

[159] Schober, P.: Zum hydraulischen Grundbruch an Baugrubenumschließungen bei luftseitiger Sicherung durch einen Auflastfilter in nichtbindigen Böden. Institut für Bodenmechanik und Grundbau, Universität der Bundeswehr München 2016.

[160] Schober, P.; Odenwald, H.: Der Einfluss eines Auflastfilters auf die Bruchmechanik beim hydraulischen Grundbruch. BAW Mitteilung 2012, Nr. 95, S. 151–162.

[161] Schran, U.: Untersuchungen zu Verschiebungen von Schlitzwänden beim Unterwasseraushub in Berliner Sanden. Veröffentl. des Grundbauinstitutes der TU-Berlin, Heft 33, 2003.

[162] Schultze, E.: Kapitel 2.6 „Standsicherheit von Böschungen" im Grundbau-Taschenbuch, 3. Auflage, Teil 3. Ernst & Sohn, Berlin 1982.

[163] Schuppener, B.: Kommentar zum Handbuch Eurocode 7 – Geotechnische Bemessung allgemeine Regeln. Ernst & Sohn, Berlin 2012.

[164] Schweiger, H. F.: Application of FEM to ULS design (Eurocodes) in „Surface and near surface geotechnical structures". Proc. 11th Int. Conf. Computer Methods and Advances in Geomechanics. Barla, G., Barla, M. (eds.). Patron Editore, Bologna 2005, Vol. 4, pp. 419–430.

[165] Schweiger, H. F.: Results from the ERTC7 benchmark exercise. In: Numerical Methods in Geotechnical Engineering, European Conference on Numerical Methods in Geotechnical Engineering 2006, pp. 3–8.

[166] Sherif, G.: Elastisch eingespannte Bauwerke. Ernst & Sohn, Berlin 1974.

[167] Simpson, B.: 31st Rankine Lecture: Retaining structures; displacement and design. Géotechnique 42 (1992), No. 4, pp. 541–576.

[168] Smoltczyk, U.; Vogt, N.; Hilmer, K.: Lateral earth pressure due to surcharge loads. Proc. 7. Europ. Conf. Soil Mech. Found. Eng., Brighton 1979, Vol. 2, pp. 131–139, London.

[169] Snitko, N. K.: Statischer und dynamischer Erddruck und die Berechnung der Stützmauern (in russischer Sprache). Hierzu siehe [37].

[170] Steinfeld, K.: Über den Erddruck auf Schacht- und Brunnenwandungen. Vorträge der Baugrundtagung in Hamburg, S. 111–126. Deutsche Gesellschaft für Erd- und Grundbau e. V., Hamburg 1959.

[171] Stelzer, O.; Espert, M.; Schum, S.: Instandsetzung der Schleuse Bamberg unter laufendem Schiffsbetrieb. Geotechnik 33 (2010), S. 241–249.

[172] Streck, A.: Beitrag zur Frage des passiven Erddruckes. Der Bauingenieur 7 (1926), Heft 1, S. 1–3 und Heft 2, S. 32–37.

[173] Terzaghi, K.: Evaluation of coefficients of subgrade reaction. Geotechnique 5 (1955), Heft 5, S. 297–326. Zuschrift S. 327–330.

[174] Terzaghi, K.: Theoretische Bodenmechanik. Übersetzt und bearbeitet von R. Jelinek. Springer Berlin/Göttingen/Heidelberg 1954.

[175] Terzaghi, K.: Verankerte Spundwände. VEB Verlag Technik, Berlin 1957.

[176] Topolnicki, M.: Herstellung von Dichtwänden in alten Deichen in Polen mit dem Verfahren der Tiefen Bodenvermörtelung (DMM), Bemessungsanalysen und Ausführungsbeispiele. Sonderheft zur Bautechnik, Hochwasserschutz Spezial. Ernst & Sohn, Januar 2003.

[177] Triantafyllidis, T.: Ein einfaches Modell zur Abschätzung von Setzungen bei der Herstellung von Rüttelinjektionspfählen. Bautechnik 77 (2000), S. 161–168.

[178] Triantafyllidis, T.: Neue Erkenntnisse aus Messungen an tiefen Baugruben am Potsdamer Platz in Berlin. Bautechnik 75 (1998), S. 133–154.

[179] Triantafyllidis, T.: Optimierung der Herstellung von Verbauwänden im Hinblick auf Verformungen vorhandener Bauwerke. Abschlussbericht zum BMBF-Forschungsvorhaben, Förderkennzeichen: 19 W 2086A, Ruhr-Universität, Bochum 2007.

[180] Triantafyllidis, T.: Qualitätssicherung im Spezialtiefbau, Teil 1: Schlitzwände und Dichtwände. Ernst & Sohn, Berlin 2004.

[181] Triantafyllidis, T.; König, D.; Sonntag, M.: Zur äußeren Standsicherheit von nicht-ebenen suspensionsgestützten Erdschlitzen. Bautechnik 78 (2001), Heft 2, S. 77–88.

[182] Triantafyllidis, T.; Rinke, C.: Die Baugruben für den Lehrter Bahnhof in Berlin, Bauen in Boden und Fels. Technische Akademie Esslingen 1997.

[183] Triantafyllidis, T.; Vogelsang, J.; Grandas-Tavera, C. E.: Zur äußeren Standsicherheit von suspensionsgestützten Eckschlitzwandelementen. Bautechnik 88 (2011), Heft 9, S. 617–626.

[184] Tschebotarioff, G. P.: Large Scale Model Earth Pressure Tests on flexible Bulkheads. Proc. Am. Soc. of Civ. Engng. 74 (1948), pp. 9–48.

[185] Ulrichs, K. R.: Ergebnisse von Untersuchungen über Auswirkungen bei der Herstellung tiefer Baugruben. Tiefbau, Ingenieurbau, Straßenbau 21 (1979), S. 706–715.

[186] Ulrichs, K. R.: Untersuchungen über das Trag- und Verformungsverhalten verankerter Schlitzwände in rolligen Böden. Bautechnik 58 (1981), S. 124–132.

[187] v. Wolffersdorff, P. A.: A hypoplastic relation for granular materials with a predefined limit state surface. Mechanics of Cohesive-frictional Material 1 (1996), pp. 251–271.

[188] v. Wolffersdorff, P. A.: Verformungsprognosen von Stützkonstruktionen. Habilitationsschrift. Veröffentlichung des Instituts für Bodenmechanik und Felsmechanik der Universität Karlsruhe, Heft 141, Karlsruhe 1997.

[189] v. Wolffersdorff, P. A.: Wie soll die FEM in geotechnische Bemessungsvorschriften einfließen? Workshop „Bemessen mit Finite-Elemente-Methode". TU Hamburg-Harburg. 02/2008. Veröffentlichung des Instituts für Geotechnik, Nr. 14, S. 133–144. Hamburg, 2007. Siehe auch Bundesanstalt für Wasserbau, Kolloquium „Anwendung der Finite-Elemente-Methode".

[190] v. Wolffersdorff, P. A.; Schweiger, H.: Kapitel „1.10 Numerische Verfahren in der Geotechnik". Grundbau-Taschenbuch, Teil 1. 8. Aufl., Ernst & Sohn, Berlin 2017.

[191] Verdeyen, J.; Roisin, V.: Die praktische Berechnung von Stahlspundwänden. Acier, Stahl, Steel 26 (1961), S. 366–382 und S. 388.

[192] Vermeer, P. A.; Schanz, T.: Die Steifigkeit des Bodens und ihr Einfluss auf die Fußeinspannung einer Stützwand. Ohde-Kolloquium. Mitteilungen des Instituts für Geotechnik, Universität Dresden 1997., Heft 4, S. 247–264.

[193] Vogt, N.: Erdwiderstandsermittlung bei monotonen und wiederholten Wandbewegungen in Sand. Baugrundinstitut Stuttgart, Mitteilung 22, 1984.

[194] Vrettos, C, Beskos, D. E.; Triantafyllidis, Th.: Seismic pressures on rigid cantilever walls retaining elastic continuously non-homogenous soil: an exact solution. Soil Dynamic and Earthquake Engineering, 82 (2016), pp. 142–153.

[195] Vrettos, C.; Feldbuch, A.: Dynamischer Erddruck auf starre und flexible Wände mittels Wellenlösungen: Numerische Einzelvergleiche für homogene und geschichtete Bodenprofile. Geotechnik, 40 (2017), Heft 2, S. 93–102.

[196] Vrettos, Ch.; Chen, D.; Rizos, D.: Fallstudie zur seismischen Auslegung der Stationen und der Tunnel einer U-Bahnlinie in weichem Boden. Bautechnik 90 (2013), Heft 6, S. 333–340.

[197] Vrettos, Ch.: Kapitel „2.11 Geotechnisches Erdbebeningenieurwesen" im Grundbau-Taschenbuch. 8. Aufl., Teil 2. Ernst & Sohn, Berlin 2018.

[198] Walz, B.: Erddruckabminderung an einspringenden Baugrubenecken. Bautechnik 71 (1994), S. 90–95.

[199] Walz, B.; Hock, K.: Berechnung des räumlichen aktiven Erddrucks auf die Wandungen von schachtartigen Baugruben. Taschenbuch für den Tunnelbau, Verlag Glückauf GmbH, Essen 1988.

[200] Walz, B.; Hock, K.: Berechnung des räumlichen aktiven Erddrucks mit der modifizierten Elementscheibentheorie. 03/1987. Bericht Nr. 6 der Forschungs- und Arbeitsberichte aus den Bereichen Grundbau, Bodenmechanik und Unterirdisches Bauen an der Bergischen Universität – GH Wuppertal.

[201] Weißenbach, A.: Auswertung der Berichte über Messungen an ausgesteiften Trägerbohlwänden in nichtbindigem Boden. Schriftenreihe des Fachgebietes Baugrund-Grundbau der Universität Dortmund 1991, Heft 3.

[202] Weißenbach, A.: Auswertung der Berichte über Messungen an ausgesteiften Trägerbohlwänden in bindigem Boden. Schriftenreihe des Fachgebietes Baugrund-Grundbau der Universität Dortmund 1993, Heft 8.

[203] Weißenbach, A.: Baugruben, Teil I: Konstruktion und Bauausführung. Ernst & Sohn, Berlin/München/Düsseldorf 1975.

[204] Weißenbach, A.: Baugruben, Teil II: Berechnungsgrundlagen. 1975, berichtigter Nachdruck 1985. Ernst & Sohn, Berlin/München/Düsseldorf.

[205] Weißenbach, A.: Baugruben, Teil III: Berechnungsverfahren. 1977, unveränderter Nachdruck 2001. Ernst & Sohn, Berlin/München/Düsseldorf.

[206] Weißenbach, A.: Baugruben. Kap. 3.6 im Grundbau-Taschenbuch. 5. Aufl. Teil 3, Ernst & Sohn, Berlin 1997.

[207] Weißenbach, A.: Baugrubensicherung. Grundbau-Taschenbuch, 3. Aufl., Teil 2, S. 887–982. Ernst & Sohn, Berlin 1992.

[208] Weißenbach, A.: Der Erdwiderstand vor schmalen Druckflächen. Mitteilungen der Hannoverschen Versuchsanstalt für Grund- und Wasserbau, Franzius-Institut der TH Hannover 1961, Heft 19, S. 220–238.

[209] Weißenbach, A.: Der Erdwiderstand vor schmalen Druckflächen. Bautechnik 39 (1962), Heft 6, S. 204–211.

[210] Weißenbach, A.: Empfehlungen des Arbeitskreises „Baugruben" der Deutschen Gesellschaft für Erd- und Grundbau, Bautechnik 47 (1970), Heft 7, S. 223–233.

[211] Weißenbach, A.: Empfehlungen des Arbeitskreises „Baugruben" der Deutschen Gesellschaft für Erd- und Grundbau. Bautechnik 49 (1972), Heft 6, S. 192–204, Heft 7, S. 225–239.

[212] Weißenbach, A.: Empfehlungen des Arbeitskreises „Baugruben" der DGGT zur Anwendung des Bettungsmodulverfahrens und der Finite-Elemente-Methode. Bautechnik 80 (2003), S. 75–80.

[213] Weißenbach, A.; Gollub, P.: Neue Erkenntnisse über mehrfach verankerte Ortbetonwände bei Baugruben in Sandboden mit tiefliegender Injektionssohle, hohem Wasserdruck und großer Bauwerkslast. Bautechnik 72 (1995), S. 780–799.

[214] Weißenbach, A.; Hettler, A.: Baugruben – Berechnungsverfahren. 2. Aufl. Ernst & Sohn, Berlin 2011.

[215] Weißenbach, A.; Hettler, A.: Baugrubensicherung. Kapitel 3.5 im Grundbau-Taschenbuch. 7. Aufl., Herausgeber: K.-J. Witt. Ernst & Sohn, Berlin 2009.

[216] Weißenbach, A.; Hettler, A.: Berechnung von Baugrubenwänden nach der neuen DIN 1054. Bautechnik 80 (2003), S. 857–874.

[217] Weißenbach, A.; Hettler, A.; Simpson, B.: Stability of excavations. Geotechnical Engineering Handbook, Vol. 3, section 3.4. Ernst & Sohn, Berlin 2003.

[218] Werner, H.: Biegemomente elastisch eingespannter Pfähle. Beton- und Stahlbetonbau 65 (1970), Heft 2, S. 39–43.

[219] Wiechers, H.: Meßprogramm zur Erfassung von umweltbeeinträchtigenden Auswirkungen von Baugruben. Tiefbau, Ingenieurbau, Straßenbau 21 (1979), S. 691–706.

[220] Wiegmann, D.: Der Erddruck auf verankerte Stahlspundwände, ermittelt aufgrund von Verformungsmessungen am Bauwerk. Mitteilungen der Hannoverschen Versuchsanstalt für Grund- und Wasserbau, Franzius-Institut der TH Hannover1954, Heft 5, S. 79–113.

[221] Wiendieck, K.: Zur Standsicherheit unverankerter Spundwände. Die Bautechnik 39 (1962), Heft 11.

[222] Witt, K.-J.: Hydraulisch bedingte Grenzzustände. Grundbau-Taschenbuch, Teil 2, Kapitel 2.10, Herausgeber Karl-Josef Witt, Ernst & Sohn, Berlin 2018.

[223] Wolff, F.: Reibung und Verbundspannungen zwischen Spundwand und Unterwasserbeton. Bautechnik 75 (1998), S. 704–709.

[224] Wudtke, R.-B.: Hydraulischer Grundbruch in bindigem Baugrund. Schriftenreihe Geotechnik der Professur Grundbau der Bauhaus-Universität Weimar 2014., Heft 25.

[225] Ziegler, M.: Berechnung des verschiebungsabhängigen Erddruckes in Sand. Veröffentlichungen des Instituts für Bodenmechanik und Felsmechanik der Universität Karlsruhe 1996, Heft 101.

[226] Ziegler, M.; Aulbach, B.: Zur Sicherheit gegen hydraulischen Grundbruch. Vorträge 31. Baugrundtagung, Deutsche Gesellschaft für Geotechnik, München 2010.

Normen

DIN 1045-1:2001-07: Tragwerke aus Beton, Stahlbeton und Spannbeton – Teil 1: Bemessung und Konstruktion.

DIN 1052:2004-08: Entwurf, Berechnung und Bemessung von Holzbauwerken – Allgemeine Bemessungsregeln und Bemessungsregeln für den Hochbau.

DIN 1052:2008-12: Entwurf, Berechnung und Bemessung von Holzbauwerken – Allgemeine Bemessungsregeln für den Hochbau.

DIN 1054:2005-01: Baugrund – Sicherheitsnachweise im Erd- und Grundbau.

DIN 1054:2010-12: Baugrund – Sicherheitsnachweise im Erd- und Grundbau – Ergänzende Regeln zu DIN EN 1997-1.

DIN 1055-100:2001-03: Einwirkungen auf Tragwerke – Teil 100: Grundlagen der Tragwerksplanung, Sicherheitskonzept und Bemessungsregeln.

DIN 4014:1990-03: Bohrpfähle – Herstellung, Bemessung und Tragverhalten.

DIN 4017:2006-03: Baugrund – Berechnung des Grundbruchwiderstands von Flachgründungen.

DIN 4084:2009-01: Baugrund – Geländebruchberechnungen.

DIN 4085:2007-10: Baugrund – Berechnung des Erddrucks.

DIN 4085:2017-08: Baugrund – Berechnung des Erddrucks.

DIN 4093:2015-11: Bemessung von verfestigten Bodenkörpern – Hergestellt mit Düsenstrahl-, Deep-Mixing- oder Injektions-Verfahren.

DIN 4125:1990-11: Verpressanker – Kurzzeitanker und Daueranker – Bemessung, Ausführung und Prüfung.

DIN 18800-1:1990-11: Stahlbauten; Bemessung und Konstruktion.

DIN 18800-1:2008-11: Stahlbauten; Teil 1: Bemessung und Konstruktion.

DIN 18800-2:2008-11: Stahlbauten; Teil 2: Stabilitätsfälle – Knicken von Stäben und Stabwerken.

DIN 18800-3:2008-11: Stahlbauten; Teil 3: Stabilitätsfälle – Plattenbeulen.

DIN EN 338:2016-07: Bauholz für tragende Zwecke – Festigkeitsklassen.

DIN EN 1536:2015-10: Ausführung von Arbeiten im Spezialtiefbau – Bohrpfähle.

DIN EN 1537:2014-07: Ausführung von Arbeiten im Spezialtiefbau – Verpressanker.

DIN EN 1538:2015-10: Ausführung von Arbeiten im Spezialtiefbau – Schlitzwände.

DIN EN 1990:2010-12: Eurocode: Grundlagen der Tragwerksplanung.

DIN EN 1992-1-1:2011-01: Eurocode 2: Bemessung und Konstruktion von Stahlbeton- und Spannbetontragwerken – Teil 1-1: Allgemeine Bemessungsregeln und Regeln für den Hochbau.

DIN EN 1993-1-1:2010-12: Eurocode 3: Bemessung und Konstruktion von Stahlbauten Teil 1-1: Allgemeine Bemessungsregeln und Regeln für den Hochbau.

DIN EN 1993-1-1/NA:2015-08: Nationaler Anhang – National festgelegte Parameter.

DIN EN 1993-1-5:2010-12: Eurocode 3: Bemessung und Konstruktion von Stahlbauten Teil 1-5: Plattenförmige Bauteile.

DIN EN 1993-5:2010-12: Eurocode 3: Bemessung und Konstruktion von Stahlbauten; Teil 5: Pfähle und Spundwände.

DIN EN 1993-5/NA:2010-12: Nationaler Anhang – National festgelegte Parameter.

DIN EN 1995-1-1:2010-12: Eurocode 5: Bemessung und Konstruktion von Holzbauten Teil 1-1: Allgemeine Regeln und Regeln für den Holzbau.

DIN EN 1997-1:2009-09: Eurocode 7: Entwurf, Berechnung und Bemessung in der Geotechnik, Teil 1: Allgemeine Regeln.

DIN EN 10248-1:2006-05: Warmgewalzte Spundbohlen aus unlegierten Stählen – Teil 1: Technische Lieferbedingungen.

DIN EN ISO 14688-1:2003-01: Geotechnische Erkundung und Untersuchung – Benennung, Beschreibung und Klassifizierung von Boden – Teil 1: Benennung und Beschreibung.

DIN Fachbericht 129:2005-02: Anwendungsdokument zu DIN EN 1536:1999-06, Ausführung von besonderen geotechnischen Arbeiten (Spezialtiefbau) – Bohrpfähle.

DIN SPEC 18140:2012-02: Ergänzende Festlegungen zu DIN EN 1536:2010-12, Ausführung von Arbeiten im Spezialtiefbau – Bohrpfähle.

DIN SPEC 18537:2016-09: Ergänzende Festlegungen zu DIN EN 1537:2014-07, Ausführung von Arbeiten im Spezialtiefbau – Verpressanker.

Inserentenverzeichnis